수학 마스터

기본을 다지는 **첫 개념 학습서**

개념 알파 α

중학 수학 1-2

⬇ 정답과 풀이 PDF 파일은 EBS 중학사이트(mid.ebs.co.kr)에서 내려받으실 수 있습니다.

교재 내용 문의 교재 내용 문의는 EBS 중학사이트 (mid.ebs.co.kr)의 교재 Q&A 서비스를 활용하시기 바랍니다.

교재 정오표 공지 발행 이후 발견된 정오 사항을 EBS 중학사이트 정오표 코너에서 알려 드립니다. 교재 검색 → 교재 선택 → 정오표

교재 정정 신청 공지된 정오 내용 외에 발견된 정오 사항이 있다면 EBS 중학사이트를 통해 알려 주세요. 교재 검색 → 교재 선택 → 교재 Q&A

개념책

개념 학습과 예제&유제 읽고 풀면서 익히는 완벽한 개념 학습
소단원 핵심문제 문제 푸는 힘을 기르는 개념 적용 핵심 문제
중단원 마무리 테스트 교과서와 기출 서술형으로 구성한 실전 연습

연습책

소단원 드릴문제 반복이 필요한 개념 확인 문제를 충분하게 수록
소단원 핵심문제 개념책 소단원 핵심 문제와 연동한 보충 문제

정답과 풀이

빠른 정답 간편한 채점을 위한 한눈에 보는 정답
친절한 풀이 오답을 줄이는 자세하고 친절한 풀이

수학 마스터

기본을 다지는 **첫 개념 학습서**

개념 알파 α

중학 수학 1-2

Structure 이 책의 구성과 특징

개념책

● 개념 학습과 예제&유제

자세한 설명과 한눈에 보이는 개념 정리

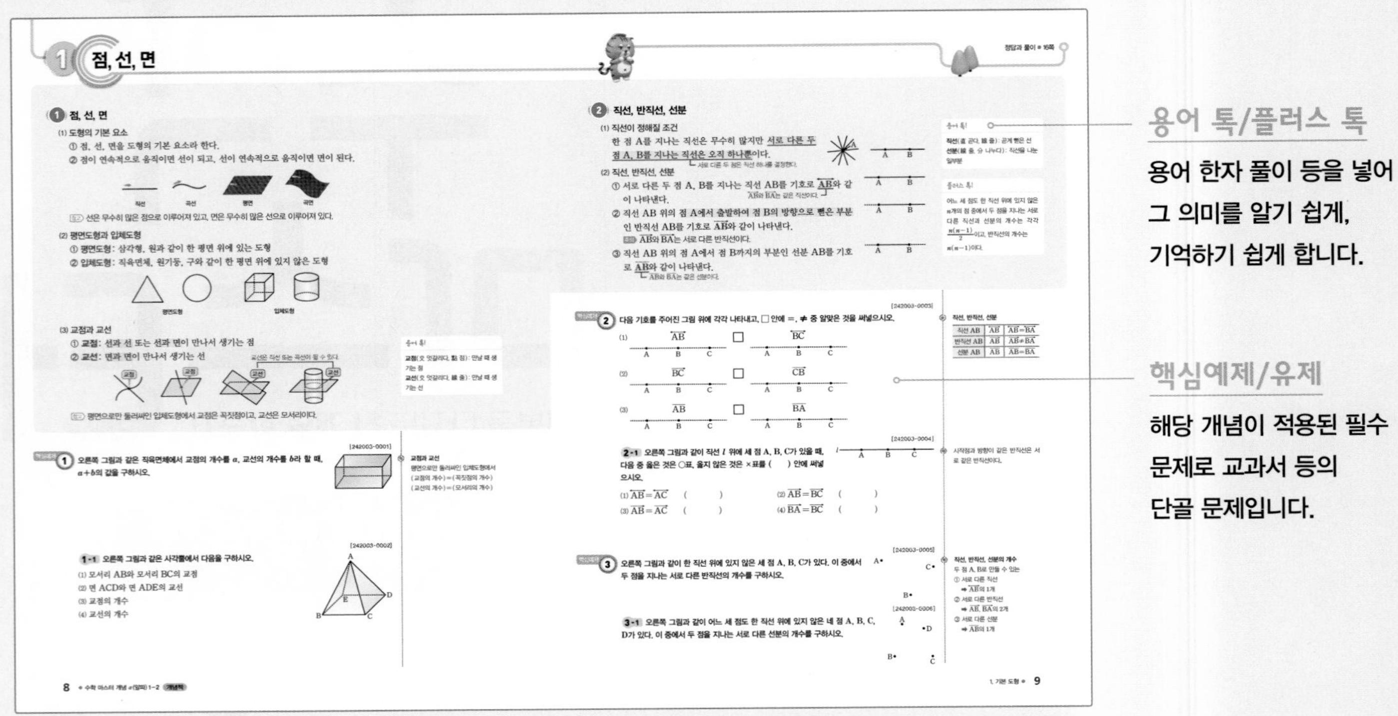

용어 톡/플러스 톡

용어 한자 풀이 등을 넣어 그 의미를 알기 쉽게, 기억하기 쉽게 합니다.

핵심예제/유제

해당 개념이 적용된 필수 문제로 교과서 등의 단골 문제입니다.

● 소단원 핵심문제

소단원별 대표 문제 및 필수 유형 문제

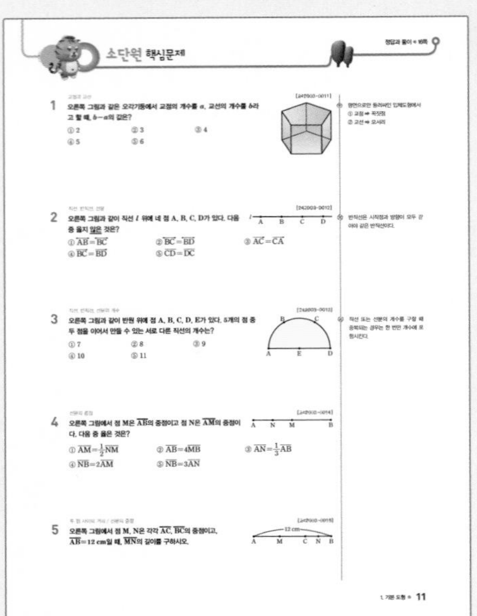

● 중단원 마무리 테스트

신유형, 중요 문제로 구성한 실전 문제

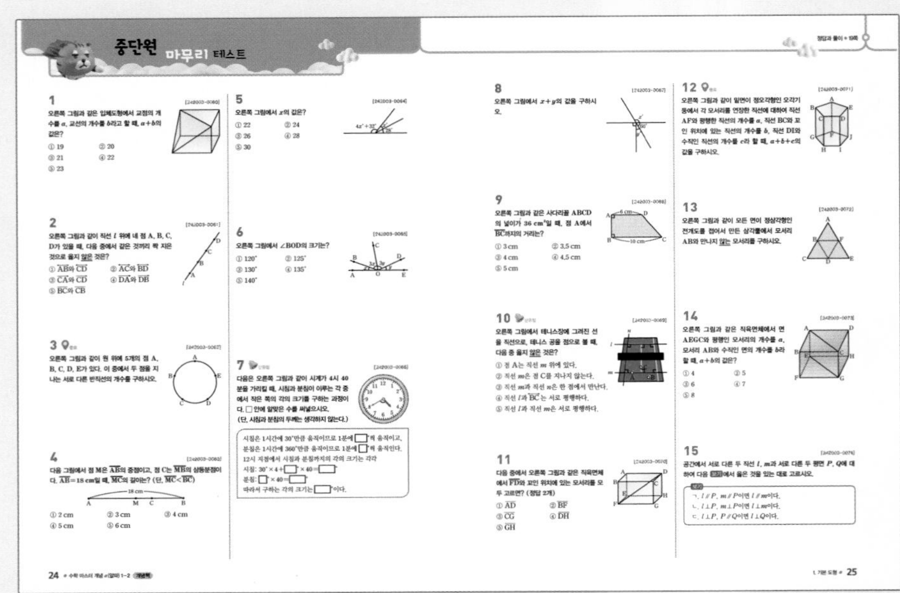

연습책

● 소단원 드릴문제

개념을 확실하게 익히기 위한 연습 문제

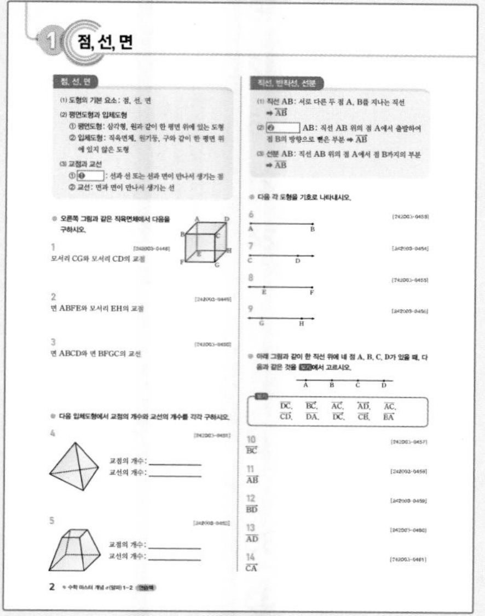

● 소단원 핵심문제

개념책의 핵심개념과 연동한 유사 및 보충 문제

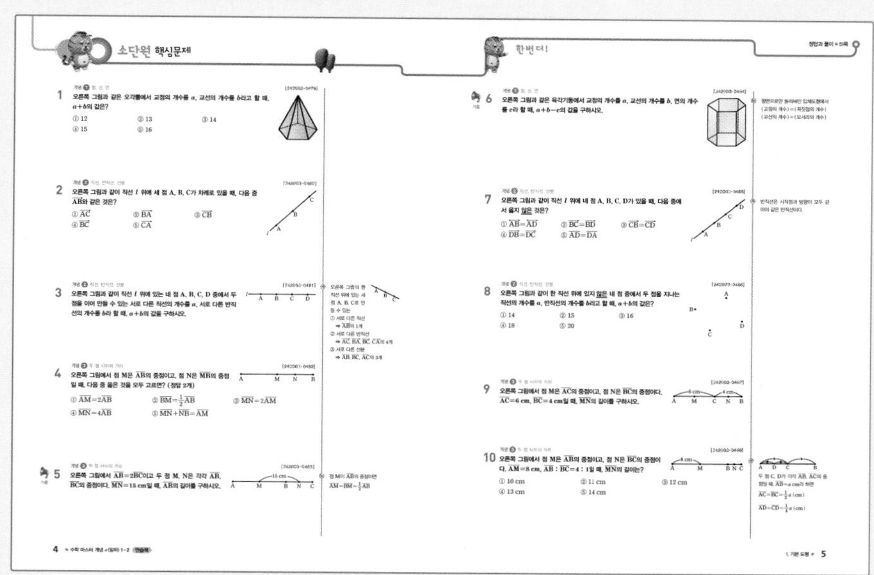

정답과 풀이

● 빠른 정답

정답만 빠르게 확인

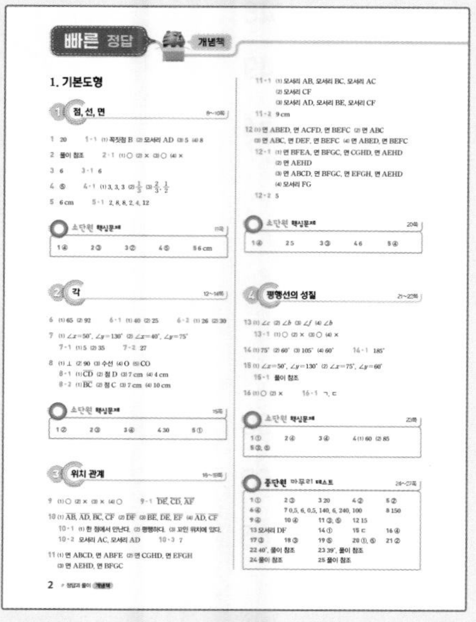

● 정답과 풀이

스스로 학습이 가능하도록 단계적이고 자세한 풀이 제공

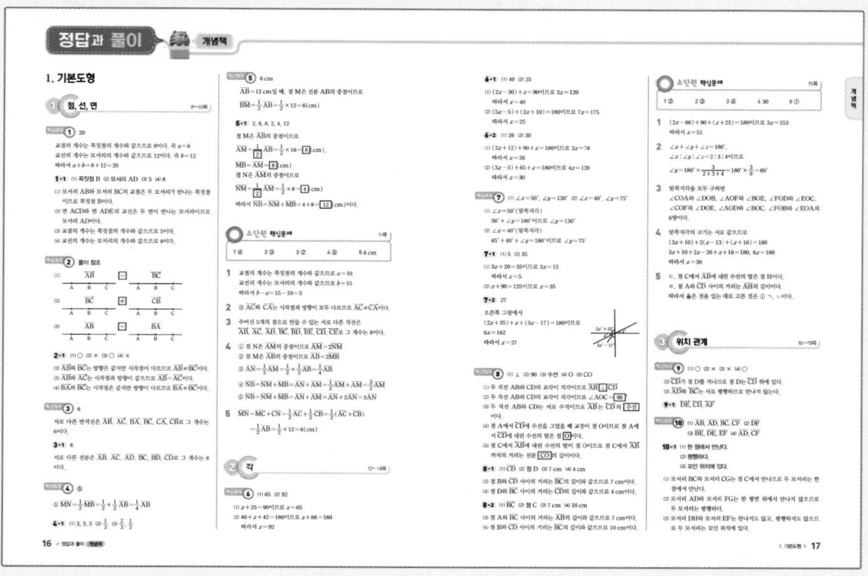

Contents 이 책의 차례

5 다면체와 회전체

입체도형의 겉넓이와 부피

자료의 정리와 해석

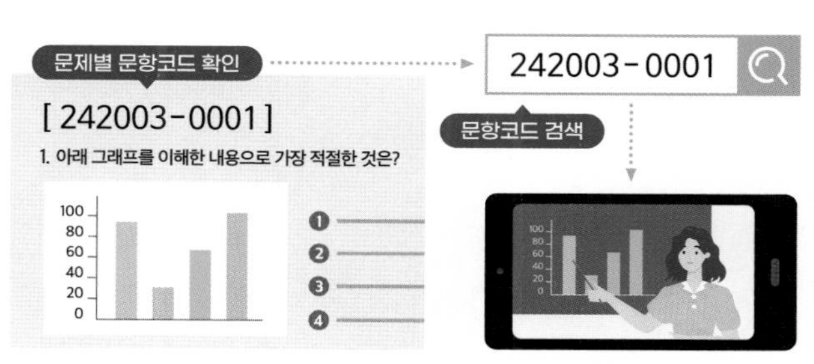

1

기본 도형

배운 내용	이 단원의 내용	배울 내용
도형의 기초	1 점, 선, 면	삼각형과 사각형의 성질
각도	2 각	도형의 닮음
	3 위치 관계	원의 성질
	4 평행선의 성질	

1 점, 선, 면

1 점, 선, 면

(1) 도형의 기본 요소

① 점, 선, 면을 도형의 기본 요소라 한다.

② 점이 연속적으로 움직이면 선이 되고, 선이 연속적으로 움직이면 면이 된다.

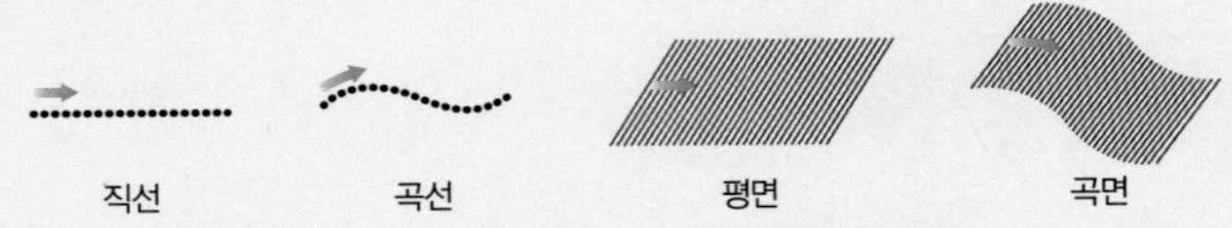

참고 선은 무수히 많은 점으로 이루어져 있고, 면은 무수히 많은 선으로 이루어져 있다.

(2) 평면도형과 입체도형

① **평면도형**: 삼각형, 원과 같이 한 평면 위에 있는 도형

② **입체도형**: 직육면체, 원기둥, 구와 같이 한 평면 위에 있지 않은 도형

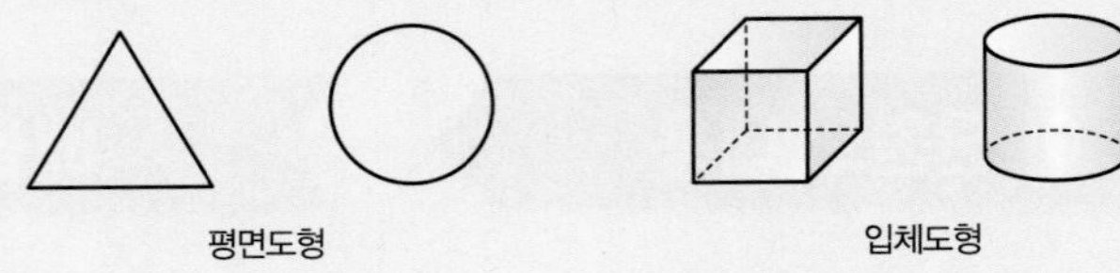

(3) 교점과 교선

① **교점**: 선과 선 또는 선과 면이 만나서 생기는 점

② **교선**: 면과 면이 만나서 생기는 선

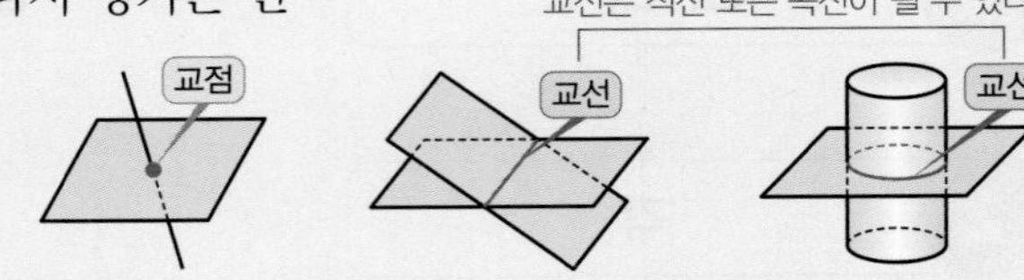

참고 평면으로만 둘러싸인 입체도형에서 교점은 꼭짓점이고, 교선은 모서리이다.

용어 톡!

교점(交 엇갈리다, 點 점): 만날 때 생기는 점

교선(交 엇갈리다, 線 줄): 만날 때 생기는 선

[242003-0001]

핵심예제 1 오른쪽 그림과 같은 직육면체에서 교점의 개수를 a, 교선의 개수를 b라 할 때, $a+b$의 값을 구하시오.

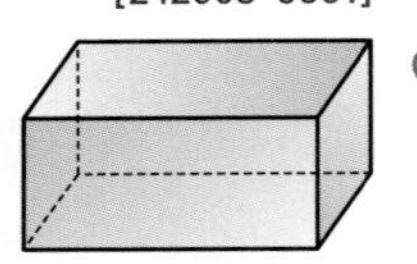

교점과 교선

평면으로만 둘러싸인 입체도형에서

(교점의 개수)=(꼭짓점의 개수)

(교선의 개수)=(모서리의 개수)

[242003-0002]

1-1 오른쪽 그림과 같은 사각뿔에서 다음을 구하시오.

(1) 모서리 AB와 모서리 BC의 교점

(2) 면 ACD와 면 ADE의 교선

(3) 교점의 개수

(4) 교선의 개수

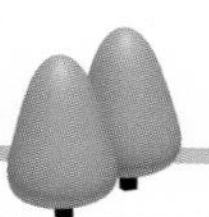

2 직선, 반직선, 선분

(1) 직선이 정해질 조건

한 점 A를 지나는 직선은 무수히 많지만 서로 다른 두 점 A, B를 지나는 직선은 오직 하나뿐이다.
└ 서로 다른 두 점은 직선 하나를 결정한다.

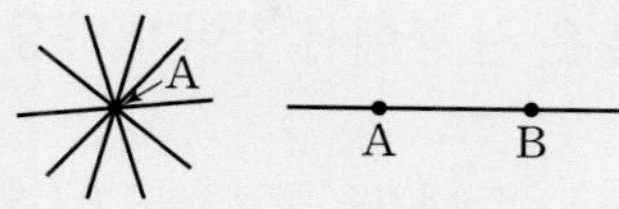

(2) 직선, 반직선, 선분

① 서로 다른 두 점 A, B를 지나는 직선 AB를 기호로 $\overleftrightarrow{AB}$와 같이 나타낸다.
$\overleftrightarrow{AB}$와 $\overleftrightarrow{BA}$는 같은 직선이다. ┘

A B

② 직선 AB 위의 점 A에서 출발하여 점 B의 방향으로 뻗은 부분인 반직선 AB를 기호로 $\overrightarrow{AB}$와 같이 나타낸다.

주의 $\overrightarrow{AB}$와 $\overrightarrow{BA}$는 서로 다른 반직선이다.

A B

③ 직선 AB 위의 점 A에서 점 B까지의 부분인 선분 AB를 기호로 $\overline{AB}$와 같이 나타낸다.
└ $\overline{AB}$와 $\overline{BA}$는 같은 선분이다.

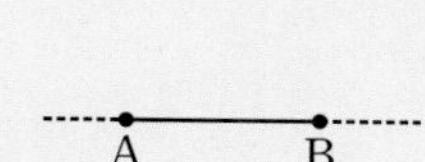

용어 톡!

직선(直 곧다, 線 줄): 곧게 뻗은 선
선분(線 줄, 分 나누다): 직선을 나눈 일부분

플러스 톡!

어느 세 점도 한 직선 위에 있지 않은 n개의 점 중에서 두 점을 지나는 서로 다른 직선과 선분의 개수는 각각 $\frac{n(n-1)}{2}$이고, 반직선의 개수는 $n(n-1)$이다.

핵심예제 **2** 다음 기호를 주어진 그림 위에 각각 나타내고, □ 안에 =, ≠ 중 알맞은 것을 써넣으시오. [242003-0003]

(2) $\overrightarrow{BC}$ □ $\overrightarrow{CB}$

A B C　　A B C

(3) $\overline{AB}$ □ $\overline{BA}$

A B C　　A B C

직선, 반직선, 선분

직선 AB	$\overleftrightarrow{AB}$	$\overleftrightarrow{AB}=\overleftrightarrow{BA}$
반직선 AB	$\overrightarrow{AB}$	$\overrightarrow{AB}\neq\overrightarrow{BA}$
선분 AB	$\overline{AB}$	$\overline{AB}=\overline{BA}$

2-1 오른쪽 그림과 같이 직선 l 위에 세 점 A, B, C가 있을 때, 다음 중 옳은 것은 ○표, 옳지 않은 것은 ×표를 (　) 안에 써넣으시오. [242003-0004]

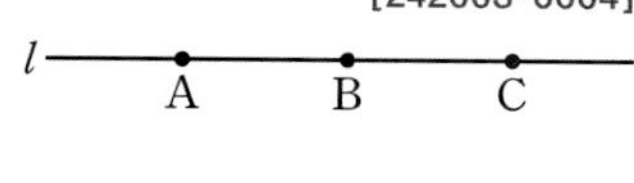

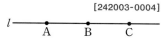

(1) $\overleftrightarrow{AB}=\overleftrightarrow{AC}$ (　　)　(2) $\overrightarrow{AB}=\overrightarrow{BC}$ (　　)

(3) $\overrightarrow{AB}=\overrightarrow{AC}$ (　　)　(4) $\overrightarrow{BA}=\overrightarrow{BC}$ (　　)

시작점과 방향이 같은 반직선은 서로 같은 반직선이다.

핵심예제 **3** 오른쪽 그림과 같이 한 직선 위에 있지 않은 세 점 A, B, C가 있다. 이 중에서 두 점을 지나는 서로 다른 반직선의 개수를 구하시오. [242003-0005]

A•　C•　B•

직선, 반직선, 선분의 개수

두 점 A, B로 만들 수 있는
① 서로 다른 직선
➡ $\overleftrightarrow{AB}$의 1개
② 서로 다른 반직선
➡ $\overrightarrow{AB}$, $\overrightarrow{BA}$의 2개
③ 서로 다른 선분
➡ $\overline{AB}$의 1개

3-1 오른쪽 그림과 같이 어느 세 점도 한 직선 위에 있지 않은 네 점 A, B, C, D가 있다. 이 중에서 두 점을 지나는 서로 다른 선분의 개수를 구하시오. [242003-0006]

A　•D　B•　C

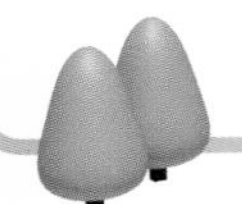

3 두 점 사이의 거리

(1) 두 점 A, B 사이의 거리

두 점 A, B를 잇는 무수히 많은 선 중에서 길이가 가장 짧은 선인 선분 AB의 길이를 **두 점 A, B 사이의 거리**라 한다.

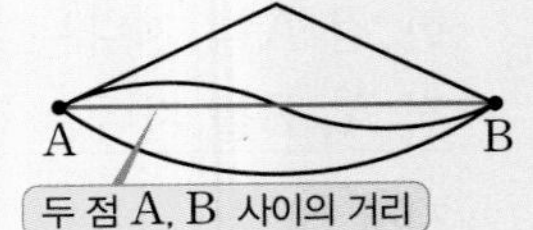

참고 $\overline{AB}$는 도형으로서 선분 AB를 나타내기도 하고 선분 AB의 길이를 나타내기도 한다.

➡ ① 선분 AB의 길이가 4 cm일 때, $\overline{AB}=4$ cm와 같이 나타낸다.

② 선분 AB와 선분 CD의 길이가 서로 같을 때, $\overline{AB}=\overline{CD}$와 같이 나타낸다.

(2) 선분 AB의 중점

선분 AB 위의 한 점 M에 대하여 $\overline{AM}=\overline{BM}$일 때, 점 M을 선분 AB의 **중점**이라 한다.

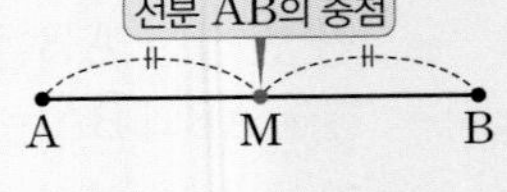

➡ $\overline{AM}=\overline{BM}=\frac{1}{2}\overline{AB}$

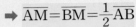

설명 선분 AB의 삼등분점

오른쪽 그림과 같이 선분 AB를 삼등분하는 두 점을 M, N이라 하면

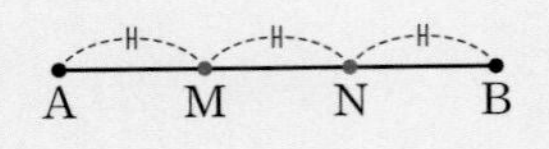

$\overline{AM}=\overline{MN}=\overline{NB}=\frac{1}{3}\overline{AB}$, $\overline{AN}=\overline{MB}=\frac{2}{3}\overline{AB}$

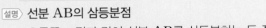

용어 톡!

중점(中 가운데, 點 점): 선분의 가운데 점

핵심예제 4 [242003-0007]

오른쪽 그림에서 점 M은 $\overline{AB}$의 중점이고, 점 N은 $\overline{MB}$의 중점일 때, 다음 중에서 옳지 않은 것은?

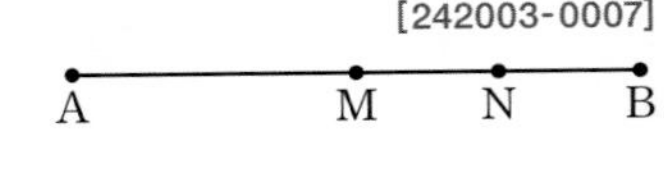

① $\overline{AB}=2\overline{AM}$ ② $\overline{MN}=\frac{1}{2}\overline{MB}$ ③ $\overline{AN}=3\overline{MN}$

④ $\overline{NB}=\frac{1}{4}\overline{AB}$ ⑤ $\overline{MN}=\frac{1}{3}\overline{AB}$

선분의 중점

점 M이 $\overline{AB}$의 중점이면

$\overline{AM}=\overline{BM}=\frac{1}{2}\overline{AB}$

[242003-0008]

4-1 오른쪽 그림에서 두 점 M, N이 $\overline{AB}$의 삼등분점일 때, 다음 □ 안에 알맞은 수를 써넣으시오.

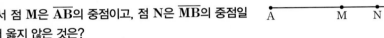

(1) $\overline{AB}=\square\overline{AM}=\square\overline{MN}=\square\overline{NB}$ (2) $\overline{AM}=\overline{MN}=\overline{NB}=\square\overline{AB}$

(3) $\overline{AN}=\square\overline{AB}$, $\overline{AM}=\square\overline{MB}$

핵심예제 5 [242003-0009]

오른쪽 그림에서 점 M은 $\overline{AB}$의 중점이고 $\overline{AB}=12$ cm일 때, $\overline{BM}$의 길이를 구하시오.

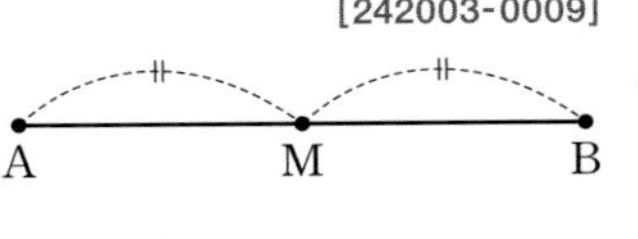

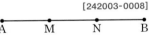

두 점 사이의 거리

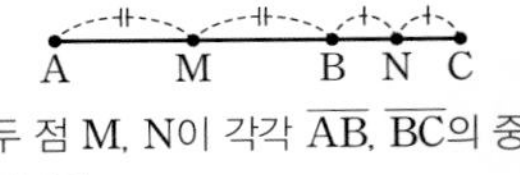

두 점 M, N이 각각 $\overline{AB}$, $\overline{BC}$의 중점이면

① $\overline{AM}=\overline{BM}=\frac{1}{2}\overline{AB}$, $\overline{BN}=\overline{CN}=\frac{1}{2}\overline{BC}$

② $\overline{MN}=\overline{MB}+\overline{BN}$

$=\frac{1}{2}\overline{AB}+\frac{1}{2}\overline{BC}$

$=\frac{1}{2}(\overline{AB}+\overline{BC})=\frac{1}{2}\overline{AC}$

[242003-0010]

5-1 오른쪽 그림에서 점 M이 $\overline{AB}$의 중점이고, 점 N이 $\overline{AM}$의 중점이다. 다음은 $\overline{AB}=16$ cm일 때 $\overline{NB}$의 길이를 구하는 과정이다. □ 안에 알맞은 것을 써넣으시오.

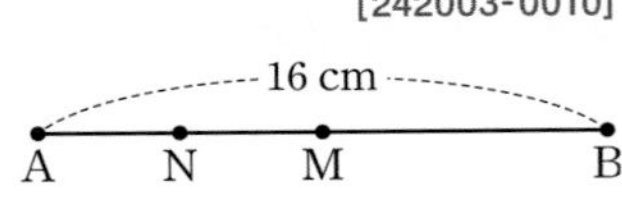

$\overline{AM}=\frac{1}{\square}\overline{AB}=\square$(cm), $\overline{MB}=\overline{AM}=\square$(cm)이고 $\overline{NM}=\frac{1}{\square}\overline{AM}=\square$(cm)이다.

따라서 $\overline{NB}=\overline{NM}+\overline{MB}=\square$(cm)이다.

소단원 핵심문제

교점과 교선

[242003-0011]

1 오른쪽 그림과 같은 오각기둥에서 교점의 개수를 a, 교선의 개수를 b라고 할 때, $b-a$의 값은?

① 2 ② 3 ③ 4
④ 5 ⑤ 6

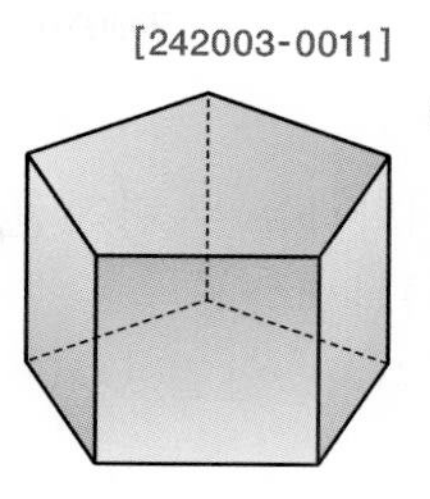

평면으로만 둘러싸인 입체도형에서
① 교점 ➡ 꼭짓점
② 교선 ➡ 모서리

직선, 반직선, 선분

[242003-0012]

2 오른쪽 그림과 같이 직선 l 위에 네 점 A, B, C, D가 있다. 다음 중 옳지 않은 것은?

① $\overleftrightarrow{AB}=\overrightarrow{BC}$ ② $\overleftrightarrow{BC}=\overleftrightarrow{BD}$ ③ $\overrightarrow{AC}=\overrightarrow{CA}$
④ $\overrightarrow{BC}=\overrightarrow{BD}$ ⑤ $\overline{CD}=\overline{DC}$

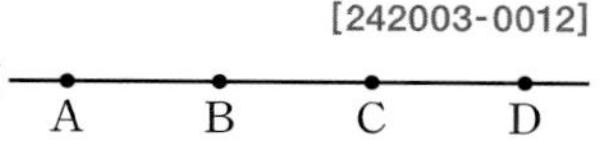

반직선은 시작점과 방향이 모두 같아야 같은 반직선이다.

직선, 반직선, 선분의 개수

[242003-0013]

3 오른쪽 그림과 같이 반원 위에 점 A, B, C, D, E가 있다. 5개의 점 중 두 점을 이어서 만들 수 있는 서로 다른 직선의 개수는?

① 7 ② 8 ③ 9
④ 10 ⑤ 11

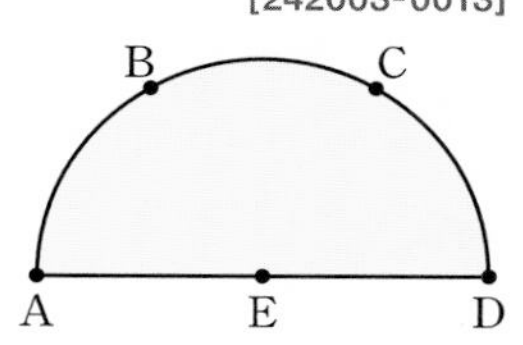

직선 또는 선분의 개수를 구할 때 중복되는 경우는 한 번만 개수에 포함시킨다.

선분의 중점

[242003-0014]

4 오른쪽 그림에서 점 M은 $\overline{AB}$의 중점이고 점 N은 $\overline{AM}$의 중점이다. 다음 중 옳은 것은?

① $\overline{AM}=\frac{1}{2}\overline{NM}$ ② $\overline{AB}=4\overline{MB}$ ③ $\overline{AN}=\frac{1}{3}\overline{AB}$
④ $\overline{NB}=2\overline{AM}$ ⑤ $\overline{NB}=3\overline{AN}$

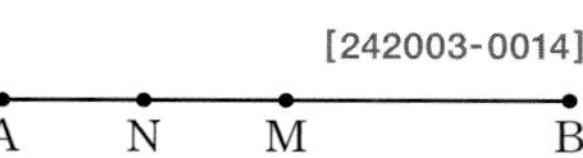

두 점 사이의 거리 / 선분의 중점

[242003-0015]

5 오른쪽 그림에서 점 M, N은 각각 $\overline{AC}$, $\overline{BC}$의 중점이고, $\overline{AB}=12$ cm일 때, $\overline{MN}$의 길이를 구하시오.

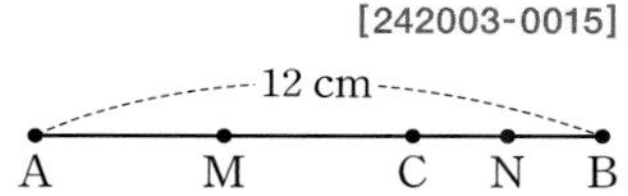

각

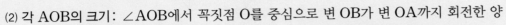

4 각

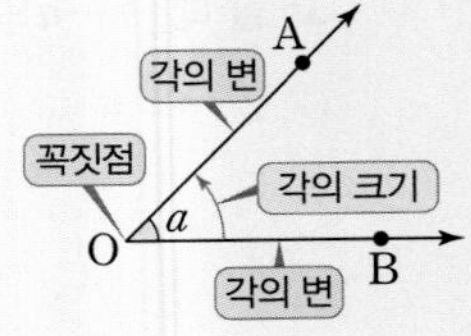

(1) 각 AOB: 한 점 O에서 시작하는 두 반직선 OA, OB로 이루어진 도형을 각 AOB라 하고, 기호로 **∠AOB**와 같이 나타낸다.

참고 ∠AOB는 ∠BOA, ∠O, ∠a와 같이 나타내기도 한다.

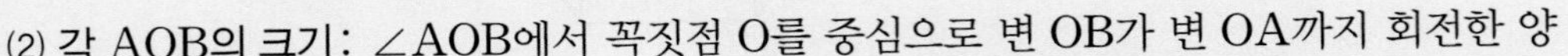

(2) 각 AOB의 크기: ∠AOB에서 꼭짓점 O를 중심으로 변 OB가 변 OA까지 회전한 양

참고 ∠AOB는 도형으로서 각 AOB를 나타내기도 하고 각 AOB의 크기를 나타내기도 한다.
➡ ∠AOB의 크기가 60°일 때, ∠AOB= 60°와 같이 나타낸다.

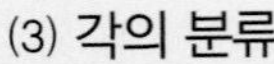

(3) 각의 분류

① **평각**: 각의 두 변이 꼭짓점을 중심으로 반대쪽에 있고 한 직선을 이루는 각, 즉 크기가 180°인 각

② **직각**: 평각의 크기의 $\frac{1}{2}$인 각, 즉 크기가 90°인 각

③ **예각**: 크기가 0°보다 크고 90°보다 작은 각 ➡ 0°<(예각)<90°

④ **둔각**: 크기가 90°보다 크고 180°보다 작은 각 ➡ 90°<(둔각)<180°

(평각)=180°	(직각)=90°	0°<(예각)<90°	90°<(둔각)<180°

용어 톡!
평각(平 평평하다, 角 각): 크기가 180°인 각

[242003-0016]

핵심예제 6 다음 그림에서 x의 값을 구하시오.

(1)

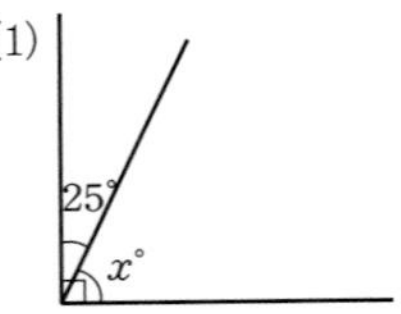

(2) 46° x° 42°

각의 크기
① 직각의 크기는 90°이다.

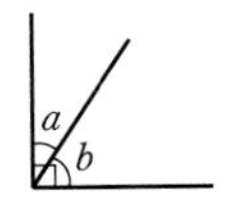

➡ ∠a+∠b=90°

② 평각의 크기는 180°이다.

a b

➡ ∠a+∠b=180°

[242003-0017]

6-1 다음 그림에서 x의 값을 구하시오.

(1)

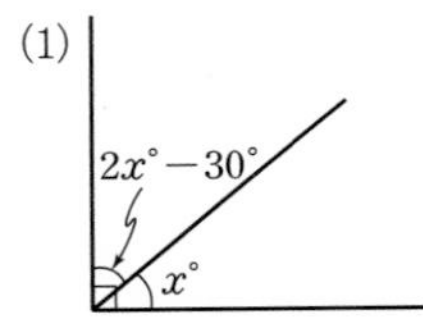

(2) $5x°-5°$ $2x°+10°$

[242003-0018]

6-2 다음 그림에서 x의 값을 구하시오.

(1)

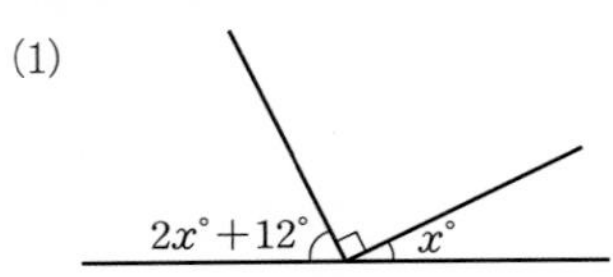

(2) $3x°-5°$ 65° x°

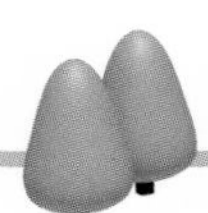

5 맞꼭지각

(1) **교각** : 두 직선이 한 점에서 만날 때 생기는 네 개의 각

➡ $\angle a$, $\angle b$, $\angle c$, $\angle d$

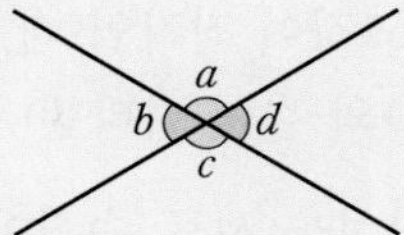

(2) **맞꼭지각** : 교각 중에서 서로 마주 보는 두 각

➡ $\angle a$와 $\angle c$, $\angle b$와 $\angle d$

(3) 맞꼭지각의 성질 : 맞꼭지각의 크기는 서로 같다.

➡ $\angle a=\angle c$, $\angle b=\angle d$

참고 오른쪽 그림에서

$\angle a+\angle d=180°$이므로 $\angle a=180°-\angle d$

$\angle c+\angle d=180°$이므로 $\angle c=180°-\angle d$

따라서 $\angle a=\angle c$

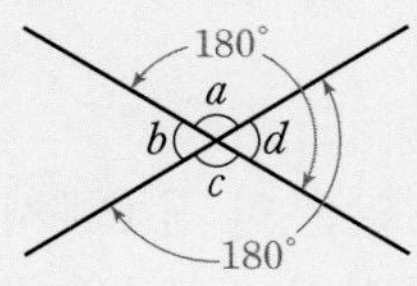

용어 톡!

교각(交 만나다, 角 각) : 두 직선이 만날 때 생기는 각

핵심예제 **7** 다음 그림에서 $\angle x$, $\angle y$의 크기를 각각 구하시오. [242003-0019]

(1)

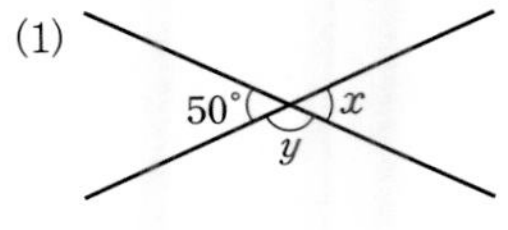

(2)

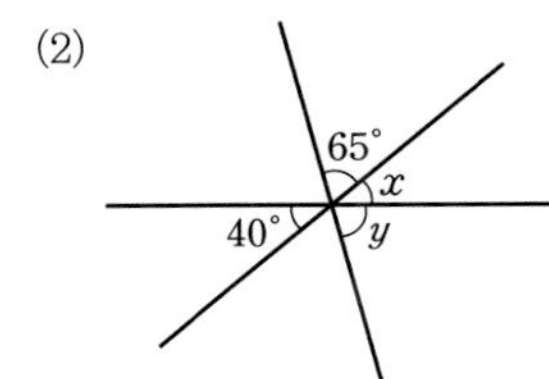

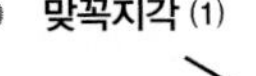

맞꼭지각 (1)

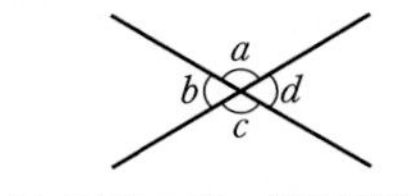

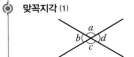

맞꼭지각의 크기는 서로 같으므로

$\angle a=\angle c$, $\angle b=\angle d$

7-1 다음 그림에서 x의 값을 구하시오. [242003-0020]

(1)

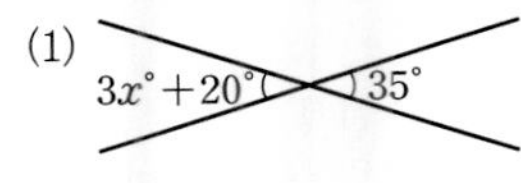

(2)

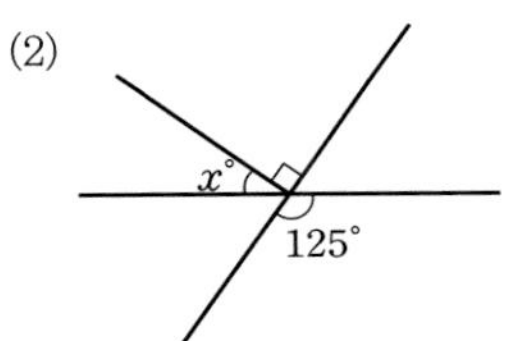

7-2 오른쪽 그림에서 x의 값을 구하시오. [242003-0021]

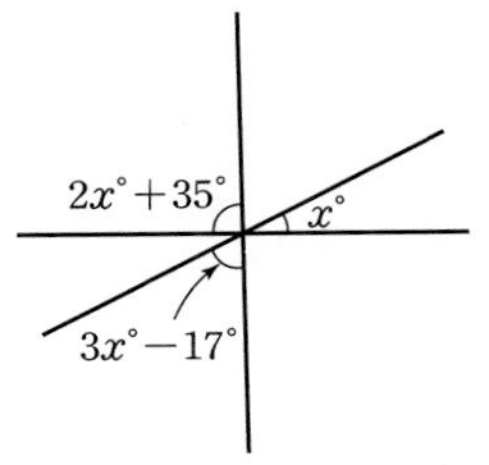

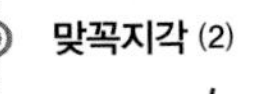

맞꼭지각 (2)

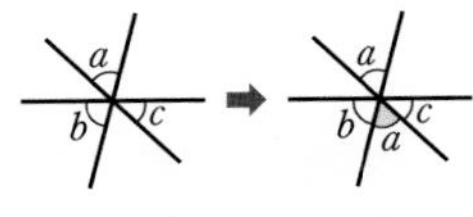

➡ $\angle a+\angle b+\angle c=180°$

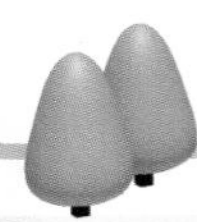

6 수직과 수선

(1) **직교**: 두 직선 AB와 CD의 교각이 직각일 때, 두 직선은 **직교**한다고 하고, 기호로 $\overleftrightarrow{AB}\perp\overleftrightarrow{CD}$와 같이 나타낸다.

(2) **수직과 수선**: 직교하는 두 직선을 서로 수직이라 하고, 한 직선을 다른 직선의 수선이라 한다.

(3) **수직이등분선**: 선분 AB의 중점 M을 지나고 선분 AB에 수직인 직선 l을 선분 AB의 **수직이등분선**이라 한다.
➡ $l\perp\overline{AB}$, $\overline{AM}=\overline{BM}$

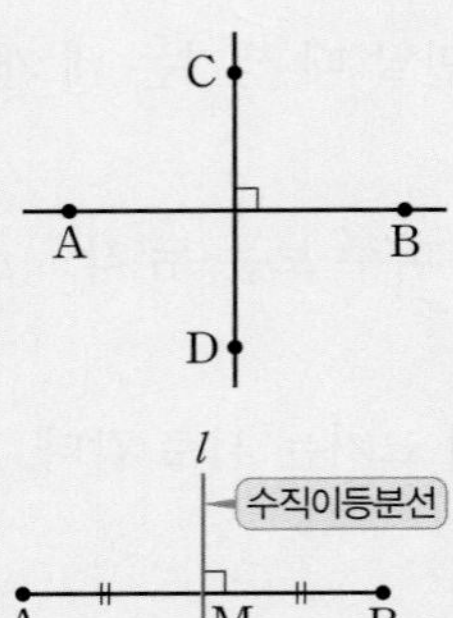

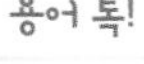

용어 톡!

직교(直 곧다, 交 만나다): 직각으로 만나다.

(4) **수선의 발**: 직선 l 위에 있지 않은 한 점 P에서 직선 l에 수선을 그었을 때, 그 교점 H를 점 P에서 직선 l에 내린 **수선의 발**이라 한다.

(5) **점과 직선 사이의 거리**: 직선 l 위에 있지 않은 한 점 P에서 직선 l에 내린 수선의 발 H에 대하여 선분 PH의 길이를 점 P와 직선 l 사이의 거리라 한다.

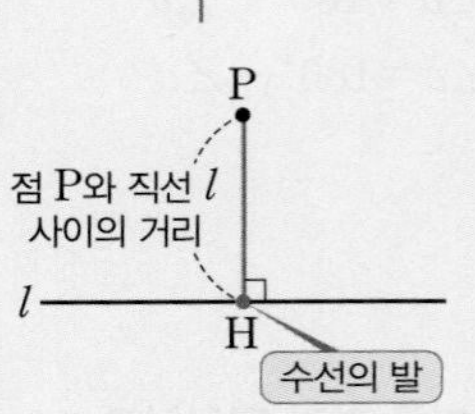

참고 점과 직선 사이의 거리는 점과 직선 위에 있는 점을 이은 선분 중에서 길이가 가장 짧은 선분의 길이이다.

[242003-0022]

핵심예제 8 **오른쪽 그림을 보고 다음 □ 안에 알맞은 것을 써넣으시오.**

(1) $\overleftrightarrow{AB}$ □ $\overleftrightarrow{CD}$

(2) $\angle AOC=$□$^\circ$

(3) $\overleftrightarrow{AB}$는 $\overleftrightarrow{CD}$의 □이다.

(4) 점 A에서 $\overleftrightarrow{CD}$에 내린 수선의 발은 점 □이다.

(5) 점 C에서 $\overleftrightarrow{AB}$까지의 거리는 선분 □의 길이이다.

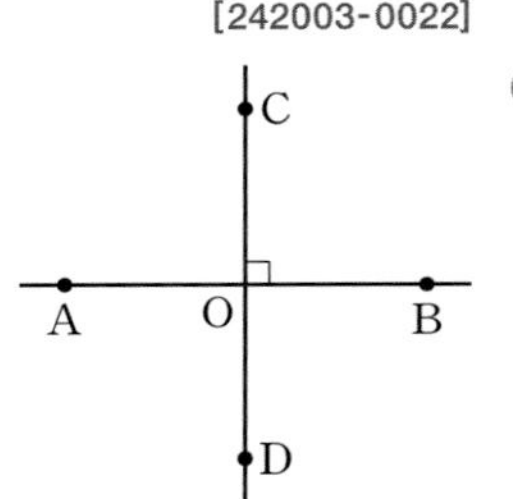

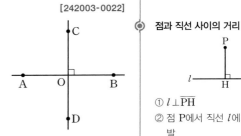

점과 직선 사이의 거리

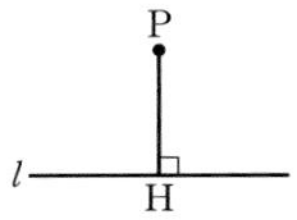

P
l
H

① $l\perp\overline{PH}$

② 점 P에서 직선 l에 내린 수선의 발
➡ 점 H

③ 점 P와 직선 l 사이의 거리
➡ $\overline{PH}$의 길이

[242003-0023]

8-1 **오른쪽 그림과 같은 사다리꼴 ABCD에서 다음을 구하시오.**

(1) $\overline{BC}$와 직교하는 변

(2) 점 A에서 $\overline{CD}$에 내린 수선의 발

(3) 점 B와 $\overline{CD}$ 사이의 거리

(4) 점 D와 $\overline{BC}$ 사이의 거리

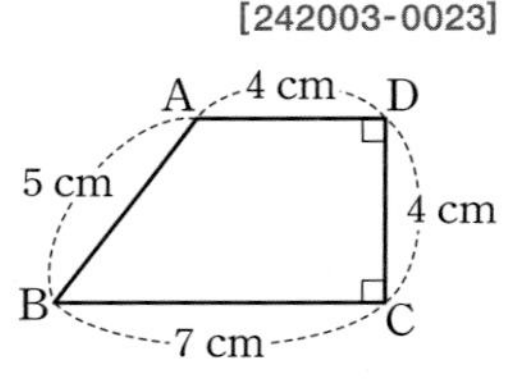

[242003-0024]

8-2 **오른쪽 그림에서 다음을 구하시오.**

(1) $\overline{CD}$와 직교하는 변

(2) 점 B에서 $\overline{CD}$에 내린 수선의 발

(3) 점 A와 $\overline{BC}$ 사이의 거리

(4) 점 B와 $\overline{CD}$ 사이의 거리

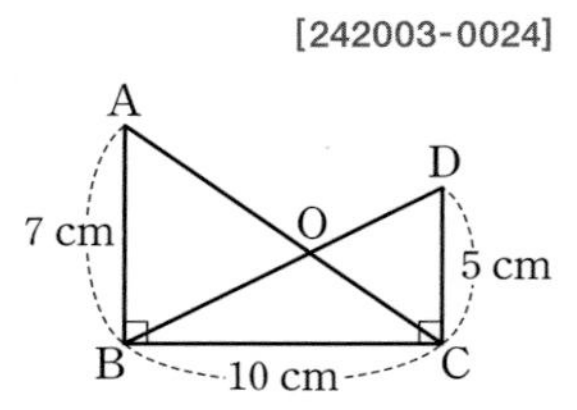
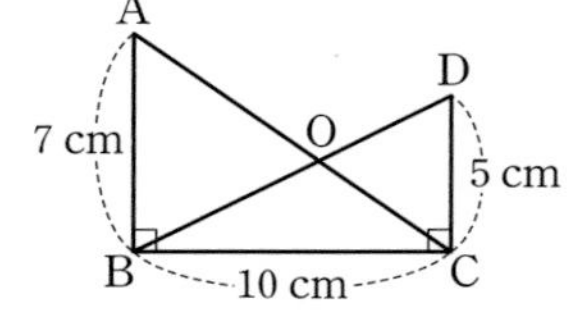

소단원 핵심문제

평각의 크기

[242003-0025]

1 **오른쪽 그림에서 x의 값은?**

① 50　② 51　③ 52
④ 53　⑤ 54

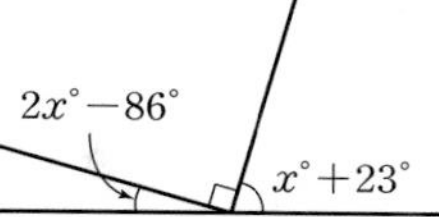

평각의 크기는 180°이다.

평각의 크기 / 각의 크기의 비가 주어진 경우

[242003-0026]

2 **오른쪽 그림에서 $\angle x : \angle y : \angle z = 2 : 3 : 4$일 때, $\angle y$의 크기는?**

① 50°　② 55°　③ 60°
④ 65°　⑤ 70°

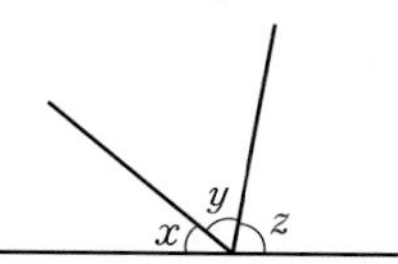

$\angle x : \angle y : \angle z = a : b : c$이면

$\angle x = 180° \times \frac{a}{a+b+c}$

$\angle y = 180° \times \frac{b}{a+b+c}$

$\angle z = 180° \times \frac{c}{a+b+c}$

맞꼭지각

[242003-0027]

3 **오른쪽 그림과 같이 세 직선이 한 점 O에서 만날 때 생기는 맞꼭지각은 모두 몇 쌍인가?**

① 3쌍　② 4쌍　③ 5쌍
④ 6쌍　⑤ 7쌍

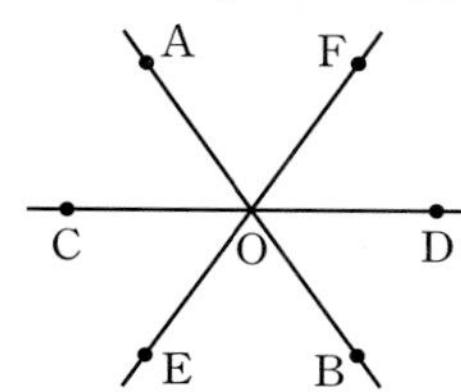

교각 중에서 서로 마주 보는 두 각을 맞꼭지각이라고 한다.

맞꼭지각

[242003-0028]

4 **오른쪽 그림에서 x의 값을 구하시오.**

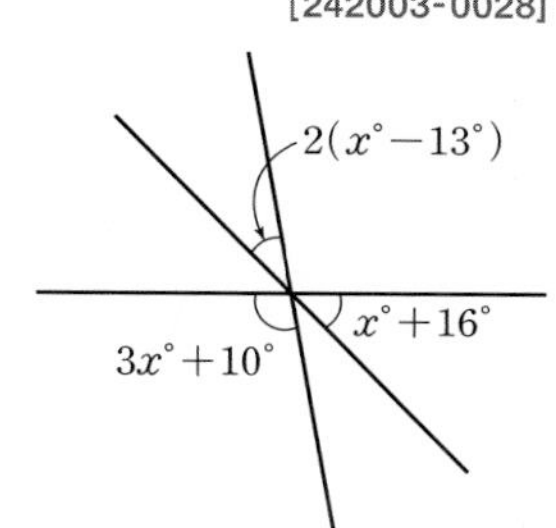

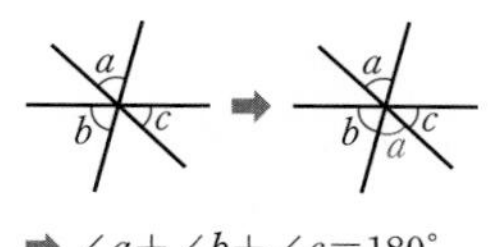

➡ $\angle a + \angle b + \angle c = 180°$

수직과 수선

[242003-0029]

5 **다음 보기에서 오른쪽 그림에 대하여 옳은 것을 있는 대로 고른 것은?**

> **보기**
> ㄱ. $\overline{AB} \perp \overline{CD}$
> ㄴ. $\overline{CD}$는 $\overline{AB}$를 수직이등분한다.
> ㄷ. 점 C에서 $\overline{AB}$에 내린 수선의 발은 점 D이다.
> ㄹ. 점 A와 $\overline{CD}$ 사이의 거리는 $\overline{AC}$의 길이이다.

① ㄱ, ㄴ　② ㄱ, ㄷ　③ ㄴ, ㄷ
④ ㄴ, ㄹ　⑤ ㄷ, ㄹ

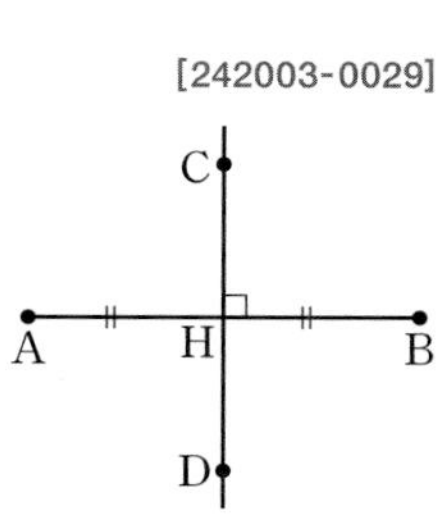

3 위치 관계

7 점과 직선, 점과 평면의 위치 관계

(1) 점과 직선의 위치 관계

① 점 A는 직선 l 위에 있다. ─ 직선 l이 점 A를 지난다.

② 점 B는 직선 l 위에 있지 않다. ─ 직선 l이 점 B를 지나지 않는다.

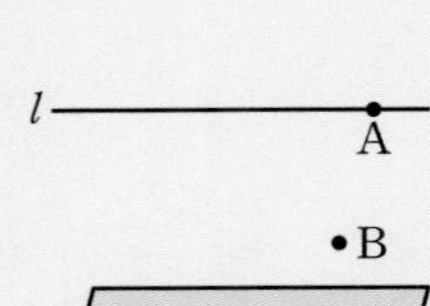

(2) 점과 평면의 위치 관계

① 점 A는 평면 P 위에 있다. ─ 평면 P가 점 A를 포함한다.

② 점 B는 평면 P 위에 있지 않다. ─ 평면 P가 점 B를 포함하지 않는다.

참고 평면은 일반적으로 평행사변형 모양으로 그리고 P, Q, R, …와 같이 나타낸다.

8 평면에서 두 직선의 위치 관계

(1) 두 직선의 평행: 한 평면 위의 두 직선 l, m이 서로 만나지 않을 때, 두 직선 l, m은 서로 평행하다고 하고, 기호로 $l /\!/ m$과 같이 나타낸다.

(2) 평면에서 두 직선의 위치 관계

① 한 점에서 만난다.

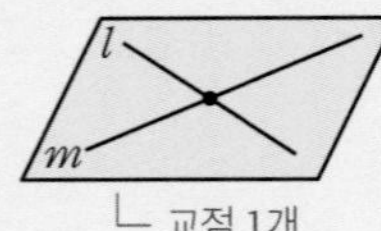

└ 교점 1개

② 일치한다.

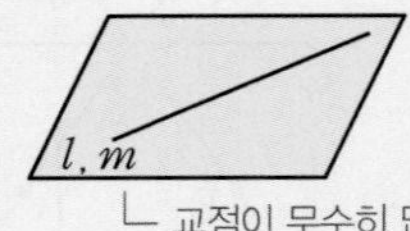

└ 교점이 무수히 많다.

③ 평행하다.

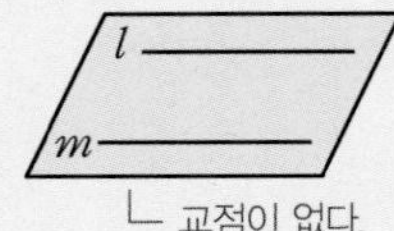

└ 교점이 없다.

참고 다음과 같은 경우에 평면이 하나로 정해진다.

① 한 직선 위에 있지 않은 서로 다른 세 점이 주어질 때

② 한 직선과 그 직선 밖에 있는 한 점이 주어질 때

③ 한 점에서 만나는 두 직선이 주어질 때

④ 서로 평행한 두 직선이 주어질 때

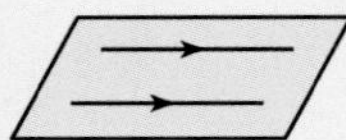

핵심예제 **9** 오른쪽 그림에 대하여 다음 설명 중 옳은 것은 ○표, 옳지 않은 것은 ×표를 (　　) 안에 써넣으시오.

[242003-0030]

(1) 점 A는 $\overleftrightarrow{AD}$ 위에 있다. (　　)

(2) 점 D는 $\overleftrightarrow{CD}$ 위에 있지 않다. (　　)

(3) $\overleftrightarrow{AD}$와 $\overleftrightarrow{BC}$는 한 점에서 만난다. (　　)

(4) $\overleftrightarrow{AB} /\!/ \overleftrightarrow{CD}$ (　　)

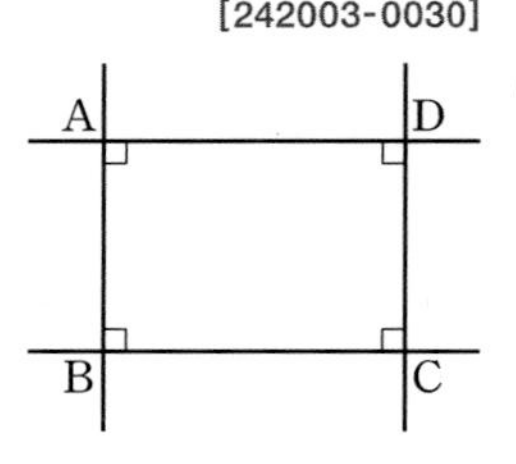

평면에서 두 직선의 위치 관계

① 한 점에서 만난다. ┐ 만난다.
② 일치한다. ┘
③ 평행하다. ─ 만나지 않는다.

9-1 오른쪽 그림과 같은 정육각형에서 각 변을 연장한 직선을 그을 때, □ 안에 알맞은 것을 써넣으시오.

[242003-0031]

직선 AB와 한 점에서 만나는 직선은 직선 AB와 평행한 직선인 □를 제외한 직선으로 $\overleftrightarrow{BC}$, □, $\overleftrightarrow{EF}$, □이다.

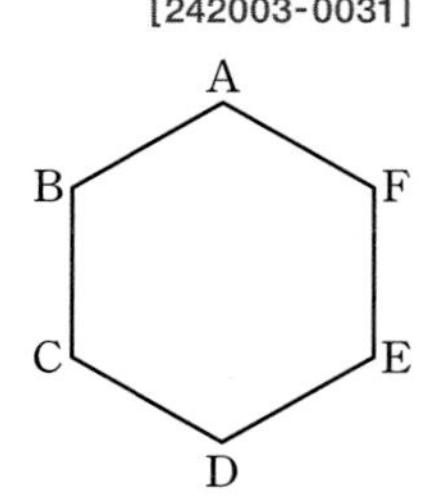

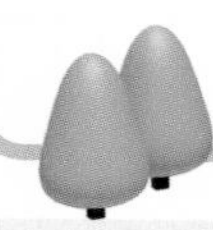

9 공간에서 두 직선의 위치 관계

(1) 꼬인 위치 : 공간에서 두 직선이 만나지도 않고 평행하지도 않을 때, 두 직선은 **꼬인 위치**에 있다고 한다.

참고 꼬인 위치에 있는 두 직선은 한 평면 위에 있지 않다.

(2) 공간에서 두 직선의 위치 관계

① 한 점에서 만난다. ② 일치한다. ③ 평행하다. ④ 꼬인 위치에 있다.

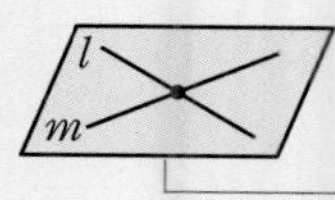

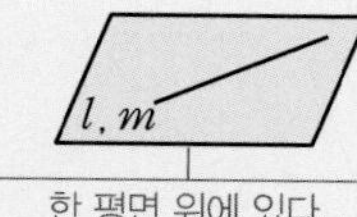

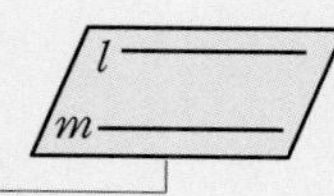

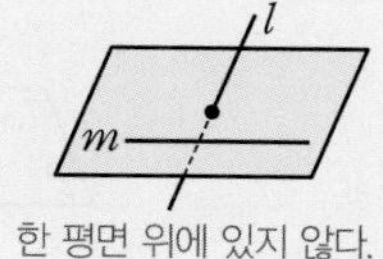

한 평면 위에 있다. 한 평면 위에 있지 않다.

핵심예제 **10** 오른쪽 그림과 같은 삼각기둥에서 다음을 구하시오. [242003-0032]

(1) 모서리 AC와 한 점에서 만나는 모서리

(2) 모서리 AC와 평행한 모서리

(3) 모서리 AC와 꼬인 위치에 있는 모서리

(4) 모리서 AC와 수직으로 만나는 모서리

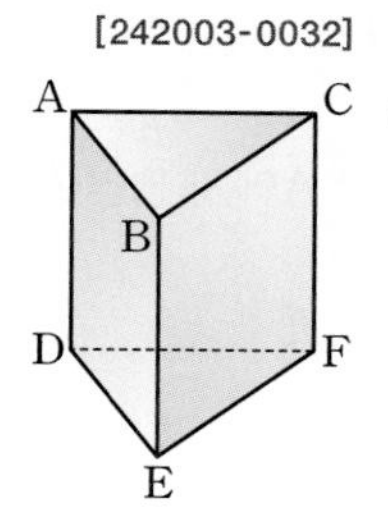

> **공간에서 두 직선의 위치 관계**
> ① 한 점에서 만난다. ② 일치한다. ┐ 만난다.
> ③ 평행하다. ④ 꼬인 위치에 있다. ┐ 만나지 않는다.

10-1 오른쪽 그림과 같은 직육면체에서 다음 두 모서리의 위치 관계를 각각 말하시오. [242003-0033]

(1) 모서리 BC와 모서리 CG

(2) 모서리 AD와 모서리 FG

(3) 모서리 DH와 모서리 EF

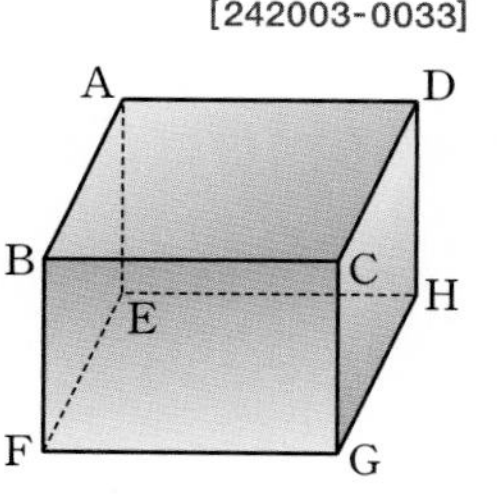

10-2 오른쪽 그림과 같은 사각뿔에서 모서리 BE와 꼬인 위치에 있는 모서리를 모두 말하시오. [242003-0034]

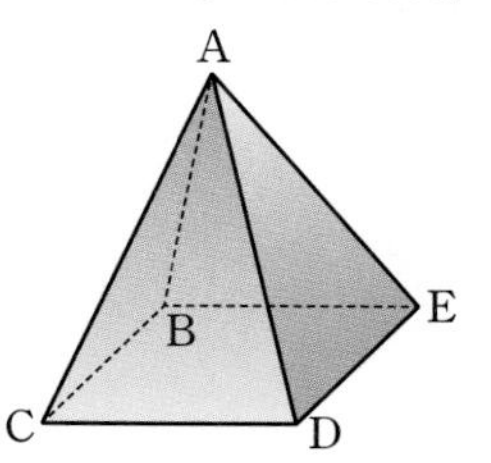

> **꼬인 위치**
> 공간에서 두 직선이 만나지도 않고 평행하지도 않을 때, 두 직선은 꼬인 위치에 있다고 한다.

10-3 오른쪽 그림과 같은 직육면체에서 모서리 BC와 평행한 모서리의 개수를 a, 꼬인 위치에 있는 모서리의 개수를 b라 할 때, $a+b$의 값을 구하시오. [242003-0035]

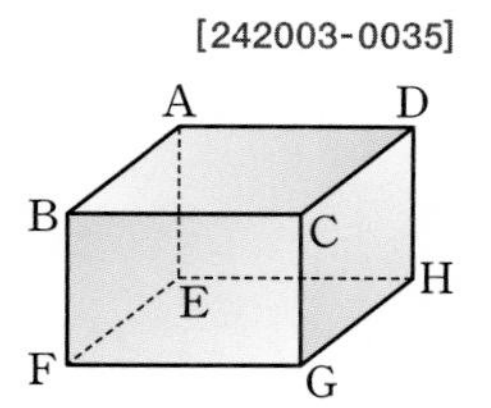

10 공간에서 직선과 평면의 위치 관계

(1) **직선과 평면의 평행**: 공간에서 직선 l과 평면 P가 만나지 않을 때, 직선 l과 평면 P는 평행하다고 하고, 기호로 $l /\!/ P$와 같이 나타낸다.

(2) **공간에서 직선과 평면의 위치 관계**

① 한 점에서 만난다.　② 포함된다.　③ 평행하다.

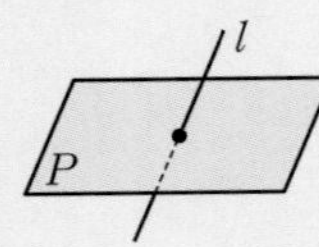

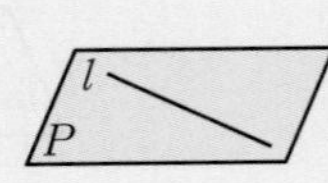

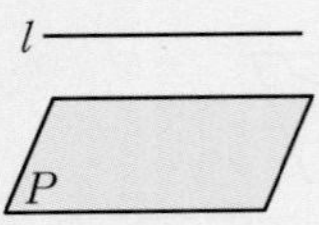

(3) **직선과 평면의 수직**: 직선 l이 평면 P와 점 H에서 만나고 점 H를 지나는 평면 P 위의 모든 직선과 수직일 때, 직선 l과 평면 P는 수직이다 또는 직교한다고 하고, 기호로 $l \perp P$와 같이 나타낸다.

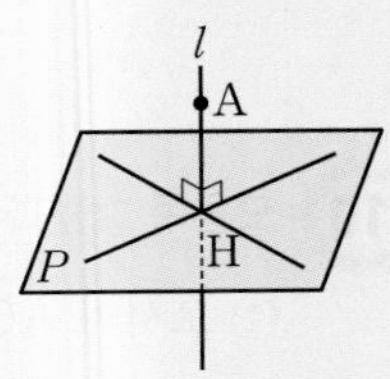

참고 **점과 평면 사이의 거리**
평면 P 위에 있지 않은 점 A에서 평면 P에 내린 수선의 발 H까지의 거리를 점 A와 평면 P 사이의 거리라 한다.

[242003-0036]

핵심예제 **11** **오른쪽 그림과 같은 직육면체에서 다음을 구하시오.**

(1) 모서리 AB를 포함하는 면
(2) 모서리 AB와 평행한 면
(3) 모서리 AB와 수직인 면

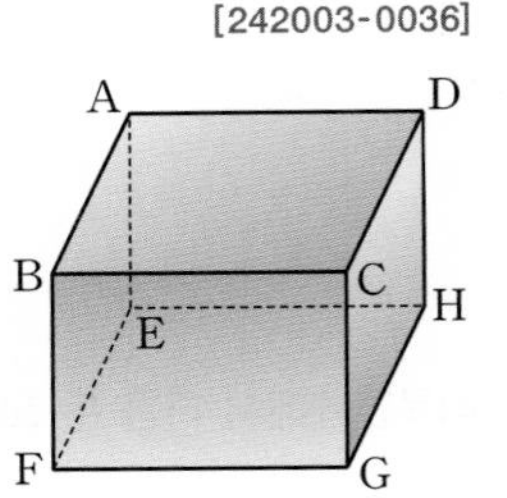

공간에서 직선과 평면의 위치 관계
① 한 점에서 만난다. ┐ 만난다.
② 포함된다. ┘
③ 평행하다. ─ 만나지 않는다.

[242003-0037]

11-1 **오른쪽 그림과 같은 삼각기둥에서 다음을 구하시오.**

(1) 면 ABC에 포함되는 모서리
(2) 면 ADEB와 평행한 모서리
(3) 면 DEF에 수직인 모서리

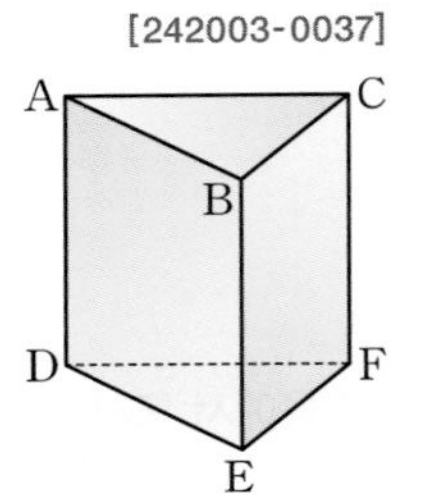

[242003-0038]

11-2 **오른쪽 그림과 같은 직육면체에서 점 A와 면 CGHD 사이의 거리를 구하시오.**

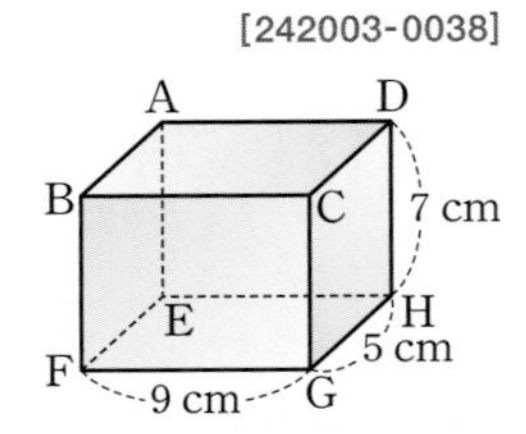

점과 평면 사이의 거리

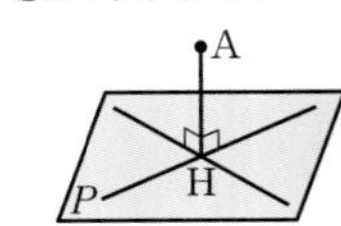

점 A와 평면 P 사이의 거리
➡ (점 A에서 평면 P에 내린 수선의 발 H까지의 거리)
=(선분 AH의 길이)

11 공간에서 두 평면의 위치 관계

(1) 두 평면의 평행: 공간에서 두 평면 P, Q가 만나지 않을 때, 두 평면 P, Q가 평행하다고 하고, 기호로 $P /\!/ Q$와 같이 나타낸다.

(2) 공간에서 두 평면의 위치 관계

① 한 직선에서 만난다. ② 일치한다. ③ 평행하다.

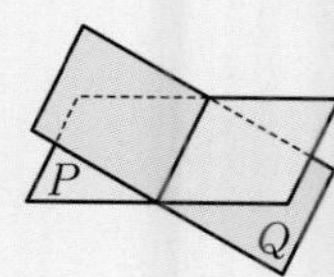

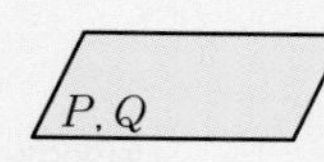

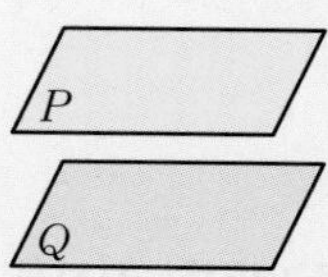

(3) 두 평면의 수직: 평면 P가 평면 Q에 수직인 직선 l을 포함할 때, 평면 P와 평면 Q는 수직이다 또는 직교한다고 하고, 기호로 $P \perp Q$와 같이 나타낸다.

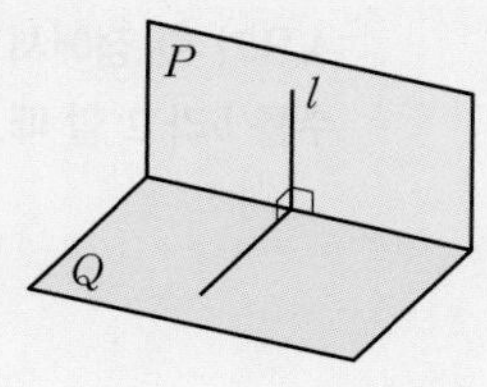

핵심예제 **12** 오른쪽 그림과 같은 삼각기둥에서 다음을 구하시오.

[242003-0039]

(1) 면 ABC와 만나는 면
(2) 면 DEF와 평행한 면
(3) 면 ACFD와 수직인 면
(4) 모서리 BE를 교선으로 하는 두 면

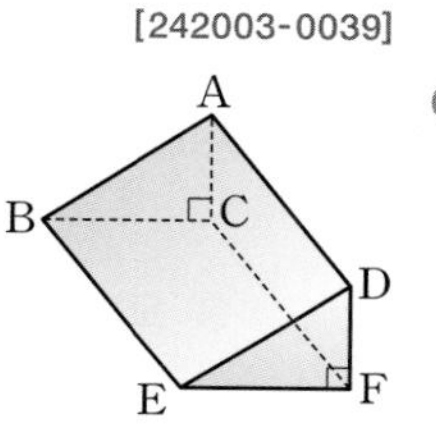

공간에서 두 평면의 위치 관계
① 한 직선에서 만난다.
② 일치한다.
] 만난다.
③ 평행하다. — 만나지 않는다.

12-1 오른쪽 그림과 같은 직육면체에서 다음을 구하시오.

[242003-0040]

(1) 면 ABCD와 만나는 면
(2) 면 BFGC와 평행한 면
(3) 면 CGHD와 수직인 면
(4) 면 BFGC와 면 EFGH의 교선

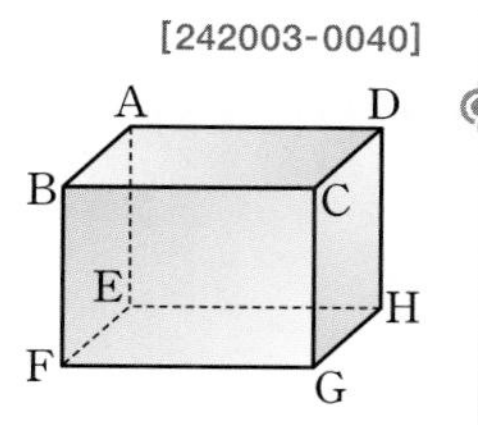

직육면체에서 두 평면의 위치 관계
① 한 직선에서 만난다.

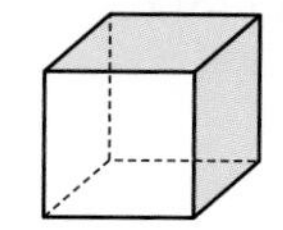

② 일치한다.

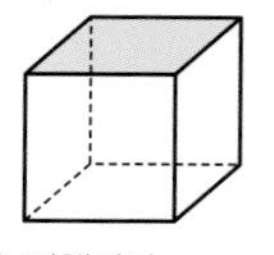

③ 평행하다.

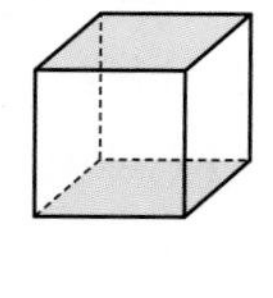

12-2 오른쪽 그림과 같은 직육면체에서 면 ABCD와 평행한 면의 개수를 a, 한 모서리에서 만나는 면의 개수를 b라 할 때, $a+b$의 값을 구하시오.

[242003-0041]

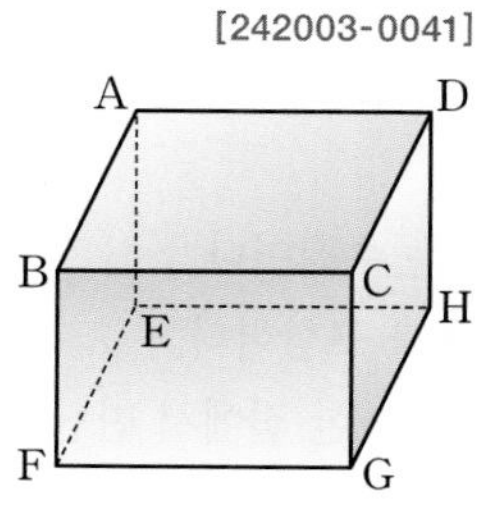

소단원 핵심문제

점과 직선, 점과 평면의 위치 관계 [242003-0042]

1 **오른쪽 그림과 같은 사각뿔에서 다음 설명 중 옳지 않은 것은?**

① 점 A는 모서리 AB 위에 있다.
② 모서리 CD를 연장한 직선은 점 E를 지나지 않는다.
③ 모서리 AE 위에 있지 않은 꼭짓점은 모두 3개이다.
④ 점 A는 면 BCDE 위에 있다.
⑤ 점 C는 면 ACD 위에 있다.

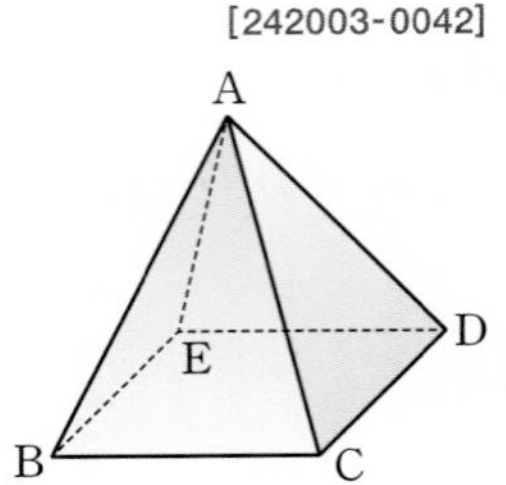

평면에서 두 직선의 위치 관계 [242003-0043]

2 **오른쪽 그림과 같은 정팔각형에서 각 변을 연장한 직선을 그을 때, 직선 AB와 한 점에서 만나는 직선의 개수를 a, 직선 AB와 평행한 직선의 개수를 b라고 할 때, $a-b$의 값을 구하시오.**

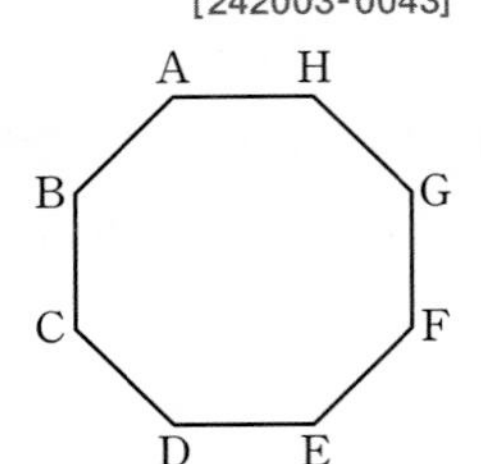

평면도형이나 입체도형에서 두 직선의 위치 관계는 변 또는 모서리를 직선으로 연장하여 생각한다.

공간에서 두 직선의 위치 관계 [242003-0044]

3 **다음 중 오른쪽 그림과 같은 삼각기둥에서 모서리 AD와의 위치 관계가 나머지 넷과 다른 하나는?**

① 모서리 AB ② 모서리 DE
③ 모서리 EF ④ 모서리 AC
⑤ 모서리 DF

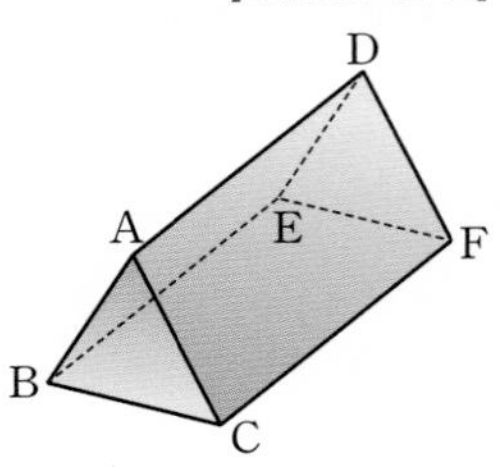

꼬인 위치 [242003-0045]

4 **오른쪽 그림과 같은 직육면체에서 $\overline{AC}$와 꼬인 위치에 있는 모서리의 개수를 구하시오.**

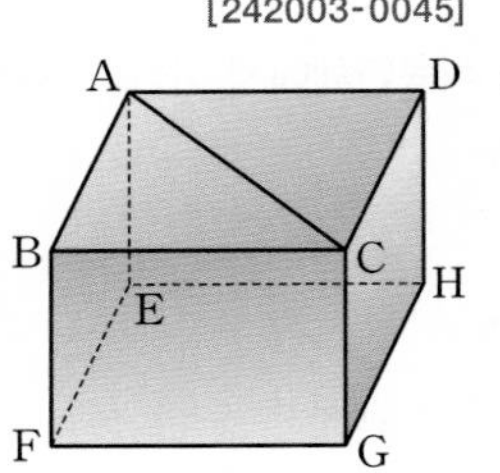

공간에서 두 직선이 만나지도 않고 평행하지도 않을 때, 두 직선은 꼬인 위치에 있다고 한다.

공간에서 직선과 평면, 두 평면의 위치 관계 [242003-0046]

5 **다음 중 오른쪽 그림과 같이 밑면이 직각삼각형인 삼각기둥에 대한 설명으로 옳지 않은 것은?**

① 면 ABC와 모서리 AD는 수직이다.
② 면 BEFC는 모서리 CF를 포함한다.
③ 면 ADEB와 모서리 BC는 한 점에서 만난다.
④ 면 DEF와 수직인 면은 2개이다.
⑤ 면 ABC와 면 ADFC의 교선은 $\overline{AC}$이다.

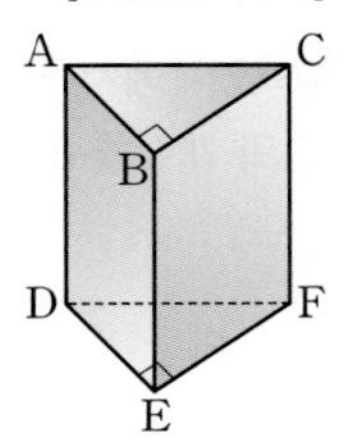

주어진 입체도형의 모서리와 면을 각각 공간에서 직선과 평면으로 생각하여 두 직선, 직선과 평면, 두 평면의 위치 관계를 살펴본다.

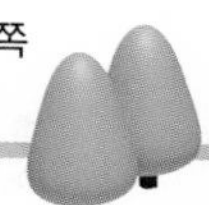

⑫ 동위각과 엇각

한 평면 위에서 서로 다른 두 직선 l, m이 다른 한 직선 n과 만나서 생기는 각 중에서

(1) **동위각**: 서로 같은 위치에 있는 두 각

➡ $\angle a$와 $\angle e$, $\angle b$와 $\angle f$, $\angle c$와 $\angle g$, $\angle d$와 $\angle h$

(2) **엇각**: 서로 엇갈린 위치에 있는 두 각

➡ $\angle b$와 $\angle h$, $\angle c$와 $\angle e$

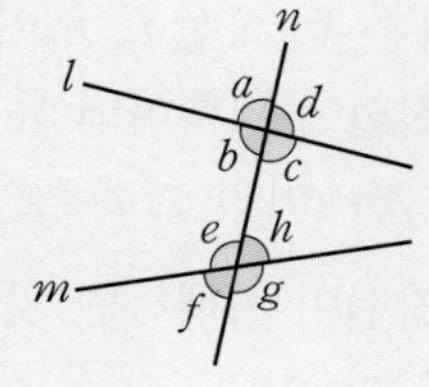

주의 엇각은 두 직선 l, m 사이에 있는 각이므로 $\angle a$와 $\angle g$, $\angle d$와 $\angle f$는 엇각이 아니다.

참고 서로 다른 두 직선이 다른 한 직선과 만나면 4쌍의 동위각과 2쌍의 엇각이 생긴다.

동위각

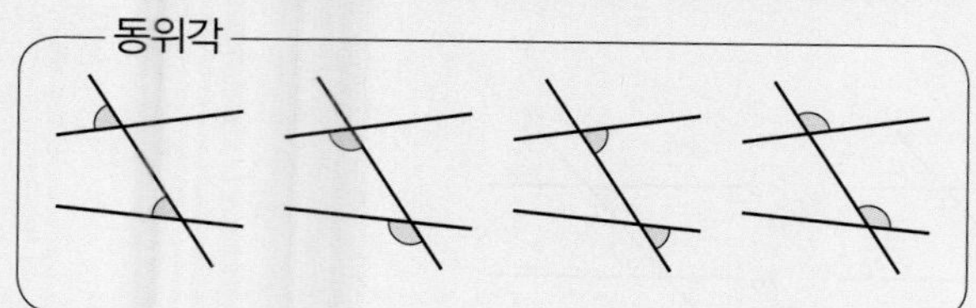

엇각

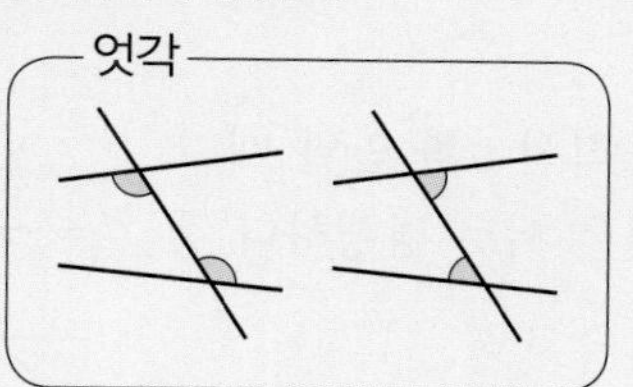

용어 톡!

동위각(同 같다, 位 위치, 角 각): 서로 같은 위치에 있는 각

핵심예제 **13** **오른쪽 그림과 같이 두 직선 l, m이 직선 n과 만날 때, 다음을 구하시오.**

[242003-0047]

(1) $\angle a$의 동위각　　(2) $\angle d$의 동위각

(3) $\angle c$의 엇각　　(4) $\angle g$의 엇각

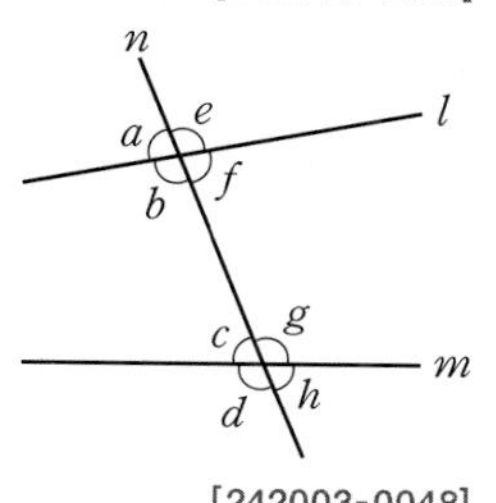

◎ **동위각과 엇각**

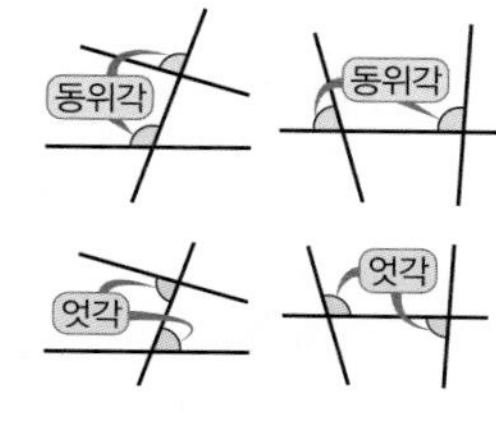

13-1 **다음 중 오른쪽 그림에 대한 설명으로 옳은 것은 ○표, 옳지 않은 것은 ×표를 (　) 안에 써넣으시오.**

[242003-0048]

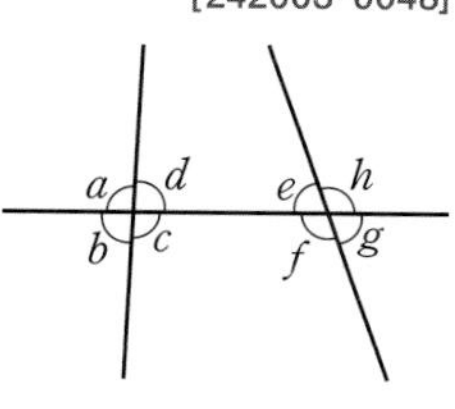

(1) $\angle a$의 동위각은 $\angle e$이다.　(　　)

(2) $\angle b$와 $\angle h$는 엇각이다.　(　　)

(3) $\angle d$와 $\angle f$는 엇각이다.　(　　)

(4) $\angle e$와 $\angle g$는 동위각이다.　(　　)

핵심예제 **14** **오른쪽 그림과 같이 세 직선이 만날 때, 다음을 구하시오.**

[242003-0049]

(1) $\angle a$의 동위각의 크기　　(2) $\angle e$의 동위각의 크기

(3) $\angle b$의 엇각의 크기　　(4) $\angle d$의 엇각의 크기

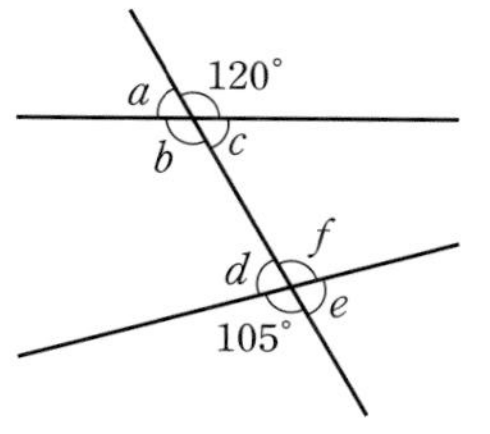

◎ **동위각과 엇각의 크기**

동위각이나 엇각의 크기를 구하려면

❶ 주어진 각의 동위각 또는 엇각을 찾는다.

❷ 평각의 크기, 맞꼭지각의 성질 등을 이용하여 ❶에서 찾은 각의 크기를 구한다.

14-1 **오른쪽 그림과 같이 세 직선이 만날 때, $\angle f$의 크기와 $\angle d$의 엇각의 크기의 합을 구하시오.**

[242003-0050]

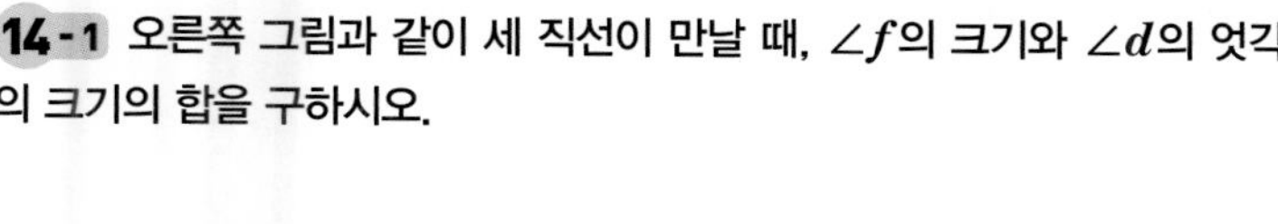

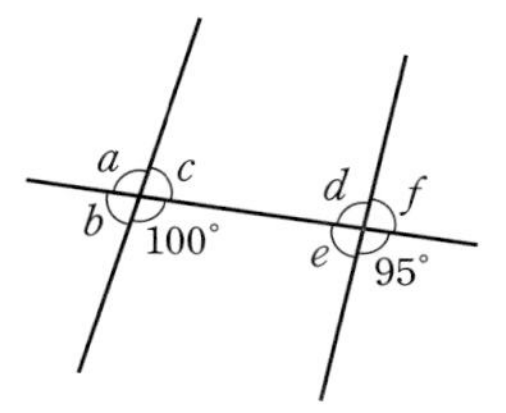

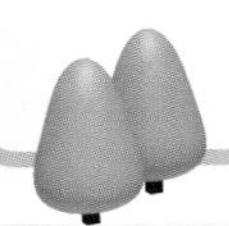

13 평행선의 성질

서로 다른 두 직선 l, m이 다른 한 직선 n과 만날 때

(1) 두 직선이 평행하면 동위각의 크기는 같다.

➡ $l \parallel m$이면 $\angle a = \angle b$

(2) 두 직선이 평행하면 엇각의 크기는 같다.

➡ $l \parallel m$이면 $\angle c = \angle d$

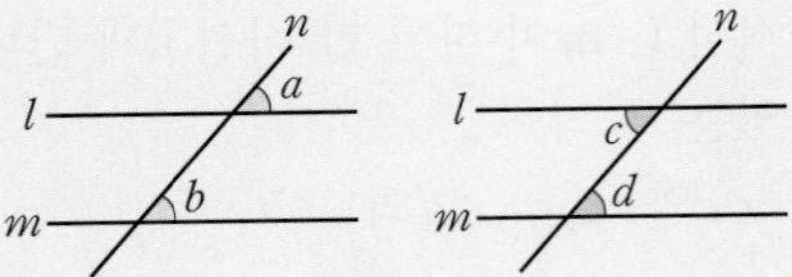

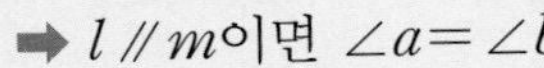

참고 맞꼭지각의 크기는 항상 같지만 동위각과 엇각의 크기는 두 직선이 평행할 때에만 같다.

14 두 직선이 평행할 조건

서로 다른 두 직선 l, m이 다른 한 직선 n과 만날 때

(1) 동위각의 크기가 같으면 두 직선은 서로 평행하다.

➡ $\angle a = \angle b$이면 $l \parallel m$

(2) 엇각의 크기가 같으면 두 직선은 서로 평행하다.

➡ $\angle c = \angle d$이면 $l \parallel m$

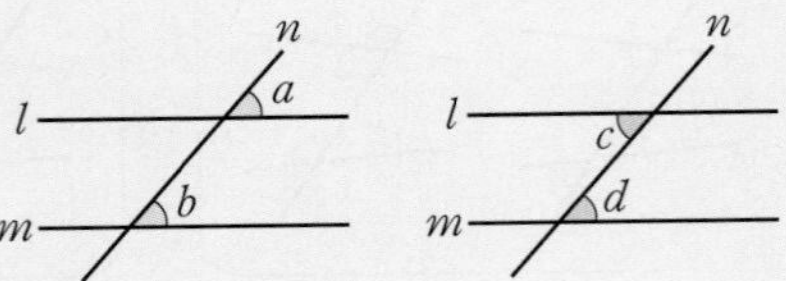

참고 두 직선이 평행한지 알아보려면 동위각이나 엇각의 크기가 같은지 확인한다.

[242003-0051]

핵심예제 **15** **다음 그림에서 $l \parallel m$일 때, $\angle x$, $\angle y$의 크기를 각각 구하시오.**

(1)

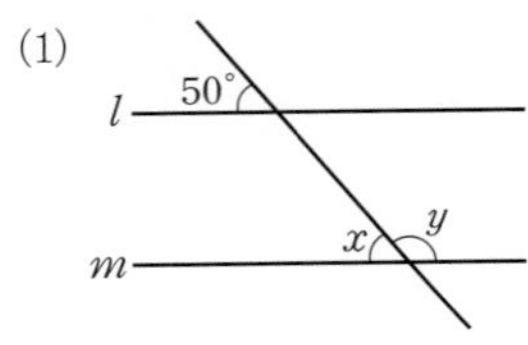

(2)

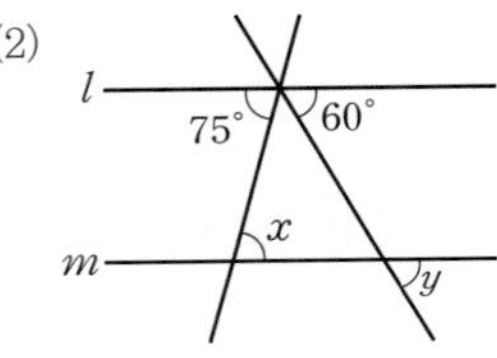

> **평행선의 성질**
> 두 직선 l, m이 한 직선과 만날 때, $l \parallel m$이면 동위각, 엇각의 크기가 각각 같다.

[242003-0052]

15-1 **다음은 오른쪽 그림에서 $l \parallel m$일 때, $\angle x$의 크기를 구하는 과정이다. □ 안에 알맞은 것을 써넣으시오.**

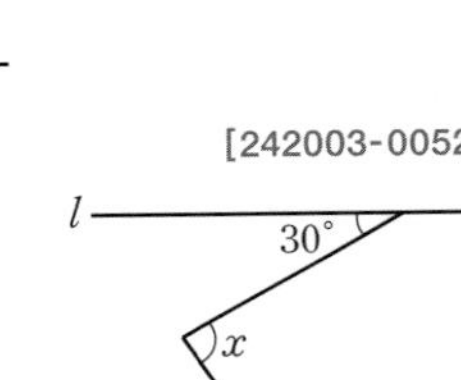

오른쪽 그림과 같이 두 직선 l, m에 평행한 직선 n을 그으면

$\angle x = 30° + \square = \square$

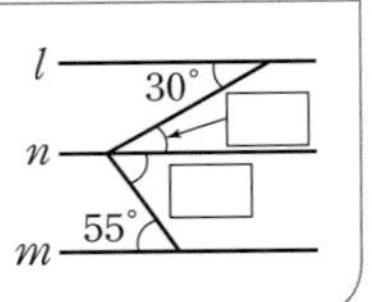

[242003-0053]

핵심예제 **16** **다음 그림에서 두 직선 l, m이 평행한 것은 ○표, 평행하지 않은 것은 ×표를 (　　) 안에 써넣으시오.**

(1)

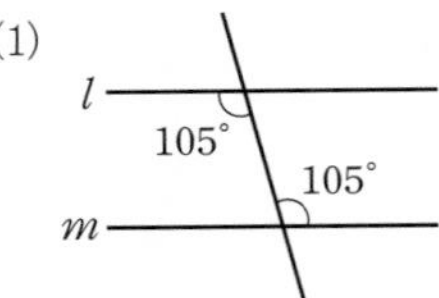

(　　　)

(2)

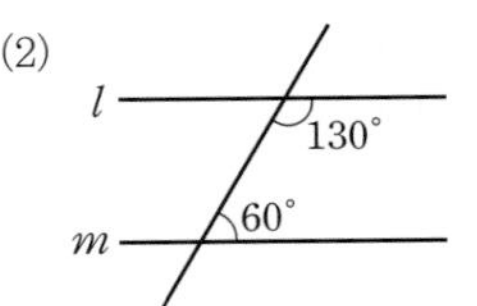

(　　　)

> **두 직선이 평행할 조건**
> 두 직선 l, m이 한 직선과 만날 때, 동위각이나 엇각의 크기가 같으면 $l \parallel m$이다.

[242003-0054]

16-1 **다음 보기에서 오른쪽 그림에 대한 설명으로 옳은 것을 있는 대로 고르시오.**

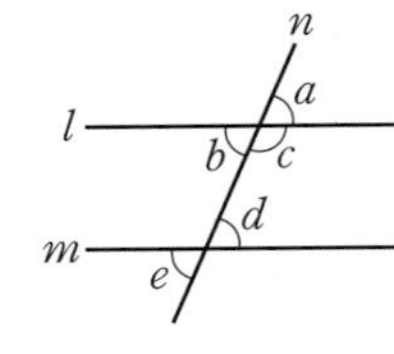

보기

ㄱ. $l \parallel m$이면 $\angle a = \angle d$이다.　　ㄴ. $\angle b + \angle e = 180°$이면 $l \parallel m$이다.

ㄷ. $\angle b = \angle d$이면 $l \parallel m$이다.　　ㄹ. $l \parallel m$이면 $\angle a + \angle e = 180°$이다.

소단원 핵심문제

엇각

1 오른쪽 그림에서 $\angle c$와 엇각인 것을 있는 대로 고른 것은? [242003-0055]

① $\angle e$와 $\angle l$　② $\angle e$와 $\angle i$
③ $\angle h$와 $\angle l$　④ $\angle h$와 $\angle i$
⑤ $\angle g$와 $\angle l$

서로 다른 두 직선이 다른 한 직선과 만나서 생기는 각 중에서 동위각은 같은 위치에 있는 두 각, 엇각은 엇갈린 위치에 있는 두 각이다.

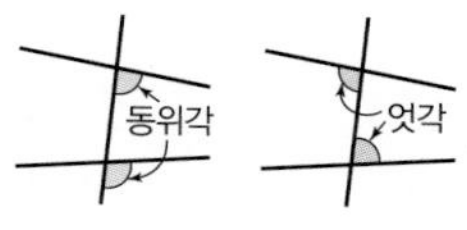

평행선의 성질

2 오른쪽 그림에서 $l \parallel m$일 때, $\angle y - \angle x$의 크기는? [242003-0056]

① 70°　② 75°
③ 80°　④ 85°
⑤ 90°

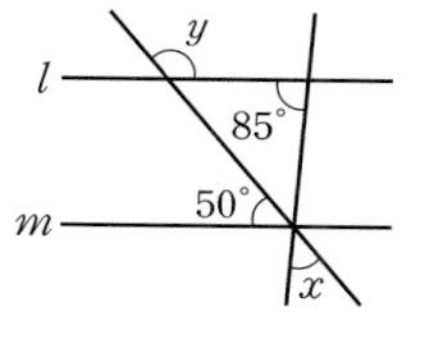

두 직선이 평행하면 동위각과 엇각의 크기가 각각 같다.

평행선의 성질 – 삼각형

3 오른쪽 그림에서 $l \parallel m$일 때, x의 값은? [242003-0057]

① 20　② 25
③ 30　④ 35
⑤ 40

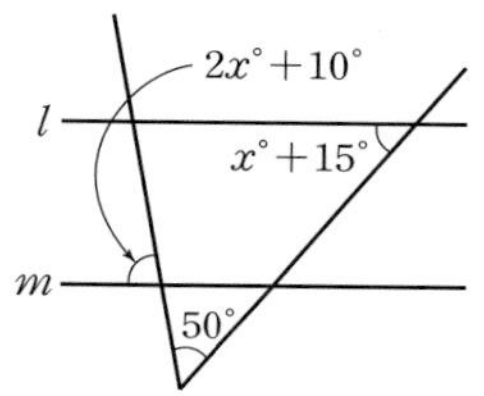

평행선의 성질 – 평행선과 꺾인 직선

4 다음 그림에서 $l \parallel m$일 때, x의 값을 구하시오. [242003-0058]

(1)

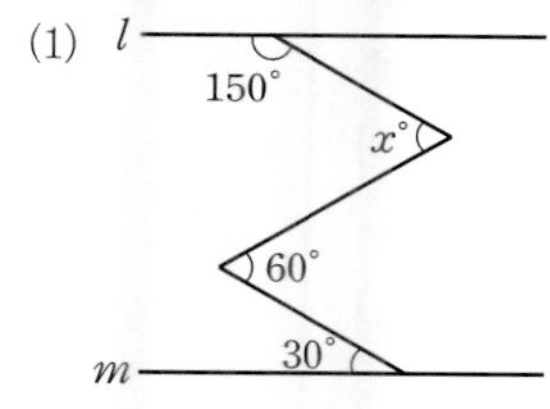

(2)

꺾인 점을 각각 지나면서 주어진 평행선에 평행한 직선을 긋고, 동위각과 엇각의 크기가 각각 같음을 이용한다.

두 직선이 평행할 조건

5 다음 중 오른쪽 그림에서 평행한 두 직선을 기호로 나타낸 것을 모두 고르면? (정답 2개) [242003-0059]

① $l \parallel m$　② $l \parallel n$
③ $m \parallel n$　④ $l \parallel p$
⑤ $p \parallel q$

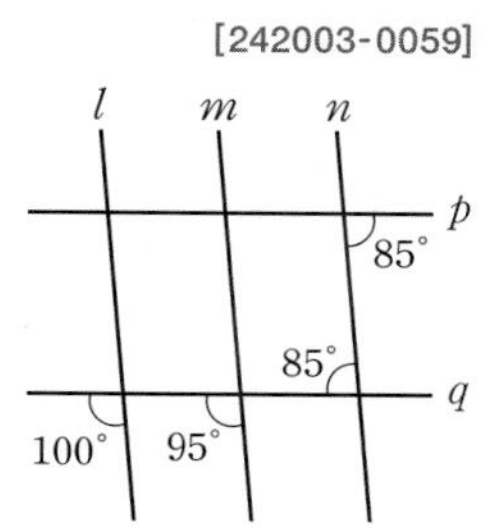

중단원 마무리 테스트

1 [242003-0060]

오른쪽 그림과 같은 입체도형에서 교점의 개수를 a, 교선의 개수를 b라고 할 때, $a+b$의 값은?

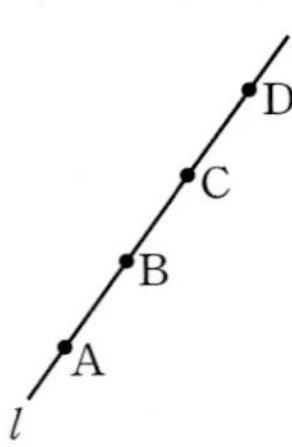

① 19 ② 20 ③ 21 ④ 22 ⑤ 23

2 [242003-0061]

오른쪽 그림과 같이 직선 l 위에 네 점 A, B, C, D가 있을 때, 다음 중에서 같은 것끼리 짝 지은 것으로 옳지 않은 것은?

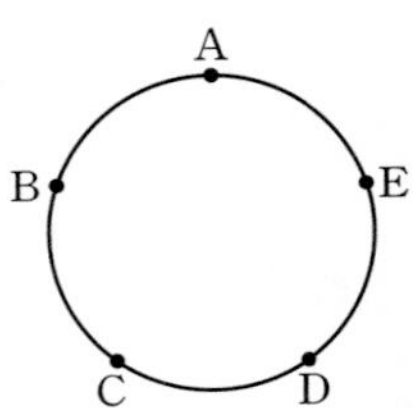

① $\overleftrightarrow{AB}$와 $\overleftrightarrow{CD}$ ② $\overrightarrow{AC}$와 $\overrightarrow{BD}$ ③ $\overrightarrow{CA}$와 $\overrightarrow{CD}$ ④ $\overrightarrow{DA}$와 $\overrightarrow{DB}$ ⑤ $\overline{BC}$와 $\overline{CB}$

3 중요 [242003-0062]

오른쪽 그림과 같이 원 위에 5개의 점 A, B, C, D, E가 있다. 이 중에서 두 점을 지나는 서로 다른 반직선의 개수를 구하시오.

4 [242003-0063]

다음 그림에서 점 M은 $\overline{AB}$의 중점이고, 점 C는 $\overline{MB}$의 삼등분점이다. $\overline{AB}=18$ cm일 때, $\overline{MC}$의 길이는? (단, $\overline{MC}<\overline{BC}$)

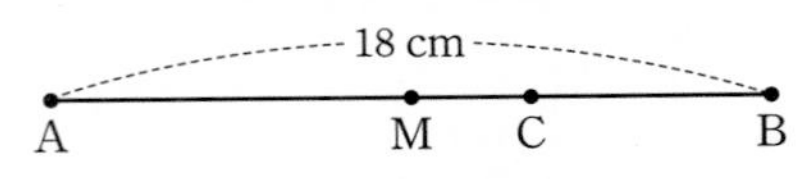

① 2 cm ② 3 cm ③ 4 cm ④ 5 cm ⑤ 6 cm

5 [242003-0064]

오른쪽 그림에서 x의 값은?

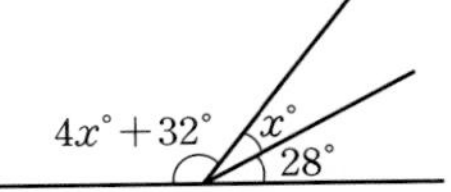

① 22 ② 24 ③ 26 ④ 28 ⑤ 30

6 [242003-0065]

오른쪽 그림에서 ∠BOD의 크기는?

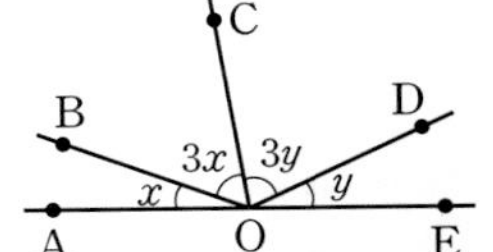

① 120° ② 125° ③ 130° ④ 135° ⑤ 140°

7 신유형 [242003-0066]

다음은 오른쪽 그림과 같이 시계가 4시 40분을 가리킬 때, 시침과 분침이 이루는 각 중에서 작은 쪽의 각의 크기를 구하는 과정이다. □ 안에 알맞은 수를 써넣으시오.
(단, 시침과 분침의 두께는 생각하지 않는다.)

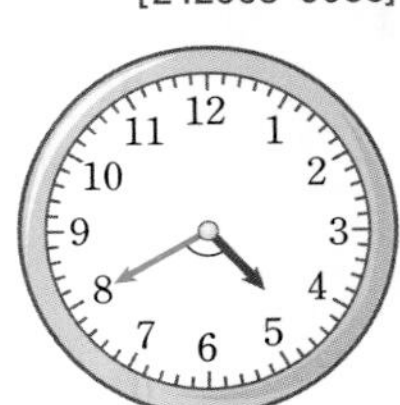

시침은 1시간에 30°만큼 움직이므로 1분에 □°씩 움직이고,
분침은 1시간에 360°만큼 움직이므로 1분에 □°씩 움직인다.
12시 지점에서 시침과 분침까지의 각의 크기는 각각
시침: 30°×4+□°×40=□°
분침: □°×40=□°
따라서 구하는 각의 크기는 □°이다.

8

[242003-0067]

오른쪽 그림에서 $x+y$의 값을 구하시오.

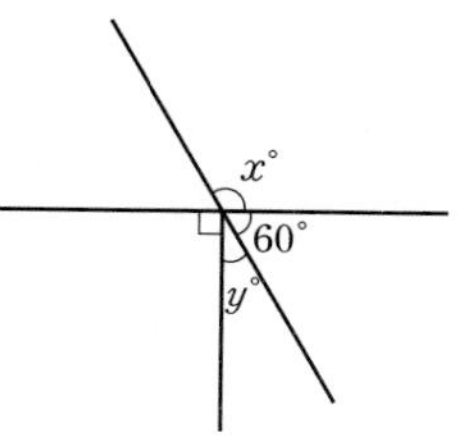

9

[242003-0068]

오른쪽 그림과 같은 사다리꼴 ABCD의 넓이가 36 cm^2일 때, 점 A에서 $\overline{\text{BC}}$까지의 거리는?

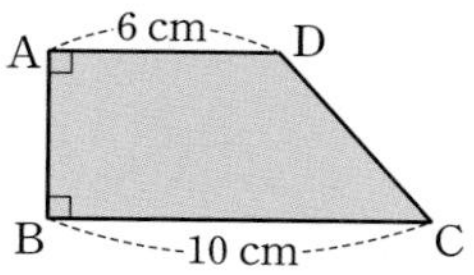

① 3 cm ② 3.5 cm
③ 4 cm ④ 4.5 cm
⑤ 5 cm

10 신유형

[242003-0069]

오른쪽 그림에서 테니스장에 그려진 선을 직선으로, 테니스 공을 점으로 볼 때, 다음 중 옳지 않은 것은?

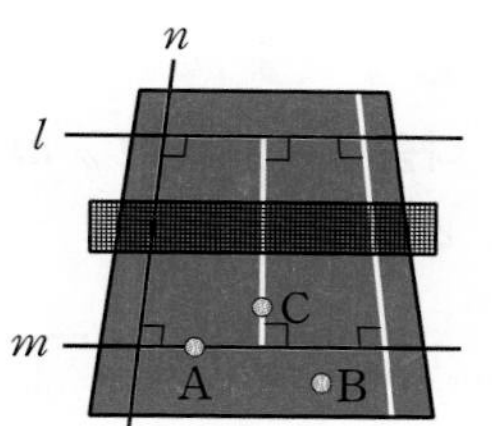

① 점 A는 직선 m 위에 있다.
② 직선 m은 점 C를 지나지 않는다.
③ 직선 m과 직선 n은 한 점에서 만난다.
④ 직선 l과 $\overleftrightarrow{\text{BC}}$는 서로 평행하다.
⑤ 직선 l과 직선 m은 서로 평행하다.

11

[242003-0070]

다음 중에서 오른쪽 그림과 같은 직육면체에서 $\overline{\text{FD}}$와 꼬인 위치에 있는 모서리를 모두 고르면? (정답 2개)

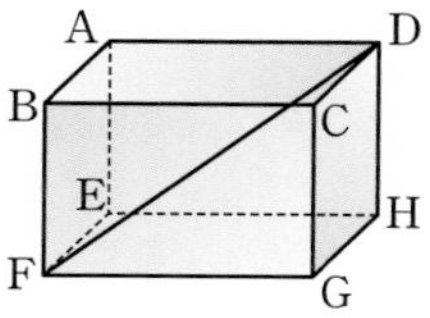

① $\overline{\text{AD}}$ ② $\overline{\text{BF}}$
③ $\overline{\text{CG}}$ ④ $\overline{\text{DH}}$
⑤ $\overline{\text{GH}}$

12 중요

[242003-0071]

오른쪽 그림과 같이 밑면이 정오각형인 오각기둥에서 각 모서리를 연장한 직선에 대하여 직선 AF와 평행한 직선의 개수를 a, 직선 BC와 꼬인 위치에 있는 직선의 개수를 b, 직선 DI와 수직인 직선의 개수를 c라 할 때, $a+b+c$의 값을 구하시오.

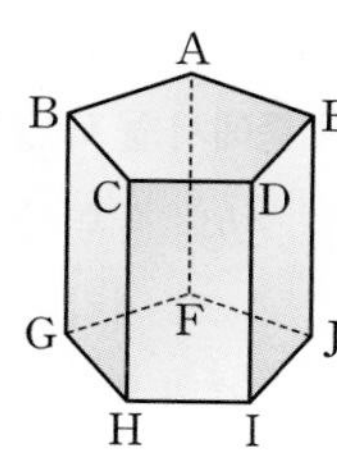

13

[242003-0072]

오른쪽 그림과 같이 모든 면이 정삼각형인 전개도를 접어서 만든 삼각뿔에서 모서리 AB와 만나지 않는 모서리를 구하시오.

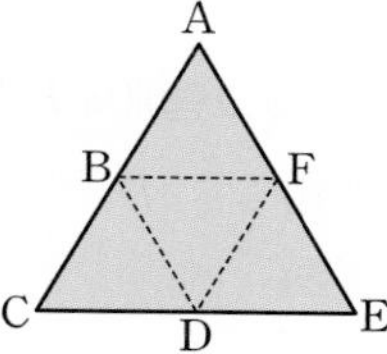

14

[242003-0073]

오른쪽 그림과 같은 직육면체에서 면 AEGC와 평행인 모서리의 개수를 a, 모서리 AB와 수직인 면의 개수를 b라 할 때, $a+b$의 값은?

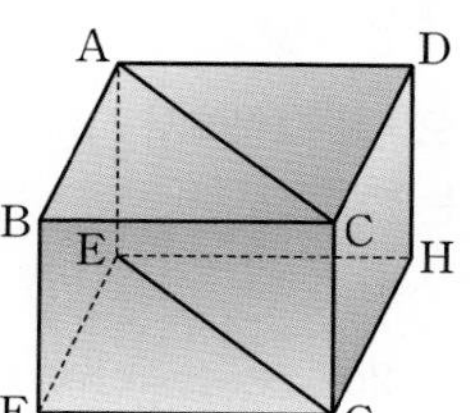

① 4 ② 5
③ 6 ④ 7
⑤ 8

15

[242003-0074]

공간에서 서로 다른 두 직선 l, m과 서로 다른 두 평면 P, Q에 대하여 다음 보기에서 옳은 것을 있는 대로 고르시오.

보기
ㄱ. $l /\!/ P$, $m /\!/ P$이면 $l /\!/ m$이다.
ㄴ. $l \perp P$, $m \perp P$이면 $l \perp m$이다.
ㄷ. $l \perp P$, $P /\!/ Q$이면 $l \perp Q$이다.

16
[242003-0075]

오른쪽 그림과 같이 세 직선이 만날 때, 다음 중에서 옳지 않은 것은?

① $\angle b$의 동위각은 $\angle e$와 $\angle g$이다.
② $\angle c$의 엇각은 $\angle d$와 $\angle j$이다.
③ $\angle d$의 맞꼭지각의 크기는 $130°$이다.
④ $\angle g$의 맞꼭지각의 크기는 $45°$이다.
⑤ $\angle h$의 엇각의 크기는 $50°$이다.

17
[242003-0076]

오른쪽 그림에서 $l /\!/ m$일 때, x의 값은?

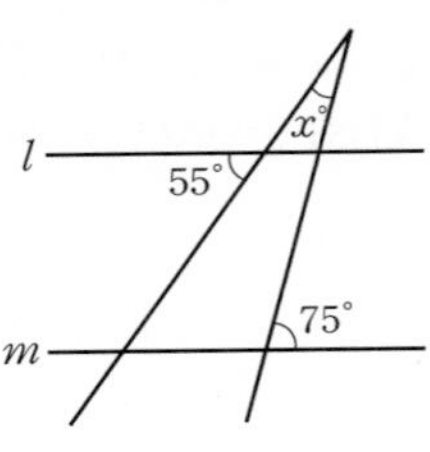

① 10 ② 15
③ 20 ④ 25
⑤ 30

18 중요
[242003-0077]

오른쪽 그림에서 $l /\!/ m$일 때, $\angle x$의 크기는?

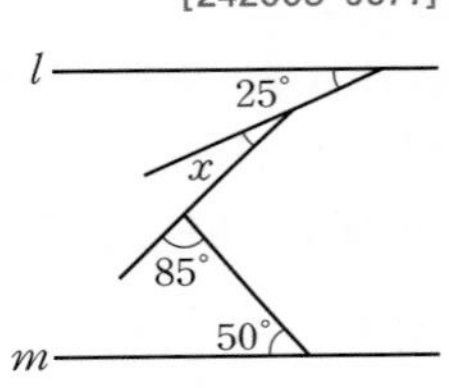

① $10°$ ② $15°$
③ $20°$ ④ $25°$
⑤ $30°$

19
[242003-0078]

다음 중 오른쪽 그림에서 $l /\!/ m$이 되기 위한 조건이 아닌 것은?

① $\angle a=125°$
② $\angle b=55°$
③ $\angle c=125°$
④ $\angle a+\angle g=180°$
⑤ $\angle g=55°$

20 고득점
[242003-0079]

다음 그림과 같이 모든 면이 정삼각형인 전개도로 입체도형을 만들 때, 다음 중 $\overline{AD}$와 꼬인 위치에 있는 모서리가 아닌 것을 모두 고르면? (정답 2개)

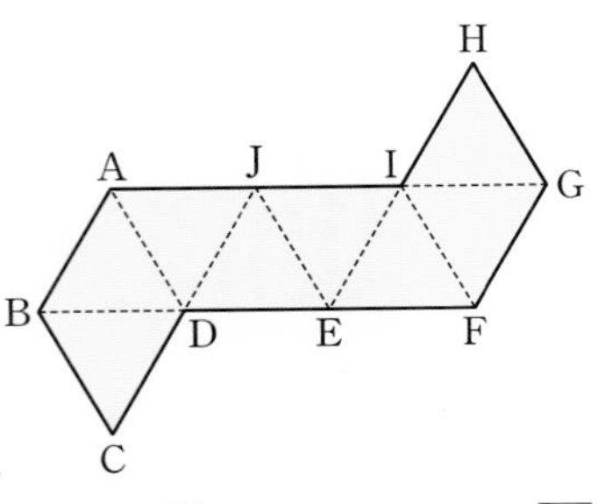

① $\overline{EI}$ ② $\overline{IJ}$ ③ $\overline{FI}$
④ $\overline{EJ}$ ⑤ $\overline{GF}$

21 고득점
[242003-0080]

다음 그림에서 $l /\!/ m$이고 사각형 ABCD가 정사각형일 때, $\angle$AEB의 크기는?

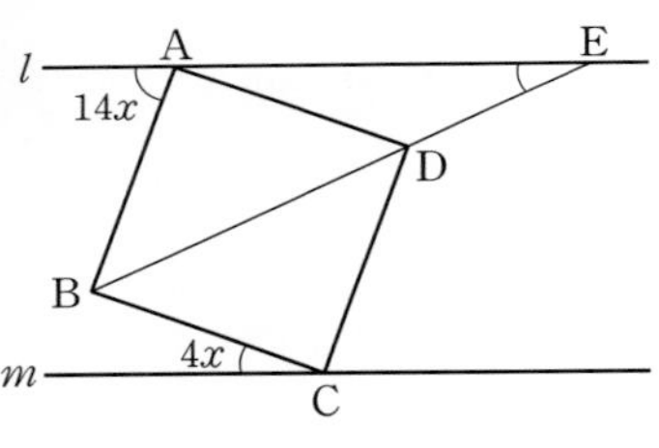

① $20°$ ② $25°$ ③ $30°$
④ $35°$ ⑤ $40°$

기출 서술형

22 풀이를 서술하는 문제 [242003-0081]

오른쪽 그림과 같이 직사각형 모양의 종이를 접었을 때, $\angle x$의 크기를 구하시오.

(단, 풀이 과정을 자세히 쓰시오.)

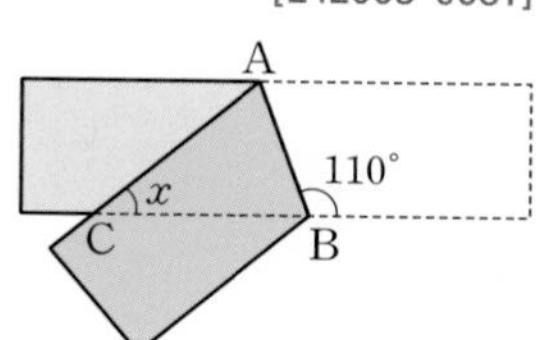

풀이 과정

답 |

23 유사문제 [242003-0082]

오른쪽 그림과 같이 폭이 일정한 종이 테이프를 78°가 되도록 접었을 때, $\angle x$의 크기를 구하시오.

(단, 풀이 과정을 자세히 쓰시오.)

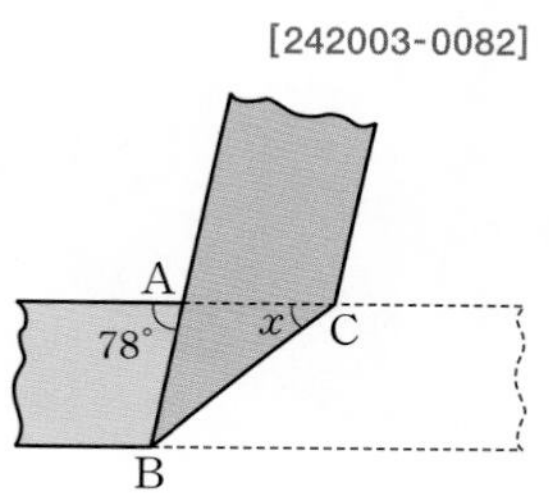

풀이 과정

답 |

24 이유를 설명하는 문제 [242003-0083]

두 개의 삼각자를 오른쪽 그림처럼 놓고 한 개의 삼각자를 이동하여 평행선을 그릴 수 있다. 두 직선이 서로 평행할 조건을 이용하여 그 이유를 설명하시오.

(단, 풀이 과정을 자세히 쓰시오.)

풀이 과정

답 |

25 유사문제 [242003-0084]

오른쪽 그림과 같이 가로로 평행하게 그어진 두 직선이 배경에 있는 선들의 영향을 받아 가운데가 볼록하게 보여 평행하지 않은 것처럼 보인다. 자와 각도기를 사용하여 가로로 그어진 두 직선이 서로 평행한 이유를 설명하시오. (단, 풀이 과정을 자세히 쓰시오.)

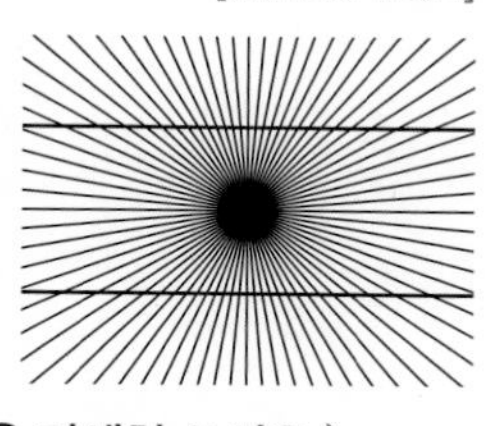

풀이 과정

답 |

2

작도와 합동

배운 내용	이 단원의 내용	배울 내용
여러 가지 삼각형	1 작도	삼각형과 사각형의 성질
기본 도형	2 삼각형의 작도	도형의 닮음
합동과 대칭	3 삼각형의 합동	피타고라스 정리
		삼각비

작도

1 길이가 같은 선분의 작도

(1) **작도** : 눈금 없는 자와 컴퍼스만을 사용하여 도형을 그리는 것

① **눈금 없는 자** : 두 점을 연결하는 선분을 그리거나 선분을 연장할 때 사용

② **컴퍼스** : 원을 그리거나 선분의 길이를 다른 직선 위로 옮길 때 사용

참고 작도에서는 눈금 없는 자를 사용하므로 자는 길이를 재는 데 사용하지 않고 선분이나 직선을 그릴 때 사용한다.

용어 톡!

작도(作 그리다, 圖 도형) : 도형을 그리는 것

(2) 길이가 같은 선분의 작도

선분 AB와 길이가 같은 선분 PQ는 다음과 같이 작도한다.

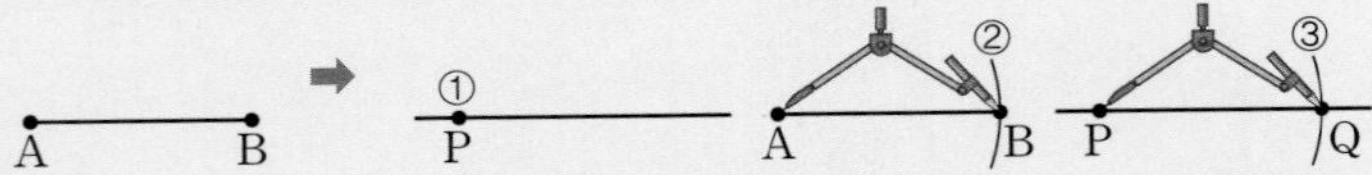

① 눈금 없는 자를 사용하여 직선을 긋고 그 직선 위에 점 P를 잡는다.

② 컴퍼스를 사용하여 $\overline{AB}$의 길이를 잰다.

③ 점 P를 중심으로 반지름의 길이가 $\overline{AB}$인 원을 그려 직선과의 교점을 Q라 하면 선분 PQ가 작도된다.

[242003-0085]

핵심예제 1 다음 □ 안에 알맞은 것을 써넣으시오.

눈금 없는 자와 컴퍼스만을 사용하여 도형을 그리는 것을 □라고 한다. 이때 □는 두 점을 연결하는 선분을 그리거나 선분을 연장할 때 사용하고, □는 원을 그리거나 선분의 길이를 다른 직선 위로 옮길 때 사용한다.

작도
눈금 없는 자와 컴퍼스만을 사용하여 도형을 그리는 것

[242003-0086]

1-1 다음은 작도에 대한 설명이다. 옳은 것은 ○표, 옳지 않은 것은 ×표를 ( ) 안에 써넣으시오.

(1) 두 점을 지나는 선분을 그릴 때, 눈금이 없는 자를 사용한다. ( )

(2) 길이가 같은 선분을 작도할 때, 눈금이 없는 자만 사용한다. ( )

(3) 원을 그릴 때, 컴퍼스를 사용한다. ( )

[242003-0087]

핵심예제 2 다음은 선분 AB를 점 B의 방향으로 연장하여 $\overline{AC}=2\overline{AB}$인 선분 AC를 작도하는 과정이다. □ 안에 알맞은 것을 써넣으시오.

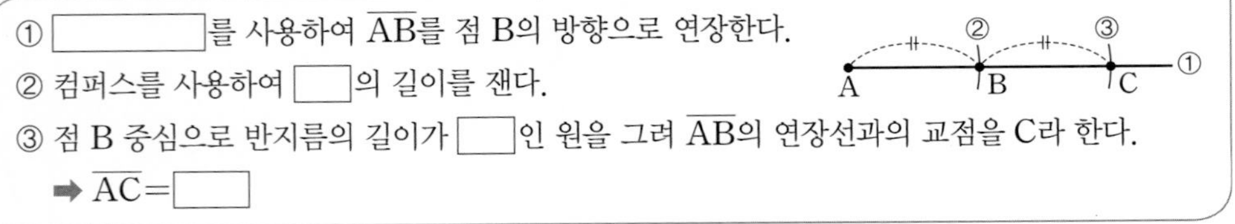

① □를 사용하여 $\overline{AB}$를 점 B의 방향으로 연장한다.

② 컴퍼스를 사용하여 □의 길이를 잰다.

③ 점 B 중심으로 반지름의 길이가 □인 원을 그려 $\overline{AB}$의 연장선과의 교점을 C라 한다.

➡ $\overline{AC}=$□

길이가 같은 선분의 작도

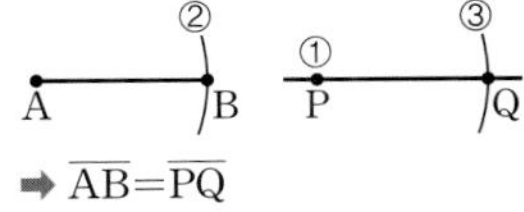

➡ $\overline{AB}=\overline{PQ}$

[242003-0088]

2-1 다음은 선분 AB와 길이가 같은 선분 CD를 작도하는 과정이다. □ 안에 알맞은 것을 써넣으시오.

① 눈금 없는 자를 사용하여 직선을 긋고 그 위에 점 □를 잡는다.

② 컴퍼스를 사용하여 □의 길이를 잰다.

③ 점 □를 중심으로 반지름의 길이가 □인 원을 그려 직선과의 교점을 D라 한다.

➡ $\overline{CD}=\overline{AB}$

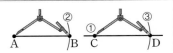

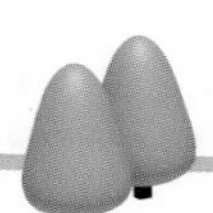

2 크기가 같은 각의 작도

각 AOB와 크기가 같은 각 XPY는 다음과 같이 작도한다.

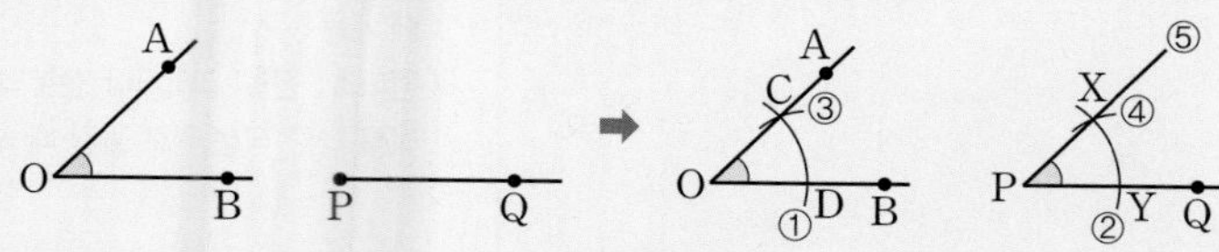

> **플러스 톡!**
> 길이가 같은 선분을 작도할 때 눈금이 있는 자를 사용하지 않는 것과 같이 크기가 같은 각을 작도할 때에도 각도기는 사용하지 않는다.

① 점 O를 중심으로 원을 그려 $\overrightarrow{OA}$, $\overrightarrow{OB}$와의 교점을 각각 C, D라 한다.
② 점 P를 중심으로 반지름의 길이가 $\overline{OC}$인 원을 그려 $\overrightarrow{PQ}$와의 교점을 Y라 한다.
③ 컴퍼스를 사용하여 $\overline{CD}$의 길이를 잰다.
④ 점 Y를 중심으로 반지름의 길이가 $\overline{CD}$인 원을 그려 ②의 원과의 교점을 X라 한다.
⑤ $\overrightarrow{PX}$를 그으면 ∠XPY가 작도된다.

3 평행선의 작도

직선 l 위에 있지 않은 한 점 P를 지나면서 직선 l에 평행한 직선 PR는 다음과 같이 작도한다.

> **플러스 톡!**
> 평행선의 작도에서는 크기가 같은 각의 작도를 이용한다.

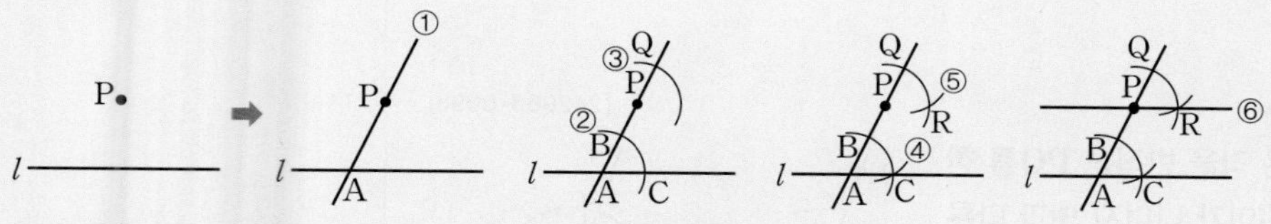

① 점 P를 지나는 직선을 그어 직선 l과의 교점을 A라 한다.
② 점 A를 중심으로 원을 그려 $\overleftrightarrow{AP}$, 직선 l과의 교점을 각각 B, C라 한다.
③ 점 P를 중심으로 반지름의 길이가 $\overline{AB}$인 원을 그려 $\overleftrightarrow{AP}$와의 교점을 Q라 한다.
④ 컴퍼스를 사용하여 $\overline{BC}$의 길이를 잰다.
⑤ 점 Q를 중심으로 반지름의 길이가 $\overline{BC}$인 원을 그려 ③의 원과의 교점을 R라 한다.
⑥ $\overleftrightarrow{PR}$를 그으면 직선 PR가 작도된다. — '서로 다른 두 직선이 다른 한 직선과 만날 때, 동위각의 크기가 같으면 두 직선은 서로 평행하다.'는 성질을 이용한 것이다.

핵심예제 3 [242003-0089]

오른쪽 그림은 ∠XOY와 크기가 같고 $\overrightarrow{PQ}$를 한 변으로 하는 각을 작도하는 과정이다. 다음 물음에 답하시오.

(1) 작도 순서를 바르게 나열하시오.
(2) $\overline{OA}$와 길이가 같은 선분을 모두 구하시오.
(3) ∠XOY와 크기가 같은 각을 구하시오.

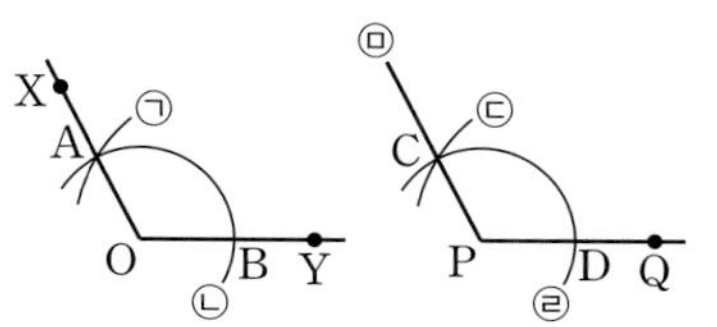

> ◉ 크기가 같은 각의 작도
>
> 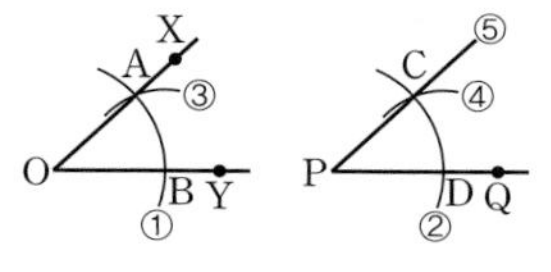
>
> ➡ 작도 순서: ①→②→③→④→⑤
> ∠XOY=∠CPD

핵심예제 4 [242003-0090]

다음 그림은 점 P를 지나고 직선 l에 평행한 직선을 작도하는 과정이다. 다음 물음에 답하시오.

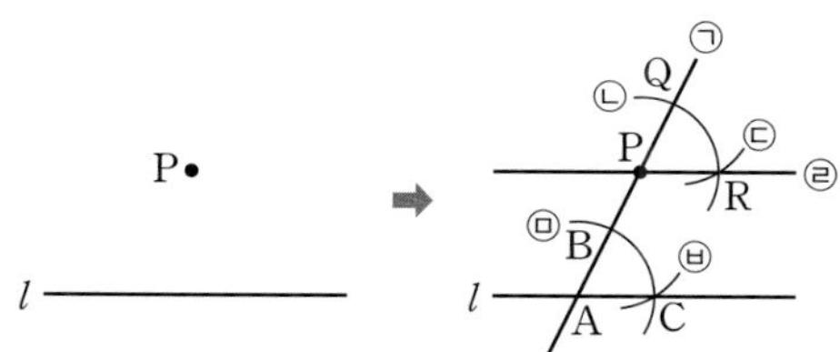

(1) 작도 순서를 바르게 나열하시오.
(2) 평행선을 작도하는 과정에서 이용한 평행선의 성질을 말하시오.

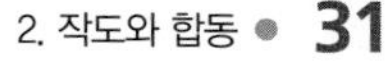

소단원 핵심문제

작도 [242003-0091]

1 다음 작도에 대한 설명 중 옳지 않은 것은?

① 원을 그릴 때 컴퍼스를 사용한다.
② 선분을 연장할 때에는 눈금없는 자를 사용한다.
③ 작도할 때 각도기를 사용하지 않는다.
④ 선분의 길이를 잴 때에는 컴퍼스를 사용한다.
⑤ 두 선분의 길이를 비교할 때에는 자를 사용한다.

작도
- 눈금 없는 자: 두 점을 연결하는 선분을 그리거나 선분을 연장할 때 사용
- 컴퍼스: 원을 그리거나 선분의 길이를 다른 직선 위로 옮길 때 사용

길이가 같은 선분의 작도 [242003-0092]

2 오른쪽 그림과 같이 두 점 A, B를 지나는 직선 l 위에 $\overline{BC}=2\overline{AB}$인 점 C를 작도할 때, 사용하는 도구는?

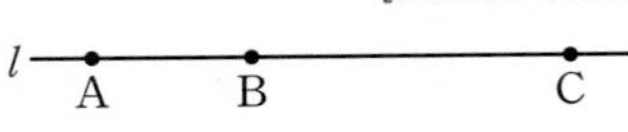

① 컴퍼스 ② 눈금 있는 자 ③ 눈금 없는 자
④ 각도기 ⑤ 삼각자

크기가 같은 각의 작도 [242003-0093]

3 오른쪽 그림은 ∠XOY와 크기가 같은 각을 반직선 PQ를 한 변으로 하여 작도한 것이다. 다음 중 길이가 나머지 넷과 다른 것은?

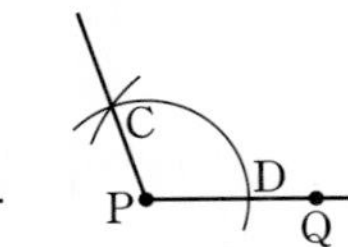

① $\overline{OA}$ ② $\overline{OB}$ ③ $\overline{AB}$
④ $\overline{PC}$ ⑤ $\overline{PD}$

평행선의 작도 [242003-0094]

4 오른쪽 그림은 직선 l 위에 있지 않은 한 점 P를 지나고 직선 l에 평행한 직선을 작도하는 과정이다. ㉠~㉥ 중 세 번째로 작도해야 하는 것의 기호를 구하시오.

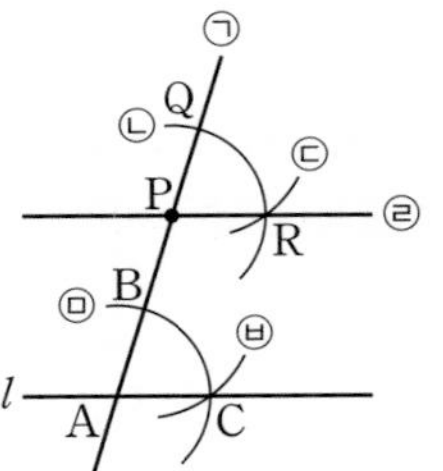

평행선의 작도

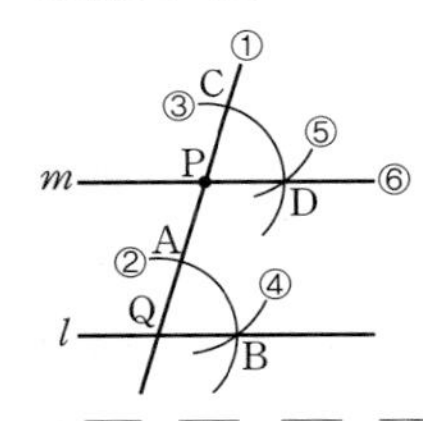

➡ $\overline{PC}=\overline{PD}=\overline{QA}=\overline{QB}$, $\overline{AB}=\overline{CD}$, $\angle AQB=\angle CPD$

평행선의 작도 [242003-0095]

5 오른쪽 그림은 직선 l 위에 있지 않은 한 점 P를 지나고 직선 l에 평행한 직선을 작도한 것이다. □ 안에 알맞은 것을 써넣으시오.

> 작도 과정에서 이용한 평행선의 성질은 '□의 크기가 같으면 두 직선은 서로 평행하다.'이다.

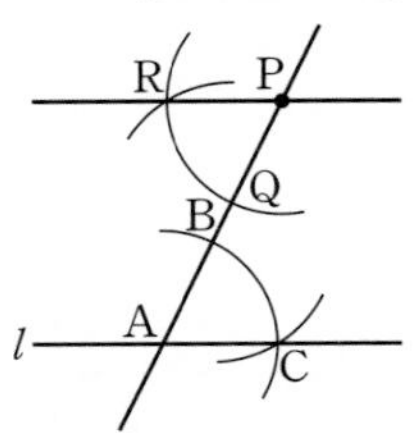

2 삼각형의 작도

정답과 풀이 ● 22쪽

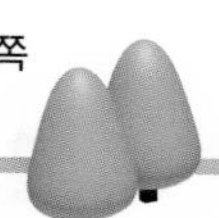

4 삼각형

(1) 삼각형 ABC : 세 점 A, B, C를 꼭짓점으로 하는 삼각형을 삼각형 ABC라 하고, 이것을 기호로 △ABC와 같이 나타낸다.

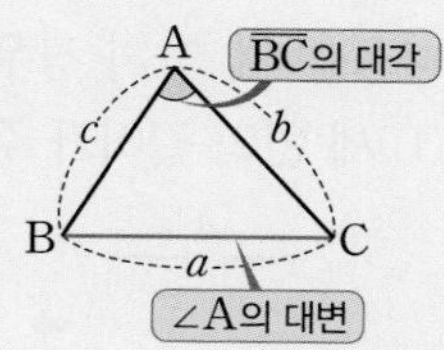

① **대변** : 한 각과 마주 보는 변

예 ∠A의 대변: $\overline{BC}$, ∠B의 대변: $\overline{AC}$, ∠C의 대변: $\overline{AB}$

② **대각** : 한 변과 마주 보는 각

예 $\overline{AB}$의 대각: ∠C, $\overline{BC}$의 대각: ∠A, $\overline{AC}$의 대각: ∠B

참고 일반적으로 △ABC에서 ∠A, ∠B, ∠C의 대변의 길이를 각각 a, b, c로 나타낸다.

(2) 삼각형의 세 변의 길이 사이의 관계

삼각형의 두 변의 길이의 합은 나머지 한 변의 길이보다 크다.

➡ $a+b>c$, $b+c>a$, $c+a>b$

참고 세 변의 길이가 주어졌을 때 삼각형이 될 수 있는 조건

➡ (가장 긴 변의 길이) < (나머지 두 변의 길이의 합)

용어 톡!

대변(對 마주 보다, 邊 변) : 마주 보는 변

대각(對 마주 보다, 角 각) : 마주 보는 각

핵심예제 **5** 오른쪽 그림과 같은 △ABC에서 다음을 구하시오. [242003-0096]

(1) ∠A의 대변　　(2) ∠C의 대변

(3) $\overline{AC}$의 대각　　(4) $\overline{BC}$의 대각

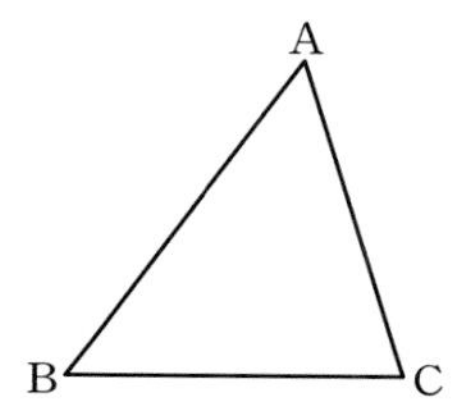

◎ 대변과 대각

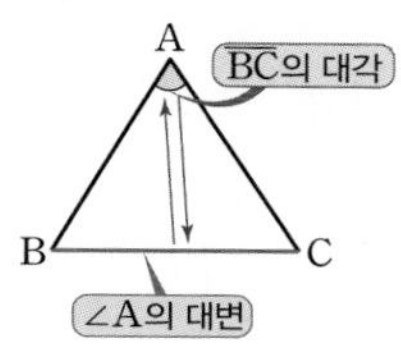

5-1 오른쪽 그림과 같은 △ABC에서 다음을 구하시오. [242003-0097]

(1) ∠A의 대변의 길이

(2) $\overline{AB}$의 대각의 크기

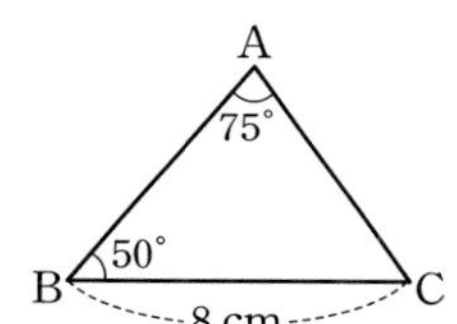

핵심예제 **6** 세 변의 길이가 다음과 같이 주어졌을 때, 삼각형을 작도할 수 있는 것은 ○표, 작도할 수 없는 것은 ×표를 (　) 안에 써넣으시오. [242003-0098]

(1) 3, 4, 5　(　　)　　(2) 8, 9, 17　(　　)

(3) 4, 4, 9　(　　)　　(4) 7, 9, 3　(　　)

◎ 삼각형의 세 변의 길이 사이의 관계

(가장 긴 변의 길이) < (나머지 두 변의 길이의 합)

6-1 삼각형의 세 변의 길이가 6, 10, a일 때, 다음 중에서 a의 값이 될 수 있는 것을 모두 고르면? (정답 2개) [242003-0099]

① 4　② 8　③ 11

④ 16　⑤ 20

5 삼각형의 작도

다음의 세 가지 경우에 삼각형을 하나로 작도할 수 있다. — 삼각형을 작도할 때에는 길이가 같은 선분의 작도와 크기가 같은 각의 작도를 이용한다.

(1) 세 변의 길이가 주어질 때

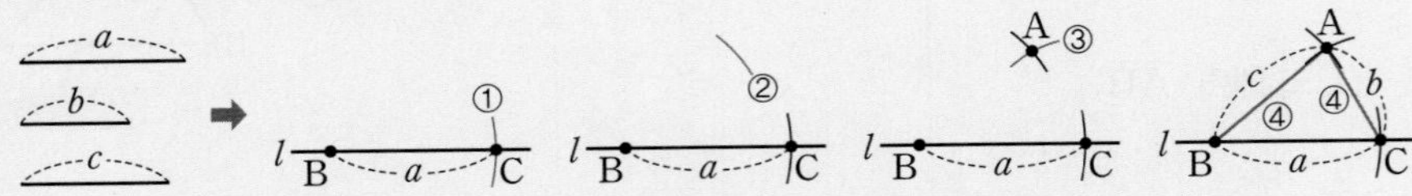

① 직선 l을 그리고 그 위에 길이가 a인 $\overline{BC}$를 작도한다.
② 점 B를 중심으로 반지름의 길이가 c인 원을 그린다.
③ 점 C를 중심으로 반지름의 길이가 b인 원을 그려 ②의 원과의 교점을 A라 한다.
④ 점 A와 점 B, 점 A와 점 C를 각각 이으면 △ABC가 작도된다.

(2) 두 변의 길이와 그 끼인각의 크기가 주어질 때

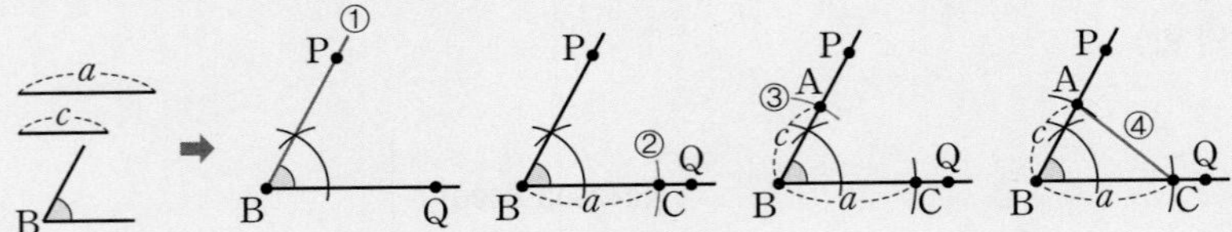

① ∠B와 크기가 같은 ∠PBQ를 작도한다.
② 점 B를 중심으로 반지름의 길이가 a인 원을 그려 $\overrightarrow{BQ}$와의 교점을 C라 한다.
③ 점 B를 중심으로 반지름의 길이가 c인 원을 그려 $\overrightarrow{BP}$와의 교점을 A라 한다.
④ 점 A와 점 C를 이으면 △ABC가 작도된다.

(3) 한 변의 길이와 그 양 끝 각의 크기가 주어질 때

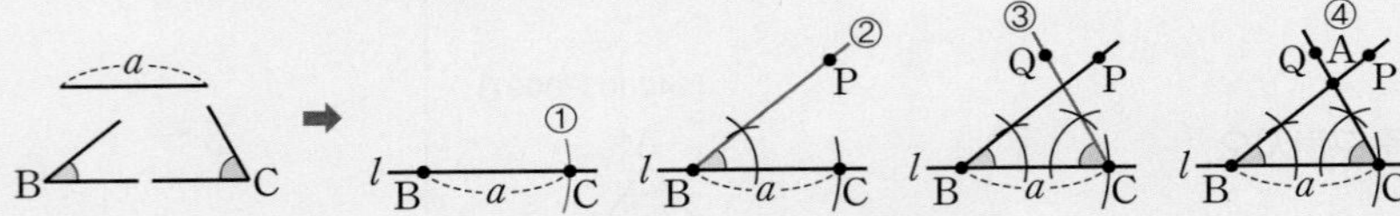

① 직선 l을 그리고 그 위에 길이가 a인 $\overline{BC}$를 작도한다.
② $\overrightarrow{BC}$를 한 변으로 하고 ∠B와 크기가 같은 ∠PBC를 작도한다.
③ $\overrightarrow{CB}$를 한 변으로 하고 ∠C와 크기가 같은 ∠QCB를 작도한다.
④ $\overrightarrow{BP}$와 $\overrightarrow{CQ}$의 교점을 A라 하면 △ABC가 작도된다.

핵심예제 7 오른쪽 그림은 세 변의 길이 a, b, c가 주어졌을 때, 변 BC가 직선 l 위에 있도록 △ABC를 작도하는 과정이다. 작도 순서를 바르게 나열하시오.

[242003-0100]

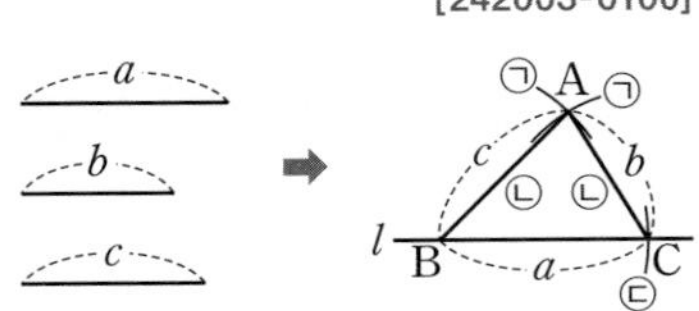

7-1 다음은 오른쪽 그림과 같이 한변의 길이와 그 양 끝 각의 크기가 주어질 때, 변 AB가 직선 l 위에 있도록 △ABC를 작도하는 과정이다. 작도 순서에 맞게 □ 안에 알맞은 것을 써넣으시오.

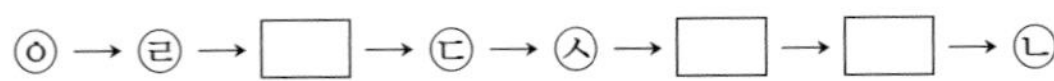

ⓞ → ㉣ → □ → ㉢ → ㉦ → □ → □ → ㉡

[242003-0101]

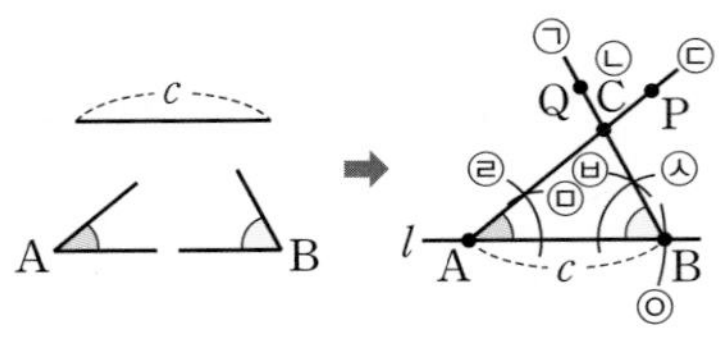

삼각형이 하나로 작도될 조건

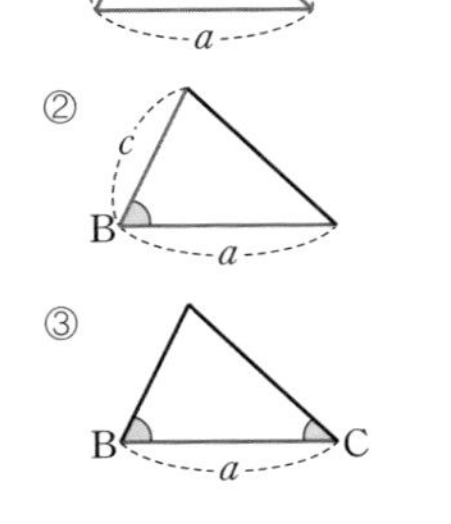

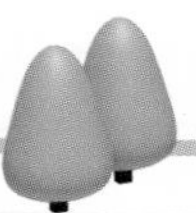

6 삼각형이 하나로 정해질 조건

(1) 삼각형이 하나로 정해지는 경우

다음의 세 가지 경우에 삼각형의 모양과 크기가 하나로 정해진다.

① 세 변의 길이가 주어질 때

② 두 변의 길이와 그 끼인각의 크기가 주어질 때

③ 한 변의 길이와 그 양 끝 각의 크기가 주어질 때

참고 한 변의 길이와 그 양 끝 각이 아닌 두 각의 크기가 주어진 경우에는 삼각형의 세 각의 크기의 합이 180°임을 이용하여 나머지 한 각의 크기를 구할 수 있으므로 한 변의 길이와 그 양 끝 각의 크기가 주어진 경우와 같은 것으로 생각한다.

(2) 삼각형이 하나로 정해지지 않는 경우

① 가장 긴 변의 길이가 나머지 두 변의 길이의 합보다 크거나 같을 때

예

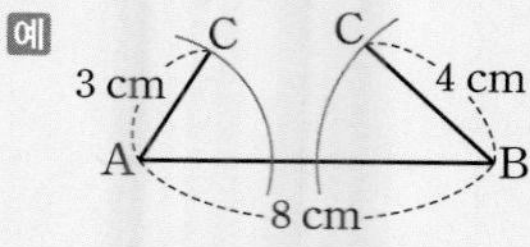

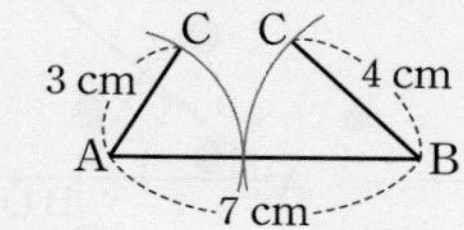

➡ 삼각형이 그려지지 않는다.

② 두 변의 길이와 그 끼인각이 아닌 다른 한 각의 크기가 주어질 때

예

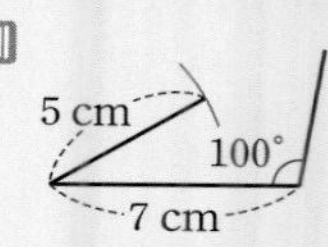

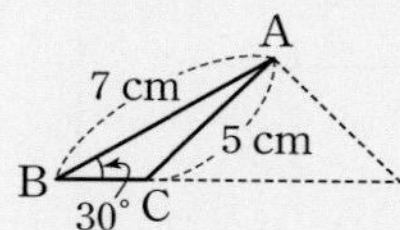

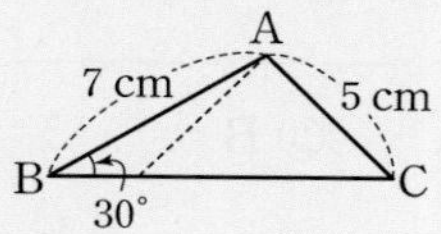

➡ 삼각형이 그려지지 않거나 2가지로 그려진다.

③ 세 각의 크기가 주어질 때

예

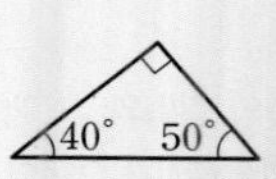

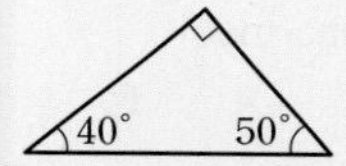

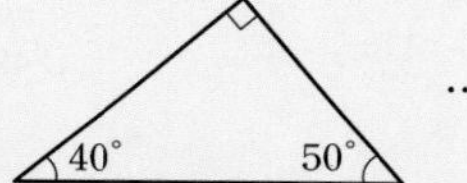

…

➡ 모양은 같고 크기가 다른 삼각형이 무수히 많이 그려진다.

[242003-0102]

핵심예제 **8** 다음 중 $\triangle ABC$가 하나로 정해지는 것은 ○표, 하나로 정해지지 않는 것은 ×표를 ( ) 안에 써넣으시오.

(1) $\overline{AB}=6$ cm, $\overline{BC}=10$ cm, $\overline{CA}=6$ cm ( )

(2) $\overline{AB}=8$ cm, $\overline{BC}=7$ cm, $\angle A=75°$ ( )

(3) $\overline{BC}=7$ cm, $\angle A=40°$, $\angle B=75°$ ( )

(4) $\angle A=45°$, $\angle B=100°$, $\angle C=35°$ ( )

삼각형이 하나로 정해질 조건

① 세 변의 길이가 주어질 때

② 두 변의 길이와 그 끼인각의 크기가 주어질 때

③ 한 변의 길이와 그 양 끝 각의 크기가 주어질 때
(한 변의 길이와 그 양 끝 각이 아닌 두 각의 크기가 주어진 경우에는 삼각형의 세 각의 크기의 합이 180°임을 이용하여 나머지 한 각의 크기를 구할 수 있다.)

[242003-0103]

8-1 다음 중에서 $\triangle ABC$가 하나로 정해지는 것은?

① $\overline{AB}=16$ cm, $\overline{BC}=8$ cm, $\overline{CA}=7$ cm

② $\overline{AB}=5$ cm, $\overline{AC}=3$ cm, $\angle C=60°$

③ $\overline{AB}=10$ cm, $\overline{BC}=9$ cm, $\angle B=115°$

④ $\overline{BC}=7$ cm, $\angle B=40°$, $\angle C=140°$

⑤ $\angle A=60°$, $\angle B=50°$, $\angle C=70°$

소단원 핵심문제

삼각형의 세 변의 길이 사이의 관계 [242003-0104]

1 **다음 중 삼각형의 세 변의 길이가 될 수 없는 것을 모두 고르면? (정답 2개)**

① 2 cm, 3 cm, 4 cm ② 4 cm, 12 cm, 8 cm
③ 7 cm, 7 cm, 7 cm ④ 6 cm, 5 cm, 10 cm
⑤ 8 cm, 10 cm, 20 cm

세 변의 길이가 주어졌을 때 삼각형이 될 수 있는 조건
➡ (가장 긴 변의 길이) <(나머지 두 변의 길이의 합)

삼각형의 작도 [242003-0105]

2 **다음은 두 변의 길이 b, c와 그 끼인각인 $\angle A$의 크기가 주어졌을 때, $\triangle ABC$를 작도하는 과정이다. □ 안에 알맞은 것으로 옳지 않은 것은?**

❶ [①]와 크기가 같은 $\angle PAQ$를 작도한다.
❷ 점 A를 중심으로 반지름의 길이가 [②]인 원을 그려 $\overrightarrow{AQ}$와의 교점을 [③]라고 한다.
❸ 점 A를 중심으로 반지름의 길이가 [④]인 원을 그려 $\overrightarrow{AP}$와의 교점을 [⑤]라고 한다.
❹ 두 점 B와 C를 이으면 $\triangle ABC$가 작도된다.

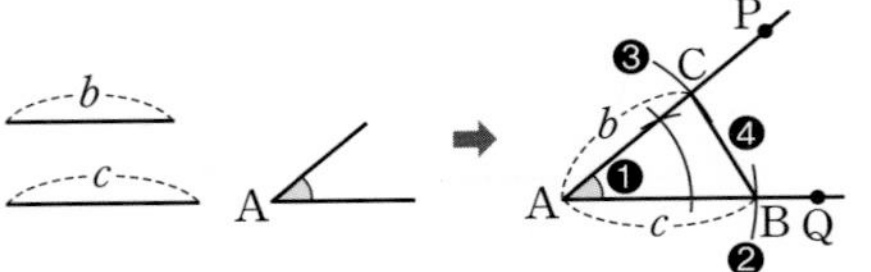

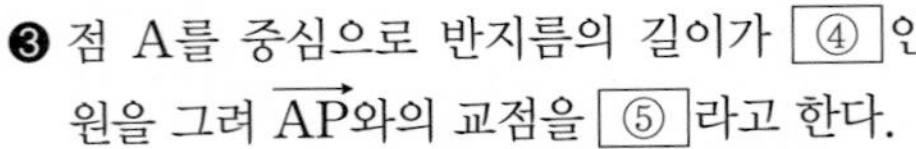

① $\angle A$ ② c ③ B
④ b ⑤ P

삼각형이 하나로 정해질 조건 [242003-0106]

3 **다음 보기에서 $\triangle ABC$가 하나로 정해지는 것은 모두 몇 개인가?**

보기
ㄱ. $\overline{AB}=4$ cm, $\overline{BC}=6$ cm, $\overline{CA}=9$ cm
ㄴ. $\overline{AC}=7$ cm, $\angle A=65°$, $\angle B=100°$
ㄷ. $\overline{AB}=10$ cm, $\overline{BC}=12$ cm, $\angle A=55°$
ㄹ. $\overline{AC}=10$ cm, $\overline{BC}=12$ cm, $\angle C=120°$
ㅁ. $\overline{AB}=7$ cm, $\overline{BC}=5$ cm, $\overline{CA}=12$ cm

① 1개 ② 2개 ③ 3개
④ 4개 ⑤ 5개

두 변의 길이와 그 끼인각이 아닌 한 각의 크기가 주어질 때 삼각형은 그려지지 않거나 1개 또는 2개가 그려진다.
또 세 각의 크기가 주어질 때 삼각형은 무수히 많이 그려진다.

삼각형이 하나로 정해질 조건 [242003-0107]

4 **오른쪽 그림과 같이 $\triangle ABC$에 대하여 $\overline{BC}$의 길이와 $\angle B$의 크기가 주어졌을 때, 조건을 추가하여 $\triangle ABC$를 하나로 결정하려고 한다. 다음 중 추가할 조건이 될 수 없는 것은?**

B ——— a ——— C

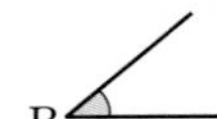

① $\angle A$
② $\angle C$
③ $\overline{AB}$의 길이
④ $\overline{AC}$의 길이
⑤ $\overline{BC}<\overline{AB}+\overline{AC}$를 만족하는 $\overline{AB}$, $\overline{AC}$의 길이

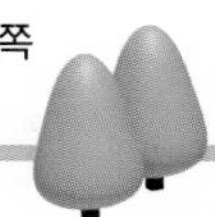

3 삼각형의 합동

7 도형의 합동

(1) 합동: △ABC와 △DEF가 서로 합동일 때, 이것을 기호로 △ABC≡△DEF와 같이 나타낸다.

주의 합동인 두 도형의 넓이는 항상 같지만 두 도형의 넓이가 같다고 해서 합동인 것은 아니다.

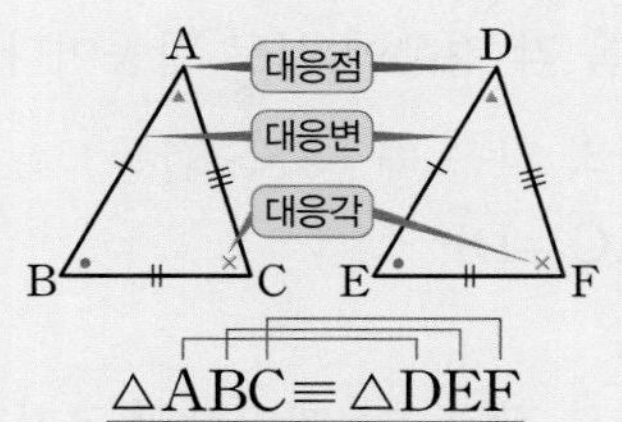

△ABC≡△DEF

합동을 기호로 사용하여 나타낼 때에는 두 도형의 대응하는 꼭짓점의 순서를 맞추어 쓴다.

(2) 대응: 합동인 두 도형에서 서로 포개어지는 꼭짓점과 꼭짓점, 변과 변, 각과 각은 서로 대응한다고 한다.

① 대응점: 서로 대응하는 꼭짓점

② 대응변: 서로 대응하는 변

③ 대응각: 서로 대응하는 각

(3) 합동인 도형의 성질

두 도형이 서로 합동이면

① 대응변의 길이는 서로 같다.

② 대응각의 크기는 서로 같다.

용어 톡!

합동(合 합하다, 同 한가지): 모양과 크기가 똑같아 한 도형이 다른 도형에 완전히 포개어지는 두 도형

대응(對 대하다, 應 응하다): 두 대상이 어떤 관계에 의해 짝이 되는 일

플러스 톡!

=와 ≡의 차이

① △ABC=△DEF

➡ △ABC와 △DEF의 넓이가 서로 같다.

② △ABC≡△DEF

➡ △ABC와 △DEF는 서로 합동이다.

핵심예제 **9** 오른쪽 그림에서 △ABC≡△PRQ일 때, 다음을 구하시오. [242003-0108]

(1) 점 B의 대응점

(2) ∠P의 대응각

(3) x, y의 값

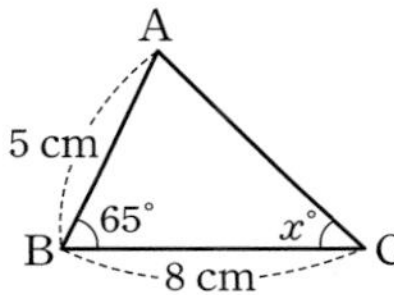

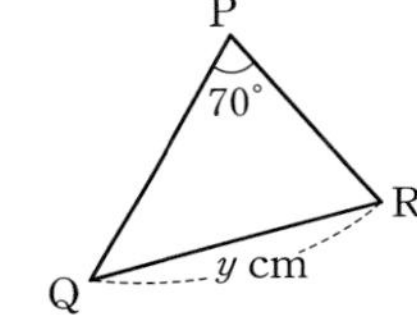

합동인 도형의 성질

두 도형이 서로 합동이면

① 대응변의 길이는 서로 같다.

② 대응각의 크기는 서로 같다.

9-1 오른쪽 그림에서 △ABC≡△DEF일 때, $x+y$의 값을 구하시오. [242003-0109]

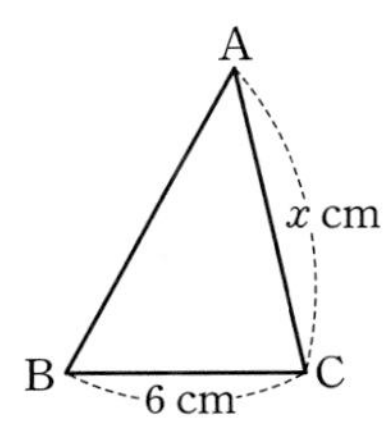

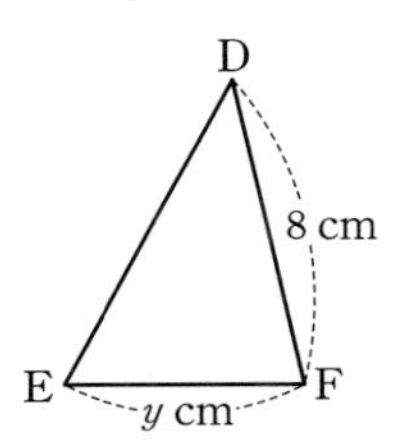

9-2 오른쪽 그림에서 사각형 ABCD와 사각형 EFGH가 서로 합동일 때, $x+y$의 값을 구하시오. [242003-0110]

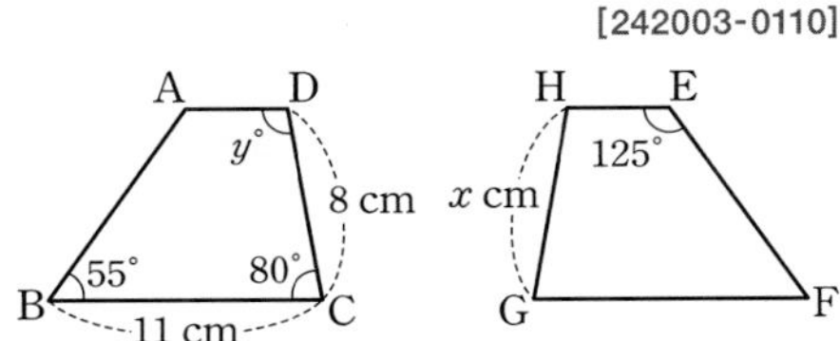

8 삼각형의 합동 조건

두 삼각형 ABC와 DEF는 다음 각 경우에 서로 합동이다.

(1) 대응하는 세 변의 길이가 각각 같을 때 (SSS 합동)
➡ $\overline{AB}=\overline{DE}$, $\overline{BC}=\overline{EF}$, $\overline{AC}=\overline{DF}$

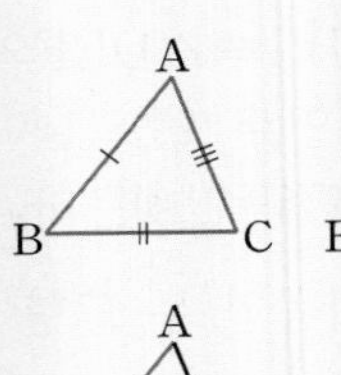
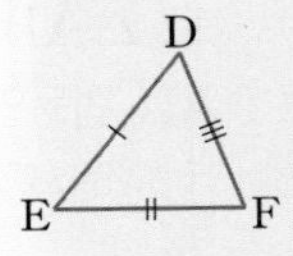
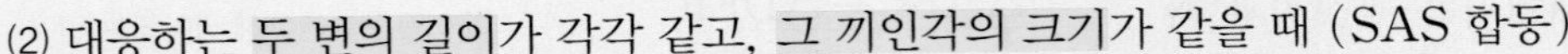

(2) 대응하는 두 변의 길이가 각각 같고, 그 끼인각의 크기가 같을 때 (SAS 합동)
➡ $\overline{AB}=\overline{DE}$, $\overline{BC}=\overline{EF}$, $\angle B=\angle E$

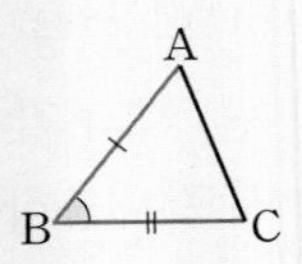
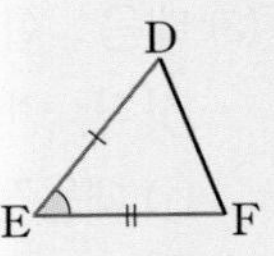
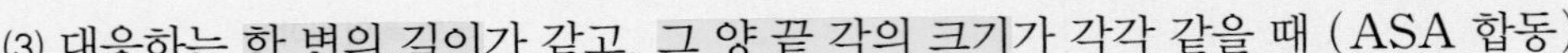

(3) 대응하는 한 변의 길이가 같고, 그 양 끝 각의 크기가 각각 같을 때 (ASA 합동)
➡ $\overline{BC}=\overline{EF}$, $\angle B=\angle E$, $\angle C=\angle F$

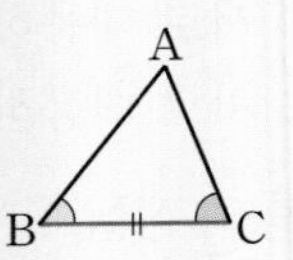
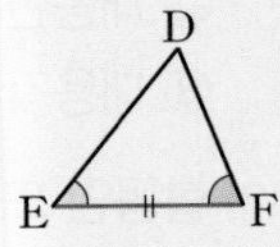

참고 삼각형의 합동 조건에서 S는 Side(변), A는 Angle(각)의 첫 글자이다.

[242003-0111]

핵심예제 10 다음 보기에서 서로 합동인 것끼리 있는 대로 짝 짓고, 삼각형의 합동 조건을 각각 구하시오.

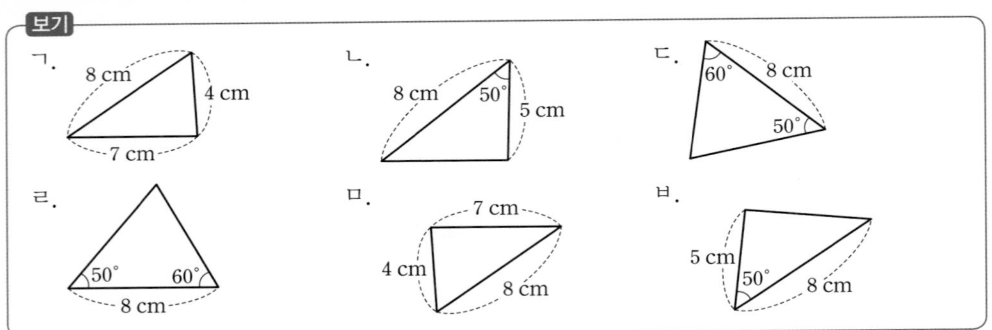

> 삼각형의 합동 조건
> ① SSS 합동 (세 변)
> ② SAS 합동 (두 변, 끼인각)
> ③ ASA 합동 (한 변, 양 끝 각)

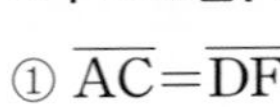

[242003-0112]

10-1 오른쪽 그림의 △ABC와 △DEF에서 $\overline{BC}=\overline{EF}$, $\angle B=\angle E$일 때, 다음 중 △ABC≡△DEF가 되기 위한 조건이 아닌 것을 모두 고르면? (정답 2개)

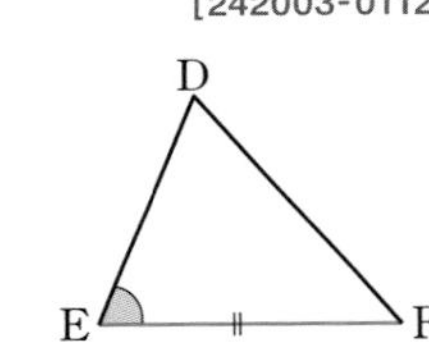

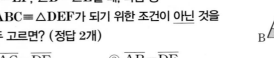

① $\overline{AC}=\overline{DF}$ ② $\overline{AB}=\overline{DE}$
③ $\angle A=\angle D$ ④ $\angle C=\angle F$
⑤ $\angle A=\angle F$

[242003-0113]

10-2 다음 보기에서 오른쪽 그림의 삼각형과 합동인 삼각형을 있는 대로 고르시오.

40°
5 cm
55°

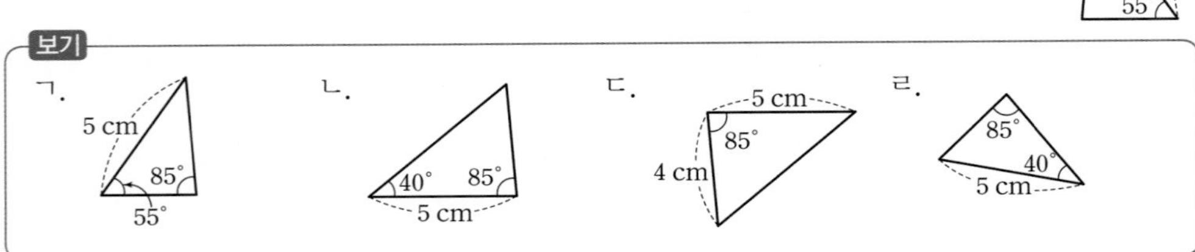

소단원 핵심문제

도형의 합동

[242003-0114]

1 오른쪽 그림에서 □ABCD≡□EFGH일 때, 다음 중 옳지 않은 것은?

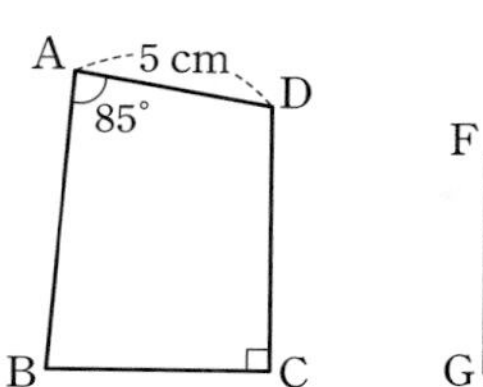

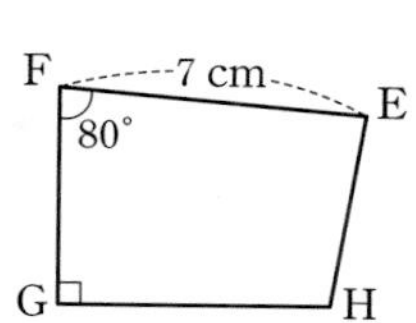

① $\overline{AB}=7$ cm
② $\overline{EH}=5$ cm
③ $\angle ABC=80°$
④ $\angle ADC=100°$
⑤ $\angle FEH=85°$

삼각형의 합동 조건

[242003-0115]

2 다음 보기에서 합동인 것끼리 바르게 짝 지은 것을 모두 고르면? (정답 2개)

보기

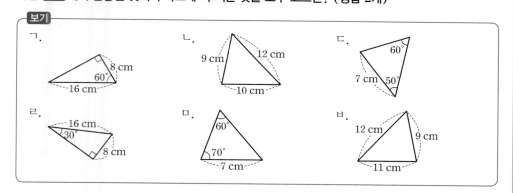

ㄱ. 8 cm, 60°, 16 cm

ㄴ. 9 cm, 12 cm, 10 cm

ㄷ. 60°, 7 cm, 50°

ㄹ. 16 cm, 30°, 8 cm

ㅁ. 60°, 70°, 7 cm

ㅂ. 12 cm, 9 cm, 11 cm

① ㄱ, ㄷ　② ㄱ, ㄹ　③ ㄴ, ㄷ
④ ㄴ, ㅂ　⑤ ㄷ, ㅁ

삼각형의 합동 조건 – SSS 합동

[242003-0116]

3 다음은 오른쪽 그림과 같은 □ABCD에서 △ABD≡△CBD임을 설명하는 과정이다. □ 안에 알맞은 것을 써넣으시오.

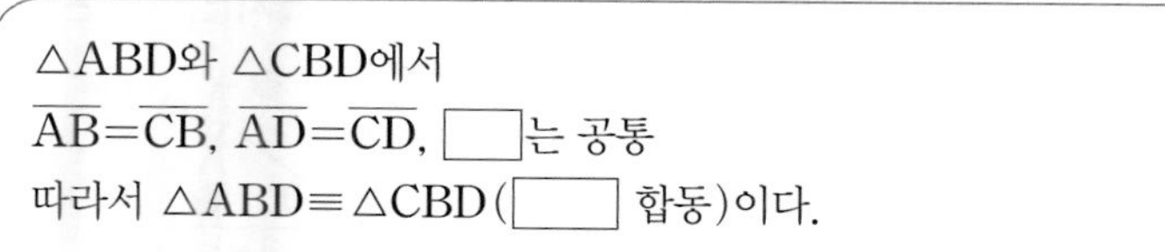

△ABD와 △CBD에서
$\overline{AB}=\overline{CB}$, $\overline{AD}=\overline{CD}$, □는 공통
따라서 △ABD≡△CBD(□ 합동)이다.

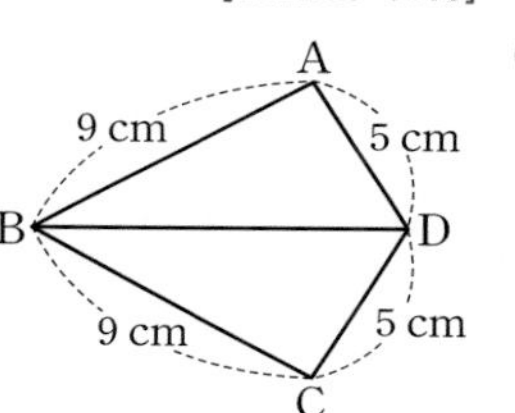

삼각형의 합동 조건–SSS 합동

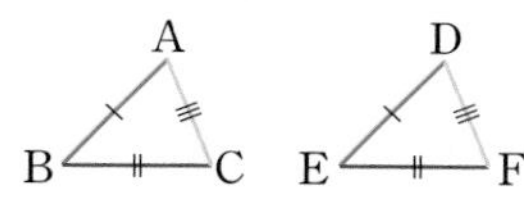

삼각형의 합동 조건 – SAS 합동

[242003-0117]

4 오른쪽 그림과 같이 $\overline{OA}=\overline{OC}$, $\overline{AB}=\overline{CD}$일 때, △AOD와 합동인 삼각형을 찾아 기호 ≡를 사용하여 나타내고, 삼각형의 합동 조건을 말하시오.

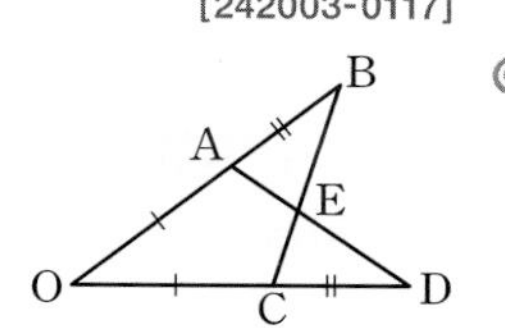

삼각형의 합동 조건–SAS 합동

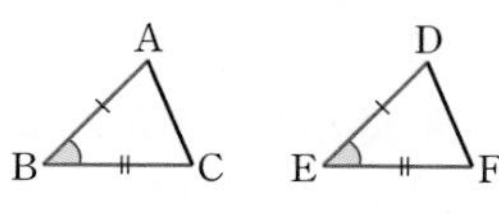

삼각형의 합동 조건 – ASA 합동

[242003-0118]

5 오른쪽 그림에서 $\overline{AB}/\!/\overline{DC}$, $\overline{AD}/\!/\overline{BC}$일 때, 다음 중 옳은 것은?

① $\overline{AB}=\overline{AD}$　② $\overline{BC}=\overline{CD}$
③ $\angle ABD=\angle CBD$　④ $\angle ADB=\angle ABC$
⑤ △ABD≡△CDB

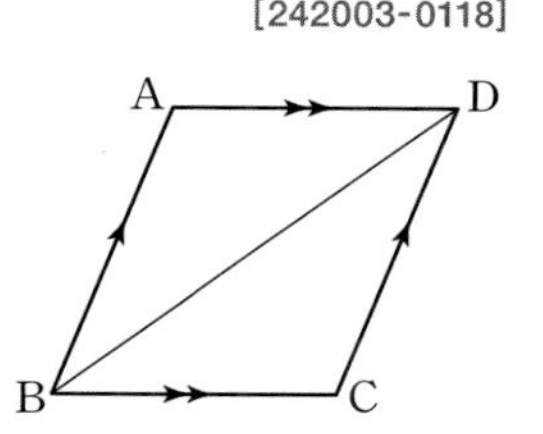

평행한 두 직선이 다른 한 직선과 만날 때, 엇각의 크기는 같다.

중단원 마무리 테스트

1 [242003-0119]

다음 보기에서 작도할 때 컴퍼스의 용도로 옳은 것을 있는 대로 고르시오.

보기
ㄱ. 원을 그린다.
ㄴ. 선분을 연장한다.
ㄷ. 선분의 길이를 옮긴다.
ㄹ. 두 점을 연결하여 선분을 그린다.

2 신유형 [242003-0120]

다음과 같이 컴퍼스를 이용하여 수직선 위의 어떤 수에 대응하는 점을 작도할 때, 점 B에 대응하는 수를 구하시오.

① 컴퍼스를 이용하여 수직선 위에서 0과 3에 대응하는 두 점 사이의 거리를 잰다.
② 컴퍼스를 이용하여 3에 대응하는 점을 중심으로 하고 ①에서 잰 거리를 반지름으로 하는 원을 중심의 오른쪽에 그려 점 A를 찾는다.
③ 컴퍼스를 사용하여 0에 대응하는 점과 점 A의 두 점 사이의 거리를 잰다.
④ 컴퍼스를 이용하여 0에 대응하는 점을 중심으로 하고 ③에서 잰 거리를 반지름의 길이로 하는 원을 중심의 왼쪽에 그려 점 B를 찾는다.

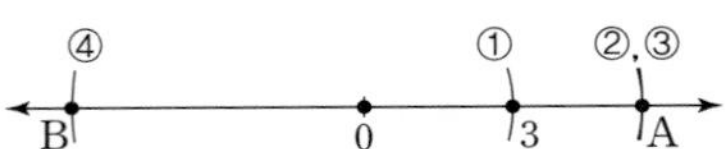

3 [242003-0121]

다음 그림은 ∠XOY와 크기가 같은 ∠QPR를 작도하는 과정을 나타낸 것이다. 작도하는 과정에서 ㉢ 다음 순서로 작도해야 하는 것의 기호를 구하시오.

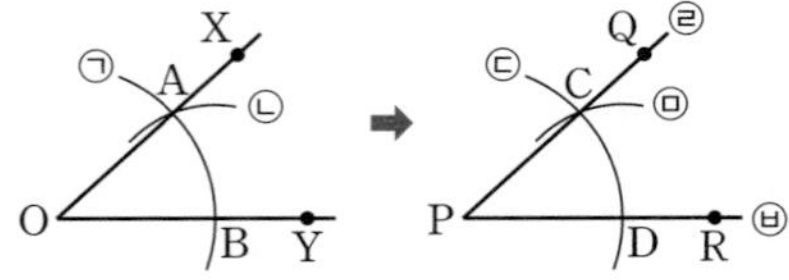

4 [242003-0122]

오른쪽 그림은 직선 l 밖의 한 점 P를 지나고 직선 l에 평행한 직선 m을 작도하는 과정이다. 다음 중 옳지 않은 것은?

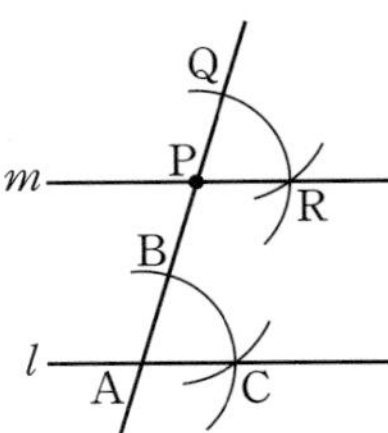

① $\overline{BC}=\overline{QR}$
② $\overline{PR}=\overline{QR}$
③ $\overline{AB}=\overline{PQ}$
④ $\overleftrightarrow{PR} /\!/ \overleftrightarrow{AC}$
⑤ ∠BAC=∠QPR

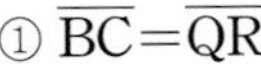

5 중요 [242003-0123]

다음 중에서 삼각형의 세 변의 길이가 될 수 있는 것을 모두 고르면? (정답 2개)

① 3 cm, 5 cm, 6 cm
② 5 cm, 5 cm, 11 cm
③ 4 cm, 5 cm, 10 cm
④ 5 cm, 8 cm, 10 cm
⑤ 6 cm, 7 cm, 13 cm

6 [242003-0124]

다음은 세 변의 길이 a, b, c가 주어졌을 때, △ABC를 작도하는 과정이다. (가)~(마) 안에 알맞은 것으로 옳지 않은 것은?

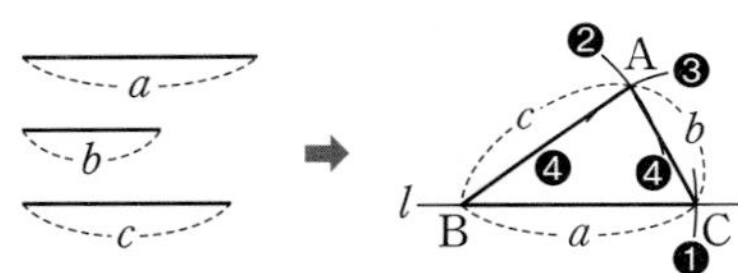

❶ 직선 l을 그리고 그 위에 길이가 (가)인 $\overline{BC}$를 작도한다.
❷ 점 (나)를 중심으로 반지름의 길이가 (다)인 원을 그린다.
❸ 점 (라)를 중심으로 반지름의 길이가 (마)인 원을 그려 ❷의 원과의 교점을 A라 한다.
❹ 점 A와 점 B, 점 A와 점 C를 각각 이으면 △ABC가 작도된다.

① (가) a
② (나) B
③ (다) c
④ (라) B
⑤ (마) b

7 중요

[242003-0125]

$\overline{AB}=5$가 주어졌을 때, 두 가지 조건을 추가하여 $\triangle ABC$가 하나로 정해지도록 하려고 한다. 다음 중에서 $\triangle ABC$가 하나로 정해지지 않는 것을 모두 고르면? (정답 2개)

① $\overline{AC}=12$, $\overline{BC}=8$　② $\overline{AC}=7$, $\angle C=70^\circ$
③ $\overline{BC}=10$, $\angle B=45^\circ$　④ $\angle A=60^\circ$, $\angle B=80^\circ$
⑤ $\angle A=70^\circ$, $\angle C=110^\circ$

8

[242003-0126]

오른쪽 그림의 두 사각형 ABCD와 EFGH는 합동이다. $\overline{BC}$의 길이와 $\angle A$의 크기를 차례로 구하시오.

9

[242003-0127]

다음 그림의 $\triangle ABC$와 $\triangle DEF$에 대하여 다음 중에서 $\triangle ABC \equiv \triangle DEF$라 할 수 없는 것은?

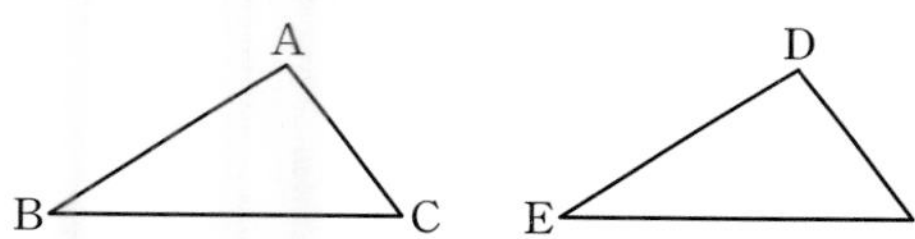

① $\overline{AB}=\overline{DE}$, $\overline{BC}=\overline{EF}$, $\overline{AC}=\overline{DF}$
② $\overline{AB}=\overline{DE}$, $\overline{AC}=\overline{DF}$, $\angle A=\angle D$
③ $\overline{AC}=\overline{DF}$, $\overline{BC}=\overline{EF}$, $\angle B=\angle E$
④ $\overline{AB}=\overline{DE}$, $\angle A=\angle D$, $\angle B=\angle E$
⑤ $\overline{BC}=\overline{EF}$, $\angle A=\angle D$, $\angle C=\angle F$

10 중요

[242003-0128]

다음 그림에서 $\overline{AB}=\overline{DE}$, $\angle B=\angle E$일 때, 한 가지 조건을 추가하여 $\triangle ABC \equiv \triangle DEF$가 되도록 하려고 한다. 보기에서 추가할 조건이 될 수 있는 것을 있는 대로 고른 것은?

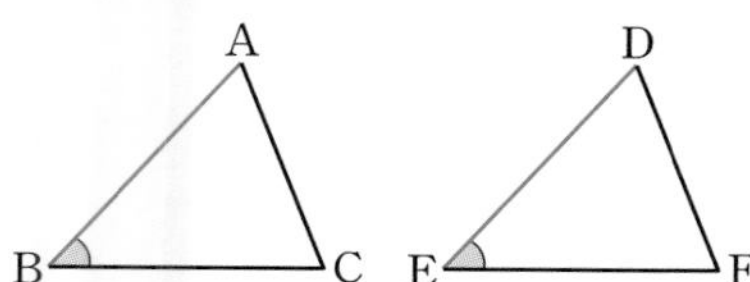

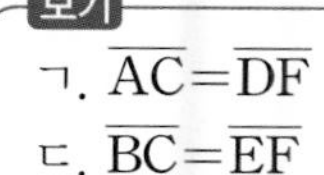

보기

ㄱ. $\overline{AC}=\overline{DF}$　ㄴ. $\angle A=\angle D$
ㄷ. $\overline{BC}=\overline{EF}$　ㄹ. $\angle C=\angle F$

① ㄱ, ㄴ　② ㄴ, ㄷ　③ ㄴ, ㄹ
④ ㄱ, ㄴ, ㄷ　⑤ ㄴ, ㄷ, ㄹ

11

[242003-0129]

오른쪽 그림에서 서로 합동인 삼각형을 찾아 기호 ≡를 사용하여 나타내고, 이때 이용한 삼각형의 합동 조건을 말하시오.

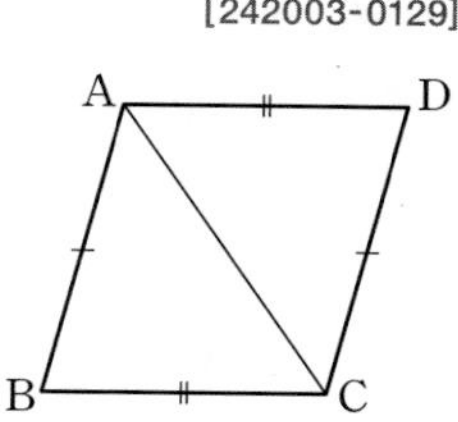

12 중요

[242003-0130]

오른쪽 그림에서 강의 폭을 구하려고 한다. 이때 이용하는 삼각형의 합동 조건을 말하고, 강의 폭을 구하시오.
(단, 강의 폭은 일정하다.)

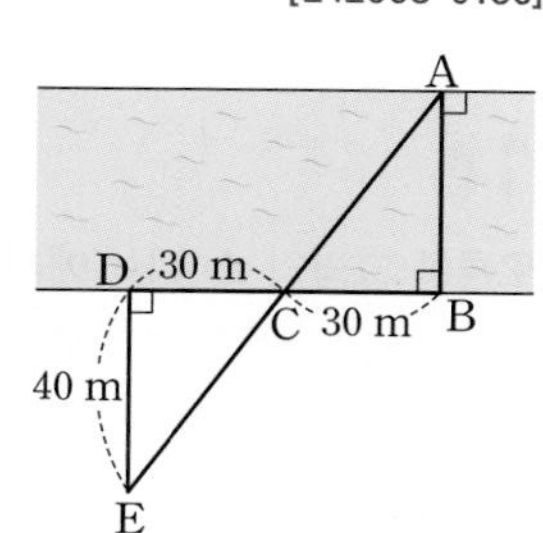

13

[242003-0131]

오른쪽 그림과 같이 정육각형 ABCDEF의 세 꼭짓점 A, C, E를 이은 삼각형 ACE는 어떤 삼각형인지 말하시오.

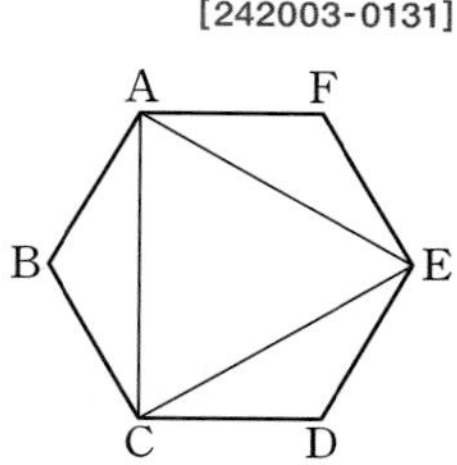

14

[242003-0132]

오른쪽 그림과 같은 직사각형 ABCD에서 점 M이 선분 AD의 중점일 때, $\triangle ABM$과 합동인 삼각형을 찾고, 삼각형의 합동 조건을 말하시오.

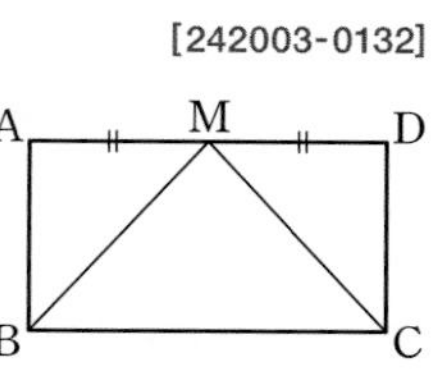

15 중요

[242003-0133]

오른쪽 그림에서 $\overline{AB}=\overline{AD}$, $\angle ABC=\angle ADE$일 때, 다음 중에서 옳지 않은 것은?

① $\overline{AB}=\overline{BE}$
② $\overline{AC}=\overline{AE}$
③ $\overline{BC}=\overline{DE}$
④ $\angle ACB=\angle AED$
⑤ $\triangle ABC\equiv\triangle ADE$

16

[242003-0134]

오른쪽 그림의 $\triangle ABC$에서 $\overline{AB}=\overline{AC}$이다. $\angle A$의 이등분선과 변 BC 와의 교점을 D라 할 때, 다음 중 옳지 않은 것은?

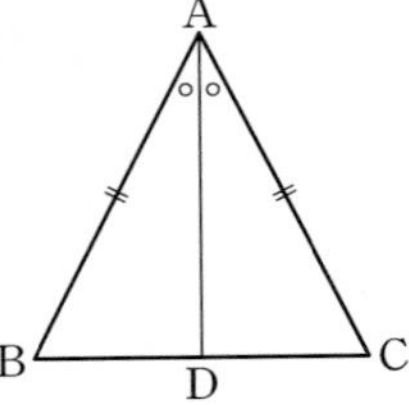

① $\overline{AD}\perp\overline{BC}$
② $\overline{BD}=\overline{CD}$
③ $\angle B=90^\circ-\angle BAD$
④ $\angle BAD=\frac{1}{2}\angle ACD$
⑤ $\triangle ABD\equiv\triangle ACD$

17

[242003-0135]

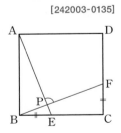

오른쪽 그림의 정사각형 ABCD에서 $\overline{BE}=\overline{CF}$일 때, $\angle APF$의 크기는?

① 80° ② 85°
③ 90° ④ 95°
⑤ 100°

18

[242003-0136]

오른쪽 그림과 같은 정삼각형 ABC에서 $\overline{AD}=\overline{BE}=\overline{CF}$일 때, $\angle DEF$의 크기를 구하시오.

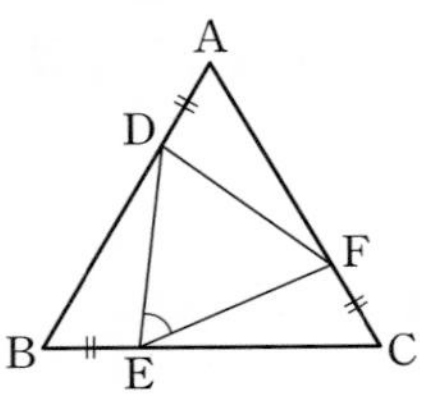

19 고득점

[242003-0137]

다음 그림과 같이 $\angle A=90^\circ$인 직각이등변삼각형 ABC의 꼭짓점 A를 직선 l 위에 놓고, B, C에서 직선 l에 내린 수선의 발을 각각 D, E라고 하자. $\overline{BD}=12$ cm, $\overline{CE}=5$ cm일 때, $\overline{DE}$의 길이를 구하시오.

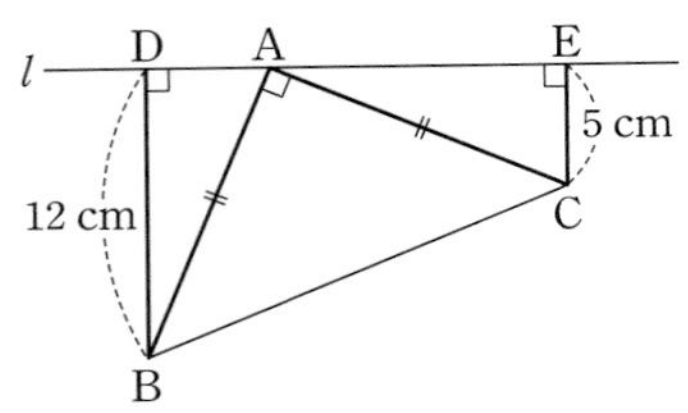

20 고득점

[242003-0138]

다음 그림에서 $\triangle ABC$와 $\triangle ECD$가 정삼각형일 때, $\angle BPD$의 크기를 구하시오.

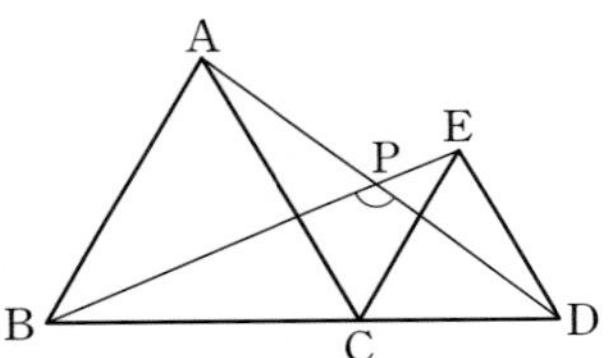

기출 서술형

21 풀이를 서술하는 문제 [242003-0139]

오른쪽 그림과 같이 $\angle XOY$의 이등분선 위의 점 P에서 $\overrightarrow{OX}$, $\overrightarrow{OY}$에 내린 수선의 발을 각각 A, B라고 하자. $\overline{PA}=4\text{ cm}$, $\angle AOP=\angle BOP$이고 $\triangle POB=20\text{ cm}^2$일 때, $\overline{OA}$의 길이를 구하시오.

(단, 풀이 과정을 자세히 쓰시오.)

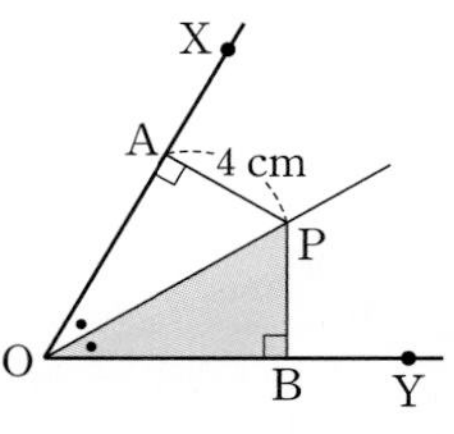

풀이 과정

답 |

22 유사문제 [242003-0140]

오른쪽 그림에서 □ABCD와 □CEFG가 정사각형이고 $\overline{EF}=6\text{ cm}$, $\overline{AB}=8\text{ cm}$, $\overline{BG}=10\text{ cm}$일 때, $\triangle CDE$의 둘레의 길이를 구하시오.

(단, 풀이 과정을 자세히 쓰시오.)

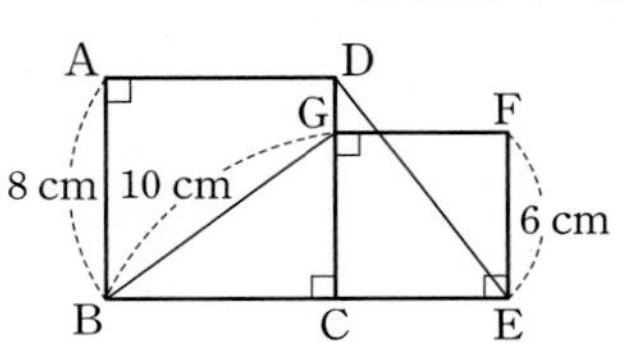

풀이 과정

답 |

23 이유를 설명하는 문제 [242003-0141]

다음은 $\angle P$와 크기가 같은 $\angle Q$를 작도한 것을 나타낸 것이다. 삼각형의 합동을 이용하여 $\angle APB=\angle CQD$인 이유를 설명하시오.

(단, 풀이 과정을 자세히 쓰시오.)

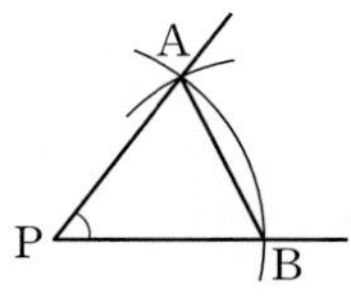

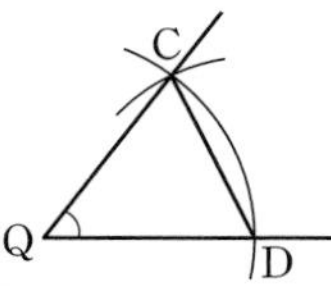

풀이 과정

답 |

24 유사문제 [242003-0142]

다음은 $\angle AOB$의 이등분선을 작도하는 것을 설명한 것이다. 삼각형의 합동을 이용하여 $\overrightarrow{OP}$가 $\angle AOB$의 이등분선인 이유를 설명하시오. (단, 풀이 과정을 자세히 쓰시오.)

① 점 O를 중심으로 원을 그려 $\overrightarrow{OA}$, $\overrightarrow{OB}$와의 교점을 각각 C, D라고 한다.
② 두 점 C, D를 중심으로 반지름의 길이가 같은 두 원을 각각 그리고 이 두 원의 교점을 P라고 한다.
③ $\overrightarrow{OP}$를 그리면 $\angle AOB$의 이등분선을 작도할 수 있다.

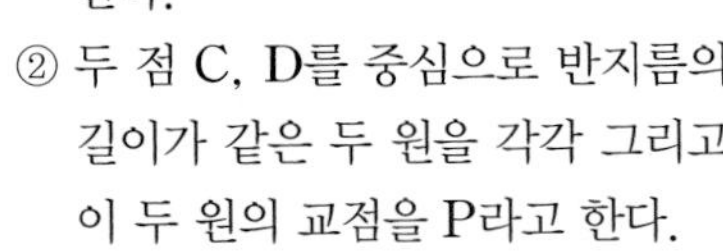

풀이 과정

답 |

3

다각형

배운 내용

여러 가지 삼각형, 사각형

다각형

평면도형의 이동

기본 도형

이 단원의 내용

1 다각형

2 다각형의 내각과 외각의 크기

배울 내용

삼각형과 사각형의 성질

도형의 닮음

피타고라스 정리

삼각비

1 다각형

1 다각형

(1) **다각형** : 3개 이상의 선분으로 둘러싸인 평면도형 — 선분의 개수가 3, 4, 5, …, n인 다각형을 각각 삼각형, 사각형, 오각형, …, n각형이라 한다.

① **변** : 다각형을 이루는 선분

② **꼭짓점** : 변과 변이 만나는 점

③ **내각** : 다각형에서 이웃하는 두 변으로 이루어진 내부의 각

④ **외각** : 다각형의 각 꼭짓점에서 한 변과 그 변에 이웃한 변의 연장선이 이루는 각

참고 ① 다각형에서 한 내각에 대한 외각은 2개가 있고, 맞꼭지각이므로 그 크기가 서로 같다.
② 다각형의 한 꼭짓점에서 내각의 크기와 외각의 크기의 합은 180°이다.

(2) **정다각형** : 모든 변의 길이가 같고 모든 내각의 크기가 같은 다각형

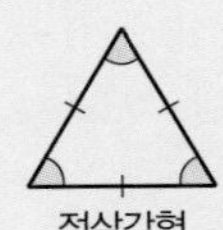
정삼각형

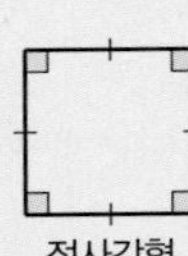
정사각형

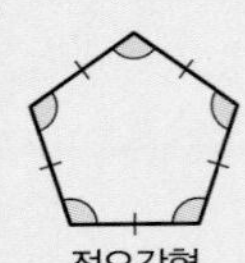
정오각형

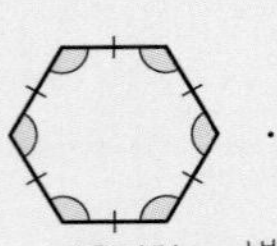
정육각형 … — 변의 개수가 n인 정다각형을 정n각형이라 한다.

주의 ① 변의 길이가 모두 같아도 내각의 크기가 다르면 정다각형이 아니다. 예 마름모
② 내각의 크기가 모두 같아도 변의 길이가 다르면 정다각형이 아니다. 예 직사각형

용어 톡!

다각형(多 많다, 角 각, 形 모양) : 여러 개의 각이 있는 도형
내각(內 안, 角 각) : 다각형에서 안쪽에 있는 각
외각(外 바깥, 角 각) : 다각형에서 바깥쪽에 있는 각

[242003-0143]

핵심예제 1 다음 그림에서 $\angle x$, $\angle y$의 크기를 각각 구하시오.

(1)

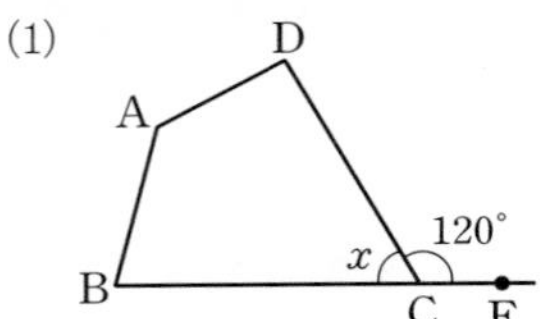

(2)

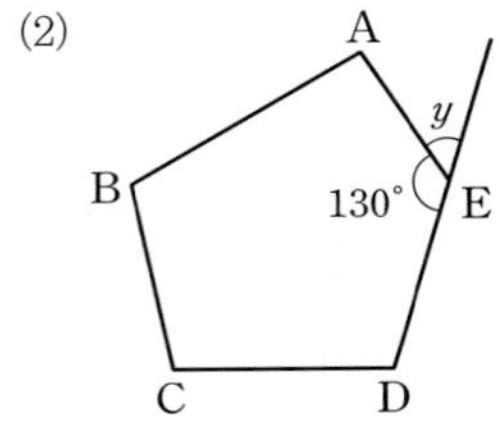

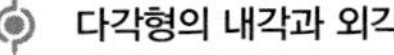

다각형의 내각과 외각

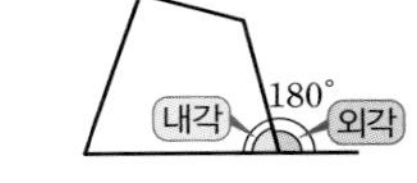

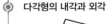

다각형의 한 꼭짓점에서
(내각의 크기)+(외각의 크기)
$=180^\circ$

[242003-0144]

1-1 오른쪽 그림에서 $\angle x+\angle y$의 크기를 구하시오.

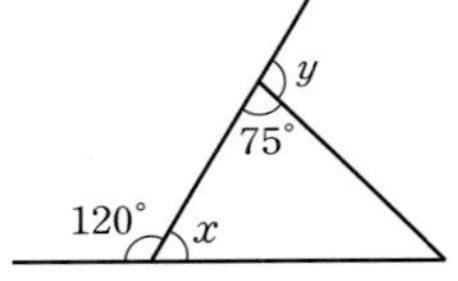

[242003-0145]

핵심예제 2 다음은 정다각형에 대한 설명이다. 옳은 것은 ○표, 옳지 않은 것은 ×표를 (   ) 안에 써넣으시오.

(1) 세 변의 길이가 모두 같은 삼각형은 정삼각형이다. (   )

(2) 네 변의 길이가 모두 같은 사각형은 정사각형이다. (   )

(3) 정다각형은 모든 변의 길이가 같다. (   )

(4) 모든 각의 크기가 같은 다각형은 정다각형이다. (   )

정다각형
모든 변의 길이가 같고 모든 내각의 크기가 같은 다각형

[242003-0146]

2-1 다음 조건을 모두 만족시키는 다각형을 구하시오.

(가) 5개의 선분으로 둘러싸여 있다.
(나) 모든 변의 길이가 같다.
(다) 모든 내각의 크기가 같다.

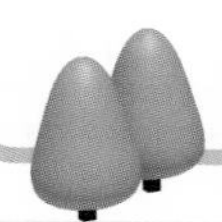

정답과 풀이 ● 25쪽

2 다각형의 대각선의 개수

(1) 대각선: 다각형에서 서로 이웃하지 않는 두 꼭짓점을 이은 선분

참고 한 꼭짓점에서 자기 자신과 그와 이웃하는 2개의 꼭짓점에는 대각선을 그을 수 없다.

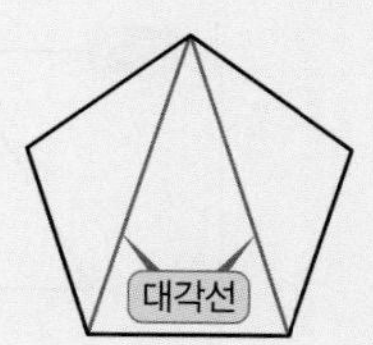

(2) 다각형의 대각선의 개수

① n각형의 한 꼭짓점에서 그을 수 있는 대각선의 개수 ➡ $n-3$ (자기 자신과 그와 이웃하는 2개의 꼭짓점에는 대각선을 그을 수 없다.)

② n각형의 대각선의 개수 ➡ $\dfrac{n(n-3)}{2}$ (꼭짓점의 개수, 한 꼭짓점에서 그을 수 있는 대각선의 개수 / 한 대각선을 두 번씩 중복하여 세었으므로 2로 나눈다.)

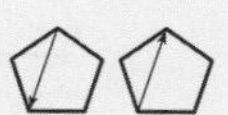

예 ① 오각형의 한 꼭짓점에서 그을 수 있는 대각선의 개수: $5-3=2$

② 오각형의 대각선의 개수: $\dfrac{5\times(5-3)}{2}=5$

참고 n각형의 한 꼭짓점에서 대각선을 모두 그었을 때 생기는 삼각형의 개수 ➡ $n-2$ (단, $n\geq4$)

용어 톡!

대각선(對 마주 보다, 角 각, 線 선)
: 마주 보는 각을 이은 선분

[242003-0147]

핵심예제 3 다음 다각형의 대각선의 개수를 구하시오.

(1) 육각형 (2) 팔각형
(3) 십이각형

n각형의 대각선의 개수
➡ $\dfrac{n(n-3)}{2}$

[242003-0148]

3-1 오각형의 한 꼭짓점에서 그을 수 있는 대각선의 개수를 a, 십각형의 대각선의 개수를 b라 할 때, $a+b$의 값을 구하시오.

[242003-0149]

핵심예제 4 대각선의 개수가 54인 다각형을 구하시오.

대각선의 개수가 주어질 때 다각형 구하기
구하는 다각형을 n각형이라 하고, 식을 세워 n의 값을 구한다.

[242003-0150]

4-1 대각선의 개수가 44인 다각형은?

① 팔각형 ② 구각형 ③ 십각형
④ 십일각형 ⑤ 십이각형

소단원 핵심문제

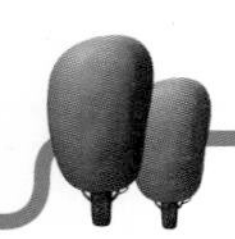

다각형 [242003-0151]

1 **다음 보기에서 다각형인 것의 개수는?**

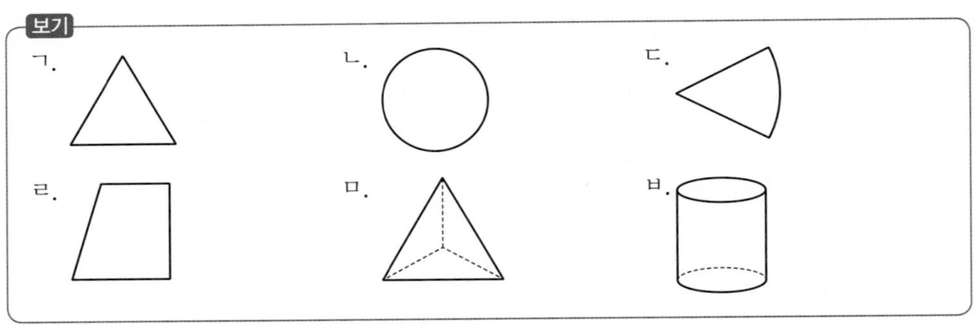

① 2 ② 3 ③ 4 ④ 5 ⑤ 6

다각형은 3개 이상의 선분으로 둘러싸인 평면도형이다. 곡선으로 둘러싸여 있거나 선분이 끊어져 있으면 다각형이 아니다.

정다각형 [242003-0152]

2 **다음 조건을 모두 만족하는 다각형은?**

(가) 12개의 선분으로 둘러싸여 있다.
(나) 모든 변의 길이가 같다.
(다) 모든 내각의 크기가 같다.

① 십각형 ② 십일각형 ③ 정십이각형 ④ 정십오각형 ⑤ 정십육각형

모든 변의 길이가 같고 모든 내각의 크기가 같은 다각형을 정다각형이라고 한다.

다각형의 한 꼭짓점에서 그을 수 있는 대각선의 개수 [242003-0153]

3 **십각형의 한 꼭짓점에서 그을 수 있는 대각선의 개수를 a, 그때 생기는 삼각형의 개수를 b라고 할 때, $a+b$의 값을 구하시오.**

n각형의 한 꼭짓점에서 대각선을 모두 그을 때 생기는 삼각형의 개수
➡ $n-2$

다각형의 대각선의 개수 [242003-0154]

4 **오른쪽 그림과 같이 원탁에 6명의 사람들이 앉아 있다. 양쪽에 앉은 옆 사람을 제외한 모든 사람과 서로 한 번씩 악수를 할 때, 악수를 모두 몇 번 하게 되는가?**

① 7번 ② 9번 ③ 12번 ④ 14번 ⑤ 18번

대각선의 개수가 주어질 때 정다각형 구하기 [242003-0155]

5 **다음 조건을 모두 만족하는 다각형을 구하시오.**

(가) 대각선의 개수는 35개이다.
(나) 변의 길이가 모두 같다.
(다) 내각의 크기가 모두 같다.

n각형의 대각선의 개수
➡ $\frac{n(n-3)}{2}$

정답과 풀이 ● 26쪽

3 삼각형의 세 내각의 크기의 합

삼각형의 세 내각의 크기의 합은 180°이다.

➡ △ABC에서 ∠A+∠B+∠C=180°

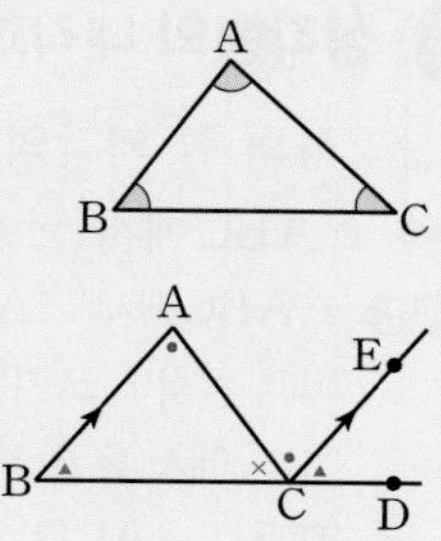

설명 오른쪽 그림과 같이 △ABC에서 $\overline{BC}$의 연장선을 긋고 $\overline{BA}/\!/\overline{CE}$가 되도록 반직선 CE를 그으면

∠A=∠ACE (엇각), ∠B=∠ECD (동위각)

따라서 ∠A+∠B+∠C=∠ACE+∠ECD+∠C=180°

[242003-0156]

핵심예제 **5** 다음 그림에서 ∠x의 크기를 구하시오.

(1)

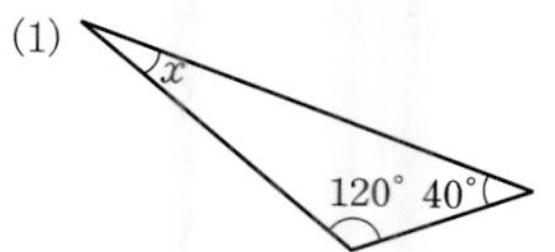

(2)

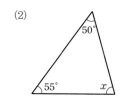

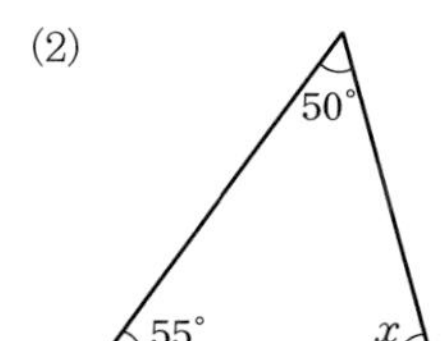

삼각형의 내각의 크기의 합

△ABC에서

∠A+∠B+∠C=180°

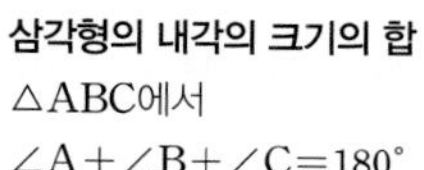
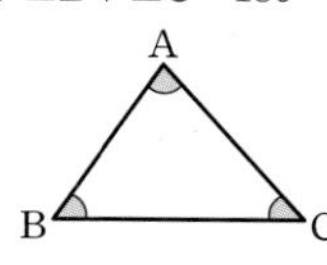

[242003-0157]

5-1 오른쪽 그림에서 다음을 구하시오.

(1) ∠ACB의 크기

(2) ∠DCE의 크기

(3) x의 값

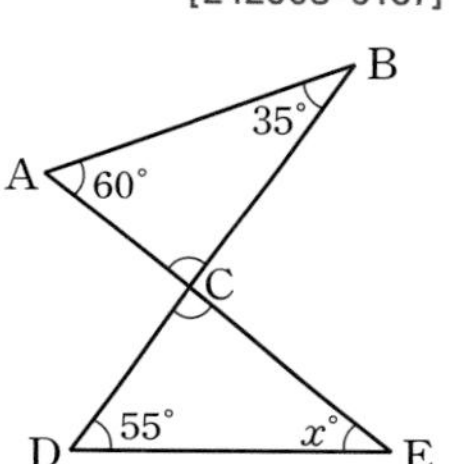

[242003-0158]

핵심예제 **6** 오른쪽 그림과 같은 △ABC에서 x의 값을 구하시오.

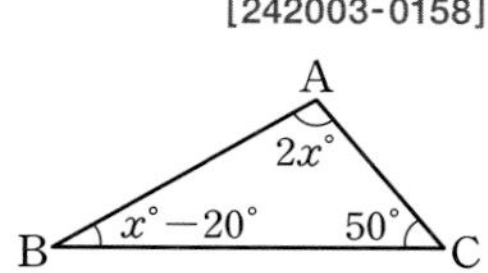

[242003-0159]

6-1 다음 그림과 같은 △ABC에서 x의 값을 구하시오.

(1)

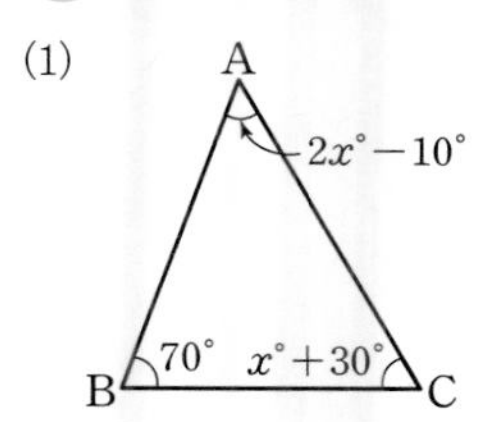

(2)

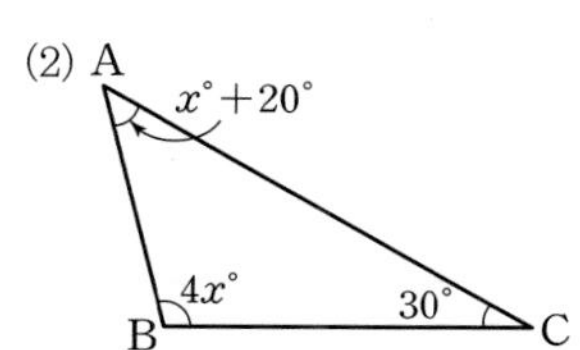

4 삼각형의 내각과 외각 사이의 관계

삼각형의 한 외각의 크기는 그와 이웃하지 않는 두 내각의 크기의 합과 같다.

➡ △ABC에서 ∠ACD=∠A+∠B

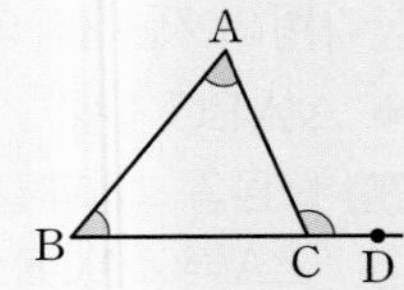

설명 △ABC에서 ∠A+∠B+∠ACB=180° ⋯⋯ ㉠
이때 평각의 크기는 180°이므로 ∠ACB+∠ACD=180° ⋯⋯ ㉡
㉠, ㉡에서 ∠A+∠B+∠ACB=∠ACB+∠ACD
따라서 ∠ACD=∠A+∠B

[242003-0160]

핵심예제 **7** 다음 그림에서 x의 값을 구하시오.

(1)

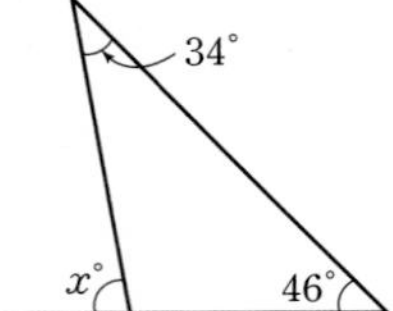

(2)

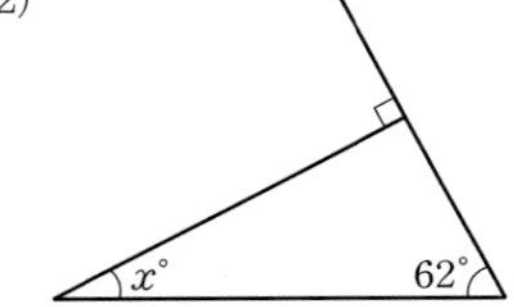

삼각형의 내각과 외각의 관계
삼각형의 한 외각의 크기는 그와 이웃하지 않는 두 내각의 크기의 합과 같다.

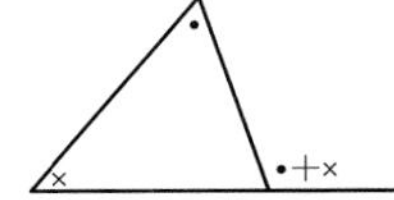

[242003-0161]

7-1 오른쪽 그림에서 다음을 구하시오.

(1) ∠ECD의 크기
(2) ∠x의 크기

[242003-0162]

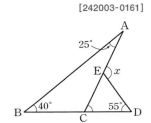

핵심예제 **8** 오른쪽 그림에서 x의 값을 구하시오.

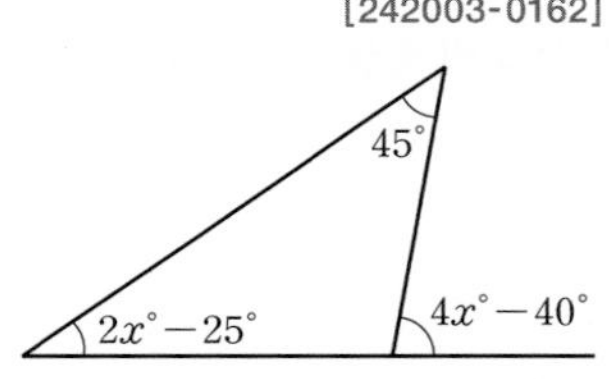

[242003-0163]

8-1 다음 그림에서 x의 값을 구하시오.

(1)

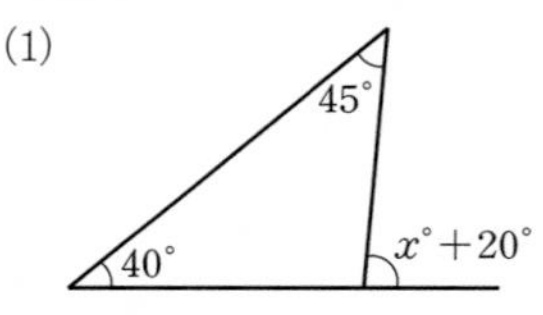

(2)

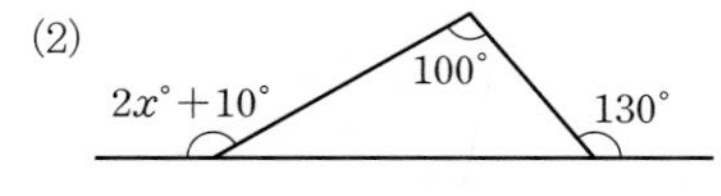

5 다각형의 내각의 크기

(1) 다각형의 내각의 크기의 합

n각형의 내각의 크기의 합 ➡ $180° \times (n-2)$ (180°: 삼각형의 내각의 크기의 합, $n-2$: 삼각형의 개수)

다각형	사각형	오각형	육각형	…	n각형
한 꼭짓점에서 대각선을 모두 그었을 때 생기는 삼각형의 개수	$4-2=2$	$5-2=3$	$6-2=4$	…	$n-2$
내각의 크기의 합	$180° \times 2=360°$	$180° \times 3=540°$	$180° \times 4=720°$	…	$180° \times (n-2)$

(2) 정다각형의 한 내각의 크기

정n각형의 한 내각의 크기 ➡ $\dfrac{180° \times (n-2)}{n}$ ← 정n각형의 내각의 크기의 합 / ← 꼭짓점의 개수

예 정오각형의 한 내각의 크기: $\dfrac{180° \times (5-2)}{5}=108°$

참고 정다각형의 내각의 크기는 모두 같으므로 정n각형의 한 내각의 크기는 내각의 크기의 합 $180° \times (n-2)$를 꼭짓점의 개수 n으로 나눈 것과 같다.

[242003-0164]

핵심예제 **9** 다음 다각형의 내각의 크기의 합을 구하시오.

(1) 육각형

(2) 팔각형

(3) 십이각형

다각형의 내각의 크기의 합
n각형의 내각의 크기의 합
➡ $180° \times (n-2)$

[242003-0165]

9-1 오른쪽 그림에서 $\angle x$의 크기를 구하시오.

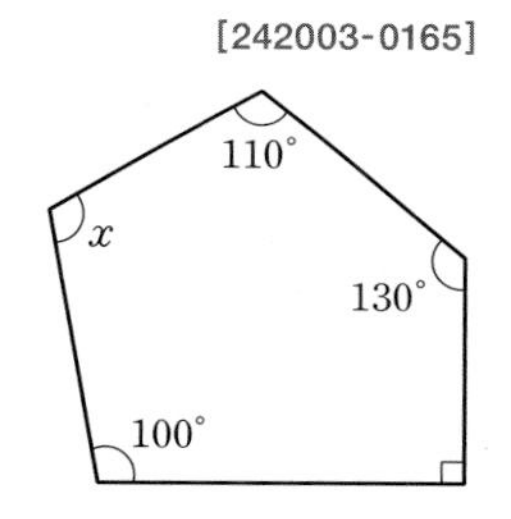

[242003-0166]

핵심예제 **10** 다음 정다각형의 한 내각의 크기를 구하시오.

(1) 정구각형

(2) 정십오각형

정다각형의 한 내각의 크기
정n각형의 한 내각의 크기
➡ $\dfrac{180° \times (n-2)}{n}$

[242003-0167]

10-1 한 내각의 크기가 $135°$인 정다각형은?

① 정육각형 ② 정팔각형 ③ 정구각형 ④ 정십각형 ⑤ 정십이각형

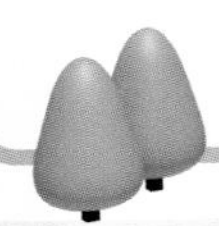

6 다각형의 외각의 크기

(1) 다각형의 외각의 크기의 합

n각형의 외각의 크기의 합은 항상 $360°$이다.

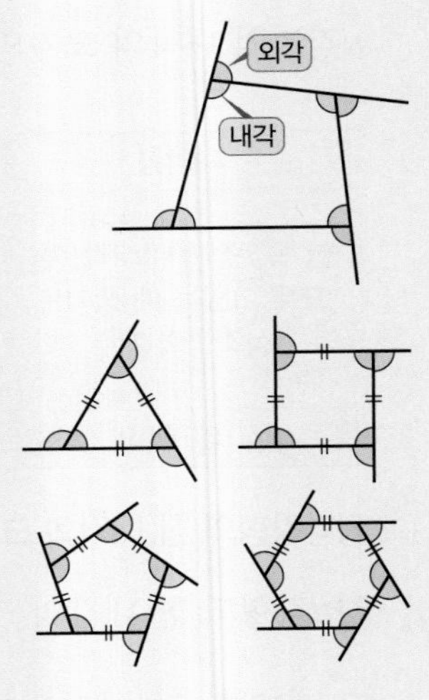

설명 다각형의 한 꼭짓점에서 내각과 외각의 크기의 합은 $180°$이고 n각형의 꼭짓점은 n개이므로

(내각의 크기의 합) + (외각의 크기의 합) $= 180° \times n$

따라서

(외각의 크기의 합) $= 180° \times n -$ (내각의 크기의 합)

$= 180° \times n - 180° \times (n-2)$

$= 180° \times n - 180° \times n + 180° \times 2$

$= 360°$

(2) 정다각형의 한 외각의 크기

정n각형의 한 외각의 크기 ➡ $\frac{360°}{n}$ ← 정n각형의 외각의 크기의 합 / ← 꼭짓점의 개수

예 정오각형의 한 외각의 크기: $\frac{360°}{5} = 72°$

참고 정다각형의 외각의 크기는 모두 같으므로 정n각형의 한 외각의 크기는 외각의 크기의 합 $360°$를 꼭짓점의 개수 n으로 나눈 것과 같다.

[242003-0168]

핵심예제 11 다음 그림에서 $\angle x$의 크기를 구하시오.

(1)

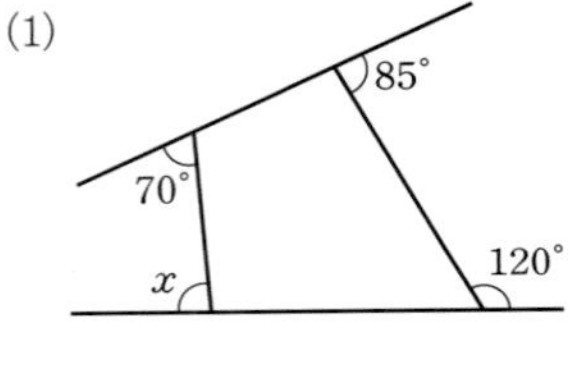

(2)

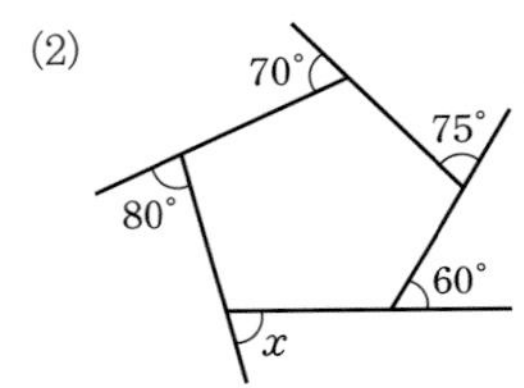

다각형의 외각의 크기의 합
n각형의 외각의 크기의 합
➡ $360°$

[242003-0169]

11-1 오른쪽 그림에서 $\angle x$의 크기를 구하시오.

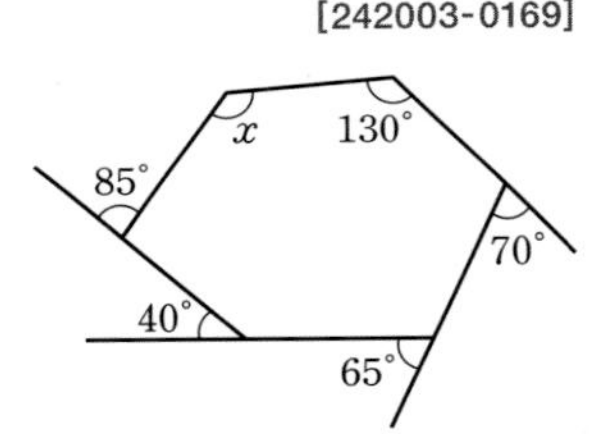

[242003-0170]

핵심예제 12 다음 정다각형의 한 외각의 크기를 구하시오.

(1) 정오각형 (2) 정육각형

(3) 정팔각형

정다각형의 한 외각의 크기
정n각형의 한 외각의 크기
➡ $\frac{360°}{n}$

[242003-0171]

12-1 한 외각의 크기가 $24°$인 정다각형을 구하시오.

소단원 핵심문제

정답과 풀이 ● 27쪽

1 삼각형의 세 내각의 크기의 합 [242003-0172]

삼각형의 세 내각의 크기의 비가 $2:3:7$이면 어떤 삼각형인가?

① 예각삼각형 ② 직각삼각형 ③ 둔각삼각형
④ 이등변삼각형 ⑤ 직각이등변삼각형

△ABC에서
$\angle A : \angle B : \angle C = a : b : c$이면
$\angle A = a \times ☆$, $\angle B = b \times ☆$,
$\angle C = c \times ☆$

2 삼각형의 내각과 외각 사이의 관계 [242003-0173]

오른쪽 그림에서 $x+y$의 값을 구하시오.

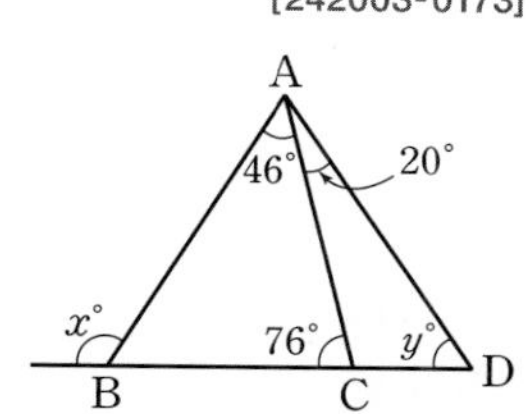

3 다각형의 내각의 크기의 합 [242003-0174]

한 꼭짓점에서 그을 수 있는 대각선의 개수가 a이고, 이때 생기는 삼각형의 개수가 b인 다각형이 있다. $a+b=11$일 때, 이 다각형의 내각의 크기의 합을 구하시오.

n각형의 한 꼭짓점에서 그을 수 있는 대각선의 개수는 $(n-3)$이다.

4 다각형의 외각의 크기의 합 [242003-0175]

오른쪽 그림에서 $\angle x$의 크기를 구하시오.

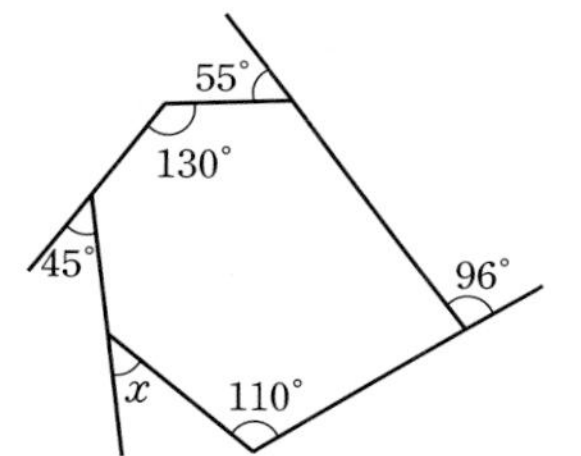

다각형의 외각의 크기의 합은 항상 360°이다.

5 정다각형의 한 외각의 크기 [242003-0176]

내각의 크기의 합이 1260°인 정다각형의 한 외각의 크기는?

① 30° ② 36° ③ 40°
④ 45° ⑤ 60°

n각형의 내각의 크기의 합은 $180° \times (n-2)$이다.

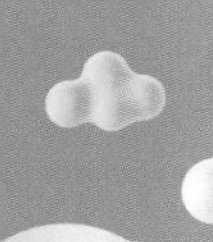

중단원 마무리 테스트

1

[242003-0177]

오른쪽 그림의 사각형 ABCD에서 $\angle A$의 외각의 크기와 $\angle C$의 외각의 크기의 합을 구하시오.

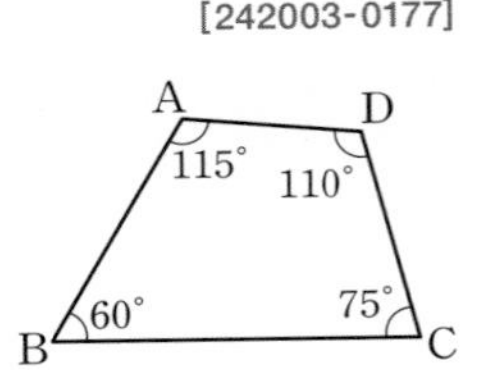

2

[242003-0178]

오른쪽 그림과 같이 한 대각선의 길이가 5 cm인 정오각형에서 모든 대각선의 길이의 합은?

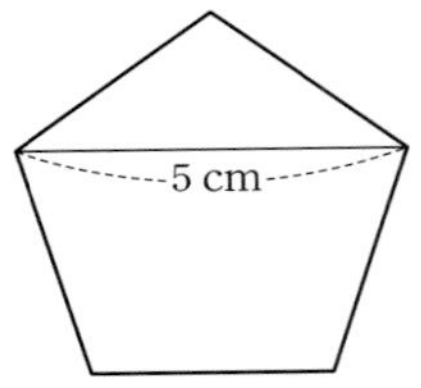

① 15 cm ② 20 cm ③ 25 cm ④ 30 cm ⑤ 35 cm

3 중요

[242003-0179]

다음 조건을 모두 만족시키는 다각형을 구하시오.

> (가) 모든 변의 길이가 같다.
> (나) 모든 내각의 크기가 같다.
> (다) 대각선의 개수는 9이다.

4

[242003-0180]

어떤 다각형의 내부의 한 점에서 각 꼭짓점에 선분을 그었더니 8개의 삼각형이 생겼다. 이 다각형의 대각선 개수는?

① 20 ② 27 ③ 35 ④ 44 ⑤ 54

5 중요

[242003-0181]

오른쪽 그림에서 x, y의 값을 각각 구하시오.

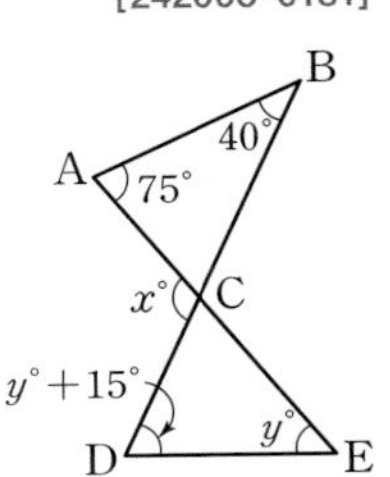

6

[242003-0182]

오른쪽 그림에서 $\angle x$의 크기는?

A
29°
E
63°
B
x
38°
D
C

① 50° ② 51° ③ 52° ④ 53° ⑤ 54°

7

[242003-0183]

오른쪽 그림에서 $\angle x + \angle y$의 크기는?

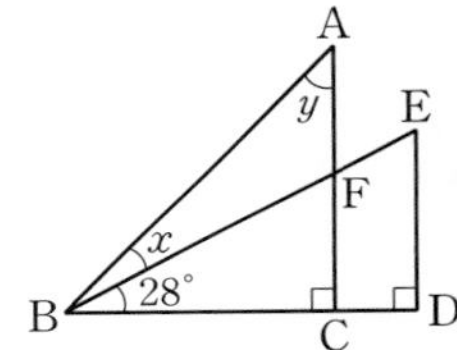

① 60° ② 62° ③ 65° ④ 68° ⑤ 70°

8

[242003-0184]

오른쪽 그림의 $\triangle ABC$에서 점 I는 $\angle B$와 $\angle C$의 이등분선의 교점이다. $\angle A = 60°$일 때, $\angle x$의 크기를 구하시오.

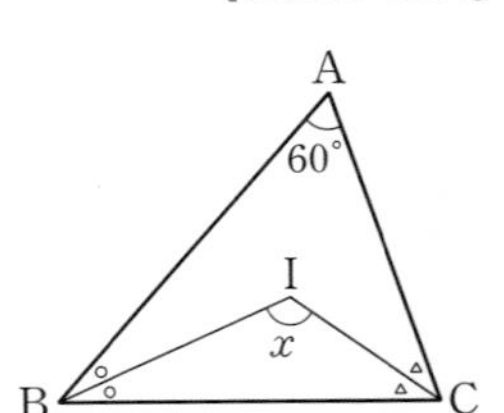

9 중요 [242003-0185]

오른쪽 그림에서 $\overline{AB}=\overline{BD}=\overline{CD}$이고 $\angle A=30^\circ$일 때, $\angle x$의 크기는?

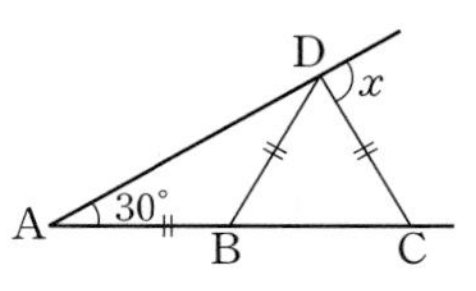

① 75° ② 80°
③ 85° ④ 90°
⑤ 95°

10 [242003-0186]

팔각형의 내각의 크기의 합을 x°, 십이각형의 내각의 크기의 합을 y°라고 할 때, $y-x$의 값은?

① 360 ② 540 ③ 720
④ 900 ⑤ 1080

11 [242003-0187]

내각의 크기의 합이 1620°인 다각형의 한 꼭짓점에서 그을 수 있는 대각선의 개수는?

① 6 ② 7 ③ 8
④ 9 ⑤ 10

12 중요 [242003-0188]

오른쪽 그림에서 x의 값은?

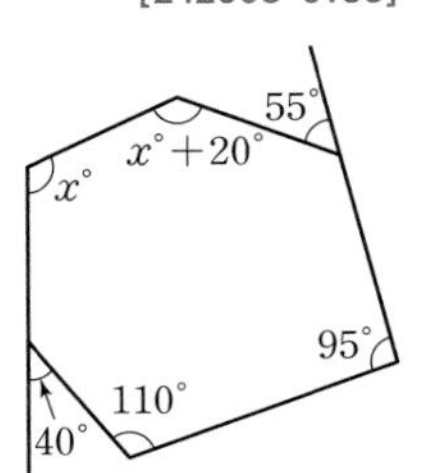

① 105 ② 110
③ 115 ④ 120
⑤ 125

13 신유형 [242003-0189]

오른쪽 그림은 한 변의 길이가 서로 같은 정오각형과 정육각형을 이어 붙인 것이다. $\angle x$의 크기는?

① 10° ② 12°
③ 15° ④ 18°
⑤ 20°

14 [242003-0190]

오른쪽 그림에서 x의 값을 구하시오.

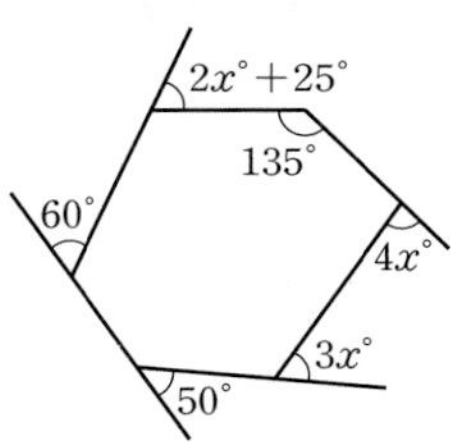

15 [242003-0191]

모든 내각과 외각의 크기의 합이 2160°인 정다각형의 한 외각의 크기는?

① 30° ② 36° ③ 45°
④ 60° ⑤ 72°

16 [242003-0192]

다음 중에서 옳지 않은 것은?

① 사각형의 외각의 크기의 합은 360°이다.
② 육각형의 대각선의 개수는 9이다.
③ 십삼각형의 내각의 크기의 합은 1980°이다.
④ 정십오각형의 한 외각의 크기는 24°이다.
⑤ 정십팔각형의 한 내각의 크기는 140°이다.

17 중요

[242003-0193]

한 내각의 크기와 한 외각의 크기의 비가 $4:1$인 정다각형은?

① 정육각형 ② 정팔각형 ③ 정구각형
④ 정십각형 ⑤ 정십이각형

18

[242003-0194]

오른쪽 그림과 같이 정오각형의 두 변의 연장선을 그었다. 이때 $\angle x$의 크기를 구하시오.

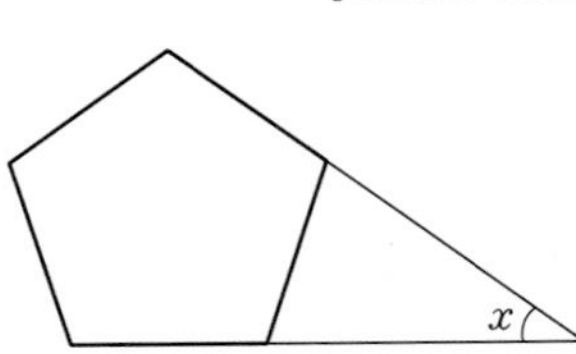

19 신유형

[242003-0195]

다음은 컴퓨터의 코딩을 이용하여 100만큼 앞으로 이동하면서 변을 그리고 이동 방향에서 회전하는 과정을 반복하여 정다각형을 그린 것이다. □ 안에 알맞은 수를 써넣으시오.

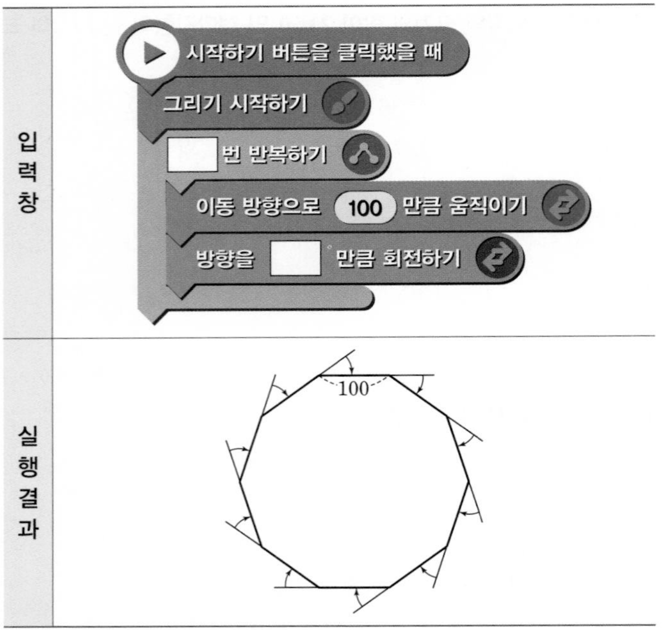

20

[242003-0196]

오른쪽 그림에서
$\angle a+\angle b+\angle c+\angle d+\angle e+\angle f+\angle g+\angle h$
의 크기를 구하시오.

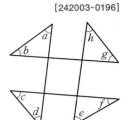

21 고득점

[242003-0197]

오른쪽 그림의 $\triangle ABC$에서 점 D는 $\angle B$의 이등분선과 $\angle C$의 외각의 이등분선의 교점이다. $\angle A=70°$일 때, $\angle x$의 크기를 구하시오.

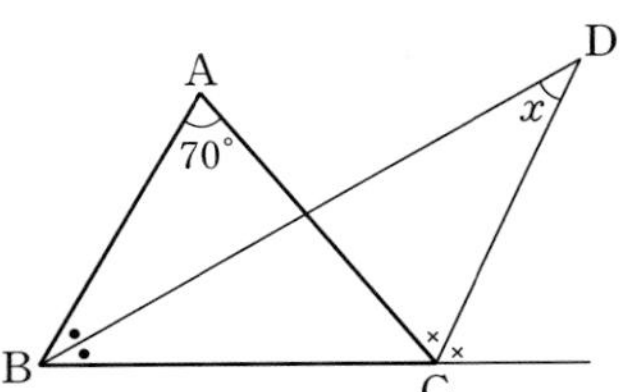

22 고득점

[242003-0198]

다음 그림에서 색칠한 각의 크기의 합을 구하시오.

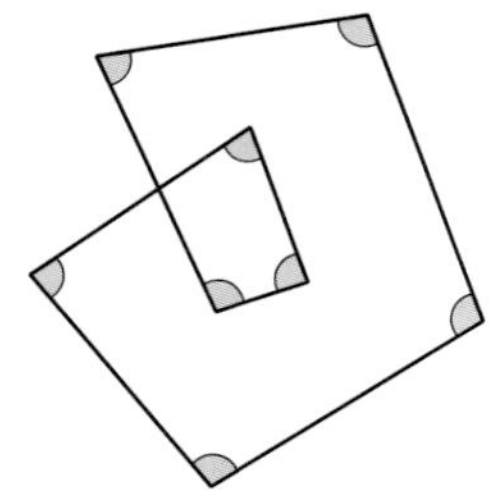

기출 서술형

23 풀이를 서술하는 문제 [242003-0199]

한 내각의 크기가 한 외각의 크기보다 90°만큼 큰 정다각형의 대각선의 개수를 구하시오. (단, 풀이 과정을 자세히 쓰시오.)

풀이 과정

답 |

24 유사문제 [242003-0200]

어떤 정다각형에서 한 내각의 크기와 한 외각의 크기의 비가 $7:2$일 때, 이 정다각형의 한 꼭짓점에서 그을 수 있는 대각선의 개수를 구하시오. (단, 풀이 과정을 자세히 쓰시오.)

풀이 과정

답 |

25 이유를 설명하는 문제 [242003-0201]

오른쪽 그림은 오각형의 내부의 한 점에서 각 꼭짓점에 선분을 연결한 것이다. 이 그림과 같이 내부의 한 점에서 각 꼭짓점에 선분을 연결하여 n각형의 내각의 크기의 합이 $180^\circ\times(n-2)$인 이유를 설명하시오. (단, 풀이 과정을 자세히 쓰시오.)

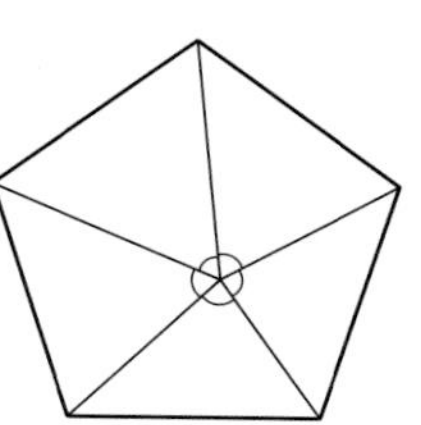

풀이 과정

답 |

26 유사문제 [242003-0202]

오른쪽 그림은 오각형의 한 변 위의 점에서 이웃하지 않은 꼭짓점에 선분을 연결한 것이다. 이 그림을 이용하여 n각형의 내각의 크기의 합이 $180^\circ\times(n-2)$인 이유를 설명하시오.

(단, 풀이 과정을 자세히 쓰시오.)

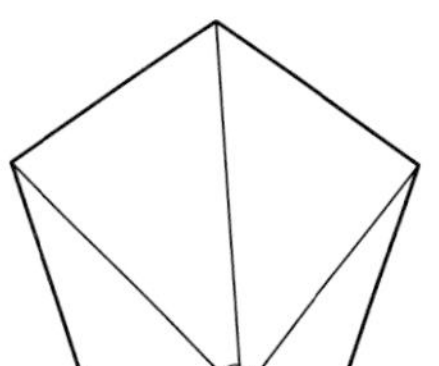

풀이 과정

답 |

4

원과 부채꼴

배운 내용	이 단원의 내용	배울 내용
원의 구성 요소	1 원과 부채꼴	도형의 닮음
원주율과 원의 넓이	2 부채꼴의 호의 길이와 넓이	원의 성질
기본 도형		

1 원과 부채꼴

1 원과 부채꼴

(1) **원**: 평면 위의 한 점 O(원의 중심)로부터 일정한 거리(반지름)에 있는 모든 점으로 이루어진 도형

(2) **호 AB**: 원 위의 두 점 A, B를 양 끝 점으로 하는 원의 일부분 ➡ $\overset{\frown}{AB}$

참고 원 위의 두 점 A, B에 의해 두 개의 호가 생기는데 일반적으로 $\overset{\frown}{AB}$는 길이가 짧은 쪽의 호를 나타내고, 길이가 긴 쪽의 호는 그 호 위에 한 점 P를 잡아 $\overset{\frown}{APB}$와 같이 나타낸다.

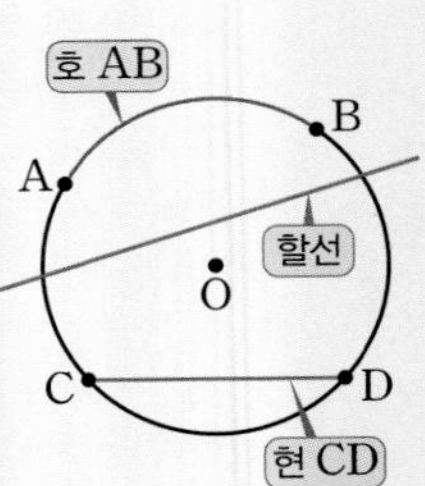

(3) **현 CD**: 원 위의 두 점 C, D를 이은 선분 CD

참고 지름은 원의 중심을 지나는 현이고, 그 원에서 길이가 가장 긴 현이다.

(4) **할선**: 원 위의 두 점을 지나는 직선

(5) **부채꼴 AOB**: 원 O에서 두 반지름 OA, OB와 호 AB로 이루어진 도형

(6) **중심각**: 부채꼴 AOB에서 두 반지름 OA, OB가 이루는 ∠AOB를 부채꼴 AOB의 중심각 또는 호 AB에 대한 중심각이라 한다.
└ 호 AB를 ∠AOB에 대한 호라 한다.

(7) **활꼴**: 원에서 현과 호로 이루어진 도형

참고 반원은 부채꼴인 동시에 활꼴이다.

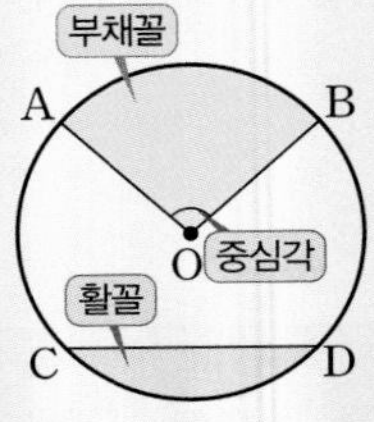

핵심예제 **1** 오른쪽 그림의 원 O에서 ㉠~㉤에 해당하는 알맞은 용어 또는 기호를 다음 중에서 찾아 짝 지으시오.

[242003-0203]

활꼴	중심각	부채꼴	$\overset{\frown}{AB}$	현 AB

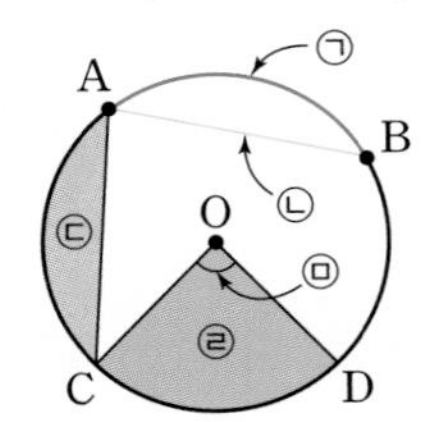

원과 부채꼴

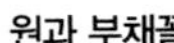

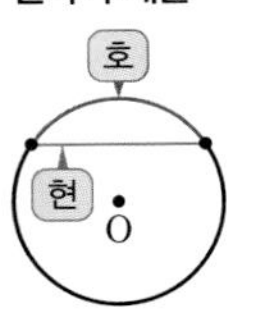

1-1 다음 보기에서 오른쪽 그림의 원 O에 대한 설명으로 옳은 것을 있는 대로 고르시오.

[242003-0204]

보기
ㄱ. ∠BOC에 대한 호는 $\overset{\frown}{BC}$이다.
ㄴ. $\overset{\frown}{AC}$에 대한 중심각은 ∠ABC이다.
ㄷ. 부채꼴 BOC의 중심각은 ∠BOC이다.
ㄹ. $\overline{BC}$와 $\overset{\frown}{BC}$로 둘러싸인 도형은 활꼴이다.

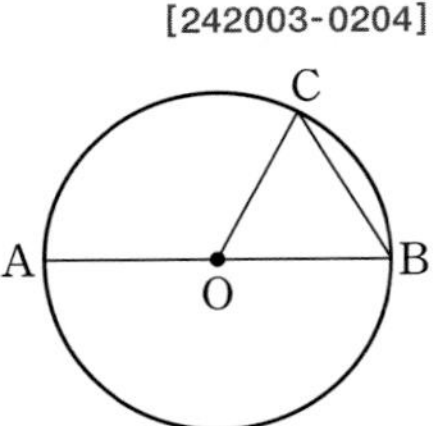

1-2 오른쪽 그림의 원 O에 활꼴이면서 동시에 부채꼴이 되는 경우를 그려보고, 이때 부채꼴의 중심각의 크기를 구하시오.

[242003-0205]

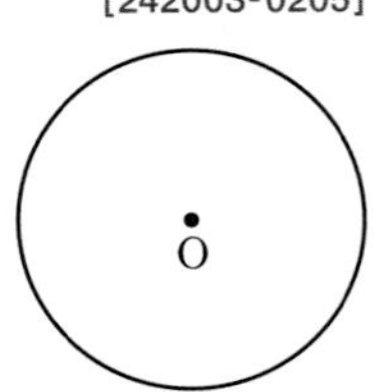

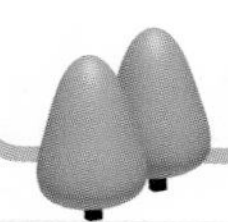

② 중심각의 크기와 호의 길이, 부채꼴의 넓이 사이의 관계

한 원에서

(1) 중심각의 크기가 같은 두 부채꼴의 호의 길이와 넓이는 각각 같다.

(2) 부채꼴의 호의 길이와 넓이는 각각 중심각의 크기에 정비례한다.

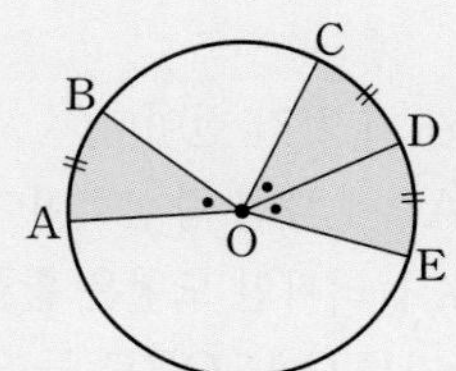

③ 중심각의 크기와 현의 길이 사이의 관계

한 원에서

(1) 중심각의 크기가 같은 두 현의 길이는 같다.

(2) 길이가 같은 두 현에 대한 중심각의 크기는 같다.

주의 오른쪽 그림에서 $\angle AOC=2\angle AOB$이지만 $\overline{AC}<\overline{AB}+\overline{BC}=2\overline{AB}$이므로 현의 길이는 중심각의 크기에 정비례하지 않는다.

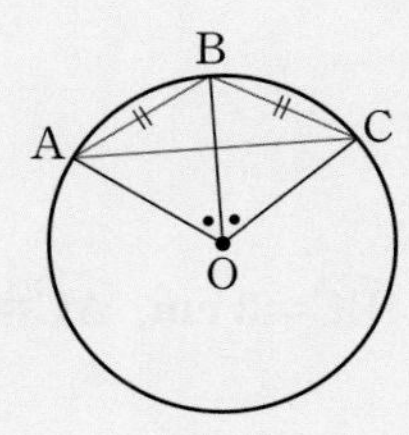

핵심예제 **2** 다음 그림의 원 O에서 x의 값을 구하시오. [242003-0206]

(1)

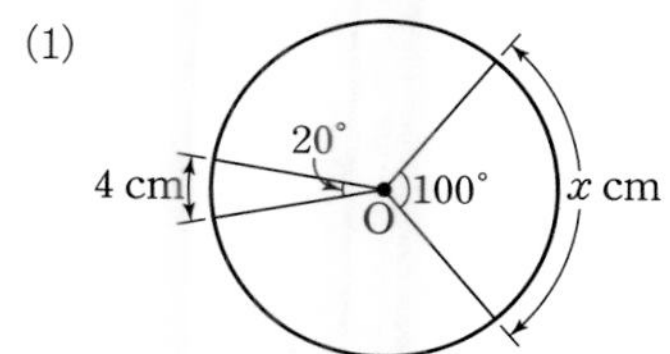

(2)

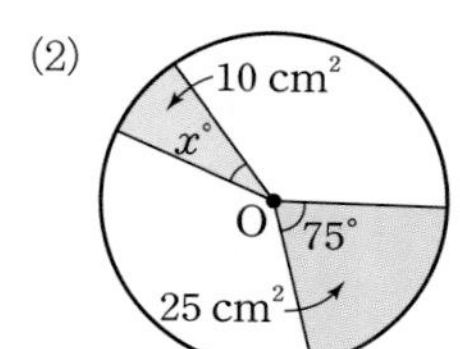

> **중심각의 크기와 호의 길이, 부채꼴의 넓이**
> 한 원에서 부채꼴의 호의 길이와 넓이는 각각 중심각의 크기에 정비례한다.

2-1 다음 그림의 원 O에서 x의 값을 구하시오. [242003-0207]

(1)

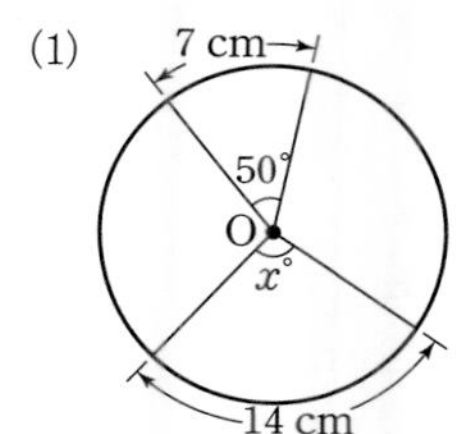

(2)

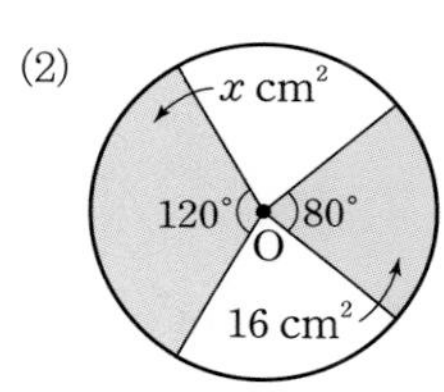

핵심예제 **3** 다음 그림의 원 O에서 x의 값을 구하시오. [242003-0208]

(1)

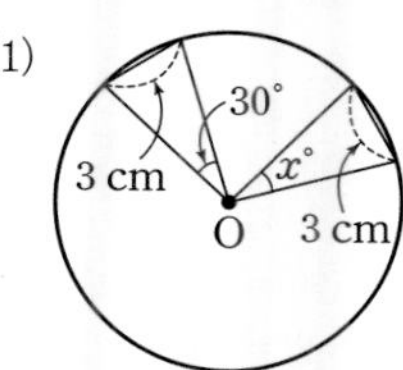

(2)

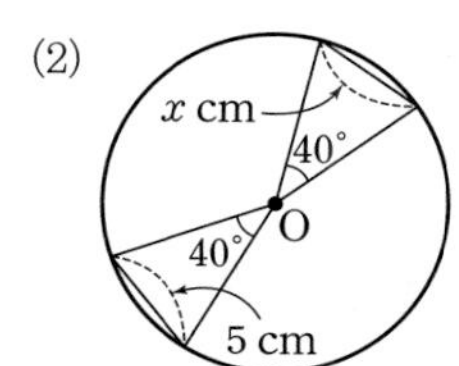

> **중심각의 크기와 현의 길이**
> 한 원에서 중심각의 크기가 같은 두 현의 길이는 같다.

3-1 오른쪽 그림의 원 O에서 $\overline{AB}=\overline{CD}=\overline{DE}$이고 $\angle AOB=42°$일 때, $\angle COE$의 크기를 구하시오. [242003-0209]

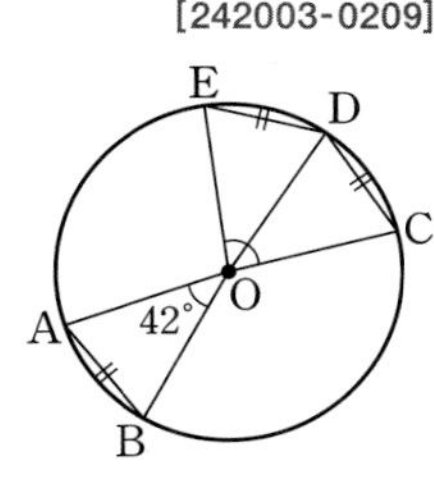

소단원 핵심문제

원과 부채꼴

[242003-0210]

1 **오른쪽 그림의 원 O에 대한 설명으로 옳지 않은 것은?**

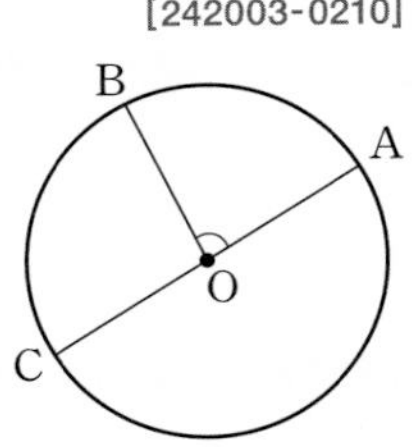

① $\overline{BC}=\overline{BO}$

② $\overline{AC}$는 길이가 가장 긴 현이다.

③ $\angle AOB$는 $\widehat{AB}$에 대한 중심각이다.

④ $\widehat{BC}$와 $\overline{BC}$로 둘러싸인 도형은 활꼴이다.

⑤ $\widehat{AB}$와 두 반지름 OA, OB로 둘러싸인 도형은 부채꼴이다.

중심각의 크기와 호의 길이

[242003-0211]

2 **오른쪽 그림에서 $\widehat{BC}=3$ cm, $\widehat{AC}=15$ cm일 때, $\angle BOC$의 크기는?**

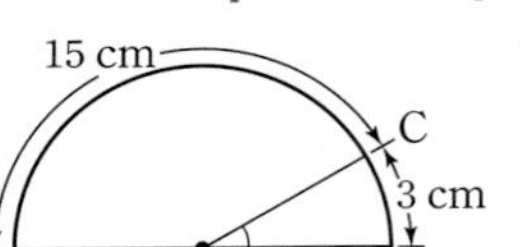

① $20°$ ② $25°$ ③ $30°$

④ $35°$ ⑤ $40°$

부채꼴의 호의 길이는 중심각의 크기에 정비례한다.

중심각의 크기와 호의 길이

[242003-0212]

3 **오른쪽 그림에서 $\overline{AB}\,/\!/\,\overline{CD}$ 이고 $\angle AOC=30°$, $\widehat{AC}=4$ cm일 때, $\widehat{CD}$의 길이를 구하시오.**

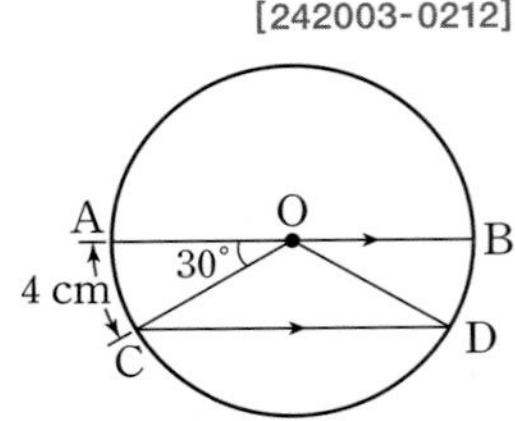

중심각의 크기와 부채꼴의 넓이

[242003-0213]

4 **오른쪽 그림의 원 O에서 $\angle AOB=60°$, 부채꼴 OAB의 넓이가 6 cm^2일 때, 원 O의 넓이는?**

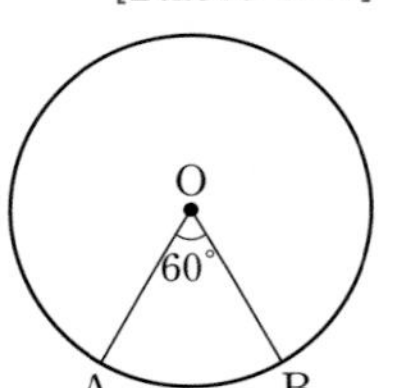

① 24 cm^2 ② 28 cm^2

③ 30 cm^2 ④ 32 cm^2

⑤ 36 cm^2

부채꼴의 넓이는 중심각의 크기에 정비례한다.

중심각의 크기와 현의 길이

[242003-0214]

5 **오른쪽 그림의 원 O에서 $\overline{AB}=4$ cm일 때, 다음 중 옳지 않은 것은?**

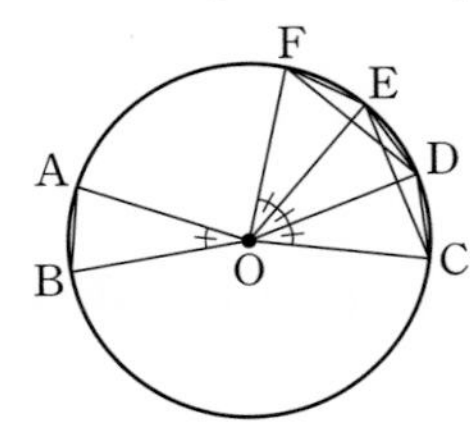

① $\overline{CD}=4$ cm ② $\overline{DE}=4$ cm

③ $\overline{EF}=4$ cm ④ $\overline{CE}=\overline{DF}$

⑤ $\overline{CF}=12$ cm

현의 길이는 중심각의 크기에 정비례하지 않는다.

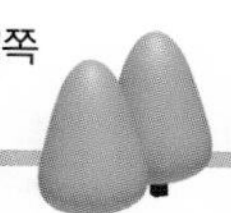

2 부채꼴의 호의 길이와 넓이

4 원의 둘레의 길이와 넓이

(1) **원주율**: 원의 지름의 길이에 대한 원의 둘레의 길이의 비율을 원주율이라 하고, 기호 π로 나타낸다.
└ '파이'라 읽는다.

➡ $(\text{원주율})=\dfrac{(\text{원의 둘레의 길이})}{(\text{원의 지름의 길이})}=\pi$

참고 ① 원주율은 원의 크기에 관계없이 항상 일정하다.
② π는 실제로 3.141592⋯와 같이 소수점 아래의 숫자가 불규칙하게 한없이 계속되는 수이다.

배운 내용 톡!
(원주율)=(원주)÷(지름의 길이)
이고 이 값을 3.14로 계산했다.

(2) **원의 둘레의 길이와 넓이**

반지름의 길이가 r인 원의 둘레의 길이를 l, 넓이를 S라 하면

① $l=2\pi r$ ← (원의 둘레의 길이)=(지름의 길이)×(원주율)

② $S=\pi r^2$ ← (원의 넓이)=(반지름의 길이)×(반지름의 길이)×(원주율)

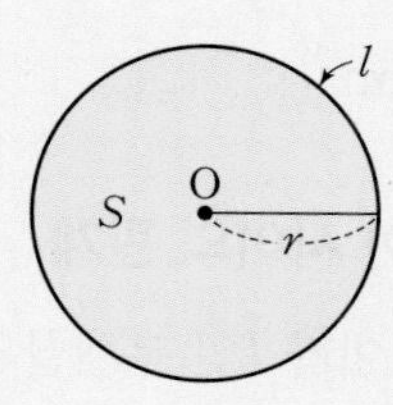

예 반지름의 길이가 3 cm인 원의 둘레의 길이를 l, 넓이를 S라 하면
① $l=2\pi\times3=6\pi\ (\text{cm})$
② $S=\pi\times3^2=9\pi\ (\text{cm}^2)$

[242003-0215]

핵심예제 4 다음 그림과 같은 원의 둘레의 길이 l과 넓이 S를 각각 구하시오.

(1)

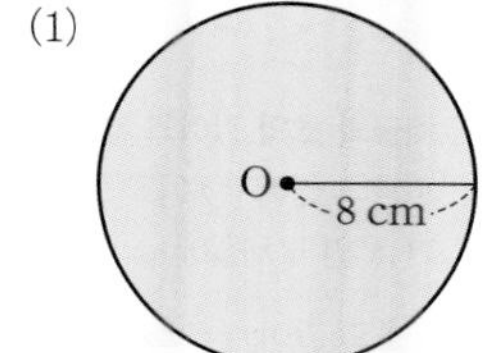

(2)

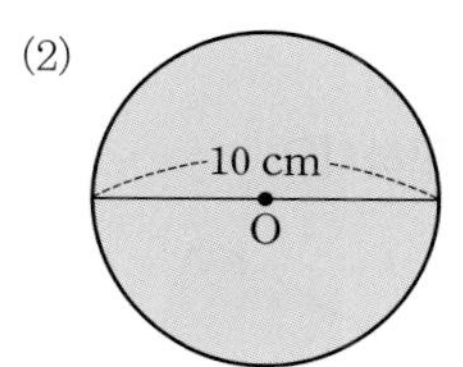

원의 둘레의 길이와 넓이
반지름의 길이가 r인 원의
① (둘레의 길이)$=2\pi r$
② (넓이)$=\pi r^2$

[242003-0216]

4-1 다음 그림과 같은 반원의 둘레의 길이 l과 넓이 S를 각각 구하시오.

(1)

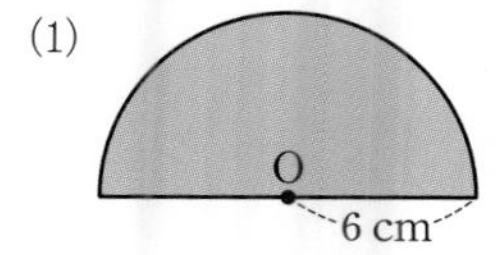

(2)

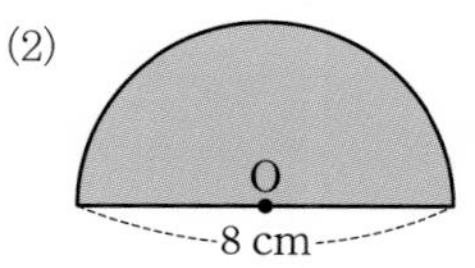

[242003-0217]

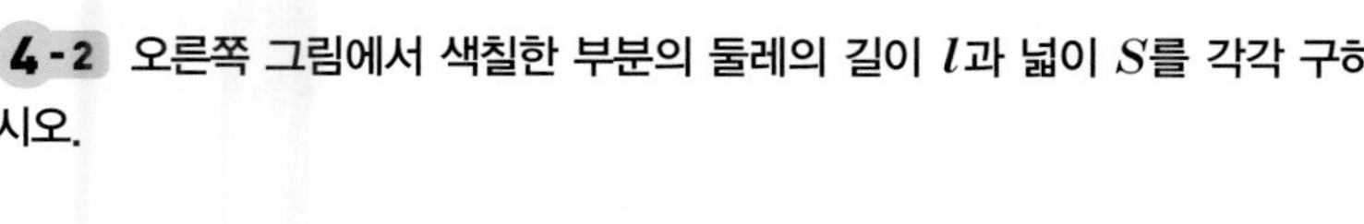

4-2 오른쪽 그림에서 색칠한 부분의 둘레의 길이 l과 넓이 S를 각각 구하시오.

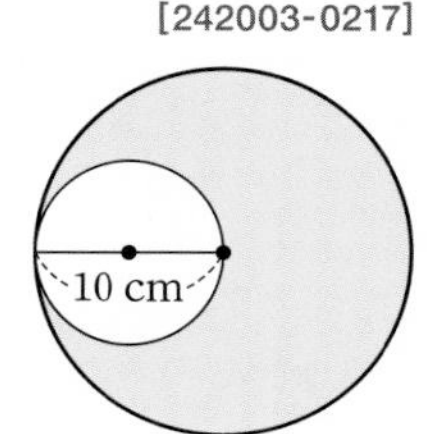

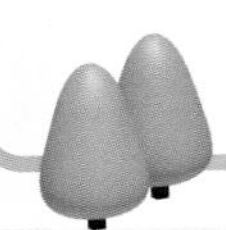

5 부채꼴의 호의 길이와 넓이

반지름의 길이가 r이고 중심각의 크기가 $x°$인 부채꼴의 호의 길이를 l, 넓이를 S라 하면

① $l=2\pi r\times\frac{x}{360}$ ($2\pi r$: 원의 둘레의 길이)

② $S=\pi r^2\times\frac{x}{360}$ (πr^2: 원의 넓이)

예 반지름의 길이가 3 cm이고 중심각의 크기가 $120°$인 부채꼴의 호의 길이를 l, 넓이를 S라 하면

① $l=2\pi\times3\times\frac{120}{360}=2\pi$ (cm)

② $S=\pi\times3^2\times\frac{120}{360}=3\pi$ (cm^2)

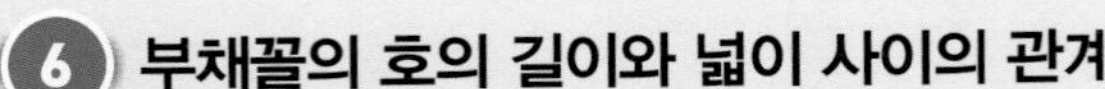

6 부채꼴의 호의 길이와 넓이 사이의 관계

반지름의 길이가 r이고 호의 길이가 l인 부채꼴의 넓이를 S라 하면

$S=\frac{1}{2}rl$ ← (부채꼴의 넓이)$=\frac{1}{2}\times$(반지름의 길이)$\times$(호의 길이)

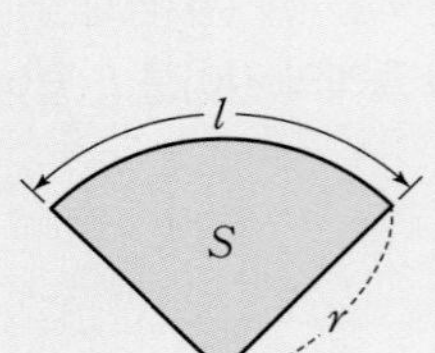

예 반지름의 길이가 3 cm이고 호의 길이가 4π cm인 부채꼴의 넓이를 S라 하면

$S=\frac{1}{2}\times3\times4\pi=6\pi$ (cm^2)

플러스 톡!

중심각의 크기를 모르는 부채꼴의 넓이를 구할 때 $S=\frac{1}{2}rl$을 이용한다.

[242003-0218]

핵심예제 5 다음 그림과 같은 부채꼴의 호의 길이 l과 넓이 S를 각각 구하시오.

(1)

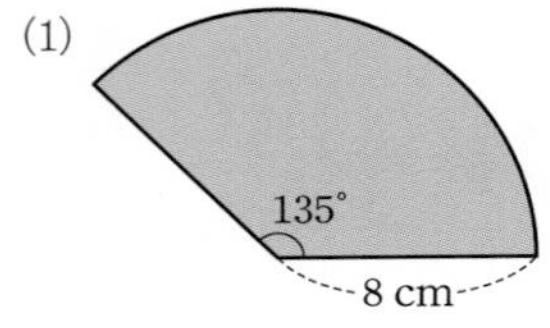

(2)

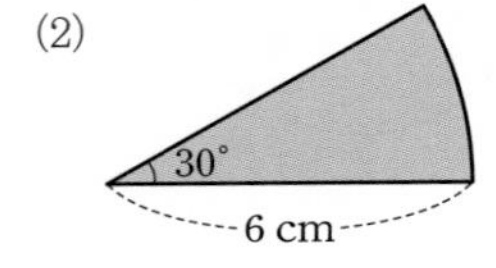

부채꼴의 호의 길이와 넓이
반지름의 길이가 r이고 중심각의 크기가 $x°$인 부채꼴에서
① (호의 길이)$=2\pi r\times\frac{x}{360}$
② (넓이)$=\pi r^2\times\frac{x}{360}$

[242003-0219]

5-1 지름의 길이가 18 cm이고 중심각의 크기가 $120°$인 부채꼴의 호의 길이 l과 넓이 S를 각각 구하시오.

[242003-0220]

핵심예제 6 다음 그림과 같은 부채꼴의 넓이를 구하시오.

(1)

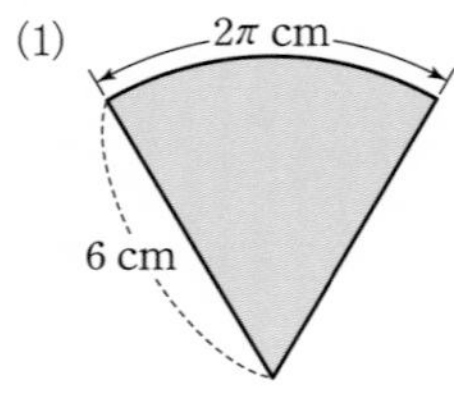

(2)

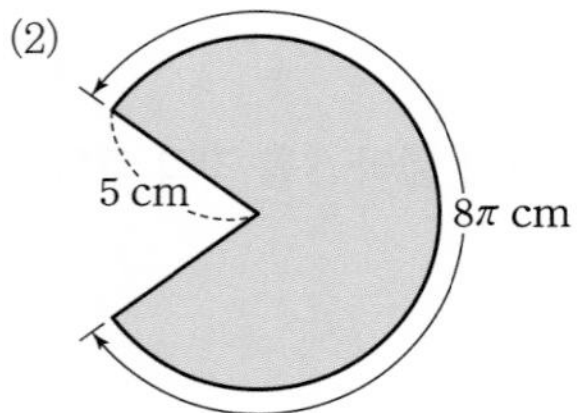

부채꼴의 호의 길이와 넓이 사이의 관계
반지름의 길이가 r이고 호의 길이가 l인 부채꼴의 넓이 S는
➡ $S=\frac{1}{2}rl$

[242003-0221]

6-1 반지름의 길이가 8 cm이고 호의 길이가 5π cm인 부채꼴의 넓이를 구하시오.

소단원 핵심문제

원의 둘레의 길이

[242003-0222]

1 지름의 길이가 50 cm인 원 모양의 굴렁쇠를 굴렸더니 굴렁쇠가 움직인 거리가 $200\pi\text{ cm}$였다. 굴렁쇠를 모두 몇 바퀴 굴렸는가?

① 1바퀴　② 2바퀴　③ 3바퀴　④ 4바퀴　⑤ 5바퀴

반원의 넓이

[242003-0223]

2 오른쪽 그림에서 색칠한 부분의 넓이를 구하시오.

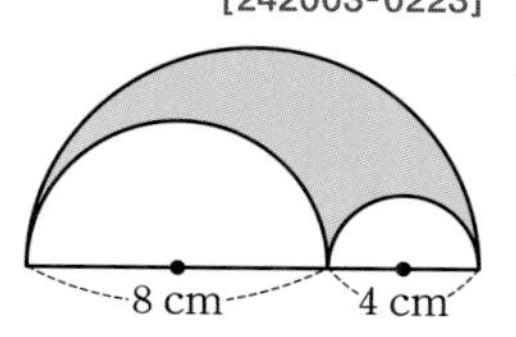

반지름의 길이가 r인 반원의 넓이
➡ $\frac{1}{2}\times\pi r^2$

부채꼴의 둘레의 길이

[242003-0224]

3 오른쪽 그림에서 색칠한 부분의 둘레의 길이를 구하시오.

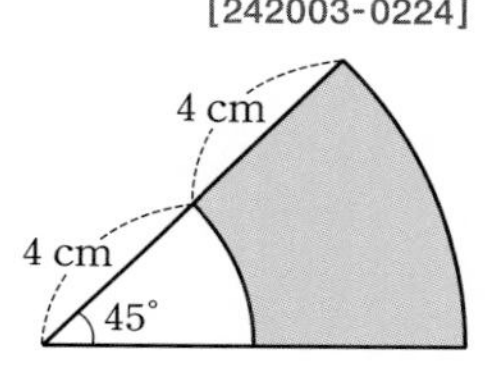

색칠한 도형의 둘레의 길이
➡ 길이를 구할 수 있는 부분으로 나누어 구한 다음, 더한다.

부채꼴의 넓이의 이용

[242003-0225]

4 오른쪽 그림에서 색칠한 부분의 넓이를 구하시오.

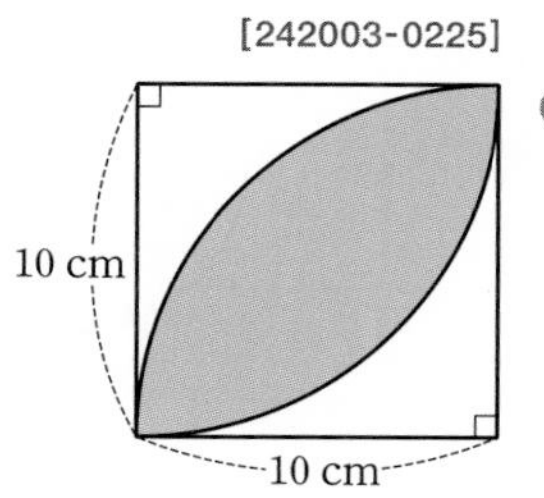

색칠한 도형의 넓이
➡ 색칠한 도형을 나누어 각 넓이를 구한 다음, 더한다.

부채꼴의 호의 길이와 넓이 사이의 관계

[242003-0226]

5 호의 길이가 $6\pi\text{ cm}$, 넓이가 $27\pi\text{ cm}^2$인 부채꼴의 중심각의 크기는?

① 60°　② 90°　③ 120°　④ 135°　⑤ 150°

반지름의 길이가 r이고 호의 길이가 l인 부채꼴의 넓이 S는
➡ $S=\frac{1}{2}rl$

중단원 마무리 테스트

1 [242003-0227]

다음 보기에서 옳은 것을 있는 대로 고른 것은?

보기
ㄱ. 현은 원 위의 두 점을 지나는 직선이다.
ㄴ. 원 위의 두 점 A, B를 양 끝점으로 하는 원의 일부분을 기호로 $\overset{\frown}{AB}$와 같이 나타낸다.
ㄷ. 중심각의 크기가 300°인 부채꼴도 있다.
ㄹ. 반원은 활꼴이지만 부채꼴은 아니다.

① ㄱ, ㄴ ② ㄴ, ㄷ ③ ㄴ, ㄹ
④ ㄱ, ㄴ, ㄷ ⑤ ㄴ, ㄷ, ㄹ

2 [242003-0228]

오른쪽 그림의 원 O에서 x의 값을 구하시오.

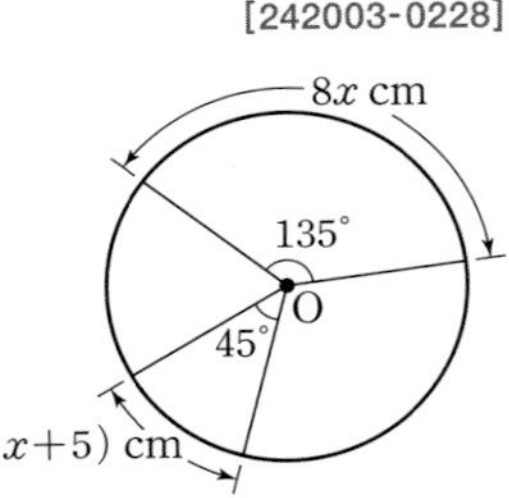

3 [242003-0229]

오른쪽 그림의 원 O에서 $\overset{\frown}{AB} : \overset{\frown}{BC} : \overset{\frown}{CA} = 2 : 3 : 4$일 때, $\angle AOC$의 크기는?

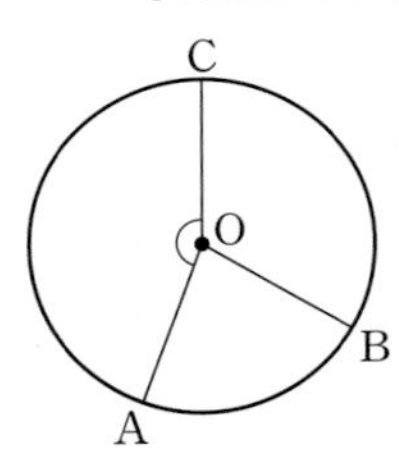

① 100° ② 120°
③ 140° ④ 150°
⑤ 160°

4 [242003-0230]

오른쪽 그림의 원 O에서 $\overline{AB} /\!/ \overline{CD}$이고, $\angle AOB = 120°$, $\overset{\frown}{AC} = 5$ cm일 때, $\overset{\frown}{AB}$의 길이를 구하시오.

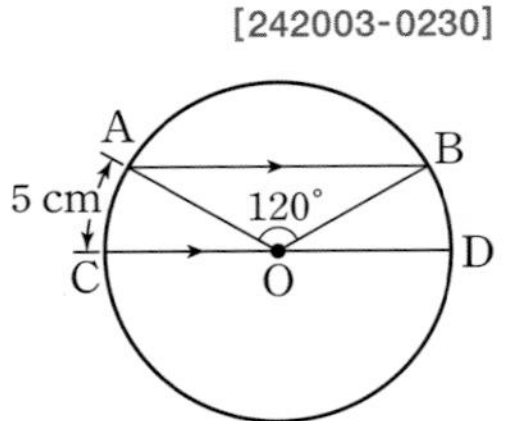

5 중요 [242003-0231]

오른쪽 그림의 반원 O에서 $\overline{AD} /\!/ \overline{OC}$이고 $\angle BOC = 40°$, $\overset{\frown}{BC} = 8$ cm일 때, $\overset{\frown}{AD}$의 길이를 구하시오.

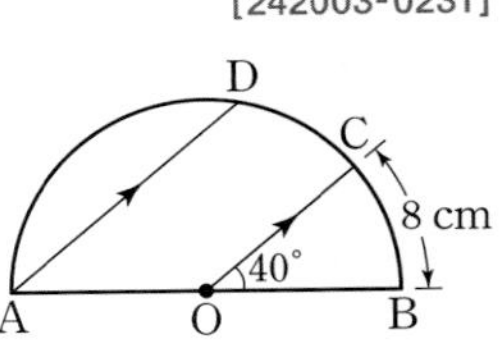

6 [242003-0232]

오른쪽 그림의 원 O에서 $\angle AOB = 100°$, $\angle COD = 40°$이고 부채꼴 AOB의 넓이가 90 cm^{2}일 때, 부채꼴 COD의 넓이를 구하시오.

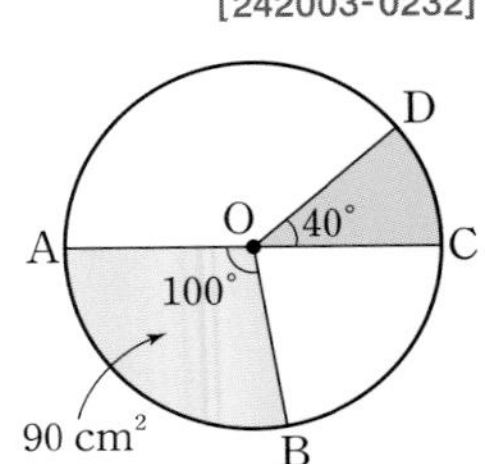

7 [242003-0233]

한 원에서 두 부채꼴 A, B의 호의 길이의 비가 $3 : 4$이고 부채꼴 A의 넓이가 18π cm^{2}일 때, 부채꼴 B의 넓이를 구하시오.

8 [242003-0234]

오른쪽 그림의 원 O에서 두 부채꼴 AOB와 COD의 넓이의 합이 30 cm^{2}이고 $\angle AOB = 18°$, $\angle COD = 4\angle AOB$일 때, 원 O의 넓이를 구하시오.

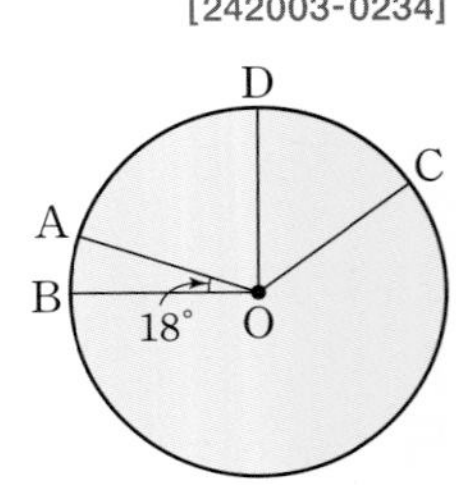

9

[242003-0235]

오른쪽 그림과 같은 원 O에서 $\angle AOB = \angle BOC$일 때, 다음 중 옳지 <u>않은</u> 것은?

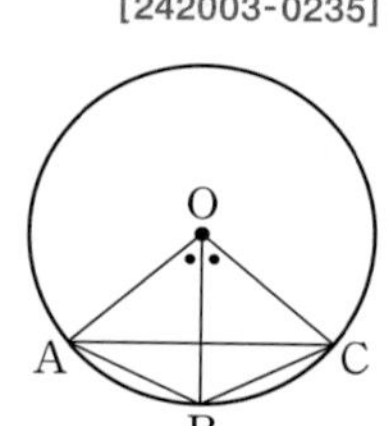

① $\overline{OA} = \overline{OB}$
② $\widehat{AB} = \widehat{BC}$
③ $\overline{AC} = 2\overline{BC}$
④ $\overline{AB} + \overline{BC} = 2\overline{AB}$
⑤ (부채꼴 OAB의 넓이)＝(부채꼴 OBC의 넓이)

10 신유형

[242003-0236]

다음 그림과 같이 반지름의 길이가 6 cm인 원 위의 한 점을 수직선 위의 1에 대응하는 점에 놓고 오른쪽으로 두 바퀴 반을 회전시켰을 때, 수직선 위의 점 A에 대응하는 수를 구하시오.

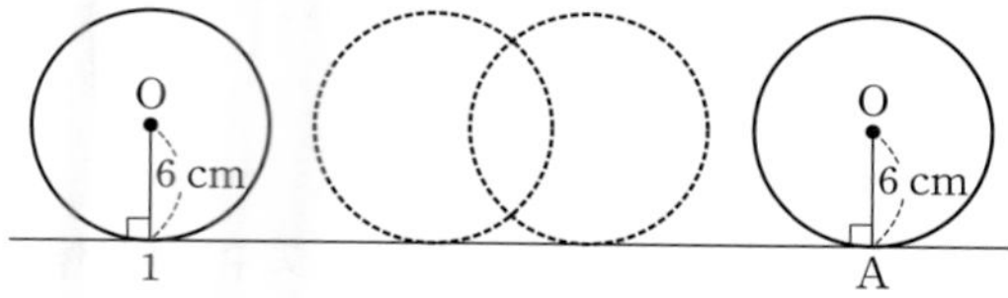

11 중요

[242003-0237]

오른쪽 그림과 같이 지름의 길이가 8 cm인 원에서 색칠한 부분의 둘레의 길이는?

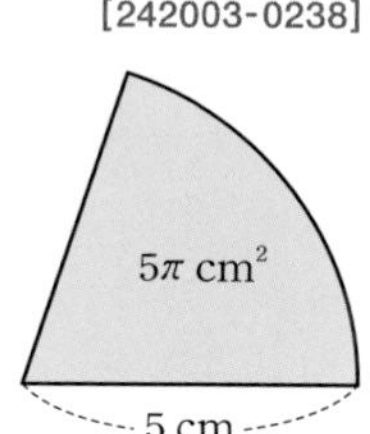

① 8π cm ② 9π cm
③ 10π cm ④ 11π cm
⑤ 12π cm

12

[242003-0238]

오른쪽 그림과 같이 반지름의 길이가 5 cm이고 넓이가 $5\pi\ cm^2$인 부채꼴의 중심각의 크기를 구하시오.

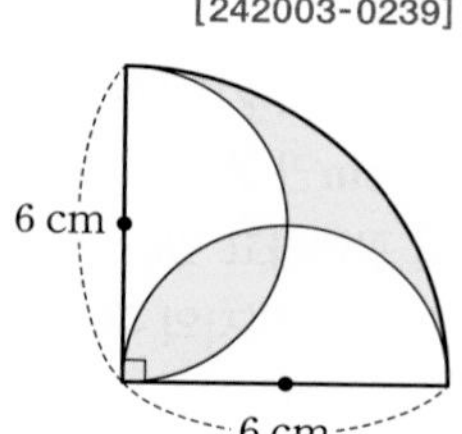

13

[242003-0239]

오른쪽 그림에서 색칠한 부분의 둘레의 길이는?

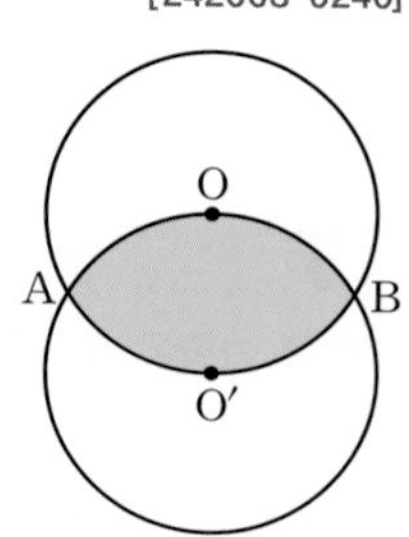

① 6π cm ② 7π cm
③ 8π cm ④ 9π cm
⑤ 10π cm

14

[242003-0240]

오른쪽 그림과 같이 반지름의 길이가 6 cm로 합동인 두 원 O와 O′이 서로 다른 원의 중심을 지날 때, 색칠한 부분의 둘레의 길이는?

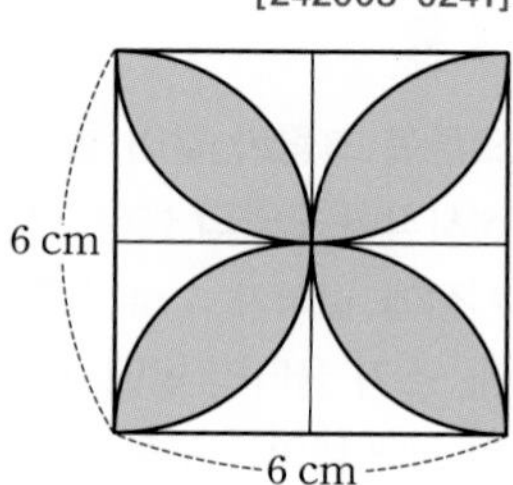

① 6π cm ② 8π cm
③ 10π cm ④ 12π cm
⑤ 15π cm

15

[242003-0241]

한 변의 길이가 6 cm인 정사각형을 네 정사각형으로 나누어 오른쪽 그림과 같이 그렸다. 색칠한 부분의 넓이를 구하시오.

6 cm
6 cm

16

[242003-0242]

어느 피자 가게에서는 다음 그림과 같이 지름의 길이가 24 cm, 36 cm인 원 모양의 피자 A, B를 각각 6등분, 12등분하여 한 조각씩 판매하고 있다. 두 피자 중 한 조각의 양이 더 많은 것을 구하시오. (단, 피자의 두께는 무시한다.)

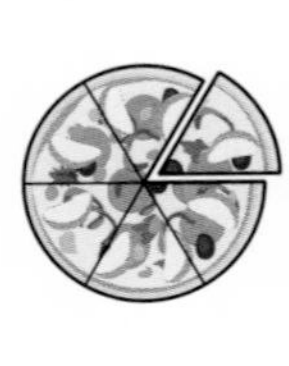
A

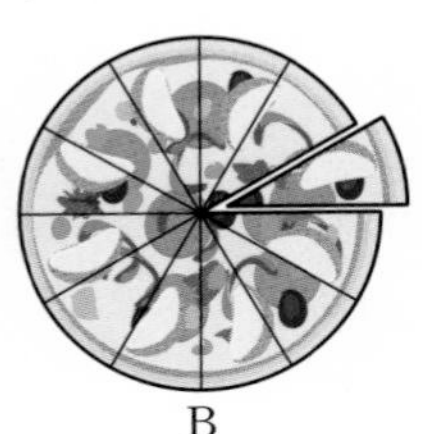
B

17

[242003-0243]

오른쪽 그림은 밑면인 원의 반지름의 길이가 3 cm인 원기둥 6개를 끈으로 묶고 위에서 바라본 모양이다. 끈의 최소 길이를 구하시오.
(단, 끈의 두께와 매듭의 길이는 생각하지 않는다.)

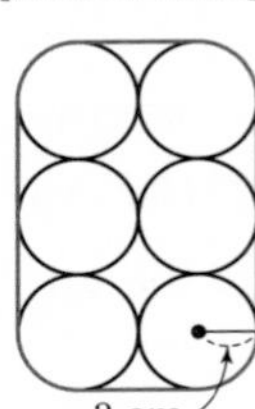

18

[242003-0244]

오른쪽 그림과 같이 한 변의 길이가 3 m인 정사각형 모양의 울타리가 있다. 울타리의 A 지점에 길이가 5 m인 줄로 소가 묶여 있을 때, 소가 울타리 밖에서 움직일 수 있는 영역의 최대 넓이를 구하시오.
(단, 소의 크기와 줄의 매듭의 길이는 생각하지 않는다.)

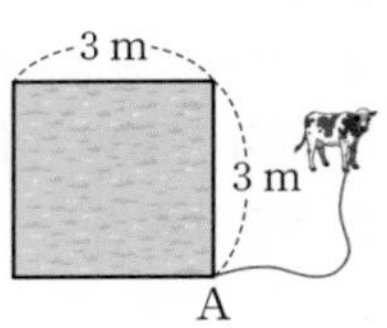

19

[242003-0245]

호의 길이가 π cm이고, 넓이가 2π cm^{2}인 부채꼴의 중심각의 크기는?

① 30° ② 45° ③ 60°
④ 90° ⑤ 120°

20 고득점

[242003-0246]

기원전 3세기 그리스의 수학자 에라토스테네스는 시에네에 똑바로 세워진 막대의 그림자가 생기지 않는 시각에 약 800 km 떨어진 알렉산드리아에서는 막대의 그림자가 오른쪽 그림과 같이 7.2°가 됨을 알았다. 이 사실을 이용하여 지구의 둘레의 길이를 구하시오.
(단, 지구로 들어오는 태양 광선은 평행하고, 지구는 완전한 구라고 생각한다.)

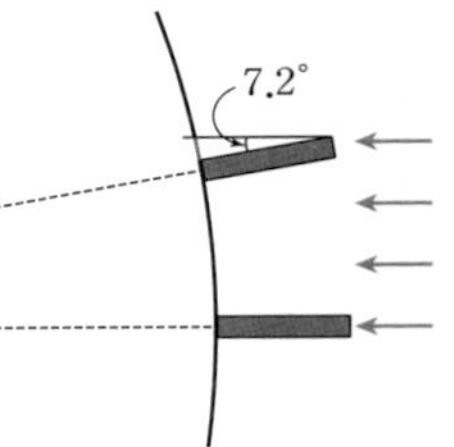

21 고득점

[242003-0247]

다음 그림과 같이 직사각형 ABCD에서 $\overline{AB}=8$ cm, $\overline{AD}=6$ cm, $\overline{AC}=10$ cm이다. 직사각형 ABCD를 직선 l 위에서 1회전시켰을 때 꼭짓점 A가 움직인 거리를 구하시오.

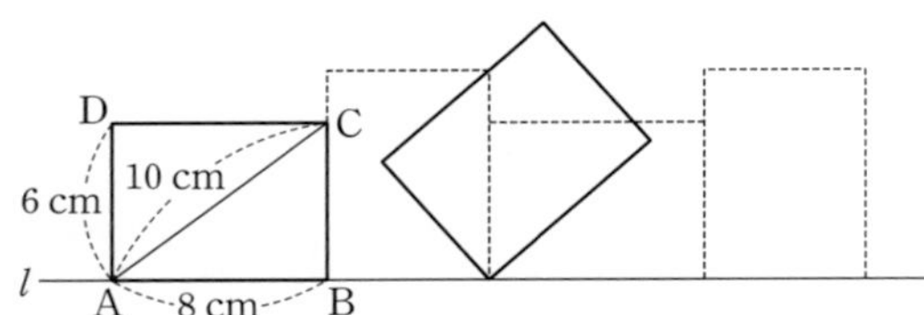

기출 서술형

22 풀이를 서술하는 문제 [242003-0248]

오른쪽 그림에서 $\overline{AB}$는 원 O의 지름이고, $\overline{AC} /\!/ \overline{OD}$, $\widehat{AC}=4\pi$ cm일 때, 부채꼴 BOD의 넓이를 구하시오.

(단, 풀이 과정을 자세히 쓰시오.)

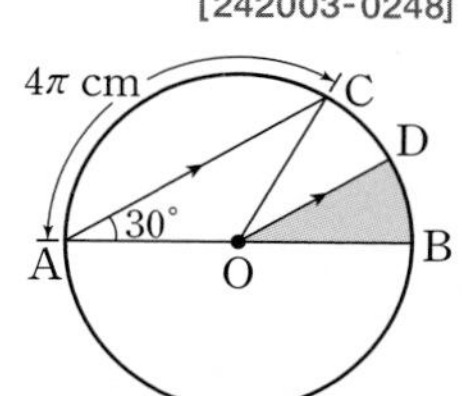

풀이 과정

답 |

23 유사문제 [242003-0249]

오른쪽 그림에서 $\overline{AB} /\!/ \overline{CD}$ 이고 $\angle AOC=30°$, $\widehat{CD}=12\pi$ cm일 때, 부채꼴 AOC의 넓이를 구하시오.

(단, 풀이 과정을 자세히 쓰시오.)

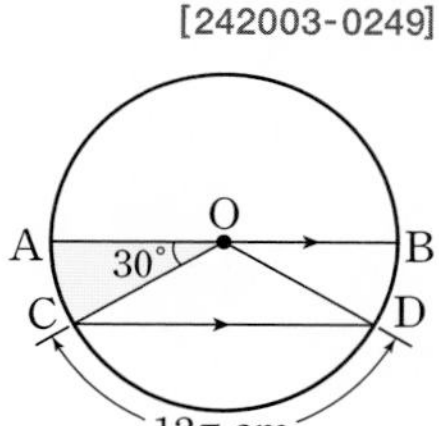

풀이 과정

답 |

24 이유를 설명하는 문제 [242003-0250]

반지름의 길이가 r, 중심각의 크기가 $x°$인 부채꼴의 호의 길이 l이 $l=2\pi r\times\frac{x}{360}$인 이유를 비례식을 이용하여 설명하시오.

(단, 풀이 과정을 자세히 쓰시오.)

풀이 과정

답 |

25 유사문제 [242003-0251]

반지름의 길이가 r, 중심각의 크기가 $x°$인 부채꼴의 넓이 S가 $S=\pi r^2\times\frac{x}{360}$인 이유를 비례식을 이용하여 설명하시오.

(단, 풀이 과정을 자세히 쓰시오.)

풀이 과정

답 |

5

다면체와 회전체

배운 내용	이 단원의 내용	배울 내용
직육면체와 정육면체	1 다면체	도형의 닮음
각기둥과 각뿔	2 정다면체	
원기둥과 원뿔	3 회전체	

1 다면체

1 다면체

(1) **다면체** : 다각형인 면으로만 둘러싸인 입체도형 → 다면체가 되려면 4개 이상의 면이 있어야 한다.

① **면** : 다면체를 둘러싸고 있는 다각형

② **모서리** : 다면체를 이루는 다각형의 변

③ **꼭짓점** : 다면체를 이루는 다각형의 꼭짓점

꼭짓점
모서리
면

참고 오른쪽 그림과 같이 원이나 곡면으로 둘러싸인 입체도형은 다면체가 아니다.

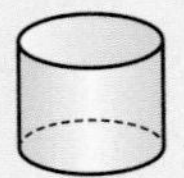
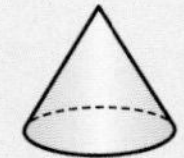
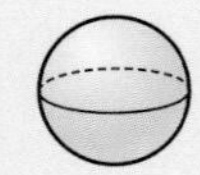

(2) 다면체는 그 면의 개수에 따라 사면체, 오면체, 육면체, …라 한다.

예 오른쪽 그림의 두 다면체는 모양은 다르지만 면의 개수가 5로 같으므로 모두 오면체이다.

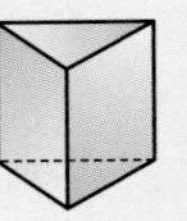
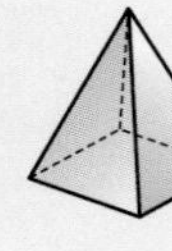

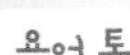

용어 톡!

다면체(多 많다, 面 면, 體 몸)
: 여러 개의 면으로 둘러싸인 입체도형

[242003-0252]

핵심예제 1 다음 보기에서 다면체인 것을 있는 대로 모두 고르시오.

보기

ㄱ. 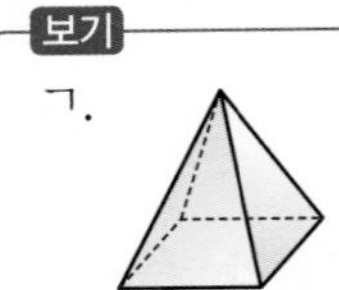
ㄴ. 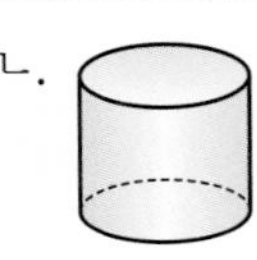
ㄷ. 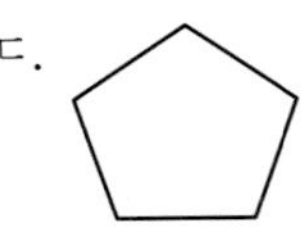
ㄹ. 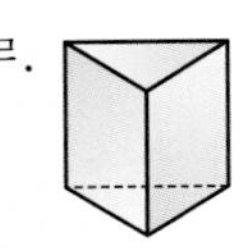
ㅁ.  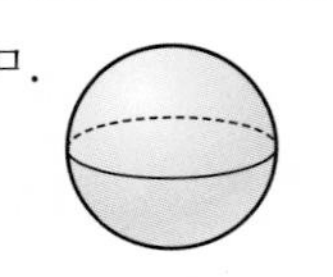

다면체
다각형인 면으로만 둘러싸인 입체도형

[242003-0253]

1-1 다음 보기에서 다면체인 것은 모두 몇 개인지 구하시오.

보기

ㄱ. 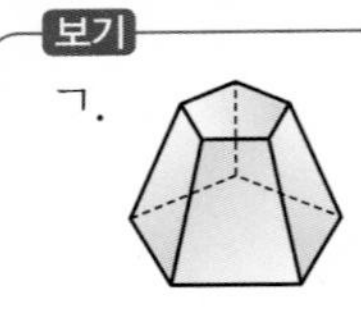
ㄴ. 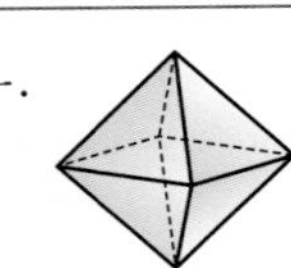
ㄷ. 
ㄹ. 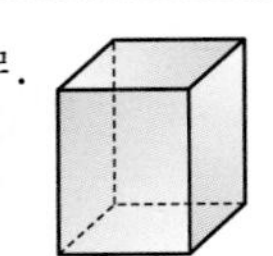
ㅁ. 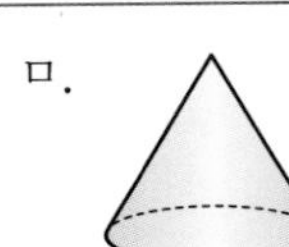 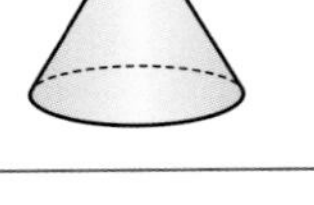

[242003-0254]

핵심예제 2 다음 그림과 같은 다면체는 몇 면체인지 말하시오.

(1) 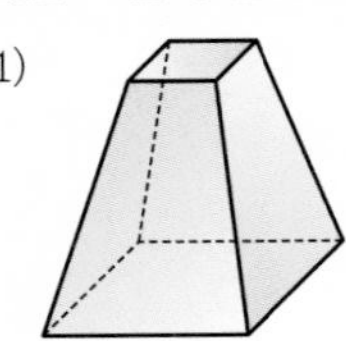

(2) 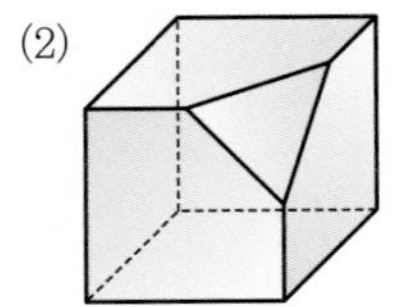

다면체의 면의 개수
다면체의 면의 개수가 n이면
➡ n면체

[242003-0255]

2-1 다음 다면체의 면의 개수를 구하고, 몇 면체인지 말하시오.

(1) 삼각기둥
(2) 삼각뿔
(3) 오각기둥
(4) 육각뿔

각기둥과 각뿔
① 각기둥: 두 밑면이 서로 평행하며 합동인 다각형이고, 옆면의 모양이 모두 직사각형인 다면체
② 각뿔: 밑면의 모양이 다각형이고, 옆면의 모양이 모두 삼각형인 다면체

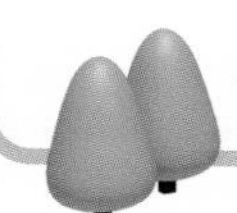

정답과 풀이 ● 34쪽

2 각뿔대

(1) **각뿔대**: 각뿔을 밑면에 평행한 평면으로 자를 때 생기는 두 입체도형 중에서 각뿔이 아닌 쪽의 다면체

(2) 각뿔대의 밑면의 모양은 다각형이고, 옆면의 모양은 모두 사다리꼴이다.

(3) 각뿔대는 밑면의 모양에 따라 삼각뿔대, 사각뿔대, 오각뿔대, …라 한다.

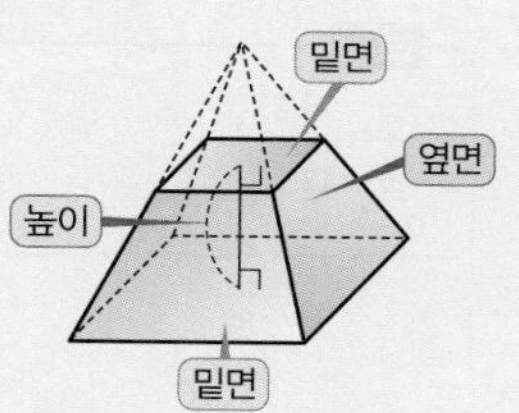

밑면	각뿔대에서 평행한 두 면
옆면	각뿔대에서 밑면이 아닌 면
높이	각뿔대에서 두 밑면 사이의 거리

3 다면체의 면, 모서리, 꼭짓점의 개수

	n각기둥	n각뿔	n각뿔대
면의 개수	$n+2$	$n+1$	$n+2$
모서리의 개수	$3n$	$2n$	$3n$
꼭짓점의 개수	$2n$	$n+1$	$2n$

(다면체의 면의 개수) =(옆면의 개수)+(밑면의 개수)

n각기둥과 n각뿔대의 면, 모서리, 꼭짓점의 개수는 각각 같다.

[242003-0256]

핵심예제 **3** 다음 보기 에서 오각뿔대에 대한 설명으로 옳은 것을 있는 대로 고르시오.

보기
ㄱ. 밑면은 2개이고, 두 밑면은 서로 합동이다.
ㄴ. 밑면의 모양은 오각형이다.
ㄷ. 옆면의 모양은 사다리꼴이다.
ㄹ. 밑면과 옆면은 서로 수직이다.

각뿔대
각뿔을 밑면에 평행한 평면으로 자를 때 생기는 두 입체도형 중에서 각뿔이 아닌 쪽의 다면체

[242003-0257]

3-1 다음 조건을 모두 만족시키는 입체도형을 구하시오.

(가) 면이 9개인 다면체이다.
(나) 모든 옆면의 모양은 사다리꼴인 다면체이다.
(다) 두 밑면이 서로 평행하고 모양은 같지만 합동은 아니다.

조건을 만족시키는 입체도형

① 밑면이
- 1개 ➡ 각뿔
- 2개 ➡ 각기둥 또는 각뿔대

② 옆면이
- 직사각형 ➡ 각기둥
- 삼각형 ➡ 각뿔
- 사다리꼴 ➡ 각뿔대

[242003-0258]

핵심예제 **4** 다음 입체도형을 보고 빈칸에 알맞은 수 또는 말을 써넣으시오.

다면체	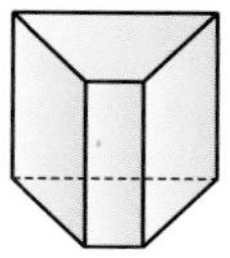 (삼각기둥 그림)	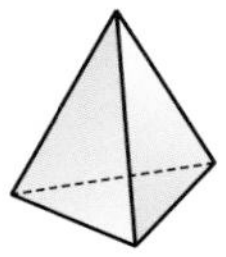 (사각뿔 그림)	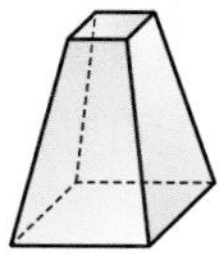 (사각뿔대 그림)
면의 개수			
꼭짓점의 개수			
모서리의 개수			
옆면의 모양			

다면체의 면, 모서리, 꼭짓점의 개수

다면체	n각기둥	n각뿔	n각뿔대
면의 개수	$(n+2)$	$(n+1)$	$(n+2)$
모서리의 개수	$3n$	$2n$	$3n$
꼭짓점의 개수	$2n$	$(n+1)$	$2n$

[242003-0259]

4-1 오각기둥의 면의 개수를 a, 십각뿔의 모서리의 개수를 b, 팔각뿔대의 꼭짓점의 개수를 c라 할 때, $a-b+c$의 값을 구하시오.

소단원 핵심문제

다면체 [242003-0260]

1 **다음 보기에서 다면체인 것은 모두 몇 개인지 구하시오.**

보기
ㄱ. 사각뿔 ㄴ. 오각기둥 ㄷ. 정육각형
ㄹ. 구 ㅁ. 육각뿔대 ㅂ. 직육면체

다면체는 다각형인 면으로만 둘러싸인 입체도형

다면체의 면의 개수 [242003-0261]

2 **오른쪽 그림과 같은 다면체와 면의 개수가 같은 것은?**

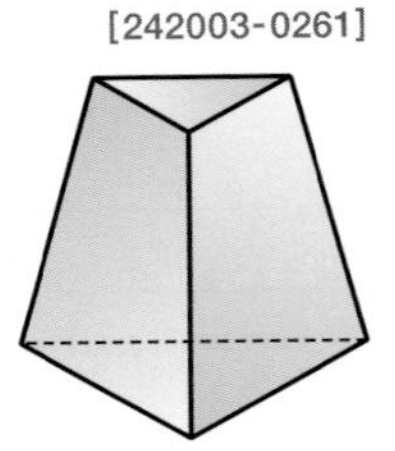

① 사각뿔 ② 사각뿔대
③ 육각뿔 ④ 육각기둥
⑤ 칠각뿔대

다면체의 이해 [242003-0262]

3 **오각뿔대에 대한 다음 설명 중 옳지 않은 것을 모두 고르면? (정답 2개)**

① 칠면체이다.
② 밑면의 모양은 오각형이다.
③ 옆면과 밑면은 서로 수직이다.
④ 꼭짓점은 10개, 모서리는 15개이다.
⑤ 밑면에 평행하게 자른 단면은 사다리꼴이다.

오각뿔대는 다음 그림과 같다.

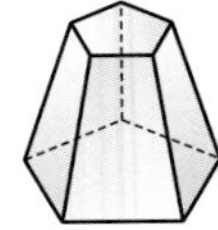

다면체의 옆면의 모양 [242003-0263]

4 **다음 중 다면체와 그 옆면의 모양을 바르게 짝 지은 것은?**

① 삼각뿔 — 직사각형 ② 육각뿔 — 사각형 ③ 칠각기둥 — 사다리꼴
④ 삼각뿔대 — 사다리꼴 ⑤ 팔각기둥 — 팔각형

다면체의 옆면의 모양
각뿔 — 삼각형
각기둥 — 직사각형
각뿔대 — 사다리꼴

다면체의 면, 모서리, 꼭짓점의 개수의 활용 [242003-0264]

5 **꼭짓점이 18개인 각뿔대의 면의 개수를 x, 모서리의 개수를 y라고 할 때, $y-x$의 값을 구하시오.**

n각뿔대에서
면의 개수 $n+2$
모서리의 개수 $3n$
꼭짓점의 개수 $2n$

2 정다면체

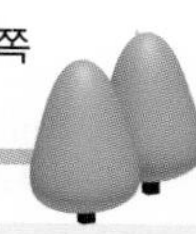

4 정다면체

(1) **정다면체**: 각 면의 모양이 모두 합동인 정다각형이고, 각 꼭짓점에 모인 면의 개수가 같은 다면체 → 두 조건 중 어느 한 가지만 만족시키는 다면체는 정다면체가 아니다.

(2) 정다면체의 종류: 정사면체, 정육면체, 정팔면체, 정십이면체, 정이십면체의 5가지뿐이다.

	정사면체	정육면체	정팔면체	정십이면체	정이십면체
겨냥도					
면의 모양	정삼각형	정사각형	정삼각형	정오각형	정삼각형
한 꼭짓점에 모인 면의 개수	3	3	4	3	5
면의 개수	4	6	8	12	20
꼭짓점의 개수	4	8	6	20	12
모서리의 개수	6	12	12	30	30

참고 정다면체가 5가지뿐인 이유

정다면체는 입체도형이므로

① 한 꼭짓점에 모인 면이 3개 이상이어야 한다.

② 한 꼭짓점에 모인 각의 크기의 합이 360°보다 작아야 한다.

➡ 정다면체의 면이 될 수 있는 다각형은 정삼각형, 정사각형, 정오각형뿐이고, 만들 수 있는 정다면체는 5가지뿐이다.

핵심예제 **5** 아래 보기 에서 다음을 만족시키는 정다면체를 있는 대로 고르시오. [242003-0265]

보기

ㄱ. 정사면체　　ㄴ. 정육면체　　ㄷ. 정팔면체

ㄹ. 정십이면체　　ㅁ. 정이십면체

(1) 면의 모양이 정삼각형인 정다면체

(2) 한 꼭짓점에 모인 면이 3개인 정다면체

정다면체

각 면의 모양이 모두 합동인 정다각형이고, 각 꼭짓점에 모인 면의 개수가 같은 다면체이다.

[242003-0266]

5-1 다음 조건을 모두 만족시키는 정다면체를 구하시오.

(가) 각 면은 합동인 정삼각형이다.

(나) 한 꼭짓점에 모인 면의 개수가 같은 다면체이다.

(다) 모서리의 개수는 30이다.

[242003-0267]

5-2 정육면체의 꼭짓점의 개수를 x, 정사면체의 모서리의 개수를 y, 정팔면체의 면의 개수를 z라 할 때, $x+y+z$의 값을 구하시오.

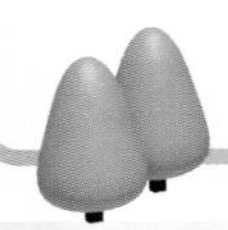

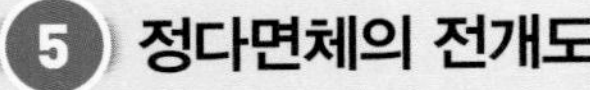

5 정다면체의 전개도

	정사면체	정육면체	정팔면체	정십이면체	정이십면체
겨냥도	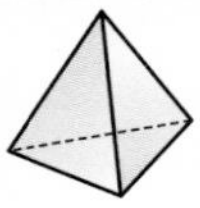	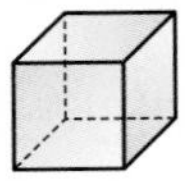	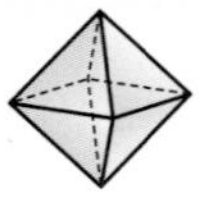	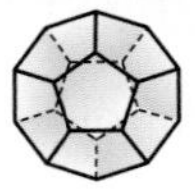	
전개도	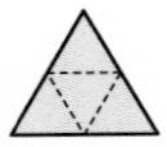	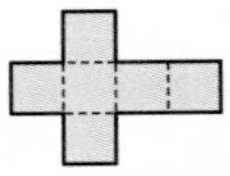	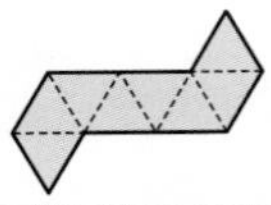	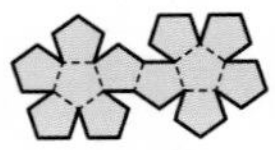	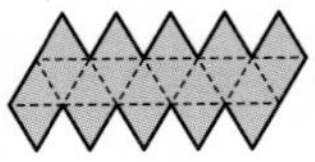

참고 전개도는 어느 모서리를 따라 자르느냐에 따라 형태가 달라지므로 여러 모양이 나올 수 있다.

용어 톡!

전개도(展 펼치다, 開 열다, 圖 그림)
: 입체도형을 적당한 모서리를 따라 잘라서 펼쳐 놓은 모양을 나타낸 그림

[242003-0268]

핵심예제 6 오른쪽 그림과 같은 전개도로 만들어지는 정다면체에 대하여 다음 물음에 답하시오.

(1) 이 정다면체의 이름을 말하시오.

(2) 점 B와 겹치는 꼭짓점을 구하시오.

(3) $\overline{AF}$와 겹치는 모서리를 구하시오.

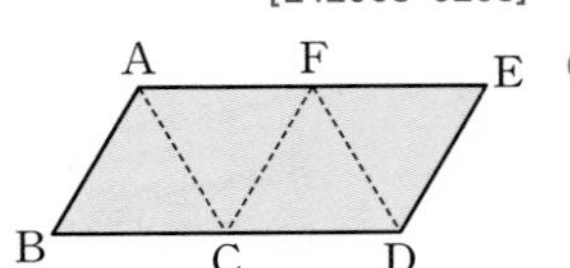

전개도의 면의 개수와 접었을 때 입체도형의 면의 개수는 같다.

[242003-0269]

6-1 오른쪽 그림과 같은 전개도로 만들어지는 정다면체에 대하여 다음 물음에 답하시오.

(1) 이 정다면체의 이름을 말하시오.

(2) 점 A와 겹치는 꼭짓점을 구하시오.

(3) $\overline{CD}$와 겹치는 모서리를 구하시오.

(4) $\overline{CJ}$와 평행한 모서리를 구하시오.

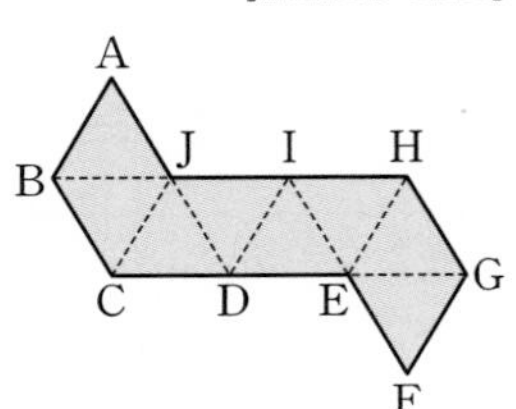

[242003-0270]

6-2 오른쪽 그림과 같은 전개도로 만들어지는 입체도형에 대하여 다음 설명 중에서 옳은 것은 ○표, 옳지 않은 것은 ×표를 하시오.

(1) 정십이면체이다. (　　　)

(2) 한 꼭짓점에 모인 면은 3개이다. (　　　)

(3) 모서리는 20개이다. (　　　)

(4) 꼭짓점은 30개이다. (　　　)

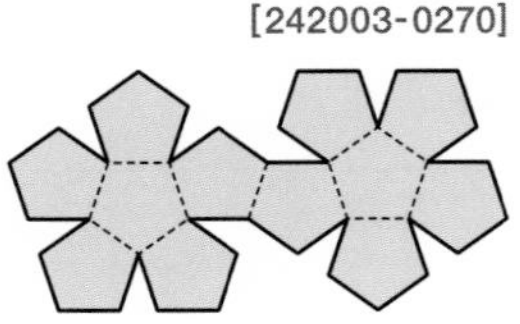

소단원 핵심문제

정다면체의 이해

1 **다음 보기 에서 정다면체에 대한 설명으로 옳은 것을 있는 대로 고른 것은?** [242003-0271]

> 보기
> ㄱ. 정육면체의 꼭짓점의 개수와 정팔면체의 면의 개수는 같다.
> ㄴ. 한 꼭짓점에 모인 면이 3개인 정다면체는 정육면체뿐이다.
> ㄷ. 모든 면이 정삼각형인 것은 정사면체, 정팔면체, 정십이면체이다.
> ㄹ. 정다면체의 한 면의 모양이 될 수 있는 다각형은 정삼각형, 정사각형, 정오각형이다.

① ㄱ, ㄴ ② ㄱ, ㄹ ③ ㄴ, ㄷ
④ ㄴ, ㄹ ⑤ ㄷ, ㄹ

모든 면이 합동인 정다각형이고, 각 꼭짓점에 모인 면의 개수가 같은 다면체를 정다면체라 한다.

정다면체의 면의 모양

2 **다음 중 정다면체와 그 면의 모양을 짝 지은 것으로 옳지 않은 것은?** [242003-0272]

① 정사면체 – 정삼각형 ② 정육면체 – 정사각형
③ 정팔면체 – 정사각형 ④ 정십이면체 – 정오각형
⑤ 정이십면체 – 정삼각형

조건을 만족시키는 정다면체

기출 **3** **다음 조건을 모두 만족시키는 정다면체를 구하시오.** [242003-0273]

> (가) 한 꼭짓점에 모인 면의 개수는 3이다.
> (나) 모서리의 개수가 12이다.
> (다) 꼭짓점의 개수가 8이다.

정다면체의 면, 모서리, 꼭짓점의 개수

4 **정사면체의 한 꼭짓점에 모인 면의 개수를 a, 정팔면체의 꼭짓점의 개수를 b, 정십이면체의 모서리의 개수를 c라고 할 때, $a-b+c$의 값은?** [242003-0274]

① 15 ② 18 ③ 21
④ 27 ⑤ 30

정다면체의 전개도

5 **다음 중 오른쪽 그림과 같은 전개도로 만들어지는 정다면체에 대한 설명으로 옳은 것은?** [242003-0275]

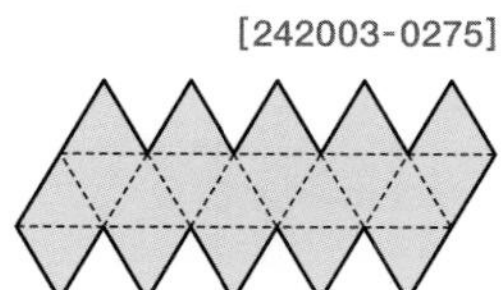

① 정십이면체이다.
② 꼭짓점의 개수는 20이다.
③ 모서리의 개수는 32이다.
④ 한 꼭짓점에 모인 면의 개수는 5이다.
⑤ 각 면은 정육면체의 면과 모두 합동이다.

3 회전체

6 회전체

(1) **회전체**: 평면도형을 한 직선을 축으로 하여 1회전 시킬 때 생기는 입체도형

① **회전축**: 회전시킬 때 축으로 사용한 직선

② 모선: 회전시킬 때 옆면을 만드는 선분

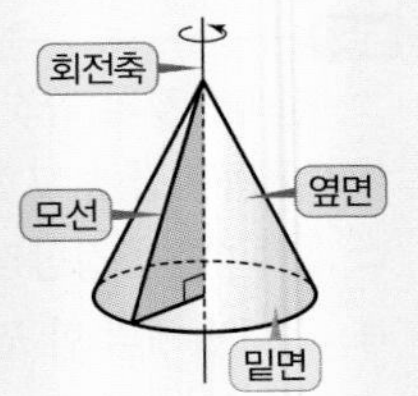

(2) **원뿔대**: 원뿔을 밑면에 평행한 평면으로 자를 때 생기는 두 입체도형 중에서 원뿔이 아닌 쪽의 입체도형

① 밑면: 원뿔대에서 평행한 두 면

② 옆면: 원뿔대에서 밑면이 아닌 면

③ 높이: 원뿔대에서 두 밑면 사이의 거리

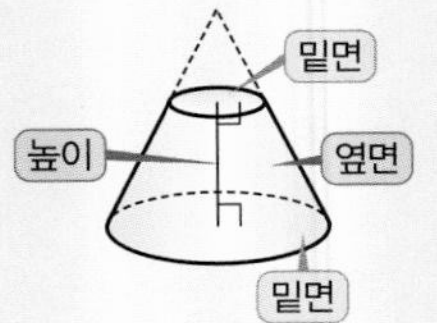

(3) 회전체의 종류: 원기둥, 원뿔, 원뿔대, 구 등이 있다.

	원기둥	원뿔	원뿔대	구
겨냥도				
회전시키는 평면도형	직사각형	직각삼각형	두 각이 직각인 사다리꼴	반원

참고 구에서는 모선을 생각할 수 없고, 구는 회전축이 무수히 많다.

용어 톡!

회전체(回 돌다, 轉 구르다, 體 몸)
: 회전하여 생기는 입체도형

[242003-0276]

핵심예제 **7** 다음 보기 에서 회전체인 것을 있는 대로 고르시오.

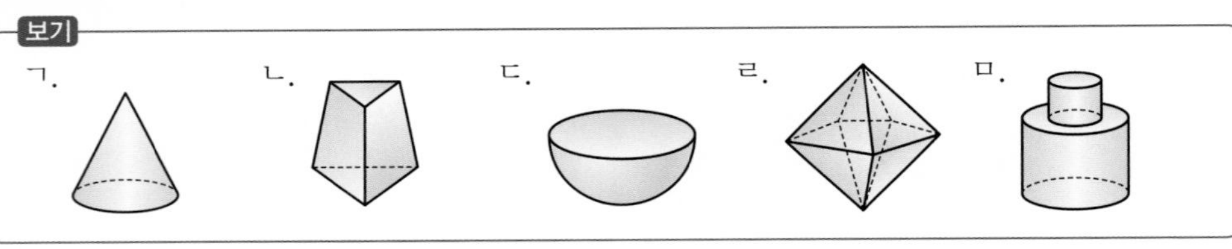

회전체
평면도형을 한 직선을 축으로 하여 1회전 시킬 때 생기는 입체도형

[242003-0277]

7-1 다음 그림을 보고 회전 시키기 전의 평면도형과 회전체를 알맞게 선으로 연결하시오.(단, 회전축은 직선 l이다.)

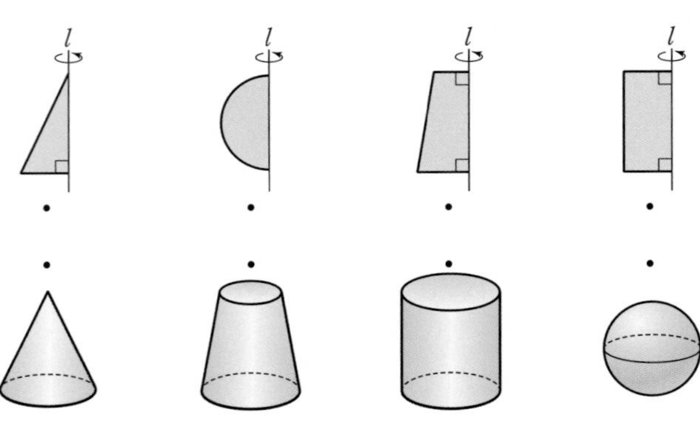

정답과 풀이 ● 36쪽

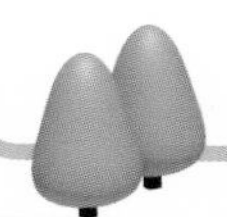

7 회전체의 성질

(1) 회전체를 회전축에 수직인 평면으로 자를 때 생기는 단면은 항상 원이다.

(2) 회전체를 회전축을 포함하는 평면으로 자를 때 생기는 단면은 모두 합동이고 회전축을 대칭축으로 하는 선대칭도형이다.

	원기둥	원뿔	원뿔대	구
회전축에 수직인 평면으로 자른 단면	원	원	원	원
회전축을 포함하는 평면으로 자른 단면	직사각형	이등변삼각형	사다리꼴	원

참고 ① 구는 어느 방향으로 잘라도 그 단면이 항상 원이다.
② 구는 구의 중심을 지나는 평면으로 잘랐을 때 단면이 가장 크다.

배운 내용 톡!

선대칭도형 : 한 직선을 기준으로 반으로 접었을 때, 완전히 겹쳐지는 도형

[242003-0278]

핵심예제 **8** **다음 회전체를 주어진 평면으로 자를 때 생기는 단면의 모양을 말하시오.**

	구	원뿔대	원뿔	원기둥
회전축에 수직인 평면	원			
회전축을 포함하는 평면	원			

회전체의 단면

① 회전축에 수직인 평면으로 자를 때

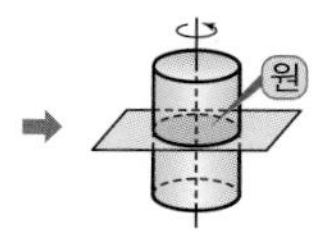

② 회전축을 포함하는 평면으로 자를 때

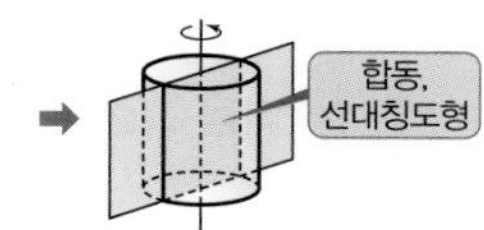

[242003-0279]

8-1 다음 조건을 모두 만족시키는 회전체를 구하시오.

(가) 회전축에 수직인 평면으로 자른 단면은 원이다.
(나) 회전축을 포함하는 평면으로 자른 단면은 사다리꼴이다.

[242003-0280]

8-2 다음 그림과 같은 회전체를 회전축을 포함하는 평면으로 자를 때 생기는 단면의 모양을 그리시오.

(1)

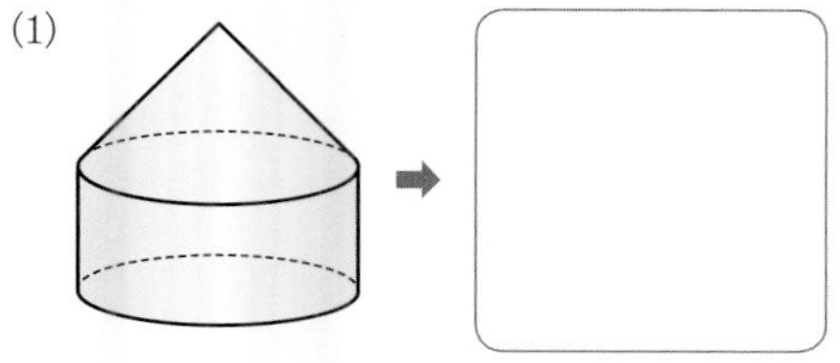

(2)

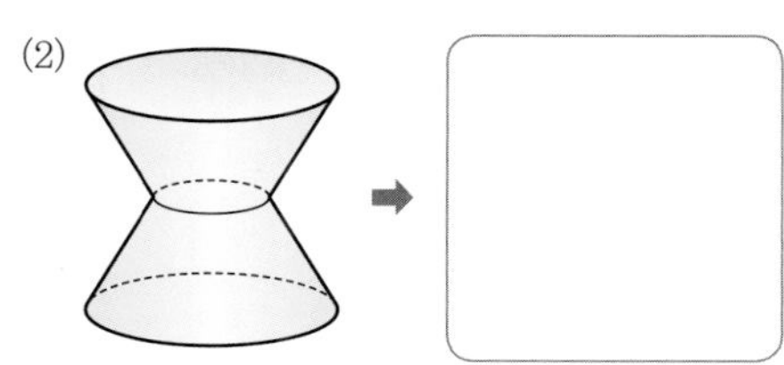

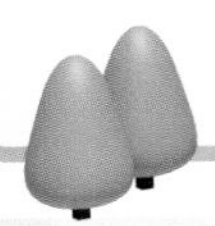

8 회전체의 전개도

(1) 회전체의 전개도

원뿔대의 전개도에서 옆면을 이루는 도형은 부채꼴의 일부분이다.

	원기둥	원뿔	원뿔대
전개도	밑면, 옆면, 모선, 밑면	모선, 옆면, 밑면	밑면, 모선, 옆면, 밑면

참고 구의 전개도는 그릴 수 없다.

(2) 회전체의 전개도의 성질

① 원기둥의 전개도에서
(직사각형의 가로의 길이)=(밑면인 원의 둘레의 길이)

② 원뿔의 전개도에서
(부채꼴의 호의 길이)=(밑면인 원의 둘레의 길이)

[242003-0281]

핵심예제 9 오른쪽 그림과 같은 전개도로 만들어지는 회전체에 대하여 다음 물음에 답하시오.

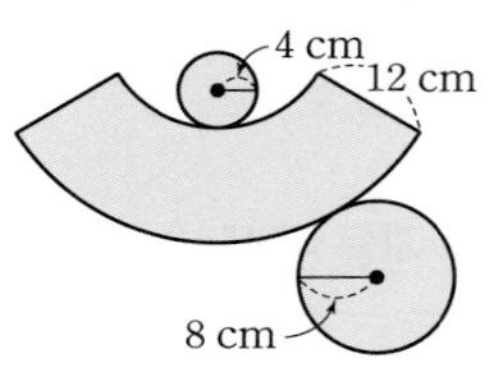

(1) 이 회전체의 이름을 말하시오.

(2) 모선의 길이를 구하시오.

(3) 회전축을 포함하는 평면으로 자를 때 생기는 단면의 모양을 말하시오.

원기둥, 원뿔, 원뿔대의 전개도

① 원기둥

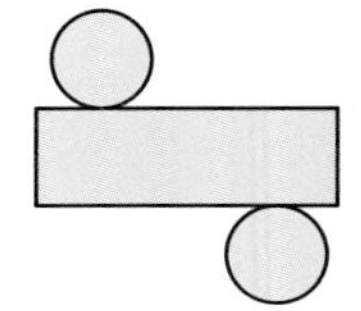

② 원뿔

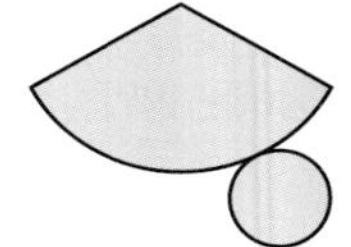

③ 원뿔대

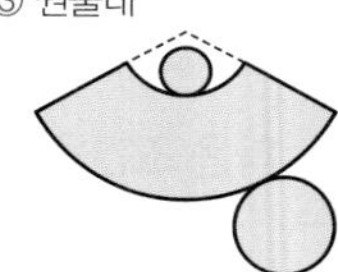

[242003-0282]

9-1 다음 그림은 회전체와 그 전개도이다. a, b의 값을 각각 구하시오.

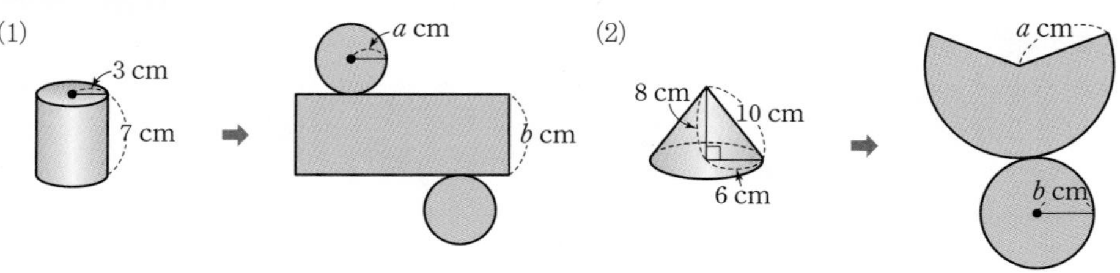

[242003-0283]

9-2 오른쪽 그림과 같은 전개도로 만든 원기둥에서 밑면인 원의 둘레의 길이를 구하시오.

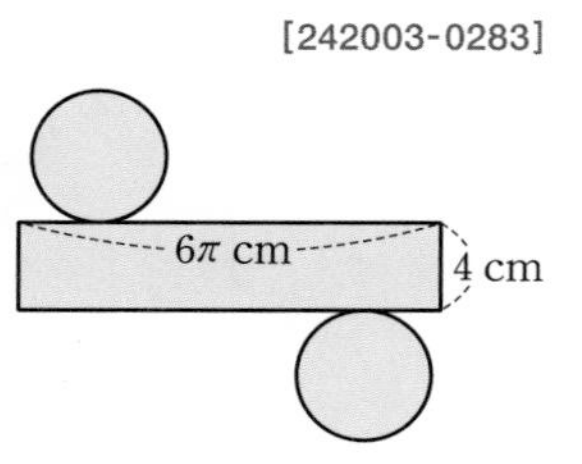

소단원 핵심문제

정답과 풀이 ● 36쪽

회전체

1 [242003-0284]

다음 보기 중 회전축을 갖는 입체도형을 있는 대로 고르시오.

보기

ㄱ. 육각기둥	ㄴ. 정팔면체	ㄷ. 오각뿔대
ㄹ. 원뿔	ㅁ. 반구	ㅂ. 구

평면도형을 한 직선을 축으로 하여 1회전 시킬 때 생기는 입체도형을 회전체라 한다.
➡ 회전축을 갖는 입체도형은 회전체이다.

평면도형을 회전시킬 때 생기는 회전체 그리기

2 [242003-0285]

오른쪽 그림과 같은 평면도형을 직선 l을 회전축으로 하여 1회전 시킬 때 생기는 입체도형은?

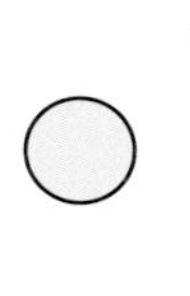

① 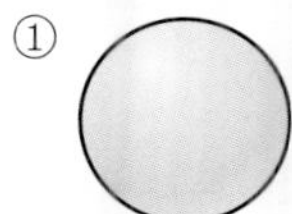
② 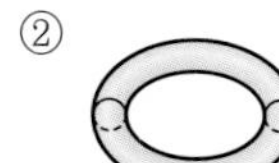
③ 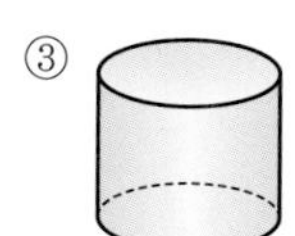
④ 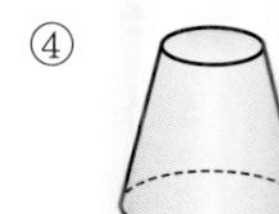
⑤ 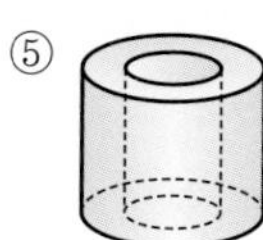

회전체의 전개도

3 [242003-0286]

오른쪽 그림과 같은 전개도로 만들어지는 입체도형의 이름과 이 입체도형을 회전축을 포함하는 평면으로 자를 때 생기는 단면의 모양을 바르게 짝 지은 것은?

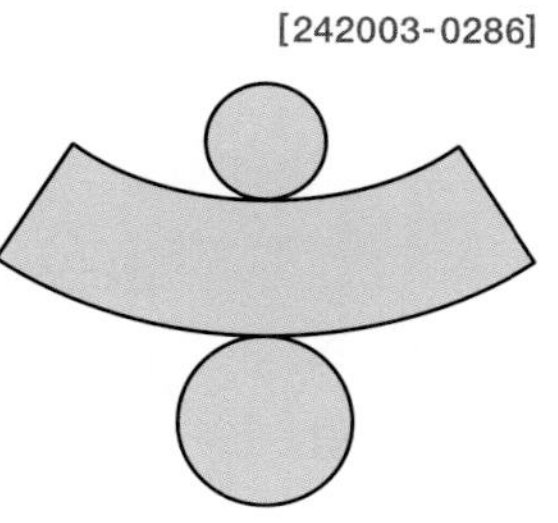

① 원뿔 — 원 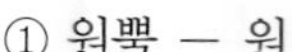
② 원뿔 — 이등변삼각형
③ 원뿔대 — 원
④ 원뿔대 — 사다리꼴
⑤ 원기둥 — 원

회전체의 단면의 둘레의 길이와 넓이

기출 **4** [242003-0287]

오른쪽 그림과 같은 직사각형을 직선 l을 회전축으로 하여 1회전 시킬 때 생기는 회전체를 회전축을 포함하는 평면으로 자를 때, 잘린 단면의 넓이를 구하시오.

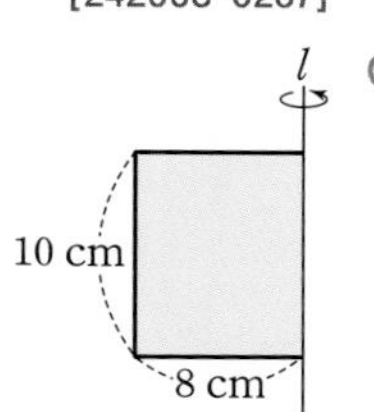

직사각형을 그림과 같은 회전축으로 회전시켜서 만들어지는 도형은 원기둥이다.

회전체의 전개도

5 [242003-0288]

아래 그림은 원뿔대와 그 전개도를 나타낸 것이다. 다음 중 색칠한 밑면의 둘레의 길이와 길이가 같은 것은?

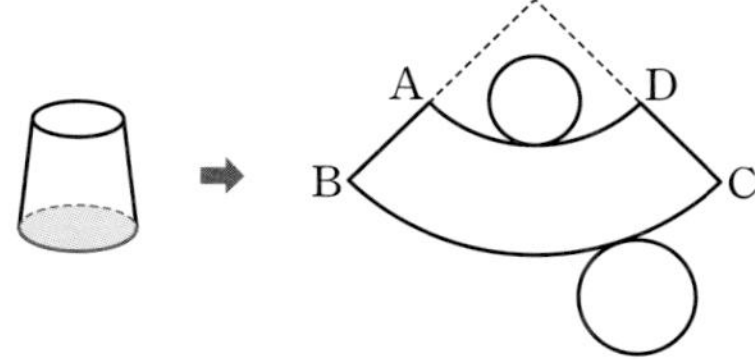

① $\overline{AB}$
② $\overline{BC}$
③ $\overline{CD}$
④ $\overset{\frown}{AD}$
⑤ $\overset{\frown}{BC}$

중단원 마무리 테스트

1 [242003-0289]

다음 중 다면체가 아닌 것을 모두 고르면? (정답 2개)

① 삼각기둥 ② 사각뿔 ③ 정사각형
④ 정육면체 ⑤ 원기둥

2 [242003-0290]

다음 다면체 중 육면체인 것은?

① 사각뿔 ② 오각뿔 ③ 오각기둥
④ 오각뿔대 ⑤ 육각뿔

3 [242003-0291]

오른쪽 그림과 같은 입체도형의 꼭짓점의 개수를 v, 모서리의 개수를 e, 면의 개수를 f라 할 때, $v-e+f$의 값은?

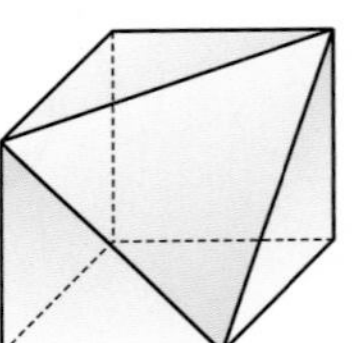

① 0 ② 1
③ 2 ④ 3
⑤ 4

4 [242003-0292]

꼭짓점의 개수가 20인 각뿔대의 면의 개수를 x, 모서리의 개수를 y라 할 때, $x+y$의 값은?

① 34 ② 36 ③ 38
④ 40 ⑤ 42

5 [242003-0293]

다음 표의 빈칸에 들어갈 수의 합을 구하시오.

다면체	면의 개수	모서리의 개수	꼭짓점의 개수
오각기둥		15	
사각뿔	5		5
삼각뿔대	5		

6 [242003-0294]

다음 중 다면체와 그 옆면의 모양을 바르게 짝 지은 것은?

① 사각뿔 — 직사각형 ② 사각기둥 — 직사각형
③ 오각기둥 — 삼각형 ④ 육각뿔대 — 삼각형
⑤ 육각뿔 — 육각형

7 중요 [242003-0295]

다음 중 다면체에 대한 설명으로 옳은 것은?

① 육각기둥은 칠면체이다.
② 오각뿔의 모서리의 개수는 6이다.
③ 오각기둥의 옆면의 모양은 오각형이다.
④ 각뿔대의 두 밑면은 서로 평행하고 합동이다.
⑤ 팔각뿔대를 밑면과 평행인 평면으로 자른 단면은 팔각형이다.

8 [242003-0296]

다음 조건을 모두 만족시키는 입체도형은?

(가) 두 밑면이 서로 평행하다.
(나) 옆면의 모양은 직사각형이다.
(다) 꼭짓점의 개수는 10이다.

① 삼각뿔대 ② 사각기둥 ③ 사각뿔대
④ 오각기둥 ⑤ 오각뿔

9

[242003-0297]

다음 중 정다면체와 한 꼭짓점에 모인 면의 개수를 짝 지은 것으로 옳지 않은 것은?

① 정사면체 — 3　② 정육면체 —4　③ 정팔면체 — 4　④ 정십이면체 — 3　⑤ 정이십면체 — 5

10

[242003-0298]

다음 보기에서 정다면체에 대한 설명으로 옳은 것을 있는 대로 고른 것은?

보기
ㄱ. 한 꼭짓점에 모인 면의 개수가 3인 정다면체는 정사면체, 정육면체, 정십이면체이다.
ㄴ. 면의 모양이 정사각형인 정다면체는 정육면체이다.
ㄷ. 모든 면이 정삼각형으로 이루어진 정다면체는 3종류이다.

① ㄱ　② ㄴ　③ ㄱ, ㄴ　④ ㄴ, ㄷ　⑤ ㄱ, ㄴ, ㄷ

11 신유형

[242003-0299]

'쌍대다면체'란 정다면체의 각 면의 중심을 이어 만든 다면체를 뜻한다. 예를 들어 오른쪽 그림과 같이 정육면체의 각 면들의 중심을 이으면 정팔면체가 된다. 즉 정육면체의 쌍대다면체는 정팔면체이다. 이때 정팔면체의 쌍대다면체를 구하시오.

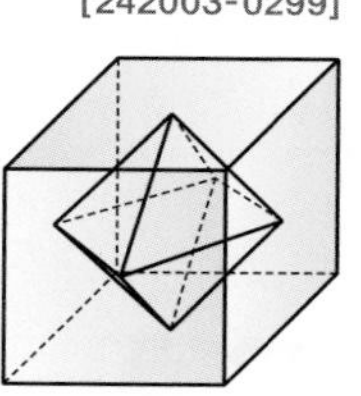

12

[242003-0300]

다음 조건을 모두 만족시키는 정다면체의 꼭짓점의 개수를 구하시오.

(가) 각 면은 합동인 정삼각형이다.
(나) 모서리의 개수는 30이다.

① 12　② 15　③ 20　④ 24　⑤ 30

13

[242003-0301]

다음 중 오른쪽 그림과 같은 정육면체를 한 평면으로 자를 때 생기는 단면의 모양이 될 수 없는 것은?

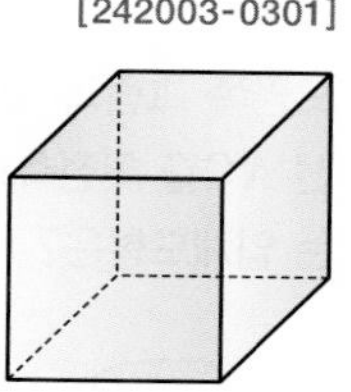

① 정삼각형　② 직사각형　③ 오각형　④ 육각형　⑤ 팔각형

14

[242003-0302]

오른쪽 그림과 같은 전개도로 정다면체를 만들었을 때, 다음 중에서 $\overline{BJ}$와 평행한 모서리는?

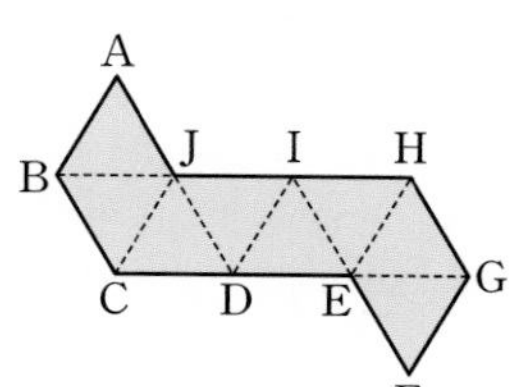

① $\overline{CD}$　② $\overline{ED}$　③ $\overline{FG}$　④ $\overline{GH}$　⑤ $\overline{HI}$

15

[242003-0303]

다음 중 직선 l을 회전축으로 하여 1회전 시킬 때 생기는 회전체가 오른쪽 그림과 같은 것은?

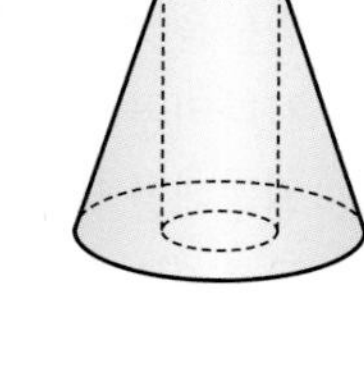

① 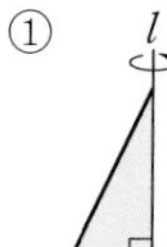

② 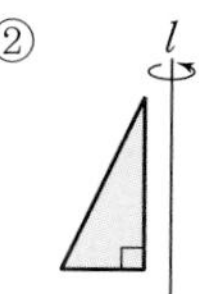

③

④ 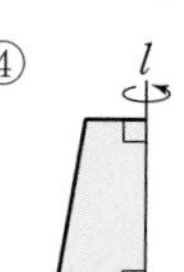

⑤ 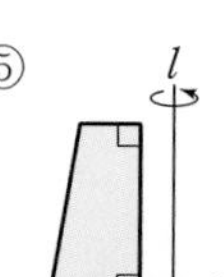

16

[242003-0304]

오른쪽 그림과 같은 직사각형 ABCD를 대각선 AC를 회전축으로 하여 1회전 시킬 때 생기는 입체도형은?

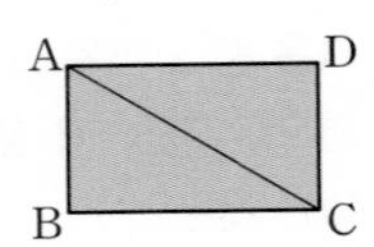

①

② 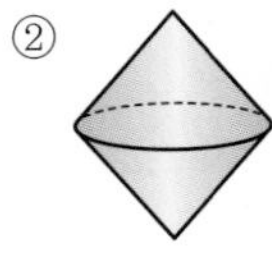

③ 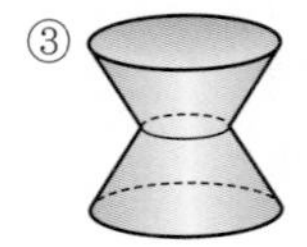

④

⑤ 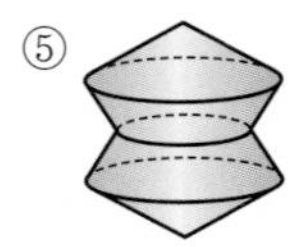

17 신유형

[242003-0305]

다음 중 옳지 않은 것은?

	회전체	자른 평면	단면의 모양
①	구	회전축에 수직	합동인 원
②	원기둥	회전축에 수직	합동인 원
③	원뿔	회전축을 포함	합동인 이등변삼각형
④	원뿔대	회전축에 수직	다양한 크기의 원
⑤	원기둥	회전축을 포함	합동인 직사각형

18 중요

[242003-0306]

다음 중 회전체에 대한 설명으로 옳은 것을 모두 고르면? (정답 2개)

① 회전체를 회전축에 수직인 평면으로 자를 때 생기는 단면은 항상 합동이다.

② 원뿔을 회전축을 포함하는 평면으로 자를 때 생기는 단면은 사다리꼴이다.

③ 원뿔대를 밑면과 평행한 평면으로 자른 단면은 원이다.

④ 구를 어느 방향으로 잘라도 그 단면은 항상 원이다.

⑤ 모든 회전체의 전개도를 그릴 수 있다.

19

[242003-0307]

오른쪽 그림과 같은 원뿔대를 밑면에 수직인 평면으로 자를 때 생기는 단면 중에서 넓이가 가장 큰 단면의 넓이를 구하시오.

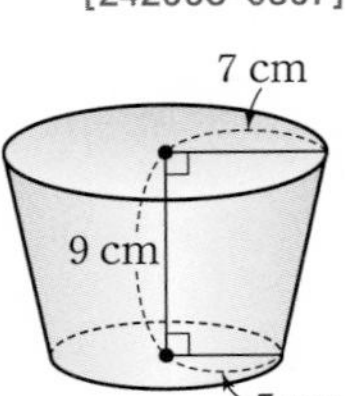

20

[242003-0308]

오른쪽 그림은 원뿔대와 그 전개도이다. 이때 a, b의 값을 각각 구하시오.

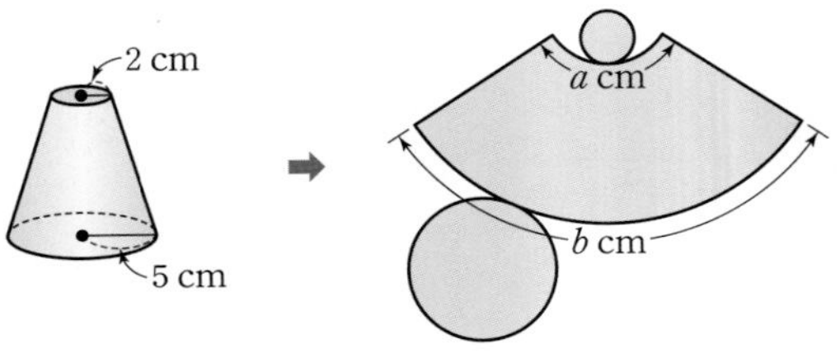

21 고득점

[242003-0309]

어떤 각뿔대의 모서리와 면의 개수의 차가 16일 때, 이 입체도형의 꼭짓점의 개수를 구하시오.

22 고득점

[242003-0310]

다음은 정이십면체의 각 꼭짓점에서 모서리 부분을 각뿔 모양으로 잘라내어 축구공 모양의 다면체를 만든 것이다. 이 축구공 모양의 다면체를 둘러싸고 있는 면의 개수를 구하시오.

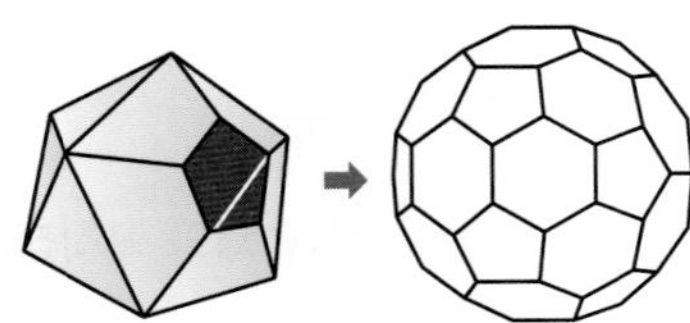

기출 서술형

23 풀이를 서술하는 문제 [242003-0311]

정십이면체의 모서리의 개수를 a, 정육면체의 꼭짓점의 개수를 b라 할 때, 면의 개수가 $(a-b)$인 각뿔과 각기둥을 각각 m각뿔, n각기둥이 하자. 이때 $m-n$의 값을 구하시오.

(단, 풀이 과정을 자세히 쓰시오.)

풀이 과정

답 |

24 유사문제 [242003-0312]

정십이면체의 꼭짓점의 개수를 a, 정팔면체의 모서리의 개수를 b라 할 때, 면의 개수가 $(a-b)$인 각뿔대의 모서리의 개수를 m, 꼭짓점의 개수를 n이라고 할 때, $m+n$의 값을 구하시오.

(단, 풀이 과정을 자세히 쓰시오.)

풀이 과정

답 |

25 이유를 설명하는 문제 [242003-0313]

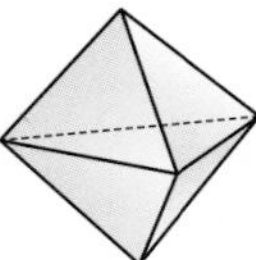

오른쪽 그림은 각 면이 모두 합동인 정삼각형으로 둘러싸인 다면체이다. 이 다면체는 정다면체인지 아닌지를 쓰고, 그 이유를 설명하시오.

(단, 풀이 과정을 자세히 쓰시오.)

풀이 과정

답 |

26 유사문제 [242003-0314]

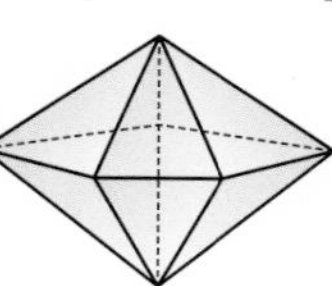

오른쪽 그림은 각 면이 모두 합동인 정삼각형으로 둘러싸인 다면체이다. 이 다면체는 정다면체인지 아닌지를 쓰고, 그 이유를 설명하시오.(단, 풀이 과정을 자세히 쓰시오.)

풀이 과정

답 |

6

입체도형의 겉넓이와 부피

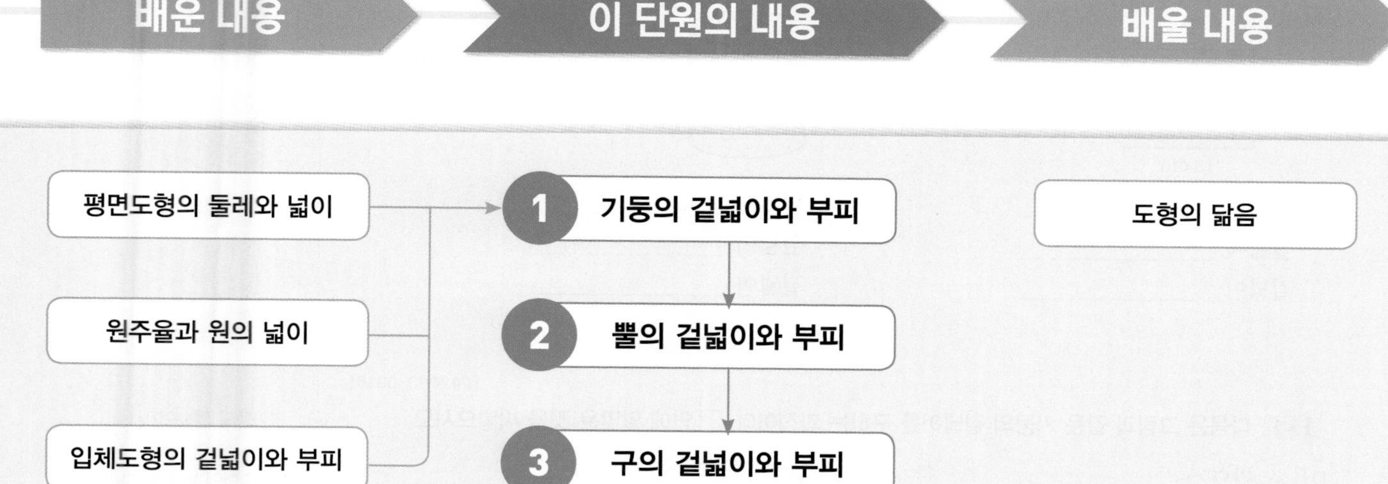
배운 내용
이 단원의 내용
배울 내용
평면도형의 둘레와 넓이
원주율과 원의 넓이
입체도형의 겉넓이와 부피
1 기둥의 겉넓이와 부피
2 뿔의 겉넓이와 부피
3 구의 겉넓이와 부피
도형의 닮음

1 기둥의 겉넓이와 부피

1 기둥의 겉넓이

(1) 각기둥의 겉넓이

(각기둥의 겉넓이)=(밑넓이)×2+(옆넓이)

← 기둥의 밑면은 2개이다.

(밑면의 둘레의 길이)×(높이)

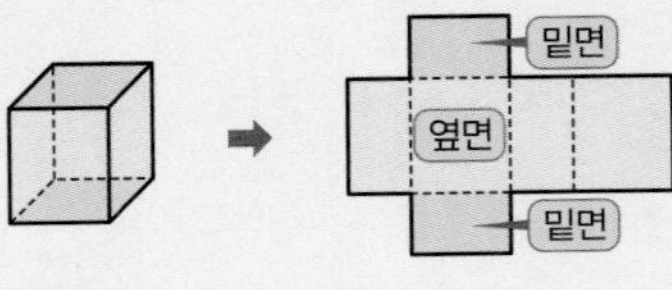

(2) 원기둥의 겉넓이

밑면인 원의 반지름의 길이가 r, 높이가 h인 원기둥의 겉넓이 S는

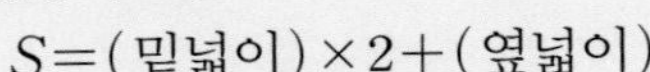

$S=(\text{밑넓이})\times 2+(\text{옆넓이})$

$=\pi r^2\times 2+2\pi r\times h$

$=2\pi r^2+2\pi rh$

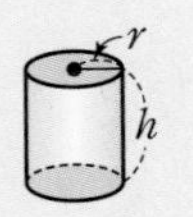

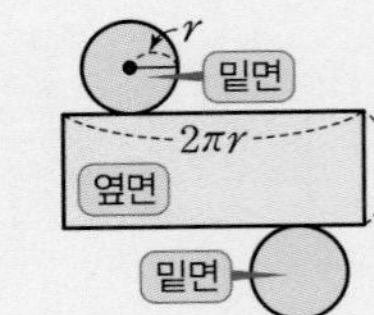

플러스 톡!

기둥의 전개도에서

- 옆면은 항상 직사각형이다.
- (직사각형의 가로의 길이)=(밑면의 둘레의 길이)
- (직사각형의 세로의 길이)=(기둥의 높이)

[242003-0315]

핵심예제 1 아래 그림과 같은 기둥에 대하여 다음을 구하시오.

> **기둥의 겉넓이**
> (기둥의 겉넓이)
> =(밑넓이)×2+(옆넓이)

(1)

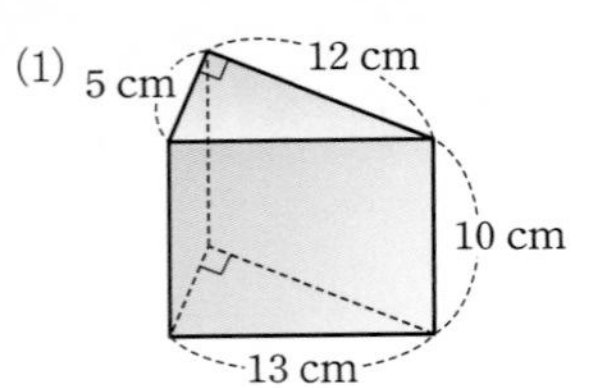

밑넓이 ________

옆넓이 ________

겉넓이 ________

(2)

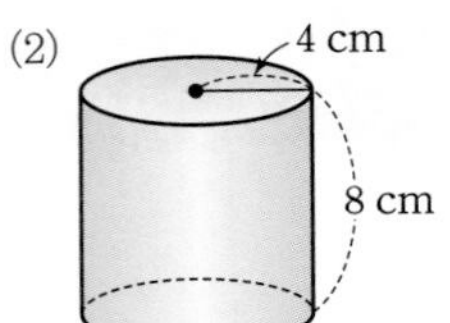

밑넓이 ________

옆넓이 ________

겉넓이 ________

[242003-0316]

1-1 다음은 그림과 같은 기둥의 겉넓이를 구하는 과정이다. □ 안에 알맞은 것을 써넣으시오.

> 원기둥의 전개도에서
> (직사각형의 가로의 길이)
> =(밑면인 원의 둘레의 길이)
> (직사각형의 세로의 길이)
> =(원기둥의 높이)

(1)

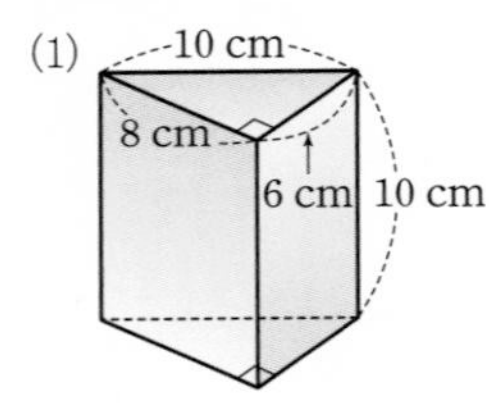

(겉넓이)

=(밑넓이)×□+(옆넓이)

$=\frac{1}{2}\times 6\times\square\times\square+(\square+6+10)\times\square$

$=\square\,(\text{cm}^2)$

(2)

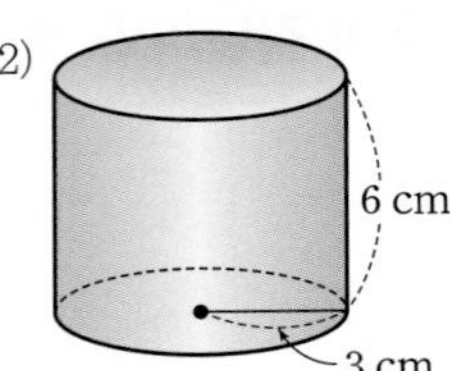

(겉넓이)

=(밑넓이)×□+(옆넓이)

$=9\pi\times\square+\square\times 6$

$=\square\,(\text{cm}^2)$

[242003-0317]

1-2 다음 그림과 같은 기둥의 겉넓이를 구하시오.

(1)

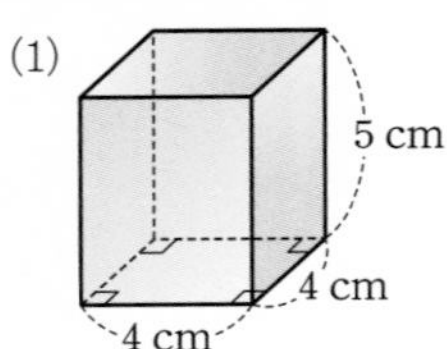

(2)

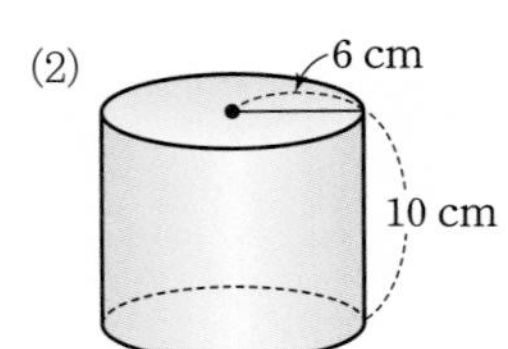

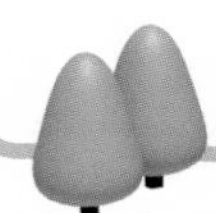

정답과 풀이 ● 38쪽

2 기둥의 부피

(1) 각기둥의 부피

밑넓이가 S, 높이가 h인 각기둥의 부피 V는

$V=(\text{밑넓이})\times(\text{높이})=Sh$

(2) 원기둥의 부피

밑면인 원의 반지름의 길이가 r, 높이가 h인 원기둥의 부피 V는

$V=(\text{밑넓이})\times(\text{높이})=\pi r^2h$

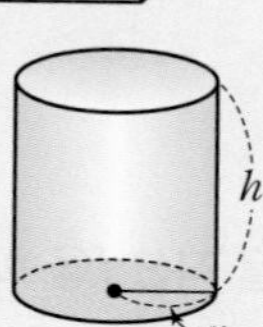

참고〉 여러 가지 다각형의 넓이

(1) 사다리꼴

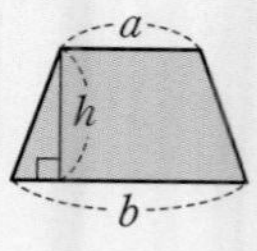

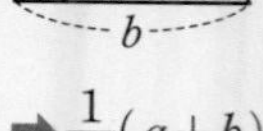

➡ $\frac{1}{2}(a+b)h$

(2) 평행사변형

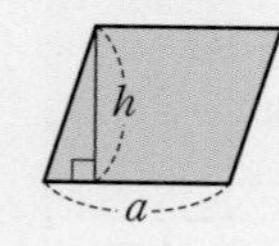

➡ ah

(3) 마름모

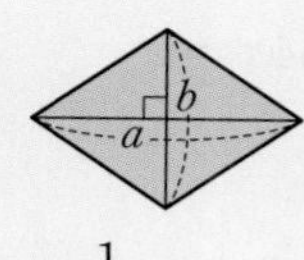

➡ $\frac{1}{2}ab$

핵심예제 **2** 아래 그림과 같은 기둥에 대하여 다음을 구하시오. [242003-0318]

(1)

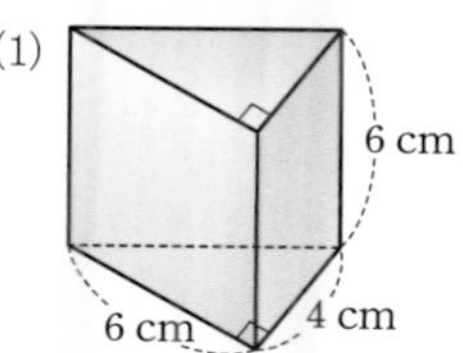

밑넓이 ______

높이 ______

부피 ______

(2)

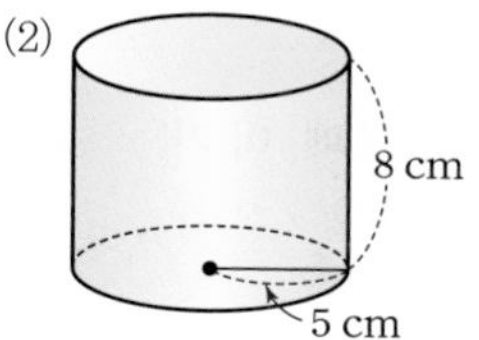

밑넓이 ______

높이 ______

부피 ______

> **기둥의 부피**
> (기둥의 부피)
> =(밑넓이)×(높이)

2-1 다음 그림과 같은 기둥의 부피를 구하시오. [242003-0319]

(1)

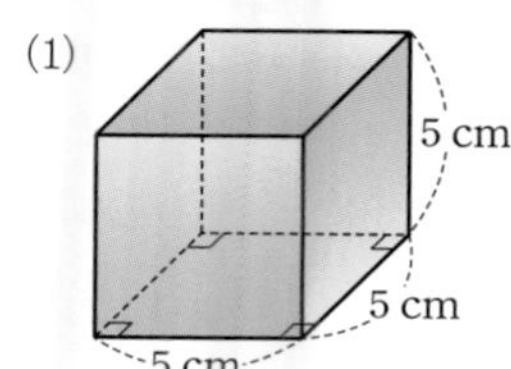

(2)

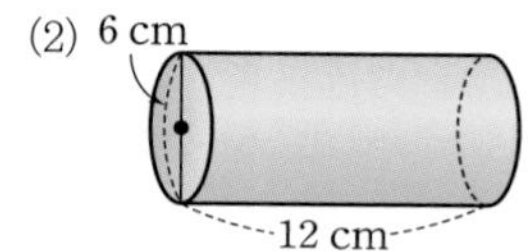

2-2 밑면이 다음 그림과 같고 높이가 **10 cm**인 각기둥의 부피를 구하시오. [242003-0320]

(1)

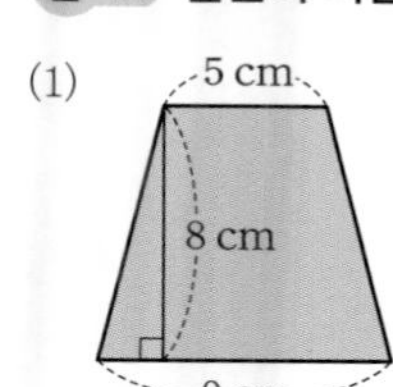

(2)

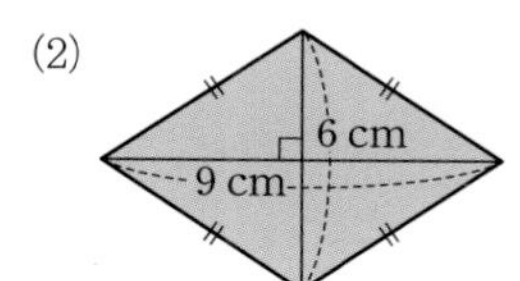

소단원 핵심문제

각기둥의 겉넓이 [242003-0321]

1 겉넓이가 $150\ \mathrm{cm}^2$인 정육면체의 한 모서리의 길이는?

① 4 cm ② 5 cm ③ 6 cm
④ 7 cm ⑤ 8 cm

정육면체는 모든 모서리의 길이가 같다.

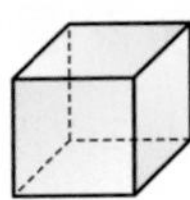

회전체의 겉넓이 [242003-0322]

2 오른쪽 그림과 같은 직사각형을 직선 l을 회전축으로 하여 1회전 시킬 때 만들어지는 회전체의 겉넓이는?

① $54\ \mathrm{cm}^2$ ② $72\ \mathrm{cm}^2$ ③ $54\pi\ \mathrm{cm}^2$
④ $60\pi\ \mathrm{cm}^2$ ⑤ $72\pi\ \mathrm{cm}^2$

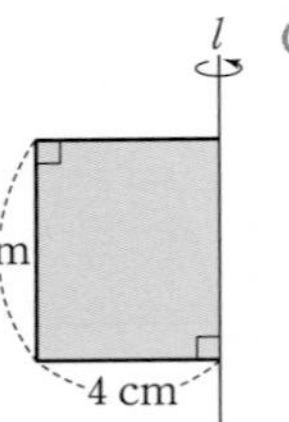

직사각형을 직선 l을 회전축으로 하여 1회전시키면 원기둥이 만들어진다.

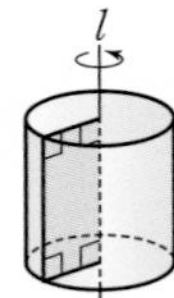

각기둥의 부피 [242003-0323]

3 한 밑면의 넓이가 $24\ \mathrm{cm}^2$인 육각기둥의 부피가 $168\ \mathrm{cm}^3$일 때, 이 기둥의 높이는?

① 6 cm ② 7 cm ③ 8 cm
④ 9 cm ⑤ 12 cm

(각기둥의 부피)
=(밑넓이)×(높이)

속이 빈 기둥의 부피 [242003-0324]

4 오른쪽 그림과 같이 속이 빈 원기둥의 부피는?

① $56\pi\ \mathrm{cm}^3$ ② $82\pi\ \mathrm{cm}^3$
③ $112\pi\ \mathrm{cm}^3$ ④ $144\pi\ \mathrm{cm}^3$
⑤ $224\pi\ \mathrm{cm}^3$

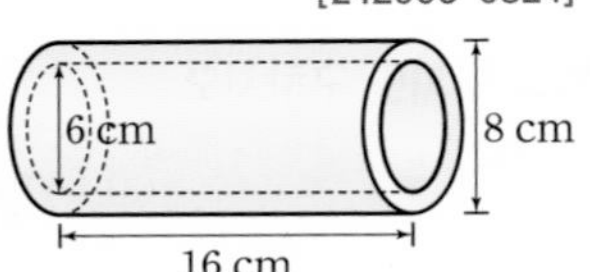

(속이 빈 원기둥의 부피)
=(큰 원기둥의 부피)
−(작은 원기둥의 부피)

겉넓이가 주어진 원기둥의 부피 [242003-0325]

기출 **5** 오른쪽 그림과 같은 전개도로 만든 원기둥의 겉넓이가 $120\pi\ \mathrm{cm}^2$일 때, 원기둥의 부피를 구하시오.

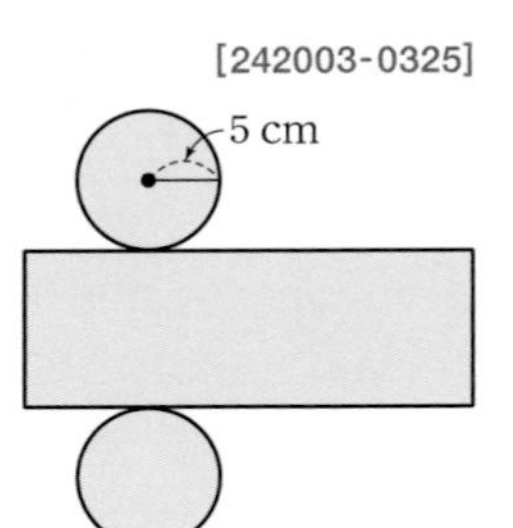

2 뿔의 겉넓이와 부피

정답과 풀이 ● 39쪽

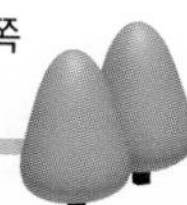

3 뿔의 겉넓이

(1) 각뿔의 겉넓이

(각뿔의 겉넓이)=(밑넓이)+(옆넓이)

참고 각뿔의 밑면은 1개이고, 옆면은 모두 삼각형이다.

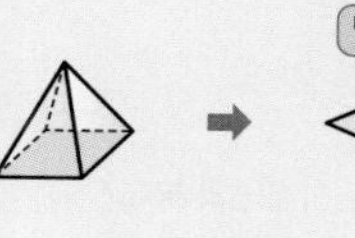

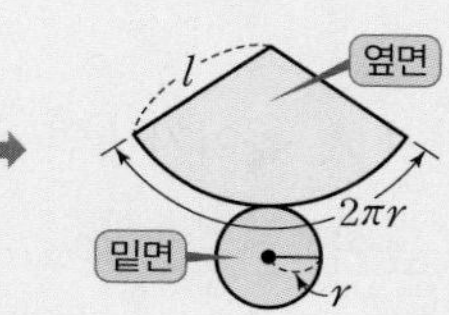

(2) 원뿔의 겉넓이

밑면인 원의 반지름의 길이가 r, 모선의 길이가 l인 원뿔의 겉넓이 S는

$$S=(\text{밑넓이})+(\text{옆넓이})$$
$$=\pi r^2+\frac{1}{2}\times l\times 2\pi r$$
$$=\pi r^2+\pi rl$$

플러스 톡!

원뿔의 전개도에서

(1) (부채꼴의 호의 길이)
=(밑면인 원의 둘레의 길이)

(2) (부채꼴의 반지름의 길이)
=(원뿔의 모선의 길이)

핵심예제 3 [242003-0326]

다음은 오른쪽 그림과 같은 각뿔의 겉넓이를 구하는 과정이다. 빈칸에 알맞은 것을 써넣으시오. (단, 옆면은 모두 합동인 이등변삼각형이다.)

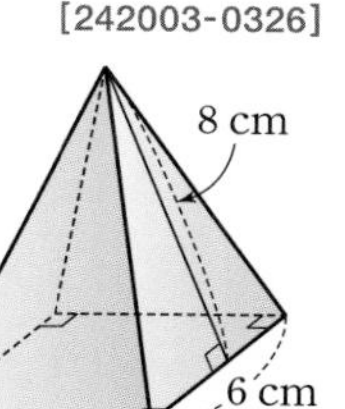

(밑넓이)$=6\times\square=\square(\text{cm}^2)$

(옆넓이)$=\left(\frac{1}{2}\times 6\times\square\right)\times\square=\square(\text{cm}^2)$

따라서 (겉넓이)$=\square\text{ cm}^2$

각뿔의 겉넓이
=(밑넓이)+(옆넓이)

[242003-0327]

3-1 다음 그림과 같이 밑면은 정사각형이고, 옆면은 합동인 이등변삼각형으로 이루어진 각뿔의 겉넓이를 구하시오.

(1)

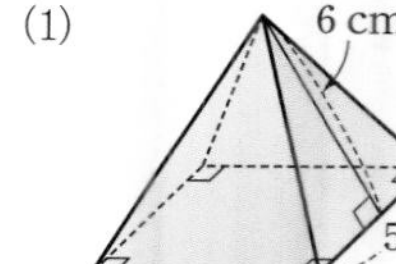

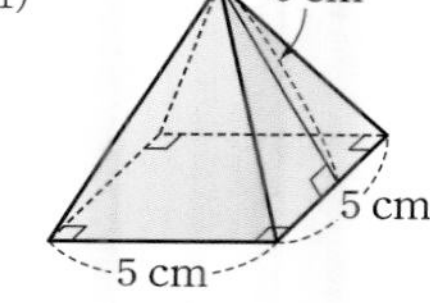

(2)

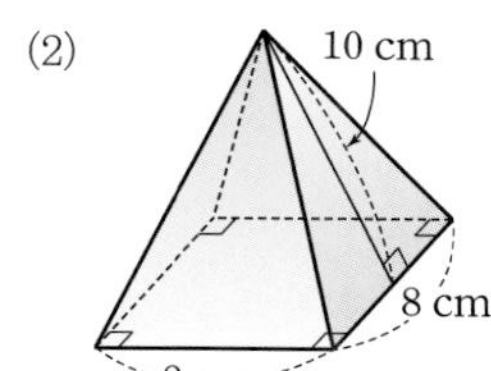

핵심예제 4 [242003-0328]

다음은 오른쪽 그림과 같은 원뿔의 겉넓이를 구하는 과정이다. 빈칸에 알맞은 것을 써넣으시오.

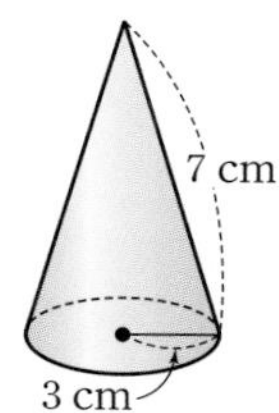

(밑넓이)$=\pi\times\square^2=\square\pi(\text{cm}^2)$

옆면의 모양은 반지름의 길이가 7 cm, 호의 길이가 $\square$ cm인 부채꼴이므로

(옆넓이)$=\frac{1}{2}\times 7\times\square=\square(\text{cm}^2)$

따라서 (겉넓이)$=\square\text{ cm}^2$

원뿔의 겉넓이

밑면인 원의 반지름의 길이가 r, 모선의 길이가 l인 원뿔의 겉넓이 S는

$S=(\text{밑넓이})+(\text{옆넓이})$

$=\pi r^2+\frac{1}{2}\times l\times 2\pi r$

$=\pi r^2+\pi rl$

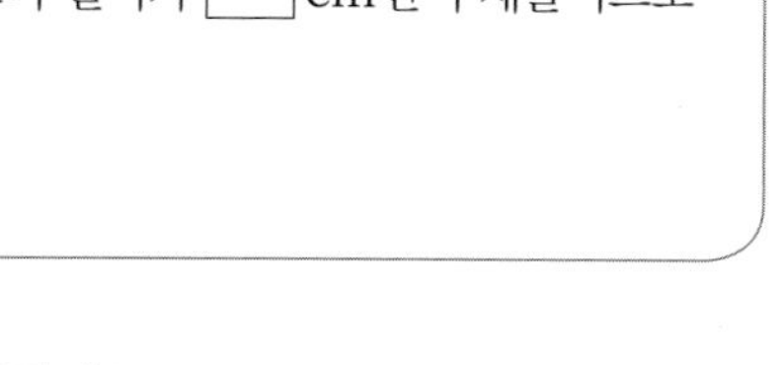

[242003-0329]

4-1 다음 그림과 같은 원뿔의 겉넓이를 구하시오.

(1)

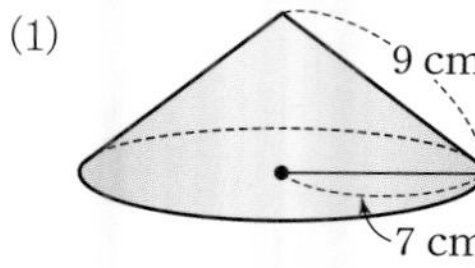

(2)

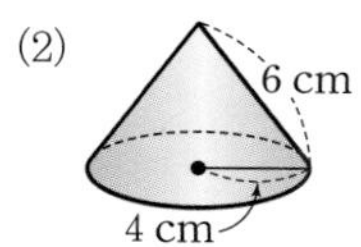

4 뿔의 부피

(1) 각뿔의 부피

밑넓이가 S, 높이가 h인 각뿔의 부피 V는

$$V=\frac{1}{3}\times(\text{밑넓이})\times(\text{높이})=\frac{1}{3}Sh$$

└ 각기둥의 부피

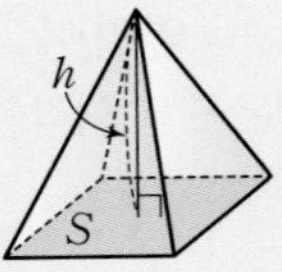

(2) 원뿔의 부피

밑면인 원의 반지름의 길이가 r, 높이가 h인 원뿔의 부피 V는

$$V=\frac{1}{3}\times(\text{밑넓이})\times(\text{높이})=\frac{1}{3}\pi r^2h$$

└ 원기둥의 부피

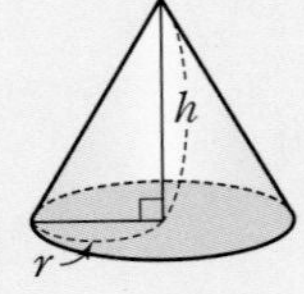

플러스 톡!

(뿔의 부피)$=\frac{1}{3}\times$(기둥의 부피)

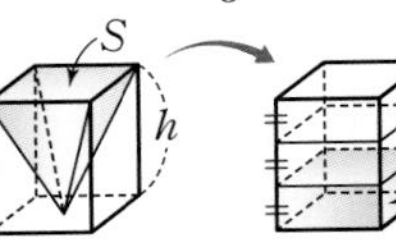

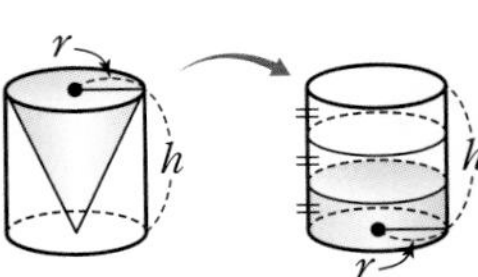

[242003-0330]

핵심예제 5 다음 그림과 같은 뿔에 대하여 다음을 구하시오.

(1)

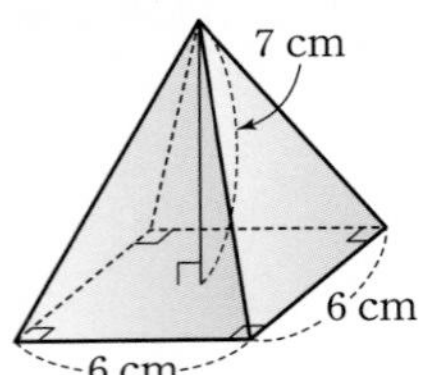

밑넓이 ____________

높이 ____________

부피 ____________

(2)

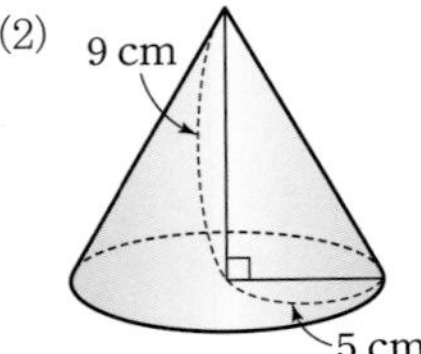

밑넓이 ____________

높이 ____________

부피 ____________

뿔의 부피

(뿔의 부피)

$=\frac{1}{3}\times$(밑넓이)$\times$(높이)

[242003-0331]

5-1 다음 그림과 같은 뿔의 부피를 구하시오.

(1)

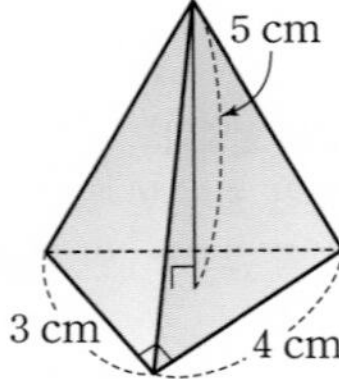

(2)

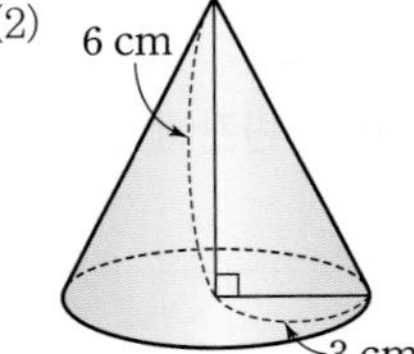

[242003-0332]

5-2 오른쪽 그림과 같이 밑면은 정사각형이고, 옆면은 합동인 이등변삼각형으로 이루어진 사각뿔의 부피가 147 cm^3일 때, 이 사각뿔의 높이를 구하시오.

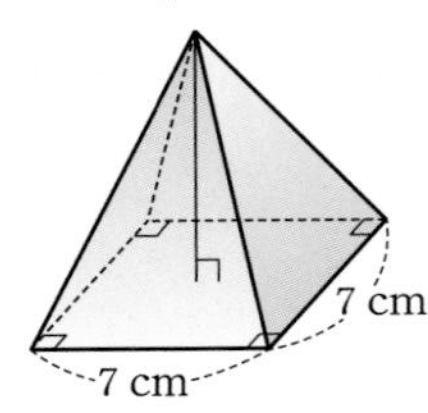

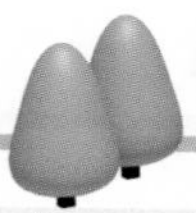

5 뿔대의 겉넓이와 부피

(1) 뿔대의 겉넓이

(각뿔대의 겉넓이)

=(두 밑넓이의 합)+(옆면인 사다리꼴의 넓이의 합)

(원뿔대의 겉넓이)

=(두 밑넓이의 합)+(옆넓이)

=(두 밑넓이의 합)+{(큰 부채꼴의 넓이)−(작은 부채꼴의 넓이)}

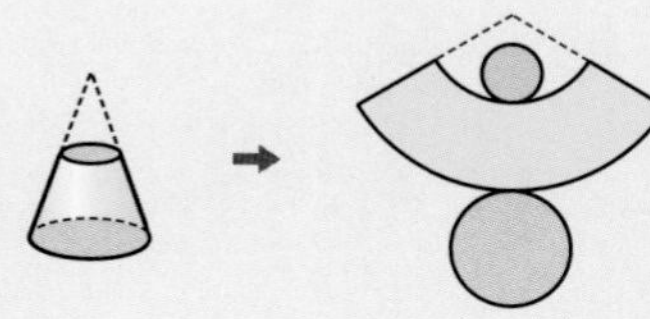

(2) 뿔대의 부피

(뿔대의 부피)=(큰 뿔의 부피)−(작은 뿔의 부피)

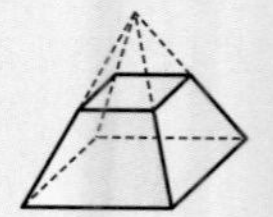

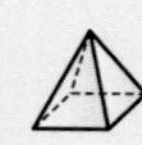

핵심예제 6 오른쪽 그림과 같은 원뿔대에 대하여 다음을 구하시오. [242003-0333]

(1) 두 밑넓이의 합

(2) 옆넓이

(3) 겉넓이

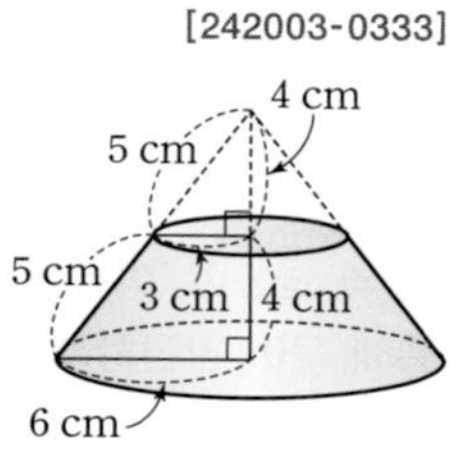

[242003-0334]

6-1 다음 그림과 같은 뿔대의 겉넓이를 구하시오. (단, (1)에서 옆면은 모두 합동이다.)

(1)

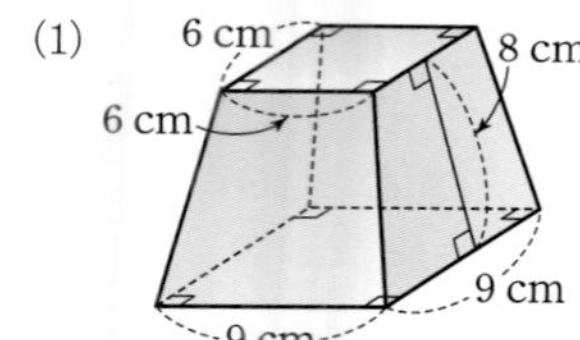

(2)

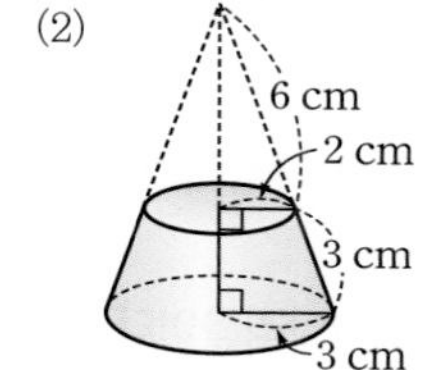

7 오른쪽 그림과 같은 각뿔대에 대하여 다음을 구하시오. [242003-0335]

(1) 큰 사각뿔의 부피

(2) 작은 사각뿔의 부피

(3) 사각뿔대의 부피

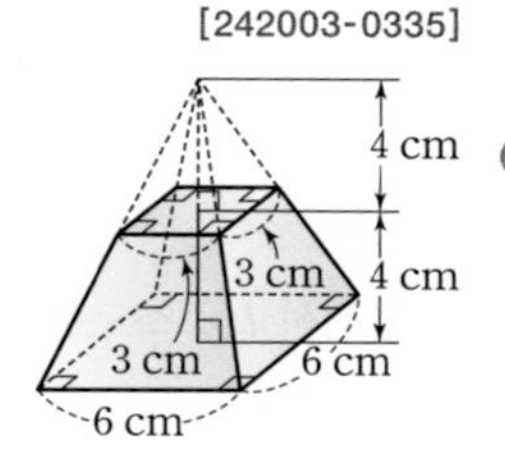

뿔대의 부피

(뿔대의 부피)

=(큰 뿔의 부피)

−(작은 뿔의 부피)

[242003-0336]

7-1 다음 그림과 같은 뿔대의 부피를 구하시오.

(1)

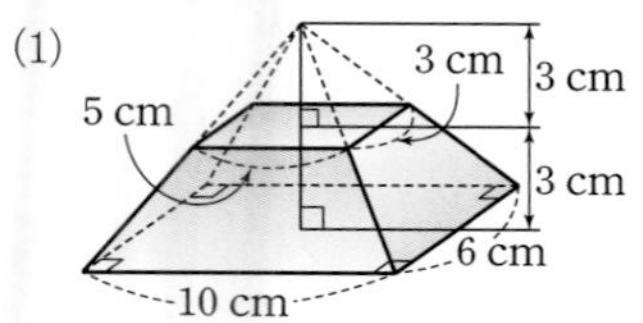

(2)

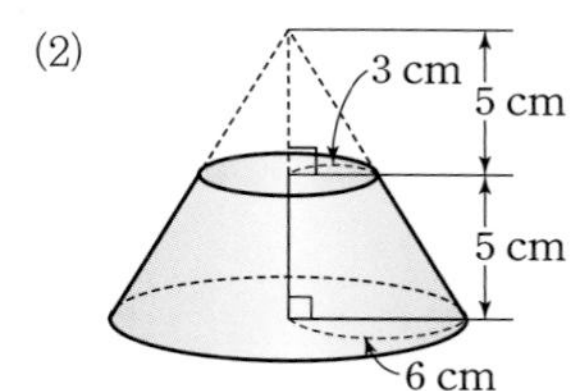

소단원 핵심문제

기둥과 뿔의 겉넓이

1 오른쪽 그림과 같은 입체도형의 겉넓이를 구하시오.
(단, 각뿔 부분의 옆면은 모두 합동이다.)

[242003-0337]

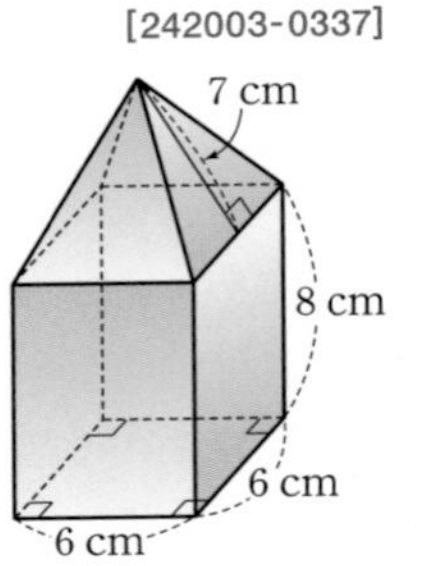

뿔의 겉넓이

기출 **2** 오른쪽 그림과 같은 원뿔의 겉넓이가 $36\pi\ \text{cm}^2$일 때, 이 원뿔의 모선의 길이는?

① 7 cm ② 8 cm ③ 8.5 cm
④ 9 cm ⑤ 10 cm

[242003-0338]

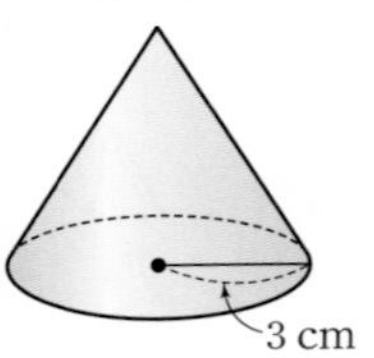

원뿔의 모선의 길이는 원뿔의 전개도에서 옆면의 반지름의 길이와 같다.

뿔대의 부피

3 오른쪽 그림과 같은 원뿔 모양의 물통이 있다. 이 물통에 1분에 $2.5\pi\ \text{cm}^3$씩 물을 채운다고 할 때, 이 물통에 물이 완전히 다 채워지는 데 몇 분이 걸리는지 시간을 구하시오.

[242003-0339]

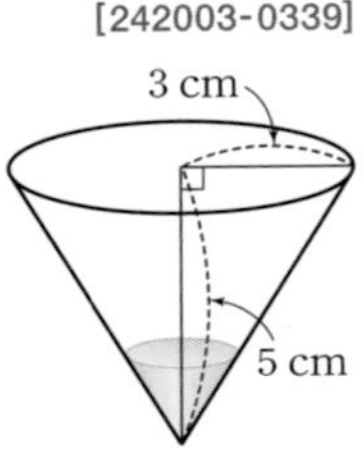

뿔대의 겉넓이

4 오른쪽 그림과 같은 사각뿔대의 겉넓이는 $189\ \text{cm}^2$이다. 이 사각뿔대의 옆면인 사다리꼴의 높이를 h cm라고 할 때, h의 값은?
(단, 옆면은 모두 합동인 사다리꼴이다.)

① 6 ② 7 ③ 8
④ 9 ⑤ 10

[242003-0340]

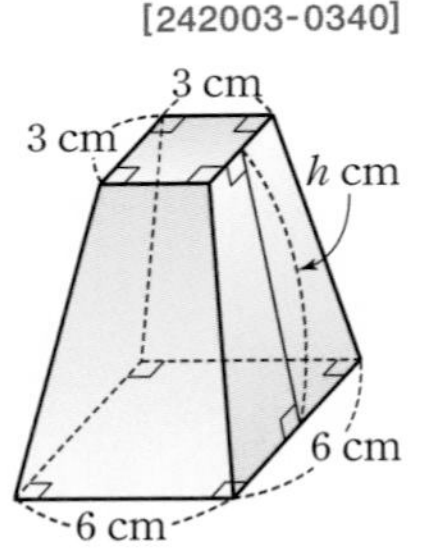

(뿔대의 겉넓이)
=(두 밑넓이의 합)+(옆넓이)

뿔대의 겉넓이와 부피

5 오른쪽 그림과 같은 사다리꼴을 직선 l을 축으로 하여 1회전 시킬 때 생기는 입체도형에 대하여 다음을 구하시오.

(1) 겉넓이
(2) 부피

[242003-0341]

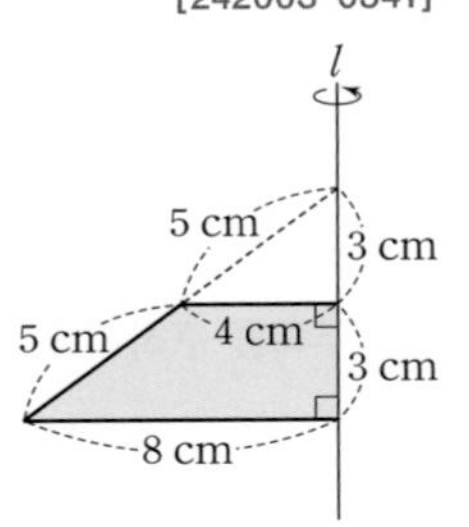

주어진 평면도형을 직선 l을 회전축으로 하여 1회전 시킬 때 생기는 회전체는 원뿔대이다.

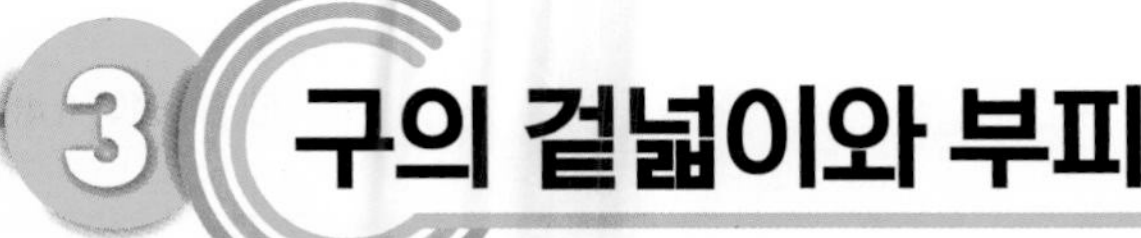

3 구의 겉넓이와 부피

정답과 풀이 ● 41쪽

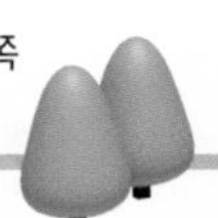

6 구의 겉넓이

반지름의 길이가 r인 구의 겉넓이 S는

$S=4\pi r^2$

참고 구는 전개도를 그릴 수 없으므로 다음과 같은 방법을 이용하여 겉넓이를 구할 수 있다.

방법 1 구의 겉면을 끈으로 감은 후, 끈을 풀어 평면 위에 원을 만들면 이 원의 반지름의 길이는 구의 반지름의 길이의 2배와 같다.

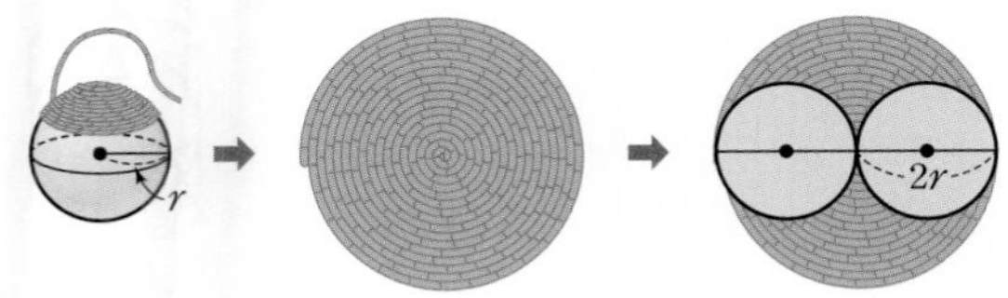

방법 2 구 모양의 오렌지 1개를 구의 중심을 지나도록 자른 후 4개의 원을 그리면 오렌지 껍질로 이 4개의 원을 채울 수 있다.
즉 구의 겉넓이는 반지름의 길이가 같은 원의 넓이의 4배이다.

[242003-0342]

핵심예제 8 다음 그림과 같은 구의 겉넓이를 구하시오.

(1)

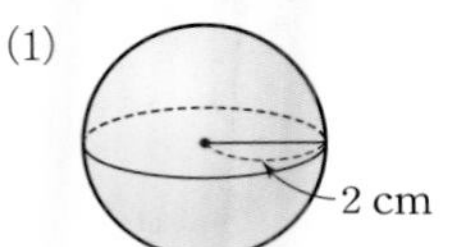

(2)

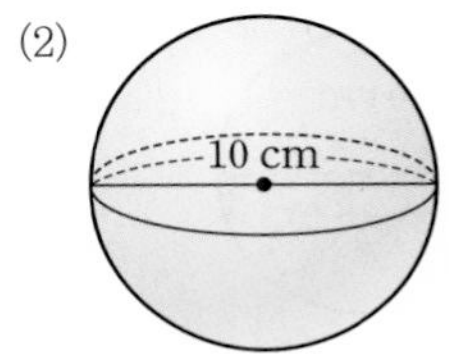

[242003-0343]

8-1 다음을 구하시오.

(1) 지름의 길이가 6 cm인 구의 겉넓이

(2) 겉넓이가 324π cm^{2}인 구의 반지름의 길이

[242003-0344]

핵심예제 9 오른쪽 그림과 같이 지름의 길이가 12 cm인 반구의 겉넓이를 구하시오.

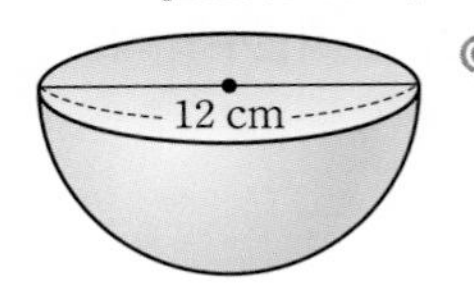

구의 일부분을 잘라 낸 입체도형의 겉넓이

(반구의 겉넓이)
$=$(구의 겉넓이)$\times\frac{1}{2}$
$+$(단면인 원의 넓이)

[242003-0345]

9-1 오른쪽 그림과 같이 반지름의 길이가 3 cm인 반구의 겉넓이를 구하시오.

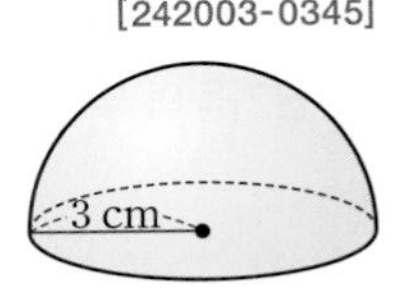

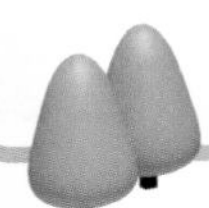

7 구의 부피

반지름의 길이가 r인 구의 부피 V는

$$V=\frac{2}{3}\times(\text{원기둥의 부피})=\frac{2}{3}\times\pi r^2\times 2r=\frac{4}{3}\pi r^3$$

참고 구가 꼭 맞게 들어가는 원기둥 모양의 그릇에 물을 가득 채우고 구를 물 속에 완전히 잠기도록 넣었다가 빼면 남아 있는 물의 높이는 원기둥의 높이의 $\frac{1}{3}$이다.

즉, 구의 부피는 원기둥의 부피의 $\frac{2}{3}$임을 알 수 있다.

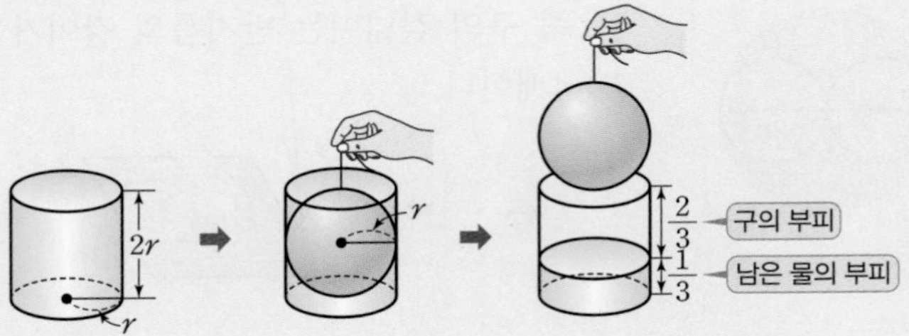

플러스 톡!

원기둥에 꼭 맞게 들어가는 원뿔과 구에 대하여

(원뿔의 부피) : (구의 부피) : (원기둥의 부피)

$=\frac{2}{3}\pi r^3 : \frac{4}{3}\pi r^3 : 2\pi r^3$

$=1:2:3$

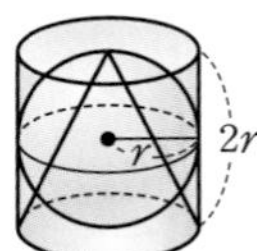

[242003-0346]

핵심예제 10 다음 그림과 같은 구의 부피를 구하시오.

(1)

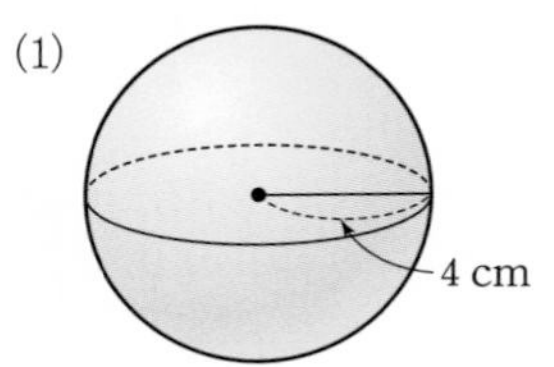

(2)

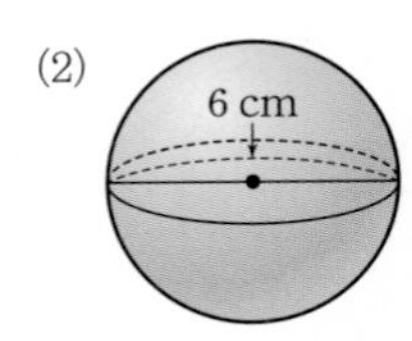

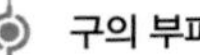

구의 부피
반지름의 길이가 r인 구의 부피
➡ $\frac{4}{3}\pi r^3$

[242003-0347]

10-1 오른쪽 그림과 같이 반지름의 길이가 3 cm인 반구의 부피를 구하시오.

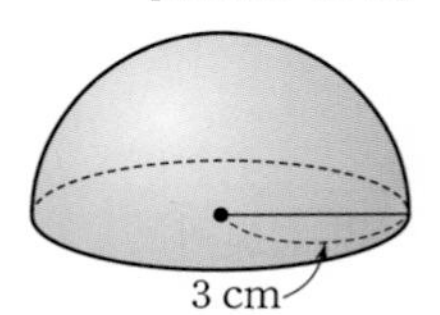

구의 일부분을 잘라 낸 입체도형의 부피
반지름의 길이가 r인 반구의 부피
➡ $\frac{4}{3}\pi r^3\times\frac{1}{2}=\frac{2}{3}\pi r^3$

[242003-0348]

핵심예제 11 오른쪽 그림과 같이 원기둥에 원뿔과 구가 꼭 맞게 들어 있다. 다음을 구하시오. (단, (4)는 가장 간단한 자연수의 비로 구한다.)

(1) 원뿔의 부피
(2) 구의 부피
(3) 원기둥의 부피
(4) (원뿔의 부피) : (구의 부피) : (원기둥의 부피)

6 cm
3 cm

[242003-0349]

11-1 오른쪽 그림과 같이 원기둥에 원뿔과 구가 꼭 맞게 들어 있을 때 (원뿔의 부피) : (구의 부피) : (원기둥의 부피)를 가장 간단한 자연수의 비로 구하시오.

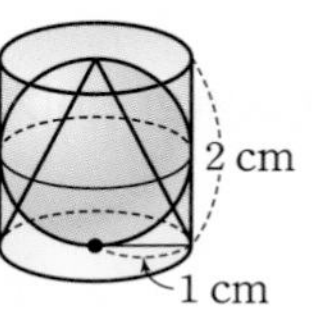

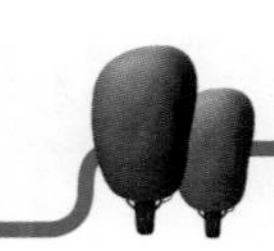

소단원 핵심문제

기출

구의 겉넓이 [242003-0350]

1 오른쪽 그림과 같은 입체도형의 겉넓이를 구하시오.

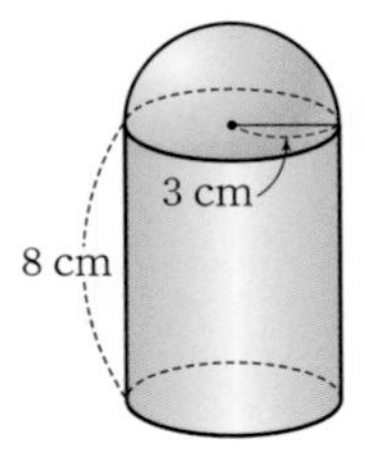

구의 겉넓이
반지름의 길이가 r인 구의 겉넓이
➡ $4\pi r^2$

구의 부피 [242003-0351]

2 오른쪽 그림은 반지름의 길이가 3 cm인 구를 8등분한 입체도형이다. 다음을 구하시오.

(1) 겉넓이
(2) 부피

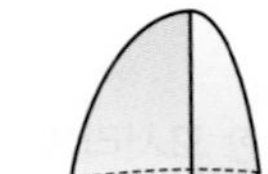

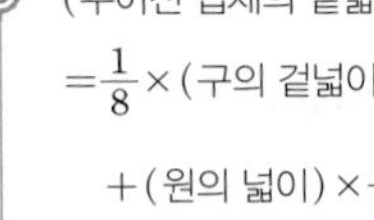

(주어진 입체의 겉넓이)
$=\frac{1}{8}\times$(구의 겉넓이)
$+$(원의 넓이)$\times\frac{3}{4}$

구의 겉넓이 [242003-0352]

3 구의 중심을 지나는 평면으로 자른 단면의 넓이가 25π cm^{2}일 때, 이 구의 겉넓이를 구하시오.

구의 부피 [242003-0353]

4 지름의 길이가 10 cm인 쇠구슬 하나를 녹여서 지름의 길이가 2 cm인 쇠구슬을 만든다면, 몇 개를 만들 수 있는지 구하시오.

원기둥에 꼭 맞게 들어 있는 원뿔과 구 [242003-0354]

5 오른쪽 그림과 같이 원기둥에 꼭 맞게 들어가는 원뿔과 구가 있다. 구의 부피가 36π cm^{3}일 때, 다음을 구하시오.

(1) 원뿔의 부피
(2) 원기둥의 부피

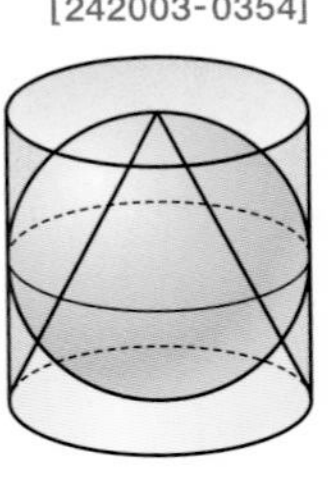

중단원 마무리 테스트

1

[242003-0355]

오른쪽 그림과 같은 직육면체의 겉넓이는?

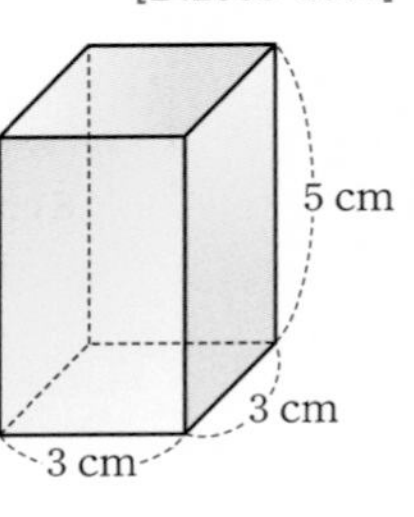

① 74 cm^2　② 78 cm^2　③ 82 cm^2　④ 86 cm^2　⑤ 90 cm^2

2

[242003-0356]

겉넓이가 150 cm^2인 정육면체의 한 모서리의 길이를 구하시오.

3

[242003-0357]

오른쪽 그림과 같이 밑면의 반지름의 길이가 6 cm, 높이가 25 cm인 원기둥 모양의 롤러에 페인트를 묻혀 한 바퀴 굴렸을 때, 페인트가 칠해진 부분의 넓이는?

① $240\pi\text{ cm}^2$　② $280\pi\text{ cm}^2$　③ $300\pi\text{ cm}^2$　④ $320\pi\text{ cm}^2$　⑤ $360\pi\text{ cm}^2$

4

[242003-0358]

오른쪽 그림은 정육면체에서 작은 직육면체를 잘라 내고 남은 입체도형이다. 이 입체도형의 겉넓이를 구하시오.

5

[242003-0359]

오른쪽 그림과 같은 사각형을 밑면으로 하는 사각기둥의 높이가 10 cm일 때, 이 사각기둥의 부피를 구하시오.

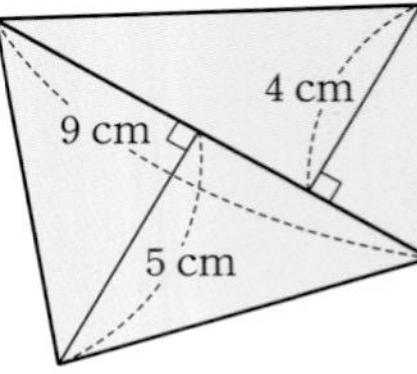

6 중요

[242003-0360]

오른쪽 그림과 같은 사각기둥의 부피가 140 cm^3일 때, 이 사각기둥의 높이는?

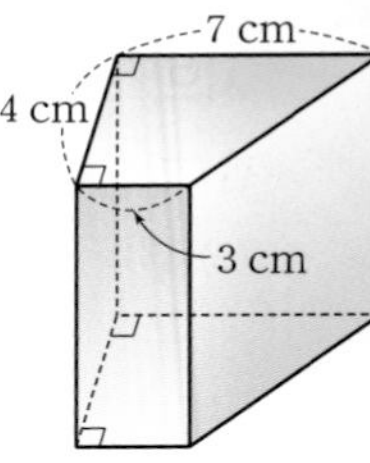

① 7 cm　② 7.5 cm　③ 8 cm　④ 8.5 cm　⑤ 9 cm

7

[242003-0361]

오른쪽 그림은 밑면의 반지름의 길이가 4 cm인 원기둥을 비스듬히 자른 것이다. 이 입체도형의 부피를 구하시오.

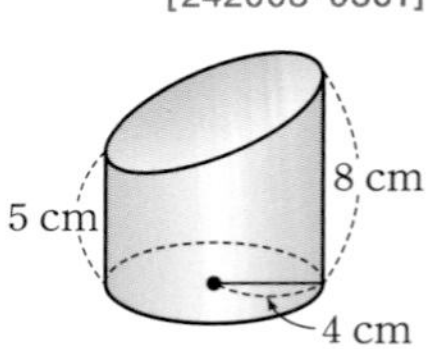

8

[242003-0362]

오른쪽 그림과 같은 입체도형의 부피를 구하시오.

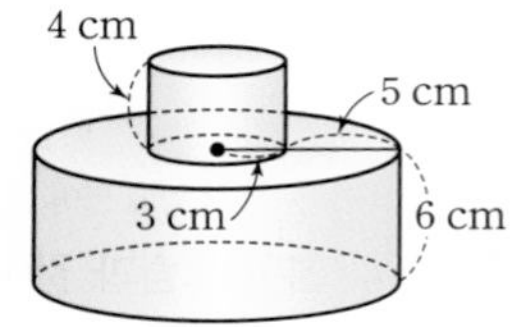

9

[242003-0363]

오른쪽 그림과 같은 직사각형을 직선 l을 회전축으로 하여 1회전 시킬 때 생기는 회전체의 부피를 구하시오.

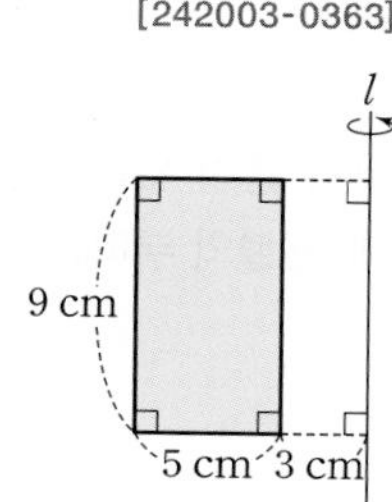

10

[242003-0364]

오른쪽 그림은 밑면이 정사각형이고 옆면이 모두 합동인 이등변삼각형으로 이루어진 사각뿔과 직육면체를 붙여서 만든 입체도형이다. 이 입체도형의 겉넓이는?

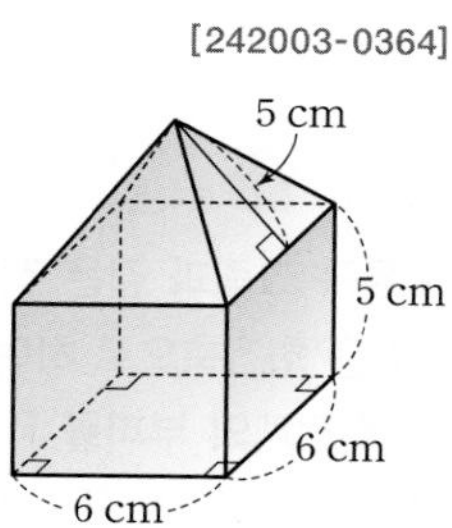

① 200 cm^2　② 208 cm^2
③ 216 cm^2　④ 224 cm^2
⑤ 232 cm^2

11

[242003-0365]

오른쪽 그림과 같은 사각뿔대의 겉넓이는? (단, 옆면은 모두 합동인 사다리꼴)

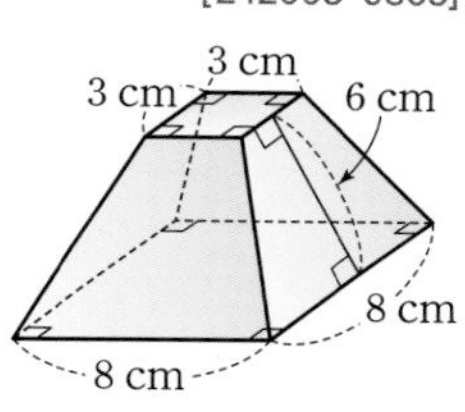

① 200 cm^2　② 205 cm^2
③ 210 cm^2　④ 215 cm^2
⑤ 220 cm^2

12

[242003-0366]

오른쪽 그림은 원뿔의 전개도이다. 옆면인 부채꼴의 중심각의 크기가 $120°$일 때, 이 원뿔의 겉넓이는?

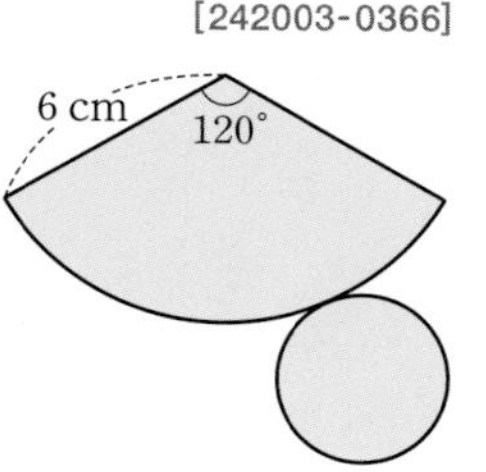

① $12\pi\text{ cm}^2$　② $16\pi\text{ cm}^2$
③ $18\pi\text{ cm}^2$　④ $20\pi\text{ cm}^2$
⑤ $24\pi\text{ cm}^2$

13 신유형

[242003-0367]

다음 그림과 같이 원뿔 모양의 그릇에 물을 가득 넣은 다음 원기둥 모양의 그릇에 부었을 때, 원기둥 모양의 그릇에 담긴 물의 높이는?

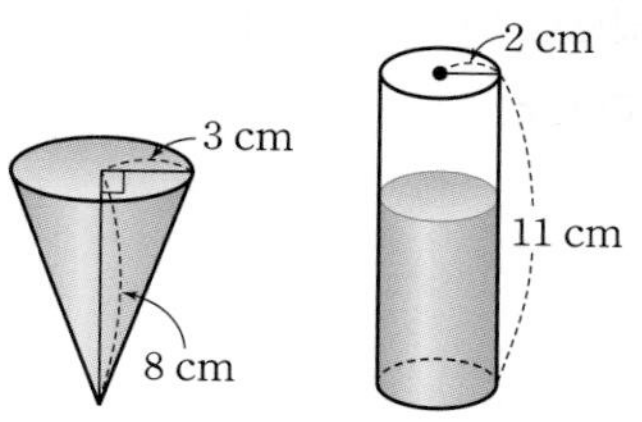

① 4 cm　② 5 cm　③ 6 cm
④ 7 cm　⑤ 8 cm

14

[242003-0368]

오른쪽 그림과 같이 한 모서리의 길이가 8 cm인 정육면체에서 각 면의 대각선의 교점을 꼭짓점으로 하는 정팔면체를 만들었다. 이 정팔면체의 부피를 구하시오.

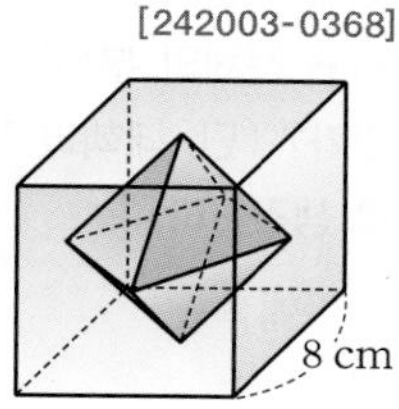

15

[242003-0369]

오른쪽 그림과 같은 원뿔대의 부피를 구하시오.

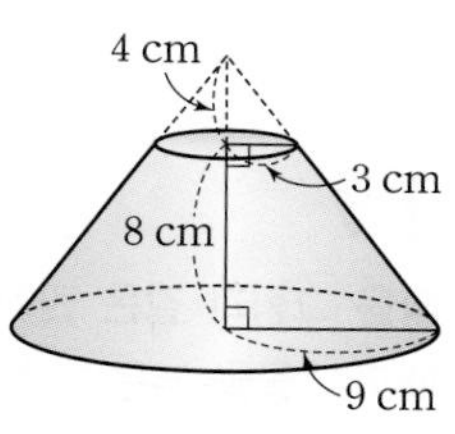

16 중요

[242003-0370]

부피가 $36\pi\text{ cm}^3$인 구의 겉넓이는?

① $28\pi\text{ cm}^2$　② $36\pi\text{ cm}^2$
③ $42\pi\text{ cm}^2$　④ $48\pi\text{ cm}^2$
⑤ $52\pi\text{ cm}^2$

17

[242003-0371]

지름의 길이가 7 cm인 구 모양의 야구공의 겉면은 오른쪽 그림과 같이 똑같이 생긴 두 조각으로 되어 있다. 한 조각의 넓이를 구하시오.

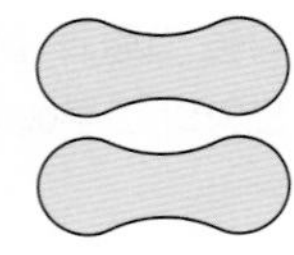

18 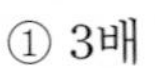

[242003-0372]

오른쪽 그림은 지구 내부를 축소한 모형이다. 내핵의 반지름의 길이를 2 cm, 지구 전체의 반지름의 길이를 10 cm라 할 때, 지구 전체의 부피는 내핵의 부피의 몇 배인가? (단, 내핵과 지구는 중심이 같은 구로 생각한다.)

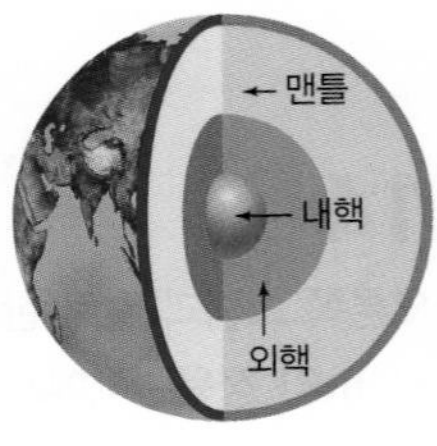

① 3배 ② 5배 ③ 9배
④ 25배 ⑤ 125배

19

[242003-0373]

다음 그림과 같은 원기둥 모양의 그릇에 물의 높이가 10 cm가 될 때까지 물을 부은 후 부피를 알 수 없는 공을 물에 넣었더니 공이 물에 완전히 잠기었고 물의 높이는 19 cm가 되었다. 이 공의 반지름의 길이를 구하시오.

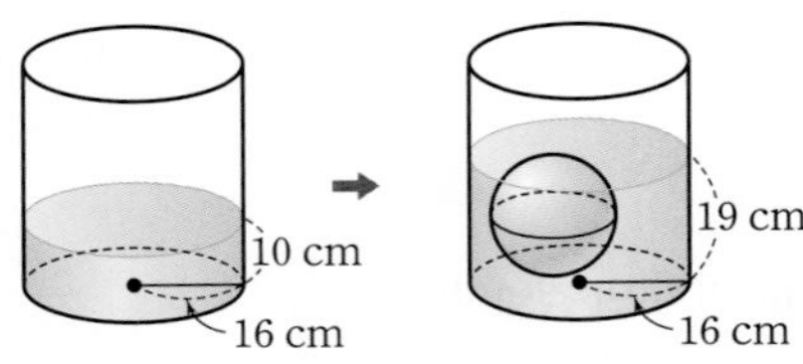

20

[242003-0374]

오른쪽 그림과 같이 원기둥 안에 구와 원뿔이 꼭 맞게 들어 있다. 원기둥의 부피가 16π cm^3일 때, 원뿔의 부피와 구의 부피를 각각 구하시오.

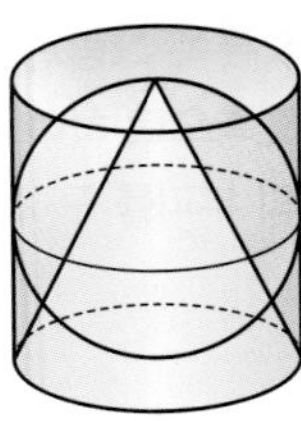

21 고득점

[242003-0375]

오른쪽 그림과 같은 직각삼각형 ABC를 변 AC를 회전축으로 하여 1회전 시킬 때 생기는 회전체의 부피를 V cm^3, 변 BC를 회전축으로 하여 1회전 시킬 때 생기는 회전체의 부피를 v cm^3라고 할 때, $V : v$를 가장 간단한 자연수의 비로 구하면?

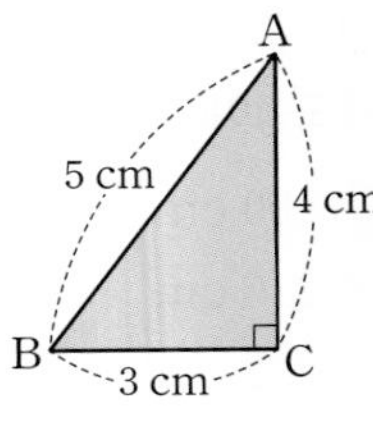

① 1 : 2 ② 2 : 3
③ 3 : 4 ④ 3 : 2
⑤ 4 : 3

22 고득점

[242003-0376]

오른쪽 그림과 같이 부피가 162π cm^3인 원기둥 안에 둘레가 꼭 맞는 구슬 3개가 들어가서 두 밑면에 접하였다. 이때 구슬 주위의 빈 공간의 부피를 구하시오.

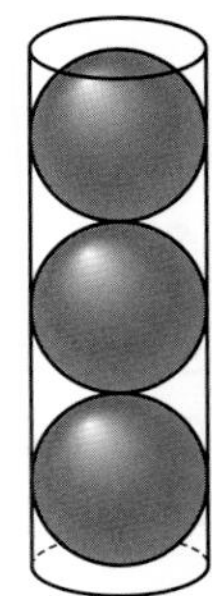

기출 서술형

23 풀이를 서술하는 문제 [242003-0377]

오른쪽 그림과 같은 입체도형의 겉넓이를 구하시오.
(단, 풀이 과정을 자세히 쓰시오.)

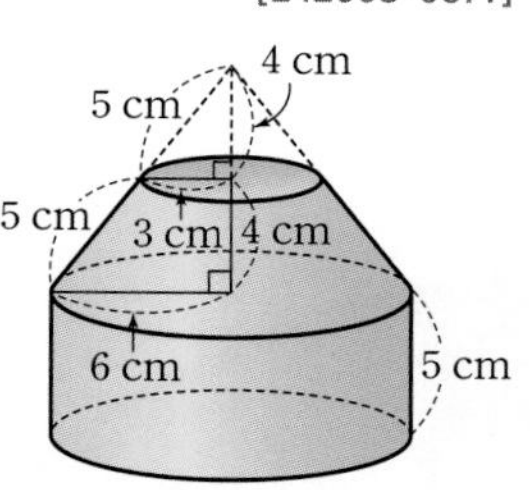

풀이 과정

답 |

24 유사문제 [242003-0378]

오른쪽 그림과 같은 입체도형의 겉넓이를 구하시오. (단, 풀이 과정을 자세히 쓰시오.)

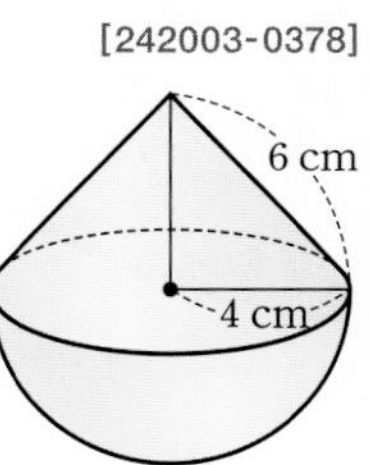

풀이 과정

답 |

25 이유를 설명하는 문제 [242003-0379]

다음은 진희가 원뿔의 부피에 대해 이야기한 것이다. 이 말이 옳은지 옳지 않은지 말하고, 이유를 설명하시오.
(단, 풀이 과정을 자세히 쓰시오.)

진희: 원뿔의 높이를 2배로 늘리면 원뿔의 부피도 2배가 돼.

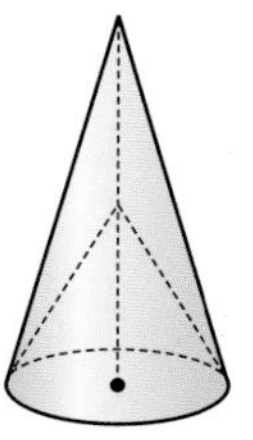

풀이 과정

답 |

26 유사문제 [242003-0380]

다음은 진희가 원뿔의 부피에 대해 이야기한 것이다. 이 말이 옳은지 옳지 않은지 말하고, 이유를 설명하시오.
(단, 풀이 과정을 자세히 쓰시오.)

진희: 원뿔의 밑면의 반지름의 길이를 2배로 늘리면 원뿔의 부피도 2배가 돼.

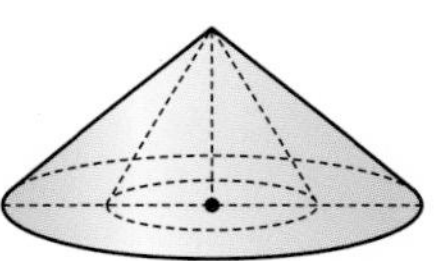

풀이 과정

답 |

7

자료의 정리와 해석

배운 내용

이 단원의 내용

배울 내용

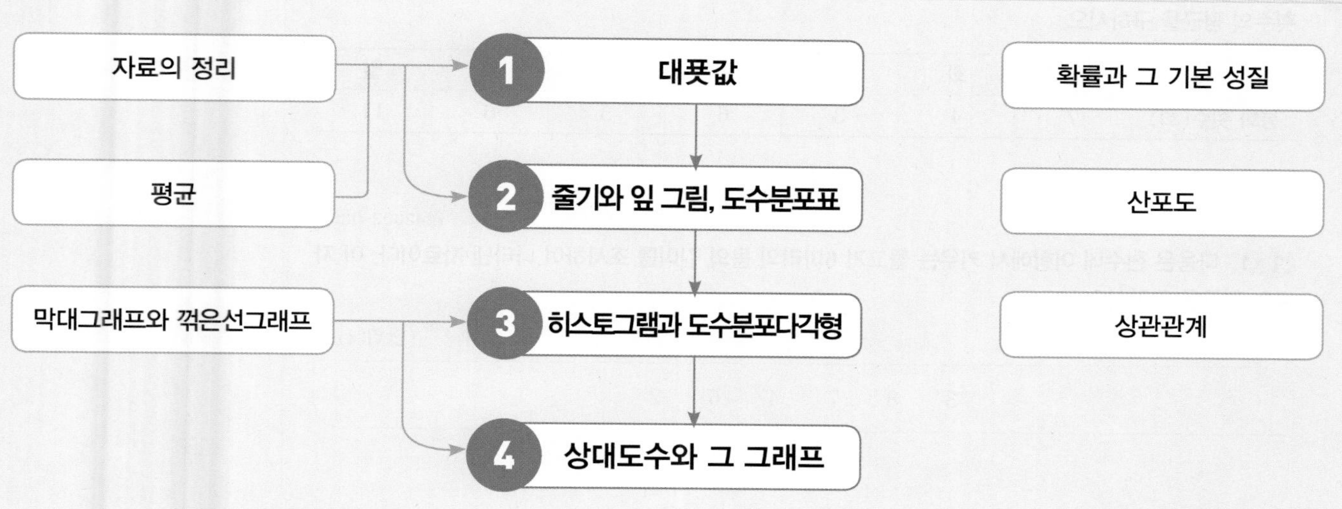

1 대푯값

① 대푯값

(1) **변량** : 나이, 키, 성적 등의 자료를 수량으로 나타낸 것

(2) **대푯값** : 자료 전체의 중심 경향이나 특징을 대표적으로 나타내는 값

참고 대푯값에는 평균, 중앙값, 최빈값 등이 있다.

용어 톡!

변량(變 변하다, 量 등급) : 변하는 양

② 평균

평균 : 변량의 총합을 변량의 개수로 나눈 값

➡ $(\text{평균})=\dfrac{(\text{변량의 총합})}{(\text{변량의 개수})}$

예 11, 12, 13, 14, 15의 평균

➡ $(\text{평균})=\dfrac{11+12+13+14+15}{5}=\dfrac{65}{5}=13$

참고 일반적으로 평균이 대푯값으로 가장 많이 사용되지만 자료의 값 중에서 극단적인 값, 즉 매우 크거나 매우 작은 값이 있는 경우에는 평균이 대푯값으로 적절하지 않다.

[242003-0381]

핵심예제 **1** 다음은 진희가 일주일간 친구들과 통화한 횟수를 조사하여 나타낸 표이다. 진희가 일주일 동안 통화한 횟수의 평균을 구하시오.

요일	월	화	수	목	금	토	일
통화 횟수(회)	7	4	3	6	5	6	11

[242003-0382]

1-1 다음은 현수네 어항에서 키우는 물고기 6마리의 몸의 길이를 조사하여 나타낸 자료이다. 이 자료의 평균을 구하시오.

(단위: cm)

3 8 7 4 6 2

[242003-0383]

핵심예제 **2** 다음은 준우네 모둠 학생 6명의 일주일 동안의 컴퓨터 사용 시간을 조사하여 나타낸 자료이다. 컴퓨터 사용 시간의 평균이 6시간일 때, x의 값을 구하시오.

(단위: 시간)

4 6 8 x 5 7

평균이 주어질 때, 변량 구하기

$(\text{평균})=\dfrac{(\text{변량의 총합})}{(\text{변량의 개수})}$임을 이용하여 식을 세운다.

[242003-0384]

2-1 다음은 윤희네 모둠 학생 4명의 키를 조사하여 나타낸 자료이다. 학생 4명의 키의 평균이 163 cm일 때, 윤희의 키를 구하시오.

민정 : 162 cm　　예서 : 154 cm
윤희 : ?　　민영 : 173 cm

정답과 풀이 ● 44쪽

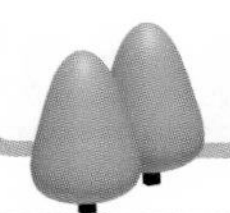

3 중앙값

(1) **중앙값**: 자료의 변량을 작은 값부터 크기순으로 나열할 때, 한가운데 위치하는 값

(2) 중앙값은 자료의 변량을 작은 값부터 크기순으로 나열할 때

① 변량의 개수가 홀수이면 ➡ 한가운데 위치하는 값

② 변량의 개수가 짝수이면 ➡ 한가운데 위치하는 두 값의 평균

예 ① 4, 3, 7, 6, 1 $\xrightarrow{\text{크기순으로 나열}}$ 1, 3, 4, 6, 7 ➡ (중앙값)=4

② 5, 9, 2, 8, 9, 6 $\xrightarrow{\text{크기순으로 나열}}$ 2, 5, 6, 8, 9, 9 ➡ (중앙값)$=\frac{6+8}{2}=7$

플러스 톡!

중앙값은 자료를 작은 값부터 크기순으로 나열하였을 때, 자료의 개수 n이

- 홀수 ➡ $\frac{n+1}{2}$번째 자료의 값
- 짝수 ➡ $\frac{n}{2}$번째와 $\left(\frac{n}{2}+1\right)$번째 자료의 값의 평균

4 최빈값

(1) **최빈값**: 자료의 변량 중에서 가장 많이 나타난 값

(2) 자료에서 변량의 개수가 가장 큰 값이 한 개 이상 있으면 그 값이 모두 최빈값이다.

예 ① 3, 4, 6, 6, 5, 4, 6, 7 ➡ 6이 가장 많으므로 ➡ (최빈값)=6

② 1, 4, 3, 3, 9, 6, 1, 8, 7 ➡ 1과 3이 가장 많으므로 ➡ (최빈값)=1, 3

참고 ① 일반적으로 자료에 매우 크거나 매우 작은 값이 있는 경우에는 중앙값이, 수로 나타낼 수 없는 자료나 변량의 개수가 많고 변량에 같은 값이 많은 자료는 최빈값이 대푯값으로 유용하다.

② 최빈값은 자료에 따라 2개 이상일 수도 있다.

용어 톡!

중앙(中 가운데, 央 가운데): 자료의 변량을 크기순으로 나열할 때, 한가운데 있는 값

최빈(最 가장, 頻 자주): 가장 자주 나타나는 자료의 값

[242003-0385]

핵심예제 **3** 다음은 학생 6명이 제기차기를 한 횟수를 조사하여 나타낸 자료이다. 이 자료의 중앙값을 구하시오.

(단위: 회)

1　8　6　3　13　21

중앙값
① 자료를 작은 값부터 크기순으로 나열한다.
② 자료의 개수가
- 홀수 ➡ 한가운데 위치하는 값
- 짝수 ➡ 한가운데 위치하는 두 값의 평균

[242003-0386]

3-1 다음 자료 중 중앙값이 가장 큰 것을 고르시오.

ㄱ. 1, 2, 3, 4, 5　　ㄴ. 2, 3, 6, 7, 7, 7
ㄷ. 2, 4, 6, 8, 10, 11　　ㄹ. 1, 3, 5, 7, 9, 10

[242003-0387]

핵심예제 **4** 다음은 상우네 반 학생 8명의 신발 크기를 조사하여 나타낸 자료이다. 이 자료의 최빈값을 구하시오.

(단위: mm)

260　270　265　255　265　260　275　265

최빈값
변량 중에서 가장 많이 나타난 값을 찾는다.

[242003-0388]

4-1 다음은 동주네 반 학생 28명의 혈액형을 조사하여 나타낸 표이다. 이 자료의 최빈값을 구하시오.

혈액형	A형	B형	O형	AB형
학생 수(명)	9	6	8	5

소단원 핵심문제

정답과 풀이 ● 45쪽

평균이 주어질 때 변량 구하기 [242003-0389]

1 (기출) 어떤 자료의 변량을 작은 값부터 순서대로 나열하면 1, 4, 6, 8, x이다. 이 자료의 평균과 중앙값이 같을 때, x의 값은?

① 8　② 9　③ 10　④ 11　⑤ 12

$(\text{평균}) = \dfrac{(\text{변량의 총합})}{(\text{변량의 개수})}$

중앙값이 주어질 때 변량 구하기 [242003-0390]

2 6개의 변량 a, 9, 14, 13, 10, 18의 중앙값이 12일 때, a의 값을 구하시오.

변량을 작은 값부터 크기순으로 나열했을 때 한가운데 있는 값을 중앙값이라고 한다.

중앙값과 최빈값 [242003-0391]

3 오른쪽은 학생 21명을 대상으로 1학기 동안 봉사 활동 횟수를 조사하여 나타낸 꺾은선그래프이다. 봉사 활동 횟수의 중앙값을 a회, 최빈값을 b회라고 할 때, $a+b$의 값을 구하시오.

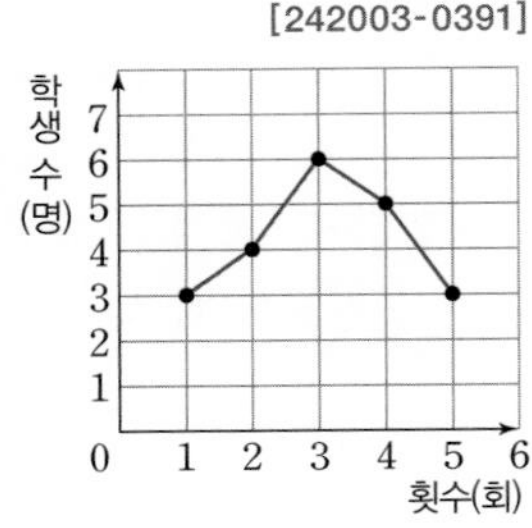

평균, 중앙값과 최빈값 [242003-0392]

4 다음 자료 중에서 평균보다 중앙값이 자료의 중심적인 경향을 더 잘 나타내는 것은?

① 1, 2, 2, 4, 6, 7, 7, 8, 9
② 5, 10, 10, 20, 27, 33, 37, 40
③ 0.3, 0.2, 1.3, 0.8, 0.4, 0.6, 1.1
④ 4, 5, 8, 3, 52, 8, 7
⑤ −1, −4, 2, 1, −2, 0, 3, 2

자료에 극단적인 값이 있을 때는 평균보다 중앙값이 대푯값으로 더 적절하다.

중앙값과 최빈값 [242003-0393]

5 다음은 학생 8명의 일주일 동안 TV 시청 시간을 조사하여 나타낸 자료이다. 이 자료의 평균이 8시간이라고 할 때, 중앙값과 최빈값을 구하시오.

(단위: 시간)

5	7	12	x	8	4	11	9

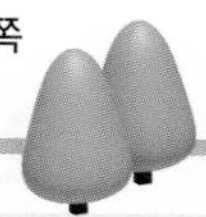

2 줄기와 잎 그림, 도수분포표

5 줄기와 잎 그림

(1) **줄기와 잎 그림**: 줄기와 잎을 이용하여 자료를 나타낸 그림

(2) 줄기와 잎 그림을 그리는 방법

① 변량을 줄기와 잎으로 나눈다. (변량이 두 자리 수일 때, 줄기는 십의 자리의 숫자, 잎은 일의 자리의 숫자로 정한다.)

② 세로선을 긋고 세로선의 왼쪽에 줄기를 작은 수부터 차례로 세로로 쓴다.

③ 세로선의 오른쪽에 각 줄기에 해당하는 잎을 작은 수부터 차례로 가로로 쓴다.

④ 그림의 오른쪽 위에 '줄기|잎'을 설명한다.

참고 ① 줄기는 중복되는 수를 한 번만 쓰고, 잎은 중복되는 수를 모두 쓴다.
② 잎을 작은 수부터 순서대로 쓰면 자료를 분석할 때 편리하다.

주의 줄기와 잎 그림은 각 자료의 정확한 값과 자료의 분포 상태를 쉽게 알 수 있지만 자료의 개수가 많을 때는 잎을 모두 나열하기가 힘들다.

[자료]

(단위: 회)

21	23	45	32
40	34	37	23
39	46	38	26

변량 ↓

[줄기와 잎 그림]

세로선 (2|1은 21회)

줄기	잎
2	1 3 3 6
3	2 4 7 8 9
4	0 5 6

십의 자리의 숫자 일의 자리의 숫자

용어 톡!

변량: 자료를 수량으로 나타낸 값

[242003-0394]

핵심예제 5 **다음은 현우네 반 학생 20명의 수학 점수를 조사하여 나타낸 것이다. 물음에 답하시오.**

(단위: 점)

54	58	91	65	85	69	85	74	98	78
78	79	83	66	86	87	70	62	95	77

(1) 오른쪽 줄기와 잎 그림을 완성하시오.

(2) 줄기를 모두 구하시오.

(3) 잎이 가장 많은 줄기를 구하시오.

(4) 수학 점수가 가장 높은 학생의 수학 점수를 구하시오.

(5) 수학 점수가 낮은 쪽에서 5번째인 학생의 수학 점수를 구하시오.

(5|4는 54점)

줄기	잎
5	4

줄기와 잎 그림
줄기와 잎을 이용하여 자료를 나타낸 그림
➡ 변량이 두 자리 수일 때,
① 줄기: 십의 자리의 숫자
② 잎: 일의 자리의 숫자

[242003-0395]

5-1 오른쪽은 프로야구 선수들의 홈런 개수를 조사하여 나타낸 줄기와 잎 그림이다. 다음 물음에 답하시오.

(1) 조사한 전체 선수의 수를 구하시오.

(2) 잎이 가장 많은 줄기를 구하시오.

(3) 줄기가 4인 잎을 모두 구하시오.

(4) 홈런 개수가 많은 쪽에서 4번째인 선수의 홈런의 개수를 구하시오.

(1|5는 15개)

줄기	잎
1	5 6 7 7 7 8 8 9 9
2	0 0 0 1 2 3 4 6
3	0 0 1 1 1 2
4	0 1
5	1

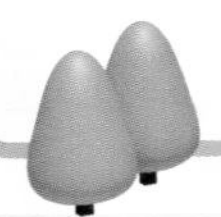

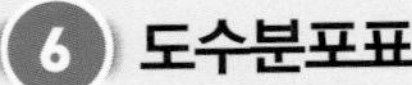

6 도수분포표

(1) **계급**: 변량을 일정한 간격으로 나눈 구간

① **계급의 크기**: 변량을 나눈 구간의 너비, 즉 계급의 양 끝 값의 차

└ a 이상 b 미만인 계급에서 (계급의 크기)$=b-a$

② **계급의 개수**: 변량을 나눈 구간의 수

③ **계급값**: 계급을 대표하는 값으로 각 계급의 양 끝 값의 중앙의 값

참고 $(\text{계급값})=\dfrac{(\text{계급의 양 끝 값의 합})}{2}$

(2) **도수**: 각 계급에 속하는 자료의 수

(3) **도수분포표**: 자료를 몇 개의 계급으로 나누고 각 계급의 도수를 나타낸 표

주의 계급, 계급의 크기, 계급값, 도수는 단위를 포함하여 쓴다.

(4) **도수분포표를 만드는 방법**

① 변량 중에서 가장 작은 변량과 가장 큰 변량을 찾는다.

② ①의 두 변량이 포함되는 구간을 일정한 간격으로 나누어 계급을 정한다.

③ 각 계급에 속하는 변량의 개수를 세어 계급의 도수를 구한다.

참고 ① 계급의 개수는 보통 5~15개로 한다.

② 변량의 개수를 셀 때는 𝍸 또는 正을 사용하면 편리하다.

[자료]

(단위: 회)

15	22	37	26
12	36	18	30
36	23	39	14

⬇

[도수분포표]

계급(회)	도수(명)	
$10^{이상}$ ~ $20^{미만}$	////	4
20 ~ 30	///	3
30 ~ 40	𝍸	5
합계		12

계급 (왼쪽 세 행), 12 — 도수의 총합

용어 톡!

계급(階 나누다, 級 등급): 등급(구간)을 나눔

도수(度 횟수, 數 수): 횟수를 기록한 수

[242003-0396]

핵심예제 6 **다음은 한 상자에 들어 있는 귤 20개의 무게를 조사하여 나타낸 것이다. 물음에 답하시오.**

(단위: g)

45	36	48	56	51	68	37	52	59	44
33	43	57	63	57	68	50	37	41	56

(1) 오른쪽 도수분포표를 완성하시오.

(2) 계급의 크기를 구하시오.

(3) 도수가 가장 큰 계급을 구하시오.

(4) 무게가 50 g 미만인 귤의 개수를 구하시오.

무게(g)	도수(개)
$30^{이상}$ ~ $40^{미만}$	
40 ~ 50	
50 ~ 60	
60 ~ 70	
합계	

도수분포표
자료를 각 계급과 그 계급의 도수로 나타낸 표

[242003-0397]

6-1 **오른쪽은 한 달 동안 우리나라 도시의 월 평균 미세 먼지 농도를 조사하여 만든 도수분포표이다. 다음을 구하시오.**

(1) 계급의 개수

(2) A의 값

(3) 미세 먼지 농도가 80 $\mu g/m^3$ 이상인 도시의 개수

(4) 미세 먼지 농도가 62 $\mu g/m^3$인 도시가 속한 계급의 도수

미세먼지 농도($\mu g/m^3$)	도수(개)
$40^{이상}$ ~ $50^{미만}$	1
50 ~ 60	8
60 ~ 70	5
70 ~ 80	11
80 ~ 90	A
90 ~ 100	2
합계	30

$\mu g/m^3$
국제적으로 통용되는 미세먼지 측정 또는 농도 단위로 '마이크로 그램 퍼 세제곱 미터'라고 읽는다.

소단원 핵심문제

줄기와 잎 그림 [242003-0398]

1 **오른쪽은 어느 합창단 단원의 나이를 조사하여 나타낸 줄기와 잎 그림이다. 나이가 적은 쪽에서 10번째인 합창단원의 나이를 구하시오.**

(2|5는 25세)

줄기	잎
2	5 5 7 9
3	0 3 6 8 9
4	0 1 2 3 5 8 9
5	1 1 2 6

줄기와 잎 그림
줄기와 잎을 이용하여 자료를 나타낸 그림
➡ 변량이 두 자리 수일 때,
① 줄기: 십의 자리의 숫자
② 잎: 일의 자리의 숫자

줄기와 잎 그림 [242003-0399]

기출 **2** **오른쪽은 진희네 반 학생들의 하루 동안 SNS 이용 시간을 조사하여 나타낸 줄기와 잎 그림이다. 다음 중 옳은 것은?**

(1|0은 10분)

줄기	잎
1	0 5 6
2	1 6 7 8
3	2 3 5 6 7 8
4	0 0 3 4 5
5	1 3 5 6 7 9 9

① 줄기가 3인 잎은 7개이다.
② 잎이 가장 적은 줄기는 2이다.
③ 진희네 반 전체 학생 수는 24이다.
④ 하루 동안 SNS 사용 시간이 30분 미만인 학생은 모두 7명이다.
⑤ 하루 동안 SNS 사용 시간이 많은 쪽에서 5번째인 학생의 SNS 사용 시간은 56분이다.

도수분포표 [242003-0400]

3 **오른쪽은 어느 중학생들의 수학 중간 고사 점수를 조사하여 만든 도수분포표이다. 계급의 크기를 a점, 점수가 80점 이상 90점 미만인 계급의 도수는 b명, 점수가 70점 미만인 학생 수를 c명이라고 할 때, $a+b+c$의 값을 구하시오.**

점수(점)	도수(명)
50이상 ~ 60미만	8
60 ~ 70	11
70 ~ 80	25
80 ~ 90	13
90 ~ 100	3
합계	60

도수분포표에서 특정 계급의 백분율 [242003-0401]

4 **오른쪽은 어느 중학생들의 몸무게를 조사하여 만든 도수분포표이다. 이 도수분포표에 대한 다음 설명 중 옳지 <u>않은</u> 것은?**

몸무게(kg)	도수(명)
35이상 ~ 40미만	5
40 ~ 45	13
45 ~ 50	
50 ~ 55	7
55 ~ 60	7
합계	50

① 계급의 크기는 5 kg이다.
② 계급의 개수는 5이다.
③ 조사한 전체 학생은 50명이다.
④ 45 kg 이상 50 kg 미만인 계급의 학생은 전체의 40 %이다.
⑤ 몸무게가 무거운 쪽에서 6번째인 학생이 속하는 계급은 55 kg 이상 60 kg 미만이다.

(각 계급의 백분율)
$=\frac{(\text{그 계급의 도수})}{(\text{도수의 총합})}\times 100\ (\%)$

3 히스토그램과 도수분포다각형

7 히스토그램

(1) **히스토그램**: 도수분포표의 각 계급의 크기를 가로로, 도수를 세로로 하는 직사각형 모양으로 나타낸 그래프

(히스토그램 ─ 역사(history)와 그림(diagram)의 합성어이다.)

참고 히스토그램을 그릴 때 직사각형의 가로의 길이는 모두 같게 그리고, 직사각형은 서로 붙여 그린다.

[히스토그램]

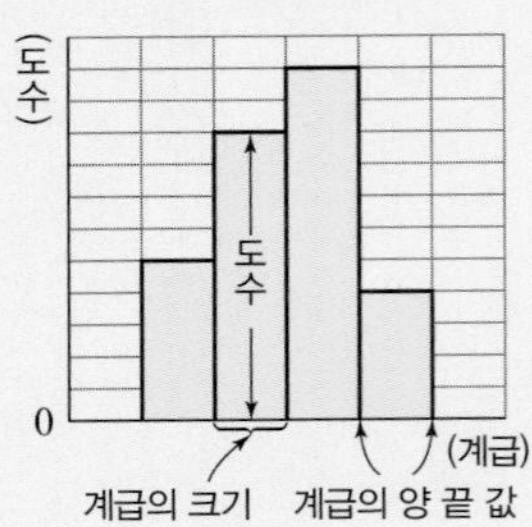

(2) 히스토그램의 특징

① 자료의 분포 상태를 한눈에 알아볼 수 있다.

② 각 직사각형의 넓이는 각 계급의 도수에 정비례한다.

③ (직사각형의 넓이의 합)

$=\{(\text{각 계급의 크기})\times(\text{그 계급의 도수})\}$의 총합

$=(\text{계급의 크기})\times(\text{도수의 총합})$

플러스 톡!

[히스토그램을 그리는 방법]

① 가로축에 각 계급의 양 끝 값을 차례로 표시한다.

② 세로축에 도수를 차례로 표시한다.

③ 각 계급의 크기를 가로로 하고 도수를 세로로 하는 직사각형을 차례로 그린다.

[242003-0402]

핵심예제 7 **오른쪽은 윤희네 반 학생들의 영어 말하기 대회 점수를 조사하여 나타낸 히스토그램이다. 다음을 구하시오.**

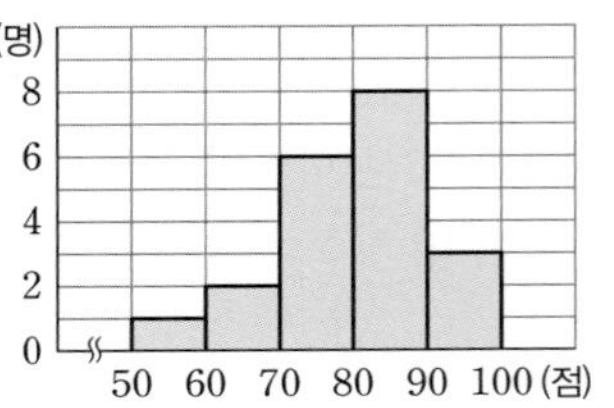

(1) 계급의 크기

(2) 계급의 개수

(3) 점수가 80점 이상 90점 미만인 학생 수

(4) 점수가 낮은 쪽에서 4번째인 학생이 속하는 계급의 도수

히스토그램
도수분포표의 각 계급의 크기를 가로로, 도수를 세로로 하는 직사각형 모양으로 나타낸 그래프

[242003-0403]

7-1 **오른쪽은 민건이네 반 학생들의 체질량 지수(BMI)를 조사하여 나타낸 히스토그램이다. 다음을 구하시오.**

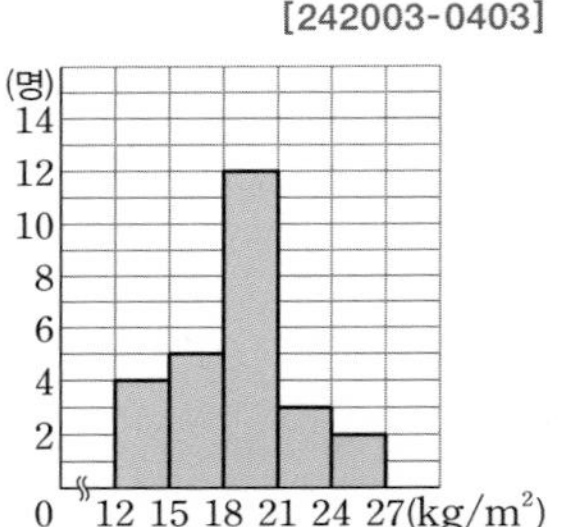

(1) 민건이네 반 전체 학생 수

(2) 도수가 가장 큰 계급의 도수

(3) 체질량 지수가 22 kg/m^2인 학생이 속한 계급의 도수

[242003-0404]

7-2 **오른쪽은 은진이네 학교 사물놀이 동아리 부원 전체를 대상으로 지난 주말 동안의 사물 놀이 연습 시간을 조사하여 나타낸 히스토그램이다. 다음을 구하시오.**

(1) 계급의 크기

(2) 전체 동아리 부원의 수

(3) 직사각형의 넓이의 합

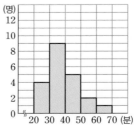

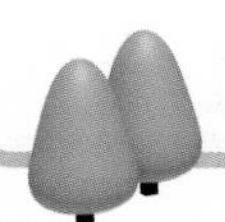

8 도수분포다각형

(1) **도수분포다각형**: 히스토그램에서 각 직사각형의 윗변의 중앙의 점과 그래프의 양 끝에 도수가 0인 계급이 하나씩 있는 것으로 생각하여 그 중앙의 점을 선분으로 연결하여 그린 그래프

참고 ① 도수분포다각형에서 계급의 개수를 셀 때 양 끝에 도수가 0인 계급은 세지 않는다.
② 도수분포다각형은 히스토그램을 그리지 않고 도수분포표에서 바로 그릴 수도 있다.

[도수분포다각형]

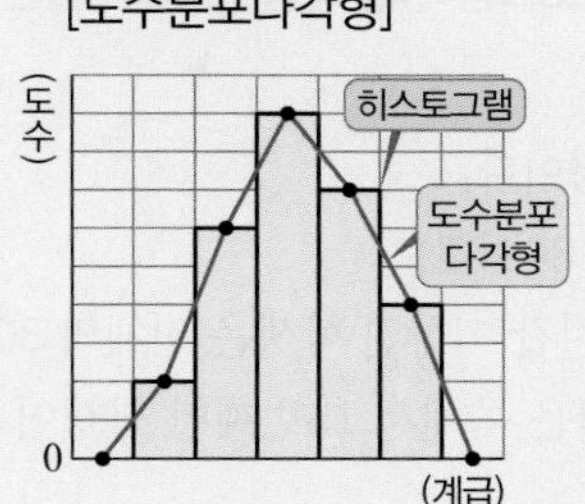

플러스 톡!

[도수분포다각형을 그리는 방법]
① 히스토그램에서 각 직사각형의 윗변의 중앙에 점을 찍는다.
② 히스토그램의 양 끝에 도수가 0인 계급이 있는 것으로 생각하고 그 중앙에 점을 찍는다.
③ ①, ②에서 찍은 점을 선분으로 연결한다.

(2) 도수분포다각형의 특징
① 자료의 분포 상태를 연속적으로 알아볼 수 있다.
② (도수분포다각형과 가로축으로 둘러싸인 부분의 넓이)=(히스토그램의 각 직사각형의 넓이의 합)

참고

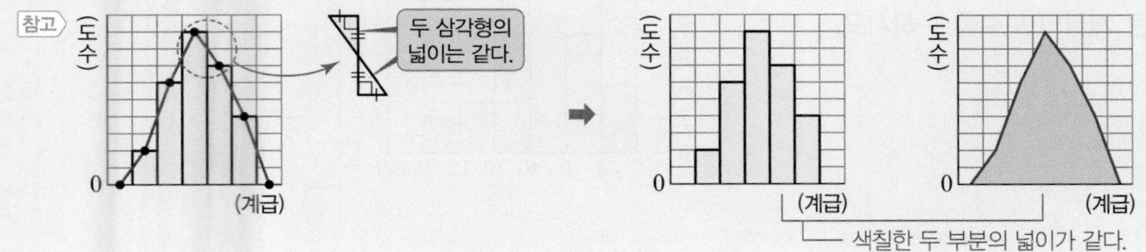

[242003-0405]

핵심예제 8 **오른쪽은 어느 방송사에서 프로그램의 시청률을 조사하여 나타낸 도수분포다각형이다. 다음을 구하시오.**

(1) 계급의 크기
(2) 계급의 개수
(3) 시청률이 9 % 미만인 프로그램의 개수
(4) 시청률이 11 %인 프로그램이 속하는 계급

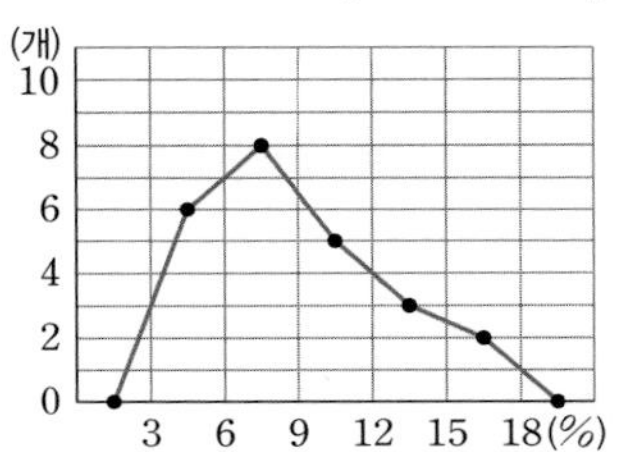

도수분포다각형
히스토그램에서 각 직사각형의 윗변의 중앙의 점과 양 끝에 도수가 0인 계급이 하나씩 있는 것으로 생각하여 그 중앙의 점을 선분으로 연결하여 그린 그래프

[242003-0406]

8-1 **오른쪽은 어느 식당의 손님을 대상으로 기다린 시간을 조사하여 나타낸 도수분포다각형이다. 다음을 구하시오.**

(1) 도수가 가장 큰 계급
(2) 기다린 시간이 30분 이상인 손님의 수
(3) 기다린 시간이 23분인 손님이 속한 계급의 도수

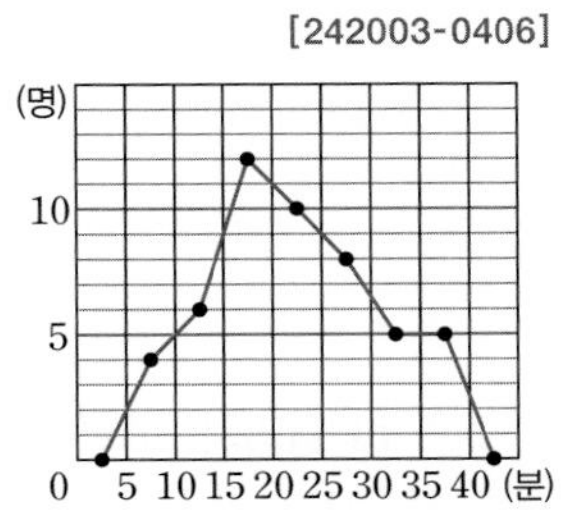

[242003-0407]

8-2 **오른쪽은 여름 방학 동안 도서반 학생들의 독서 시간을 조사하여 나타낸 도수분포다각형이다. 다음 물음에 답하시오.**

(1) 도수가 가장 큰 계급
(2) 독서 시간이 20시간 이상 25시간 미만인 학생 수
(3) 독서 시간이 15시간 미만인 학생의 비율

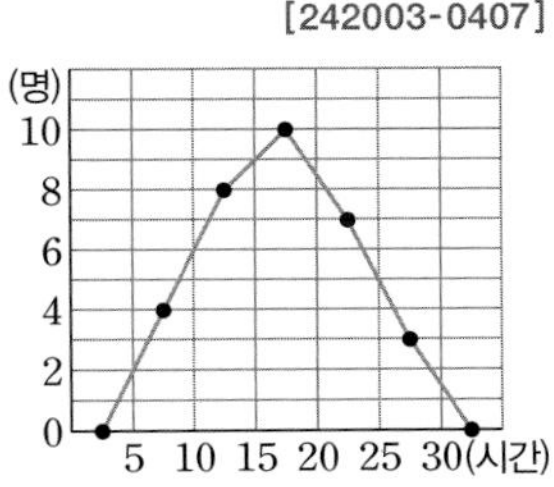

소단원 핵심문제

히스토그램 [242003-0408]

1 **오른쪽은 어느 중학생들을 대상으로 일주일 동안 스마트폰을 사용한 시간을 조사하여 나타낸 히스토그램이다. 다음 중 옳지 않은 것은?**

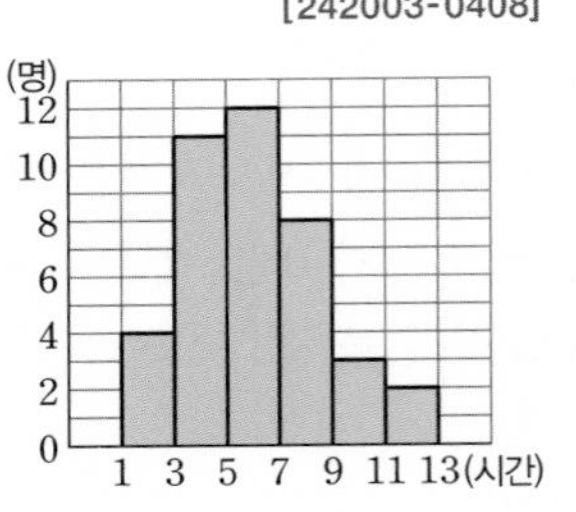

① 계급의 개수는 6이다.
② 조사한 전체 학생은 40명이다.
③ 직사각형의 넓이의 합은 80이다.
④ 스마트폰 사용 시간이 7시간 이상인 학생은 전체의 30%이다.
⑤ 스마트폰 사용 시간이 적은 쪽에서 15번째인 학생이 속한 계급의 도수는 11명이다.

(직사각형의 넓이의 합)
=(계급의 크기)×(도수의 총합)

히스토그램 [242003-0409]

기출 **2** **오른쪽은 어느 헬스클럽 회원들의 1분 동안의 턱걸이 횟수를 조사하여 나타낸 히스토그램이다. 기록이 4회 이상 6회 미만인 회원이 전체의 20 %일 때, 도수가 가장 큰 계급의 도수를 구하시오.**

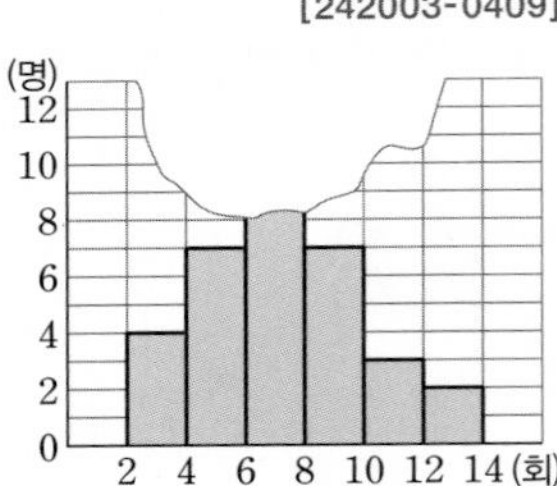

도수분포다각형 [242003-0410]

3 **오른쪽은 어느 반 학생들의 키를 조사하여 나타낸 도수분포다각형이다. 다음 중 옳은 것은?**

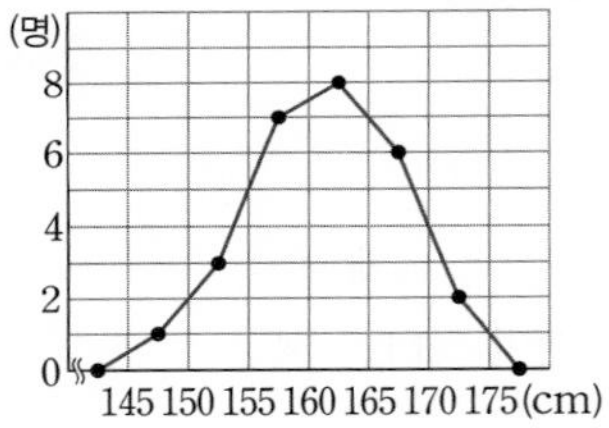

① 계급의 개수는 8이다.
② 계급의 크기는 2 cm이다.
③ 전체 학생의 수는 30이다.
④ 도수가 6명인 계급은 160 cm 이상 165 cm 미만이다.
⑤ 키가 5번째로 큰 학생이 속한 계급은 165 cm 이상 170 cm 미만이다.

도수분포다각형 [242003-0411]

4 **오른쪽은 어느 육상 선수들의 200 m 달리기 기록을 조사하여 나타낸 도수분포다각형이다. 기록이 빠른 상위 20 % 이내에 속하는 선수들의 기록은 적어도 몇 초 미만인지 구하시오.**

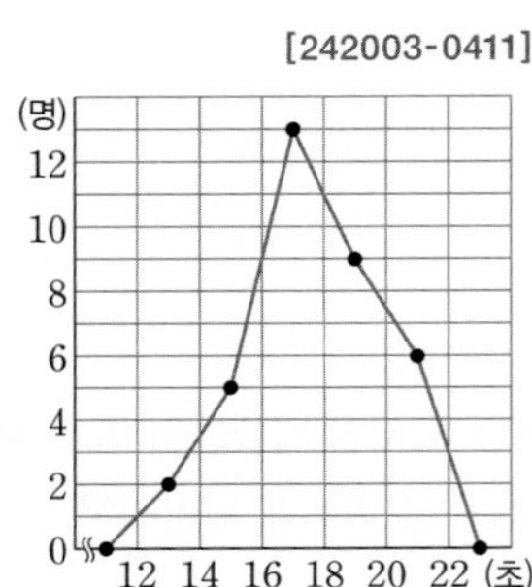

4 상대도수와 그 그래프

정답과 풀이 ● 47쪽

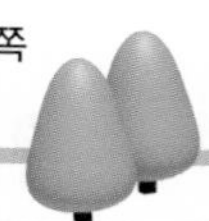

9 상대도수

(1) **상대도수**: 도수의 총합에 대한 그 계급의 도수의 비율

$$(\text{어떤 계급의 상대도수})=\frac{(\text{그 계급의 도수})}{(\text{도수의 총합})}$$

참고 ① (어떤 계급의 도수)=(그 계급의 상대도수)×(도수의 총합)

② $(\text{도수의 총합})=\frac{(\text{그 계급의 도수})}{(\text{어떤 계급의 상대도수})}$

(2) **상대도수의 분포표**: 각 계급의 상대도수를 나타낸 표

(3) **상대도수의 특징**

① 상대도수의 총합은 항상 1이고, 각 계급의 상대도수는 0 이상 1 이하이다.

② 각 계급의 상대도수는 그 계급의 도수에 정비례한다.

③ 도수의 총합이 다른 두 집단의 분포 상태를 비교할 때 상대도수를 비교하는 것이 편리하다.

참고 상대도수에 100을 곱하면 전체에서 그 도수가 차지하는 백분율(%)이 된다.

[상대도수의 분포표]

점수(점)	도수(명)	상대도수
60이상 ~ 70미만	2	$\frac{2}{10}=0.2$
70 ~ 80	4	$\frac{4}{10}=0.4$
80 ~ 90	3	$\frac{3}{10}=0.3$
90 ~ 100	1	$\frac{1}{10}=0.1$
합계	10	1

용어 톡!

상대도수(相 서로, 對 대하다, 度 횟수, 數 수): 전체에 대한 상대적인 크기를 나타낸 도수

핵심예제 **9** 오른쪽은 어느 병원에서 외래 환자 50명의 대기 시간을 조사하여 나타낸 상대도수의 분포표이다. 다음을 구하시오.

(1) A, B, C의 값

(2) 상대도수가 가장 큰 계급

[242003-0412]

시간(분)	도수(명)	상대도수
10이상 ~ 20미만	7	0.14
20 ~ 30	10	A
30 ~ 40	B	0.4
40 ~ 50	13	0.26
합계	50	C

상대도수의 분포표
각 계급의 상대도수를 나타낸 표

9-1 오른쪽은 직장인 80명의 직업 만족도를 조사하여 나타낸 상대도수의 분포표이다. 다음을 구하시오.

(1) A, B, C의 값

(2) 도수가 가장 큰 계급

[242003-0413]

만족도(점)	도수(명)	상대도수
30이상 ~ 40미만	4	0.05
40 ~ 50		0.1
50 ~ 60	20	A
60 ~ 70	B	0.45
70 ~ 80	12	0.15
합계		C

9-2 오른쪽은 어느 중학생들의 주말 동안 OTT 시청 시간을 조사하여 나타낸 상대도수의 분포표이다. 다음을 구하시오.

(1) A, B, C, D, E의 값

(2) OTT 시청 시간이 6시간 이상인 학생의 백분율

[242003-0414]

시청 시간(시간)	도수(명)	상대도수
0이상 ~ 2미만	3	0.075
2 ~ 4	6	C
4 ~ 6	A	0.475
6 ~ 8	8	D
8 ~ 10	4	0.1
합계	B	E

10 상대도수의 분포를 나타낸 그래프

(1) 상대도수의 분포를 나타낸 그래프 : 상대도수의 분포표를 히스토그램이나 도수분포다각형 모양으로 나타낸 그래프

(2) 상대도수의 분포를 나타낸 그래프를 그리는 방법

① 가로축에 각 계급의 양 끝 값을 차례로 표시한다.

② 세로축에 상대도수를 차례로 표시한다.

③ 히스토그램이나 도수분포다각형과 같은 방법으로 그린다.

참고 ① 상대도수의 분포를 나타낸 그래프는 일반적으로 도수분포다각형 모양으로 나타낸다.

② 상대도수의 총합은 항상 1이므로 상대도수의 분포를 나타낸 그래프와 가로축으로 둘러싸인 부분의 넓이는 계급의 크기와 같다.

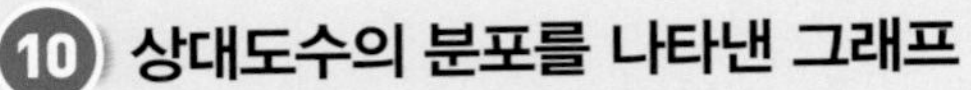

[상대도수의 분포를 나타낸 그래프]

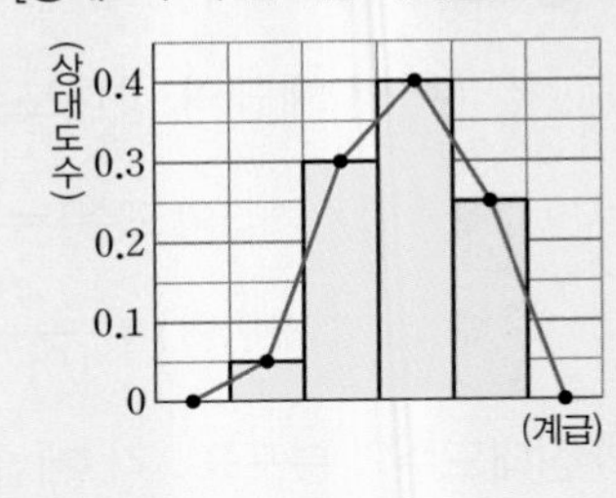

[242003-0415]

핵심예제 10 오른쪽은 세경이네 반 학생 40명의 일주일 동안의 휴대 전화 통화 시간에 대한 상대도수의 분포를 나타낸 그래프이다. 다음을 구하시오.

(1) 도수가 가장 큰 계급의 상대도수

(2) 상대도수가 가장 작은 계급의 도수

(3) 통화 시간이 5분 이상 15분 미만인 학생 수

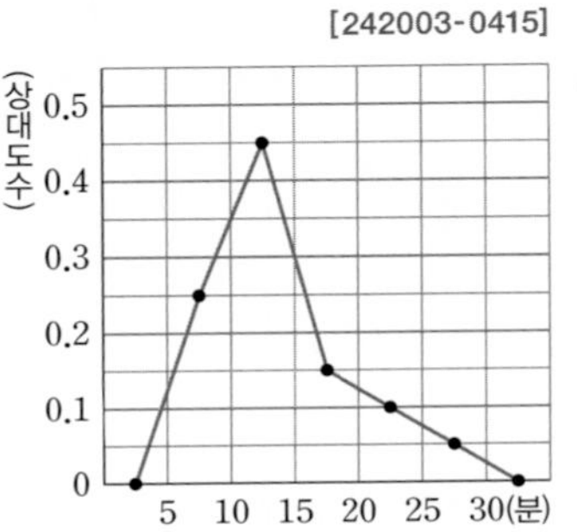

상대도수의 분포를 나타낸 그래프
상대도수의 분포표를 히스토그램이나 도수분포다각형 모양으로 나타낸 그래프

[242003-0416]

10-1 오른쪽은 윤희네 중학교 1학년 학생 80명의 방학 기간 동안의 봉사 활동 시간에 대한 상대도수의 분포를 나타낸 그래프이다. 다음을 구하시오.

(1) 상대도수가 가장 큰 계급

(2) 봉사 시간이 5시간인 학생이 속한 계급의 상대도수

(3) 봉사 시간이 8시간 이상인 학생 수

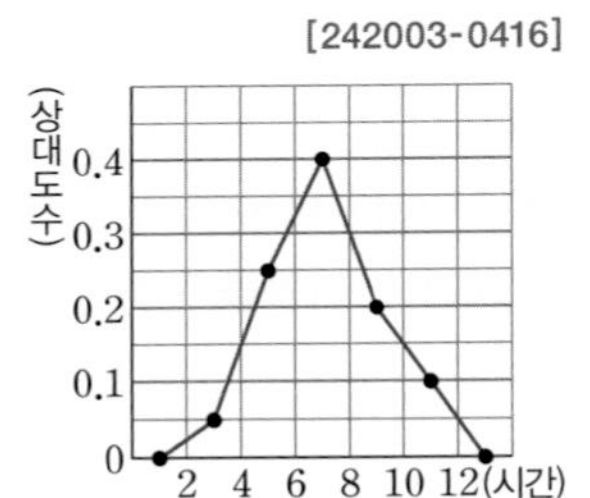

[242003-0417]

10-2 오른쪽은 어느 중학생들의 가슴둘레 길이에 대한 상대도수의 분포를 나타낸 그래프이다. 상대도수가 가장 큰 계급의 도수가 16명일 때, 다음을 구하시오.

(1) 전체 학생 수

(2) 상대도수가 가장 작은 계급의 도수

(3) 가슴둘레 길이가 80 cm 이상 90 cm 미만인 학생 수

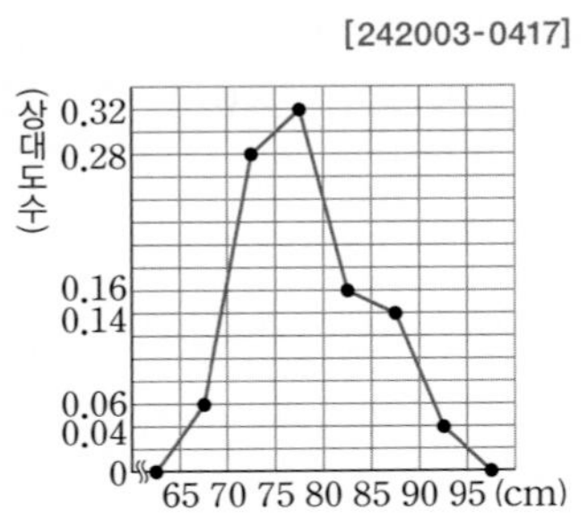

소단원 핵심문제

상대도수 [242003-0418]

1 어떤 자료에서 상대도수가 0.2일 때의 도수가 10이다. 이 자료에서 상대도수가 0.3일 때의 도수를 구하시오.

(어떤 계급의 도수)
=(그 계급의 상대도수)
×(도수의 총합)

상대도수의 분포표 [242003-0419]

2 오른쪽은 어느 중학교 1학년 학생들이 주말 동안 읽은 책의 쪽수를 조사하여 나타낸 상대도수의 분포표이다. $A+B$의 값은?

① 8 ② 10
③ 14 ④ 16
⑤ 20

읽은 책의 쪽수(쪽)	도수(명)	상대도수
0이상 ~ 10미만	2	0.05
10 ~ 20	A	0.1
20 ~ 30	8	
30 ~ 40	B	0.3
40 ~ 50	10	0.25
50 ~ 60	4	
합계		

일부가 보이지 않는 상대도수의 분포를 나타낸 그래프 [242003-0420]

3 오른쪽은 어느 마을 주민들이 작년 한 해동안 마을 도서관에서 빌린 책의 권수를 조사하여 나타낸 상대도수의 분포를 나타낸 그래프인데 일부가 찢어져 보이지 않는다. 빌린 책이 20권 이상 30권 미만인 주민이 12명일 때, 빌린 책이 40권 이상인 주민은 몇 명인지 구하시오.

상대도수의 총합은 항상 1이다.

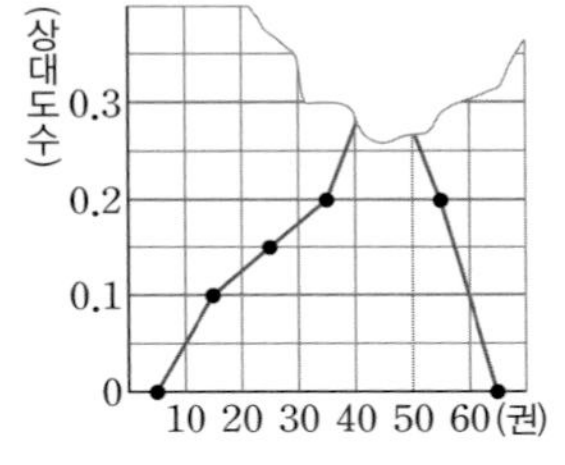

도수의 총합이 다른 두 집단의 비교 [242003-0421]

4 오른쪽은 A 도시와 B 도시에 사는 시민들을 대상으로 일주일 동안 대중 교통 이용 시간을 조사하여 나타낸 상대도수의 분포를 나타낸 그래프이다. 다음 물음에 답하시오.

(1) A 도시에서 대중 교통 이용 시간이 4시간 미만인 시민은 A 도시 전체 시민의 몇 %인지 구하시오.
(2) B 도시의 대중 교통 이용 시간이 6시간 이상인 시민이 4명일 때, 조사한 B 도시의 시민의 수를 구하시오.
(3) 대중 교통 이용 시간이 상대적으로 더 많은 도시를 구하시오.

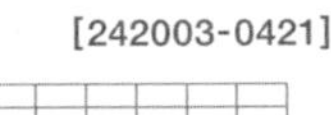
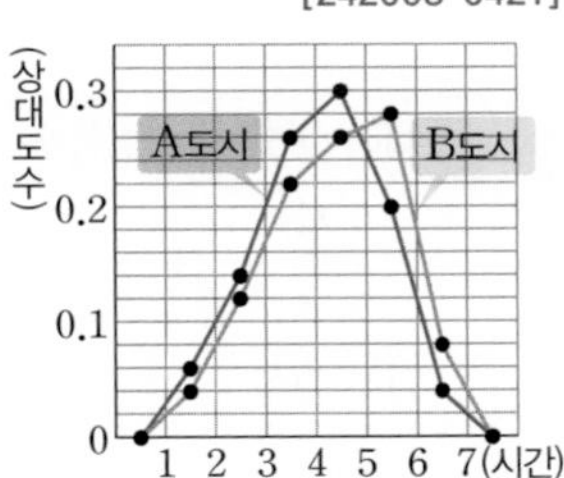

중단원 마무리 테스트

1 [242003-0422]

승윤이의 4회에 걸친 영어 시험 점수가 75점, 82점, 86점, 90점이었다. 5회까지의 평균이 86점이 되려면 5회의 시험에서 몇 점을 받아야 하는지 구하시오.

2 [242003-0423]

다음 자료 중 중앙값이 가장 작은 것은?

① 14, 7, 3, 9, 5
② 1, 10, 8, 6, 4, 9
③ 21, 9, 4, 2, 7, 14
④ 14, 2, 24, 1, 8, 17
⑤ 9, 4, 7, 5, 3, 8, 6

3 [242003-0424]

다음 자료는 학생 8명이 1분 동안 실시한 턱걸이 개수를 조사하여 나타낸 것이다. 자료의 평균이 15개일 때, 중앙값을 구하시오.

(단위: 개)

13	16	20	15
x	8	19	12

4 [242003-0425]

오른쪽은 진희네 반 학생들의 취미 생활을 조사하여 나타낸 표이다. 이 자료의 최빈값은?

취미 생활	학생 수(명)
독서	7
농구	8
영화 감상	6
컴퓨터 게임	5
보드 게임	3

① 독서
② 농구
③ 영화 감상
④ 컴퓨터 게임
⑤ 보드 게임

5 [242003-0426]

다음 자료는 학생 7명의 일주일 동안의 자기주도적 학습 시간을 조사하여 나타낸 것이다. 자기주도적 학습 시간의 평균과 최빈값이 서로 같을 때, x의 값을 구하시오.

(단위: 시간)

9 8 11 x 8 6 8

6 중요 [242003-0427]

다음 자료의 최빈값이 90일 때, 중앙값을 구하시오.

85 90 80 85 90 x 95 80

7 [242003-0428]

아래는 주영이네 반 학생들의 몸무게를 조사하여 나타낸 줄기와 잎 그림이다. 다음 중 옳지 않은 것은?

(3|2는 32 kg)

줄기	잎
3	2 3 5 7 7 8 9
4	0 2 2 3 3 5 6 7 8
5	1 6 8 8 9
6	4 6 6 7

① 잎이 가장 적은 줄기는 6이다.
② 주영이네 반의 전체 학생 수는 25이다.
③ 몸무게가 50 kg 미만인 학생은 전체의 65 %이다.
④ 몸무게가 가장 큰 학생과 가장 작은 학생의 차는 35 kg이다.
⑤ 주영이의 몸무게가 38 kg일 때, 주영이는 반에서 몸무게가 적은 쪽에서 6번째이다.

8 [242003-0429]

아래는 어느 중학교 1반과 2반 학생들의 통학 시간을 조사하여 나타낸 줄기와 잎 그림이다. 다음 물음에 답하시오.

(0|5는 5분)

잎(1반)	줄기	잎(2반)
7 5	0	6 8 9
6 6 5 3 2	1	0 1 4 5 5 7
7 5 4 4 3 1 0	2	2 5 6 8
1	3	0 3

(1) 통학 시간이 가장 긴 학생은 어느 반 학생인지 말하시오.
(2) 조사한 학생 중에서 통학 시간이 짧은 쪽에서 10번째인 학생의 통학 시간을 구하시오.

9

[242003-0430]

오른쪽은 누리네 반 학생 30명의 역사 점수를 조사하여 나타낸 도수분포표이다. 다음 중 옳지 <u>않은</u> 것은?

점수(점)	도수(명)
50이상 ~ 60미만	1
60 ~ 70	A
70 ~ 80	11
80 ~ 90	6
90 ~ 100	3
합계	30

① A의 값은 8이다.
② 계급의 개수는 5이다.
③ 역사 점수가 74점인 학생이 속하는 계급의 도수는 11명이다.
④ 도수가 가장 작은 계급은 50점 이상 60점 미만이다.
⑤ 역사 점수가 80점 이상인 학생은 전체의 30 %이다.

10

[242003-0431]

오른쪽은 지난 한 달 동안 윤희의 SNS 방문자 수를 조사하여 나타낸 도수분포표이다. 방문자가 10명 이상 15명 미만인 날이 전체의 40 %일 때, A의 값을 구하시오.

방문자(명)	도수(일)
0이상 ~ 5미만	4
5 ~ 10	5
10 ~ 15	
15 ~ 20	6
25 ~ 30	A
합계	30

11

[242003-0432]

오른쪽은 어느 음식점에서 저녁 시간대별 손님 수를 조사하여 나타낸 히스토그램이다. 도수가 가장 큰 계급의 도수는 도수가 가장 작은 계급의 도수의 몇 배인가?

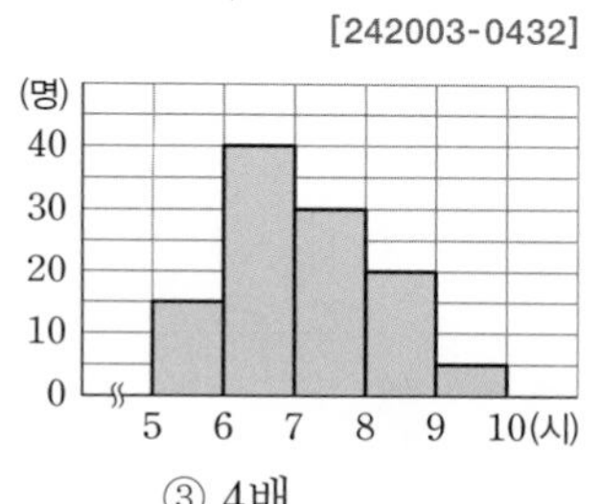

① 2배 ② 3배 ③ 4배
④ 6배 ⑤ 8배

12

[242003-0433]

오른쪽은 어느 지역의 30가구에서 일주일 동안 모은 재활용품의 무게를 조사하여 나타낸 히스토그램인데 일부가 찢어져 보이지 않는다. 무게가 3 kg 이상 4 kg 미만인 가구 수를 구하시오.

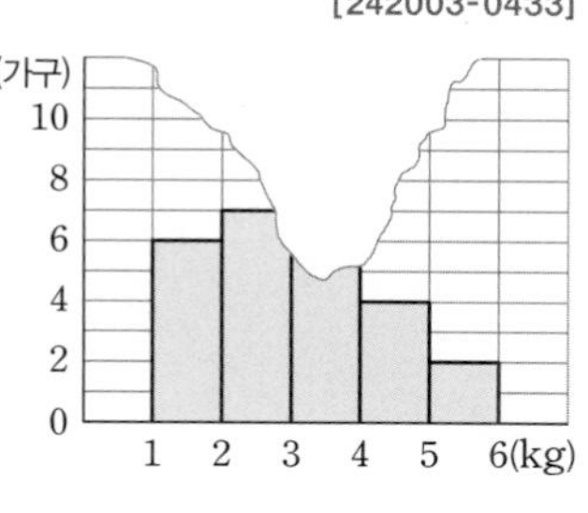

13

[242003-0434]

오른쪽은 어느 중학생들의 50 m 달리기 기록을 조사하여 나타낸 히스토그램이다. 다음 중 옳지 <u>않은</u> 것은?

① 계급의 크기는 1초이다.
② 조사한 중학생은 모두 41명이다.
③ 기록이 가장 빠른 학생은 7초이다.
④ 기록이 8초 이상 10초 미만인 학생은 22명이다.
⑤ 기록이 느린 쪽에서 4번째인 학생이 속하는 계급은 11초 이상 12초 미만이다.

14

[242003-0435]

오른쪽은 지현이네 반 학생들이 만든 고무 동력기의 비행 시간을 조사하여 나타낸 도수분포다각형이다. 다음 중 옳은 것은?

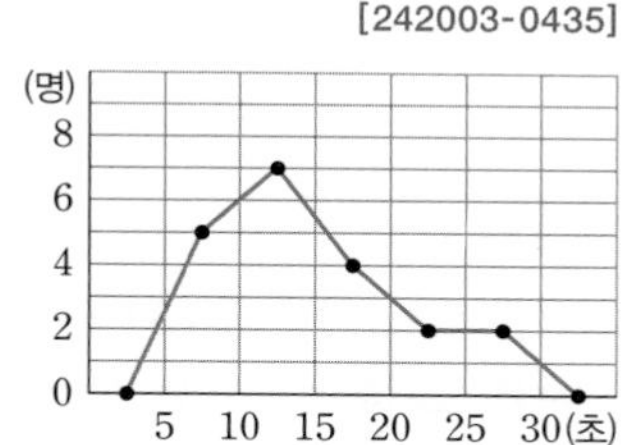

① 계급의 개수는 6이다.
② 계급의 크기는 10초이다.
③ 지현이네 반 전체 학생 수는 20이다.
④ 비행 시간이 20초 이상인 학생은 2명이다.
⑤ 비행 시간이 가장 긴 학생의 비행 시간은 29초이다.

15

[242003-0436]

오른쪽은 어느 중학생들의 과학 점수를 조사하여 나타낸 도수분포다각형이다. 도수분포다각형과 가로축으로 둘러싸인 부분의 넓이를 구하시오.

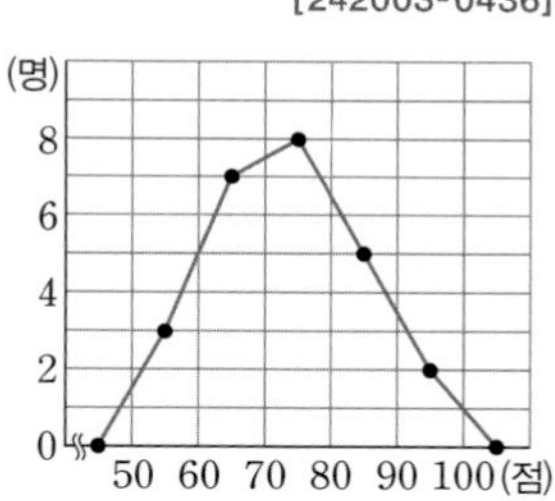

16

[242003-0437]

수산이네 반 학생들의 허리 둘레의 길이를 조사하였더니 상대도수가 0.3인 계급의 도수가 9명이었다. 조사한 전체 학생은 몇 명인지 구하시오.

17

[242003-0438]

다음은 어느 농구 동아리 학생들의 1분 동안 자유투 성공 횟수를 조사하여 나타낸 상대도수의 분포표이다. A~E의 값으로 옳은 것은?

횟수(회)	도수(명)	상대도수
0이상 ~ 5미만	1	A
5 ~ 10	B	0.15
10 ~ 15	9	C
15 ~ 20	D	0.25
20 ~ 25	2	0.1
합계	E	1

① $A=0.1$ ② $B=2$ ③ $C=0.45$
④ $D=4$ ⑤ $E=25$

18

[242003-0439]

다음은 어느 야구 동호회 회원 50명의 지난 1년간의 야구장 방문 횟수를 조사하여 나타낸 상대도수의 분포표이다. 야구장 방문 횟수가 3회 이상 6회 미만인 회원은 전체의 몇 %인지 구하시오.

횟수(회)	도수(명)	상대도수
0이상 ~ 3미만	6	0.12
3 ~ 6		
6 ~ 9		0.32
9 ~ 12		0.22
12 ~ 15	3	
합계	50	1

19 중요

[242003-0440]

오른쪽은 헌혈의 집에서 하루 동안 헌혈한 사람들의 나이에 대한 상대도수의 분포를 나타낸 그래프인데 일부가 찢어져 보이지 않는다. 나이가 20세 이상 30세 미만인 사람이 24명일 때, 다음을 구하시오.

(상대도수) 0.4, 0.3, 0.2, 0.1, 0 / 10 20 30 40 50(세)

(1) 전체 사람 수

(2) 나이가 30세 이상 40세 미만인 사람 수

20

[242003-0441]

오른쪽은 어느 헬스장 여자 회원 200명과 남자 회원 150명이 일주일 동안 체육관을 사용하는 시간에 대한 상대도수의 분포를 나타낸 그래프이다. 다음 보기에서 옳은 것을 있는 대로 고르시오.

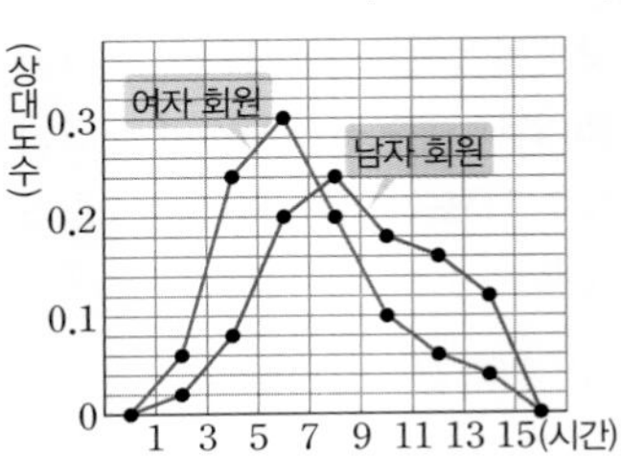

보기

ㄱ. 남자 회원이 여자 회원보다 체육관 사용 시간이 상대적으로 더 많다.

ㄴ. 7시간 이상 9시간 미만인 회원은 남자 회원이 더 많다.

ㄷ. 두 그래프와 가로축으로 둘러싸인 부분의 넓이는 서로 같다.

21 고득점

[242003-0442]

다음 자료의 최빈값이 7이고 평균이 6일 때, 중앙값을 구하시오. (단, x, y는 정수이다.)

10, x, 4, 7, 11, y, 1

22 고득점

[242003-0443]

오른쪽은 어느 중학생 32명의 하루 동안 인터넷 이용 시간을 조사하여 나타낸 도수분포표이다. 30분 이상 사용하는 학생이 전체의 50 %일 때, 20분 이상 30분 미만 사용하는 학생은 전체의 몇 %인지 구하시오. (단, 소수 둘째 자리까지 나타내시오.)

이용 시간(분)	도수(명)
0이상 ~ 10미만	4
10 ~ 20	6
20 ~ 30	
30 ~ 40	
40 ~ 50	5
50 ~ 60	2
합계	32

기출 서술형

23 풀이를 서술하는 문제 [242003-0444]

오른쪽은 진희네 중학교 학생 50명의 학교에서부터 집까지의 직선 거리를 조사하여 나타낸 도수분포다각형인데 일부가 찢어져 보이지 않는다. 학교에서부터 집까지의 직선 거리가 120 m 이상 130 m 미만인 학생 수가 전체의 26 %일 때, 130 m 이상 140 m 미만인 학생의 수를 구하시오. (단, 풀이 과정을 자세히 쓰시오.)

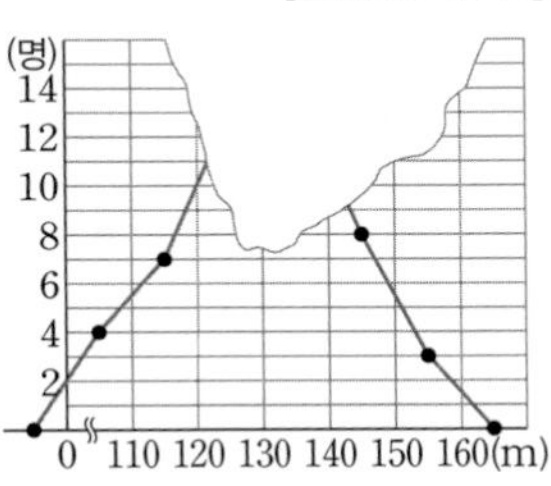

풀이 과정

답 |

24 유사문제 [242003-0445]

오른쪽은 어느 도로 위를 달리는 자동차 40대의 평균 속력을 조사하여 나타낸 히스토그램인데 일부가 찢어져 보이지 않는다. 평균 속력이 45 km/시 이상 50 km/시 미만인 자동차의 수가 전체의 32.5 %일 때, 50 km/시 이상 55 km/시 미만인 자동차의 수를 구하시오. (단, 풀이 과정을 자세히 쓰시오.)

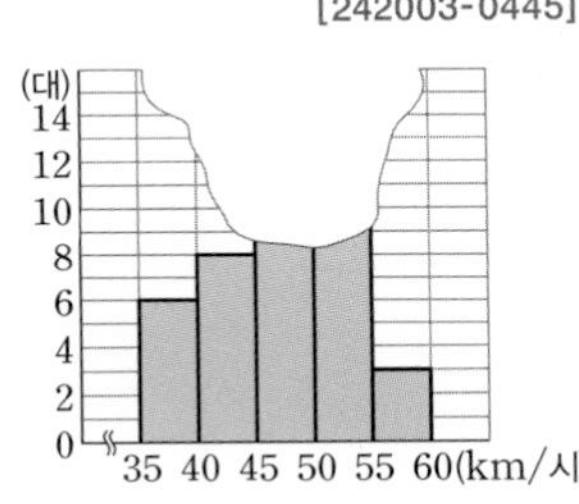

풀이 과정

답 |

25 이유를 설명하는 문제 [242003-0446]

다음 자료는 15개의 도시에서 1년 동안 비가 온 날 수를 조사하여 나타낸 것이다. 자료의 대푯값으로 가장 적당한 값을 말하고, 그 이유를 쓰시오. (단, 풀이 과정을 자세히 쓰시오.)

5	15	7	40	8
18	20	24	12	36
80	35	12	60	25

풀이 과정

답 |

26 유사문제 [242003-0447]

대푯값으로 평균을 사용하면 더욱 효과적인 경우와 최빈값을 사용하면 더 효과적인 경우를 예를 들어 설명하시오.

(단, 풀이 과정을 자세히 쓰시오.)

풀이 과정

답 |

MEMO

수학 마스터

기본을 다지는 **첫 개념 학습서**

개념 알파 α

중학 수학 1-2

⬇ 정답과 풀이 PDF 파일은 EBS 중학사이트(mid.ebs.co.kr)에서 내려받으실 수 있습니다.

개념책

개념 학습과 예제&유제 읽고 풀면서 익히는 완벽한 개념 학습

소단원 핵심문제 문제 푸는 힘을 기르는 개념 적용 핵심 문제

중단원 마무리 테스트 교과서와 기출 서술형으로 구성한 실전 연습

연습책

소단원 드릴문제 반복이 필요한 개념 확인 문제를 충분하게 수록

소단원 핵심문제 개념책 소단원 핵심 문제와 연동한 보충 문제

정답과 풀이

빠른 정답 간편한 채점을 위한 한눈에 보는 정답

친절한 풀이 오답을 줄이는 자세하고 친절한 풀이

개념 알파 α 중학 수학 1-2 연습책

이 책의 차례

1 점, 선, 면

점, 선, 면

(1) 도형의 기본 요소 : 점, 선, 면

(2) 평면도형과 입체도형

① 평면도형 : 삼각형, 원과 같이 한 평면 위에 있는 도형

② 입체도형 : 직육면체, 원기둥, 구와 같이 한 평면 위에 있지 않은 도형

(3) 교점과 교선

① ❶ ______ : 선과 선 또는 선과 면이 만나서 생기는 점

② 교선 : 면과 면이 만나서 생기는 선

● 오른쪽 그림과 같은 직육면체에서 다음을 구하시오.

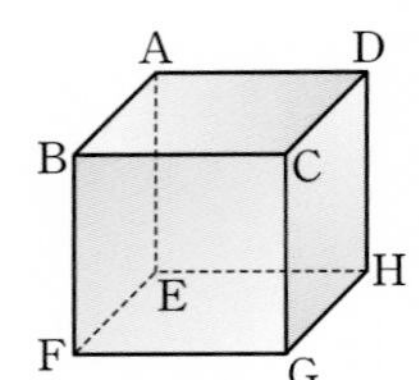

1 [242003-0448]

모서리 CG와 모서리 CD의 교점

2 [242003-0449]

면 ABFE와 모서리 EH의 교점

3 [242003-0450]

면 ABCD와 면 BFGC의 교선

● 다음 입체도형에서 교점의 개수와 교선의 개수를 각각 구하시오.

4 [242003-0451]

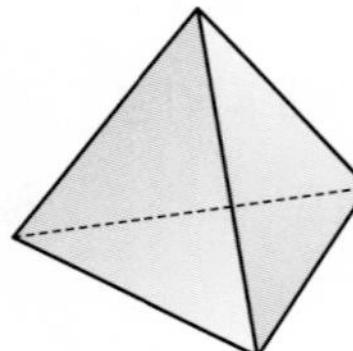

교점의 개수 : ______

교선의 개수 : ______

5 [242003-0452]

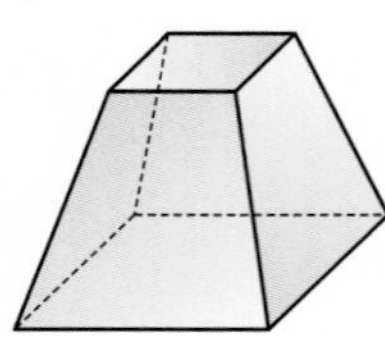

교점의 개수 : ______

교선의 개수 : ______

직선, 반직선, 선분

(1) 직선 AB : 서로 다른 두 점 A, B를 지나는 직선
➡ $\overleftrightarrow{AB}$

(2) ❷ ______ AB : 직선 AB 위의 점 A에서 출발하여 점 B의 방향으로 뻗은 부분 ➡ $\overrightarrow{AB}$

(3) 선분 AB : 직선 AB 위의 점 A에서 점 B까지의 부분
➡ $\overline{AB}$

● 다음 각 도형을 기호로 나타내시오.

6 [242003-0453]

A B

7 [242003-0454]

C D

8 [242003-0455]

E F

9 [242003-0456]

G H

● 아래 그림과 같이 한 직선 위에 네 점 A, B, C, D가 있을 때, 다음과 같은 것을 보기에서 고르시오.

A B C D

보기

$\overline{DC}$, $\overrightarrow{BC}$, $\overrightarrow{AC}$, $\overleftrightarrow{AD}$, $\overline{AC}$,
$\overrightarrow{CD}$, $\overline{DA}$, $\overrightarrow{DC}$, $\overrightarrow{CB}$, $\overrightarrow{BA}$

10 [242003-0457]

$\overleftrightarrow{BC}$

11 [242003-0458]

$\overrightarrow{AB}$

12 [242003-0459]

$\overrightarrow{BD}$

13 [242003-0460]

$\overline{AD}$

14 [242003-0461]

$\overrightarrow{CA}$

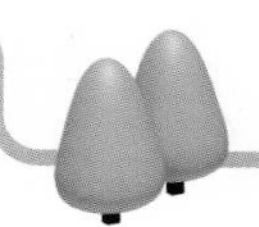

두 점 사이의 거리

(1) 두 점 A, B를 잇는 무수히 많은 선 중에서 길이가 가장 짧은 선인 선분 AB의 길이를 두 점 A, B 사이의 거리라 한다.

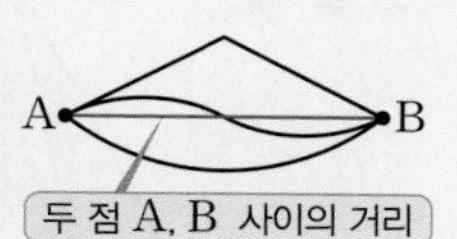

(2) 선분 AB 위의 한 점 M에 대하여 $\overline{AM}=\overline{BM}$일 때, 점 M을 선분 AB의 ❸ ☐이라 한다.

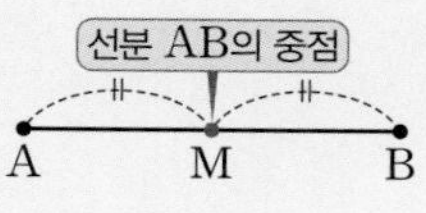

➡ $\overline{AM}=\overline{BM}=\frac{1}{2}\overline{AB}$

● 오른쪽 그림에서 다음을 구하시오.

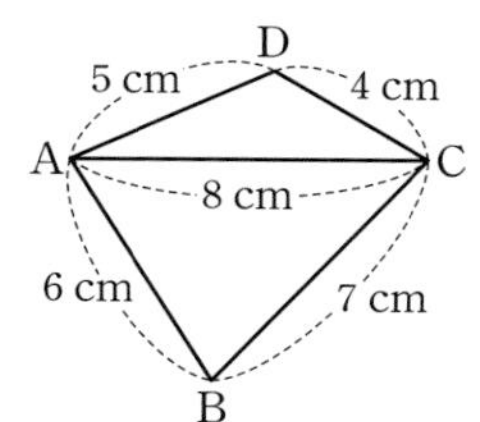

15 [242003-0462]
두 점 A, B 사이의 거리

16 [242003-0463]
두 점 C, D 사이의 거리

● 다음 그림에서 점 M이 선분 AB의 중점일 때, ☐ 안에 알맞은 수를 써넣으시오.

17 [242003-0464]

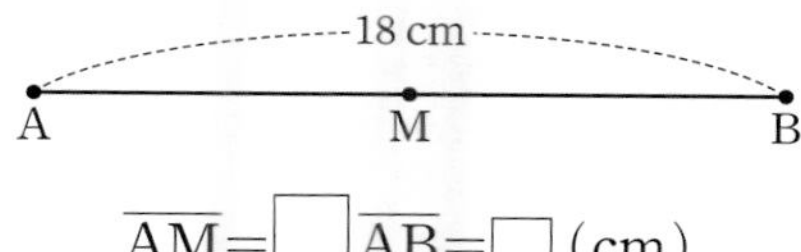

$\overline{AM}=\square\,\overline{AB}=\square\,(\text{cm})$

18 [242003-0465]

A, M, B (4 cm)

$\overline{AB}=\square\,\overline{MB}=\square\,(\text{cm})$

● 다음 그림에서 두 점 M, N이 선분 AB의 삼등분점일 때, ☐ 안에 알맞은 수를 써넣으시오.

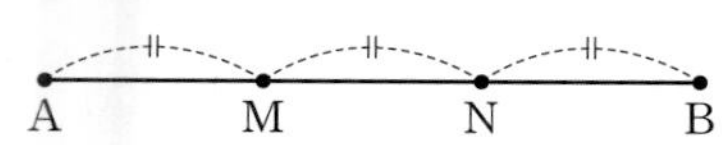

19 [242003-0466]
$\overline{AB}=\square\,\overline{AM}$

20 [242003-0467]
$\overline{AN}=\square\,\overline{NB}$

● 아래 그림에서 점 M은 선분 AB의 중점이고, 점 N은 선분 MB의 중점일 때, 다음 ☐ 안에 알맞은 수를 써넣으시오.

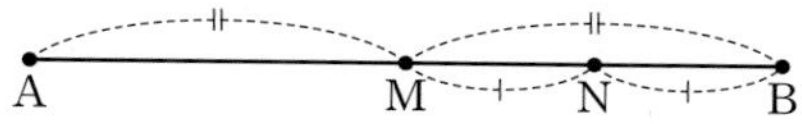

21 [242003-0468]
$\overline{AB}=\square\,\overline{AM}$

22 [242003-0469]
$\overline{MB}=\square\,\overline{AB}$

23 [242003-0470]
$\overline{MN}=\square\,\overline{MB}$

24 [242003-0471]
$\overline{AN}=\square\,\overline{BN}$

● 아래 그림에서 점 M은 선분 AB의 중점이고, 점 N은 선분 AM의 중점이다. $\overline{AB}=12$ cm일 때, 다음 선분의 길이를 구하시오.

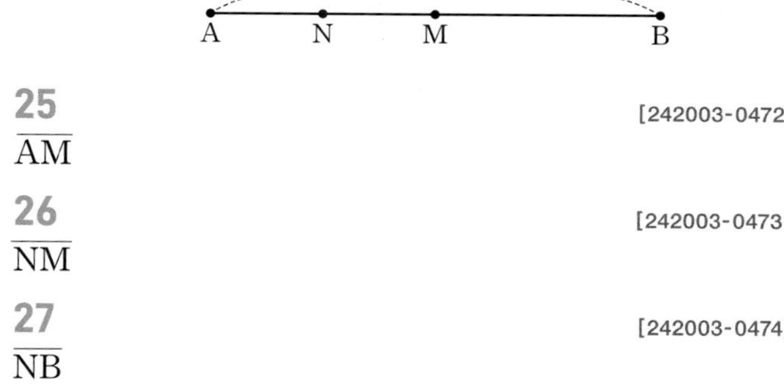

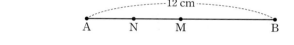

25 [242003-0472]
$\overline{AM}$

26 [242003-0473]
$\overline{NM}$

27 [242003-0474]
$\overline{NB}$

● 아래 그림에서 점 M은 선분 AB의 중점이고, 점 N은 선분 MB의 중점이다. $\overline{MN}=7$ cm일 때, 다음 선분의 길이를 구하시오.

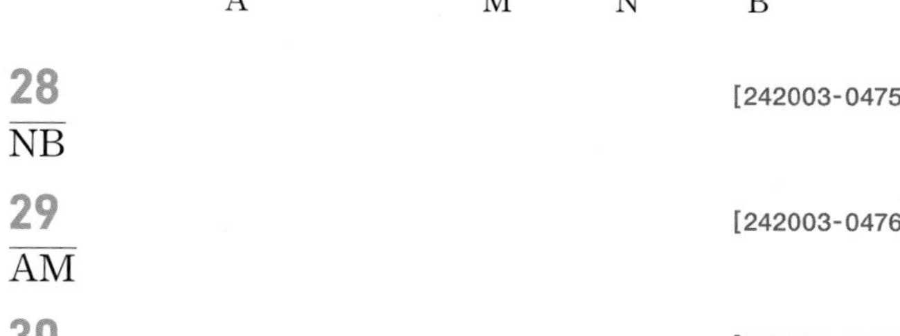

28 [242003-0475]
$\overline{NB}$

29 [242003-0476]
$\overline{AM}$

30 [242003-0477]
$\overline{AB}$

31 [242003-0478]
$\overline{AN}$

소단원 핵심문제

개념 ❶ 점, 선, 면 [242003-0479]

1 오른쪽 그림과 같은 오각뿔에서 교점의 개수를 a, 교선의 개수를 b라고 할 때, $a+b$의 값은?

① 12 ② 13 ③ 14
④ 15 ⑤ 16

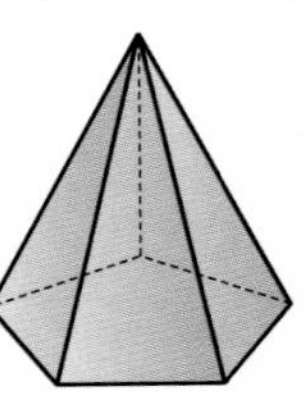

개념 ❷ 직선, 반직선, 선분 [242003-0480]

2 오른쪽 그림과 같이 직선 l 위에 세 점 A, B, C가 차례로 있을 때, 다음 중 $\overrightarrow{AB}$와 같은 것은?

① $\overrightarrow{AC}$ ② $\overrightarrow{BA}$ ③ $\overrightarrow{CB}$
④ $\overrightarrow{BC}$ ⑤ $\overrightarrow{CA}$

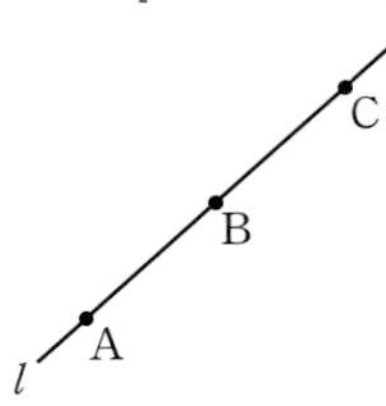

개념 ❷ 직선, 반직선, 선분 [242003-0481]

3 오른쪽 그림과 같이 직선 l 위에 있는 네 점 A, B, C, D 중에서 두 점을 이어 만들 수 있는 서로 다른 직선의 개수를 a, 서로 다른 반직선의 개수를 b라 할 때, $a+b$의 값을 구하시오.

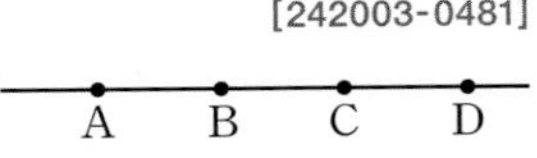

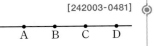

오른쪽 그림의 한 직선 위에 있는 세 점 A, B, C로 만들 수 있는

① 서로 다른 직선
➡ $\overleftrightarrow{AB}$의 1개

② 서로 다른 반직선
➡ $\overrightarrow{AC}$, $\overrightarrow{BA}$, $\overrightarrow{BC}$, $\overrightarrow{CA}$의 4개

③ 서로 다른 선분
➡ $\overline{AB}$, $\overline{BC}$, $\overline{AC}$의 3개

개념 ❸ 두 점 사이의 거리 [242003-0482]

4 오른쪽 그림에서 점 M은 $\overline{AB}$의 중점이고, 점 N은 $\overline{MB}$의 중점일 때, 다음 중 옳은 것을 모두 고르면? (정답 2개)

① $\overline{AM}=2\overline{AB}$ ② $\overline{BM}=\frac{1}{2}\overline{AB}$ ③ $\overline{MN}=2\overline{AM}$
④ $\overline{MN}=4\overline{AB}$ ⑤ $\overline{MN}+\overline{NB}=\overline{AM}$

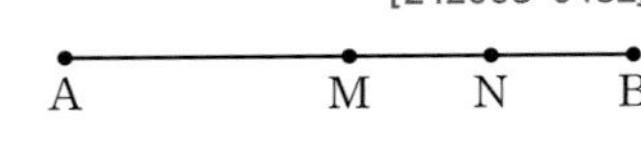

개념 ❸ 두 점 사이의 거리 [242003-0483]

기출 **5** 오른쪽 그림에서 $\overline{AB}=2\overline{BC}$이고 두 점 M, N은 각각 $\overline{AB}$, $\overline{BC}$의 중점이다. $\overline{MN}=15$ cm일 때, $\overline{AB}$의 길이를 구하시오.

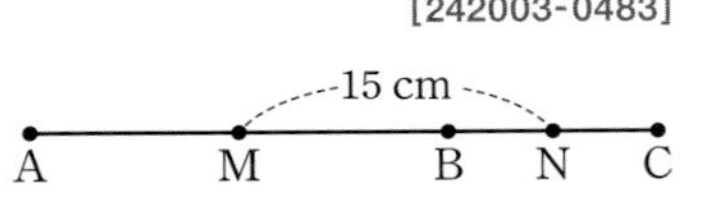

점 M이 $\overline{AB}$의 중점이면
$\overline{AM}=\overline{BM}=\frac{1}{2}\overline{AB}$

기출 **6** 개념 ① 점, 선, 면 [242003-0484]

오른쪽 그림과 같은 육각기둥에서 교점의 개수를 a, 교선의 개수를 b, 면의 개수를 c라 할 때, $a+b-c$의 값을 구하시오.

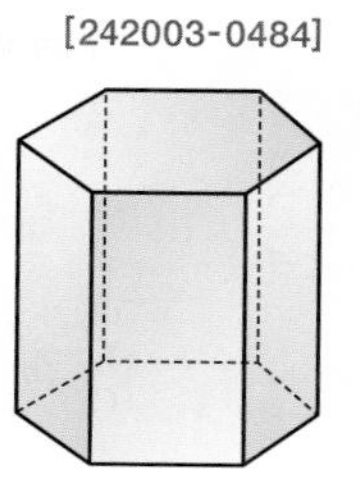

평면으로만 둘러싸인 입체도형에서
(교점의 개수)=(꼭짓점의 개수)
(교선의 개수)=(모서리의 개수)

7 개념 ② 직선, 반직선, 선분 [242003-0485]

오른쪽 그림과 같이 직선 l 위에 네 점 A, B, C, D가 있을 때, 다음 중에서 옳지 <u>않은</u> 것은?

① $\overleftrightarrow{AB}=\overleftrightarrow{AD}$ ② $\overrightarrow{BC}=\overrightarrow{BD}$ ③ $\overrightarrow{CB}=\overrightarrow{CD}$
④ $\overrightarrow{DB}=\overrightarrow{DC}$ ⑤ $\overline{AD}=\overline{DA}$

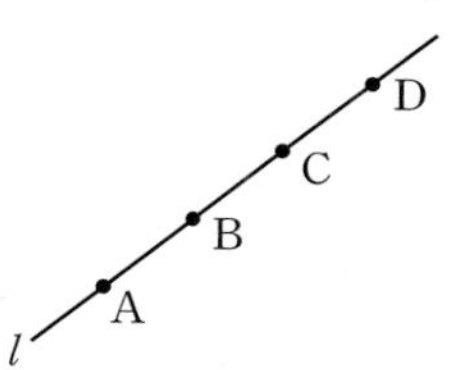

반직선은 시작점과 방향이 모두 같아야 같은 반직선이다.

8 개념 ② 직선, 반직선, 선분 [242003-0486]

오른쪽 그림과 같이 한 직선 위에 있지 <u>않은</u> 네 점 중에서 두 점을 지나는 직선의 개수를 a, 반직선의 개수를 b라고 할 때, $a+b$의 값은?

① 14 ② 15 ③ 16
④ 18 ⑤ 20

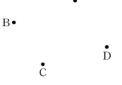

9 개념 ③ 두 점 사이의 거리 [242003-0487]

오른쪽 그림에서 점 M은 $\overline{AC}$의 중점이고, 점 N은 $\overline{BC}$의 중점이다. $\overline{AC}=6$ cm, $\overline{BC}=4$ cm일 때, $\overline{MN}$의 길이를 구하시오.

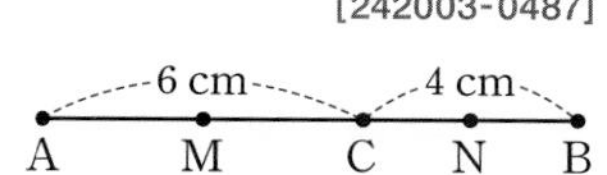

10 개념 ③ 두 점 사이의 거리 [242003-0488]

오른쪽 그림에서 점 M은 $\overline{AB}$의 중점이고, 점 N은 $\overline{BC}$의 중점이다. $\overline{AM}=8$ cm, $\overline{AB}:\overline{BC}=4:1$일 때, $\overline{MN}$의 길이는?

① 10 cm ② 11 cm ③ 12 cm
④ 13 cm ⑤ 14 cm

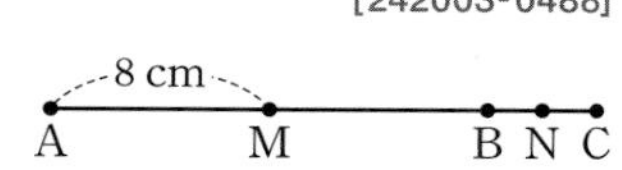

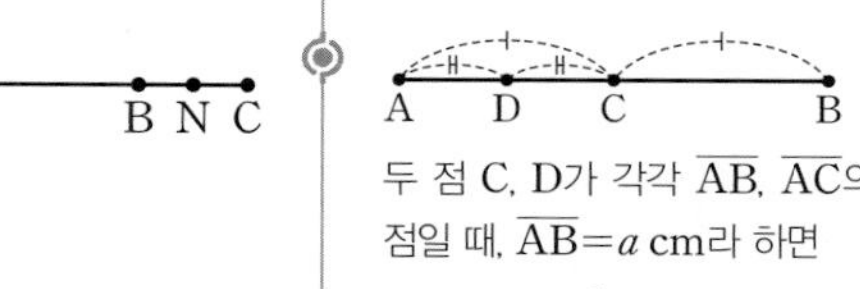

두 점 C, D가 각각 $\overline{AB}$, $\overline{AC}$의 중점일 때, $\overline{AB}=a$ cm라 하면

$\overline{AC}=\overline{BC}=\frac{1}{2}a$ (cm)

$\overline{AD}=\overline{CD}=\frac{1}{4}a$ (cm)

2 각

각

(1) 각 AOB : 한 점 O에서 시작하는 두 반직선 OA, OB로 이루어진 도형

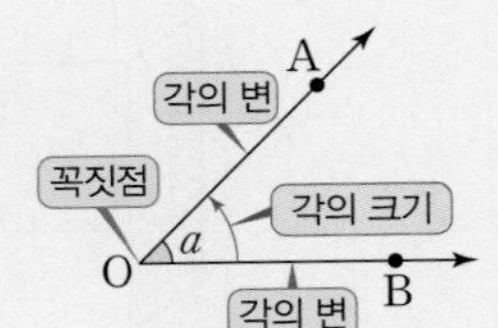

➡ ∠AOB

참고 ∠AOB는 ∠BOA, ∠O, ∠a로 나타내기도 한다.

(2) 각의 분류

① 평각 : 각의 두 변이 꼭짓점을 중심으로 반대쪽에 있고 한 직선을 이루는 각, 즉 크기가 ❶ [ ] 인 각

② 직각 : 평각의 크기의 $\frac{1}{2}$인 각, 즉 크기가 90°인 각

③ 예각 : 크기가 0°보다 크고 90°보다 작은 각

④ ❷ [ ] : 크기가 90°보다 크고 180°보다 작은 각

● 오른쪽 삼각형 ABC에서 ∠a, ∠b, ∠c를 A, B, C를 사용하여 기호로 나타내시오.

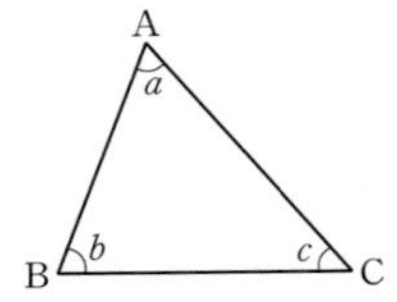

1 [242003-0489]

∠a

2 [242003-0490]

∠b

3 [242003-0491]

∠c

● 다음 각에 대하여 예각, 직각, 둔각, 평각 중 알맞은 것을 ( ) 안에 써넣으시오.

4 [242003-0492]

90° ( )

5 [242003-0493]

74° ( )

6 [242003-0494]

102° ( )

7 [242003-0495]

33° ( )

8 [242003-0496]

180° ( )

● 다음 그림에서 ∠x의 크기를 구하시오.

9 [242003-0497]

10 [242003-0498]

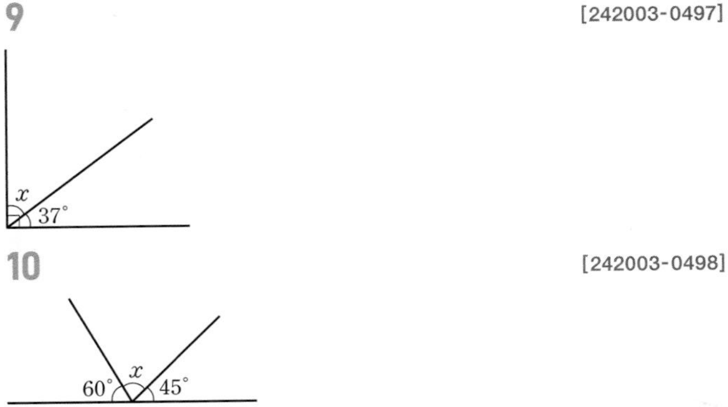

맞꼭지각

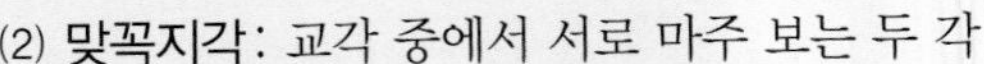

(1) 교각 : 두 직선이 한 점에서 만날 때 생기는 네 개의 각

➡ ∠a, ∠b, ∠c, ∠d

(2) 맞꼭지각 : 교각 중에서 서로 마주 보는 두 각

➡ ∠a와 ∠c, ∠b와 ∠d

(3) 맞꼭지각의 성질 : 맞꼭지각의 크기는 서로 ❸ [ ].

➡ ∠a=∠c, ∠b=∠d

● 오른쪽 그림과 같이 세 직선이 한 점에서 만날 때, 다음 각의 맞꼭지각을 구하시오.

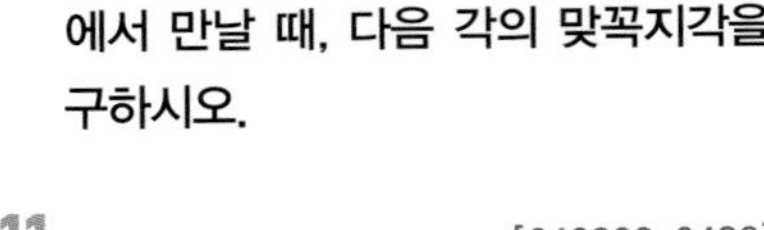

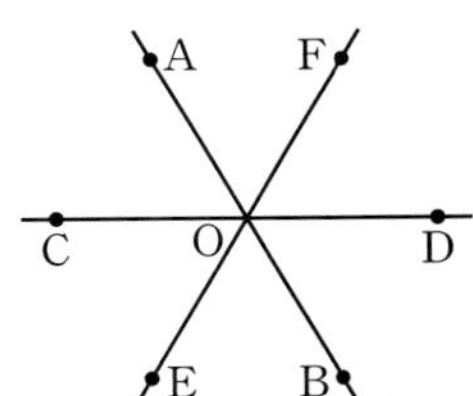

11 [242003-0499]

∠COE

12 [242003-0500]

∠BOD

● 다음 그림에서 ∠x, ∠y의 크기를 각각 구하시오.

13 [242003-0501]

14 [242003-0502]

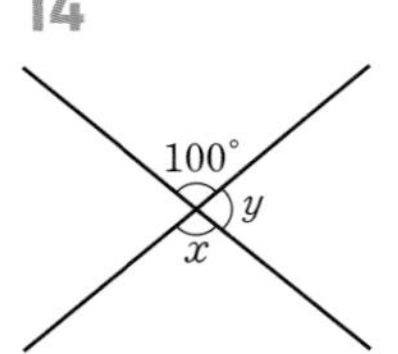

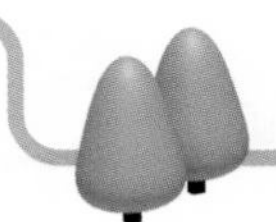

● 다음 그림에서 x의 값을 구하시오.

15 [242003-0503]

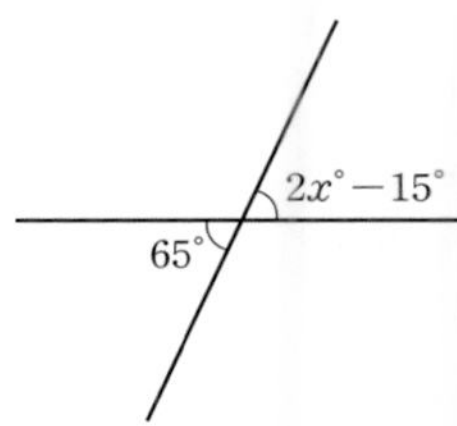

16 [242003-0504]

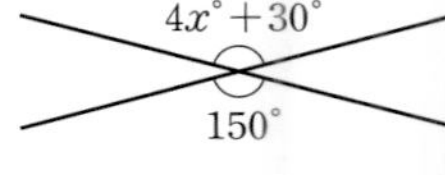

● 다음 그림에서 x의 값을 구하시오.

17 [242003-0505]

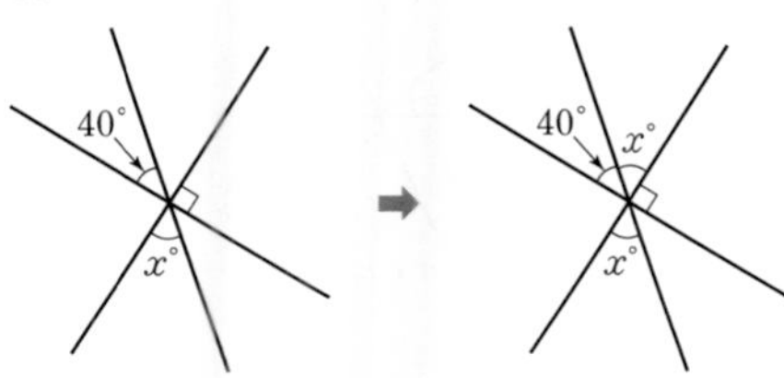

➡ $40+x+\square=180$이므로
$x=\square$

18 [242003-0506]

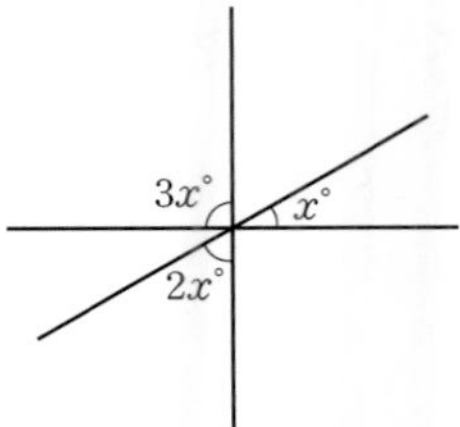

19 [242003-0507]

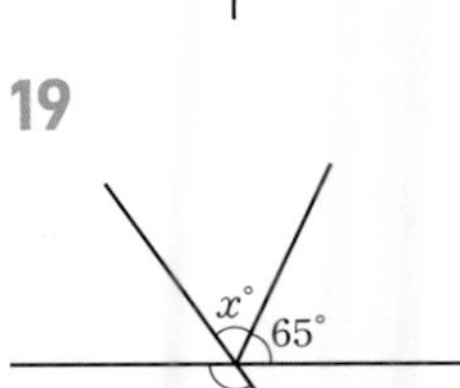

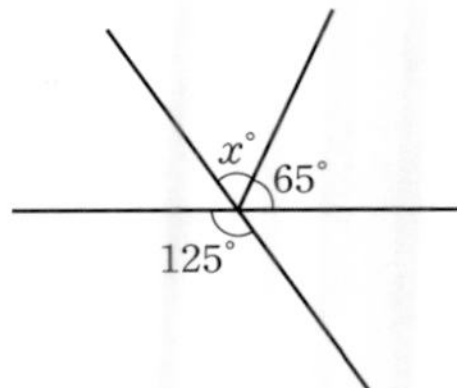

20 [242003-0508]

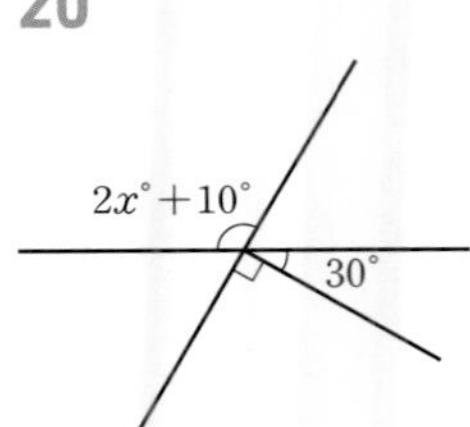

수직과 수선

(1) **직교**: 두 직선 AB와 CD의 교각이 직각일 때, 두 직선은 직교한다고 한다.
➡ $\overleftrightarrow{AB}$ ❹ $\square$ $\overleftrightarrow{CD}$

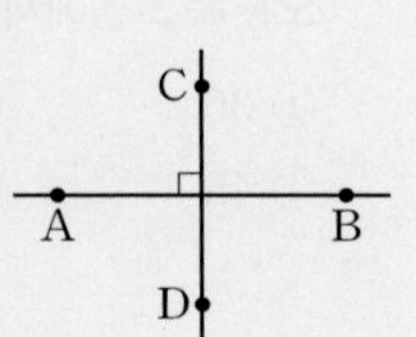

(2) **수직이등분선**: 선분 AB의 중점 M을 지나고 선분 AB에 수직인 직선 l을 선분 AB의 수직이등분선이라 한다.

(3) **수선의 발**: 직선 l 위에 있지 않은 한 점 P에서 직선 l에 수선을 그었을 때, 그 교점 H를 점 P에서 직선 l에 내린 수선의 발이라 한다.

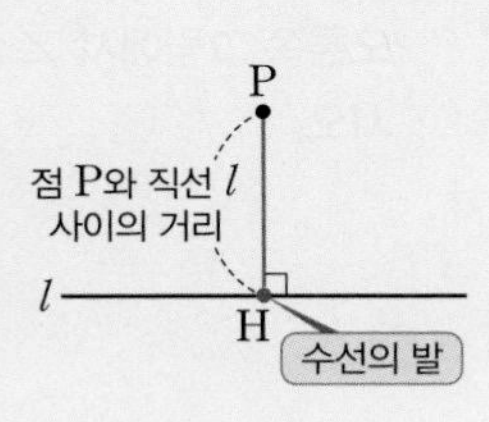

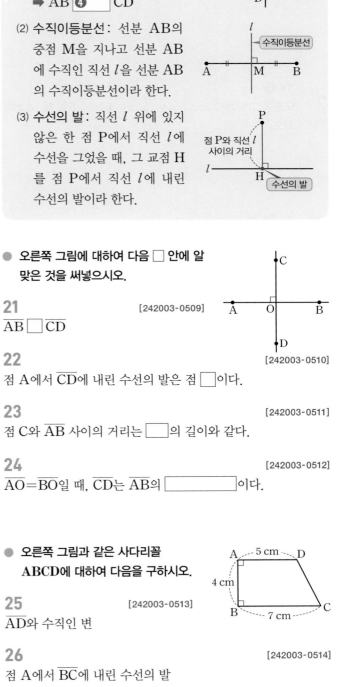

● 오른쪽 그림에 대하여 다음 □ 안에 알맞은 것을 써넣으시오.

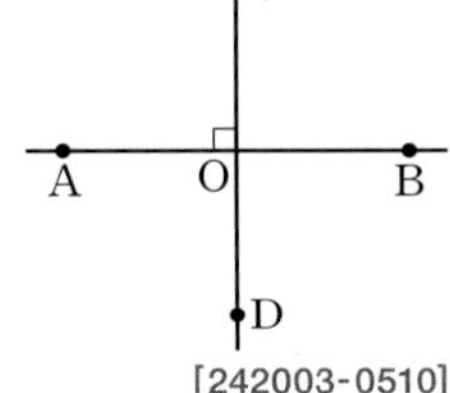

21 [242003-0509]
$\overline{AB}\ \square\ \overline{CD}$

22 [242003-0510]
점 A에서 $\overline{CD}$에 내린 수선의 발은 점 $\square$이다.

23 [242003-0511]
점 C와 $\overline{AB}$ 사이의 거리는 $\square$의 길이와 같다.

24 [242003-0512]
$\overline{AO}=\overline{BO}$일 때, $\overline{CD}$는 $\overline{AB}$의 $\square$이다.

● 오른쪽 그림과 같은 사다리꼴 ABCD에 대하여 다음을 구하시오.

25 [242003-0513]
$\overline{AD}$와 수직인 변

26 [242003-0514]
점 A에서 $\overline{BC}$에 내린 수선의 발

27 [242003-0515]
점 A와 $\overline{BC}$ 사이의 거리

28 [242003-0516]
점 C와 $\overline{AB}$ 사이의 거리

소단원 핵심문제

개념 ❹ 각 [242003-0517]

1 **오른쪽 그림에서 x의 값은?**

① 30　　② 35　　③ 40
④ 45　　⑤ 50

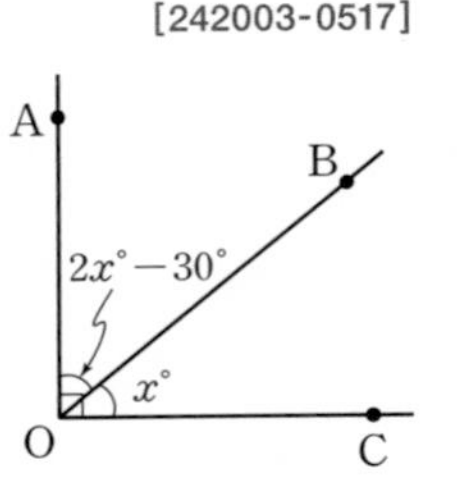

개념 ❹ 각 [242003-0518]

2 **오른쪽 그림에서 $\angle x : \angle y : \angle z = 4 : 6 : 5$일 때, $\angle x$의 크기를 구하시오.**

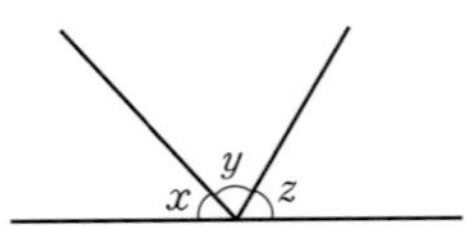

$\angle x : \angle y : \angle z = a : b : c$이면
$\angle x = 180^\circ \times \dfrac{a}{a+b+c}$

개념 ❺ 맞꼭지각 [242003-0519]

3 **오른쪽 그림에서 x의 값은?**

① 44　　② 52　　③ 56
④ 68　　⑤ 75

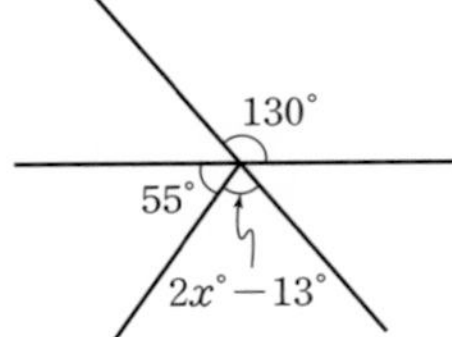

➡ $\angle a + \angle b = \angle c$

개념 ❺ 맞꼭지각 [242003-0520]

기출 **4** **오른쪽 그림에서 x의 값을 구하시오.**

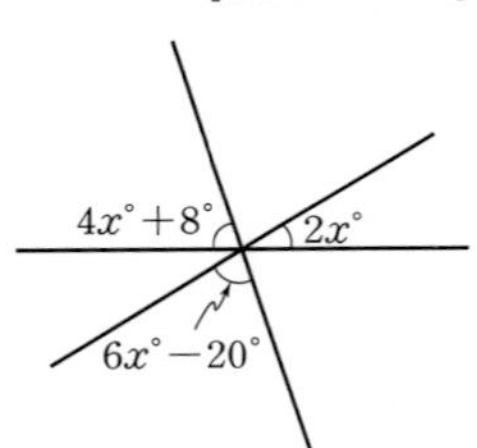

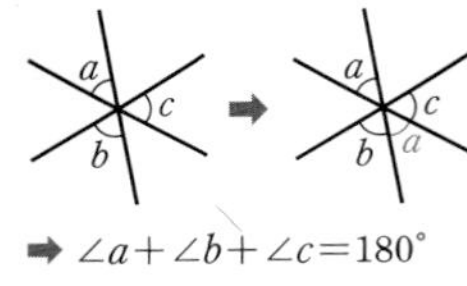

➡ $\angle a + \angle b + \angle c = 180^\circ$

개념 ❻ 수직과 수선 [242003-0521]

5 **다음 중에서 오른쪽 그림의 사다리꼴 ABCD에 대한 설명으로 옳은 것은?**

① $\overline{AD}$와 수직으로 만나는 선분은 $\overline{BC}$이다.
② $\overline{BC}$는 $\overline{AB}$의 수선이다.
③ $\overline{CD}$와 직교하는 선분은 $\overline{AD}$, $\overline{BC}$이다.
④ 점 B에서 $\overline{CD}$에 내린 수선의 발은 점 A이다.
⑤ 점 A와 $\overline{BC}$ 사이의 거리는 5 cm이다.

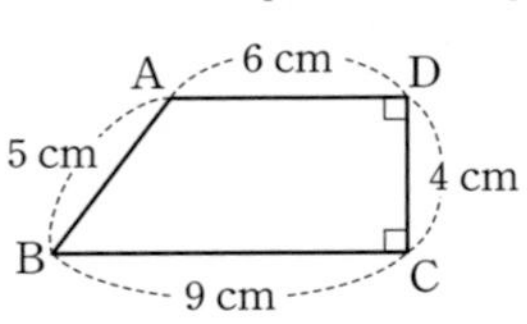

한번더!

개념 4 각 [242003-0522]

6 오른쪽 그림에서 $\angle AOC=\angle BOD=90°$이고 $\angle AOB+\angle COD=50°$일 때, $\angle BOC$의 크기는?

① 45° ② 50° ③ 55°
④ 60° ⑤ 65°

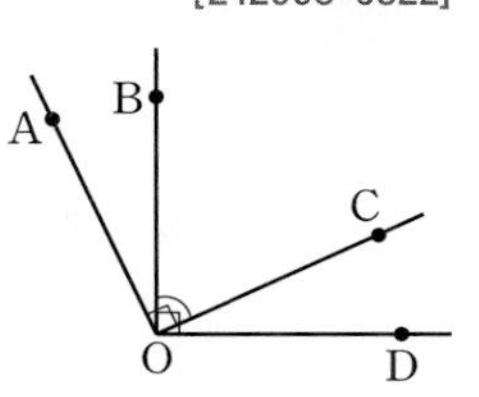

개념 4 각 [242003-0523]

7 오른쪽 그림에서 $\angle AOC=3\angle COD$, $\angle EOB=3\angle DOE$일 때, $\angle COE$의 크기를 구하시오.

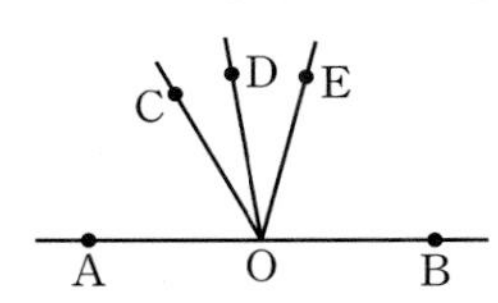

평각의 크기는 180°임을 이용하여 식을 세운다.

개념 5 맞꼭지각 [242003-0524]

8 오른쪽 그림에서 $x-y$의 값을 구하여라.

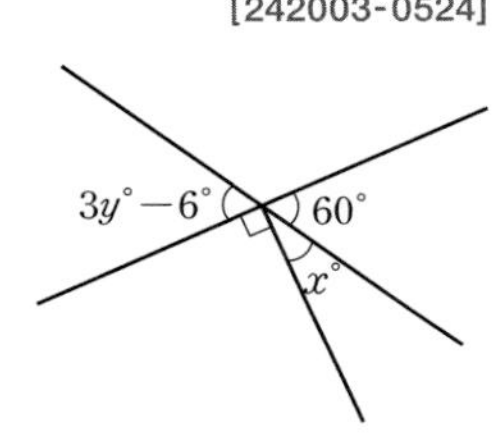

개념 5 맞꼭지각 [242003-0525]

9 오른쪽 그림과 같이 세 직선이 한 점에서 만날 때 생기는 맞꼭지각은 모두 몇 쌍인가?

① 2쌍 ② 4쌍 ③ 6쌍
④ 8쌍 ⑤ 9쌍

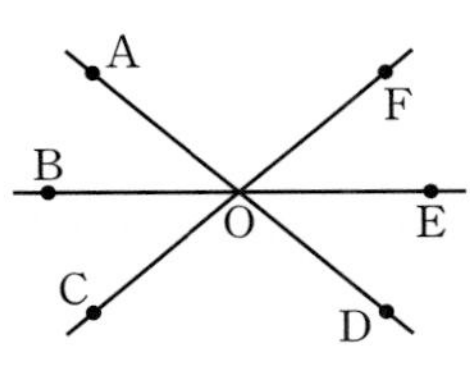

서로 다른 두 직선이 만나서 생기는 맞꼭지각은 2쌍임을 이용한다.

기출

개념 6 수직과 수선 [242003-0526]

10 오른쪽 그림과 같은 사다리꼴 ABCD의 넓이가 70cm^2일 때, 점 A에서 $\overline{BC}$까지의 거리는?

① 8 cm ② 7.5 cm ③ 7 cm
④ 6.5 cm ⑤ 6 cm

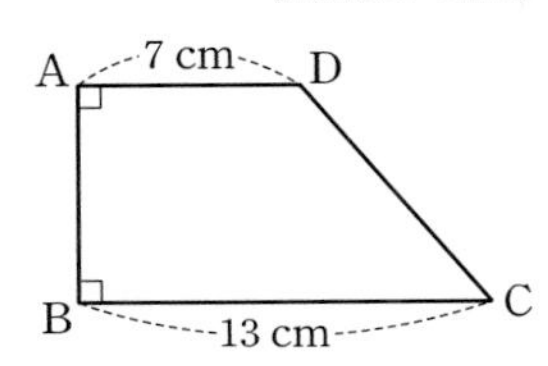

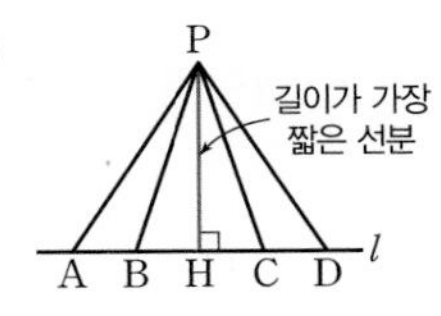

점 P와 직선 l 사이의 거리
➡ $\overline{PH}$

3 위치 관계

평면에서 두 직선의 위치 관계

(1) **두 직선의 평행**: 한 평면 위의 두 직선 l, m이 서로 만나지 않을 때, 두 직선 l, m은 서로 평행하다고 한다.
➡ $l /\!/ m$

(2) **평면에서 두 직선의 위치 관계**
① 한 점에서 만난다.
② 일치한다.
③ ❶ ________.

● **오른쪽 그림과 같은 평행사변형 ABCD에서 다음을 구하시오.**

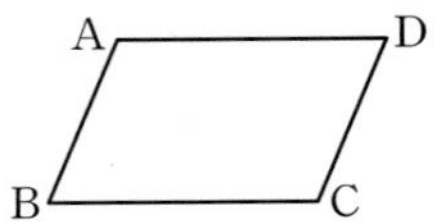

1 [242003-0527]
변 AB와 한 점에서 만나는 변

2 [242003-0528]
변 AD와 평행한 변

3 [242003-0529]
교점이 점 D인 두 변

4 [242003-0530]
변 BC와 점 C에서 만나는 변

● **한 평면 위의 서로 다른 세 직선 l, m, n에 대하여 □ 안에 $/\!/$ 또는 $\perp$를 써넣으시오.**

5 [242003-0531]
$l /\!/ m$이고 $l /\!/ n$이면 m□n이다.

6 [242003-0532]
$l \perp m$이고 $l \perp n$이면 m□n이다.

7 [242003-0533]
$l /\!/ m$이고 $l \perp n$이면 m□n이다.

8 [242003-0534]
$l \perp m$이고 $l /\!/ n$이면 m□n이다.

공간에서 두 직선의 위치 관계

(1) 공간에서 두 직선이 만나지도 않고 평행하지도 않을 때, 두 직선은 ❷ ________에 있다고 한다.

(2) 공간에서 두 직선의 위치 관계
① 한 점에서 만난다.
② ❸ ________.
③ 평행하다.
④ 꼬인 위치에 있다.

● **오른쪽 그림과 같은 삼각기둥에서 다음 두 모서리의 위치 관계를 말하시오.**

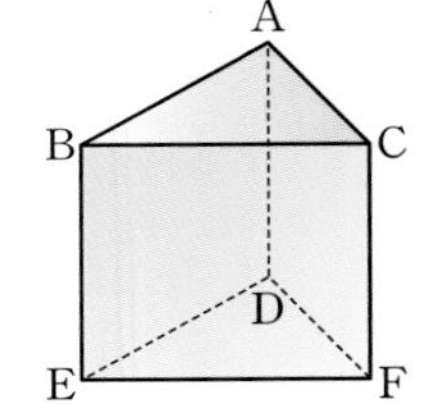

9 [242003-0535]
모서리 AB와 모서리 BE

10 [242003-0536]
모서리 BC와 모서리 EF

11 [242003-0537]
모서리 DE와 모서리 CF

● **오른쪽 그림과 같은 직육면체에서 다음을 구하시오.**

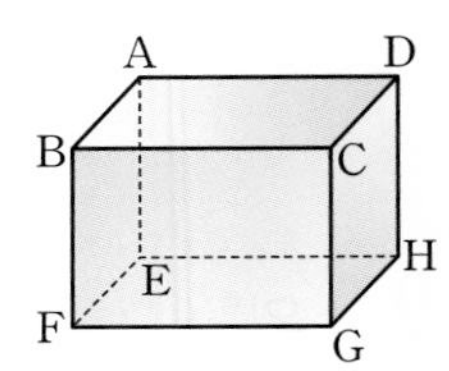

12 [242003-0538]
모서리 AD와 한 점에서 만나는 모서리

13 [242003-0539]
모서리 AD와 평행한 모서리

14 [242003-0540]
모서리 AD와 꼬인 위치에 있는 모서리

● **오른쪽 그림과 같은 삼각뿔에서 다음 모서리와 꼬인 위치에 있는 모서리를 구하시오.**

15 [242003-0541]
모서리 AC

16 [242003-0542]
모서리 CD

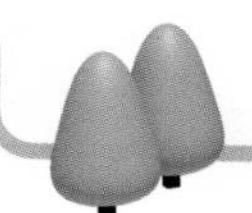

공간에서 직선과 평면의 위치 관계

(1) 공간에서 직선과 평면의 위치 관계
① 한 점에서 만난다.
② ❹ [　　　].
③ 평행하다.

(2) 직선과 평면의 수직
직선 l이 평면 P와 점 H에서 만나고 점 H를 지나는 평면 P 위의 모든 직선과 수직이면
➡ $l \perp P$

● 오른쪽 그림과 같은 직육면체에서 다음을 구하시오.

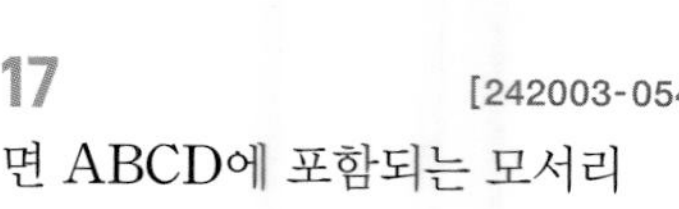
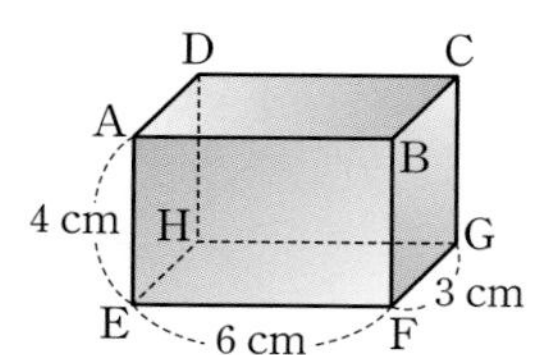

17 [242003-0543]
면 ABCD에 포함되는 모서리

18 [242003-0544]
면 BFGC와 평행한 모서리

19 [242003-0545]
면 AEFB와 수직인 모서리

20 [242003-0546]
모서리 CG를 포함하는 면

21 [242003-0547]
모서리 EF와 평행한 면

22 [242003-0548]
모서리 DH와 한 점에서 만나는 면

23 [242003-0549]
점 C와 면 EFGH 사이의 거리

● 오른쪽 그림과 같이 밑면이 정오각형인 오각기둥에서 다음을 구하시오.

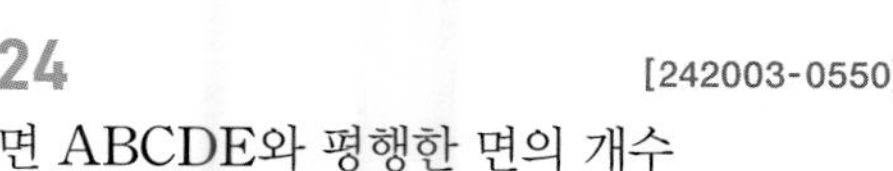
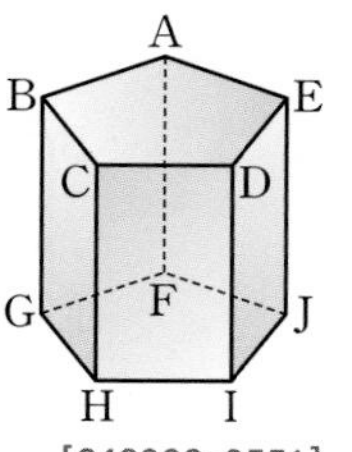

24 [242003-0550]
면 ABCDE와 평행한 면의 개수

25 [242003-0551]
면 DIJE와 수직인 면의 개수

26 [242003-0552]
면 FGHIJ와 한 모서리에서 만나는 면의 개수

공간에서 두 평면의 위치 관계

(1) 공간에서 두 평면의 위치 관계
① 한 직선에서 만난다.
② 일치한다.
③ 평행하다.

(2) 두 평면의 수직
평면 P가 평면 Q에 수직인 직선 l을 포함하면
➡ P ❺ [　　] Q

● 오른쪽 그림과 같은 삼각기둥에서 다음을 구하시오.

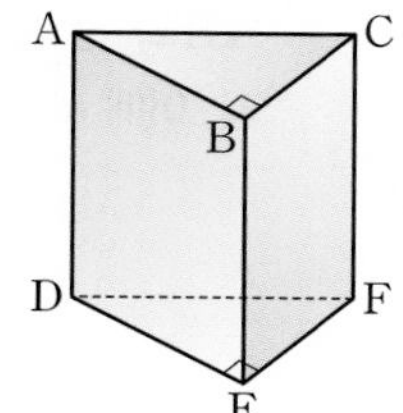

27 [242003-0553]
모서리 AB를 교선으로 갖는 두 면

28 [242003-0554]
면 ABC와 평행한 면

29 [242003-0555]
면 ADEB와 수직인 면

30 [242003-0556]
면 ABC와 면 ADFC의 교선

● 오른쪽 그림과 같이 밑면이 정육각형인 육각기둥에 대하여 다음 중 옳은 것은 ○표, 옳지 않은 것은 ×표를 (　) 안에 써넣으시오.

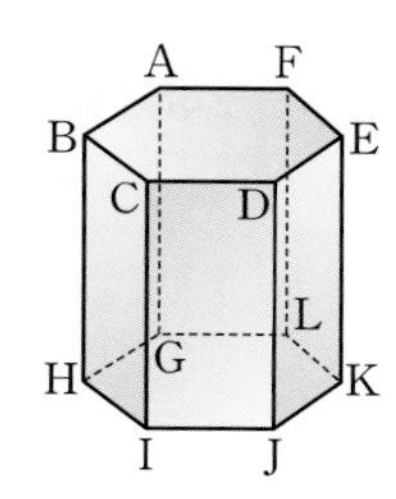

31 [242003-0557]
면 CIJD와 면 DJKE의 교선은 $\overline{DJ}$이다. (　　)

32 [242003-0558]
면 ABCDEF와 평행한 면은 2개이다. (　　)

33 [242003-0559]
면 BHIC와 수직인 면은 면 ABCDEF, 면 GHIJKL이다. (　　)

34 [242003-0560]
면 GHIJKL과 수직인 면은 4개이다. (　　)

소단원 핵심문제

개념 7 점과 직선, 점과 평면의 위치 관계 [242003-0561]

1 **오른쪽 그림에 대한 다음 설명 중 옳지 않은 것은?**

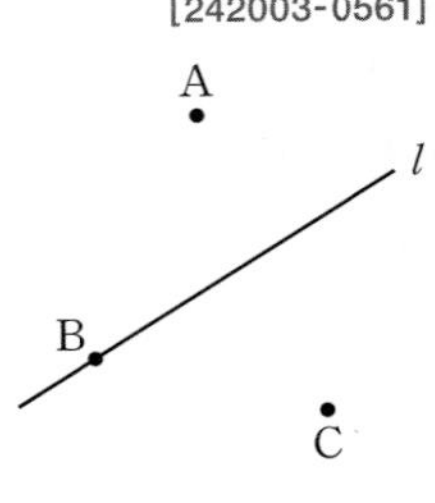

① 점 C는 직선 l 위에 있다.
② 직선 l은 점 B를 지난다.
③ 점 A는 직선 l 위에 있지 않다.
④ 직선 l은 점 C를 지나지 않는다.
⑤ $\overleftrightarrow{AB}$와 직선 l의 교점은 점 B이다.

① 점 X는 직선 l 위에 있다.
➡ 직선 l이 점 X를 지난다.
② 점 Y는 직선 l 위에 있지 않다.
➡ 직선 l이 점 Y를 지나지 않는다.

개념 8 평면에서 두 직선의 위치 관계 [242003-0562]

기출 **2** **오른쪽 그림과 같은 정팔각형에서 각 변을 연장한 직선을 그을 때, 직선 AH와 한 점에서 만나는 직선의 개수를 a, 평행한 직선의 개수를 b라 하자. 이때 $a-b$의 값을 구하시오.**

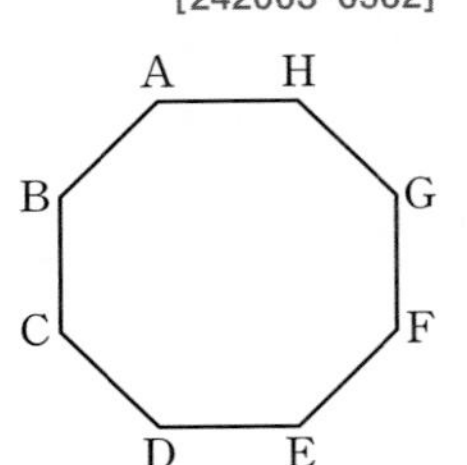

평면도형이나 입체도형에서 두 직선의 위치 관계는 변 또는 모서리를 직선으로 연장하여 생각한다.

개념 9 공간에서 두 직선의 위치 관계 [242003-0563]

3 **오른쪽 그림과 같은 정사각뿔에서 모서리 DE와 꼬인 위치에 있는 모서리를 모두 고르면? (정답 2개)**

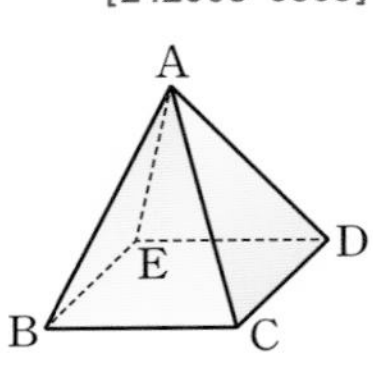

① 모서리 AC ② 모서리 AB ③ 모서리 BE
④ 모서리 BC ⑤ 모서리 CD

개념 10 공간에서 직선과 평면의 위치 관계 [242003-0564]

4 **오른쪽 그림과 같이 밑면이 정육각형인 육각기둥에서 면 ABHG와 평행한 모서리의 개수를 a, 모서리 CI와 수직인 면의 개수를 b라 할 때, $a+b$의 값을 구하시오.**

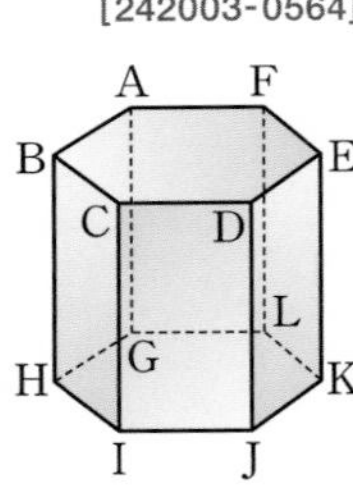

개념 11 공간에서 두 평면의 위치 관계 [242003-0565]

5 **오른쪽 그림은 직육면체를 세 꼭짓점 B, C, F를 지나는 평면으로 잘라 만든 입체도형이다. 다음 중에서 옳지 않은 것은?**

① 면 CFG와 수직인 모서리는 3개이다.
② 면 ABED와 평행한 면은 면 CFG이다.
③ 면 ADGC와 수직인 면은 3개이다.
④ 모서리 EF를 포함하는 면은 2개이다.
⑤ 모서리 AC와 꼬인 위치에 있는 모서리는 4개이다.

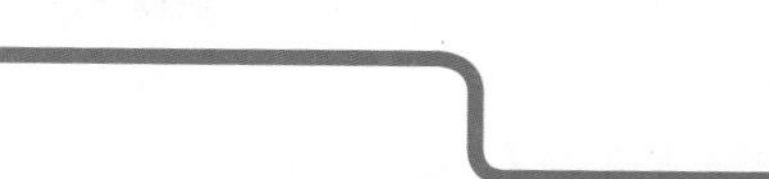

한번 더!

개념 7 점과 직선, 점과 평면의 위치 관계 [242003-0566]

6 **오른쪽 그림과 같이 평면 P 위에 직선 l이 있을 때, 다음 중에서 옳지 않은 것을 모두 고르면? (정답 2개)**

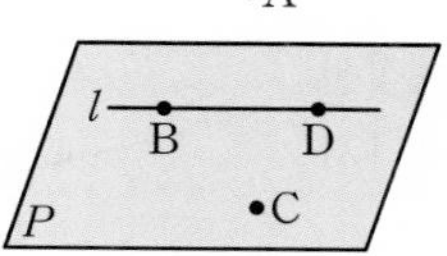

① 점 B는 직선 l 위에 있다.
② 직선 l은 점 A를 지난다.
③ 평면 P 위에 있는 점은 3개이다.
④ 직선 l 밖에 있는 점은 1개이다.
⑤ 점 A는 평면 P 위에 있지 않다.

> ① 점 X는 평면 P 위에 있다.
> ➡ 평면 P가 점 X를 포함한다.
> ② 점 Y는 평면 P 위에 있지 않다.
> ➡ 평면 P가 점 Y를 포함하지 않는다.

개념 8 평면에서 두 직선의 위치 관계 [242003-0567]

7 **평면 위의 서로 다른 세 직선 l, m, n에 대하여 $l /\!/ m$, $m \perp n$일 때, 직선 l과 직선 n의 위치 관계는?**

① 꼬인 위치에 있다. ② $l \perp n$ ③ $l /\!/ n$
④ 두 점에서 만난다. ⑤ 세 점에서 만난다.

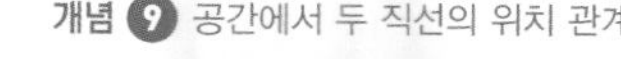
개념 9 공간에서 두 직선의 위치 관계 [242003-0568]

기출 **8** **오른쪽 그림의 직육면체에서 모서리 AD와 평행하면서 모서리 AB와 꼬인 위치에 있는 모서리의 개수를 구하시오.**

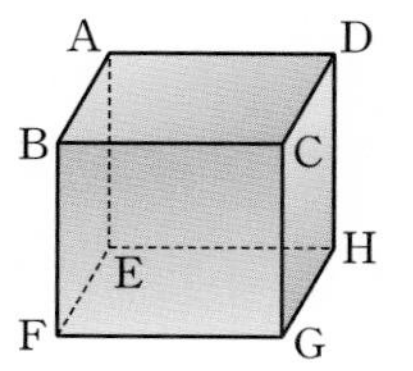
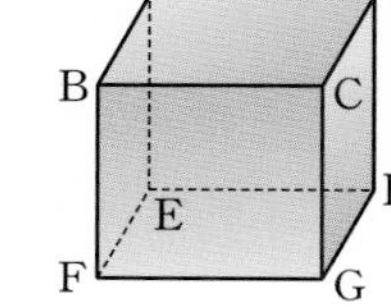

> 입체도형에서 꼬인 위치에 있는 모서리는 평행한 모서리, 한 점에서 만나는 모서리를 제외한다.

개념 10 공간에서 직선과 평면의 위치 관계 [242003-0569]

9 **오른쪽 그림과 같이 밑면이 정육각형인 육각기둥에 대한 다음 설명 중 옳지 않은 것은?**

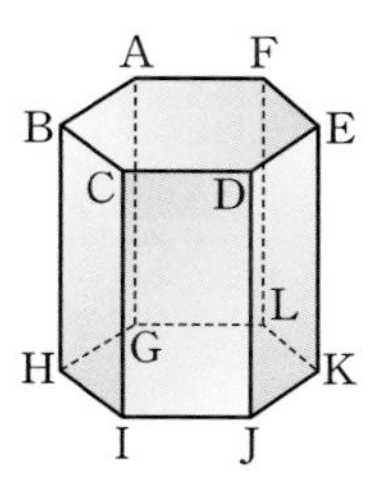

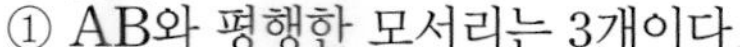
① $\overline{AB}$와 평행한 모서리는 3개이다.
② 면 CIJD와 $\overline{AG}$는 서로 평행하다.
③ 면 BHIC와 평행한 모서리는 4개이다.
④ 면 ABCDEF와 수직인 모서리는 6개이다.
⑤ $\overline{AG}$와 꼬인 위치에 있는 모서리는 8개이다.

개념 11 공간에서 두 평면의 위치 관계 [242003-0570]

10 **오른쪽 그림과 같은 전개도로 정육면체를 만들 때, 다음 중에서 옳지 않은 것은?**

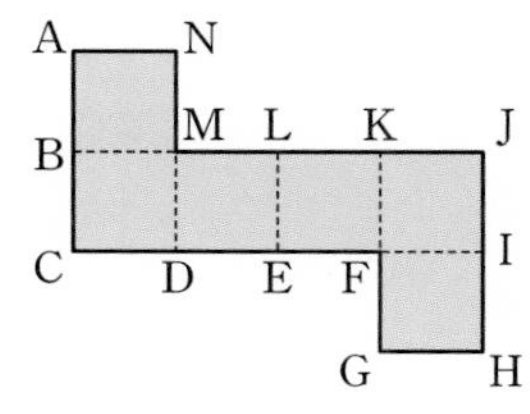

① 점 E와 점 G는 겹쳐진다.
② 모서리 BC와 모서리 DE는 꼬인 위치에 있다.
③ 모서리 IH와 면 ABMN은 평행하다.
④ 면 BCDM과 면 FGHI는 한 직선에서 만난다.
⑤ 면 DELM과 면 FIJK는 수직이다.

> 전개도로 만들어지는 입체도형을 그린 후, 모서리와 모서리, 모서리와 면, 면과 면의 위치 관계를 살펴본다.

4 평행선의 성질

동위각과 엇각

한 평면 위에서 서로 다른 두 직선 l, m이 다른 한 직선 n과 만나서 생기는 각 중에서

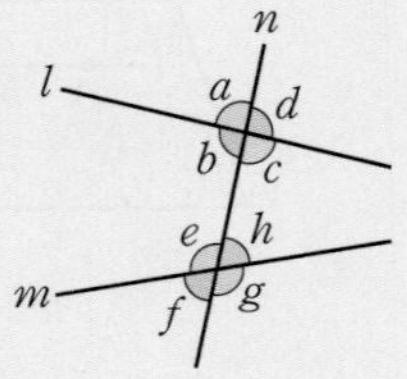

(1) ❶ [　　] : 서로 같은 위치에 있는 두 각

➡ $\angle a$와 $\angle e$, $\angle b$와 $\angle f$, $\angle c$와 $\angle g$, $\angle d$와 $\angle h$

(2) ❷ [　　] : 서로 엇갈린 위치에 있는 두 각

➡ $\angle b$와 $\angle h$, $\angle c$와 $\angle e$

평행선의 성질

서로 다른 두 직선 l, m이 다른 한 직선 n과 만날 때

(1) 두 직선이 평행하면 동위각의 크기는 ❸ [　　].

➡ $l /\!/ m$이면 $\angle a = \angle b$

(2) 두 직선이 평행하면 엇각의 크기는 같다.

➡ $l /\!/ m$이면 $\angle c = \angle d$

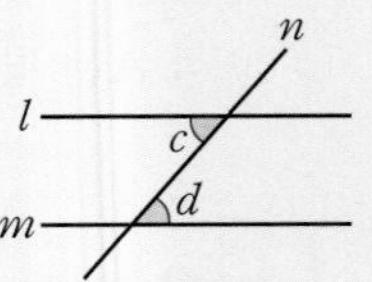

● 오른쪽 그림과 같이 세 직선이 만날 때, 다음을 구하시오.

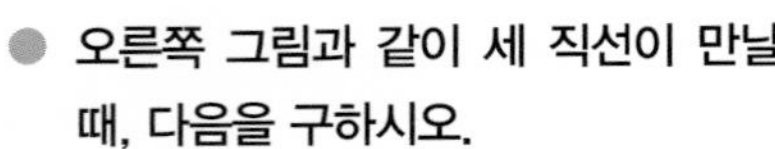

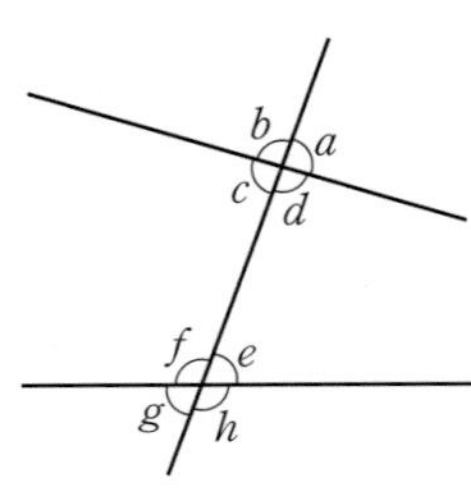

1 [242003-0571]

$\angle a$의 동위각

2 [242003-0572]

$\angle g$의 동위각

3 [242003-0573]

$\angle c$의 엇각

4 [242003-0574]

$\angle f$의 엇각

● 오른쪽 그림과 같이 세 직선이 만날 때, 다음 각의 크기를 구하시오.

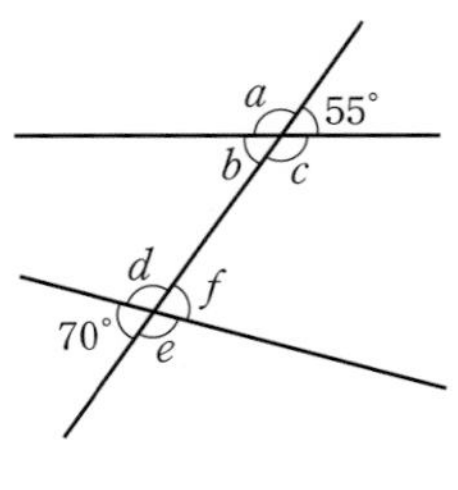

5 [242003-0575]

$\angle b$의 동위각

6 [242003-0576]

$\angle e$의 동위각

7 [242003-0577]

$\angle c$의 엇각

8 [242003-0578]

$\angle f$의 엇각

● 다음 그림에서 $l /\!/ m$일 때, $\angle x$, $\angle y$의 크기를 각각 구하시오.

9 [242003-0579]

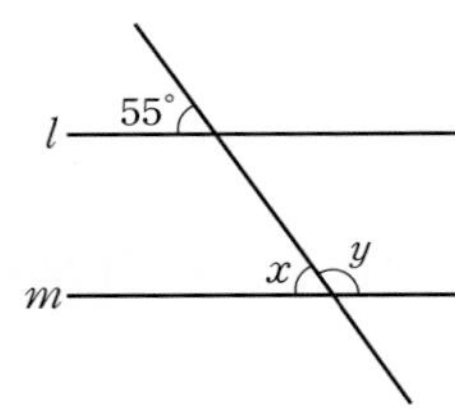

10 [242003-0580]

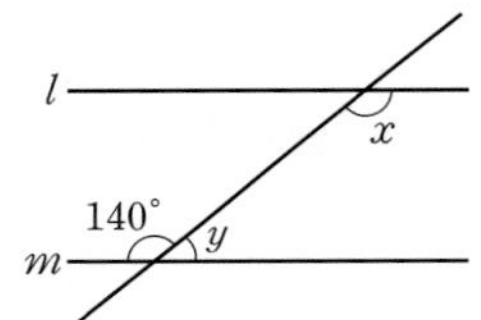

11 [242003-0581]

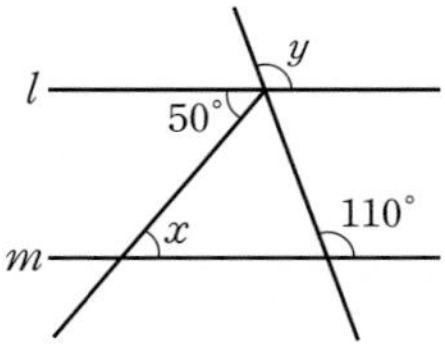

12 [242003-0582]

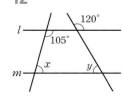

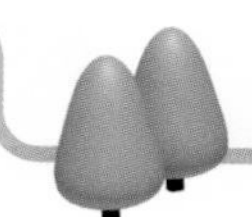

● 다음 그림에서 $l /\!/ m$일 때, $\angle x$의 크기를 구하시오.

13 [242003-0583]

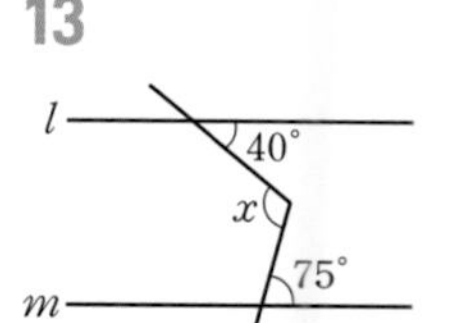

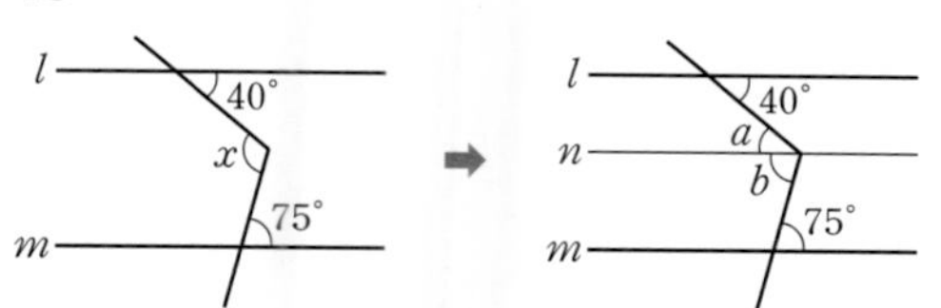

➡ 두 직선 l, m에 평행한 직선 n을 그으면
$\angle a=$ ☐ (엇각), $\angle b=$ ☐ (엇각)
따라서 $\angle x=\angle a+\angle b=$ ☐

14 [242003-0584]

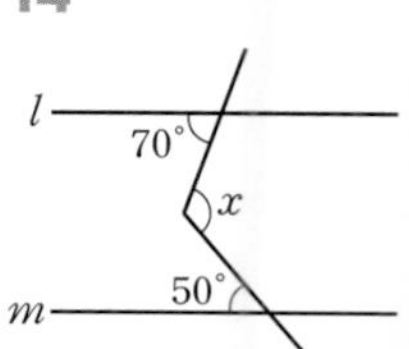

15 [242003-0585]

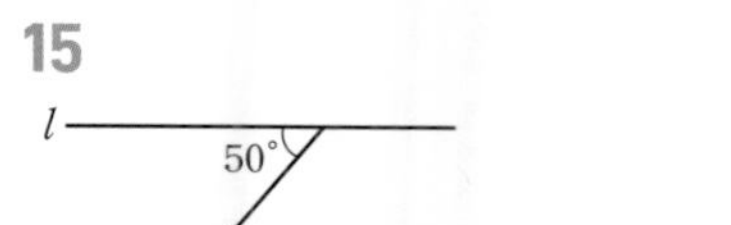

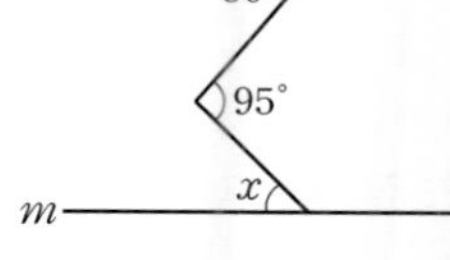

16 [242003-0586]

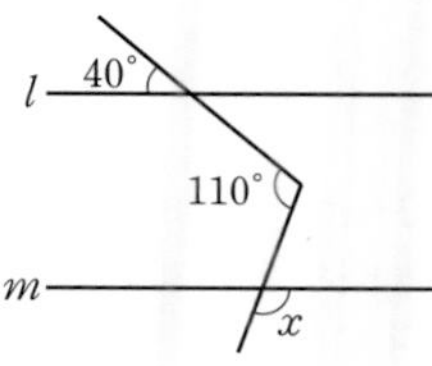

17 [242003-0587]

➡ 두 직선 l, m에 평행한 직선 n을 그으면
$\angle a=$ ☐ (동위각), $\angle b=$ ☐ (동위각)
따라서 $\angle x=\angle a+\angle b=$ ☐

18 [242003-0588]

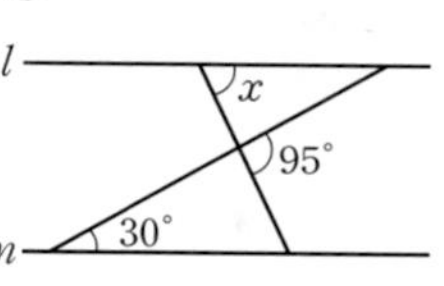

19 [242003-0589]

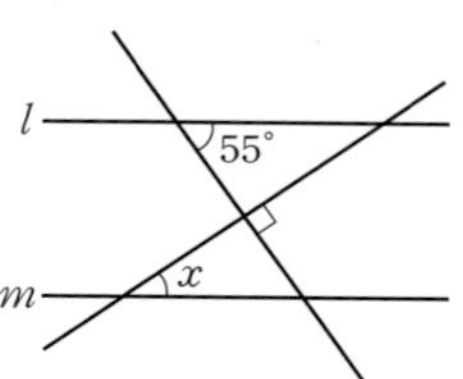

두 직선이 평행할 조건

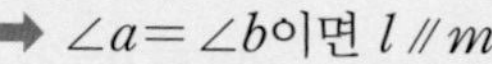

서로 다른 두 직선 l, m이 다른 한 직선 n과 만날 때

(1) 동위각의 크기가 같으면 두 직선은 서로 평행하다.
➡ $\angle a=\angle b$이면 $l /\!/ m$

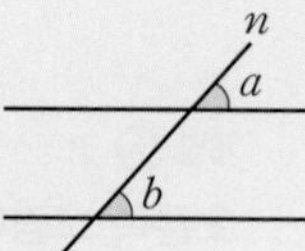

(2) 엇각의 크기가 같으면 두 직선은 서로 평행하다.
➡ $\angle c=\angle d$이면 $l /\!/ m$

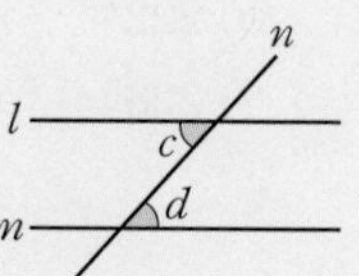

● 다음 그림에서 두 직선 l, m이 서로 평행하면 ○표, 평행하지 않으면 ×표를 ( ) 안에 써넣으시오.

20 [242003-0590]

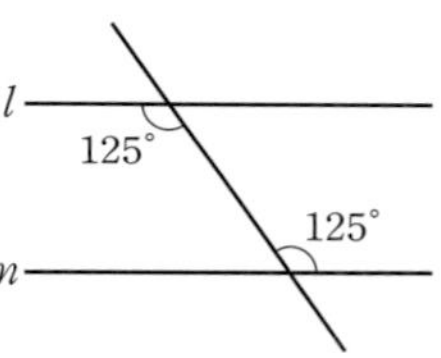

(   )

21 [242003-0591]

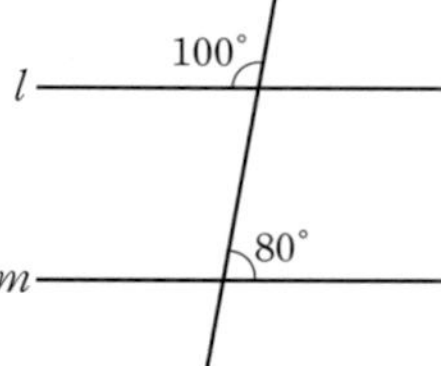

(   )

22 [242003-0592]

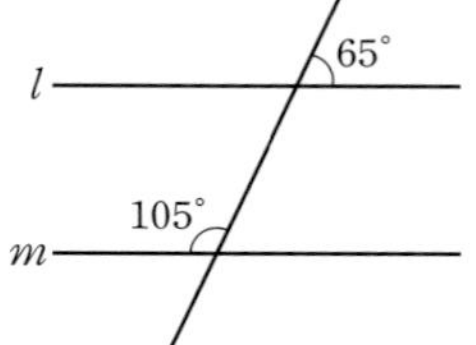

(   )

소단원 핵심문제

개념 12 동위각과 엇각 [242003-0593]

1 오른쪽 그림과 같이 네 직선이 만날 때, 다음 중에서 $\angle c$의 엇각을 모두 찾은 것은?

① $\angle b$, $\angle f$ ② $\angle e$, $\angle i$ ③ $\angle e$, $\angle l$
④ $\angle g$, $\angle i$ ⑤ $\angle g$, $\angle k$

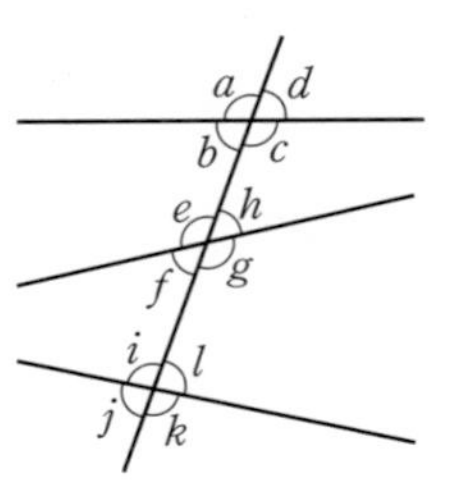

개념 13 평행선의 성질 [242003-0594]

2 오른쪽 그림에서 $l /\!/ m$일 때, x의 값은?

① 44 ② 46 ③ 48
④ 50 ⑤ 52

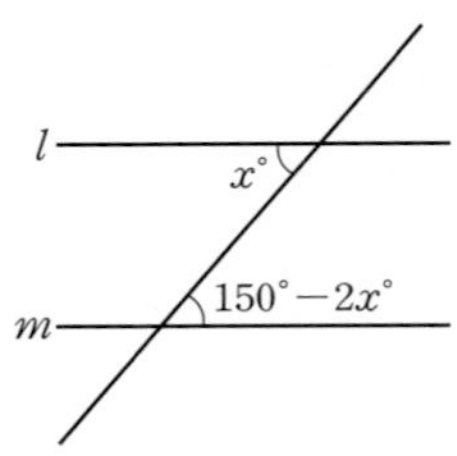

두 직선이 평행하면 동위각과 엇각의 크기가 각각 같다.

개념 13 평행선의 성질 [242003-0595]

3 오른쪽 그림에서 $l /\!/ m$일 때, $\angle x+\angle y$의 크기는?

① 222° ② 224° ③ 226°
④ 228° ⑤ 230°

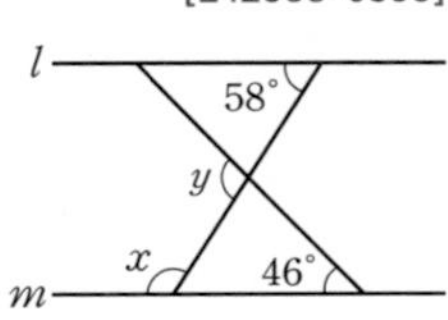

개념 13 평행선의 성질 [242003-0596]

기출 **4** 오른쪽 그림에서 $l /\!/ m$일 때, $\angle x$의 크기는?

① 40° ② 50° ③ 60°
④ 70° ⑤ 80°

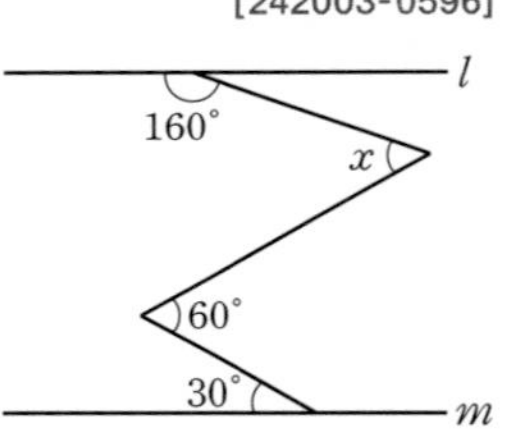

꺾은 점을 지나면서 주어진 평행선에 평행한 직선을 긋고, 동위각과 엇각의 크기가 각각 같음을 이용한다.

개념 14 두 직선이 평행할 조건 [242003-0597]

5 다음 보기에서 두 직선 l, m이 서로 평행한 것을 있는 대로 고르시오.

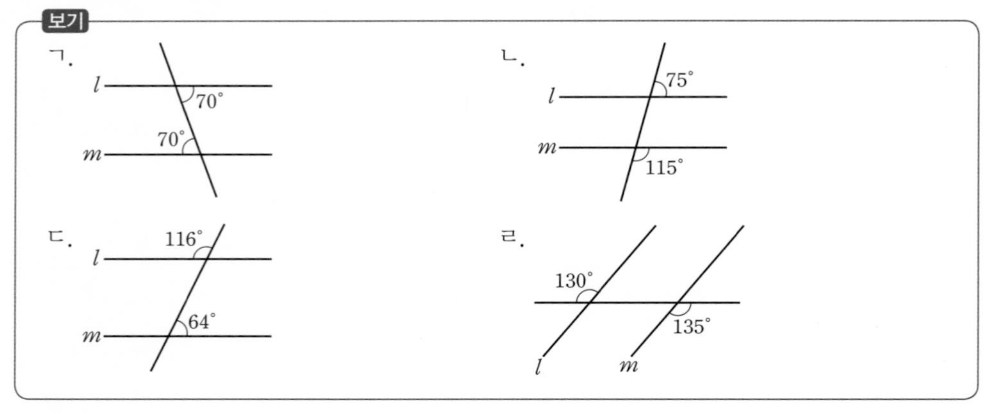

두 직선 l, m이 한 직선과 만날 때, 동위각이나 엇각의 크기가 같으면 $l /\!/ m$이다.

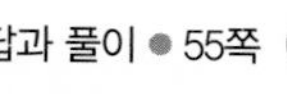

개념 12 동위각과 엇각 [242003-0598]

6 오른쪽 그림과 같이 세 직선 l, m, n이 만날 때, 다음 물음에 답하시오.

(1) $\angle a$의 동위각을 모두 찾으시오.

(2) $\angle a$의 모든 동위각의 크기의 합을 구하시오.

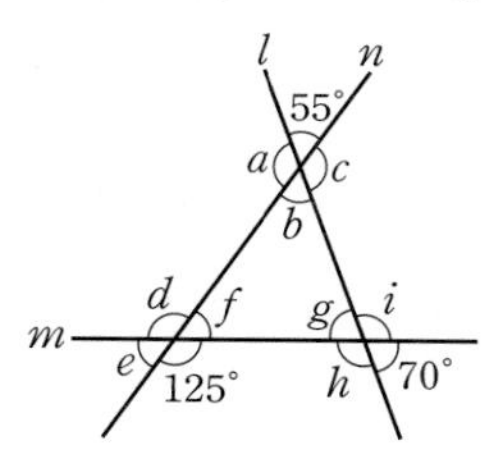

서로 다른 두 직선이 다른 한 직선과 만나서 생기는 각 중에서 동위각은 같은 위치에 있는 두 각, 엇각은 엇갈린 위치에 있는 두 각이다.

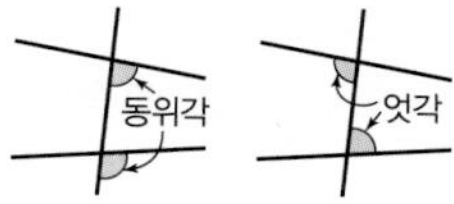

개념 13 평행선의 성질 [242003-0599]

7 오른쪽 그림에서 $l /\!/ m$일 때, $\angle x$, $\angle y$의 크기를 각각 구하시오.

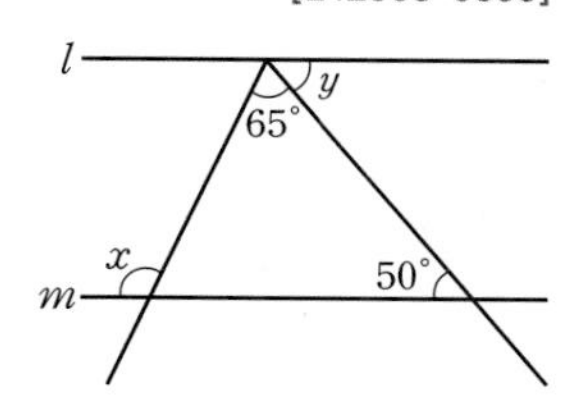

개념 13 평행선의 성질 [242003-0600]

8 오른쪽 그림에서 $l /\!/ m$일 때, $\angle x$의 크기는?

① 82° ② 84° ③ 86°
④ 88° ⑤ 90°

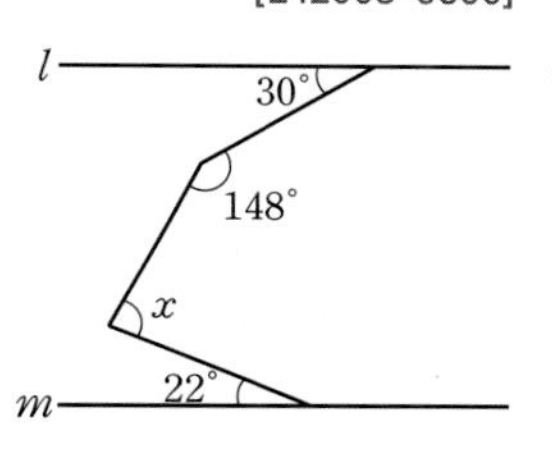

꺾은 점을 지나면서 주어진 평행선에 평행한 직선을 긋고, 동위각과 엇각의 크기가 각각 같음을 이용한다.

기출

개념 13 평행선의 성질 [242003-0601]

9 오른쪽 그림은 직사각형 모양의 종이를 선분 EG를 접는 선으로 하여 접은 것이다. $\angle \mathrm{DEG}=68°$일 때, $\angle x$의 크기를 구하시오.

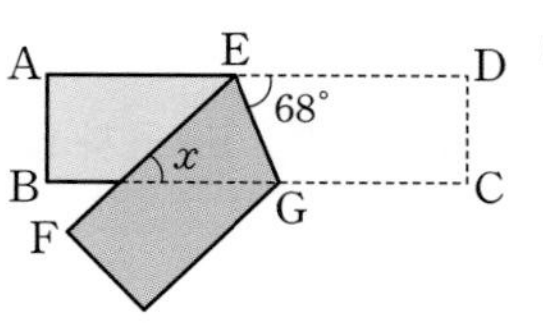

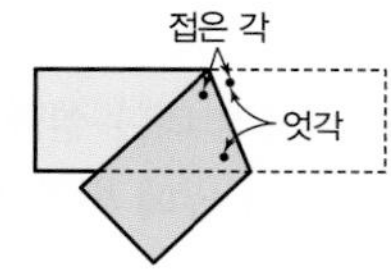

개념 14 두 직선이 평행할 조건 [242003-0602]

10 오른쪽 그림에서 $l /\!/ m$이 되는 경우가 아닌 것은?

① $\angle a=115°$ ② $\angle b=65°$ ③ $\angle c=115°$
④ $\angle g=65°$ ⑤ $\angle a+\angle g=180°$

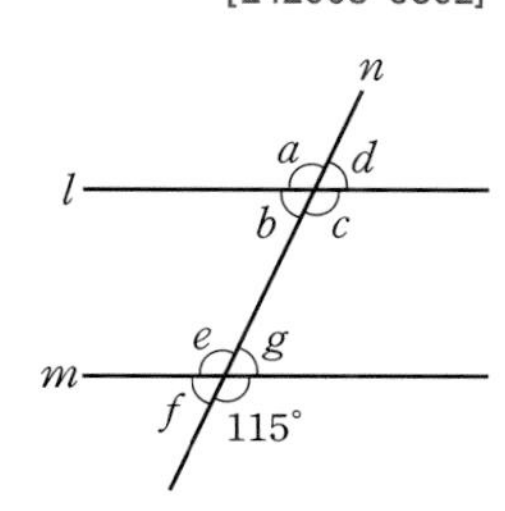

1 작도

길이가 같은 선분의 작도

(1) **작도**: 눈금 없는 자와 컴퍼스만을 사용하여 도형을 그리는 것

① **눈금 없는 자**: 두 점을 연결하는 선분을 그리거나 선분을 연장할 때 사용

② ❶ ______ : 원을 그리거나 선분의 길이를 다른 직선 위로 옮길 때 사용

(2) **길이가 같은 선분의 작도**

선분 AB와 길이가 같은 선분 PQ는 다음과 같이 작도한다.

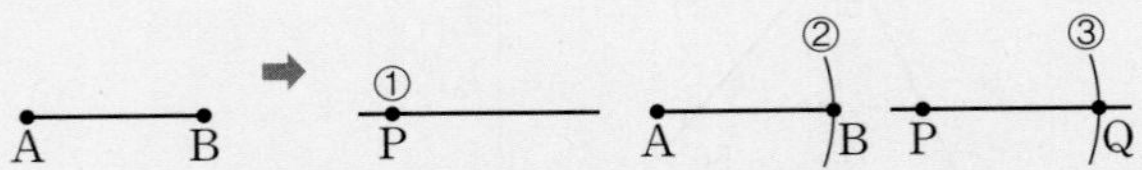

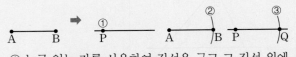

① 눈금 없는 자를 사용하여 직선을 긋고 그 직선 위에 점 P를 잡는다.

② 컴퍼스를 사용하여 ❷ ______ 의 길이를 잰다.

③ 점 P를 중심으로 반지름의 길이가 $\overline{AB}$인 원을 그려 직선과의 교점을 Q라 하면 선분 PQ가 작도된다.

1 [242003-0603]

다음 보기에서 작도할 때 사용하는 도구를 있는 대로 고르시오.

보기

ㄱ. 각도기　　ㄴ. 컴퍼스

ㄷ. 삼각자　　ㄹ. 눈금 없는 자

● **다음 중 작도에 대한 설명으로 옳은 것은 ○표, 옳지 않은 것은 ×표를 (　) 안에 써넣으시오.**

2 [242003-0604]

두 점을 연결하는 선분을 그릴 때에는 눈금 없는 자를 사용한다. (　　)

3 [242003-0605]

각의 크기를 잴 때에는 각도기를 사용한다. (　　)

4 [242003-0606]

원을 그릴 때에는 각도기를 사용한다. (　　)

5 [242003-0607]

선분의 길이를 옮길 때에는 컴퍼스를 사용한다. (　　)

6 [242003-0608]

다음은 선분 AB와 길이가 같은 선분 CD를 작도하는 과정이다. □ 안에 알맞은 것을 써넣으시오.

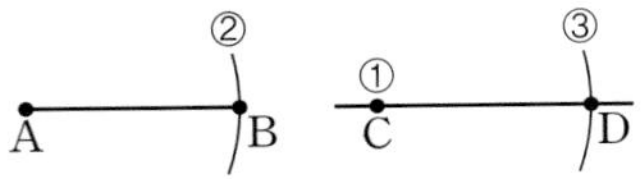

① 눈금없는 자를 사용하여 직선을 긋고 그 위에 점 □를 잡는다.

② 컴퍼스를 사용하여 □의 길이를 잰다.

③ 점 C를 중심으로 반지름의 길이가 □인 원을 그려 직선과의 교점을 D라 한다.

➡ $\overline{CD}=\overline{AB}$

7 [242003-0609]

다음은 선분 AB를 점 B의 방향으로 연장하여 길이가 선분 AB의 2배인 선분 AC를 작도하는 과정이다. □ 안에 알맞은 것을 써넣으시오.

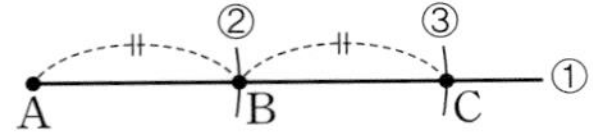

① □를 사용하여 $\overline{AB}$를 점 B의 방향으로 연장한다.

② □를 사용하여 $\overline{AB}$의 길이를 잰다.

③ 점 B를 중심으로 반지름의 길이가 □인 원을 그려 $\overline{AB}$의 연장선과의 교점을 C라 한다.

➡ $\overline{AC}=$□$\overline{AB}$

크기가 같은 각의 작도

각 AOB와 크기가 같은 각 XPY는 다음과 같이 작도한다.

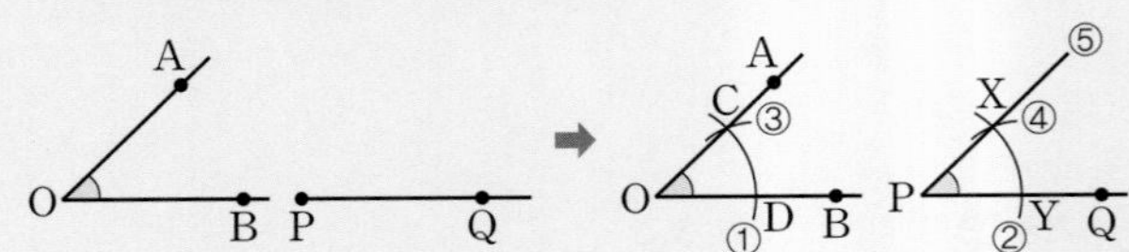

① 점 O를 중심으로 원을 그려 $\overrightarrow{OA}$, $\overrightarrow{OB}$와의 교점을 각각 C, D라 한다.

② 점 P를 중심으로 반지름의 길이가 $\overline{OC}$인 원을 그려 $\overrightarrow{PQ}$와의 교점을 Y라 한다.

③ ❸ ______ 를 사용하여 $\overline{CD}$의 길이를 잰다.

④ 점 Y를 중심으로 반지름의 길이가 $\overline{CD}$인 원을 그려 ②의 원과의 교점을 X라 한다.

⑤ $\overrightarrow{PX}$를 그으면 ∠XPY가 작도된다.

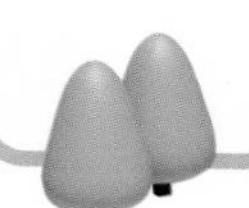

8 [242003-0610]

다음은 ∠XOY와 크기가 같고 $\overrightarrow{PQ}$를 한 변으로 하는 ∠DPC를 작도하는 과정이다. □ 안에 알맞은 것을 써넣으시오.

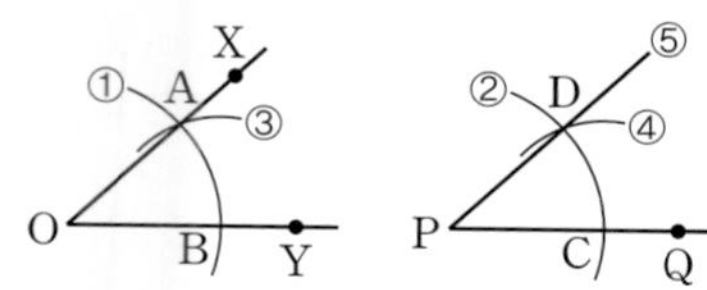

① 점 O를 중심으로 원을 그려 $\overrightarrow{OX}$, $\overrightarrow{OY}$와의 교점을 각각 □, □라 한다.
② 점 P를 중심으로 반지름의 길이가 $\overline{OA}$인 원을 그려 $\overrightarrow{PQ}$와의 교점을 □라 한다.
③ □를 사용하여 $\overline{AB}$의 길이를 잰다.
④ 점 C를 중심으로 반지름의 길이가 □인 원을 그려 ②의 원과의 교점을 D라 한다.
⑤ $\overrightarrow{PD}$를 긋는다.
➡ ∠XOY=□

● 다음은 ∠XOY와 크기가 같고 $\overrightarrow{PQ}$를 한 변으로 하는 각을 작도하는 과정이다. □ 안에 알맞은 것을 써넣으시오.

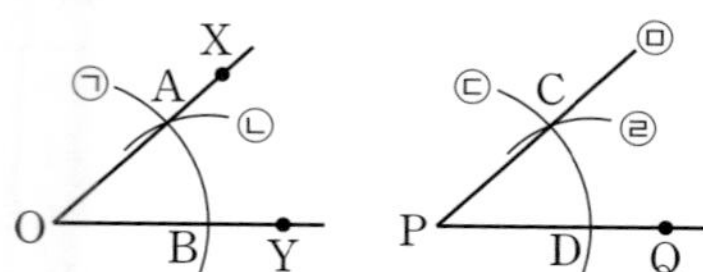

9 [242003-0611]

작도 순서는 ㉠ → □ → □ → □ → ㉤이다.

10 [242003-0612]

$\overline{OA}$=□=$\overline{PC}$=□

11 [242003-0613]

$\overline{AB}$=□

12 [242003-0614]

∠XOY=□

평행선의 작도

직선 l 위에 있지 않은 한 점 P를 지나면서 직선 l에 평행한 직선 PR는 다음과 같이 작도한다.

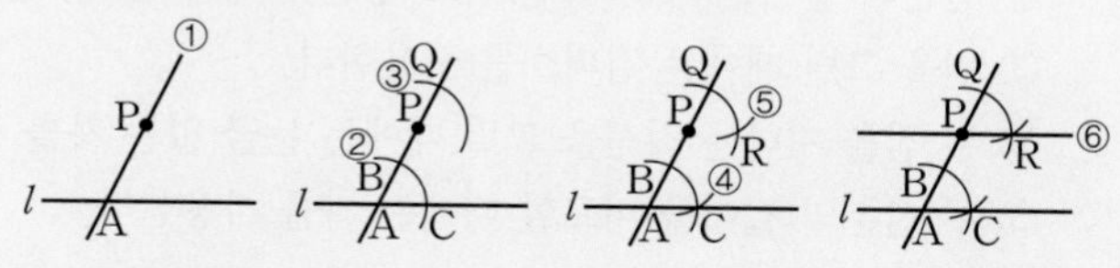

① 점 P를 지나는 직선을 그어 직선 l과의 교점을 A라 한다.
② 점 A를 중심으로 원을 그려 $\overleftrightarrow{AP}$, 직선 l과의 교점을 각각 B, C라 한다.
③ 점 P를 중심으로 반지름의 길이가 $\overline{AB}$인 원을 그려 $\overleftrightarrow{AP}$와의 교점을 Q라 한다.
④ 컴퍼스를 사용하여 $\overline{BC}$의 길이를 잰다.
⑤ 점 Q를 중심으로 반지름의 길이가 ❹ □인 원을 그려 ③의 원과의 교점을 R라 한다.
⑥ $\overleftrightarrow{PR}$를 그으면 직선 PR가 작도된다.

● 오른쪽 그림은 직선 l 밖의 한 점 P를 지나면서 직선 l에 평행한 직선을 작도하는 과정이다. □ 안에 알맞은 것을 써넣으시오.

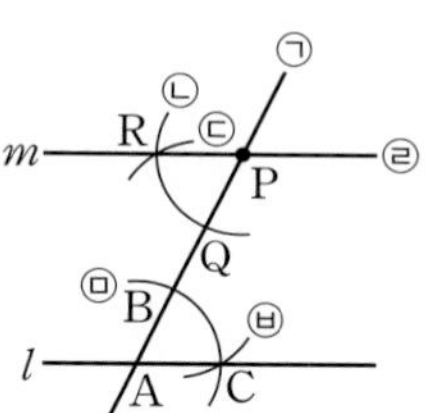

13 [242003-0615]

작도 순서는 ㉠ → ㉤ → □ → □ → □ → □이다.

14 [242003-0616]

$\overline{AB}$=□=□=$\overline{PR}$

15 [242003-0617]

$\overline{BC}$=□

16 [242003-0618]

∠BAC=□

17 [242003-0619]

위의 평행선의 작도는 '서로 다른 두 직선이 한 직선과 만날 때, □의 크기가 같으면 두 직선은 서로 평행하다.'는 성질을 이용한 것이다.

소단원 핵심문제

개념 ① 길이가 같은 선분의 작도 [242003-0620]

1 기출 **다음 중에서 작도에 대한 설명으로 옳지 <u>않은</u> 것은?**

① 선분을 연장할 때에는 눈금 없는 자를 사용한다.
② 선분의 길이를 다른 직선 위로 옮길 때에는 컴퍼스를 사용한다.
③ 원을 그릴 때에는 컴퍼스를 사용한다.
④ 두 점을 지나는 직선을 그릴 때에는 눈금 없는 자를 사용한다.
⑤ 두 선분의 길이를 비교할 때에는 자를 사용한다.

> **작도**
> ① 눈금 없는 자: 두 점을 연결하는 선분을 그리거나 선분을 연장할 때 사용
> ② 컴퍼스: 원을 그리거나 선분의 길이를 다른 직선 위로 옮길 때 사용

개념 ① 길이가 같은 선분의 작도 [242003-0621]

2 **다음은 선분 AB와 길이가 같은 선분 CD를 작도하는 과정이다. 작도 순서를 바르게 나열하시오.**

㉠ 컴퍼스를 사용하여 $\overline{AB}$의 길이를 잰다.
㉡ 눈금없는 자를 사용하여 직선을 긋고 그 위에 점 C를 잡는다.
㉢ 점 C를 중심으로 반지름의 길이가 $\overline{AB}$인 원을 그려 직선과의 교점을 D라 한다.

개념 ② 크기가 같은 각의 작도 [242003-0622]

3 **오른쪽 그림과 같이 $\angle XOY$와 크기가 같고 $\overrightarrow{PQ}$를 한 변으로 하는 각을 작도하였을 때, 다음 중에서 길이가 나머지 넷과 <u>다른</u> 하나는?**

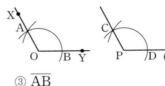

① $\overline{OA}$ ② $\overline{OB}$ ③ $\overline{AB}$
④ $\overline{PC}$ ⑤ $\overline{PD}$

> **크기가 같은 각의 작도**
> 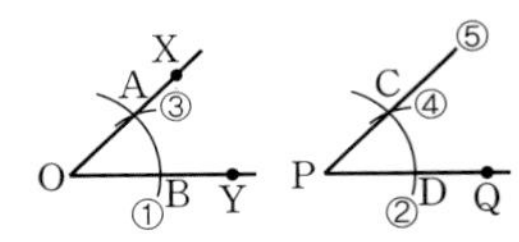
> ➡ $\overline{OA}=\overline{OB}=\overline{PC}=\overline{PD}$, $\overline{AB}=\overline{CD}$, $\angle XOY=\angle CPD$

개념 ③ 평행선의 작도 [242003-0623]

4 **오른쪽 그림은 점 P를 지나고 직선 l에 평행한 직선을 작도한 것이다. 다음 중에서 이 작도와 관련 있는 것을 모두 고르면? (정답 2개)**

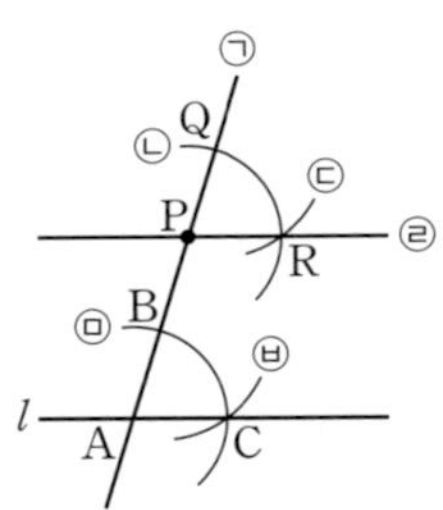

① 길이가 같은 선분의 작도
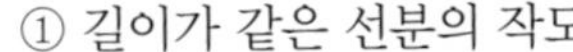
② 크기가 같은 각의 작도
③ 두 직선이 평행하면 다른 한 직선과 만나서 생기는 동위각의 크기는 같다.
④ 두 직선이 다른 한 직선과 만나서 생기는 동위각의 크기가 같으면 두 직선은 서로 평행하다.
⑤ 두 직선이 다른 한 직선과 만나서 생기는 엇각의 크기가 같으면 두 직선은 서로 평행하다.

한번 더!

정답과 풀이 ● 55쪽

개념 ① 길이가 같은 선분의 작도 [242003-0624]

5 다음 보기 에서 작도할 때 눈금 없는 자의 용도로 옳은 것을 있는 대로 고르시오.

보기
ㄱ. 선분을 연장한다.
ㄴ. 선분의 길이를 잰다.
ㄷ. 선분의 길이를 옮긴다.
ㄹ. 두 점을 연결하여 선분을 그린다.

개념 ① 길이가 같은 선분의 작도 [242003-0625]

6 다음은 선분 AB를 점 B의 방향으로 연장하여 $\overline{AC}=3\overline{AB}$인 선분 AC를 작도하는 과정이다. 작도 순서를 바르게 나열한 것은?

㉠ 컴퍼스를 사용하여 $\overline{AB}$의 길이를 잰다.
㉡ 점 B를 중심으로 반지름의 길이가 $\overline{AB}$인 원을 그려 $\overline{AB}$의 연장선과의 교점을 D라 한다.
㉢ 눈금 없는 자를 사용하여 $\overline{AB}$를 점 B의 방향으로 연장한다.
㉣ 점 D를 중심으로 반지름의 길이가 $\overline{AB}$인 원을 그려 $\overline{AB}$의 연장선과의 교점을 C라 한다.

① ㉠ → ㉡ → ㉢ → ㉣ ② ㉠ → ㉢ → ㉡ → ㉣ ③ ㉡ → ㉣ → ㉠ → ㉢
④ ㉢ → ㉠ → ㉡ → ㉣ ⑤ ㉢ → ㉡ → ㉣ → ㉠

길이가 같은 선분의 작도

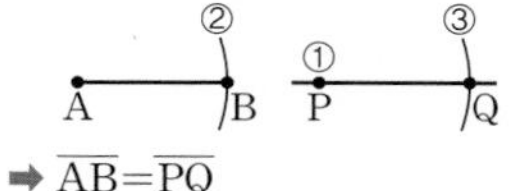

➡ $\overline{AB}=\overline{PQ}$

개념 ② 크기가 같은 각의 작도 [242003-0626]

7 다음은 ∠O의 크기의 2배인 ∠A를 작도하는 과정이다. 작도 순서를 바르게 나열하시오.

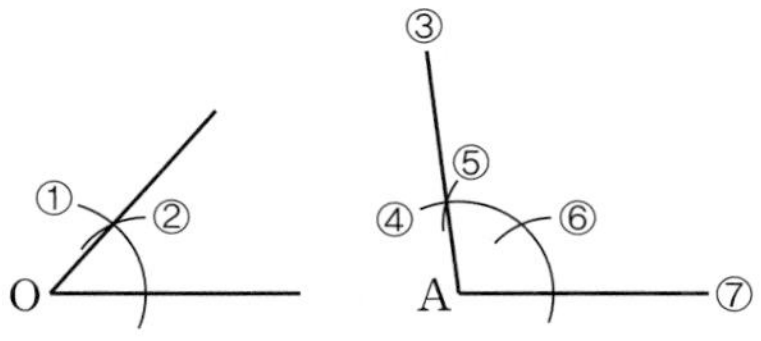

크기가 같은 각의 작도

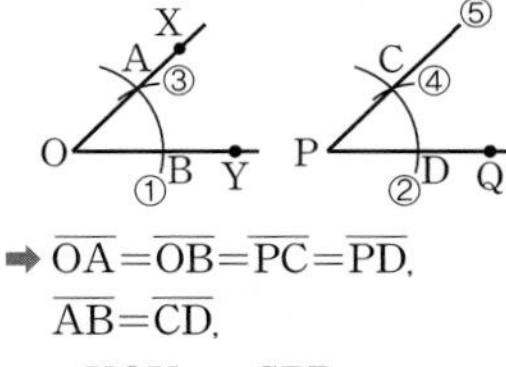

➡ $\overline{OA}=\overline{OB}=\overline{PC}=\overline{PD}$,
$\overline{AB}=\overline{CD}$,
∠XOY=∠CPD

기출

개념 ③ 평행선의 작도 [242003-0627]

8 오른쪽 그림은 직선 l 밖의 한 점 P를 지나면서 직선 l에 평행한 직선을 작도하는 과정이다. 다음 물음에 답하시오.

(1) 작도 순서를 바르게 나열하시오.
(2) ∠AQB와 크기가 같은 각을 구하시오.

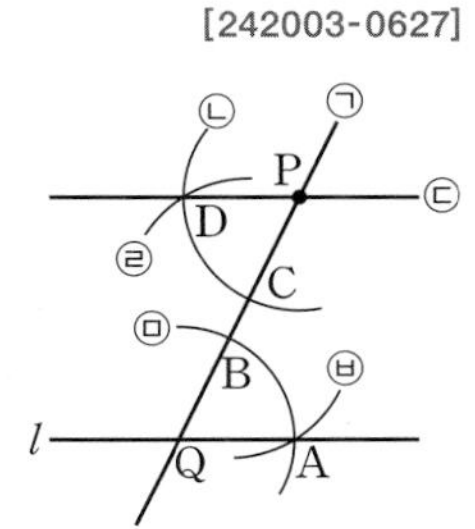

2 삼각형의 작도

삼각형

(1) 삼각형 ABC : 세 점 A, B, C를 꼭짓점으로 하는 삼각형을 삼각형 ABC라 하고, 이것을 기호로 ❶ ______ 와 같이 나타낸다.

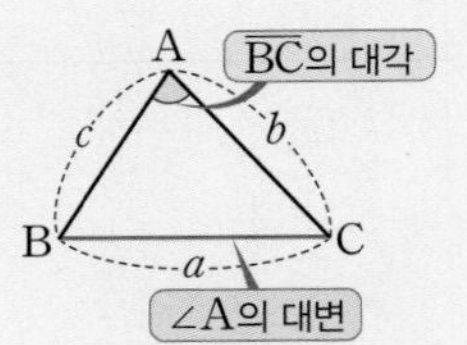

① 대변 : 한 각과 마주 보는 변

② 대각 : 한 변과 마주 보는 각

(2) 삼각형의 세 변의 길이 사이의 관계

삼각형의 두 변의 길이의 합은 나머지 한 변의 길이보다 크다.

➡ $a+b>c$, $b+c>a$, $c+a>b$

참고 (가장 긴 변의 길이) < (나머지 두 변의 길이의 합)

● 오른쪽 그림과 같은 △ABC에서 다음을 구하시오.

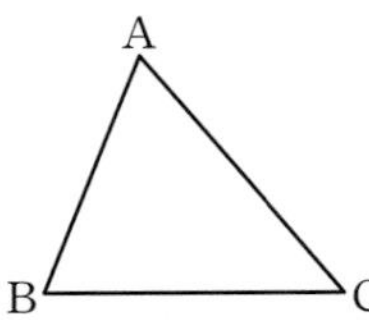

1 [242003-0628]

∠A의 대변

2 [242003-0629]

∠B의 대변

3 [242003-0630]

$\overline{AB}$의 대각

● 오른쪽 그림과 같은 △ABC에 대한 설명으로 옳은 것은 ○표, 옳지 않은 것은 ×표를 ( ) 안에 써넣으시오.

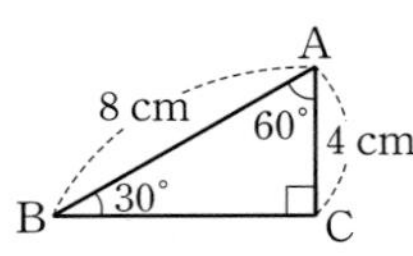

4 [242003-0631]

∠B의 대변의 길이는 4 cm이다. ( )

5 [242003-0632]

∠C의 대변의 길이는 8 cm이다. ( )

6 [242003-0633]

$\overline{BC}$의 대각의 크기는 30°이다. ( )

7 [242003-0634]

$\overline{AB}$의 대각의 크기는 90°이다. ( )

● 세 선분의 길이가 다음과 같을 때, 세 선분을 이용하여 삼각형을 만들 수 있으면 ○표, 만들 수 없으면 ×표를 ( ) 안에 써넣으시오.

8 [242003-0635]

2 cm, 2 cm, 3 cm ( )

➡ □ < 2+2이므로 삼각형을 만들 수 □.

9 [242003-0636]

3 cm, 4 cm, 7 cm ( )

10 [242003-0637]

4 cm, 6 cm, 8 cm ( )

11 [242003-0638]

5 cm, 7 cm, 13 cm ( )

12 [242003-0639]

6 cm, 6 cm, 6 cm ( )

13 [242003-0640]

8 cm, 9 cm, 10 cm ( )

삼각형의 작도

다음의 세 가지 경우에 삼각형을 하나로 작도할 수 있다.

(1) 세 변의 길이가 주어질 때

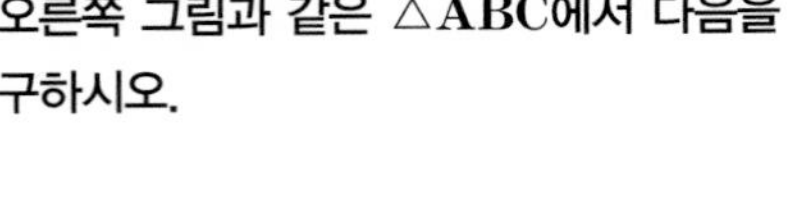

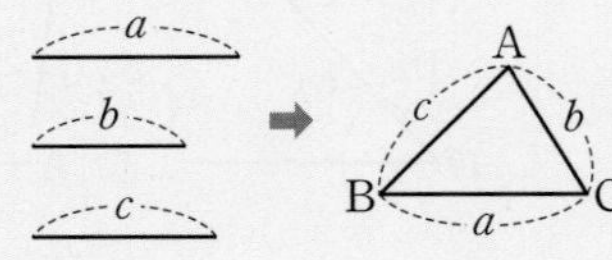

(2) 두 변의 길이와 그 ❷ ______ 의 크기가 주어질 때

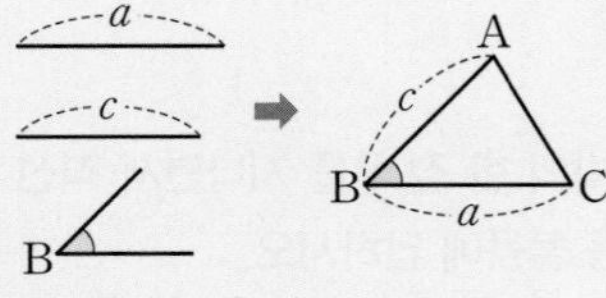

(3) 한 변의 길이와 그 양 끝 각의 크기가 주어질 때

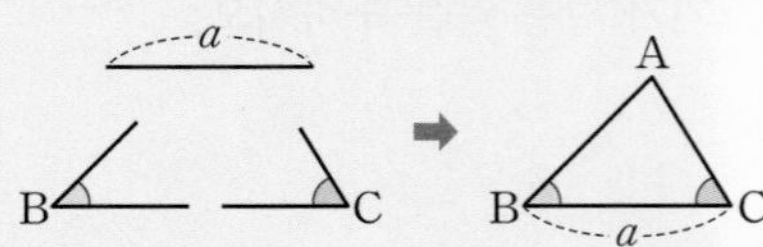

참고 삼각형을 작도할 때에는 길이가 같은 선분의 작도와 크기가 같은 각의 작도를 이용한다.

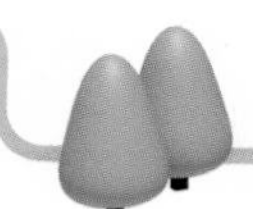

● **다음 물음에 답하시오.**

14

[242003-0641]

아래 그림은 세 변의 길이 a, b, c가 주어질 때, △ABC를 작도하는 과정이다. □ 안에 알맞은 것을 써넣으시오.

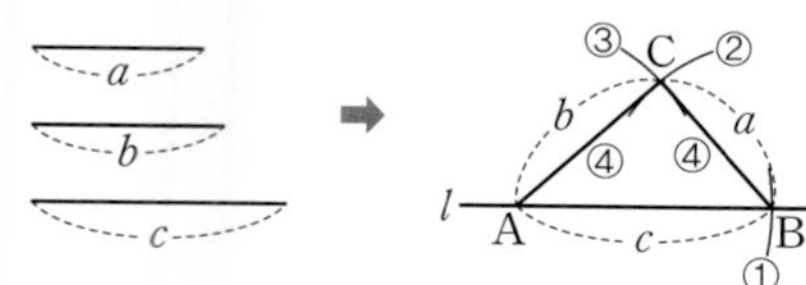

① 직선 l을 그리고 그 위에 길이가 □인 $\overline{AB}$를 작도한다.
② 점 B를 중심으로 반지름의 길이가 □인 원을 그린다.
③ 점 A를 중심으로 반지름의 길이가 □인 원을 그려 ②의 원과의 교점을 □라 한다.
④ 점 A와 점 C, 점 B와 점 C를 각각 이으면 △ABC가 작도된다.

15

[242003-0642]

아래 그림은 두 변의 길이 b, c와 그 끼인각인 ∠A의 크기가 주어질 때, △ABC를 작도하는 과정이다. □ 안에 알맞은 것을 써넣으시오.

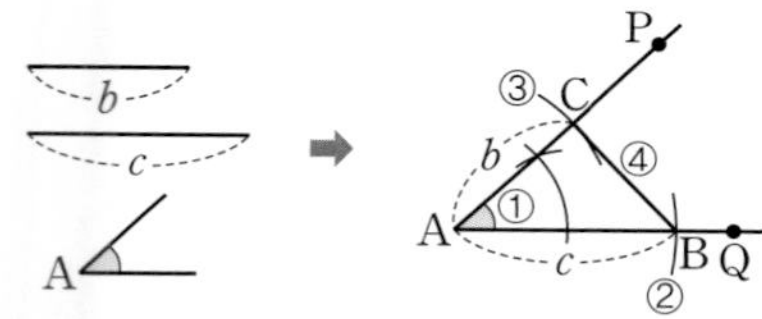

① □와 크기가 같은 ∠PAQ를 작도한다.
② 점 □를 중심으로 반지름의 길이가 c인 원을 그려 $\overrightarrow{AQ}$와의 교점을 B라 한다.
③ 점 A를 중심으로 반지름의 길이가 □인 원을 그려 $\overrightarrow{AP}$와의 교점을 □라 한다.
④ 점 B와 점 C를 이으면 △ABC가 작도된다.

16

[242003-0643]

아래 그림은 한 변의 길이 c와 그 양 끝 각인 ∠A, ∠B의 크기가 주어질 때, △ABC를 작도하는 과정이다. □ 안에 알맞은 것을 써넣으시오.

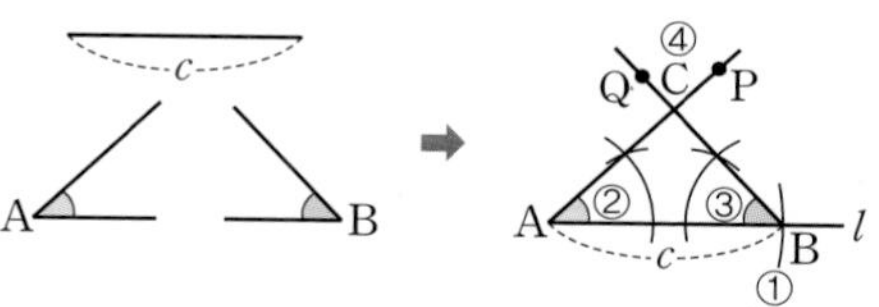

① 직선 l을 그리고 그 위에 길이가 □인 $\overline{AB}$를 작도한다.
② □와 크기가 같은 ∠PAB를 작도한다.
③ □와 크기가 같은 ∠QBA를 작도한다.
④ $\overrightarrow{AP}$와 $\overrightarrow{BQ}$의 교점을 □라 하면 △ABC가 작도된다.

삼각형이 하나로 정해질 조건

다음의 세 가지 경우에 삼각형의 모양과 크기가 하나로 정해진다.
① 세 변의 길이가 주어질 때
② 두 변의 길이와 그 끼인각의 크기가 주어질 때
③ 한 변의 길이와 그 양 끝 각의 크기가 주어질 때

● **다음 중 △ABC가 하나로 정해지는 것은 보기에서 해당하는 것의 기호를, 하나로 정해지지 않는 것은 ×표를 ( ) 안에 써넣으시오.**

보기
ㄱ. 세 변의 길이가 주어질 때
ㄴ. 두 변의 길이와 그 끼인각의 크기가 주어질 때
ㄷ. 한 변의 길이와 그 양 끝 각의 크기가 주어질 때

17

[242003-0644]

$\overline{AB}=3$ cm, $\overline{BC}=4$ cm, $\overline{CA}=5$ cm ( )

18

[242003-0645]

$\overline{AB}=6$ cm, $\overline{AC}=10$ cm, $\angle C=30°$ ( )

19

[242003-0646]

$\overline{BC}=9$ cm, $\angle A=35°$, $\angle B=100°$ ( )

20

[242003-0647]

$\overline{AB}=6$ cm, $\overline{BC}=8$ cm, $\angle B=80°$ ( )

소단원 핵심문제

개념 ④ 삼각형 [242003-0648]

1 **다음 중 삼각형의 세 변의 길이가 될 수 있는 것은?**

① 2 cm, 4 cm, 6 cm ② 3 cm, 4 cm, 7 cm
③ 4 cm, 6 cm, 11 cm ④ 6 cm, 7 cm, 10 cm
⑤ 8 cm, 8 cm, 17 cm

세 변의 길이가 주어졌을 때 삼각형이 될 수 있는 조건
➡ (가장 긴 변의 길이) < (나머지 두 변의 길이의 합)

개념 ⑤ 삼각형의 작도 [242003-0649]

2 **다음은 한 변의 길이 a와 그 양 끝 각 $\angle B$, $\angle C$의 크기가 주어졌을 때, $\triangle ABC$를 작도하는 과정이다. □ 안에 알맞은 것을 써넣으시오.**

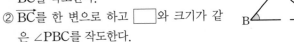

① 직선 l을 그리고 그 위에 길이가 □인 $\overline{BC}$를 작도한다.
② $\overrightarrow{BC}$를 한 변으로 하고 □와 크기가 같은 $\angle PBC$를 작도한다.
③ $\overrightarrow{CB}$를 한 변으로 하고 □와 크기가 같은 $\angle QCB$를 작도한다.
④ $\overrightarrow{BP}$와 $\overrightarrow{CQ}$의 교점을 □라 하면 $\triangle ABC$가 작도된다.

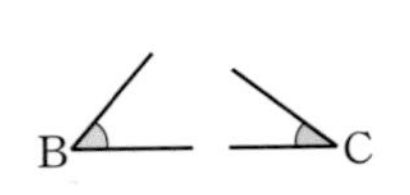

➡

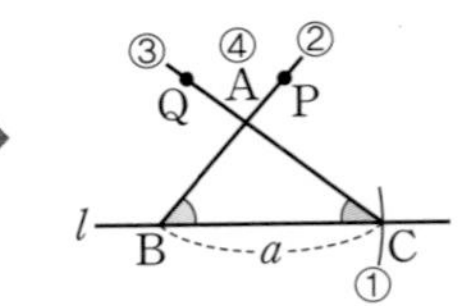

개념 ⑥ 삼각형이 하나로 정해질 조건 [242003-0650]

기출 **3** **오른쪽 그림과 같은 $\triangle ABC$에서 $\overline{AB}=5$ cm, $\angle A=50°$일 때, 한 가지 조건을 추가하여 $\triangle ABC$가 하나로 정해지도록 하려고 한다. 이때 한 가지 추가할 조건이 될 수 있는 것을 다음 보기에서 있는 대로 고르시오.**

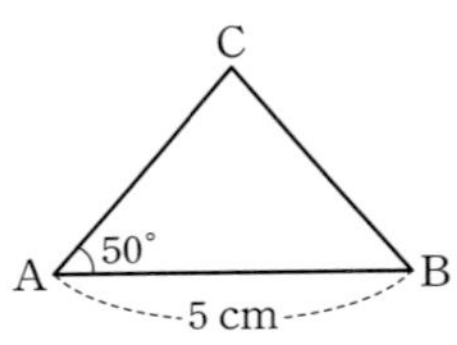

보기
ㄱ. $\angle B=130°$ ㄴ. $\angle C=45°$
ㄷ. $\overline{BC}=8$ cm ㄹ. $\overline{AC}=9$ cm

삼각형이 하나로 정해질 조건
① 세 변의 길이가 주어질 때
② 두 변의 길이와 그 끼인각의 크기가 주어질 때
③ 한 변의 길이와 그 양 끝 각의 크기가 주어질 때

개념 ⑥ 삼각형이 하나로 정해질 조건 [242003-0651]

4 **다음 보기에서 $\triangle ABC$가 하나로 정해지는 것은 모두 몇 개인가?**

보기
ㄱ. $\overline{AB}=4$ cm, $\overline{BC}=6$ cm, $\overline{CA}=9$ cm
ㄴ. $\overline{AB}=7$ cm, $\angle A=60°$, $\angle B=100°$
ㄷ. $\overline{AB}=10$ cm, $\overline{BC}=12$ cm, $\angle A=60°$
ㄹ. $\overline{AC}=10$ cm, $\overline{BC}=12$ cm, $\angle C=60°$
ㅁ. $\overline{AB}=7$ cm, $\overline{BC}=8$ cm, $\overline{CA}=15$ cm

① 1개 ② 2개 ③ 3개
④ 4개 ⑤ 5개

삼각형이 그려질 조건
① 세 변의 길이가 주어진 경우
➡ 가장 긴 변의 길이가 나머지 두 변의 길이의 합보다 작은지 확인한다.
② 한 변의 길이와 두 각의 크기가 주어진 경우
➡ 두 각의 크기의 합이 180°보다 작은지 확인한다.

한번 더!

정답과 풀이 ● 56쪽

개념 ④ 삼각형 [242003-0652]

5 삼각형의 세 변의 길이가 5 cm, 9 cm, x cm일 때, 자연수 x의 개수를 구하시오.

> 가장 긴 변의 길이가 x인 경우와 아닌 경우로 나누어 생각해 본다.

개념 ⑤ 삼각형의 작도 [242003-0653]

6 오른쪽 그림과 같이 $\overline{AB}$, $\overline{BC}$의 길이와 $\angle B$의 크기가 주어졌을 때, 다음 중에서 $\triangle ABC$를 작도하는 순서로 옳지 않은 것은?

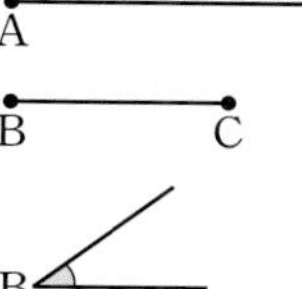

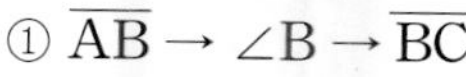

① $\overline{AB} \to \angle B \to \overline{BC}$
② $\overline{AB} \to \overline{BC} \to \angle B$
③ $\overline{BC} \to \angle B \to \overline{AB}$
④ $\angle B \to \overline{AB} \to \overline{BC}$
⑤ $\angle B \to \overline{BC} \to \overline{AB}$

개념 ⑥ 삼각형이 하나로 정해질 조건 [242003-0654]

7 $\overline{AB}=6$ cm, $\angle B=58^\circ$일 때, $\triangle ABC$가 하나로 정해지려면 하나의 조건이 더 필요하다. 다음 보기에서 더 필요한 조건이 될 수 있는 것을 있는 대로 고르시오.

보기

ㄱ. $\angle A=130^\circ$	ㄴ. $\angle A=50^\circ$
ㄷ. $\overline{BC}=8$ cm	ㄷ. $\overline{AC}=5$ cm

개념 ⑥ 삼각형이 하나로 정해질 조건 [242003-0655]

기출

8 다음 중에서 $\triangle ABC$가 하나로 정해지지 않는 것을 모두 고르면? (정답 2개)

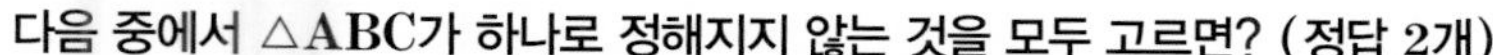

① $\overline{AB}=7$ cm, $\overline{BC}=7$ cm, $\overline{CA}=7$ cm
② $\overline{AB}=8$ cm, $\overline{AC}=6$ cm, $\angle A=30^\circ$
③ $\overline{AB}=10$ cm, $\angle A=120^\circ$, $\angle C=65^\circ$
④ $\overline{BC}=9$ cm, $\angle A=45^\circ$, $\angle C=50^\circ$
⑤ $\angle A=55^\circ$, $\angle B=50^\circ$, $\angle C=75^\circ$

> $\triangle ABC$에서 $\overline{AB}$의 길이와 $\angle A$, $\angle C$의 크기가 주어질 때, $\angle B=180^\circ-(\angle A+\angle C)$이므로 삼각형이 하나로 정해진다.

3 삼각형의 합동

도형의 합동

(1) 합동: △ABC와 △DEF가 서로 합동일 때, 이것을 기호로 △ABC ❶ [   ] △DEF와 같이 나타낸다.

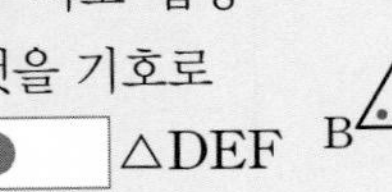

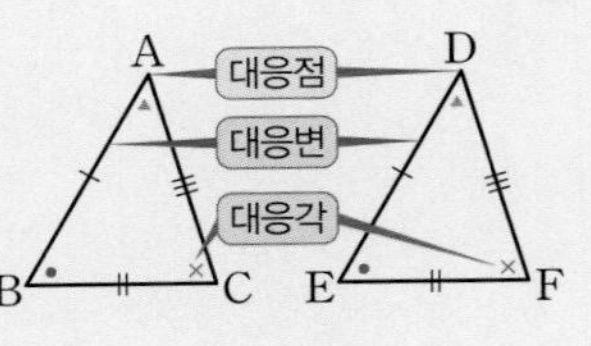

(2) 대응: 합동인 두 도형에서 서로 포개어지는 꼭짓점과 꼭짓점, 변과 변, 각과 각은 서로 대응한다고 한다.

(3) 합동인 도형의 성질

두 도형이 서로 합동이면

① 대응변의 길이는 서로 같다.

② ❷ [   ] 의 크기는 서로 같다.

● 아래 그림에서 사각형 ABCD와 사각형 EFGH가 서로 합동일 때, 다음을 구하시오.

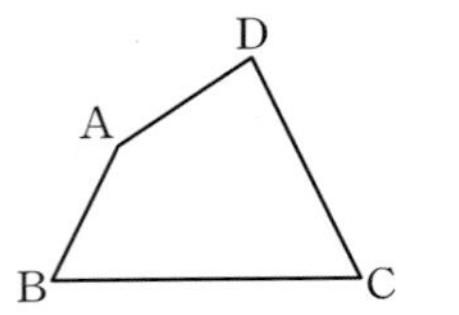

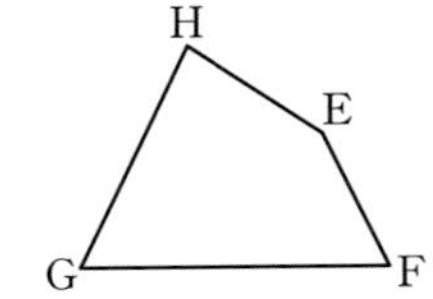

1 [242003-0656]

점 F의 대응점

2 [242003-0657]

변 CD의 대응변

3 [242003-0658]

∠D의 대응각

● 아래 그림에서 △ABC≡△DEF일 때, 다음을 구하시오.

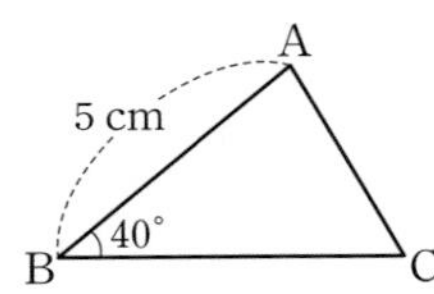

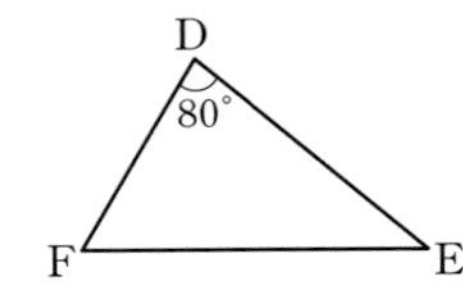

4 [242003-0659]

$\overline{DE}$의 길이

5 [242003-0660]

∠A의 크기

6 [242003-0661]

∠E의 크기

7 [242003-0662]

∠F의 크기

● 다음 두 도형이 서로 합동이면 ○표, 합동이 아니면 ×표를 ( ) 안에 써넣으시오.

8 [242003-0663]

세 각의 크기가 각각 같은 두 삼각형 (   )

9 [242003-0664]

한 변의 길이가 같은 두 정육각형 (   )

10 [242003-0665]

둘레의 길이가 같은 두 정삼각형 (   )

11 [242003-0666]

반지름의 길이가 같은 두 원 (   )

삼각형의 합동 조건

두 삼각형 ABC와 DEF는 다음 각 경우에 서로 합동이다.

(1) 대응하는 세 변의 길이가 각각 같을 때 (❸ [   ] 합동)

➡ $\overline{AB}=\overline{DE}$, $\overline{BC}=\overline{EF}$, $\overline{AC}=\overline{DF}$

(2) 대응하는 두 변의 길이가 각각 같고, 그 끼인각의 크기가 같을 때 (❹ [   ] 합동)

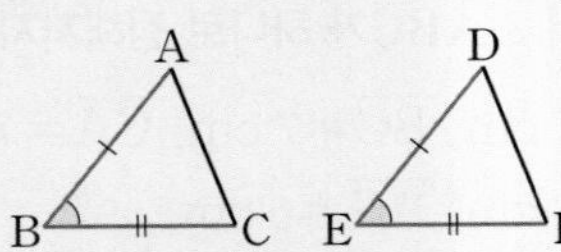

➡ $\overline{AB}=\overline{DE}$, $\overline{BC}=\overline{EF}$, ∠B=∠E

(3) 대응하는 한 변의 길이가 같고, 그 양 끝 각의 크기가 각각 같을 때 (❺ [   ] 합동)

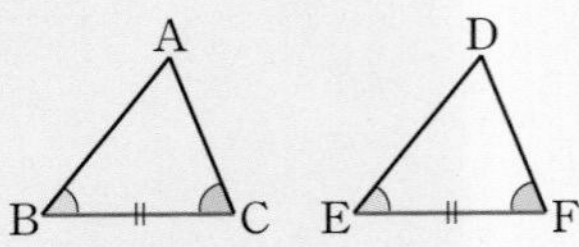

➡ $\overline{BC}=\overline{EF}$, ∠B=∠E, ∠C=∠F

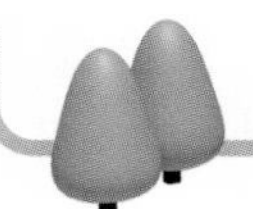

● 다음 두 삼각형이 합동일 때, 합동 조건을 (　　) 안에 써넣으시오.

12 [242003-0667]

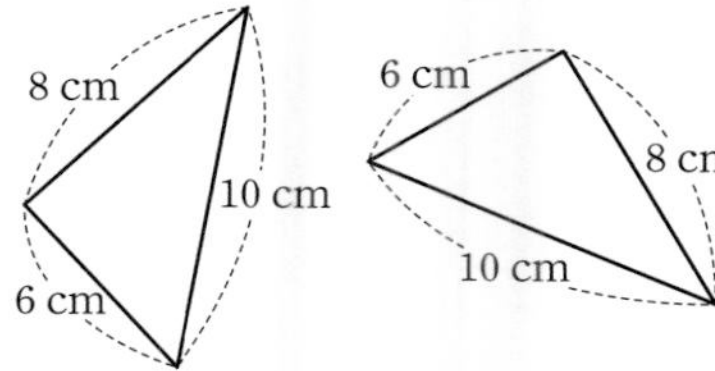

(　　　　)

13 [242003-0668]

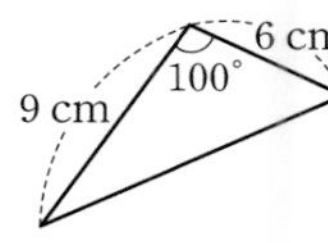

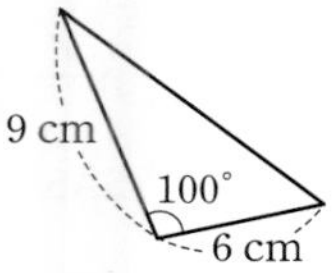

(　　　　)

14 [242003-0669]

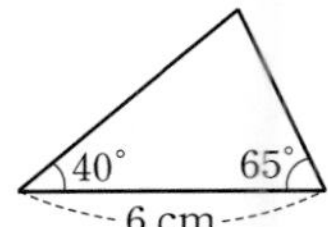

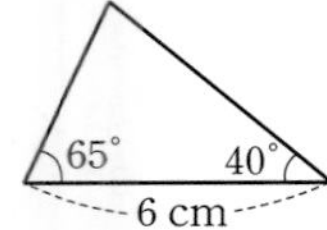

(　　　　)

● 아래 그림의 $\triangle ABC$와 $\triangle DEF$가 다음 조건을 만족시킬 때, 두 삼각형이 서로 합동이면 ○표, 합동이 아니면 ×표를 (　) 안에 써넣으시오.

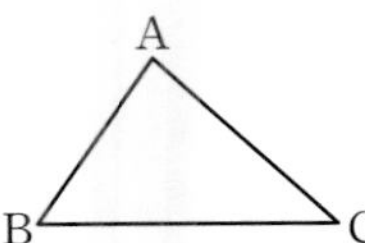

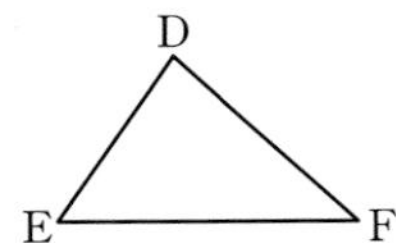

15 [242003-0670]

$\overline{AB}=\overline{DE}$, $\overline{BC}=\overline{EF}$, $\overline{CA}=\overline{FD}$ (　　　　)

16 [242003-0671]

$\overline{AB}=\overline{DE}$, $\overline{AC}=\overline{DF}$, $\angle B=\angle E$ (　　　　)

17 [242003-0672]

$\overline{BC}=\overline{EF}$, $\angle A=\angle D$, $\angle B=\angle E$ (　　　　)

18 [242003-0673]

$\angle A=\angle D$, $\angle B=\angle E$, $\angle C=\angle F$ (　　　　)

● 다음 그림과 같은 두 삼각형이 서로 합동일 때, 기호 ≡를 사용하여 나타내고 합동 조건을 말하시오.

19 [242003-0674]

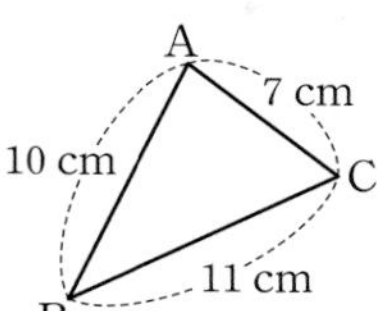

20 [242003-0675]

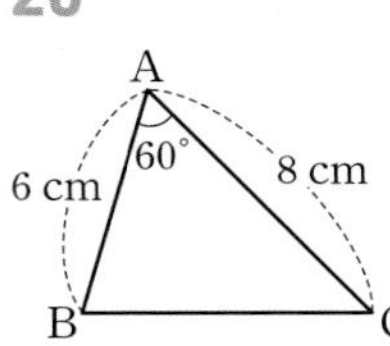

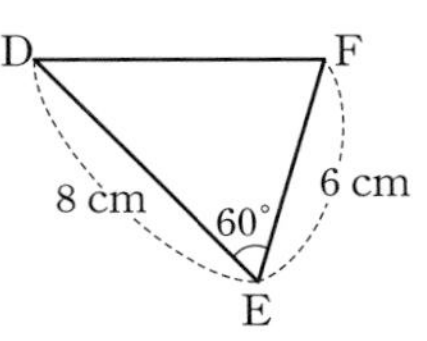

21 [242003-0676]

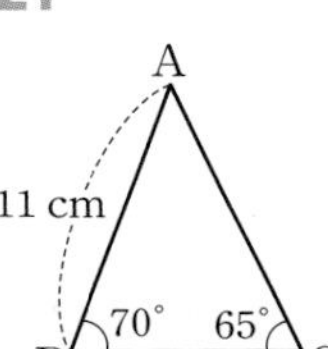

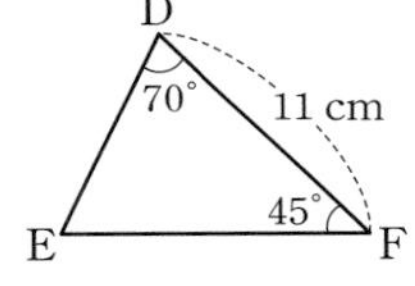

● 다음 그림에서 합동인 삼각형을 찾아 기호 ≡를 사용하여 나타내고, 합동 조건을 말하시오.

22 [242003-0677]

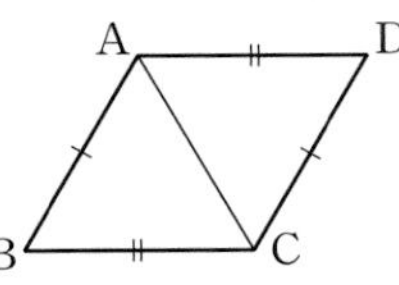

23 [242003-0678]

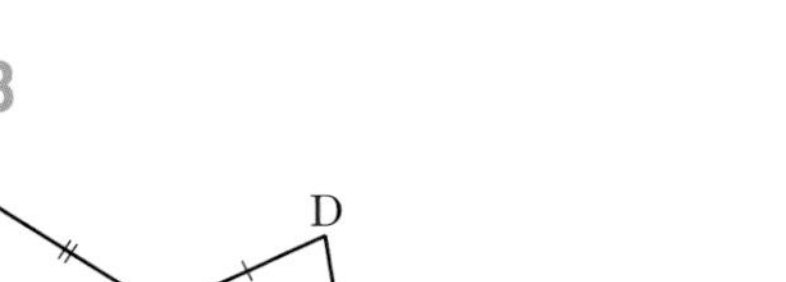

소단원 핵심문제

개념 7 도형의 합동 [242003-0679]

1 오른쪽 그림에서 △ABCD≡△PQRS일 때, 다음 중 옳지 않은 것은?

① $\overline{AD}=3$ cm ② $\overline{PQ}=6$ cm
③ ∠D=120° ④ $\overline{QR}=5$ cm
⑤ ∠C=80°

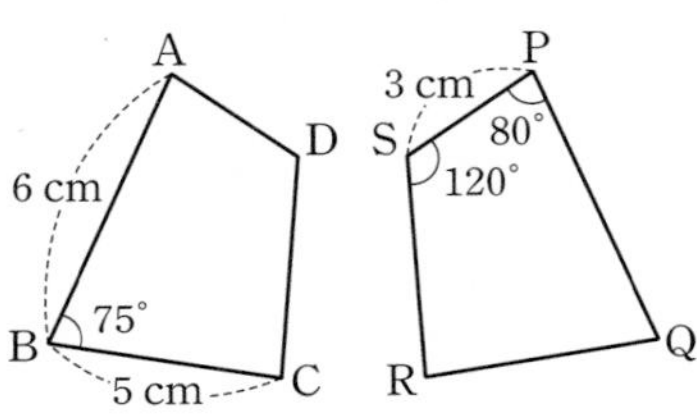

합동인 두 도형에서 대응하는 변의 길이는 서로 같고, 대응하는 각의 크기는 서로 같다.

개념 8 삼각형의 합동 조건 [242003-0680]

기출 **2** 다음 보기에서 서로 합동인 삼각형을 있는 대로 찾아 기호 ≡를 사용하여 나타내고, 합동 조건을 말하시오.

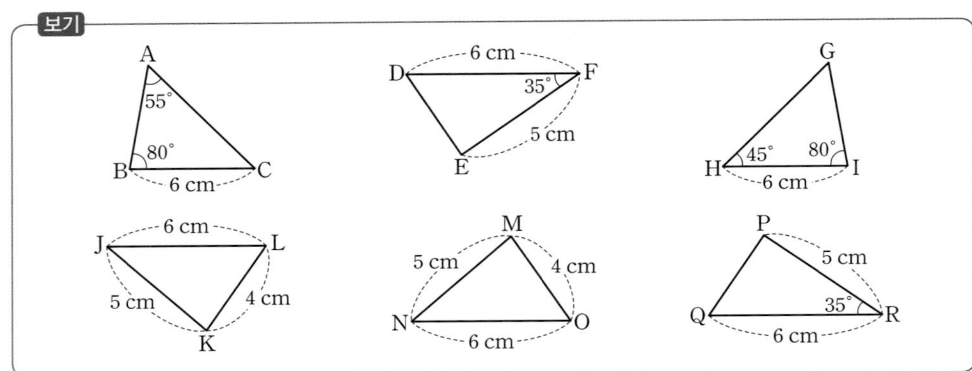

삼각형의 합동 조건

① SSS 합동

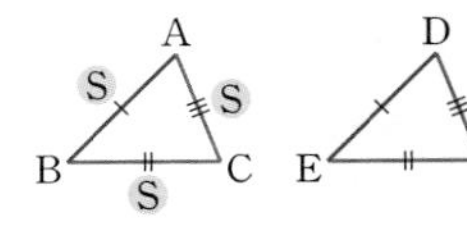

② SAS 합동

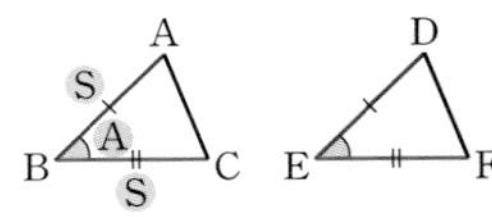

③ ASA 합동

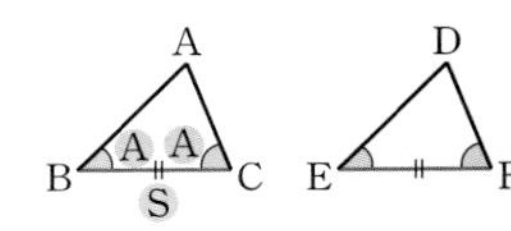

개념 8 삼각형의 합동 조건 [242003-0681]

3 오른쪽 그림에서 $\overline{AB}=\overline{AC}$, $\overline{AD}=\overline{AE}$일 때, 다음 중 △ABE와 △ACD가 합동이 되는 조건이 아닌 것을 모두 고르면? (정답 2개)

① $\overline{AE}=\overline{AD}$ ② $\overline{AB}=\overline{AC}$
③ $\overline{BE}=\overline{CD}$ ④ ∠B=∠C
⑤ ∠A는 공통

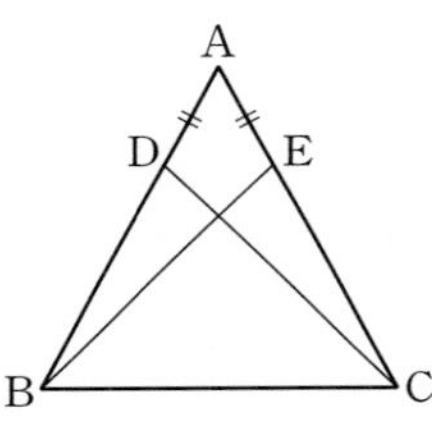

개념 8 삼각형의 합동 조건 [242003-0682]

4 오른쪽 그림에서 점 P는 $\overline{AD}$와 $\overline{BC}$의 교점이고 $\overline{AB}$ // $\overline{CD}$, $\overline{AP}=\overline{DP}$일 때, 다음 중에서 옳지 않은 것은?

① $\overline{AB}=\overline{DC}$ ② $\overline{BP}=\overline{CP}$
③ $\overline{AD}=\overline{BC}$ ④ ∠BAP=∠CDP
⑤ ∠ABP=∠DCP

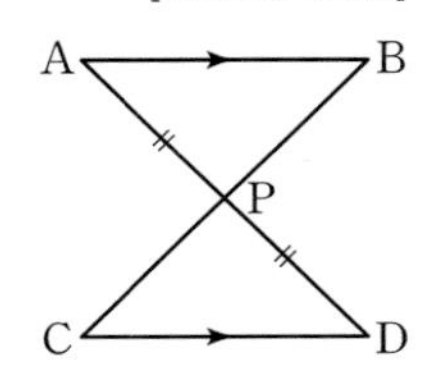

평행한 두 직선이 다른 한 직선과 만날 때, 동위각과 엇각의 크기는 각각 같다.

개념 8 삼각형의 합동 조건 [242003-0683]

5 오른쪽 그림에서 △ABC와 △ECD가 정삼각형일 때, 옳지 않은 것은?

① ∠BCE=∠ACD ② $\overline{BC}=\overline{AC}$
③ $\overline{CE}=\overline{CD}$ ④ △ACD≡△BCE
⑤ △ABD≡△BCE

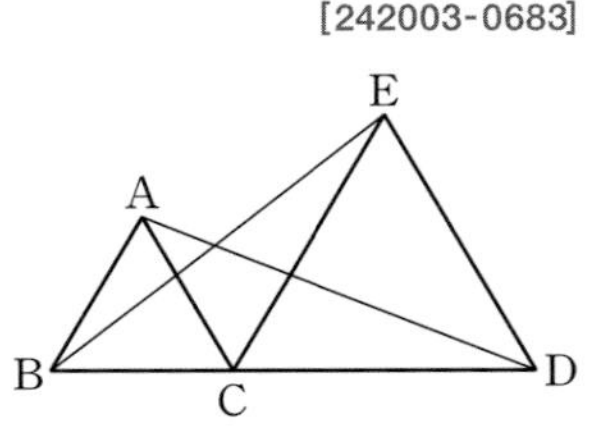

한번 더!

개념 7 도형의 합동 [242003-0684]

6 다음 중에서 두 도형이 서로 합동이 아닌 것을 모두 고르면? (정답 2개)

① 넓이가 같은 두 원
② 넓이가 같은 두 직사각형
③ 한 변의 길이가 같은 두 마름모
④ 한 변의 길이가 같은 두 정삼각형
⑤ 반지름의 길이와 중심각의 크기가 각각 같은 두 부채꼴

> 합동인 두 도형의 넓이는 항상 같지만 두 도형의 넓이가 같다고 해서 반드시 합동인 것은 아니다.

개념 8 삼각형의 합동 조건 [242003-0685]

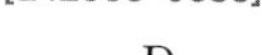

7 기출 오른쪽 그림에서 $\overline{AB}=\overline{DE}$, $\overline{AC}=\overline{DF}$일 때, 한 가지 조건을 추가하여 $\triangle ABC \equiv \triangle DEF$가 되도록 하려고 한다. 다음 중 추가할 조건이 될 수 있는 것을 모두 고르면? (정답 2개)

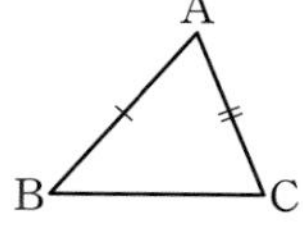

① $\overline{BC}=\overline{EF}$ ② $\overline{AB}=\overline{DF}$ ③ $\overline{AC}=\overline{EF}$
④ $\angle A=\angle D$ ⑤ $\angle B=\angle E$

개념 8 삼각형의 합동 조건 [242003-0686]

8 오른쪽 그림의 정사각형 ABCD에서 $\overline{EC}=\overline{FD}$일 때, $\triangle AFD$와 합동인 삼각형을 찾고, 합동 조건을 말하시오.

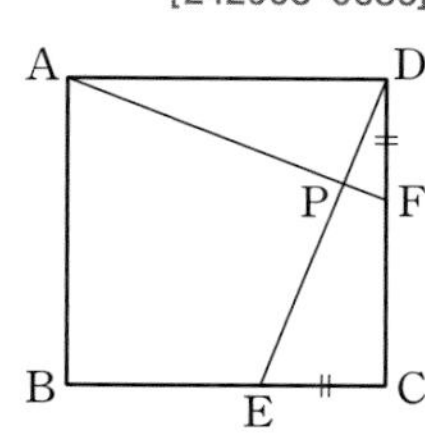

개념 8 삼각형의 합동 조건 [242003-0687]

9 오른쪽 그림과 같이 $\angle XOY$의 이등분선 위의 점 P에서 $\overrightarrow{OX}$, $\overrightarrow{OY}$에 내린 수선의 발을 각각 A, B라고 하자. $\overline{PB}=4$ cm이고 삼각형 POB의 넓이가 20 cm^2일 때, $\overline{OA}$의 길이를 구하시오.

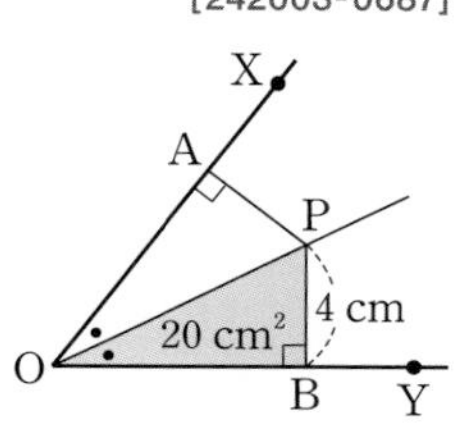

개념 8 삼각형의 합동 조건 [242003-0688]

10 오른쪽 그림과 같은 정삼각형 ABC에서 $\overline{BD}=\overline{CE}$일 때, 서로 합동인 두 삼각형을 찾아 기호 ≡를 사용하여 나타내고, 합동 조건을 말하시오.

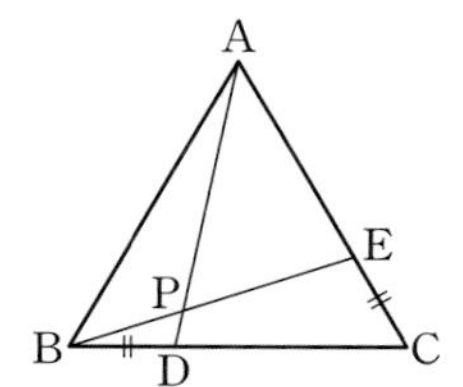

> 정삼각형의 세 변의 길이는 모두 같고, 세 각의 크기도 모두 같음을 이용하여 합동인 삼각형을 찾는다.

1 다각형

다각형

(1) **다각형**: 3개 이상의 선분으로 둘러싸인 평면도형
① **변**: 다각형을 이루는 선분
② **꼭짓점**: 변과 변이 만나는 점
③ ❶ ______ : 다각형에서 이웃하는 두 변으로 이루어진 내부의 각
④ ❷ ______ : 다각형의 각 꼭짓점에서 한 변과 그 변에 이웃한 변의 연장선이 이루는 각

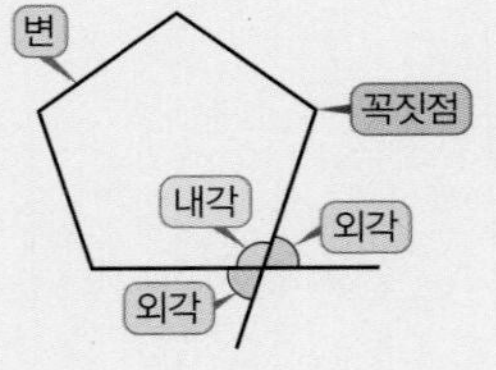

(2) **정다각형**: 모든 변의 길이가 같고 모든 내각의 크기가 같은 다각형

1 [242003-0689]
다음 보기에서 다각형인 것을 있는 대로 고르시오.

보기
ㄱ. 정삼각형　　ㄴ. 원　　ㄷ. 정육면체
ㄹ. 십이각형　　ㅁ. 원뿔　　ㅂ. 오각기둥

2 [242003-0690]
다음 표를 완성하시오.

다각형	(삼각형 그림)	(사각형 그림)	(오각형 그림)	(육각형 그림)
변의 개수	3			
꼭짓점의 개수	3			
도형의 이름	삼각형			

● 다음 그림과 같은 다각형에서 ∠B의 내각의 크기와 외각의 크기를 각각 구하시오.

3 [242003-0691]

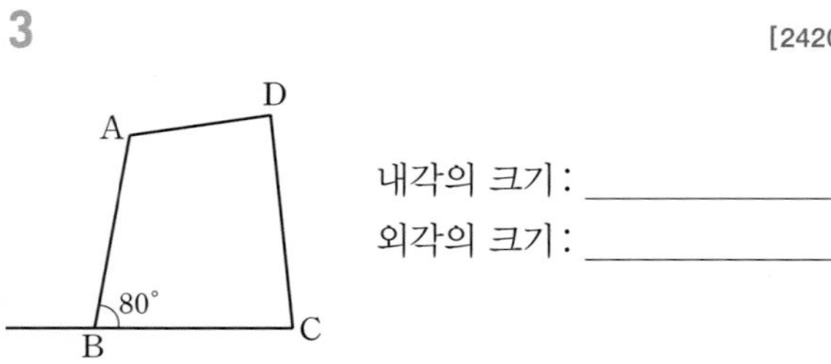

내각의 크기 : ____________
외각의 크기 : ____________

4 [242003-0692]

A, B, C, 125°

내각의 크기 : ____________
외각의 크기 : ____________

5 [242003-0693]

D, E, C, F, 130°, A, B

내각의 크기 : ____________
외각의 크기 : ____________

● 다음 중 정다각형에 대한 설명으로 옳은 것은 ○표, 옳지 않은 것은 ×표를 (　) 안에 써넣으시오.

6 [242003-0694]
정다각형의 모든 변의 길이는 같다. (　　)

7 [242003-0695]
모든 변의 길이가 같은 다각형은 정다각형이다. (　　)

8 [242003-0696]
세 내각의 크기가 같은 삼각형은 정삼각형이다. (　　)

9 [242003-0697]
네 변의 길이가 같은 사각형은 정사각형이다. (　　)

10 [242003-0698]
정다각형은 내각의 크기와 외각의 크기가 같다. (　　)

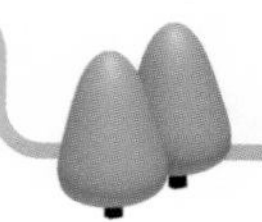

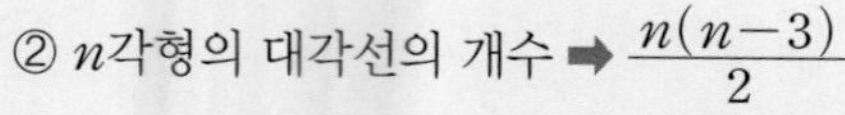

다각형의 대각선의 개수

(1) 대각선: 다각형에서 서로 이웃하지 않는 두 꼭짓점을 이은 선분

(2) 다각형의 대각선의 개수

① n각형의 한 꼭짓점에서 그을 수 있는 대각선의 개수 ➡ ❸ □

② n각형의 대각선의 개수 ➡ $\frac{n(n-3)}{2}$

참고 n각형의 한 꼭짓점에서 대각선을 모두 그었을 때 생기는 삼각형의 개수 ➡ $n-2$ (단, $n \geq 4$)

대각선

11 [242003-0699]

다음 표를 완성하시오.

다각형	사각형	오각형	육각형	칠각형
변의 개수	4			
한 꼭짓점에서 그을 수 있는 대각선의 개수	1			

● 한 꼭짓점에서 그을 수 있는 대각선의 개수가 다음과 같은 다각형을 구하시오.

12 [242003-0700]

3

➡ 구하는 다각형을 n각형이라 하면

$n-\square=3$, $n=\square$

따라서 구하는 다각형은 □이다.

13 [242003-0701]

5

14 [242003-0702]

8

15 [242003-0703]

12

● 다음 다각형의 대각선의 개수를 구하시오.

16 [242003-0704]

사각형

➡ $\frac{4\times(4-\square)}{2}=\square$

17 [242003-0705]

오각형

18 [242003-0706]

칠각형

19 [242003-0707]

십삼각형

20 [242003-0708]

십팔각형

● 대각선의 개수가 다음과 같은 다각형을 구하시오.

21 [242003-0709]

9

➡ 구하는 다각형을 n각형이라 하면

$\frac{n(n-3)}{2}=\square$, $n(n-3)=\square=\square\times3$

$n=\square$

따라서 구하는 다각형은 □이다.

22 [242003-0710]

20

23 [242003-0711]

54

24 [242003-0712]

104

25 [242003-0713]

170

소단원 핵심문제

개념 ❶ 다각형 [242003-0714]

1 다음 보기에서 다각형인 것을 있는 대로 고르시오.

보기

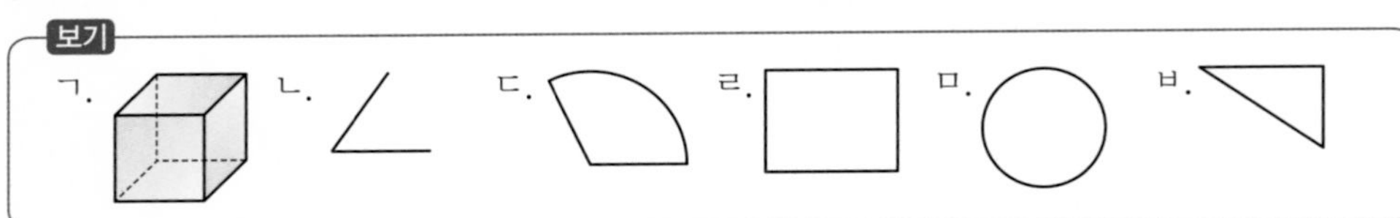

다각형은 3개 이상의 선분으로 둘러싸인 평면도형이다. 곡선으로 둘러싸여 있거나 선분이 끊어져 있으면 다각형이 아니다.

개념 ❶ 다각형 [242003-0715]

2 오른쪽 그림에서 $\angle x+\angle y$의 크기를 구하시오.

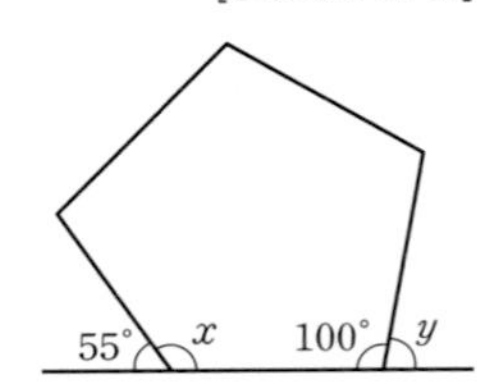

다각형의 한 꼭짓점에서
(내각의 크기)+(외각의 크기)
$=180^\circ$

개념 ❶ 다각형 [242003-0716]

3 오른쪽 그림은 한 변의 길이가 8 cm이고 한 내각의 크기가 108°인 정오각형이다. 다음을 구하시오.

(1) 둘레의 길이

(2) 모든 내각의 크기의 합

(3) 한 외각의 크기

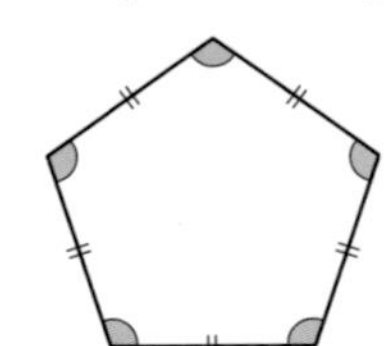

정다각형
모든 변의 길이가 같고 모든 내각의 크기가 같은 다각형

개념 ❷ 다각형의 대각선의 개수 [242003-0717]

기출 **4** 팔각형의 한 꼭짓점에서 그을 수 있는 대각선의 개수를 a, 육각형의 대각선의 개수를 b라고 할 때, $b-a$의 값은?

① 4 ② 5 ③ 6
④ 7 ⑤ 8

개념 ❷ 다각형의 대각선의 개수 [242003-0718]

5 원탁에 7명의 사람들이 앉아 있다. 양쪽에 앉은 옆 사람을 제외한 모든 사람과 서로 한 번씩 악수를 할 때, 악수를 모두 몇 번 하게 되는가?

① 7번 ② 9번 ③ 12번
④ 14번 ⑤ 18번

n각형의 대각선의 개수
➡ $\dfrac{n(n-3)}{2}$

한번 더!

개념 ① 다각형 [242003-0719]

6 **다음 중 다각형에 대한 설명으로 옳지 않은 것은?**

① 다각형은 3개 이상의 선분으로 둘러싸인 평면도형이다.
② n각형의 각의 개수는 n이다.
③ 변의 개수가 10인 다각형은 십각형이다.
④ 다각형을 이루는 각 선분을 모서리라고 한다.
⑤ 한 다각형에서 변의 개수와 꼭짓점의 개수는 항상 같다.

개념 ① 다각형 [242003-0720]

기출 **7** **오른쪽 그림에서 $\angle y - \angle x$의 크기는?**

① $10°$ ② $12°$ ③ $14°$
④ $16°$ ⑤ $18°$

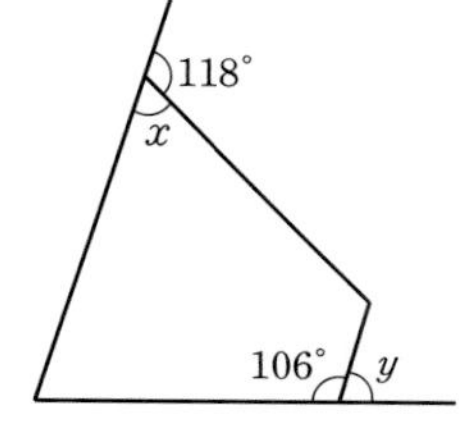

다각형의 한 꼭짓점에서 내각의 크기와 외각의 크기의 합은 180°이다.

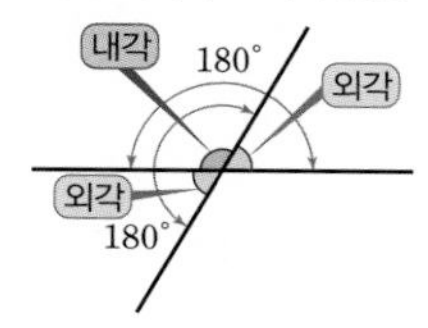

개념 ① 다각형 [242003-0721]

8 **다음 보기에서 옳은 것을 있는 대로 고르시오.**

보기
ㄱ. 정다각형은 모든 변의 길이가 같다.
ㄴ. 정오각형은 내각의 크기가 모두 같다.
ㄷ. 네 내각의 크기가 같은 사각형은 정사각형이다.
ㄹ. 정다각형은 내각의 크기와 외각의 크기가 항상 같다.

정다각형은 모든 변의 길이가 같고 모든 내각의 크기가 같다.

개념 ② 다각형의 대각선의 개수 [242003-0722]

9 **다음 조건을 모두 만족하는 다각형을 구하시오.**

㉠ 대각선의 개수는 90개이다.
㉡ 변의 길이가 모두 같다.
㉢ 내각의 크기가 모두 같다.

개념 ② 다각형의 대각선의 개수 [242003-0723]

10 **어떤 다각형의 내부의 한 점에서 각 꼭짓점에 선분을 그었을 때 생기는 삼각형의 개수가 11이다. 이 다각형의 대각선의 개수를 구하시오.**

n각형의 내부의 한 점에서 각 꼭짓점에 선분을 그었을 때 생기는 삼각형의 개수 ➡ n

2 다각형의 내각과 외각의 크기

삼각형의 내각과 외각의 관계

(1) 삼각형의 세 내각의 크기의 합

삼각형의 세 내각의 크기의 합은 ❶ ☐ 이다.

➡ △ABC에서

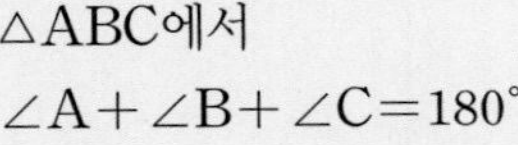

∠A+∠B+∠C=180°

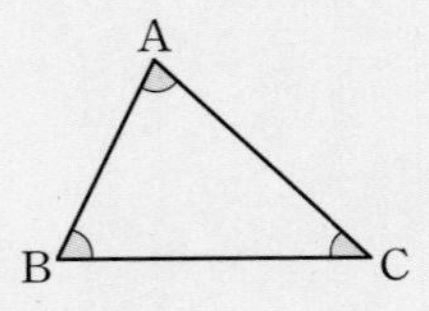

(2) 삼각형의 내각과 외각 사이의 관계

삼각형의 한 외각의 크기는 그와 이웃하지 않는 두 내각의 크기의 합과 같다.

➡ △ABC에서

∠ACD=∠A+∠B

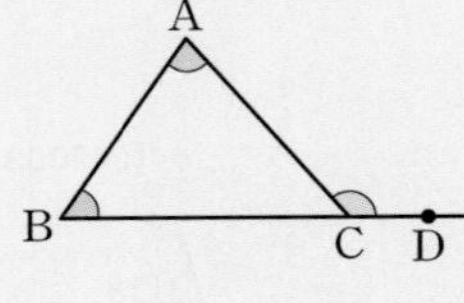

● 다음 그림과 같은 삼각형에서 x의 값을 구하시오.

1 [242003-0724]

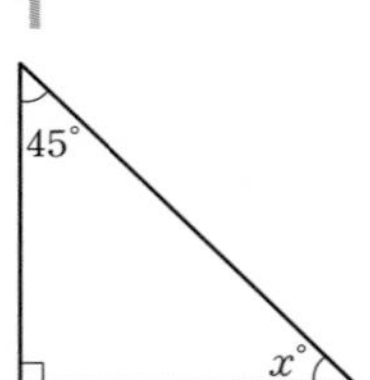

2 [242003-0725]

x°
110°
x°+10°

3 [242003-0726]

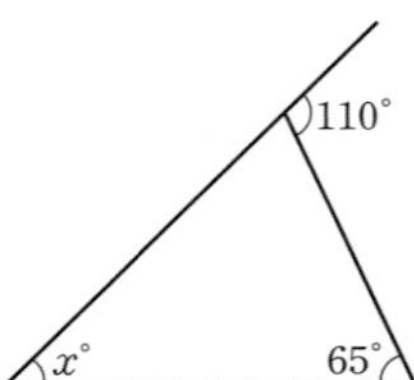

4 [242003-0727]

x°
105°
130°

다각형의 내각의 크기

(1) 다각형의 내각의 크기의 합

n각형의 내각의 크기의 합

➡ $180° \times (n-$ ❷ ☐ $)$

(2) 정다각형의 한 내각의 크기

정n각형의 한 내각의 크기 ➡ $\dfrac{180° \times (n-2)}{n}$

5 [242003-0728]

다음 표는 다각형의 내각의 크기의 합을 구하는 과정을 나타낸 것이다. ☐ 안에 알맞은 것을 써넣으시오.

다각형	한 꼭짓점에서 그은 대각선으로 나누어지는 삼각형의 개수	내각의 크기의 합
사각형	4− 2 =☐	180°×☐=☐°
오각형	5−☐=☐	180°×☐=☐°
육각형	6−☐=☐	180°×☐=☐°
칠각형	7−☐=☐	180°×☐=☐°
팔각형	8−☐=☐	180°×☐=☐°

● 다음 그림에서 ∠x의 크기를 구하시오.

6 [242003-0729]

7 [242003-0730]

100°
125°
115°
x

● 다음 정다각형의 한 내각의 크기를 구하시오.

8 [242003-0731]

정육각형

(한 내각의 크기)$=\dfrac{180^\circ\times(\square-2)}{\square}=\square^\circ$

9 [242003-0732]

정십이각형

10 [242003-0733]

한 내각의 크기가 140°인 정다각형을 구하시오.

다각형의 외각의 크기

(1) 다각형의 외각의 크기의 합

n각형의 외각의 크기의 합은 항상 ❸ ☐ 이다.

(2) 정다각형의 한 외각의 크기

정n각형의 한 외각의 크기 ➡ $\dfrac{360^\circ}{n}$

● 다음 다각형의 외각의 크기의 합을 구하시오.

11 [242003-0734]

팔각형

12 [242003-0735]

십각형

13 [242003-0736]

십오각형

● 다음 그림에서 $\angle x$의 크기를 구하시오.

14 [242003-0737]

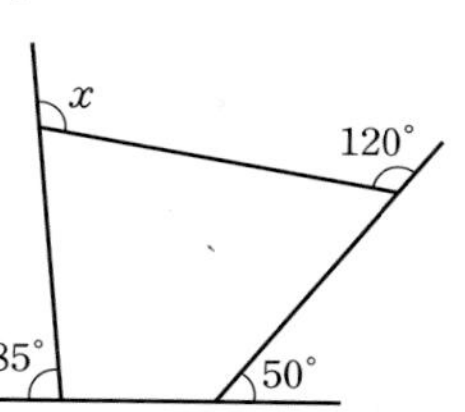

15 [242003-0738]

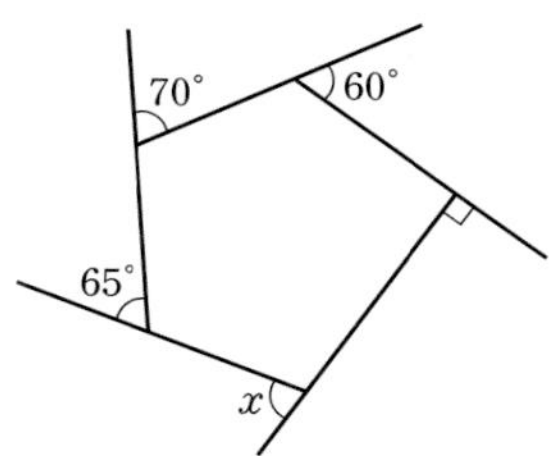

16 [242003-0739]

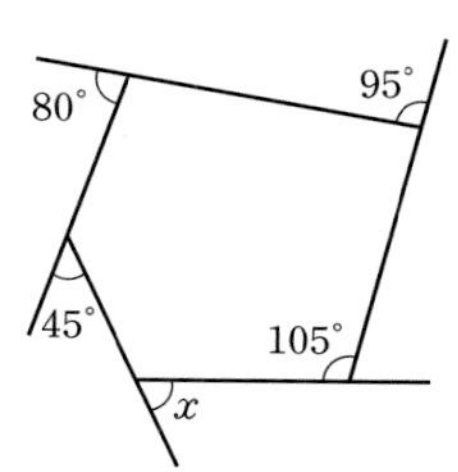

● 다음 정다각형의 한 외각의 크기를 구하시오.

17 [242003-0740]

정구각형

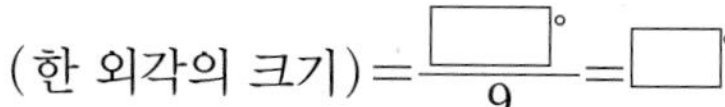

(한 외각의 크기)$=\dfrac{\square^\circ}{9}=\square^\circ$

18 [242003-0741]

정십각형

19 [242003-0742]

정십오각형

20 [242003-0743]

한 외각의 크기가 18°인 정다각형을 구하시오.

소단원 핵심문제

개념 3 삼각형의 세 내각의 크기의 합 [242003-0744]

1 삼각형의 세 내각의 크기의 비가 $2:3:4$일 때, 가장 작은 내각의 크기는?

① 20°　② 30°　③ 40°　④ 50°　⑤ 60°

△ABC에서
$\angle A:\angle B:\angle C=a:b:c$이면
$\angle A=180^\circ\times\frac{a}{a+b+c}$
$\angle B=180^\circ\times\frac{b}{a+b+c}$
$\angle C=180^\circ\times\frac{c}{a+b+c}$

개념 4 삼각형의 내각과 외각 사이의 관계 [242003-0745]

2 오른쪽 그림에서 $\angle x$의 크기를 구하시오.

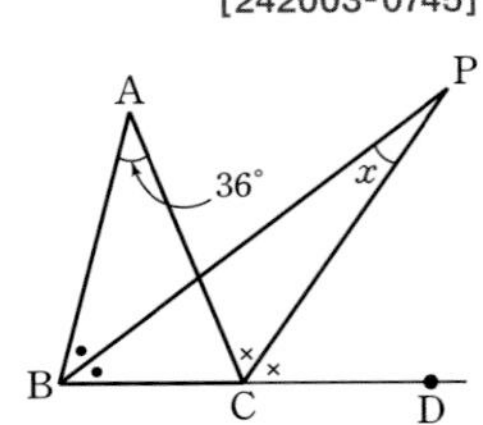

개념 5 다각형의 내각의 크기 [242003-0746]

3 다음 그림에서 $\angle x$의 크기를 구하시오.

(1)

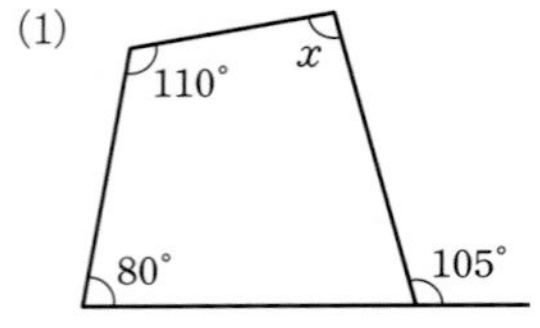

(2)

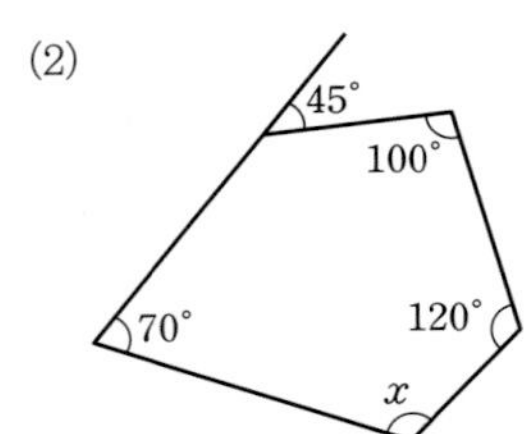

n각형의 내각의 크기의 합
➡ $180^\circ\times(n-2)$

개념 5 다각형의 내각의 크기 [242003-0747]

4 대각선의 개수가 27인 정다각형의 한 내각의 크기는?

① 120°　② 135°　③ 140°　④ 144°　⑤ 150°

n각형의 대각선의 개수는
$\frac{n(n-3)}{2}$이다.

개념 6 다각형의 외각의 크기 [242003-0748]

기출 **5** 내각과 외각의 크기의 합이 2160°인 정다각형의 한 외각의 크기는?

① 45°　② 40°　③ 36°　④ 30°　⑤ 24°

한번더!

개념 ③ 삼각형의 세 내각의 크기의 합 [242003-0749]

6 오른쪽 그림의 $\triangle ABC$에서 점 I는 $\angle B$와 $\angle C$의 이등분선의 교점이다. $\angle BIC=130^\circ$일 때, $\angle x$의 크기는?

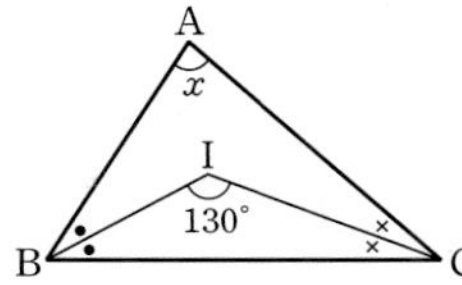

① 65°　② 70°　③ 75°
④ 80°　⑤ 85°

개념 ④ 삼각형의 내각과 외각 사이의 관계 [242003-0750]

기출 **7** 오른쪽 그림에서 $\overline{AC}=\overline{BC}=\overline{BD}$이고 $\angle A=35^\circ$일 때, 다음을 구하시오.

(1) $\angle BCD$의 크기
(2) $\angle DBE$의 크기

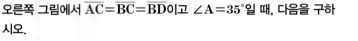

이등변삼각형의 두 밑각의 크기는 같음을 이용한다.

개념 ⑤ 다각형의 내각의 크기 [242003-0751]

8 내각의 크기의 합이 1260°인 다각형의 한 꼭짓점에서 그을 수 있는 대각선의 개수는?

① 6　② 7　③ 8
④ 9　⑤ 10

먼저 주어진 다각형이 몇 각형인지 구해 본다.

개념 ⑥ 다각형의 외각의 크기 [242003-0752]

9 오른쪽 그림에서 x의 값을 구하시오.

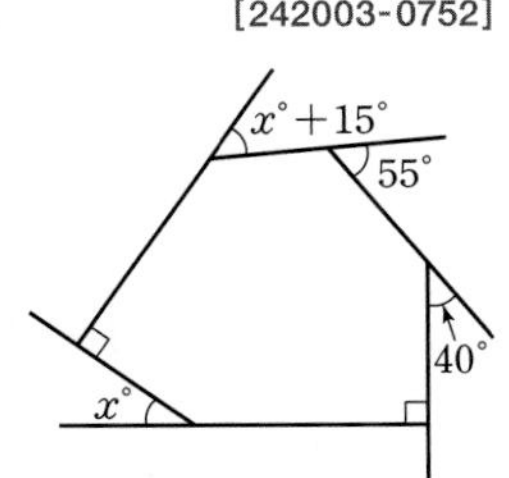

개념 ⑥ 다각형의 외각의 크기 [242003-0753]

10 한 내각의 크기와 한 외각의 크기의 비가 $3:1$인 정다각형의 꼭짓점의 개수는?

① 6　② 8　③ 9
④ 10　⑤ 12

정다각형의 한 내각의 크기와 한 외각의 크기의 비가 $m:n$이면
① (한 내각의 크기)$=180^\circ\times\dfrac{m}{m+n}$
② (한 외각의 크기)$=180^\circ\times\dfrac{n}{m+n}$

1 원과 부채꼴

원과 부채꼴

(1) **호**: 원 위의 두 점을 양 끝 점으로 하는 원의 일부분

(2) ❶ ____ : 원 위의 두 점을 이은 선분

(3) **할선**: 원 위의 두 점을 지나는 ❷ ____

(4) **부채꼴**: 원에서 두 반지름과 호로 이루어진 도형

(5) ❸ ____ : 원에서 현과 호로 이루어진 도형

● **오른쪽 그림의 원 O 위에 다음을 나타내시오.**

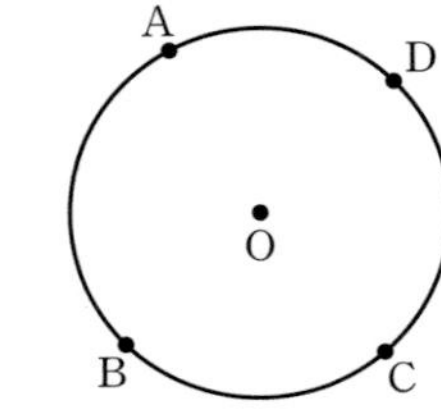

1 [242003-0754]

호 AB

2 [242003-0755]

현 CD

3 [242003-0756]

부채꼴 AOD

4 [242003-0757]

호 BC와 현 BC로 이루어진 활꼴

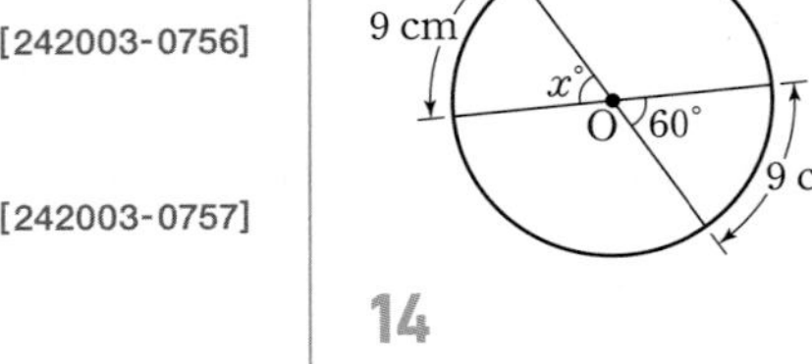

● **오른쪽 그림과 같이 원 O 위에 세 점 A, B, C가 있다. 다음을 기호로 나타내시오.**

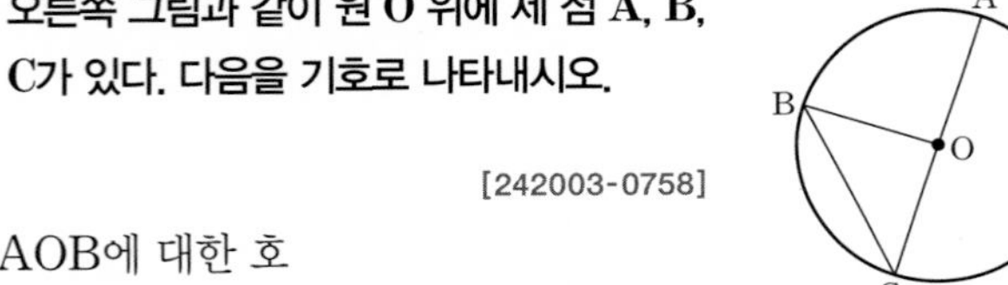

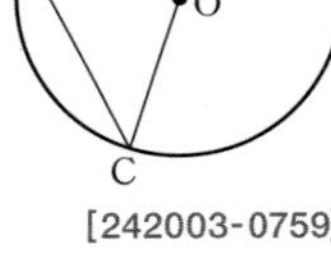

5 [242003-0758]

∠AOB에 대한 호

6 [242003-0759]

$\overset{\frown}{BC}$에 대한 중심각

7 [242003-0760]

부채꼴 AOB의 중심각

● **다음 중 옳은 것은 ○표, 옳지 않은 것은 ×표를 (　　) 안에 써넣으시오.**

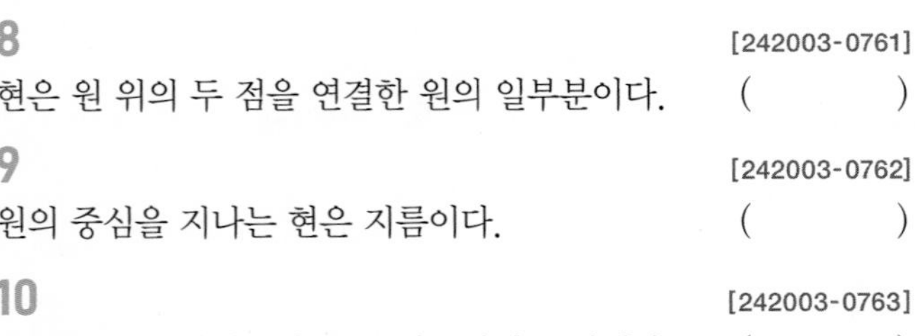

8 [242003-0761]

현은 원 위의 두 점을 연결한 원의 일부분이다. (　　)

9 [242003-0762]

원의 중심을 지나는 현은 지름이다. (　　)

10 [242003-0763]

부채꼴은 두 반지름과 호로 이루어진 도형이다. (　　)

11 [242003-0764]

할선은 현과 호로 이루어진 도형이다. (　　)

중심각의 크기와 호의 길이 사이의 관계

(1) 한 원에서 중심각의 크기가 같은 두 부채꼴의 호의 길이는 ❹ ____ .

(2) 한 원에서 부채꼴의 호의 길이는 중심각의 크기에 ❺ ____ 한다.

● **다음 그림과 같은 원 O에서 x의 값을 구하시오.**

12 [242003-0765]

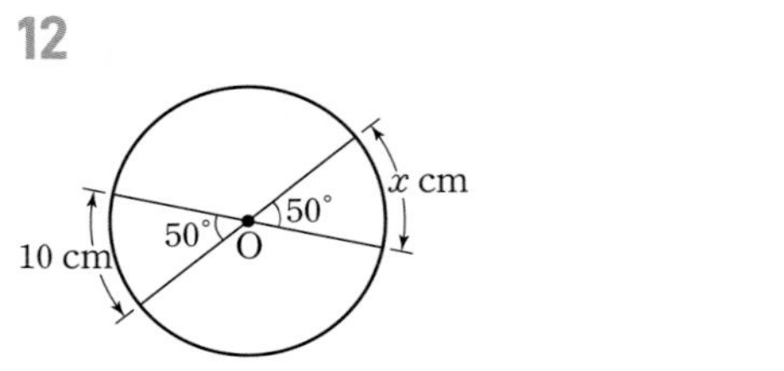

13 [242003-0766]

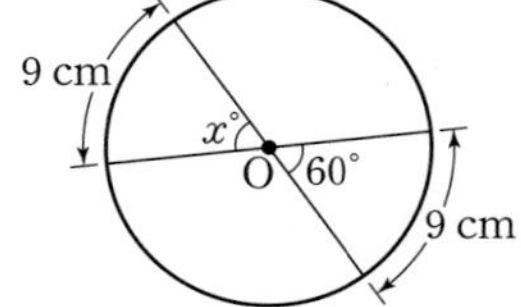

14 [242003-0767]

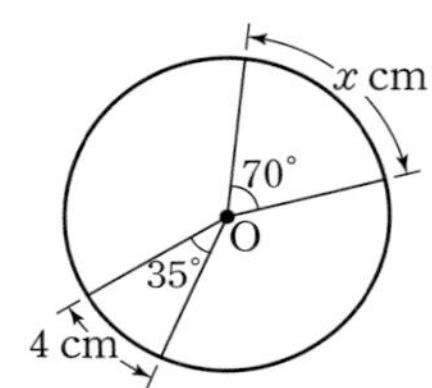

15 [242003-0768]

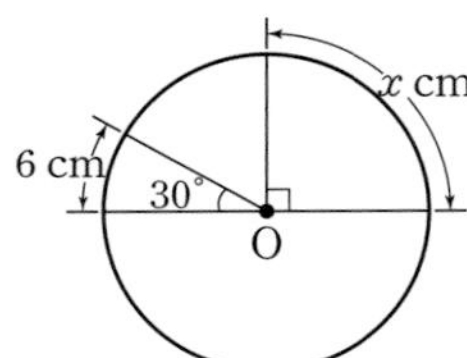

16 [242003-0769]

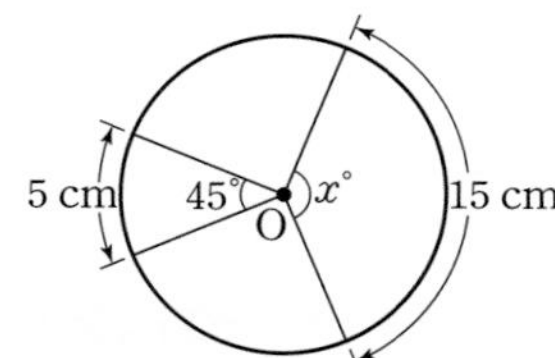

17 [242003-0770]

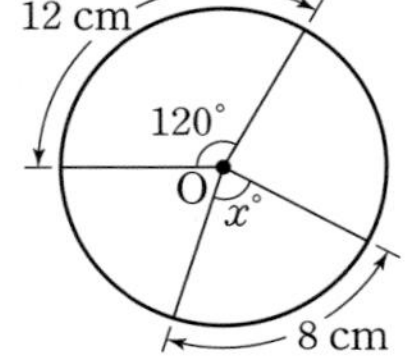

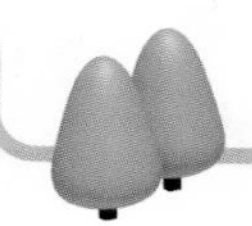

정답과 풀이 ● 61쪽

중심각의 크기와 부채꼴의 넓이 사이의 관계

(1) 한 원에서 중심각의 크기가 같은 두 부채꼴의 넓이는 ❻ ______.

(2) 한 원에서 부채꼴의 넓이는 중심각의 크기에 ❼ ______ 한다.

● 다음 그림과 같은 원 또는 반원에서 x의 값을 구하시오.

18 [242003-0771]

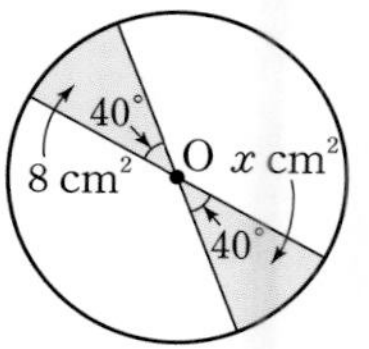

19 [242003-0772]

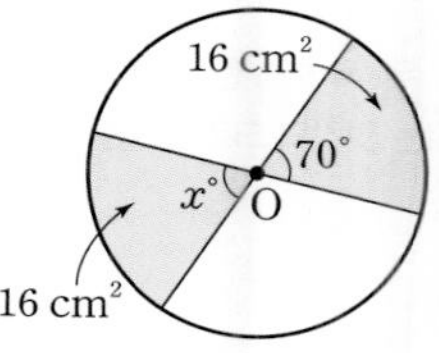

20 [242003-0773]

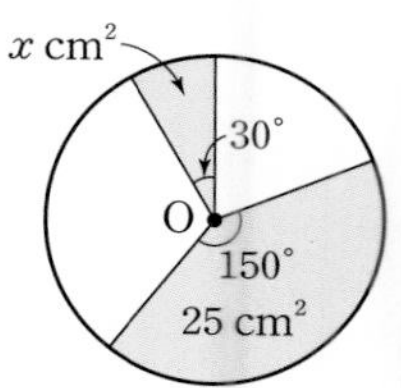

21 [242003-0774]

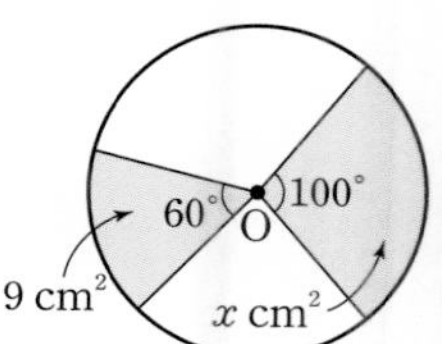

22 [242003-0775]

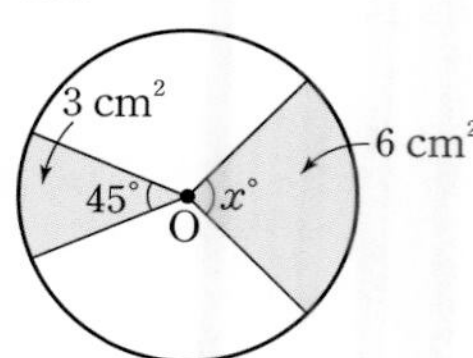

23 [242003-0776]

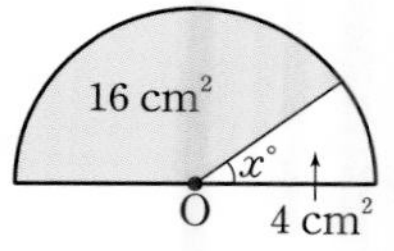

중심각의 크기와 현의 길이 사이의 관계

(1) 한 원에서 중심각의 크기가 같은 두 현의 길이는 ❽ ______.

(2) 한 원에서 길이가 같은 두 현에 대한 중심각의 크기는 같다.

(3) 현의 길이는 중심각의 크기에 정비례하지 않는다.

● 다음 그림과 같은 원 O에서 x의 값을 구하시오.

24 [242003-0777]

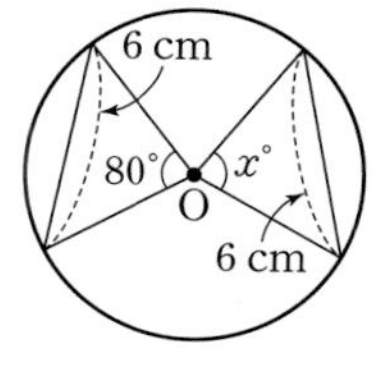

25 [242003-0778]

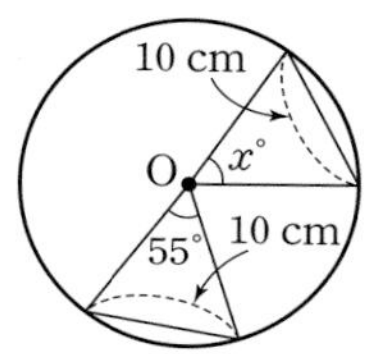

26 [242003-0779]

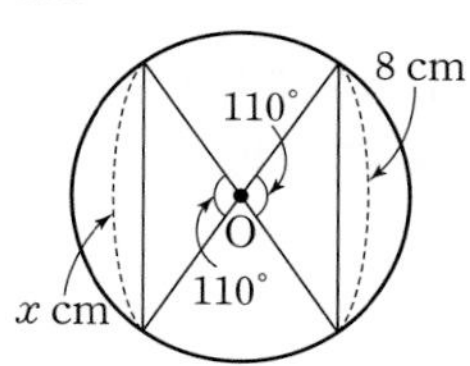

● 다음 설명 중 옳은 것은 ○표, 옳지 않은 것은 ×표를 (   ) 안에 써넣으시오.

27 [242003-0780]

한 원에서 중심각의 크기가 같은 두 부채꼴의 호의 길이, 넓이, 현의 길이는 각각 같다. (   )

28 [242003-0781]

한 원에서 부채꼴의 호의 길이와 넓이는 각각 중심각의 크기에 정비례한다. (   )

29 [242003-0782]

현의 길이는 중심각의 크기에 정비례한다. (   )

소단원 핵심문제

개념 ① 원과 부채꼴

[242003-0783]

1 **오른쪽 그림과 같은 원 O에 대하여 다음 중에서 옳지 않은 것은?**

① $\overline{OA}$는 반지름이고, $\overline{AB}$는 현이다.

② $\widehat{AB}$에 대한 중심각은 $\angle AOB$이다.

③ $\angle AOB=90^\circ$일 때, $\overline{AB}$는 원 O의 지름이다.

④ $\widehat{AB}$와 $\overline{OA}$, $\overline{OB}$로 둘러싸인 도형은 부채꼴이다.

⑤ $\widehat{AB}$와 $\overline{AB}$로 둘러싸인 도형은 활꼴이다.

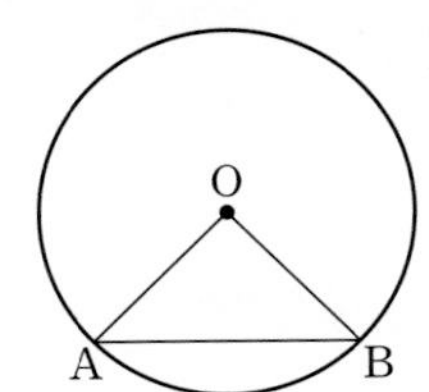

원과 부채꼴

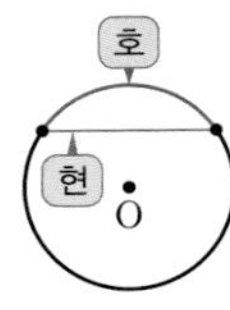

개념 ② 중심각의 크기와 호의 길이, 부채꼴의 넓이 사이의 관계

[242003-0784]

2 **오른쪽 그림의 반원 O에서 $x+y$의 값을 구하시오.**

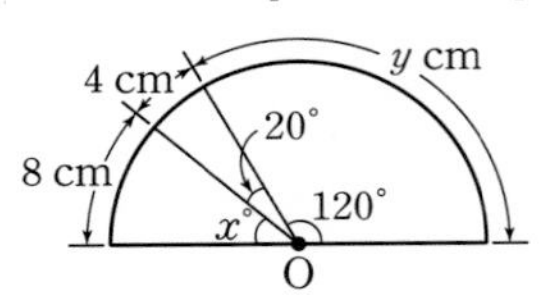

개념 ② 중심각의 크기와 호의 길이, 부채꼴의 넓이 사이의 관계

[242003-0785]

기출 **3** **오른쪽 그림의 원 O에서 $\overline{AB}/\!/\overline{CD}$이고 $\angle AOC=30^\circ$, $\widehat{AC}=7$ cm 일 때, $\widehat{CD}$의 길이를 구하시오.**

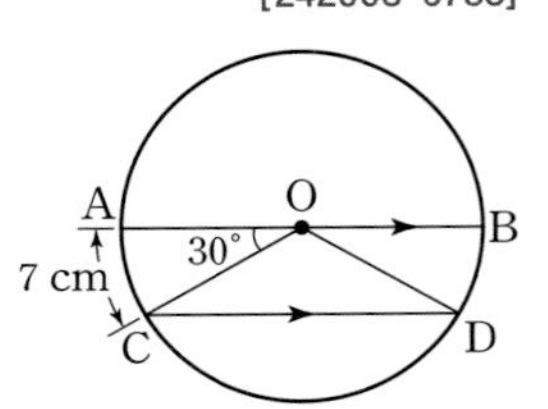

평행한 두 직선이 한 직선과 만날 때 생기는 엇각의 크기는 같음을 이용한다.

개념 ② 중심각의 크기와 호의 길이, 부채꼴의 넓이 사이의 관계

[242003-0786]

4 **오른쪽 그림과 같은 원 O에서 $\widehat{AB}:\widehat{CD}=5:6$이고 부채꼴 COD의 넓이가 12 cm²일 때, 부채꼴 AOB의 넓이를 구하시오.**

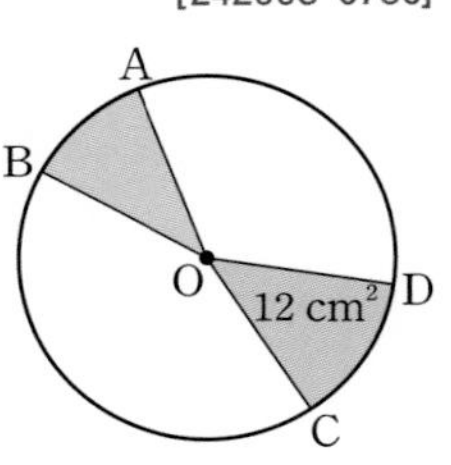

개념 ③ 중심각의 크기와 현의 길이 사이의 관계

[242003-0787]

5 **오른쪽 그림의 원 O에서 $\angle AOB=\angle COD=\angle DOE$일 때, 다음 보기에서 옳은 것을 있는 대로 고르시오.**

보기

ㄱ. $\overline{AB}=\overline{CD}=\overline{DE}$

ㄴ. $\overline{AB}=\frac{1}{2}\overline{CE}$

ㄷ. $2\triangle AOB=\triangle COE$

ㄹ. (부채꼴 COE의 넓이)$=2\times$(부채꼴 AOB의 넓이)

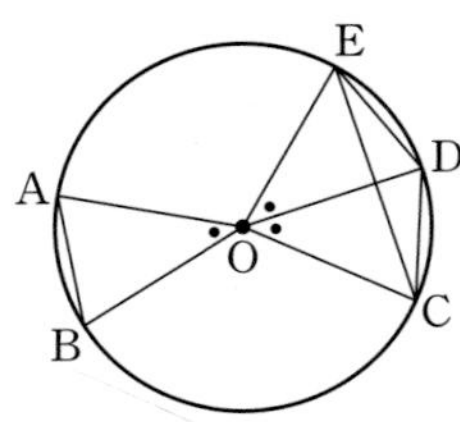

현의 길이는 중심각의 크기에 정비례하지 않는다.

한번 더!

개념 ① 원과 부채꼴 [242003-0788]

6 **한 원에서 부채꼴과 활꼴이 같을 때, 중심각의 크기는?**

① $60°$ ② $90°$ ③ $120°$
④ $150°$ ⑤ $180°$

개념 ② 중심각의 크기와 호의 길이, 부채꼴의 넓이 사이의 관계 [242003-0789]

7 **오른쪽 그림의 원 O에서 $x+y$의 값을 구하시오.**

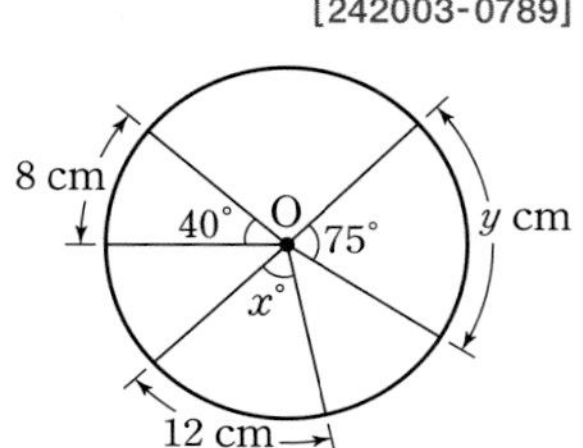

개념 ② 중심각의 크기와 호의 길이, 부채꼴의 넓이 사이의 관계 [242003-0790]

8 **오른쪽 그림과 같이 $\overline{AB}$를 지름으로 하는 반원 O에서 $\angle BOC=30°$, $\widehat{BC}=2$ cm, $\overline{AD} /\!/ \overline{OC}$일 때, $\widehat{AD}$의 길이는?**

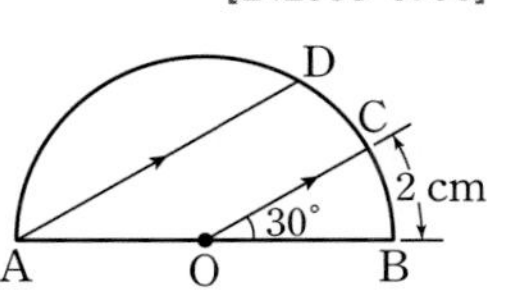

① 6 cm ② 8 cm
③ 10 cm ④ 12 cm
⑤ 15 cm

개념 ② 중심각의 크기와 호의 길이, 부채꼴의 넓이 사이의 관계 [242003-0791]

기출 **9** **오른쪽 그림의 원 O에서 $\angle AOB=80°$이고 부채꼴 AOB의 넓이가 6 cm^2일 때, 원 O의 넓이는?**

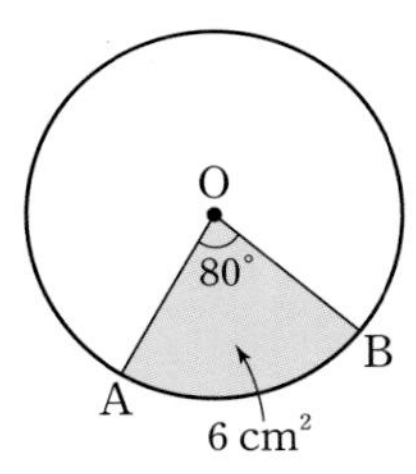

① 18 cm^2 ② 21 cm^2
③ 24 cm^2 ④ 27 cm^2
⑤ 30 cm^2

부채꼴의 넓이는 중심각의 크기에 정비례함을 이용하여 비례식을 세운다.

개념 ③ 중심각의 크기와 현의 길이 사이의 관계 [242003-0792]

10 **오른쪽 그림의 원 O에서 $\overline{AB}=\overline{CD}=\overline{DE}=\overline{EF}$일 때, 다음 중 옳지 <u>않은</u> 것은?**

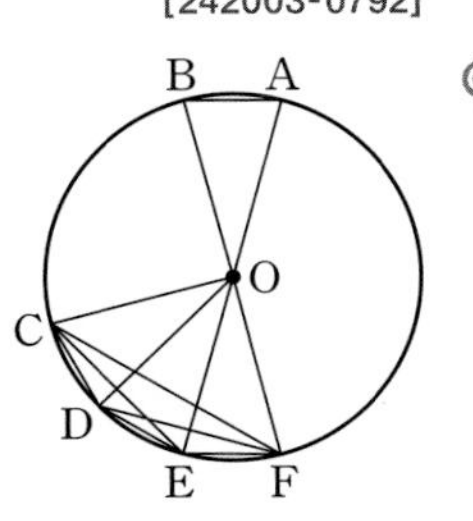

① $\overline{CE}=\overline{DF}$ ② $\overline{CF}=3\overline{AB}$
③ $\widehat{CE}=2\widehat{AB}$ ④ $\angle AOB=\angle DOE$
⑤ $\angle COF=3\angle AOB$

① 중심각의 크기에 정비례하는 것
➡ 호의 길이, 부채꼴의 넓이
② 중심각의 크기에 정비례하지 않는 것
➡ 현의 길이, 삼각형의 넓이

2 부채꼴의 호의 길이와 넓이

원의 둘레의 길이와 넓이

(1) 원의 지름의 길이에 대한 원의 둘레의 길이의 비율을 ❶ ☐ 이라 하고, 기호 π로 나타낸다.

(2) 반지름의 길이가 r인 원의 둘레의 길이를 l이라 하면
$l=$ ❷ ☐

(3) 반지름의 길이가 r인 원의 넓이를 S라 하면
$S=$ ❸ ☐

● 다음을 구하시오.

1 [242003-0793]
반지름의 길이가 3 cm인 원의 둘레의 길이

2 [242003-0794]
지름의 길이가 16 cm인 원의 넓이

● 다음 그림과 같은 원의 둘레의 길이 l과 넓이 S를 각각 구하시오.

3 [242003-0795]

5 cm

4 [242003-0796]

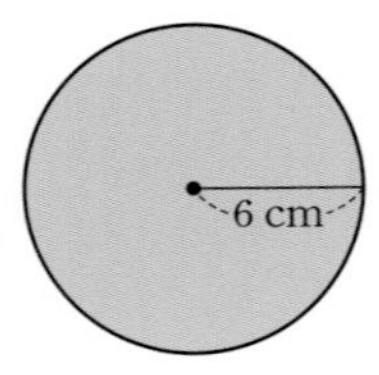

5 [242003-0797]

14 cm

6 [242003-0798]

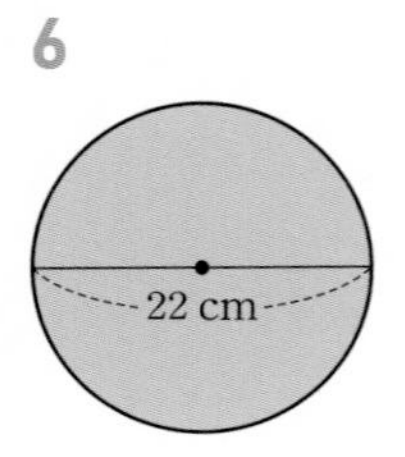

● 다음을 구하시오.

7 [242003-0799]
둘레의 길이가 18π cm인 원의 반지름의 길이

8 [242003-0800]
넓이가 $25\pi\ \text{cm}^2$인 원의 반지름의 길이

부채꼴의 호의 길이

반지름의 길이가 r이고 중심각의 크기가 $x°$인 부채꼴의 호의 길이를 l이라 하면
$l=2\pi r\times$ ❹ ☐

● 반지름의 길이와 중심각의 크기가 다음과 같은 부채꼴의 호의 길이를 구하시오.

9 [242003-0801]
반지름의 길이가 6 cm이고 중심각의 크기가 60°인 부채꼴

➡ (호의 길이)$=2\pi\times\square\times\dfrac{\square}{360}$

$=\square$ (cm)

10 [242003-0802]
반지름의 길이가 9 cm이고 중심각의 크기가 140°인 부채꼴

● 다음 그림과 같은 부채꼴의 호의 길이를 구하시오.

11 [242003-0803]

12 [242003-0804]

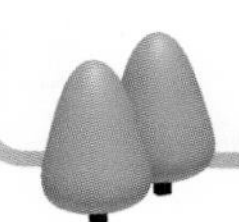

부채꼴의 넓이

반지름의 길이가 r이고 중심각의 크기가 $x°$인 부채꼴의 넓이를 S라 하면

S=❺ [　　] $\times \dfrac{x}{360}$

● 반지름의 길이와 중심각의 크기가 다음과 같은 부채꼴의 넓이를 구하시오.

13 [242003-0805]

반지름의 길이가 9 cm이고 중심각의 크기가 240°인 부채꼴

➡ (넓이)$=\pi\times\square^2\times\dfrac{\square}{360}=\square$ (cm²)

14 [242003-0806]

반지름의 길이가 18 cm이고 중심각의 크기가 100°인 부채꼴

● 다음 그림과 같은 부채꼴의 넓이를 구하시오.

15 [242003-0807]

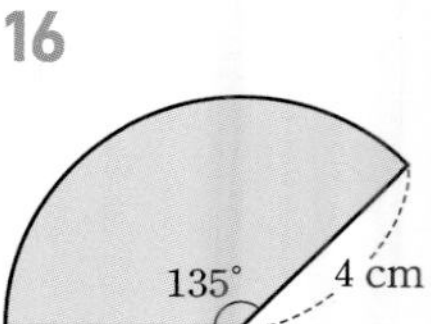

16 [242003-0808]

135°
4 cm

17 [242003-0809]

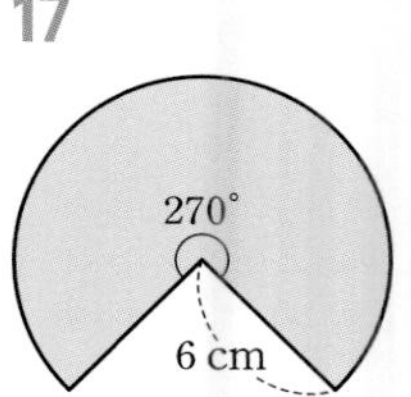

● 다음 그림의 색칠한 부분의 둘레의 길이 l과 넓이 S를 각각 구하시오.

18 [242003-0810]

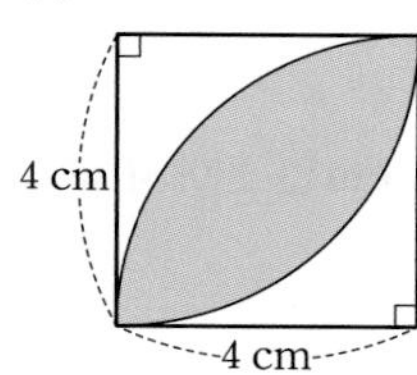

19 [242003-0811]

4 cm
4 cm

부채꼴의 호의 길이와 넓이 사이의 관계

반지름의 길이가 r이고 호의 길이가 l인 부채꼴의 넓이를 S라 하면

S=❻ [　　]

● 다음 그림과 같은 부채꼴의 넓이를 구하시오.

20 [242003-0812]

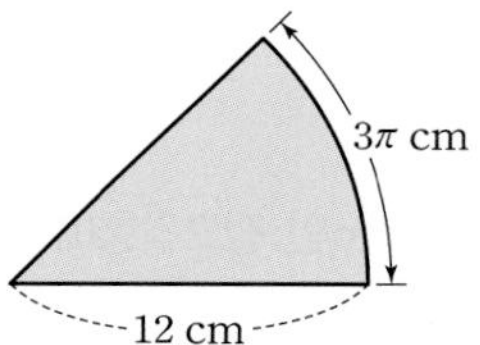

➡ (넓이)$=\square\times 12\times\square=\square$ (cm²)

21 [242003-0813]

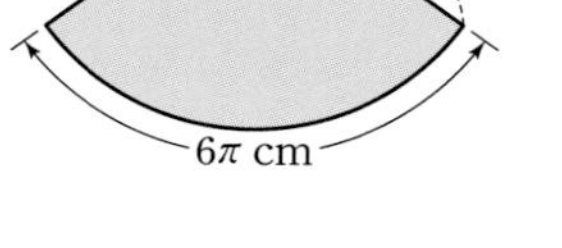

22 [242003-0814]

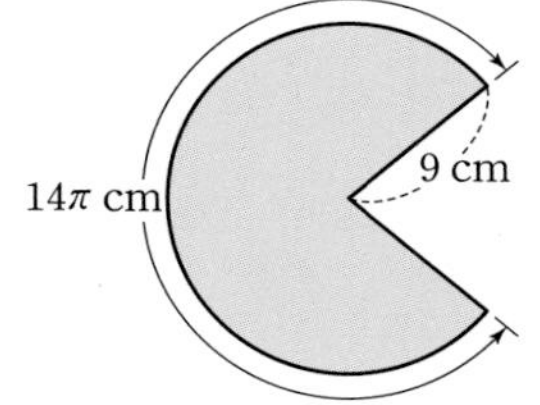

소단원 핵심문제

개념 ❹ 원의 둘레의 길이와 넓이 [242003-0815]

1 오른쪽 그림에서 색칠한 부분의 둘레의 길이는?

① 9π cm ② 12π cm
③ 16π cm ④ 18π cm
⑤ 20π cm

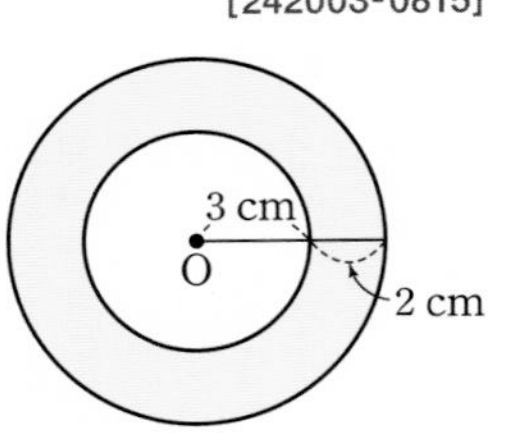

개념 ❹ 원의 둘레의 길이와 넓이 [242003-0816]

2 오른쪽 그림과 같이 반지름의 길이가 4 cm인 원에서 색칠한 부분의 넓이는?

① 4π cm² ② 6π cm²
③ 8π cm² ④ 10π cm²
⑤ 12π cm²

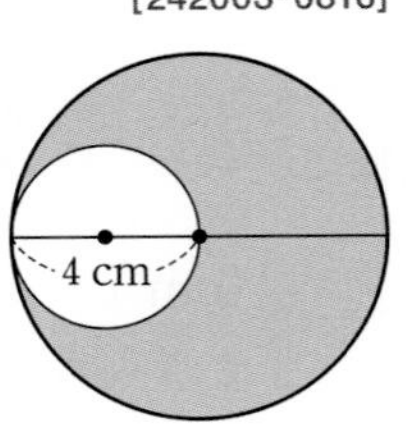

(색칠한 부분의 넓이)
=(큰 원의 넓이)
−(작은 원의 넓이)

개념 ❺ 부채꼴의 호의 길이와 넓이 [242003-0817]

기출 **3** 오른쪽 그림과 같이 한 변의 길이가 6 cm인 정사각형에서 색칠한 부분의 둘레의 길이를 구하시오.

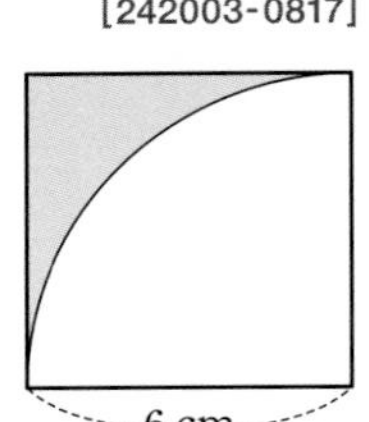

개념 ❺ 부채꼴의 호의 길이와 넓이 [242003-0818]

4 오른쪽 그림과 같은 한 변의 길이가 10 cm인 정오각형에서 색칠한 부분의 넓이는?

① 20π cm² ② 25π cm²
③ 30π cm² ④ 35π cm²
⑤ 40π cm²

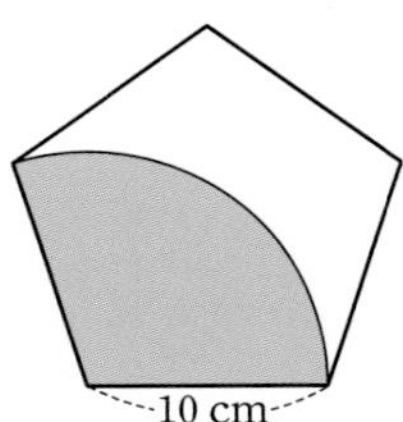

개념 ❻ 부채꼴의 호의 길이와 넓이 사이의 관계 [242003-0819]

5 오른쪽 그림과 같은 부채꼴의 호의 길이가 12π cm이고, 넓이가 54π cm²일 때, 부채꼴의 반지름의 길이를 구하시오.

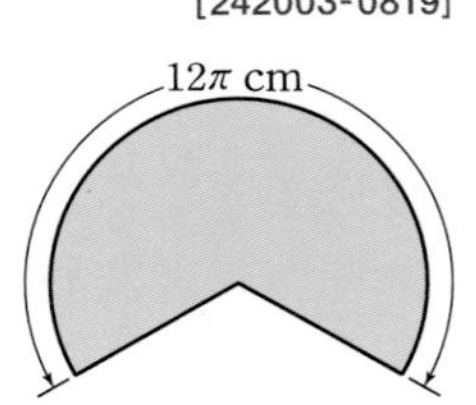

반지름의 길이가 r, 호의 길이가 l인 부채꼴의 넓이 S
➡ $S=\frac{1}{2}rl$

한번 더!

개념 4 원의 둘레의 길이와 넓이 [242003-0820]

6 넓이가 144π cm^{2}인 원의 둘레의 길이를 구하시오.

기출

개념 4 원의 둘레의 길이와 넓이 [242003-0821]

7 오른쪽 그림과 같이 반지름의 길이가 8 cm인 원에서 색칠한 부분의 넓이는?

① 32π cm^2 ② 34π cm^2
③ 36π cm^2 ④ 38π cm^2
⑤ 40π cm^2

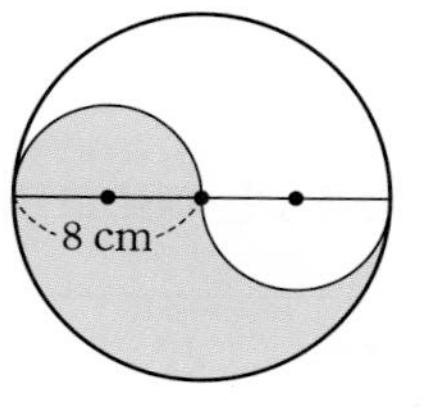

넓이가 같은 부분을 찾아 일부분을 적당히 이동하여 색칠한 부분의 넓이를 구한다.

개념 5 부채꼴의 호의 길이와 넓이 [242003-0822]

8 오른쪽 그림과 같은 반원에서 색칠한 부분의 넓이가 6π cm^{2}일 때, 이 반원의 지름의 길이를 구하시오.

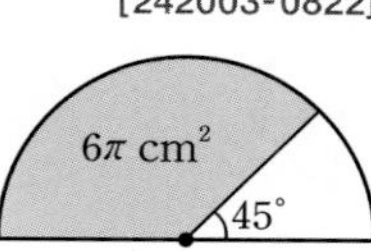

개념 5 부채꼴의 호의 길이와 넓이 [242003-0823]

9 오른쪽 그림은 직각삼각형 ABC를 점 B를 중심으로 점 C가 변 AB의 연장선 위의 점 D에 오도록 회전시킨 것이다. $\angle ABC = 60°$, $\overline{AB} = 12$ cm일 때, 점 A가 움직인 거리를 구하시오.

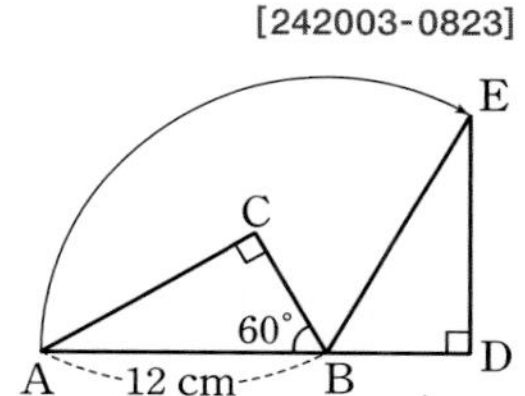

개념 6 부채꼴의 호의 길이와 넓이 사이의 관계 [242003-0824]

10 어느 피자 가게에서는 반지름의 길이가 각각 12 cm, 15 cm인 원 모양의 피자를 만든 후 다음 그림과 같이 부채꼴 모양으로 조각내어 판매한다. 두 조각 A, B 중에서 양이 더 많은 것을 말하시오.

(단, 피자의 두께는 일정하다.)

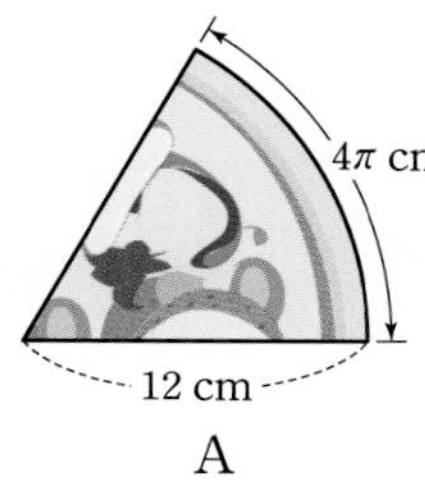

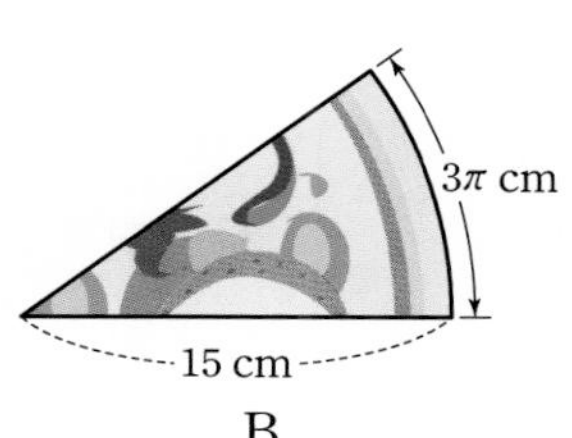

두 조각 A, B의 넓이를 각각 구하여 비교한다.

1 다면체

다면체

❶ [   ] : 다각형인 면으로만 둘러싸인 입체도형

① 면 : 다면체를 둘러싸고 있는 다각형

② 모서리 : 다면체를 이루는 다각형의 ❷ [   ]

③ 꼭짓점 : 다면체를 이루는 다각형의 꼭짓점

● 다음 보기 에서 물음에 알맞은 것을 있는 대로 고르시오.

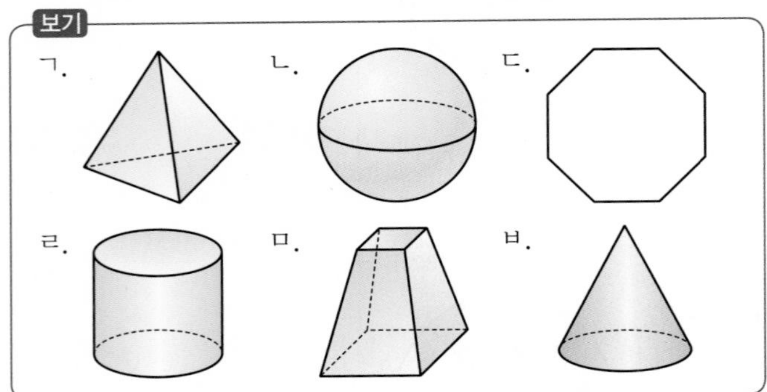

1 [242003-0825]

입체도형을 모두 찾아 기호를 쓰시오.

2 [242003-0826]

다면체를 모두 찾아 기호를 쓰시오.

● 다음 그림과 같은 다면체의 면의 개수를 구하고, 몇 면체인지 차례로 말하시오.

3 [242003-0827]

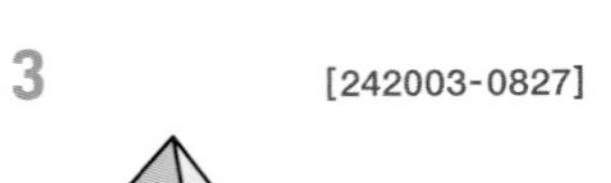

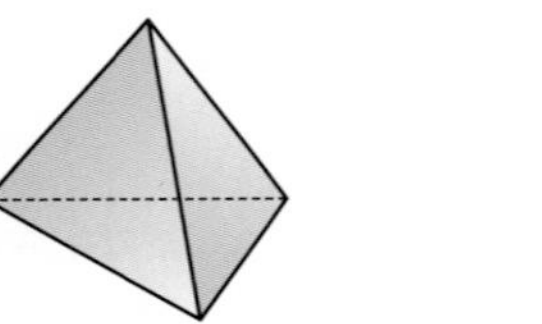

4 [242003-0828]

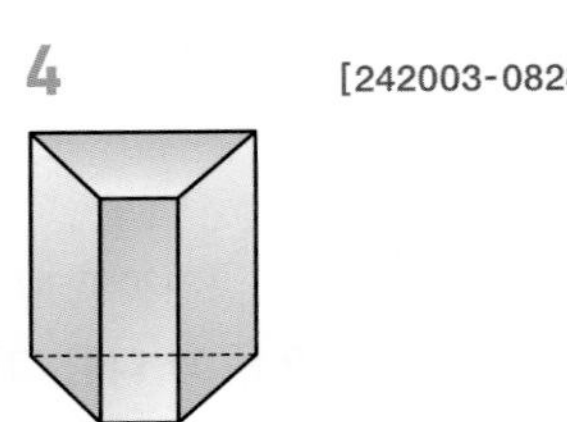

5 [242003-0829]

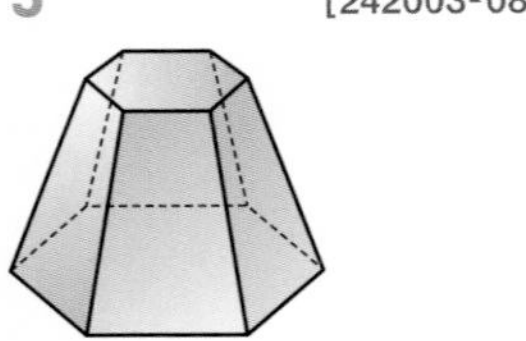

6 [242003-0830]

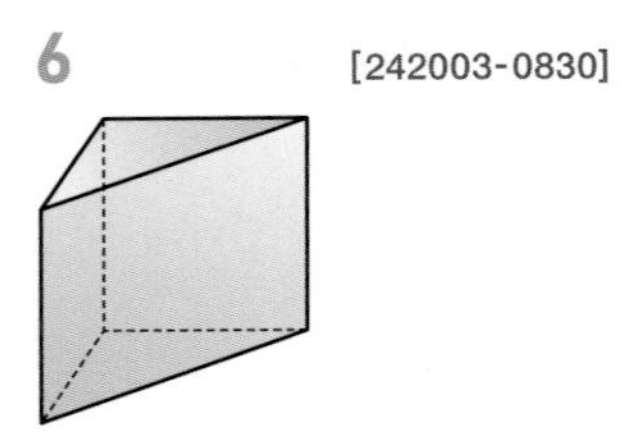

7 [242003-0831]

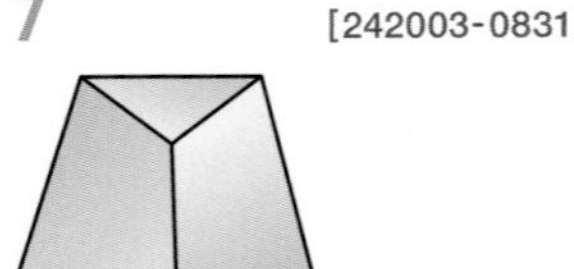

8 [242003-0832]

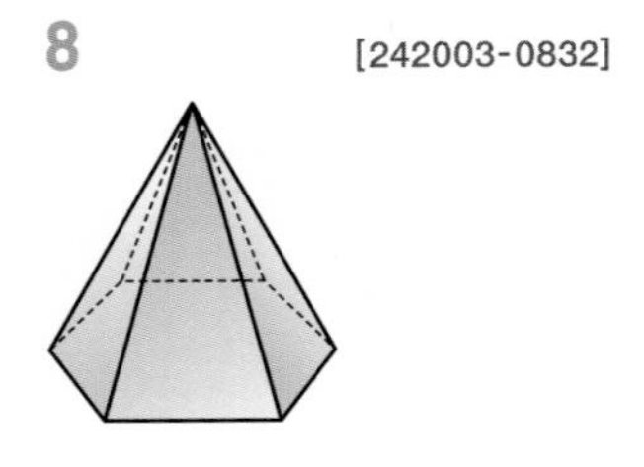

각뿔대

❸ [   ] : 각뿔을 밑면에 평행한 평면으로 자를 때 생기는 두 입체도형 중에서 각뿔이 아닌 쪽의 다면체

① 밑면 : 각뿔대에서 평행한 두 면

② ❹ [   ] : 각뿔대에서 밑면이 아닌 면

③ 높이 : 각뿔대에서 두 ❺ [   ] 사이의 거리

● 다음 그림과 같은 각뿔대의 밑면의 모양과 각뿔대의 이름을 차례로 말하시오.

9 [242003-0833]

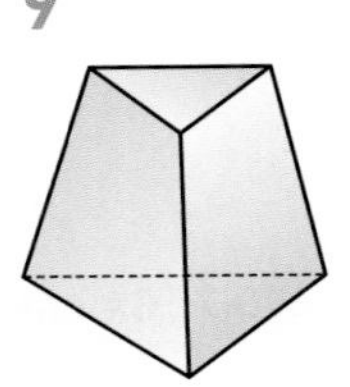

밑면의 모양 : ____________

각뿔대의 이름 : ____________

10 [242003-0834]

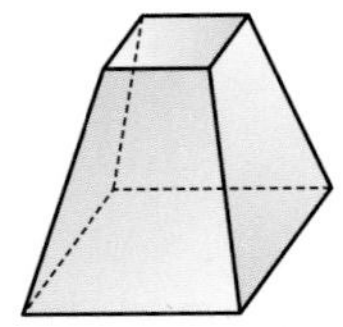

밑면의 모양 : ____________

각뿔대의 이름 : ____________

11 [242003-0835]

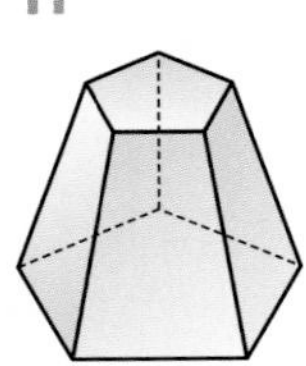

밑면의 모양 : ____________

각뿔대의 이름 : ____________

● 오른쪽 그림과 같은 다면체에 대한 설명으로 옳은 것은 ○표, 옳지 않은 것은 ×표를 (   ) 안에 써넣으시오.

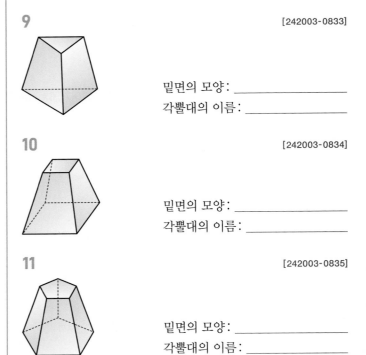

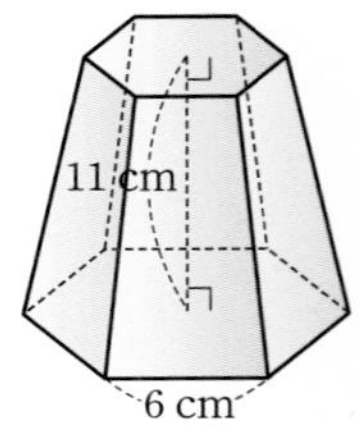

12 [242003-0836]

두 밑면은 합동이다. (   )

13 [242003-0837]

높이는 6 cm이다. (   )

14 [242003-0838]

육면체이다. (   )

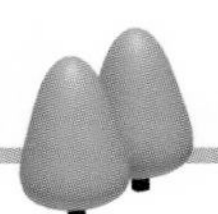

다면체의 면, 모서리, 꼭짓점의 개수

	n각기둥	n각뿔	n각뿔대
면의 개수	❻	$n+1$	$n+2$
모서리의 개수	$3n$	❼	$3n$
꼭짓점의 개수	$2n$	$n+1$	❽

● 다음 표를 완성하시오.

15 [242003-0839]

다면체			
이름	삼각기둥		
면의 개수		6	
모서리의 개수			15
꼭짓점의 개수			

16 [242003-0840]

다면체			
이름	삼각뿔		
면의 개수			
모서리의 개수			10
꼭짓점의 개수		5	

17 [242003-0841]

다면체			
이름	삼각뿔대		
면의 개수		6	
모서리의 개수			
꼭짓점의 개수			10

● 보기 에서 다음을 만족시키는 다면체를 있는 대로 고르시오.

보기
ㄱ. 사각기둥 ㄴ. 사각뿔대 ㄷ. 오각뿔
ㄹ. 육각기둥 ㅁ. 육각뿔 ㅂ. 칠각뿔대

18 [242003-0842]

밑면이 1개인 다면체

19 [242003-0843]

밑면이 서로 평행하지만 합동이 아닌 다면체

20 [242003-0844]

옆면의 모양이 모두 직사각형인 다면체

21 [242003-0845]

면의 개수가 6인 다면체

22 [242003-0846]

모서리의 개수가 12인 다면체

● 다음 조건을 모두 만족시키는 입체도형을 구하시오.

23 [242003-0847]

(가) 두 밑면은 평행하다.
(나) 옆면은 모두 사다리꼴이다.
(다) 꼭짓점의 개수는 16개이다.

24 [242003-0848]

(가) 밑면이 1개이다.
(나) 옆면은 모두 삼각형이다.
(다) 모서리의 개수는 12개이다.

소단원 핵심문제

개념 1 다면체 [242003-0849]

1 **다음 보기에서 다면체인 것은 모두 몇 개인지 구하시오.**

보기

ㄱ. 직육면체	ㄴ. 삼각뿔	ㄷ. 원뿔
ㄹ. 오각기둥	ㅁ. 원기둥	ㅂ. 육각뿔

원이나 곡면으로 둘러싸인 입체도형은 다면체가 아니다.

개념 1 다면체 [242003-0850]

2 **다음 중 오면체인 것은?**

① 사각뿔대 ② 삼각뿔 ③ 삼각뿔대
④ 오각기둥 ⑤ 오각뿔

다면체의 면의 개수
① n각기둥의 면의 개수 ➡ $n+2$
② n각뿔의 면의 개수 ➡ $n+1$
③ n각뿔대의 면의 개수 ➡ $n+2$

개념 3 다면체의 면, 모서리, 꼭짓점의 개수 [242003-0851]

3 **다음 중 오른쪽 그림과 같은 다면체와 꼭짓점의 개수가 같은 것은?**

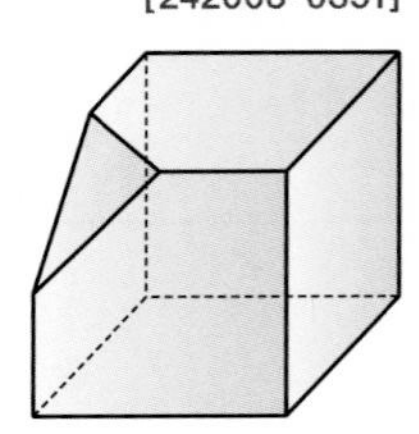

① 오각뿔 ② 오각기둥 ③ 직육면체
④ 육각기둥 ⑤ 칠각뿔대

개념 2 각뿔대 / 개념 3 다면체의 면, 모서리, 꼭짓점의 개수 [242003-0852]

4 **다음 중 각뿔대에 대한 설명으로 옳은 것은?**

① 밑면은 1개이다.
② 옆면의 모양은 직사각형이다.
③ n각뿔대의 면의 개수는 $(n+2)$이다.
④ n각뿔대의 꼭짓점의 개수는 $3n$이다.
⑤ 각뿔대를 밑면에 평행한 평면으로 자르면 각뿔과 각뿔대가 만들어진다.

개념 1 다면체 / 개념 3 다면체의 면, 모서리, 꼭짓점의 개수 [242003-0853]

기출 **5** **다음 조건을 모두 만족시키는 입체도형을 구하시오.**

(가) 밑면이 2개이다.
(나) 옆면의 모양은 직사각형이다.
(다) 꼭짓점의 개수는 24이다.

밑면이 2개이고 옆면의 모양이 직사각형인 입체도형은 각기둥이다.

개념 ❶ 다면체 [242003-0854]

6 다음 보기에서 다면체인 것의 개수는?

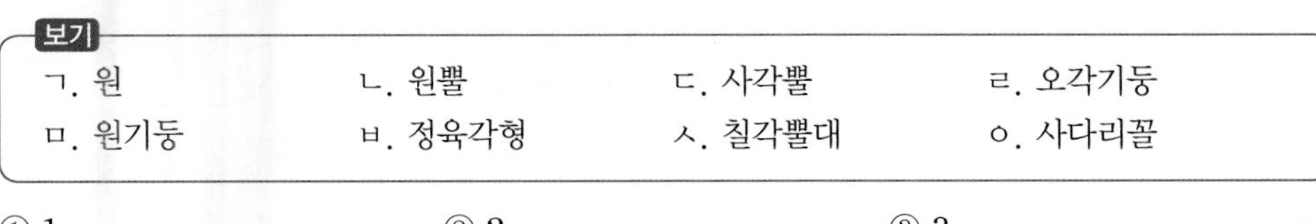

보기
ㄱ. 원 ㄴ. 원뿔 ㄷ. 사각뿔 ㄹ. 오각기둥
ㅁ. 원기둥 ㅂ. 정육각형 ㅅ. 칠각뿔대 ㅇ. 사다리꼴

① 1 ② 2 ③ 3
④ 4 ⑤ 5

개념 ❸ 다면체의 면, 모서리, 꼭짓점의 개수 [242003-0855]

7 다음 중 오른쪽 그림의 다면체와 면의 개수가 같은 것은?

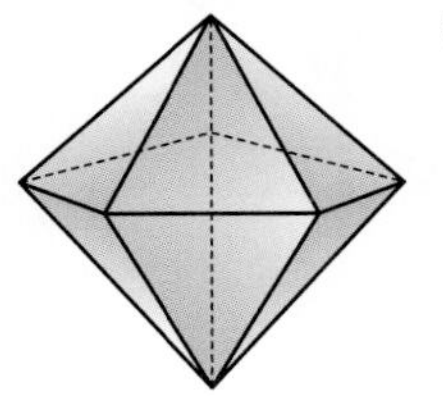

① 칠각기둥 ② 칠각뿔대
③ 팔각뿔 ④ 팔각뿔대
⑤ 십각뿔

먼저 주어진 다면체의 면의 개수를 구한다.

개념 ❸ 다면체의 면, 모서리, 꼭짓점의 개수 [242003-0856]

8 다음 중 꼭짓점의 개수가 가장 많은 것은?

① 오각기둥 ② 육각뿔 ③ 사각뿔대
④ 사각뿔 ⑤ 삼각기둥

개념 ❷ 각뿔대 / 개념 ❸ 다면체의 면, 모서리, 꼭짓점의 개수 [242003-0857]

9 다음 중 각뿔대에 대한 설명으로 옳지 않은 것은?

① 사각뿔대는 육면체이다.
② 각뿔대의 두 밑면은 서로 합동이 아니다.
③ 오각뿔대의 모서리의 개수는 10이다.
④ 각뿔대의 옆면의 모양은 모두 사다리꼴이다.
⑤ 각뿔을 밑면에 평행한 평면으로 자를 때 생기는 두 입체도형 중에서 각뿔이 아닌 쪽의 다면체를 각뿔대라 한다.

개념 ❸ 다면체의 면, 모서리, 꼭짓점의 개수 [242003-0858]

기출

10 모서리의 개수가 15인 각뿔대의 면의 개수를 a, 꼭짓점의 개수를 b라 할 때, $a+b$의 값을 구하시오.

n각뿔대의 모서리의 개수는 $3n$이다.

2 정다면체

정다면체

(1) **정다면체**: 모든 면이 합동인 ❶ [　　] 이고, 각 꼭짓점에 모인 면의 개수가 ❷ [　　] 다면체

(2) 정다면체의 종류는 ❸ [　　] 가지뿐이다.

❹ [　　]　　정육면체　　❺ [　　]

정십이면체　　❻ [　　]

(3) 정다면체의 면의 모양은 ❼ [　　], 정사각형, ❽ [　　] 중 하나이다.

정다면체의 특징

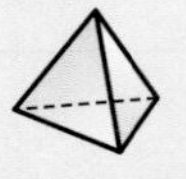 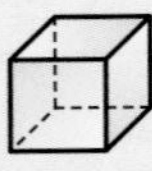 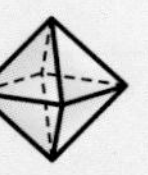 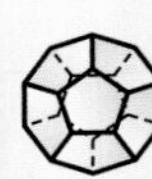 

	정사면체	정육면체	정팔면체	정십이면체	정이십면체
면의 모양	정삼각형	정사각형	정삼각형	정오각형	정삼각형
한 꼭짓점에 모인 면의 개수	3	❾ [　　]	4	3	5
면의 개수	4	6	❿ [　　]	12	20
꼭짓점의 개수	4	8	6	⓫ [　　]	12
모서리의 개수	6	12	12	30	⓬ [　　]

● **다음 중 정다면체에 대한 설명으로 옳은 것은 ○표, 옳지 않은 것은 ×표를 (　) 안에 써넣으시오.**

1 [242003-0859]

정다면체의 각 면은 모두 합동인 정다각형이다. (　　)

2 [242003-0860]

정다면체는 각 꼭짓점에 모인 면의 개수가 각각 모두 같다. (　　)

3 [242003-0861]

정다면체의 종류는 무수히 많다. (　　)

4 [242003-0862]

면의 모양이 정육각형인 정다면체가 있다. (　　)

5 [242003-0863]

정다면체의 한 면이 될 수 있는 것은 정삼각형, 정사각형, 정오각형의 3가지뿐이다. (　　)

● **다음 □ 안에 알맞은 것을 써넣으시오.**

6 [242003-0864]

면의 모양이 정오각형인 정다면체는 [　　] 이다.

7 [242003-0865]

면의 모양이 [　　] 인 정다면체는 정사면체, 정팔면체, 정이십면체이다.

8 [242003-0866]

한 꼭짓점에 모인 면의 개수가 4인 정다면체는 [　　] 이다.

● **보기 에서 다음을 만족시키는 정다면체를 있는 대로 고르시오.**

보기

ㄱ. 정사면체　　ㄴ. 정육면체　　ㄷ. 정팔면체
ㄹ. 정십이면체　　ㅁ. 정이십면체

9 [242003-0867]

면의 모양이 모두 정삼각형인 정다면체

10 [242003-0868]

면의 모양이 모두 정오각형인 정다면체

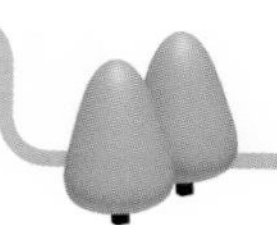

11 [242003-0869]

한 꼭짓점에 모인 면의 개수가 4인 정다면체

12 [242003-0870]

한 꼭짓점에 모인 면의 개수가 5인 정다면체

13 [242003-0871]

모서리의 개수가 30인 정다면체

14 [242003-0872]

꼭짓점의 개수가 6인 정다면체

정다면체의 전개도

	정사면체	정육면체	정팔면체	정십이면체	정이십면체
겨냥도					
전개도					

● 다음 그림과 같은 전개도로 만들어지는 정다면체의 이름을 말하시오.

15 [242003-0873]

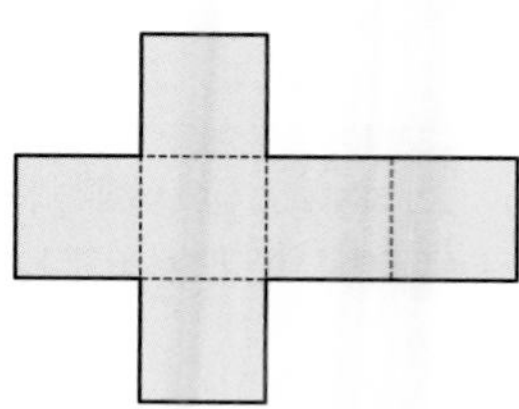

16 [242003-0874]

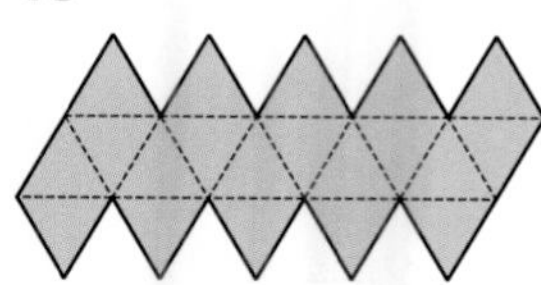

17 [242003-0875]

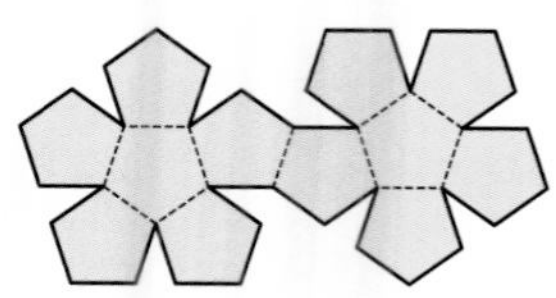

● 아래 그림과 같은 전개도로 만들어지는 정다면체에 대하여 다음 물음에 답하시오.

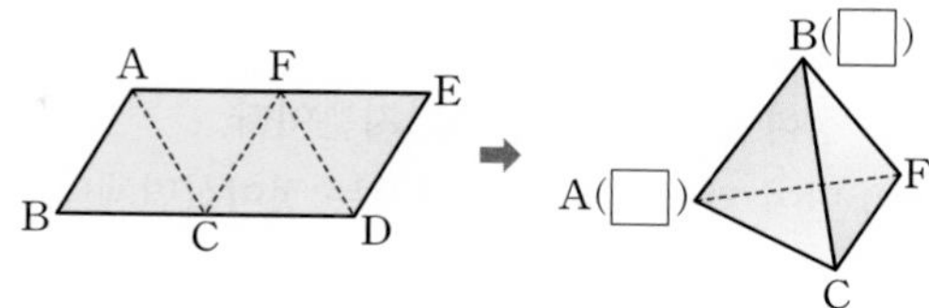

18 [242003-0876]

위의 그림에서 □ 안에 알맞은 것을 써넣으시오.

19 [242003-0877]

이 정다면체의 이름을 말하시오.

20 [242003-0878]

꼭짓점의 개수를 구하시오.

21 [242003-0879]

모서리의 개수를 구하시오.

● 아래 그림과 같은 전개도로 만들어지는 정다면체에 대하여 다음 물음에 답하시오.

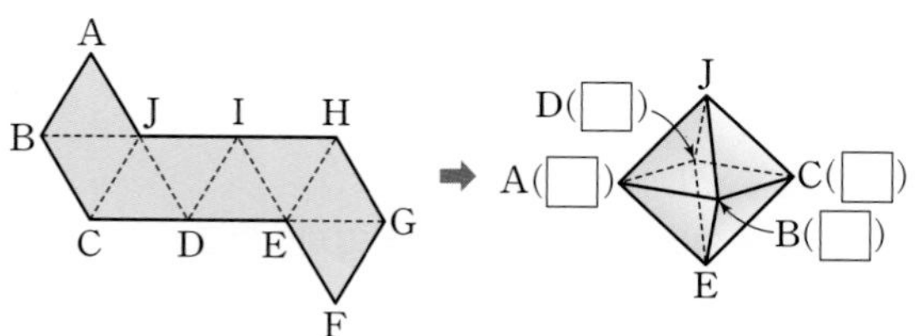

22 [242003-0880]

위의 그림에서 □ 안에 알맞은 것을 써넣으시오.

23 [242003-0881]

이 정다면체의 이름을 말하시오.

24 [242003-0882]

정다면체의 점 C와 겹치는 꼭짓점을 전개도에서 구하시오.

25 [242003-0883]

정다면체의 면 ABJ와 평행한 면을 전개도에서 구하시오.

소단원 핵심문제

개념 4 정다면체 [242003-0884]

1 다음 중 정다면체에 대한 설명으로 옳지 않은 것을 모두 고르면? (정답 2개)

① 정팔면체는 평행한 면이 없다.
② 정다면체의 종류는 5가지뿐이다.
③ 면이 가장 많은 정다면체는 정이십면체이다.
④ 면의 모양이 정사각형인 다면체는 한 가지뿐이다.
⑤ 각 면의 모양이 모두 정다각형인 다면체를 정다면체라고 한다.

개념 4 정다면체 [242003-0885]

2 다음은 정다면체에 대하여 정리한 표이다. ①~⑤에 들어갈 것으로 옳지 않은 것은?

정다면체	정사면체	정육면체	정팔면체	정십이면체	①
면의 모양	정삼각형	②	정삼각형	③	정삼각형
한 꼭짓점에 모인 면의 개수	④	3	⑤	3	5

① 정이십면체　② 정사각형　③ 정오각형
④ 3　⑤ 5

개념 4 정다면체 [242003-0886]

3 다음 정다면체 중 꼭짓점의 개수가 가장 많은 것은?

① 정사면체　② 정육면체　③ 정팔면체
④ 정십이면체　⑤ 정이십면체

개념 4 정다면체 [242003-0887]

기출 **4** 다음 조건을 모두 만족시키는 입체도형을 구하시오.

(가) 각 면의 모양이 모두 합동인 정다각형이다.
(나) 각 꼭짓점에 모인 면의 개수가 같다.
(다) 한 꼭짓점에 모인 면의 개수가 5이다.

각 면의 모양이 모두 합동인 정다각형이고, 각 꼭짓점에 모인 면의 개수가 같은 다면체를 정다면체라 한다.

개념 5 정다면체의 전개도 [242003-0888]

5 오른쪽 그림과 같은 전개도로 만든 정다면체의 면의 개수를 a, 꼭짓점의 개수를 b, 모서리의 개수를 c라고 할 때, $a+b+c$의 값을 구하시오.

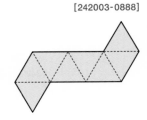

주어진 전개도로 정다면체를 만들어본다.

한번 더!

개념 ④ 정다면체 [242003-0889]

6 **다음 중 정다면체에 대한 설명으로 옳지 <u>않은</u> 것은?**

① 모든 모서리의 길이가 같다.
② 모든 면이 합동인 정다각형이다.
③ 한 꼭짓점에 모인 면의 개수는 같다.
④ 정십이면체와 정이십면체의 면의 모양이 같다.
⑤ 한 꼭짓점에 모인 면의 개수가 6인 정다면체는 없다.

> 정다면체
> ➡ 각 면의 모양이 모두 합동인 정다각형이고, 각 꼭짓점에 모인 면의 개수가 같은 다면체

개념 ④ 정다면체 [242003-0890]

7 **정사면체의 모서리의 개수를 a, 정십이면체의 꼭짓점의 개수를 b라 할 때, $a+b$의 값을 구하시오.**

> 정 n면체의 꼭짓점과 모서리의 개수
> ① (꼭짓점의 개수)
> $=\dfrac{n\times(\text{한 면을 이루는 꼭짓점의 개수})}{(\text{한 꼭짓점에 모인 면의 개수})}$
> ② (모서리의 개수)
> $=\dfrac{n\times(\text{한 면을 이루는 모서리의 개수})}{2}$

개념 ④ 정다면체 [242003-0891]

8 **다음 조건을 모두 만족시키는 정다면체를 구하시오.**

(가) 각 면은 모두 합동인 정삼각형이다.
(나) 한 꼭짓점에 모인 면의 개수는 4이다.

개념 ④ 정다면체 / 개념 ⑤ 정다면체와 전개도 [242003-0892]

9 **오른쪽 그림과 같은 전개도로 만든 정다면체의 면의 개수를 a, 꼭짓점의 개수를 b, 한 꼭짓점에 모인 면의 개수를 c라 할 때, $a+b+c$의 값은?**

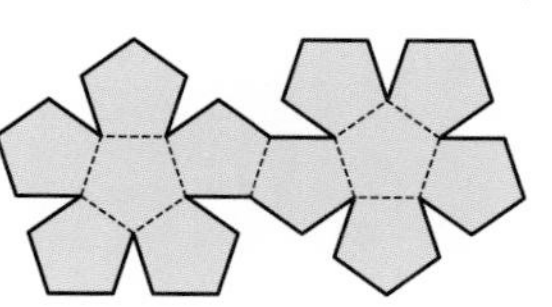

① 29 ② 30 ③ 32
④ 34 ⑤ 35

기출

개념 ⑤ 정다면체의 전개도 [242003-0893]

10 **오른쪽 그림과 같은 전개도로 정다면체를 만들었을 때, 다음 중 $\overline{DE}$와 꼬인 위치에 있는 모서리는?**

① $\overline{AB}$ ② $\overline{AF}$ ③ $\overline{BC}$
④ $\overline{CF}$ ⑤ $\overline{DF}$

> 주어진 전개도로 정다면체를 만들어 본다.

3 회전체

회전체

(1) ❶ [   ] : 평면도형을 한 직선을 축으로 하여 1회전시킬 때 생기는 입체도형

① ❷ [   ] : 회전 시킬 때 축으로 사용한 직선

② 모선 : 회전시킬 때 옆면을 만드는 선분

(2) ❸ [   ] : 원뿔을 밑면에 평행한 평면으로 자를 때 생기는 두 입체도형 중에서 원뿔이 아닌 쪽의 입체도형

(3) 회전체의 종류

	원기둥	원뿔	원뿔대	구
겨냥도				
회전시키는 평면도형	직사각형	직각삼각형	두 각이 직각인 사다리꼴	반원

● 다음 중 회전체인 것은 ○표, 회전체가 아닌 것은 ×표를 (   ) 안에 써넣으시오.

1 [242003-0894]

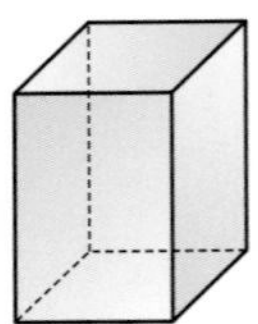

(   )

2 [242003-0895]

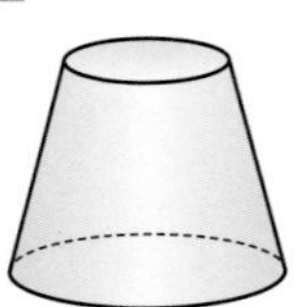

(   )

3 [242003-0896]

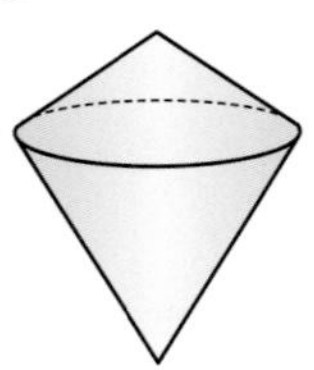

(   )

4 [242003-0897]

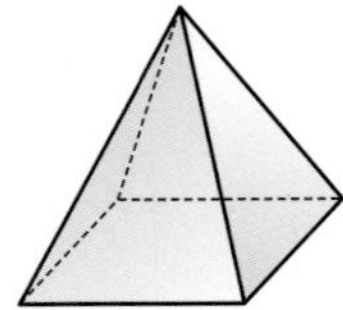

(   )

● 다음 그림과 같은 평면도형을 직선 l을 회전축으로 하여 1회전 시킬 때 생기는 회전체를 그리시오.

5 [242003-0898]

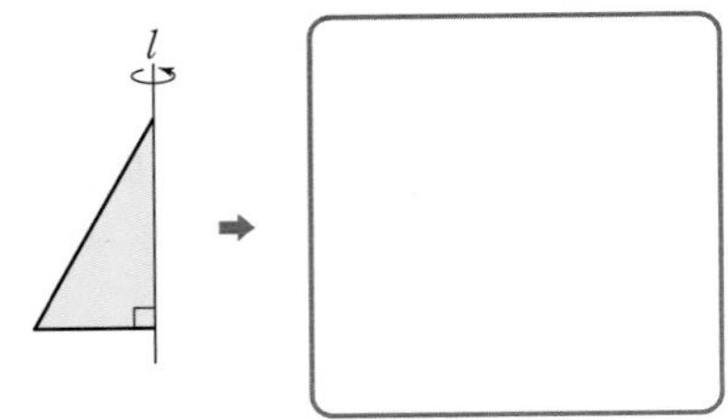

6 [242003-0899]

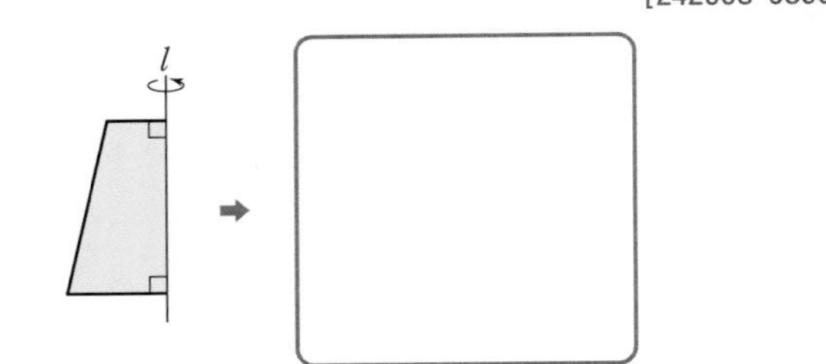

7 [242003-0900]

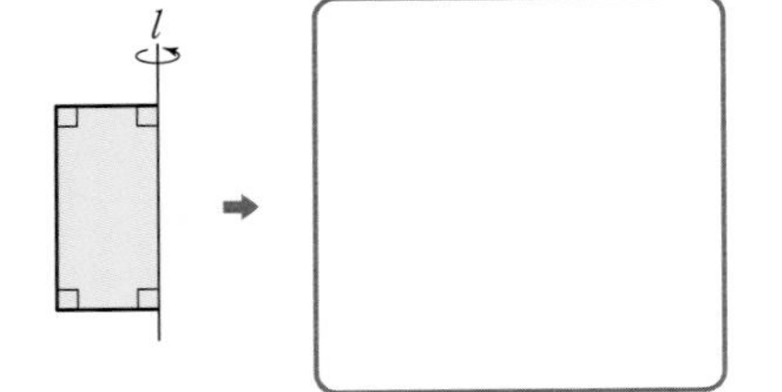

8 [242003-0901]

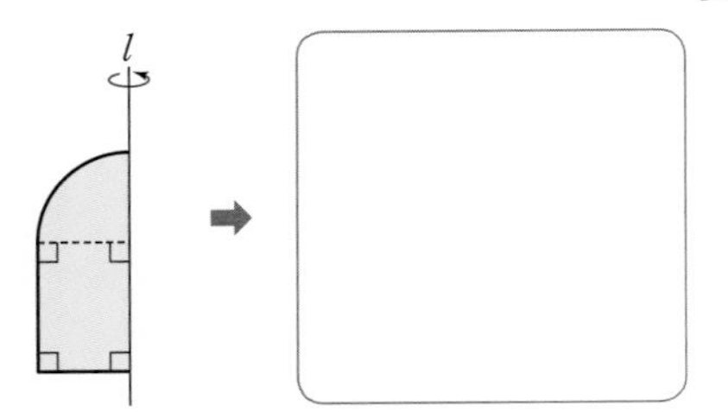

9 [242003-0902]

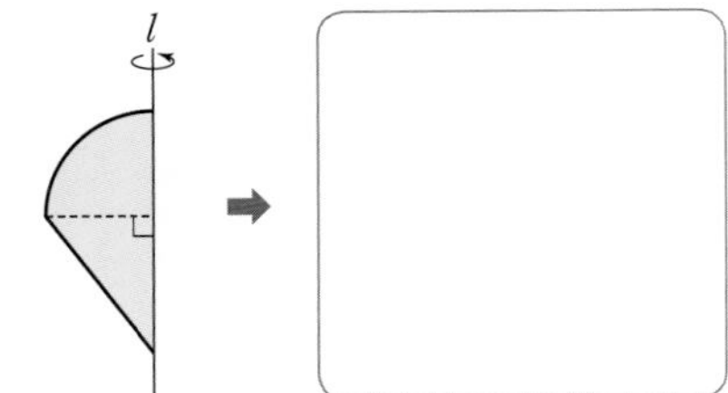

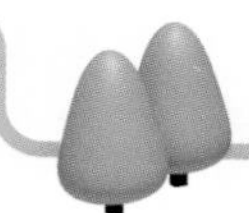

회전체의 성질

(1) 회전체를 회전축에 수직인 평면으로 자를 때 생기는 단면은 항상 ❹ [   ]이다.

(2) 회전체를 회전축을 포함하는 평면으로 자를 때 생기는 단면은 모두 합동이고 회전축을 대칭축으로 하는 ❺ [   ]이다.

10 [242003-0903]

다음 표를 완성하시오.

회전체	회전축에 수직인 평면으로 자른 단면의 모양	회전축을 포함하는 평면으로 자른 단면의 모양
원기둥	원	직사각형
원뿔		
원뿔대		
구		

● **다음 중 회전체에 대한 설명으로 옳은 것은 ○표, 옳지 않은 것은 ×표를 ( ) 안에 써넣으시오.**

11 [242003-0904]

회전체를 회전축에 수직인 평면으로 자를 때 생기는 단면은 항상 원이다. ( )

12 [242003-0905]

회전체를 회전축을 포함하는 평면으로 자를 때 생기는 단면은 모두 합동이다. ( )

13 [242003-0906]

원뿔대를 회전축을 포함하는 평면으로 자를 때 생기는 단면은 직사각형이다. ( )

14 [242003-0907]

구는 어느 방향으로 잘라도 그 단면은 항상 원이다. ( )

회전체의 전개도

(1) 회전체의 전개도

	원기둥	원뿔	원뿔대
전개도			

(2) 회전체의 전개도의 성질

① 원기둥의 전개도에서
(직사각형의 ❻ [   ]의 길이)
=(밑면인 원의 둘레의 길이)

② 원뿔의 전개도에서
(부채꼴의 ❼ [   ]의 길이)
=(밑면인 원의 둘레의 길이)

● **다음 그림은 회전체와 그 전개도이다. □ 안에 알맞은 것을 써넣으시오.**

15 [242003-0908]

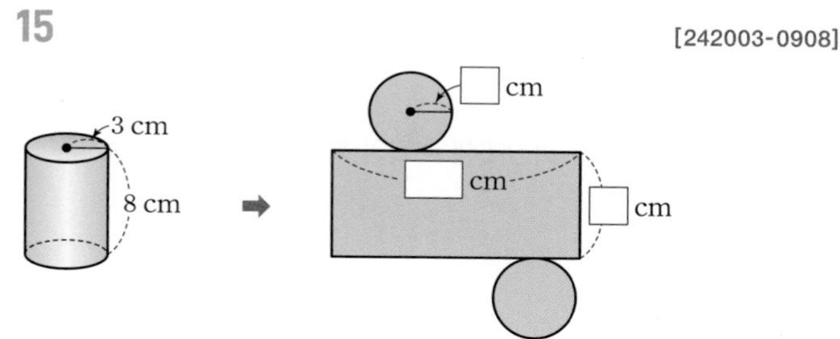

16 [242003-0909]

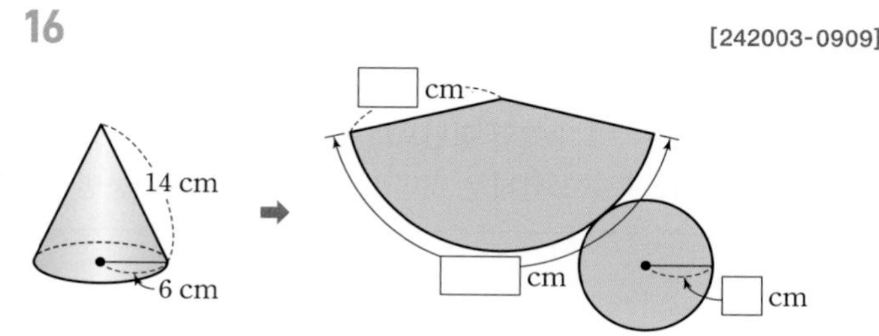

17 [242003-0910]

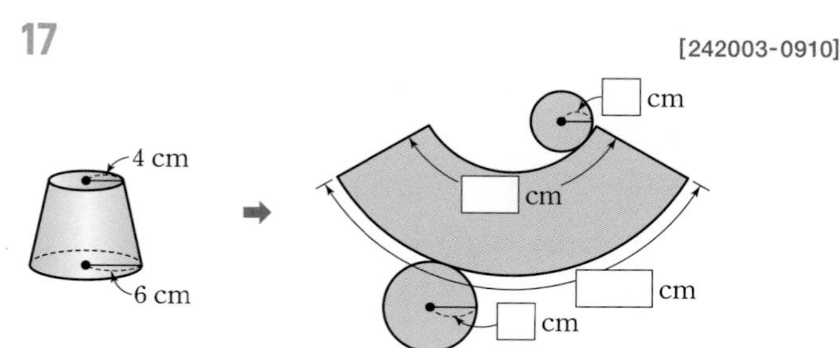

소단원 핵심문제

개념 6 회전체 [242003-0911]

1 다음 중 회전체가 아닌 것은?

① 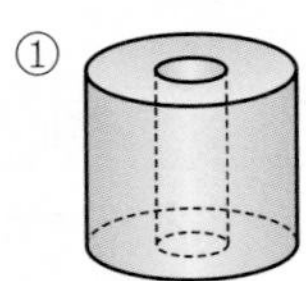
② 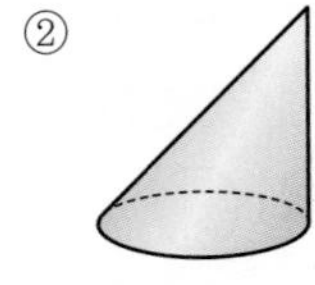
③ 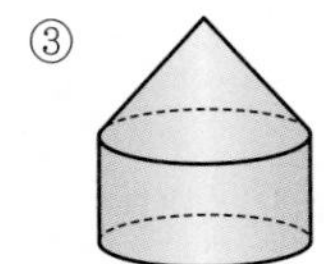
④ 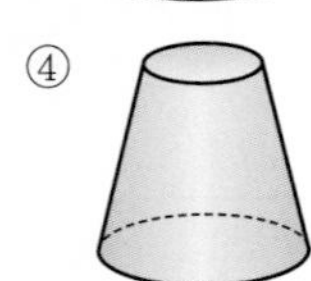
⑤ 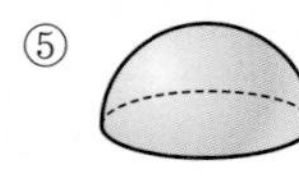

평면도형을 한 직선을 축으로 하여 1회전 시킬 때 생기는 입체도형을 회전체라고 한다.

개념 6 회전체 [242003-0912]

2 오른쪽 그림과 같은 평면도형을 직선 l을 회전축으로 하여 1회전 시킬 때 생기는 입체도형은?

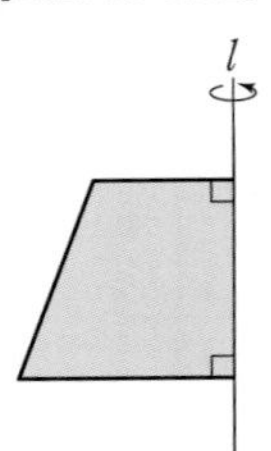

① 사각뿔대 ② 사각기둥
③ 원뿔 ④ 원뿔대
⑤ 원기둥

개념 7 회전체의 성질 [242003-0913]

기출 **3** 다음 회전체 중 회전축에 수직인 평면으로 자를 때 생기는 단면이 항상 합동인 것은?

① 원기둥 ② 원뿔 ③ 구
④ 원뿔대 ⑤ 반구

회전체를 회전축에 수직인 평면으로 자를 때 생기는 단면은 항상 원이다.

개념 7 회전체의 성질 [242003-0914]

4 다음 조건을 만족시키는 회전체를 구하시오.

(가) 회전축에 수직인 평면으로 자른 단면은 원이다.
(나) 회전축을 포함하는 평면으로 자른 단면은 이등변삼각형이다.

개념 7 회전체의 성질 / 개념 8 회전체의 전개도 [242003-0915]

5 오른쪽 그림의 전개도로 만든 입체도형의 이름과 이 입체도형을 회전축을 포함하는 평면으로 자를 때, 생기는 단면의 모양을 바르게 짝 지은 것은?

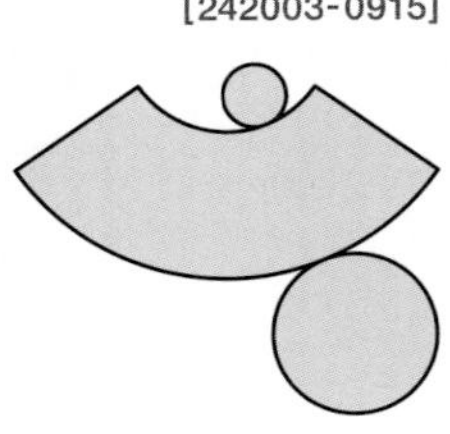

① 원뿔 ― 원 ② 원뿔 ― 이등변삼각형
③ 원뿔대 ― 원 ④ 원뿔대 ― 사다리꼴
⑤ 원기둥 ― 원

개념 6 회전체 [242003-0916]

6 다음 보기에서 회전체인 것을 있는 대로 고르시오.

보기

ㄱ. 정사면체	ㄴ. 반구	ㄷ. 오각기둥
ㄹ. 사각뿔대	ㅁ. 직육면체	ㅂ. 원뿔

평면도형을 한 직선을 축으로 하여 1회전 시킬 때 생기는 입체도형을 회전체라 한다.

개념 6 회전체 [242003-0917]

7 다음 중 오른쪽 그림과 같은 직각삼각형 ABC를 변 AB를 회전축으로 하여 1회전 시킬 때 생기는 입체도형은?

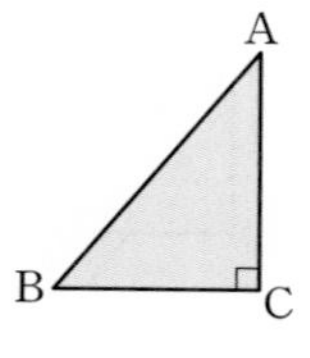

①
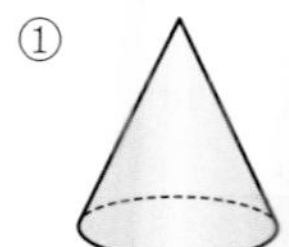
②
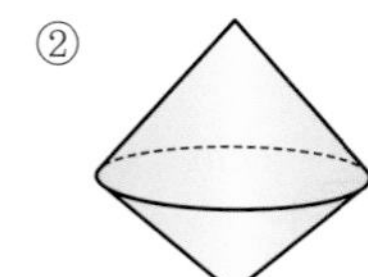
③
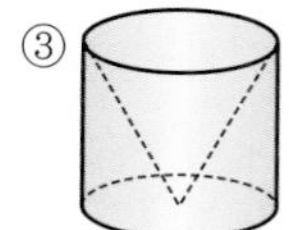
④
⑤
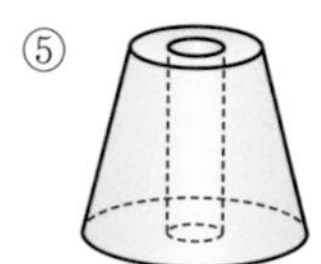

개념 7 회전체의 성질 [242003-0918]

8 회전체에 대한 다음 설명 중 옳지 않은 것은?

① 구는 전개도를 그릴 수가 없다.
② 원기둥, 원뿔, 원뿔대, 구는 모두 회전체이다.
③ 회전축에 수직인 평면으로 자른 단면은 항상 합동이다.
④ 회전축을 포함하는 평면으로 자른 단면은 항상 합동이다.
⑤ 회전축을 포함하는 평면으로 자른 단면은 선대칭도형이다.

개념 7 회전체의 성질 [242003-0919]

기출 **9** 오른쪽 그림과 같은 사다리꼴을 직선 l을 회전축으로 하여 1회전 시킬 때 생기는 회전체를 회전축을 포함하는 평면으로 자를 때 생기는 단면의 둘레의 길이를 구하시오.

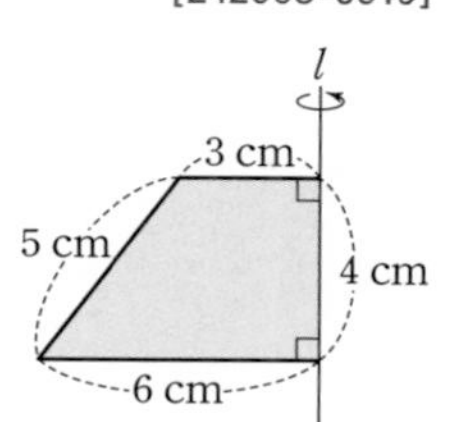

회전체는 회전축을 포함하는 평면으로 잘랐을 때 생기는 단면은 회전축을 기준으로 하여 선대칭도형이다.

개념 8 회전체의 전개도 [242003-0920]

10 오른쪽 그림과 같은 원뿔대와 그 전개도에서 호 AD와 호 BC의 길이의 합을 구하시오.

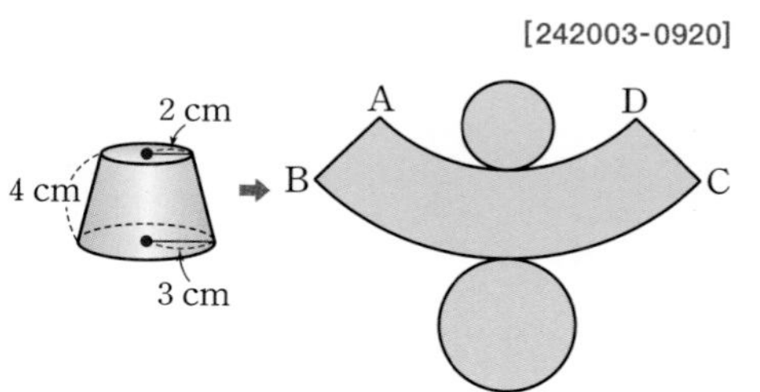

1 기둥의 겉넓이와 부피

각기둥의 겉넓이

(각기둥의 겉넓이)=(❶ ☐)×2+(옆넓이)

● 아래 그림과 같은 삼각기둥과 그 전개도에 대하여 다음을 구하시오.

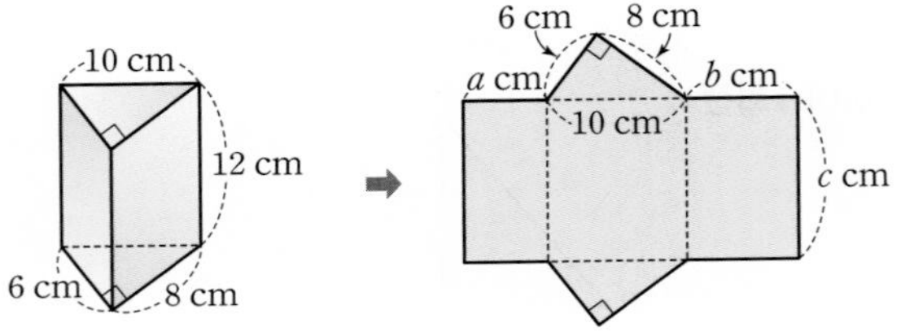

1 [242003-0921]

a, b, c의 값

2 [242003-0922]

밑넓이

3 [242003-0923]

옆넓이

4 [242003-0924]

겉넓이

● 다음 그림과 같은 각기둥의 겉넓이를 구하시오.

5 [242003-0925]

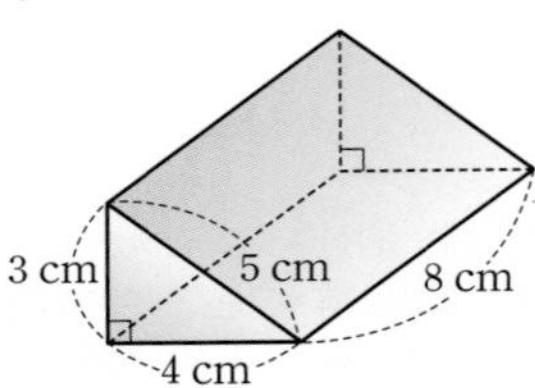

6 [242003-0926]

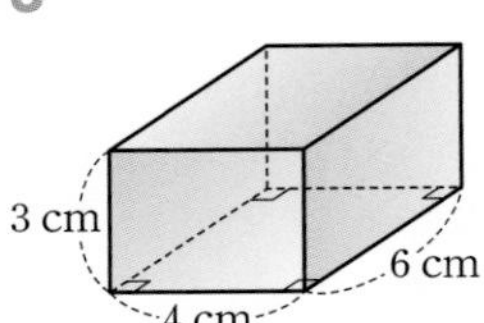

7 [242003-0927]

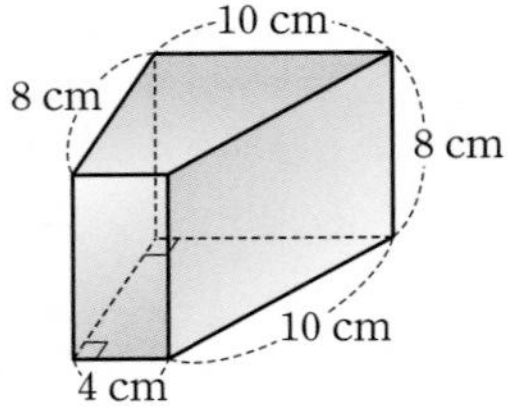

원기둥의 겉넓이

밑면인 원의 반지름의 길이가 r, 높이가 h인 원기둥의 겉넓이 S는

S=(밑넓이)×2+(옆넓이)

=❷ ☐ $\times 2+2\pi r\times h$

=❸ ☐ $+2\pi rh$

● 아래 그림과 같은 원기둥과 그 전개도에 대하여 다음을 구하시오.

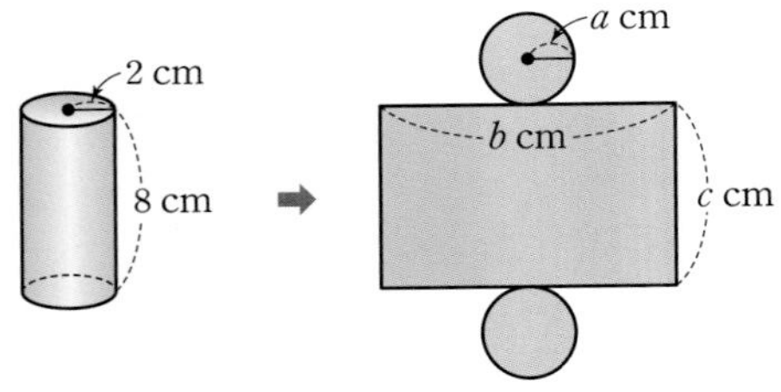

8 [242003-0928]

a, b, c의 값

9 [242003-0929]

밑넓이

10 [242003-0930]

옆넓이

11 [242003-0931]

겉넓이

● 다음 그림과 같은 원기둥의 겉넓이를 구하시오.

12 [242003-0932]

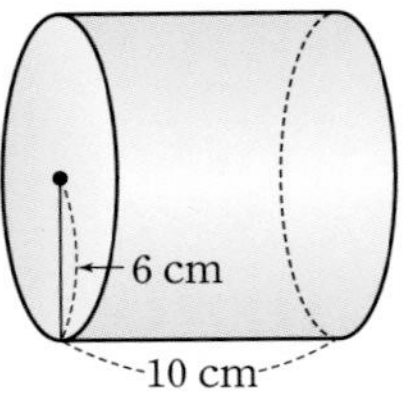

13 [242003-0933]

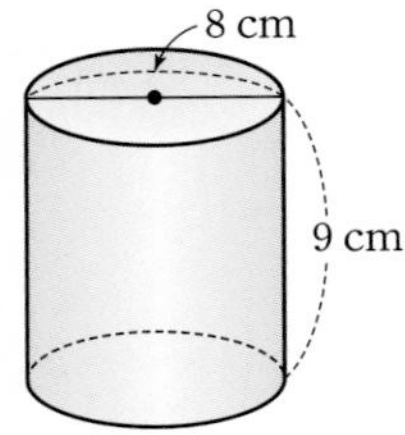

각기둥의 부피

밑넓이가 S, 높이가 h인 각기둥의 부피 V는

$V=$(밑넓이)$\times$(❹ ☐)$=Sh$

● 오른쪽 그림과 같은 삼각기둥에 대하여 다음을 구하시오.

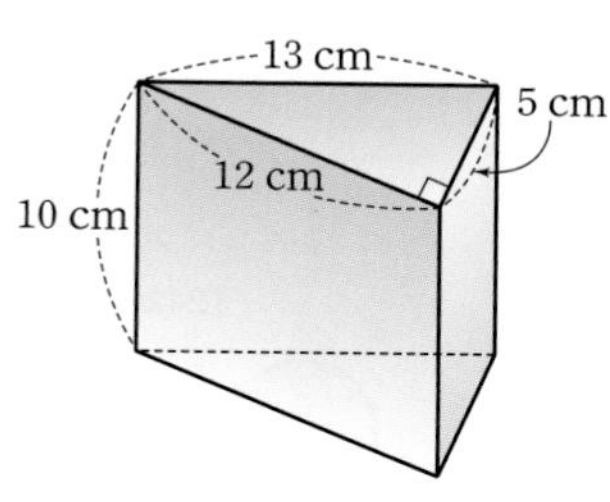

14 [242003-0934]

밑넓이

15 [242003-0935]

높이

16 [242003-0936]

부피

● 다음 그림과 같은 각기둥의 부피를 구하시오.

17 [242003-0937]

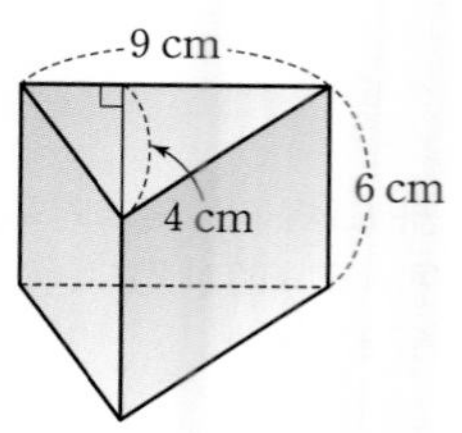

18 [242003-0938]

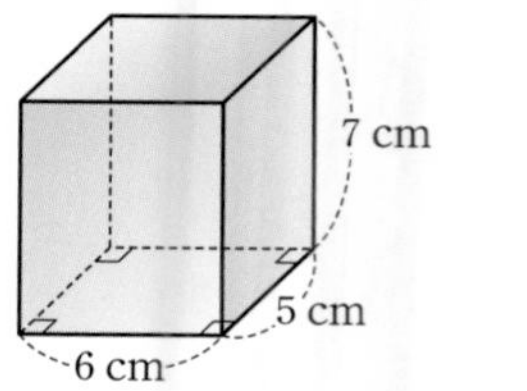

19 [242003-0939]

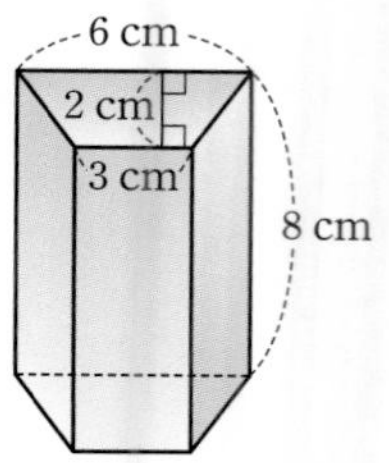

원기둥의 부피

밑면인 원의 반지름의 길이가 r, 높이가 h인 원기둥의 부피 V는

$V=$(밑넓이)$\times$(높이)

$=$❺ ☐ $\times h=$❻ ☐

● 오른쪽 그림과 같은 원기둥에 대하여 다음을 구하시오.

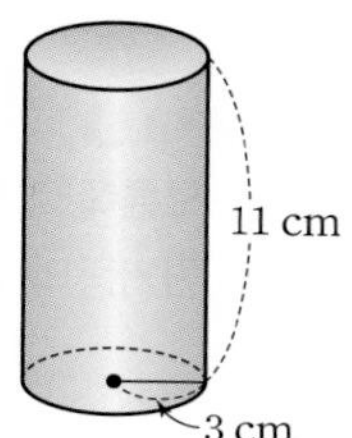

20 [242003-0940]

밑넓이

21 [242003-0941]

높이

22 [242003-0942]

부피

● 다음 그림과 같은 원기둥의 부피를 구하시오.

23 [242003-0943]

24 [242003-0944]

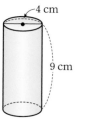

25 [242003-0945]

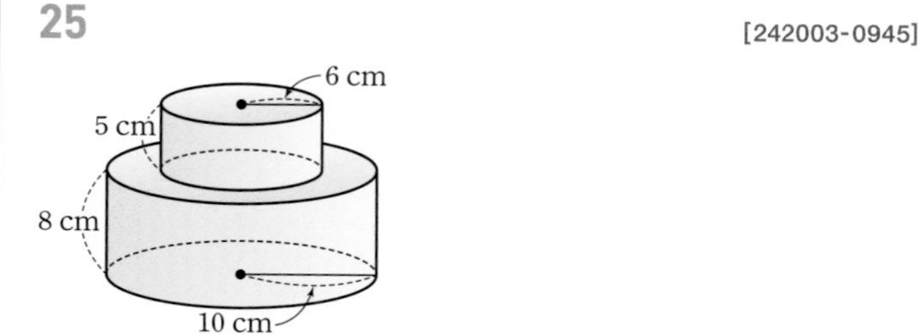

소단원 핵심문제

개념 ❶ 기둥의 겉넓이 [242003-0946]

1 오른쪽 그림과 같은 사각기둥의 겉넓이는?

① 240 cm^2 ② 248 cm^2 ③ 256 cm^2
④ 264 cm^2 ⑤ 272 cm^2

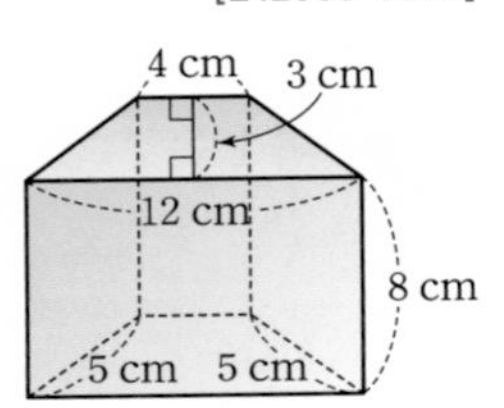

(각기둥의 겉넓이)
=(밑넓이)×2+(옆넓이)

개념 ❶ 기둥의 겉넓이 [242003-0947]

2 오른쪽 그림과 같은 전개도로 만든 원기둥의 부피가 $200\pi\text{ cm}^3$일 때, 원기둥의 겉넓이를 구하시오.

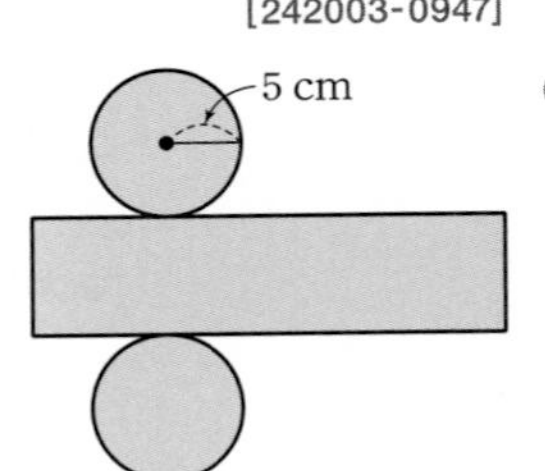

밑면인 원의 반지름의 길이가 r, 높이가 h인 원기둥의 겉넓이는 $2\pi r^2+2\pi rh$

개념 ❷ 기둥의 부피 [242003-0948]

3 오른쪽 그림과 같은 사각형을 밑면으로 하고 높이가 10 cm인 사각기둥의 부피는?

① 900 cm^3 ② 910 cm^3 ③ 920 cm^3
④ 930 cm^3 ⑤ 940 cm^3

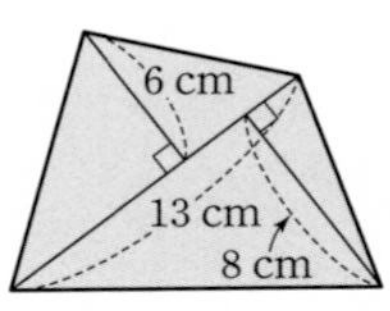

개념 ❷ 기둥의 부피 [242003-0949]

4 기출 오른쪽 그림과 같은 직사각형을 직선 l을 회전축으로 하여 1회전 시킬 때 생기는 회전체의 부피를 구하시오.

l, 5 cm, 4 cm

주어진 평면도형을 직선 l을 회전축으로 하여 1회전 시킬 때 생기는 회전체는 원기둥이다.

개념 ❷ 기둥의 부피 [242003-0950]

5 오른쪽 그림과 같은 입체도형의 부피를 구하시오.

6 cm, 6 cm, 2 cm, 8 cm

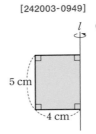

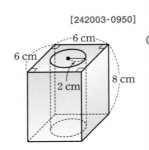

(부피)=(사각기둥의 부피)
−(원기둥의 부피)

한번더!

개념 ❶ 기둥의 겉넓이 [242003-0951]

6 겉넓이가 $294\ \text{cm}^2$인 정육면체의 한 모서리의 길이는?

① 6 cm ② 7 cm ③ 8 cm
④ 9 cm ⑤ 10 cm

개념 ❶ 기둥의 겉넓이 [242003-0952]

7 오른쪽 그림과 같이 직선 l을 회전축으로 하여 1회전 시켰을 때 생기는 입체도형의 겉넓이를 구하시오.

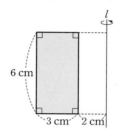

(밑넓이)
=(큰 원기둥의 밑넓이)
−(작은 원기둥의 밑넓이)
(옆넓이)
=(큰 원기둥의 옆넓이)
+(작은 원기둥의 옆넓이)

개념 ❷ 기둥의 부피 [242003-0953]

8 오른쪽 그림은 세 모서리의 길이가 각각 3 cm, 4 cm, 5 cm인 직육면체에서 삼각기둥을 잘라낸 입체도형이다. 이 입체도형의 부피를 구하시오.

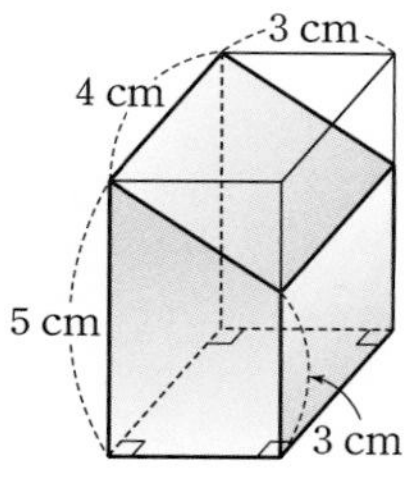

개념 ❷ 기둥의 부피 [242003-0954]

9 오른쪽 그림과 같이 밑면이 부채꼴인 기둥의 부피는?

① $99\pi\ \text{cm}^3$ ② $110\pi\ \text{cm}^3$ ③ $121\pi\ \text{cm}^3$
④ $132\pi\ \text{cm}^3$ ⑤ $143\pi\ \text{cm}^3$

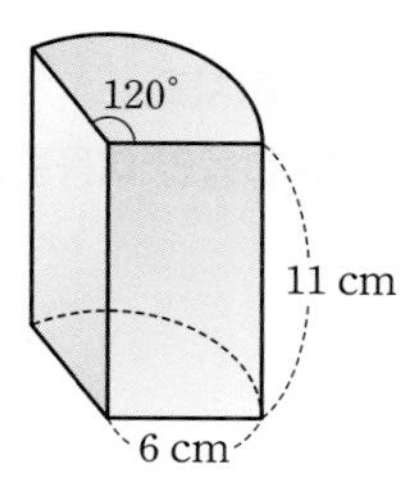

반지름의 길이가 r이고 중심각의 크기가 $x°$인 부채꼴의 넓이는 $\pi r^2 \times \frac{x}{360}$이다.

기출

개념 ❷ 기둥의 부피 [242003-0955]

10 오른쪽 그림은 큰 직육면체에서 작은 직육면체를 잘라 내고 남은 입체도형이다. 이 입체도형의 부피를 구하시오.

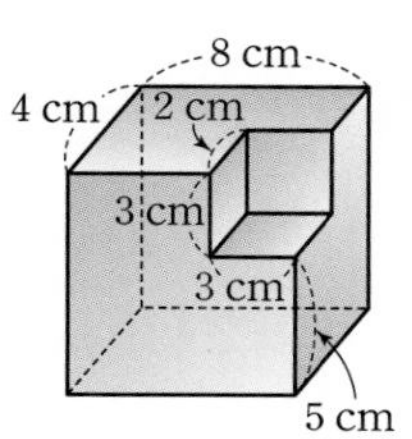

2 뿔의 겉넓이와 부피

각뿔의 겉넓이

(각뿔의 겉넓이)=(❶ ☐)+(옆넓이)

● 아래 그림과 같은 사각뿔과 그 전개도에 대하여 다음을 구하시오. (단, 옆면은 모두 합동인 이등변삼각형이다.)

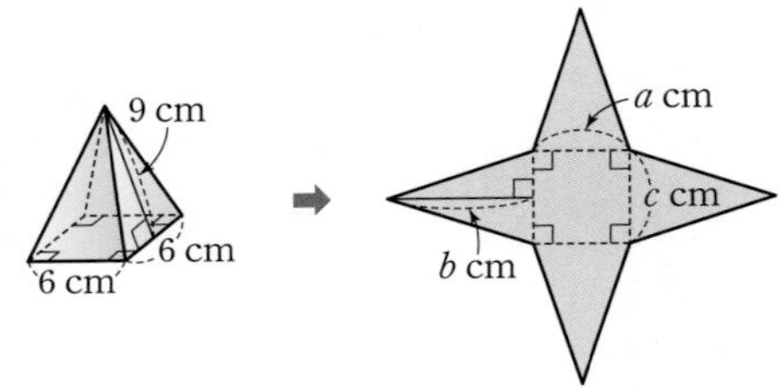

1 [242003-0956]

a, b, c의 값

2 [242003-0957]

밑넓이

3 [242003-0958]

옆넓이

4 [242003-0959]

겉넓이

● 다음 그림과 같은 각뿔의 겉넓이를 구하시오. (단, 옆면은 모두 합동인 이등변삼각형이다.)

5 [242003-0960]

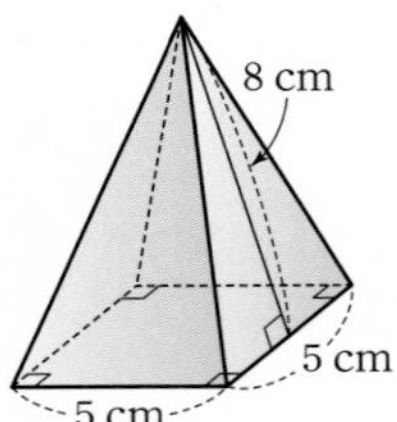

6 [242003-0961]

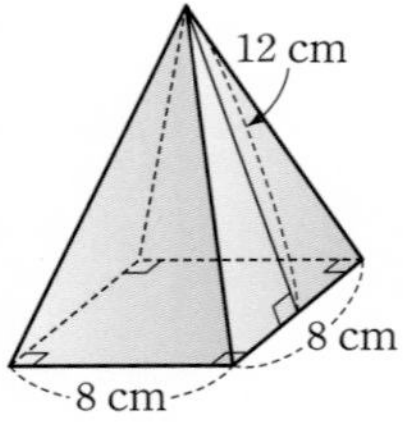

원뿔의 겉넓이

밑면인 원의 반지름의 길이가 r, 모선의 길이가 l인 원뿔의 겉넓이 S는

S=(밑넓이)+(옆넓이)

$=\pi r^2+\frac{1}{2}\times l\times$ ❷ ☐

$=\pi r^2+$ ❸ ☐

● 아래 그림과 같은 원뿔과 그 전개도에 대하여 다음을 구하시오.

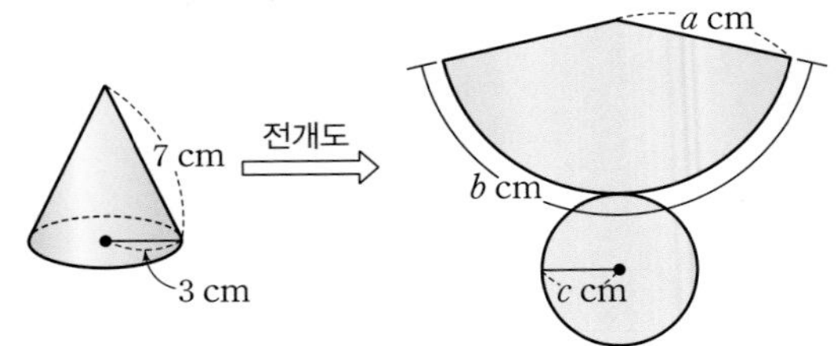

7 [242003-0962]

a, b, c의 값

8 [242003-0963]

밑넓이

9 [242003-0964]

(옆넓이)$=\frac{1}{2}\times\square\times\square=\square$(cm²)

10 [242003-0965]

겉넓이

● 다음 그림과 같은 원뿔의 겉넓이를 구하시오.

11 [242003-0966]

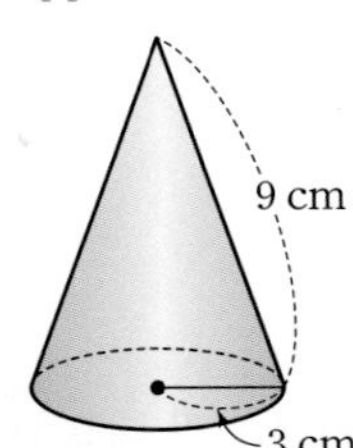

12 [242003-0967]

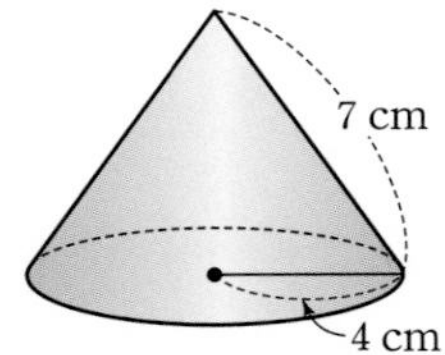

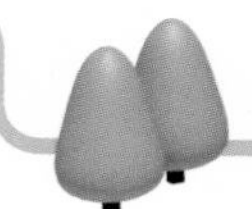

뿔대의 겉넓이

(뿔대의 겉넓이)=(두 밑넓이의 합)+(❹)

● 아래 그림과 같은 원뿔대와 그 전개도에 대하여 다음을 구하시오.

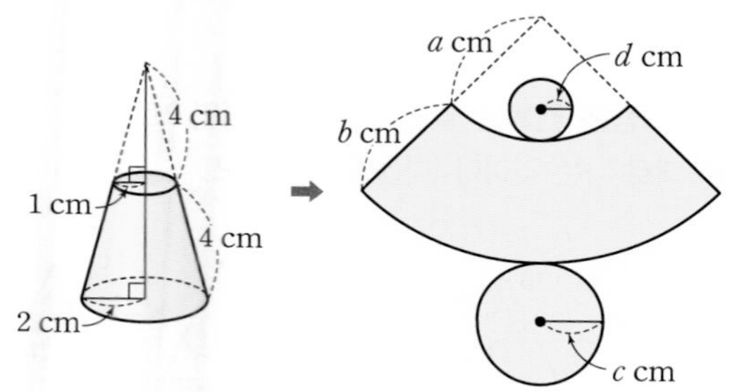

13 [242003-0968]

a, b, c, d의 값

14 [242003-0969]

두 밑넓이의 합

15 [242003-0970]

(옆넓이)=(큰 부채꼴의 넓이)−(작은 부채꼴의 넓이)

$=\frac{1}{2}\times 8\times\square-\frac{1}{2}\times\square\times 2\pi=\square(\mathrm{cm}^2)$

16 [242003-0971]

겉넓이

● 다음 그림과 같은 뿔대의 겉넓이를 구하시오.

17 [242003-0972]

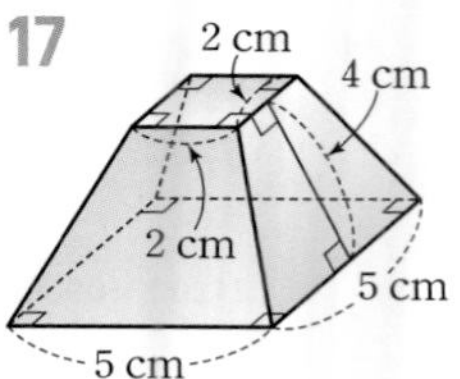

(단, 옆면은 모두 합동이다.)

18 [242003-0973]

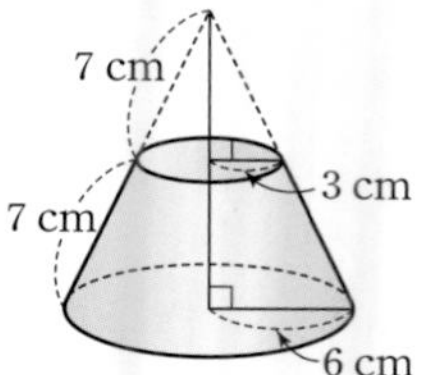

19 [242003-0974]

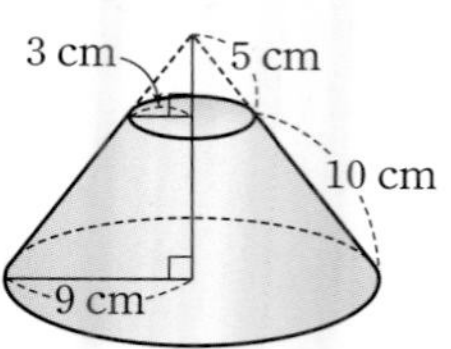

각뿔의 부피

밑넓이가 S, 높이가 h인 각뿔의 부피 V는

$$V=\frac{1}{3}\times(\text{밑넓이})\times(\text{높이})=\text{❺}\square$$

● 오른쪽 그림과 같은 각뿔에 대하여 다음을 구하시오.

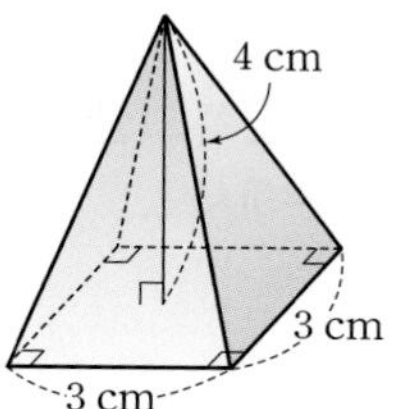

20 [242003-0975]

밑넓이

21 [242003-0976]

높이

22 [242003-0977]

부피

● 다음 그림과 같은 각뿔의 부피를 구하시오.

23 [242003-0978]

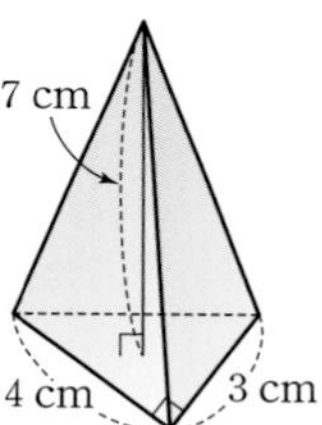

24 [242003-0979]

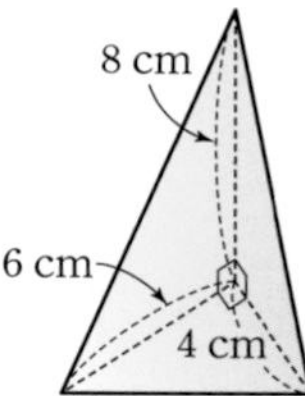

25 [242003-0980]

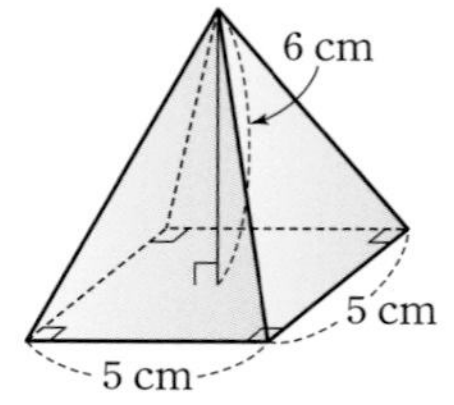

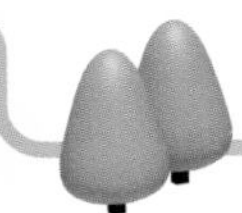

원뿔의 부피

밑면인 원의 반지름의 길이가 r, 높이가 h인 원뿔의 부피 V는

$V=\frac{1}{3}\times$(밑넓이)$\times$(높이)$=$ ❻ ☐

● 오른쪽 그림과 같은 원뿔에 대하여 다음을 구하시오.

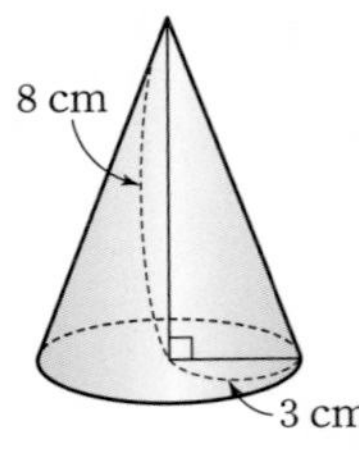

26 [242003-0981]

밑넓이

27 [242003-0982]

높이

28 [242003-0983]

부피

 다음 그림과 같은 원뿔의 부피를 구하시오.

29 [242003-0984]

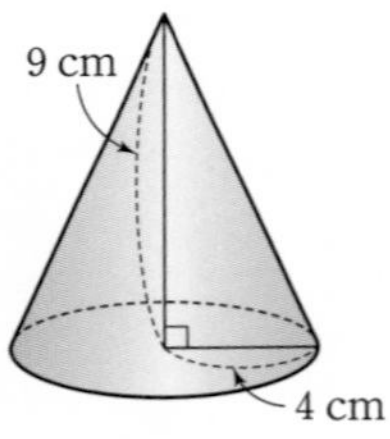

30 [242003-0985]

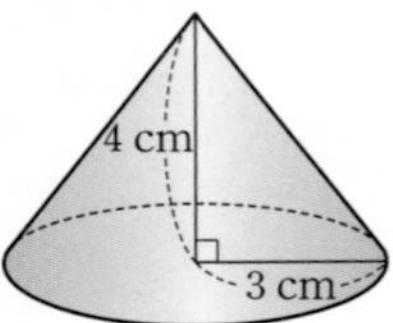

31 [242003-0986]

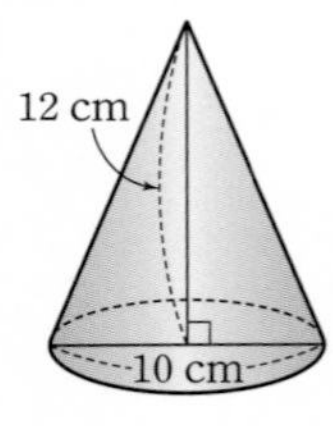

뿔대의 부피

(뿔대의 부피)$=$(❼ ☐ 뿔의 부피)

$-$(❽ ☐ 뿔의 부피)

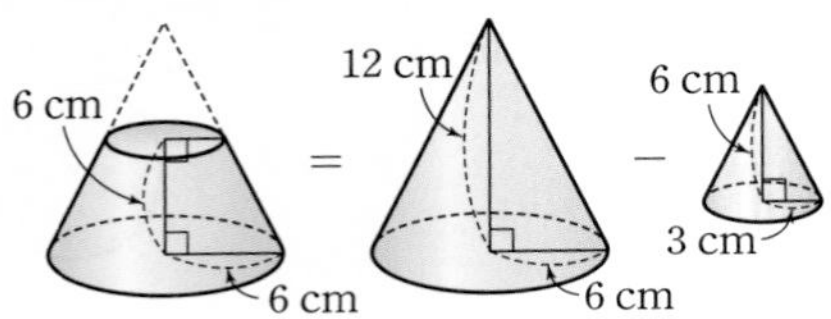

● 아래 그림은 원뿔을 밑면에 평행한 평면으로 잘라 작은 원뿔과 원뿔대로 나눈 것이다. 다음을 구하시오.

32 [242003-0987]

큰 원뿔의 부피

33 [242003-0988]

작은 원뿔의 부피

34 [242003-0989]

원뿔대의 부피

● 다음 그림과 같은 뿔대의 부피를 구하시오.

35 [242003-0990]

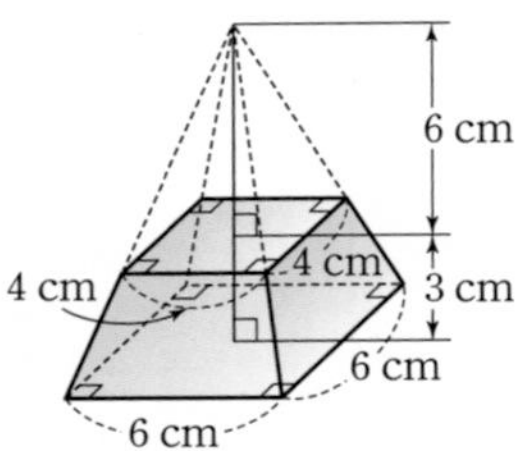

36 [242003-0991]

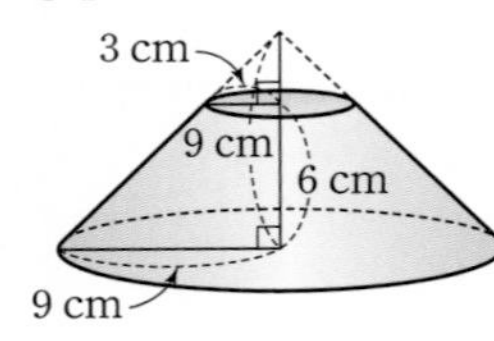

소단원 핵심문제

정답과 풀이 ● 71쪽

개념 ❸ 뿔의 겉넓이

1 오른쪽 그림과 같이 밑면은 한 변의 길이가 3 cm인 정사각형이고, 옆면은 높이가 5 cm이고 합동인 이등변삼각형으로 이루어진 사각뿔의 겉넓이를 구하시오.

[242003-0992]

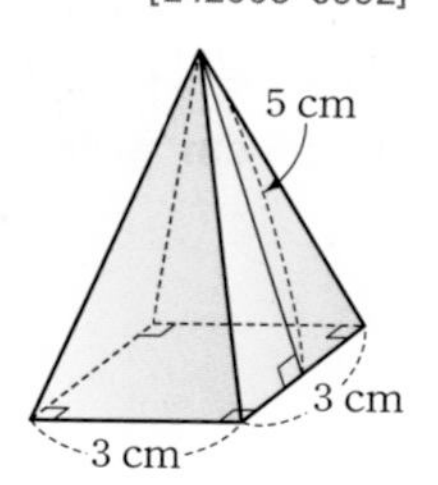

(각뿔의 겉넓이)
=(밑넓이)+(옆넓이)

개념 ❸ 뿔의 겉넓이

2 오른쪽 그림과 같이 밑면의 반지름의 길이가 4 cm인 원뿔을 꼭짓점 O를 중심으로 5바퀴 굴렸더니 원래의 자리로 돌아왔다. 이때 원뿔의 옆넓이를 구하시오.

[242003-0993]

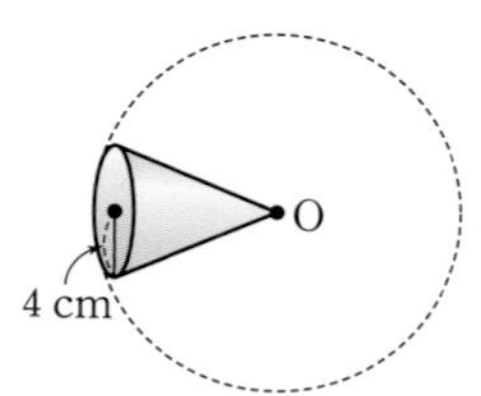

밑면인 원의 반지름의 길이가 r, 모선의 길이가 l인 원뿔의 옆넓이 S는
$S=\frac{1}{2}\times l\times 2\pi r$
$=\pi rl$

개념 ❹ 뿔의 부피

3 오른쪽 그림과 같은 각기둥과 각뿔에 대하여 각기둥의 부피와 각뿔의 부피의 비를 가장 간단한 자연수의 비로 나타내시오.

[242003-0994]

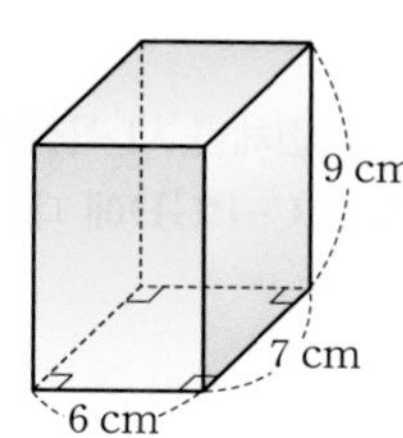

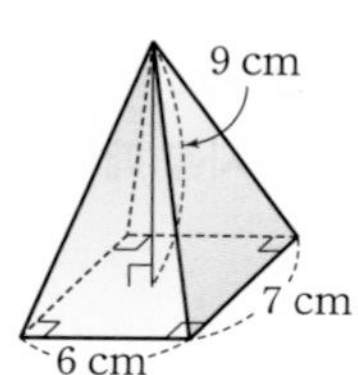

개념 ❹ 뿔의 부피

4 오른쪽 그림과 같이 직육면체의 내부에 있는 사각뿔 C-EFGH의 부피를 구하시오.

[242003-0995]

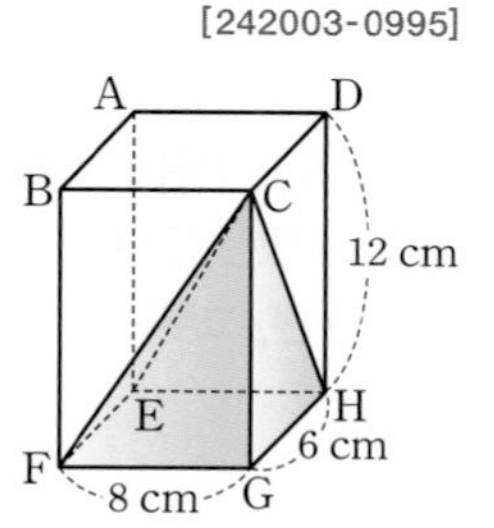

사각뿔 C-EFGH에서 사각형 EFGH를 밑면으로 생각하고 부피를 구한다.

개념 ❺ 뿔대의 겉넓이와 부피

기출

5 오른쪽 그림과 같은 사각형 ABCD를 직선 l을 회전축으로 하여 1회전 시킬 때, 생기는 회전체의 부피를 구하시오.

[242003-0996]

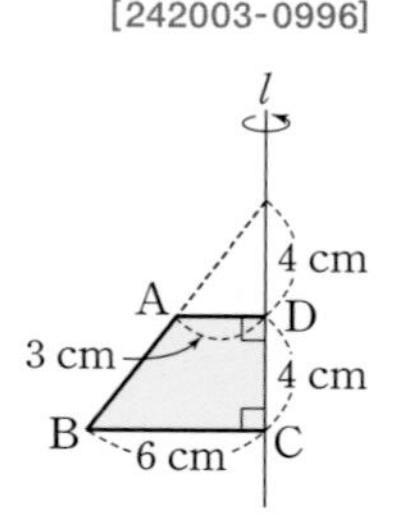

한번 더!

개념 ③ 뿔의 겉넓이 [242003-0997]

6 오른쪽 그림과 같이 밑면은 정사각형이고 옆면은 모두 합동인 이등변삼각형으로 이루어진 사각뿔의 겉넓이가 88 cm^2일 때, h의 값을 구하시오.

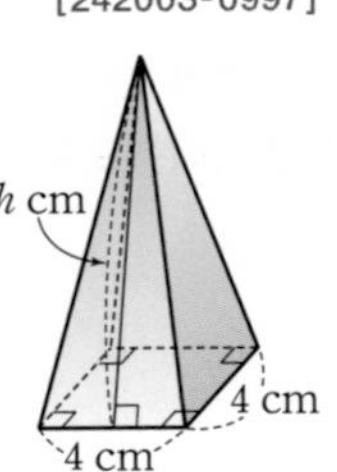

개념 ③ 뿔의 겉넓이 [242003-0998]

7 오른쪽 그림과 같은 전개도로 만들어지는 원뿔의 겉넓이를 구하시오.

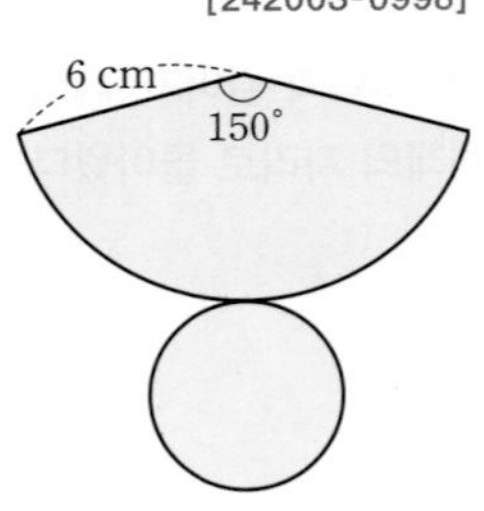

개념 ④ 뿔의 부피 [242003-0999]

8 오른쪽 그림과 같이 한 모서리의 길이가 12 cm인 정육면체를 세 꼭짓점 B, G, D를 지나는 평면으로 자를 때 생기는 삼각뿔 C−BGD에 대하여 다음을 구하시오.

(1) △BCD의 넓이

(2) 삼각뿔 C−BGD의 부피

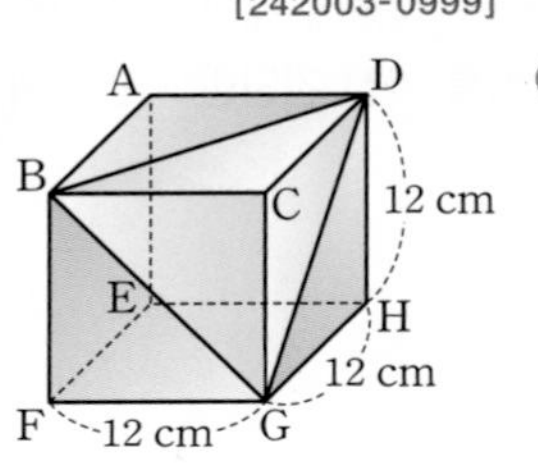

삼각뿔 C−BGD에서 △BCD를 밑면으로 생각하고 부피를 구한다.

개념 ④ 뿔의 부피 [242003-1000]

9 기출 오른쪽 그림과 같이 직육면체 모양의 그릇에 물을 가득 채운 후 그릇을 기울여 물을 흘려보냈다. 이때 남아 있는 물의 부피를 구하시오. (단, 그릇의 두께는 생각하지 않는다.)

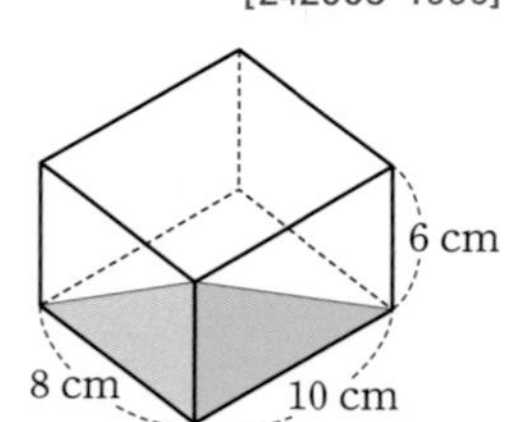

남아 있는 물의 부피는 삼각뿔의 부피와 같다.

개념 ⑤ 뿔대의 겉넓이와 부피 [242003-1001]

10 오른쪽 그림과 같은 사각뿔대의 부피는?

① 100 cm^3 ② 102 cm^3 ③ 104 cm^3

④ 106 cm^3 ⑤ 108 cm^3

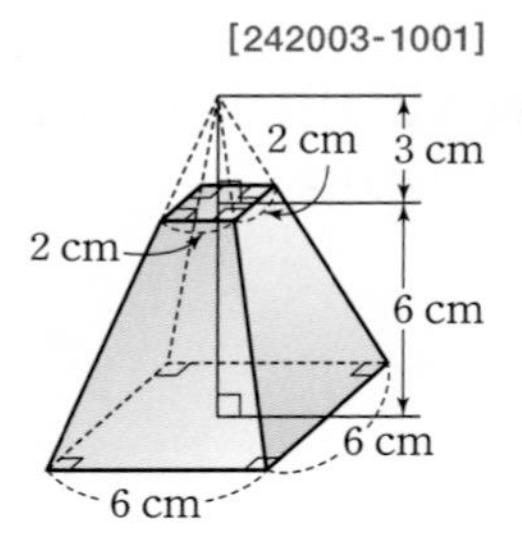

(사각뿔대의 부피)
=(큰 사각뿔의 부피)
−(작은 사각뿔의 부피)

3 구의 겉넓이와 부피

정답과 풀이 ● 72쪽

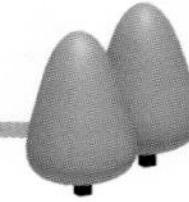

구의 겉넓이

반지름의 길이가 r인 구의 겉넓이 S는

$S=$ ❶ [ ]

● 다음 그림과 같은 구 또는 반구의 겉넓이를 구하시오.

1 [242003-1002]

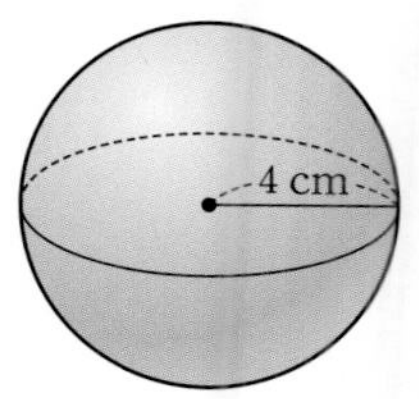

2 [242003-1003]

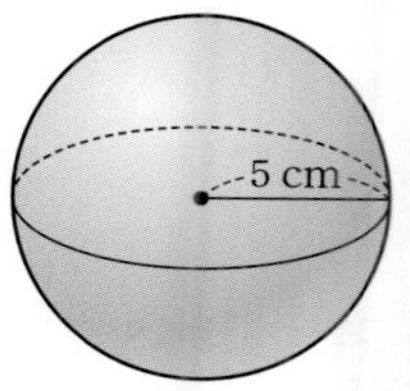

3 [242003-1004]

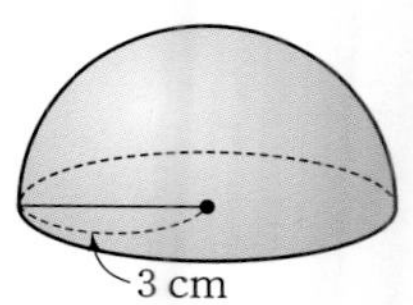

구의 부피

반지름의 길이가 r인 구의 부피 V는

$V=$ ❷ [ ]

● 다음 그림과 같은 구의 부피를 구하시오.

4 [242003-1005]

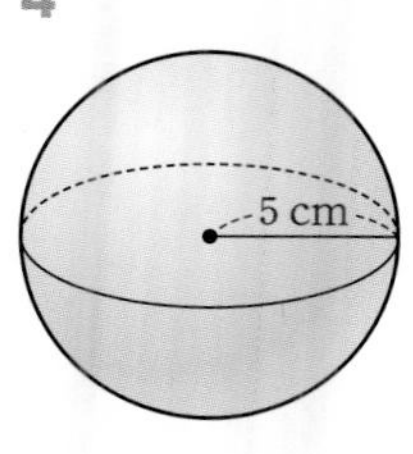

5 [242003-1006]

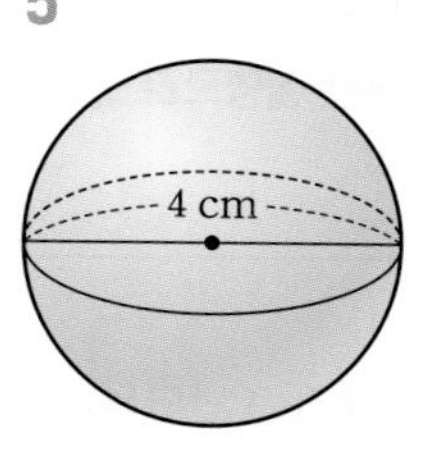

● 다음 그림과 같은 반구의 부피를 구하시오.

6 [242003-1007]

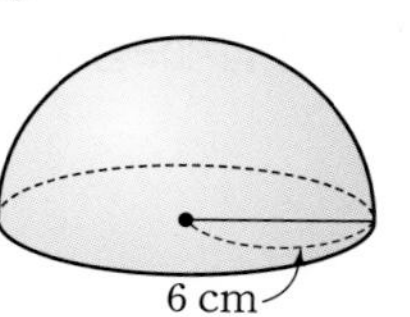

7 [242003-1008]

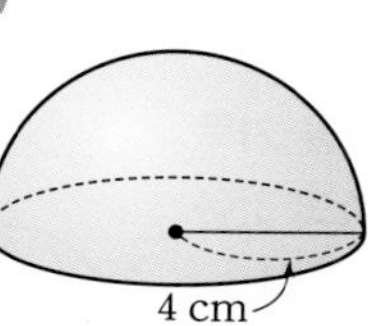

● 오른쪽 그림과 같이 원기둥 안에 구, 원뿔이 꼭 맞게 들어 있을 때 다음을 구하시오. (단, 11번은 가장 간단한 자연수의 비로 구한다.)

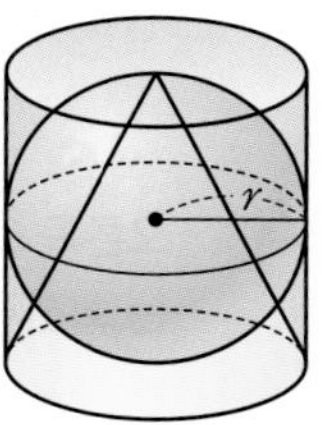

8 [242003-1009]

원뿔의 부피

9 [242003-1010]

구의 부피

10 [242003-1011]

원기둥의 부피

11 [242003-1012]

(원뿔의 부피) : (구의 부피) : (원기둥의 부피)

소단원 핵심문제

개념 6 구의 부피 [242003-1013]

1 다음 보기에서 오른쪽 그림과 같은 구에 대한 설명으로 옳은 것을 있는 대로 고르시오.

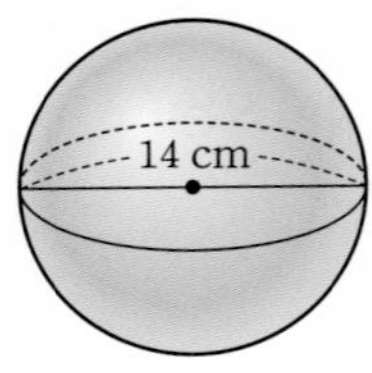

> 보기
> ㄱ. 곡면으로만 이루어져 있다.
> ㄴ. 지름을 포함하는 평면으로 자를 때 생기는 단면의 모양은 원이다.
> ㄷ. 겉넓이는 196 cm^2이다.
> ㄹ. 부피는 $\frac{343}{4}\pi$ cm^3이다.

반지름의 길이가 r인 구의
① 겉넓이 ➡ $4\pi r^2$
② 부피 ➡ $\frac{4}{3}\pi r^3$

개념 6 구의 겉넓이 [242003-1014]

2 오른쪽 그림은 구를 8등분한 입체도형이다. 이 입체도형의 겉넓이를 구하시오.

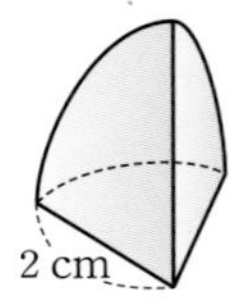

개념 7 구의 부피 [242003-1015]

3 오른쪽 그림과 같이 구 모양의 그릇에 물을 가득 채워서 원기둥 모양의 그릇에 옮겼을 때, h의 값을 구하시오. (단, 그릇의 두께는 생각하지 않는다.)

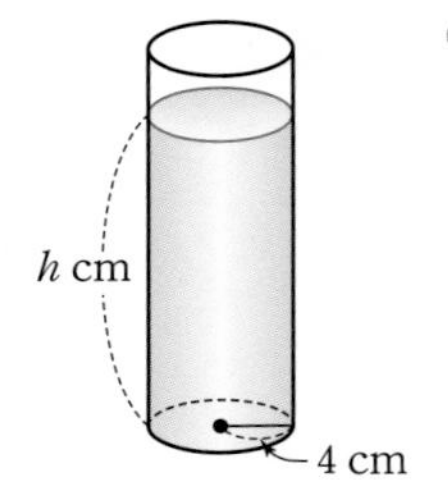

구 모양의 그릇에 담긴 물의 부피와 원기둥 모양의 그릇에 담긴 물의 부피는 서로 같다.

개념 7 구의 부피 [242003-1016]

4 오른쪽 그림과 같은 평면도형을 직선 l을 회전축으로 하여 1회전 시킬 때 생기는 회전체의 부피를 구하시오.

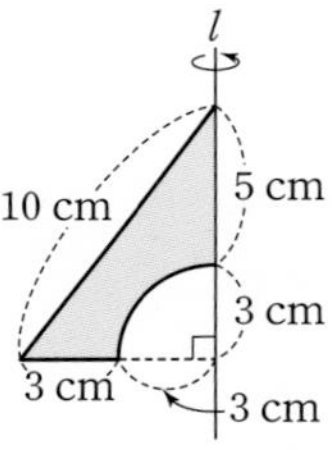

개념 7 구의 부피 [242003-1017]

5 오른쪽 그림과 같이 원기둥 안에 구와 원뿔이 꼭 맞게 들어 있다. 원기둥의 부피가 30π cm^3일 때, 구의 부피를 구하시오.

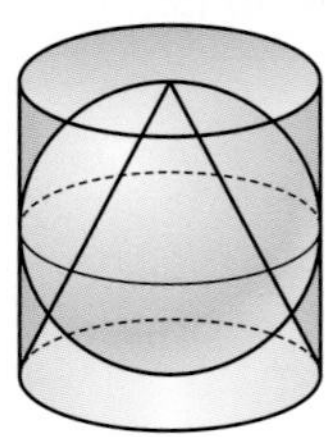

개념 6 구의 겉넓이 / 개념 7 구의 부피 [242003-1018]

6 겉넓이가 36π cm^{2}인 구의 부피를 구하시오.

개념 6 구의 겉넓이 [242003-1019]

7 오른쪽 그림은 반지름의 길이가 4 cm인 구의 $\frac{1}{4}$을 잘라 낸 입체도형이다. 이 입체도형의 겉넓이는?

① 64π cm^2 ② 68π cm^2 ③ 72π cm^2
④ 76π cm^2 ⑤ 80π cm^2

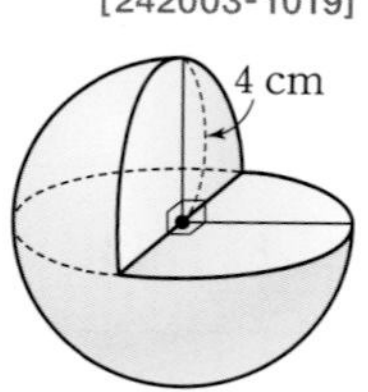

주어진 입체도형은 구의 $\frac{3}{4}$이다.

개념 6 구의 겉넓이 [242003-1020]

8 반지름의 길이가 6 cm인 구 모양의 야구공의 겉면은 오른쪽 그림과 같이 합동인 두 조각으로 이루어져 있을 때, 한 조각의 넓이를 구하시오.

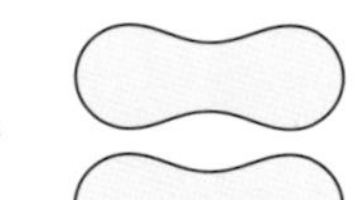

한 조각의 넓이는 구 모양의 야구공의 겉넓이의 $\frac{1}{2}$이다.

개념 7 구의 부피 [242003-1021]

9 지름의 길이가 12 cm인 구 모양의 쇠공을 녹여서 지름의 길이가 3 cm인 구 모양의 쇠공을 만들려고 할 때, 최대 몇 개까지 만들 수 있는지 구하시오.

개념 7 구의 부피 [242003-1022]

10 지름의 길이가 6 cm인 구를 반으로 자른 반구에 오른쪽 그림과 같이 원뿔이 꼭 맞게 들어가 있다. 반구와 원뿔의 부피의 비를 가장 간단한 자연수의 비로 구하시오.

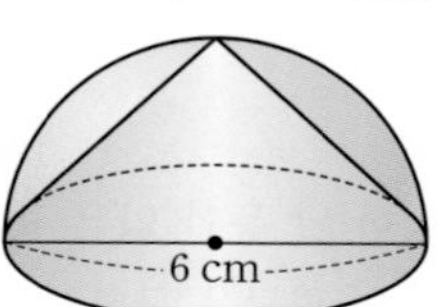

1 대푯값

평균

(1) 변량 : 자료를 수량으로 나타낸 것

(2) $(\text{평균})=\dfrac{(\text{변량의 총합})}{(\text{변량의 ❶ \_\_\_\_})}$

● 다음 자료의 평균을 구하시오.

1 [242003-1023]

3 9 2 8 13

2 [242003-1024]

51 64 48 72 85

3 [242003-1025]

9 5 3 26 4 7

4 [242003-1026]

25 19 39 44 36 23

5 [242003-1027]

14 9 11 8 13 15 7

6 [242003-1028]

다음은 어느 중학교 학생 25명이 한 달 동안 읽은 책의 수를 조사하여 만든 표이다. 읽은 책의 수의 평균을 구하시오.

읽은 책 수(권)	1	2	3	4	5	6	합계
학생 수 (명)	3	5	6	7	3	1	25

중앙값

(1) ❷ ____ : 자료를 작은 값부터 크기순으로 나열할 때, 한가운데 있는 값

(2) 중앙값은 자료를 작은 값부터 크기순으로 나열할 때

① 자료의 개수가 ❸ ____ 이면 한가운데 있는 값

② 자료의 개수가 짝수이면 한가운데 있는 두 값의 ❹ ____

● 다음 자료의 중앙값을 구하시오.

7 [242003-1029]

17 9 22 13 15 8

➡ 자료를 작은 값부터 크기순으로 나열하면

8, 9, □, □, 17, 22

따라서 $(\text{중앙값})=\dfrac{\square+\square}{2}=\square$

8 [242003-1030]

9 14 10 11 25

9 [242003-1031]

4 9 4 11 6 7 10

10 [242003-1032]

13 35 44 28 39 31 77

11 [242003-1033]

7 5 8 9 4 3 4 7

12 [242003-1034]

21 36 43 29 36 28 32 24

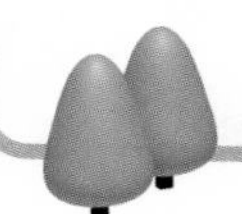

최빈값

(1) ❺ [   ] : 자료의 값 중에서 가장 많이 나타나는 값

(2) 자료의 값의 개수가 가장 큰 값이 한 개 이상 있으면 그 값이 모두 최빈값이다.

● 다음 자료의 최빈값을 구하시오.

13 [242003-1035]

7 5 8 7 10 6

14 [242003-1036]

95 85 95 80 85 90 85

15 [242003-1037]

14 17 22 25 17 24 22 18 15

16 [242003-1038]

지우개 형광펜 연필 자 지우개 볼펜

17 [242003-1039]

미 파 솔 미 파 레 파

18 [242003-1040]

오른쪽 표는 윤희네 반 학생들이 좋아하는 꽃을 조사하여 나타낸 것이다. 이 자료에 대한 최빈값을 구하시오.

꽃 종류	학생 수(명)
라일락	9
장미	4
튤립	5
카네이션	8
합계	26

대푯값이 주어졌을 때 변량구하기

(1) 평균이 주어지면 $(\text{평균})=\dfrac{(\text{변량의 총합})}{(\text{변량의 개수})}$

(2) ❻ [   ]이 주어지면 변량을 작은 값부터 크기순으로 나열한 후 변량의 개수가 홀수인 경우와 짝수인 경우에 맞게 식을 세운다.

(3) ❼ [   ]이 주어지면 도수가 가장 큰 변량을 확인하고 문제의 조건에 맞게 식을 세운다.

19 [242003-1041]

다음 4개의 자료의 평균이 13일 때, x의 값을 구하시오.

14 9 x 17

➡ $(\text{평균})=\dfrac{14+9+x+\square}{\square}=13$이므로

$x+40=\square$

따라서 $x=\square$

20 [242003-1042]

다음 5개의 자료의 평균이 6일 때, x의 값을 구하시오.

5 8 4 7 x

21 [242003-1043]

다음 자료는 6개의 변량을 작은 값부터 순서대로 나열한 것이다. 이 자료의 중앙값이 15일 때, x의 값을 구하시오.

9 11 x 19 28 35

22 [242003-1044]

다음 7개의 자료의 평균과 최빈값이 같다고 할 때, x의 값을 구하시오.

7 8 10 6 x 7 7

➡ x의 값에 상관없이 주어진 자료의 최빈값은 $\square$이다.

주어진 자료의 평균과 최빈값이 같으므로

$\dfrac{7+8+10+\square+x+7+7}{\square}=7$

$x+\square=49$

따라서 $x=\square$

소단원 핵심문제

개념 ② 평균 [242003-1045]

1 다음은 학생 5명의 앉은키를 조사하여 나타낸 표이다. 앉은키의 평균이 83 cm일 때, 학생 B의 앉은 키를 구하시오.

학생	A	B	C	D	E
앉은키 (cm)	76		87	80	91

$(\text{평균})=\frac{(\text{변량의 총합})}{(\text{변량의 개수})}$

개념 ③ 중앙값 [242003-1046]

2 오른쪽은 어느 영화 동아리에서 A, B 두 조의 지난 일년 간의 영화관람 횟수를 조사하여 나타낸 자료이다. A, B 두 조의 영화관람 횟수의 중앙값을 각각 a회, b회라 할 때, $a+b$의 값을 구하시오.

(단위: 회)

[A조] 10 45 22 25 33
[B조] 8 9 16 11 26 22

개념 ④ 최빈값 [242003-1047]

3 오른쪽은 학생 15명의 1년 동안의 박물관 방문 횟수를 조사하여 나타낸 막대그래프이다. 이 자료의 최빈값을 구하시오.

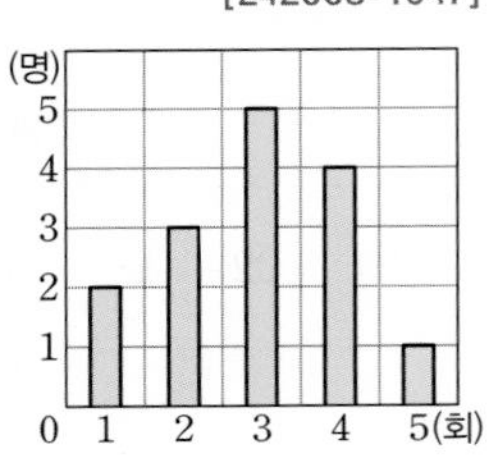

개념 ③ 중앙값 / 개념 ④ 최빈값 [242003-1048]

기출 **4** 다음 자료의 최빈값이 4일 때, 중앙값을 구하시오.

10 4 7 9 10 4 x

최빈값이 주어질 때는 미지수인 변량이 최빈값이 되는 경우를 확인한다.

개념 ② 평균 / 개념 ④ 최빈값 [242003-1049]

5 다음 자료의 평균이 6이고 최빈값이 4일 때, $a-b$의 값을 구하시오. (단, $a<b$)

4 6 a 7 8 3 b

개념 ❷ 평균 [242003-1050]

6 세 개의 변량 a, b, c의 평균이 6일 때, $a+1$, $b+3$, $c+2$의 평균을 구하시오.

(평균)$=\frac{(\text{변량의 총합})}{(\text{변량의 개수})}$임을 이용하여 $a+b+c$의 값을 먼저 구한다.

개념 ❷ 평균 / 개념 ❸ 중앙값 [242003-1051]

7 다음 중 대푯값을 평균보다 중앙값으로 하는 것이 가장 적절한 자료는?

① -2, -1, 0, 1, 2 ② 7, 7, 7, 7, 7
③ 10, 20, 30, 60, 70 ④ 35, 40, 40, 50, 55
⑤ 71, 72, 75, 80, 250

개념 ❸ 중앙값 / 개념 ❹ 최빈값 [242003-1052]

8 오른쪽은 어느 헬스클럽 회원 12명의 나이를 조사하여 나타낸 자료이다. 이 자료의 중앙값을 a세, 최빈값을 b세라 할 때, $a+b$의 값을 구하시오.

(단위: 세)

30	27	30	27	30	28
33	25	26	31	25	35

개념 ❸ 중앙값 / 개념 ❹ 최빈값 [242003-1053]

9 다음은 8개의 수를 작은 값부터 크기순으로 나열한 것이다. 이 자료의 중앙값이 12일 때, 최빈값을 구하시오.

9	10	10	x	14	14	18	21

작은 값부터 크기순으로 나열된 자료의 개수가 짝수일 때
➡ (중앙값)
$=\frac{(\text{한가운데 있는 두 수의 합})}{2}$

개념 ❷ 평균 / 개념 ❸ 중앙값 / 개념 ❹ 최빈값 [242003-1054]

10 다음은 학생 7명이 1년 동안 관람한 영화 수를 조사하여 나타낸 자료이다. 이 자료의 평균이 8편일 때, 물음에 답하시오.

(단위: 편)

10	5	7	9	10	5	x

(1) x의 값을 구하시오.
(2) 중앙값을 구하시오.
(3) 최빈값을 구하시오.

(평균)$=\frac{(\text{변량의 총합})}{(\text{변량의 개수})}$

2 줄기와 잎 그림, 도수분포표

줄기와 잎 그림

(1) ❶ ☐ : 자료를 수량으로 나타낸 것

(2) ❷ ☐ : 줄기와 잎을 이용하여 자료를 나타낸 그림

① 줄기 : 세로선의 왼쪽에 있는 수

② 잎 : 세로선의 오른쪽에 있는 수

● 다음 자료를 줄기와 잎 그림으로 나타내시오.

1 [242003-1055]

지아네 반 학생들의 턱걸이 기록

(단위: 회)

8	9	29	10
14	28	3	22
15	10	14	6
14	8	23	31

➡

(0|3은 3회)

줄기	잎
0	3 6 8 8 9

2 [242003-1056]

석현이네 반 학생들의 수학 점수

(단위: 점)

65	96	70	89
75	80	78	86
84	72	93	68
76	94	78	89

➡

(6|5는 65점)

줄기	잎

● 아래는 어느 해 야구 선수들의 홈런의 개수를 조사하여 나타낸 줄기와 잎 그림이다. 다음 ☐ 안에 알맞은 수를 써넣으시오.

(1|8은 18개)

줄기	잎
1	8 8 8 8 9 9
2	0 0 1 3 3 7 7
3	0 1 1 2 7
4	0
5	2

3 [242003-1057]

줄기가 3인 잎은 ☐개이다.

4 [242003-1058]

잎이 가장 많은 줄기는 ☐이다.

5 [242003-1059]

전체 야구 선수의 수는 ☐이다.

● 아래는 어느 자전거 동호회 회원들의 나이를 조사하여 나타낸 줄기와 잎 그림이다. 다음을 구하시오.

(2|1은 21세)

줄기	잎
2	1 3 4 5 6 8
3	2 3 3 4 5
4	0 4 6 9
5	0 1 2

6 [242003-1060]

나이가 가장 적은 회원의 나이

7 [242003-1061]

나이가 30세 이상 40세 미만인 회원 수

8 [242003-1062]

전체 회원 수

9 [242003-1063]

잎이 가장 많은 줄기

● 아래는 어느 중학생들이 하루 동안 SNS 이용 시간을 조사하여 나타낸 줄기와 잎 그림이다. 다음을 구하시오.

(1|3은 13분)

줄기	잎
1	3 5 7 8
2	0 2 4 6 8
3	1 2 2 4 5 6 7
4	0 0 5 9

10 [242003-1064]

학생이 가장 많은 줄기

11 [242003-1065]

전체 학생 수

12 [242003-1066]

SNS 이용 시간이 가장 긴 학생의 SNS 이용 시간

13 [242003-1067]

SNS 이용 시간이 34분 이상인 학생의 비율

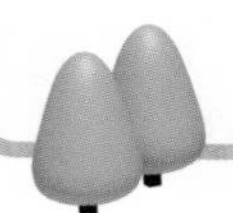

도수분포표

(1) ❸ [   ] : 변량을 일정한 간격으로 나눈 구간
① **계급의 크기**: 변량을 나눈 구간의 너비, 즉 계급의 양 끝 값의 차
② **계급의 개수**: 변량을 나눈 구간의 수
③ **계급값**: 계급을 대표하는 값으로 각 계급의 양 끝 값의 중앙의 값

(2) ❹ [   ] : 각 계급에 속하는 자료의 수

(3) **도수분포표**: 자료를 몇 개의 계급으로 나누고 각 계급의 도수를 나타낸 표

● **다음에 알맞은 것을 아래 보기에서 고르시오.**

보기
ㄱ. 변량　ㄴ. 계급　ㄷ. 계급값
ㄹ. 계급의 크기　ㅁ. 도수　ㅂ. 도수분포표

14 [242003-1068]
변량을 일정한 간격으로 나눈 구간

15 [242003-1069]
각 계급에 속하는 자료의 수

16 [242003-1070]
자료를 몇 개의 계급으로 나누고 각 계급의 도수를 나타낸 표

● **오른쪽은 준기네 반 학생 20명의 스마트폰에 설치된 앱의 개수를 조사하여 나타낸 도수분포표이다. 다음을 구하시오.**

개수(개)	도수(명)
5이상 ~ 10미만	6
10 ~ 15	8
15 ~ 20	3
20 ~ 25	2
25 ~ 30	1
합계	20

17 [242003-1071]
계급의 크기

18 [242003-1072]
계급의 개수

19 [242003-1073]
도수가 가장 큰 계급

20 [242003-1074]
앱이 20개 이상 25개 미만인 계급의 도수

● **오른쪽은 어느 중학생들의 키를 조사하여 나타낸 도수분포표이다. 다음을 구하시오.**

키(cm)	도수(명)
145이상 ~ 150미만	4
150 ~ 155	9
155 ~ 160	A
160 ~ 165	8
165 ~ 170	3
170 ~ 175	3
합계	38

21 [242003-1075]
A의 값

22 [242003-1076]
키가 큰 순서대로 10번째인 학생이 속한 계급

23 [242003-1077]
키가 160 cm 미만인 학생 수

● **오른쪽은 5 km 걷기 대회에 참가한 사람 30명의 출발하여 도착할 때까지 걸린 시간을 조사하여 나타낸 도수분포표이다. 다음을 구하시오.**

시간(분)	도수(명)
60이상 ~ 70미만	2
70 ~ 80	8
80 ~ 90	9
90 ~ 100	7
100 ~ 110	4
합계	30

24 [242003-1078]
걸린 시간이 90분 이상 100분 미만인 사람 수

25 [242003-1079]
걸린 시간이 80분 이상인 사람 수

26 [242003-1080]
걸린 시간이 84분인 사람이 속하는 계급의 도수

27 [242003-1081]
5번째로 빨리 도착한 사람이 속하는 계급

소단원 핵심문제

개념 ⑤ 줄기와 잎 그림 [242003-1082]

1 오른쪽은 윤희네 반 학생들이 1년 동안 받은 칭찬 붙임딱지의 개수를 조사하여 나타낸 줄기와 잎 그림이다. 다음 중 옳지 않은 것은?

(0|3은 3개)

줄기	잎
0	3 4 5 6
1	4 6 7 8 8
2	1 1 3 5 5 5 9
3	2 3 3 5 6 7
4	0 2

① 전체 학생 수는 24이다.
② 줄기가 2인 잎의 개수는 7이다.
③ 칭찬 붙임딱지가 25개인 학생은 3명이다.
④ 칭찬 붙임딱지가 35개 이상인 학생은 6명이다.
⑤ 칭찬 붙임딱지를 가장 적게 받은 학생의 칭찬 붙임딱지는 3개이다.

개념 ⑤ 줄기와 잎 그림 [242003-1083]

2 오른쪽은 헌혈의 집에서 헌혈을 한 사람들의 나이를 조사하여 나타낸 줄기와 잎 그림이다. 나이가 50세 이상인 사람은 전체의 몇 %인지 구하시오.

(2|5는 25세)

줄기	잎
2	5 5 6 8
3	0 1 4 5 6 9
4	0 2 3 3 4 5 8
5	2 6 8

(나이가 50세 이상인 사람의 비율)

$= \frac{\text{(나이가 50세 이상인 사람 수)}}{\text{(전체 사람 수)}} \times 100\ (\%)$

개념 ⑥ 도수분포표 [242003-1084]

기출 **3** 오른쪽은 어느 해 한 달 동안의 전국 35개 지역의 강수량을 조사하여 나타낸 도수분포표이다. 다음 중 옳지 않은 것은?

강수량(mm)	도수(개)
0이상 ~ 50미만	8
50 ~ 100	A
100 ~ 150	6
150 ~ 200	7
200 ~ 250	2
합계	35

① A의 값은 12이다.
② 계급의 크기는 50 mm이다.
③ 도수가 가장 큰 계급은 200 mm 이상 250 mm 미만이다.
④ 강수량이 150 mm 이상 200 mm 미만인 지역은 전체의 20 %이다.
⑤ 강수량이 많은 쪽에서 5번째인 지역이 속하는 계급의 도수는 7개이다.

개념 ⑥ 도수분포표 [242003-1085]

4 오른쪽은 우영이네 반 학생 28명의 영어 점수를 조사하여 나타낸 도수분포표이다. 영어 점수가 80점 이상 90점 미만인 학생은 전체의 몇 %인지 구하시오.

점수(점)	도수(명)
50이상 ~ 60미만	4
60 ~ 70	5
70 ~ 80	10
80 ~ 90	
90 ~ 100	2
합계	28

개념 5 줄기와 잎 그림 [242003-1086]

5 오른쪽은 조선 시대 왕들의 재위 기간을 조사하여 나타낸 줄기와 잎 그림이다. 다음 중 옳지 않은 것은?

(0|1은 1년)

줄기	잎
0	1 1 2 2 3 3 4 6
1	0 2 3 4 5 5 5 8
2	2 4 5 6
3	2 4 8
4	4 4 6
5	2

① 잎이 가장 적은 줄기는 5이다.
② 재위 기간이 40년 이상인 왕은 4명이다.
③ 재위 기간이 가장 긴 왕의 재위 기간은 52년이다.
④ 재위 기간이 짧은 쪽에서 7번째인 왕의 재위 기간은 6년이다.
⑤ 재위 기간이 10년 미만인 왕의 수가 재위 기간이 30년 이상인 왕의 수보다 많다.

개념 5 줄기와 잎 그림 [242003-1087]

6 아래는 어느 자전거 동호회에 참석한 남자와 여자 회원의 나이를 조사하여 나타낸 줄기와 잎 그림이다. 회원 A는 남자 회원 중 나이가 적은 쪽에서 8번째라고 한다. 이때 회원 A는 전체 회원 중 나이가 많은 쪽에서 몇 번째인지 구하시오.

(1|9는 19세)

잎(여자)	줄기	잎(남자)
9 7	1	9
6 6 3	2	2 5 8 9 9
9 4 2 1 1	3	1 2 5
5 3 1 0	4	3 7

줄기와 잎 그림에서
① 가장 큰 변량 ➡ 줄기와 잎이 모두 가장 큰 값
② 가장 작은 변량 ➡ 줄기와 잎이 모두 가장 작은 값

개념 6 도수분포표 [242003-1088]

기출 **7** 오른쪽은 어느 병원에서 한 달 동안 태어난 신생아 25명의 몸무게를 조사하여 나타낸 도수분포표이다. 도수가 가장 큰 계급의 도수를 a명, 몸무게가 3.0 kg 미만인 신생아를 b명이라 할 때, $a+b$의 값을 구하시오.

몸무게(kg)	도수(명)
2.0이상 ~ 2.5미만	2
2.5 ~ 3.0	4
3.0 ~ 3.5	
3.5 ~ 4.0	6
4.0 ~ 4.5	3
합계	25

먼저 몸무게가 3.0 kg 이상 3.5 kg 미만인 계급의 도수를 구한다.

개념 6 도수분포표 [242003-1089]

8 오른쪽은 어느 중학생들의 한 달 동안의 통신비를 조사하여 나타낸 도수분포표이다. 통신비가 3만원 이상인 학생들이 전체의 40 %일 때, 통신비가 2만원 미만인 학생은 몇 명인지 구하시오.

통신비(만 원)	도수(명)
0이상 ~ 1미만	3
1 ~ 2	
2 ~ 3	13
3 ~ 4	
4 ~ 5	4
합계	35

3 히스토그램과 도수분포다각형

히스토그램

❶ ___ : 도수분포표의 각 계급의 크기를 가로로, 도수를 세로로 하는 직사각형 모양으로 나타낸 그래프

① 직사각형의 가로 : 계급의 크기

② 직사각형의 세로 : ❷ ___

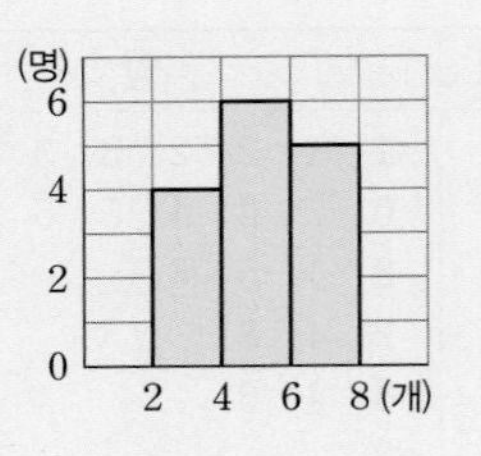

● 다음 도수분포표를 히스토그램으로 나타내시오.

1 [242003-1090]

혜성이네 반 학생들의 턱걸이 기록

횟수(회)	도수(명)
5이상 ~ 10미만	5
10 ~ 15	8
15 ~ 20	9
20 ~ 25	4
25 ~ 30	2
합계	28

⬇

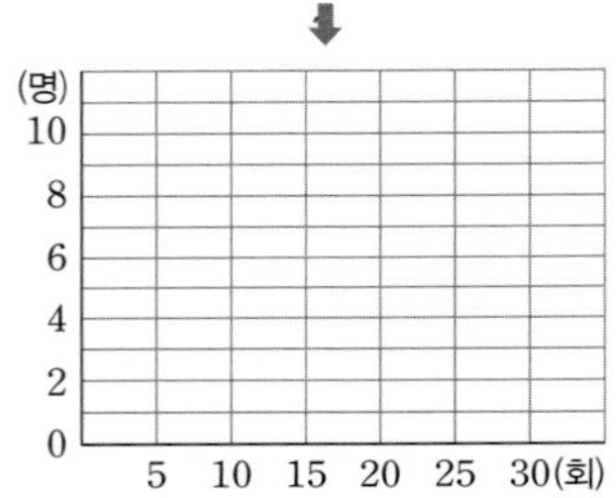

2 [242003-1091]

동윤이네 반 학생들의 몸무게

몸무게(kg)	도수(명)
40이상 ~ 45미만	4
45 ~ 50	6
50 ~ 55	11
55 ~ 60	3
60 ~ 65	2
합계	26

⬇

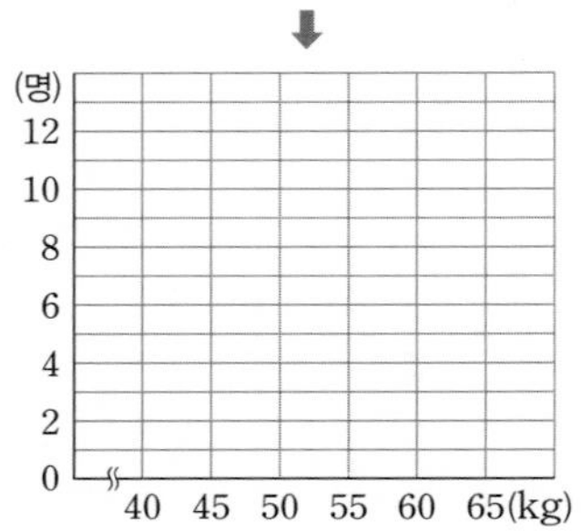

● 아래는 건우가 운영하는 블로그에 하루 동안 방문한 사람 수를 20일 동안 조사하여 나타낸 히스토그램이다. 다음을 구하시오.

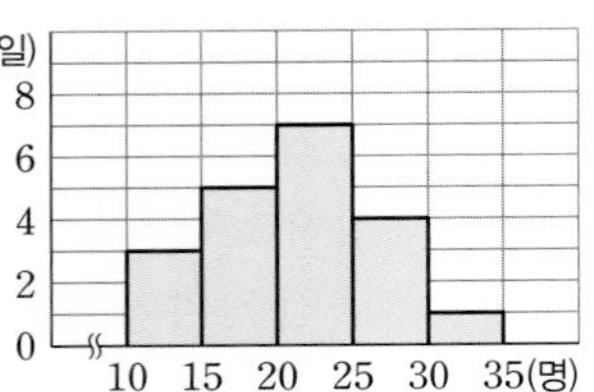

3 [242003-1092]

계급의 크기

4 [242003-1093]

계급의 개수

5 [242003-1094]

도수가 가장 작은 계급

6 [242003-1095]

도수가 가장 큰 계급의 도수

● 아래는 민정이네 반 학생들의 음악 가창 점수를 조사하여 나타낸 히스토그램이다. 다음을 구하시오.

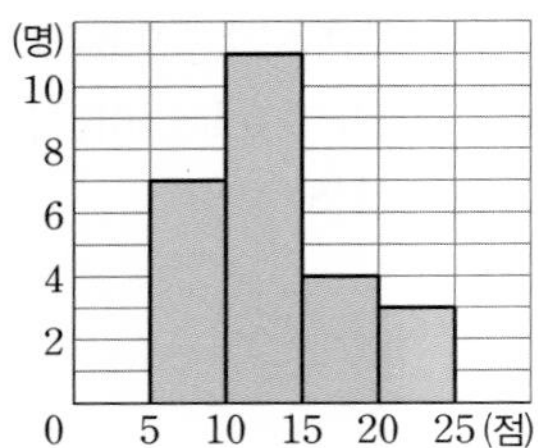

7 [242003-1096]

전체 학생 수

8 [242003-1097]

가창 점수가 10점 이상 15점 미만인 학생 수

9 [242003-1098]

가창 점수가 높은 쪽에서 5번째로 높은 학생이 속한 계급

10 [242003-1099]

가창 점수가 15점 이상인 학생의 비율

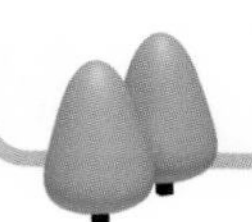

도수분포다각형

❸ [　　　　] : 히스토그램에서 각 직사각형의 윗변의 중앙의 점과 그래프의 양 끝에 도수가 0인 계급이 하나씩 있는 것으로 생각하여 그 중앙의 점을 선분으로 연결하여 그린 그래프

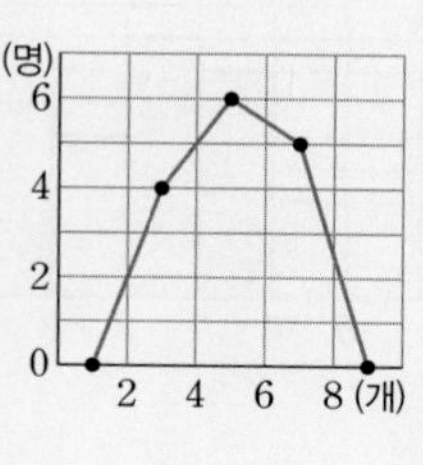

● 다음 히스토그램을 도수분포다각형으로 나타내시오.

11 [242003-1100]

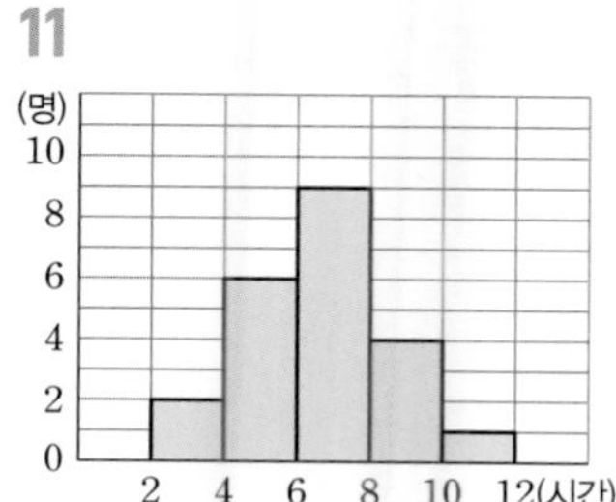

12 [242003-1101]

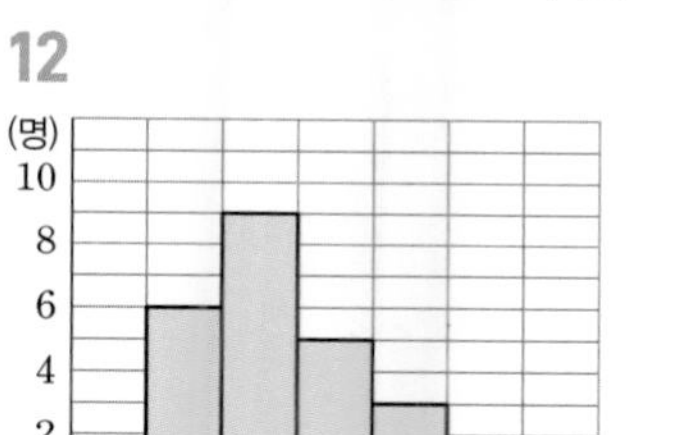

● 다음 도수분포표를 도수분포다각형으로 나타내시오.

13 [242003-1102]

점수(점)	도수(명)
50이상 ~ 60미만	3
60 ~ 70	4
70 ~ 80	10
80 ~ 90	5
90 ~ 100	2
합계	24

➡

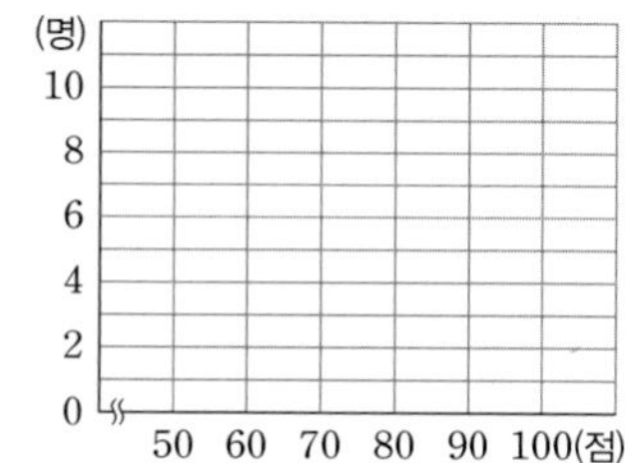

14 [242003-1103]

횟수(회)	도수(명)
10이상 ~ 20미만	1
20 ~ 30	3
30 ~ 40	6
40 ~ 50	8
50 ~ 60	2
합계	20

➡

(명) 10 8 6 4 2 0 / 10 20 30 40 50 60(회)

● 아래는 동주네 반 학생들이 하루 동안 사용한 스마트폰 사용 시간을 조사하여 나타낸 도수분포다각형이다. 다음을 구하시오.

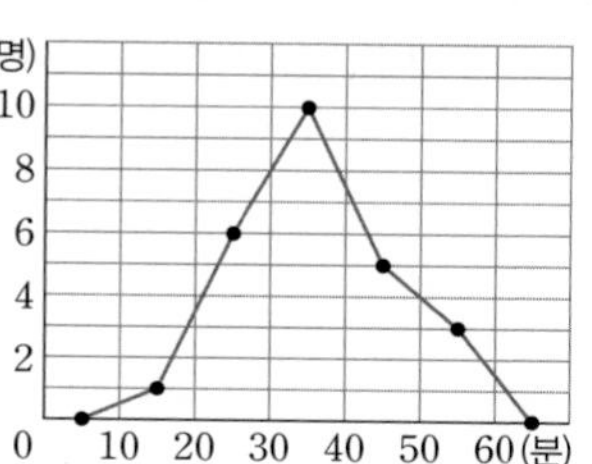

15 [242003-1104]

계급의 크기

16 [242003-1105]

계급의 개수

17 [242003-1106]

도수가 가장 큰 계급

18 [242003-1107]

스마트폰 사용 시간이 40분 이상 50분 미만인 계급의 도수

● 아래는 한 상자에 들어 있는 고구마의 무게를 조사하여 나타낸 도수분포다각형이다. 다음 물음에 답하시오.

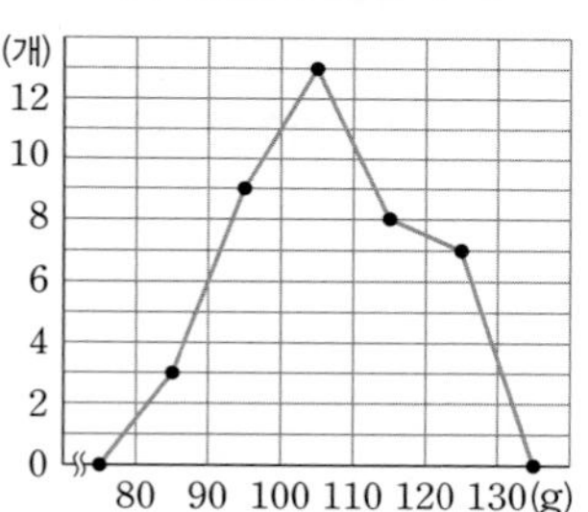

19 [242003-1108]

전체 고구마의 개수를 구하시오.

20 [242003-1109]

무게가 100 g 이상 120 g 미만인 고구마의 개수를 구하시오.

21 [242003-1110]

무게가 무거운 쪽에서 10번째인 고구마가 속하는 계급을 구하시오.

22 [242003-1111]

무게가 100 g 미만인 고구마는 전체의 몇 %인지 구하시오.

소단원 핵심문제

개념 7 히스토그램 [242003-1112]

1 오른쪽은 어느 지역의 한 달 동안의 일교차를 조사하여 나타낸 히스토그램이다. 일교차가 8 ℃ 이상 10 ℃ 미만인 날은 며칠인가?

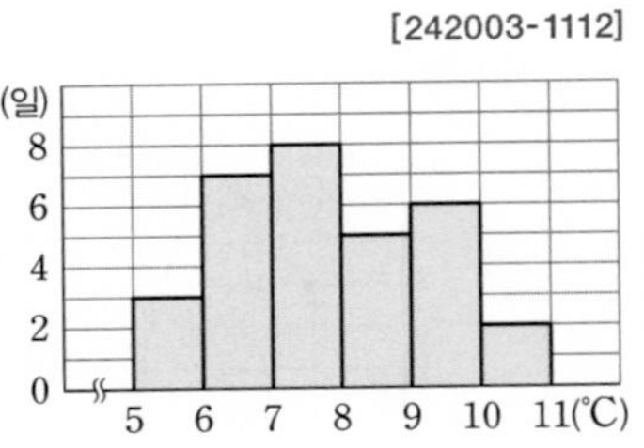

① 9일 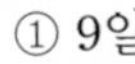 ② 10일 ③ 11일
④ 12일 ⑤ 13일

개념 7 히스토그램 [242003-1113]

2 오른쪽은 어느 중학교 학생들이 등교하는 데 걸리는 시간을 조사하여 나타낸 히스토그램이다. 다음 중 옳은 것은?

(명) 10 8 6 4 2 0 5 10 15 20 25 30 35(분)

① 계급의 개수는 5이다.
② 계급의 크기는 10분이다.
③ 조사한 전체 학생은 30명이다.
④ 등교하는 데 걸리는 시간이 10분 이상 15분 미만인 학생은 전체의 20 %이다.
⑤ 등교하는 데 걸리는 시간이 많은 쪽에서 10번째인 학생이 속하는 계급은 25분 이상 30분 미만이다.

(각 계급의 백분율)
$=\frac{(\text{그 계급의 도수})}{(\text{도수의 총합})}\times 100\ (\%)$

개념 7 히스토그램 / 개념 8 도수분포다각형 [242003-1114]

3 오른쪽은 어느 중학생들의 기말고사 수학 성적을 조사하여 나타낸 히스토그램과 도수분포다각형이다. 도수분포다각형과 가로축으로 둘러싸인 부분의 넓이를 구하시오.

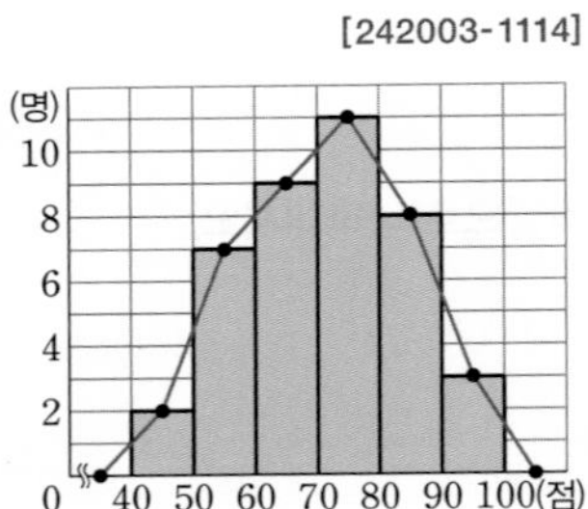

개념 8 도수분포다각형 [242003-1115]

기출 **4** 오른쪽은 마라톤 대회에 참가한 사람 40명의 기록을 조사하여 나타낸 도수분포다각형인데 일부가 찢어져 보이지 않는다. 기록이 52분 이상인 참가자가 전체의 25 %일 때, 기록이 49분 이상 52분 미만인 참가자 수를 구하시오.

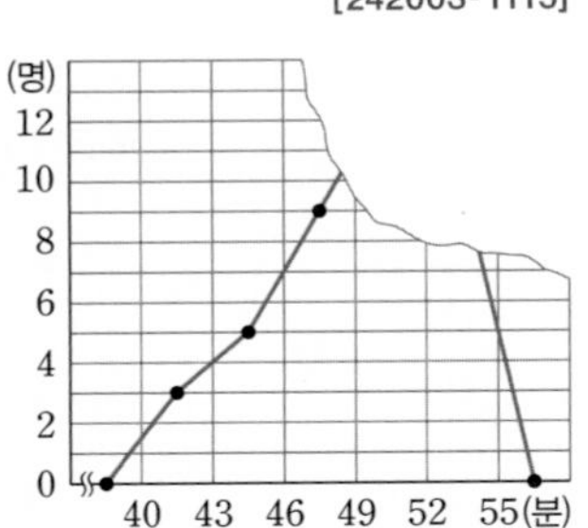

정답과 풀이 ● 77쪽

개념 7 히스토그램

5 오른쪽은 어느 중학생들의 50 m 달리기 기록을 조사하여 나타낸 히스토그램이다. 계급의 개수를 a개, 계급의 크기를 b초, 도수가 가장 큰 계급의 도수를 c명이라고 할 때, $a+b+c$의 값을 구하시오.

[242003-1116]

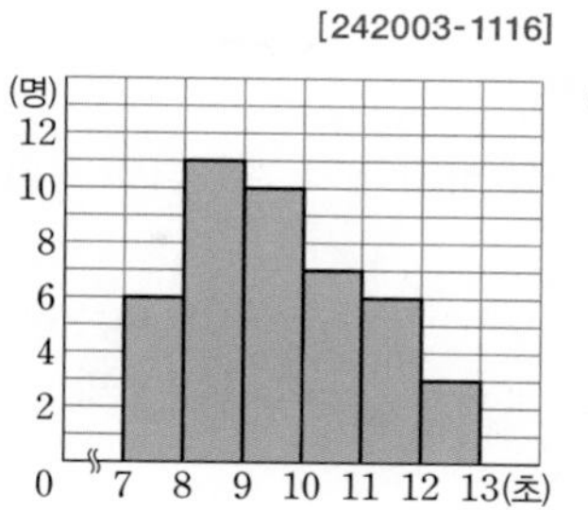

히스토그램에서
① 직사각형의 개수
➡ 계급의 개수
② 직사각형의 가로의 길이
➡ 계급의 크기
② 직사각형의 세로의 길이
➡ 도수

개념 7 히스토그램

6 오른쪽은 보연이네 반 학생들의 영어 점수를 조사하여 나타낸 히스토그램이다. 다음 물음에 답하시오.

(1) 영어 점수가 86점인 학생이 속하는 계급의 도수를 구하시오.

(2) 영어 점수가 60점 미만인 학생은 전체의 몇 %인지 구하시오.

[242003-1117]

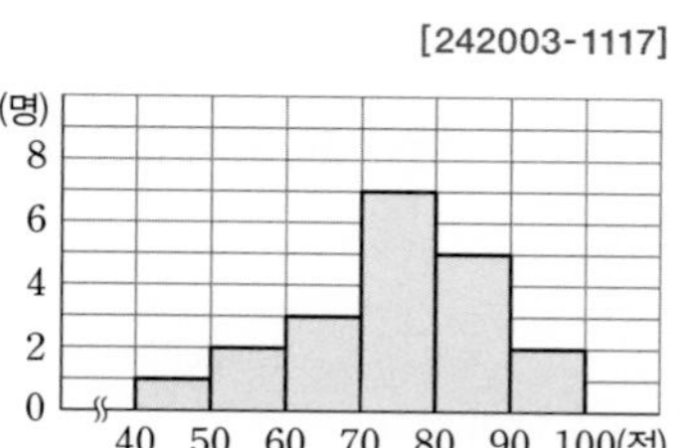

개념 8 도수분포다각형

7 오른쪽은 승주네 반 학생들의 봉사 활동 시간을 조사하여 나타낸 도수분포표이다. 봉사 활동 시간이 8시간 이상인 학생은 전체의 몇 %인지 구하시오.

[242003-1118]

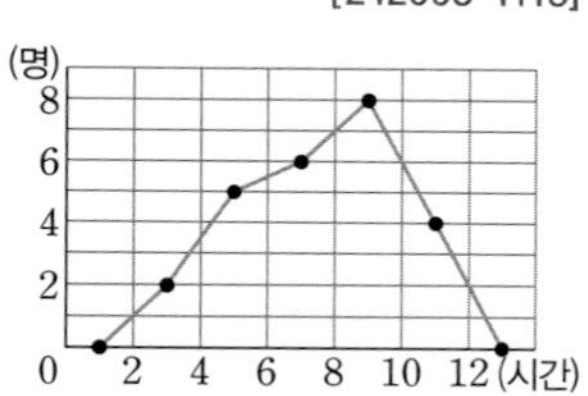

개념 8 도수분포다각형

기출 **8** 오른쪽은 어느 농장의 잣나무의 1년 동안 자란 키를 조사하여 나타낸 도수분포다각형인데 일부가 찢어져 보이지 않는다. 1년 동안 자란 키가 40 cm 이상 45 cm 미만인 잣나무가 전체의 15 %일 때, 1년 동안 자란 키가 50 cm 이상 55 cm 미만인 잣나무의 수를 구하시오.

[242003-1119]

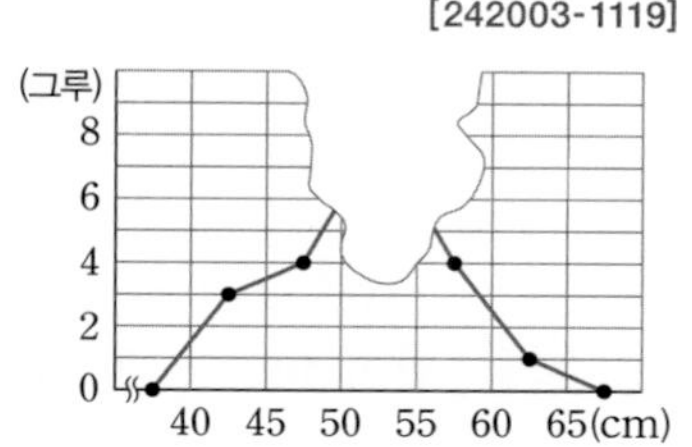

전체 잣나무의 수를 x로 놓고 1년 동안 자란 키가 40 cm 이상 45 cm 미만인 잣나무의 수가 전체의 15 %임을 이용하여 x의 값을 구한다.

4 상대도수와 그 그래프

상대도수

(1) ❶ [　　　] : 도수의 총합에 대한 그 계급의 도수의 비율

➡ ① (어떤 계급의 ❷ [　　　]) $=\dfrac{(\text{그 계급의 도수})}{(\text{도수의 총합})}$

② (어떤 계급의 도수)
$=$(그 계급의 상대도수)$\times$(❸ [　　　])

③ (도수의 총합)$=\dfrac{(\text{그 계급의 ❹ [　　]})}{(\text{어떤 계급의 상대도수})}$

(2) 상대도수의 총합은 항상 1이다.

● 다음 중 상대도수에 대한 설명으로 옳은 것은 ○표, 옳지 않은 것은 ×표를 (　) 안에 써넣으시오.

1 [242003-1120]
상대도수의 총합은 전체 도수에 따라 달라진다. (　　)

2 [242003-1121]
상대도수는 그 계급의 도수에 정비례한다. (　　)

3 [242003-1122]
상대도수의 총합은 항상 1이다. (　　)

4 [242003-1123]
도수의 총합이 다른 두 집단의 분포 상태를 비교할 때, 상대도수를 이용하면 편리하다. (　　)

● 다음을 구하시오.

5 [242003-1124]
어떤 계급의 도수가 4명이고 도수의 총합이 20명일 때, 이 계급의 상대도수

6 [242003-1125]
어떤 계급의 도수가 15명이고 도수의 총합이 60명일 때, 이 계급의 상대도수

7 [242003-1126]
어떤 계급의 상대도수가 0.3이고 도수의 총합이 40명일 때, 이 계급의 도수

8 [242003-1127]
어떤 계급의 상대도수가 0.45이고 도수의 총합이 200명일 때, 이 계급의 도수

상대도수의 분포표

상대도수의 분포표 : 각 계급의 ❺ [　　　]를 나타낸 표

점수(점)	도수(명)	상대도수
60이상 ~ 70미만	2	$\frac{2}{10}=0.2$
70 ~ 80	4	$\frac{4}{10}=0.4$
80 ~ 90	3	$\frac{3}{10}=0.3$
90 ~ 100	1	$\frac{1}{10}=0.1$
합계	10	1

● 다음 상대도수의 분포표를 완성하시오.

9 [242003-1128]
정진이네 반 학생들의 사회 점수

점수(점)	도수(명)	상대도수
50이상 ~ 60미만	4	
60 ~ 70	6	
70 ~ 80	12	
80 ~ 90	2	
90 ~ 100	1	
합계	25	

10 [242003-1129]
호준이네 중학교 학생들의 봉사 활동 시간

시간(시간)	도수(명)	상대도수
2이상 ~ 4미만		0.14
4 ~ 6		0.2
6 ~ 8		0.32
8 ~ 10		0.24
10 ~ 12		0.1
합계	50	1

11 [242003-1130]
자전거 동호회 회원들의 나이

나이(세)	도수(명)	상대도수
20이상 ~ 25미만		0.08
25 ~ 30	9	
30 ~ 35		0.24
35 ~ 40	15	
40 ~ 45		0.2
합계	50	

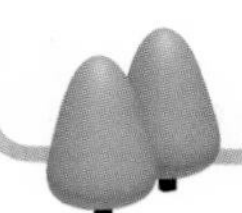

● **아래는 한 상자에 들어 있는 사과 40개의 무게를 조사하여 나타낸 상대도수의 분포표이다. 다음을 구하시오.**

무게(g)	상대도수
200이상 ~ 210미만	0.2
210 ~ 220	0.25
220 ~ 230	0.3
230 ~ 240	A
240 ~ 250	0.1
합계	1

12 [242003-1131]

A의 값

13 [242003-1132]

무게가 230 g 이상 240 g 미만인 사과의 수

14 [242003-1133]

무게가 220 g 미만인 사과의 수

상대도수의 분포를 나타낸 그래프

상대도수의 분포를 나타낸 그래프: 상대도수의 분포표를 히스토그램이나 ❻ (   ) 모양으로 나타낸 그래프

15 [242003-1134]

다음은 어느 도서관을 이용한 사람들의 나이를 조사하여 나타낸 상대도수의 분포표이다. 이 표를 히스토그램 모양의 그래프로 나타내시오.

나이(세)	상대도수
10이상 ~ 20미만	0.25
20 ~ 30	0.4
30 ~ 40	0.2
40 ~ 50	0.1
50 ~ 60	0.05
합계	1

➡

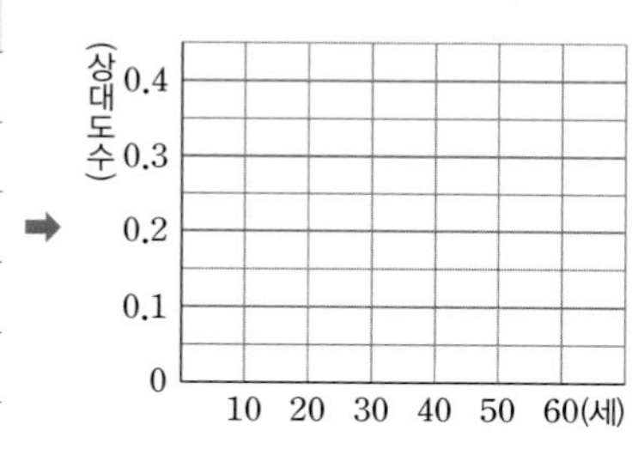

16 [242003-1135]

다음은 혜빈이네 반 학생들의 통학 시간을 조사하여 나타낸 상대도수의 분포표이다. 이 표를 도수분포다각형 모양의 그래프로 나타내시오.

시간(분)	상대도수
5이상 ~ 10미만	0.24
10 ~ 15	0.32
15 ~ 20	0.28
20 ~ 25	0.12
25 ~ 30	0.04
합계	1

➡

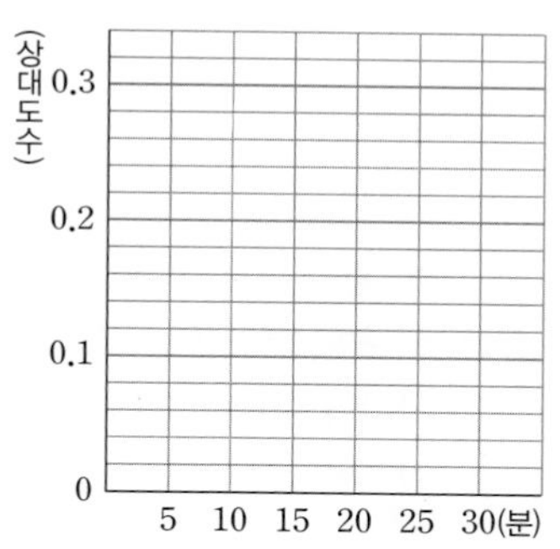

● **아래는 아린이네 중학교 학생 200명의 1년 동안의 봉사 활동 시간에 대한 상대도수의 분포를 나타낸 그래프이다. 다음 물음에 답하시오**

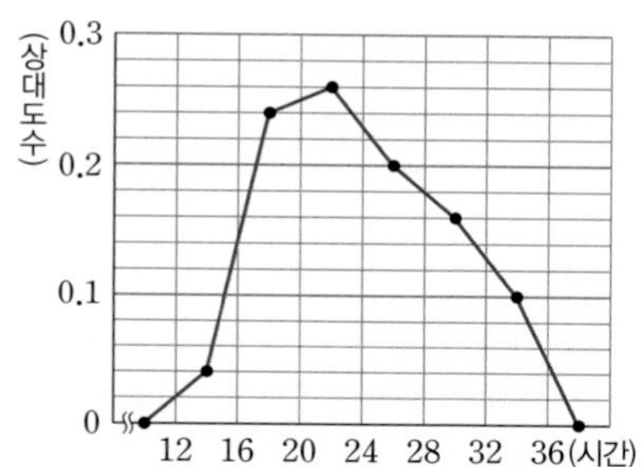

17 [242003-1136]

상대도수가 가장 큰 계급을 구하시오.

18 [242003-1137]

봉사 활동 시간이 24시간 이상 28시간 미만인 계급의 상대도수를 구하시오.

19 [242003-1138]

도수가 가장 작은 계급의 상대도수를 구하시오.

20 [242003-1139]

봉사 활동 시간이 16시간 이상 24시간 미만인 학생 수를 구하시오.

21 [242003-1140]

봉사 활동 시간이 20시간 미만인 학생 수를 구하시오.

22 [242003-1141]

봉사 활동 시간이 28시간 이상인 학생은 전체의 몇 %인지 구하시오.

소단원 핵심문제

개념 9 상대도수 [242003-1142]

1 어떤 도수분포표에서 도수가 7인 계급의 상대도수가 0.175일 때, 도수가 12인 계급의 상대도수를 구하시오.

개념 9 상대도수 [242003-1143]

2 오른쪽은 상은이네 반 학생 20명의 수학 점수를 조사하여 나타낸 상대도수의 분포표이다. 다음을 구하시오.

(1) A, B, C, D, E의 값

(2) 수학 점수가 높은 쪽에서 4번째인 학생이 속하는 계급의 상대도수

점수(점)	도수(명)	상대도수
50이상 ~ 60미만	1	0.05
60 ~ 70	3	A
70 ~ 80	8	B
80 ~ 90	C	0.3
90 ~ 100	D	0.1
합계	20	E

상대도수의 총합은 항상 1이다.

개념 10 상대도수의 분포를 나타낸 그래프 [242003-1144]

3 오른쪽은 어느 맛집에 손님 40명이 입장하려고 기다린 시간에 대한 상대도수의 분포를 나타낸 그래프인데 일부가 찢어져 보이지 않는다. 이때 기다린 시간이 30분 이상 40분 미만인 손님의 수를 구하시오.

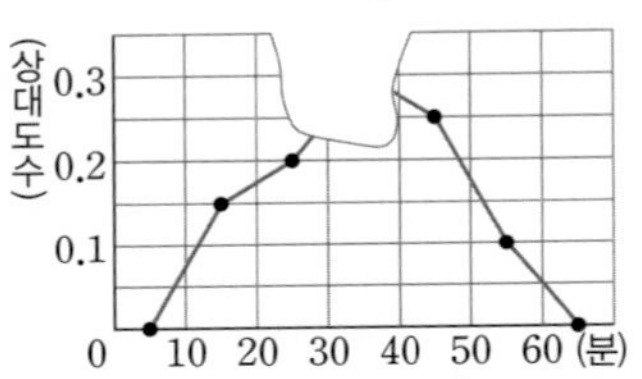

개념 10 상대도수의 분포를 나타낸 그래프 [242003-1145]

기출 **4** 오른쪽은 A 중학교 학생 200명과 B 중학교 학생 100명의 급식 만족도에 대한 상대도수의 분포를 나타낸 그래프이다. 다음 물음에 답하시오.

(1) A, B 두 중학교에서 급식 만족도가 90점 이상인 학생 수를 각각 구하시오.

(2) A 중학교와 B 중학교 중에서 어느 중학교의 급식 만족도가 높은 편인지 말하시오.

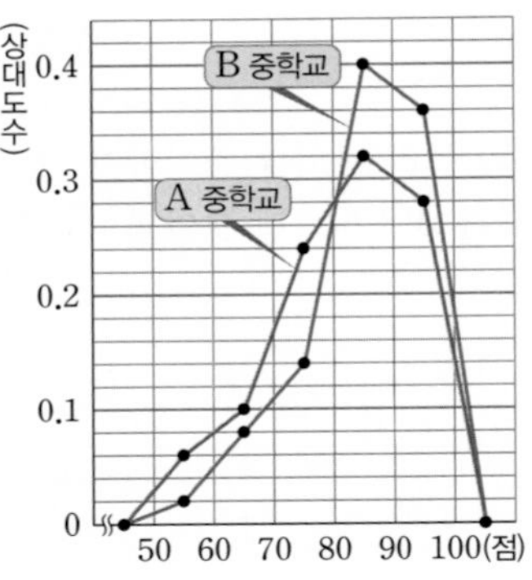

상대도수의 분포를 나타낸 그래프에서 그래프가 오른쪽으로 치우쳐 있을수록 큰 변량이 많다.

한번 더!

정답과 풀이 ● 79쪽

개념 9 상대도수 [242003-1146]

5 **오른쪽은 어느 중학교 배구부 학생들의 키를 조사하여 나타낸 상대도수의 분포표이다. 키가 170 cm 이상 175 cm 미만인 계급의 도수가 8명일 때, 다음 중 옳지 않은 것은?**

키(cm)	상대도수
155이상 ~ 160미만	0.1
160 ~ 165	0.2
165 ~ 170	0.25
170 ~ 175	A
175 ~ 180	0.05
합계	1

① A의 값은 0.4이다.
② 배구부 전체 학생은 20명이다.
③ 상대도수가 가장 작은 계급의 도수는 2명이다.
④ 키가 170 cm 이상인 학생은 전체의 45 %이다.
⑤ 키가 163 cm인 학생이 속하는 계급의 상대도수는 0.2이다.

개념 9 상대도수 [242003-1147]

6 **오른쪽은 어느 놀이 기구를 타려고 기다린 사람들의 대기 시간을 나타낸 상대도수의 분포표인데 일부가 찢어져 보이지 않는다. 대기 시간이 20분 이상 30분 미만인 계급의 상대도수를 구하시오.**

시간(분)	도수(명)	상대도수
10이상 ~ 20미만	4	0.08
20 ~ 30	7	

① (어떤 계급의 상대도수) $=\dfrac{\text{(그 계급의 도수)}}{\text{(도수의 총합)}}$
② (도수의 총합) $=\dfrac{\text{(그 계급의 도수)}}{\text{(어떤 계급의 상대도수)}}$

개념 10 상대도수의 분포를 나타낸 그래프 [242003-1148]

7 **오른쪽은 어느 중학교 1학년 40명의 수학 성적에 대한 상대도수의 분포를 나타낸 그래프이다. 수학 점수가 70점 이상인 학생은 모두 몇 명인지 구하시오.**

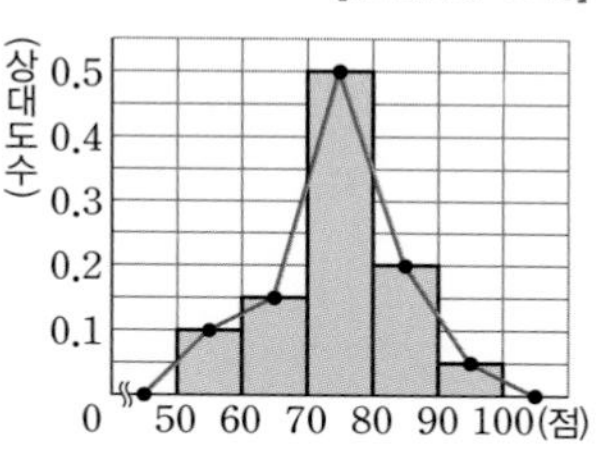

개념 10 상대도수의 분포를 나타낸 그래프 [242003-1149]

기출 **8** **오른쪽은 A 과수원에서 수확한 사과 250개와 B 과수원에서 수확한 사과 200개의 무게에 대한 상대도수의 분포를 나타낸 그래프이다. 다음 보기에서 옳은 것을 있는 대로 고르시오.**

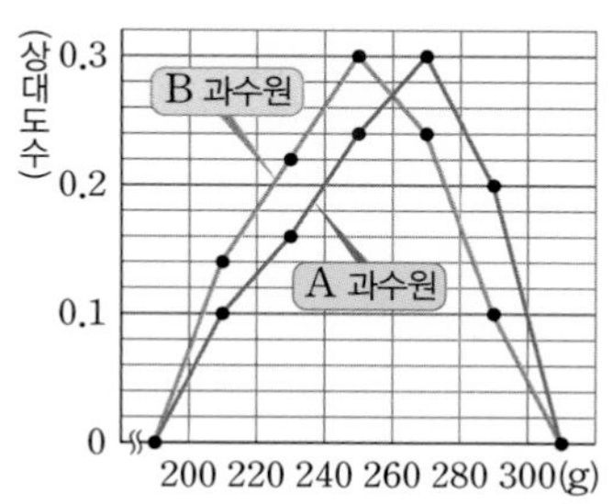

보기

ㄱ. A 과수원에서 수확한 사과가 B 과수원에서 수확한 사과보다 무거운 편이다.
ㄴ. 무게가 240 g 이상 260 g 미만인 사과는 A 과수원이 B 과수원보다 많다.
ㄷ. B 과수원에서 무게가 260 g 이상인 사과는 B 과수원 전체의 34 %이다.

상대도수에 100을 곱하면 전체에서 그 도수가 차지하는 백분율(%)이 된다.

MEMO

MEMO

MEMO

이 책의 차례

빠른 정답 개념책

1. 기본도형

1 점, 선, 면 8~10쪽

1 20 **1-1** (1) 꼭짓점 B (2) 모서리 AD (3) 5 (4) 8

2 풀이 참조 **2-1** (1) ○ (2) × (3) ○ (4) ×

3 6 **3-1** 6

4 ⑤ **4-1** (1) 3, 3, 3 (2) $\frac{1}{3}$ (3) $\frac{2}{3}$, $\frac{1}{2}$

5 6 cm **5-1** 2, 8, 8, 2, 4, 12

소단원 핵심문제 11쪽

1 ④ 2 ③ 3 ② 4 ⑤ 5 6 cm

2 각 12~14쪽

6 (1) 65 (2) 92 **6-1** (1) 40 (2) 25 **6-2** (1) 26 (2) 30

7 (1) $\angle x=50°$, $\angle y=130°$ (2) $\angle x=40°$, $\angle y=75°$

7-1 (1) 5 (2) 35 **7-2** 27

8 (1) ⊥ (2) 90 (3) 수선 (4) O (5) CO

8-1 (1) $\overline{\mathrm{CD}}$ (2) 점 D (3) 7 cm (4) 4 cm

8-2 (1) $\overline{\mathrm{BC}}$ (2) 점 C (3) 7 cm (4) 10 cm

소단원 핵심문제 15쪽

1 ② 2 ③ 3 ④ 4 30 5 ①

3 위치 관계 16~19쪽

9 (1) ○ (2) × (3) × (4) ○ **9-1** $\overleftrightarrow{\mathrm{DE}}$, $\overleftrightarrow{\mathrm{CD}}$, $\overleftrightarrow{\mathrm{AF}}$

10 (1) $\overline{\mathrm{AB}}$, $\overline{\mathrm{AD}}$, $\overline{\mathrm{BC}}$, $\overline{\mathrm{CF}}$ (2) $\overline{\mathrm{DF}}$ (3) $\overline{\mathrm{BE}}$, $\overline{\mathrm{DE}}$, $\overline{\mathrm{EF}}$ (4) $\overline{\mathrm{AD}}$, $\overline{\mathrm{CF}}$

10-1 (1) 한 점에서 만난다. (2) 평행하다. (3) 꼬인 위치에 있다.

10-2 모서리 AC, 모서리 AD **10-3** 7

11 (1) 면 ABCD, 면 ABFE (2) 면 CGHD, 면 EFGH (3) 면 AEHD, 면 BFGC

11-1 (1) 모서리 AB, 모서리 BC, 모서리 AC
(2) 모서리 CF
(3) 모서리 AD, 모서리 BE, 모서리 CF

11-2 9 cm

12 (1) 면 ABED, 면 ACFD, 면 BEFC (2) 면 ABC (3) 면 ABC, 면 DEF, 면 BEFC (4) 면 ABED, 면 BEFC

12-1 (1) 면 BFEA, 면 BFGC, 면 CGHD, 면 AEHD
(2) 면 AEHD
(3) 면 ABCD, 면 BFGC, 면 EFGH, 면 AEHD
(4) 모서리 FG

12-2 5

소단원 핵심문제 20쪽

1 ④ 2 5 3 ③ 4 6 5 ④

4 평행선의 성질 21~22쪽

13 (1) $\angle c$ (2) $\angle b$ (3) $\angle f$ (4) $\angle b$

13-1 (1) ○ (2) × (3) ○ (4) ×

14 (1) 75° (2) 60° (3) 105° (4) 60° **14-1** 185°

15 (1) $\angle x=50°$, $\angle y=130°$ (2) $\angle x=75°$, $\angle y=60°$

15-1 풀이 참조

16 (1) ○ (2) × **16-1** ㄱ, ㄷ

소단원 핵심문제 23쪽

1 ① 2 ④ 3 ④ 4 (1) 60 (2) 85
5 ③, ⑤

중단원 마무리 테스트 24~27쪽

1 ① 2 ③ 3 20 4 ② 5 ②
6 ④ 7 0.5, 6, 0.5, 140, 6, 240, 100 8 150
9 ④ 10 ④ 11 ③, ⑤ 12 15
13 모서리 DF 14 ① 15 ㄷ 16 ④
17 ③ 18 ③ 19 ⑤ 20 ①, ⑤ 21 ②
22 40°, 풀이 참조 23 39°, 풀이 참조
24 풀이 참조 25 풀이 참조

2. 작도와 합동

1 작도 30~31쪽

1 작도, 눈금없는 자, 컴퍼스 1-1 (1) ○ (2) × (3) ○

2 ① 눈금 없는 자 ② $\overline{AB}$ ③ $\overline{AB}$, $2\overline{AB}$
2-1 ① C ② $\overline{AB}$ ③ C, $\overline{AB}$

3 (1) ㉡ → ㉣ → ㉠ → ㉢ → ㉤ (2) $\overline{OB}$, $\overline{PC}$, $\overline{PD}$ (3) ∠CPD

4 (1) ㉠ → ㉤ → ㉡ → ㉥ → ㉢ → ㉣
(2) 동위각의 크기가 같으면 두 직선은 서로 평행하다.

소단원 핵심문제 32쪽

1 ⑤ 2 ① 3 ③ 4 ㉡ 5 엇각

2 삼각형의 작도 33~35쪽

5 (1) $\overline{BC}$ (2) $\overline{AB}$ (3) ∠B (4) ∠A 5-1 (1) 8 cm (2) 55°

6 (1) ○ (2) × (3) × (4) ○ 6-1 ②, ③

7 ㉢ → ㉠ → ㉡ 7-1 ㉤, ㉥, ㉠

8 (1) ○ (2) × (3) ○ (4) × 8-1 ③

소단원 핵심문제 36쪽

1 ②, ⑤ 2 ⑤ 3 ③ 4 ④

3 삼각형의 합동 37~38쪽

9 (1) 점 R (2) ∠A (3) $x=45$, $y=8$
9-1 14 9-2 108

10 ㄱ과 ㅁ: SSS 합동, ㄴ과 ㅂ: SAS 합동, ㄷ과 ㄹ: ASA 합동
10-1 ①, ⑤ 10-2 ㄱ, ㄹ

소단원 핵심문제 39쪽

1 ④ 2 ②, ⑤ 3 $\overline{BD}$, SSS
4 △AOD≡△COB, SAS 합동 5 ⑤

중단원 마무리 테스트 40~43쪽

1 ㄱ, ㄷ 2 −6 3 ㉡ 4 ② 5 ①, ④
6 ④ 7 ②, ⑤ 8 5 cm, 85° 9 ③ 10 ⑤
11 △ABC≡△CDA, SSS 합동 12 ASA 합동, 40 m
13 정삼각형 14 △DCM, SAS 합동 15 ① 16 ④
17 ③ 18 60° 19 17 cm 20 120°
21 10 cm, 풀이 참조 22 24 cm, 풀이 참조
23 풀이 참조 24 풀이 참조

3. 다각형

1 다각형 46~47쪽

1 (1) 60° (2) 50° 1-1 165°

2 (1) ○ (2) × (3) ○ (4) × 2-1 정오각형

3 (1) 9 (2) 20 (3) 54 3-1 37

4 십이각형 4-1 ④

소단원 핵심문제 48쪽

1 ① 2 ③ 3 15 4 ② 5 정십각형

2 다각형의 내각과 외각의 크기 49~52쪽

5 (1) 20° (2) 75° 5-1 (1) 85° (2) 85° (3) 40

6 50 6-1 (1) 30 (2) 26

7 (1) 80 (2) 28 7-1 (1) 65° (2) 120°

8 30 **8-1** (1) 65 (2) 70

9 (1) 720° (2) 1080° (3) 1800° **9-1** 110°

10 (1) 140° (2) 156° **10-1** ②

11 (1) 85° (2) 75° **11-1** 130°

12 (1) 72° (2) 60° (3) 45° **12-1** 정십오각형

소단원 핵심문제 53쪽

1 ③ **2** 178 **3** 1080° **4** 44° **5** ③

중단원 마무리 테스트 54~57쪽

1 170° **2** ③ **3** 정육각형 **4** ①
5 $x=115$, $y=50$ **6** ① **7** ② **8** 120°
9 ④ **10** ③ **11** ③ **12** ③ **13** ②
14 20 **15** ① **16** ⑤ **17** ④ **18** 36°
19 10, 36 **20** 360° **21** 35° **22** 720°
23 20, 풀이 참조 **24** 6, 풀이 참조
25 풀이 참조 **26** 풀이 참조

4. 원과 부채꼴

1 원과 부채꼴 60~61쪽

1 ㉠ – $\overset{\frown}{AB}$, ㉡ – 현 AB, ㉢ – 활꼴, ㉣ – 부채꼴, ㉤ – 중심각
1-1 ㄱ, ㄷ, ㄹ **1-2** 풀이 참조

2 (1) 20 (2) 30 **2-1** (1) 100 (2) 24

3 (1) 30 (2) 5 **3-1** 84°

소단원 핵심문제 62쪽

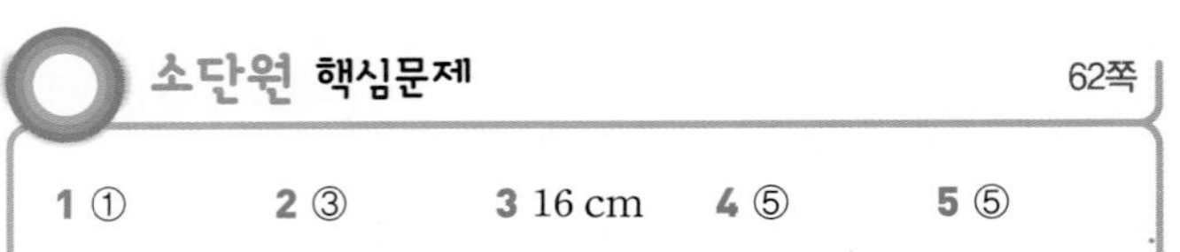

1 ① **2** ③ **3** 16 cm **4** ⑤ **5** ⑤

2 부채꼴의 호의 길이와 넓이 63~64쪽

4 (1) $l=16\pi$ cm, $S=64\pi$ cm^2 (2) $l=10\pi$ cm, $S=25\pi$ cm^2
4-1 (1) $l=(12+6\pi)$cm, $S=18\pi$ cm^2
(2) $l=(8+4\pi)$cm, $S=8\pi$ cm^2
4-2 $l=30\pi$ cm, $S=75\pi$ cm^2

5 (1) $l=6\pi$ cm, $S=24\pi$ cm^2 (2) $l=\pi$ cm, $S=3\pi$ cm^2
5-1 $l=6\pi$ cm, $S=27\pi$ cm^2

6 (1) 6π cm^2 (2) 20π cm^2 **6-1** 20π cm^2

소단원 핵심문제 65쪽

1 ④ **2** 8π cm^2 **3** $(8+3\pi)$cm
4 $(50\pi-100)$cm^2 **5** ③

중단원 마무리 테스트 66~69쪽

1 ② **2** 3 **3** ⑤ **4** 20 cm **5** 20 cm
6 36 cm^2 **7** 24π cm^2 **8** 120 cm^2 **9** ③
10 $1+30\pi$ **11** ① **12** 72° **13** ④ **14** ②
15 $(18\pi-36)$ cm^2 **16** 피자 B **17** $(6\pi+36)$ cm
18 $\frac{83}{4}\pi$ m^2 **19** ② **20** 40000 km
21 12π cm **22** 3π cm^2, 풀이 참조
23 27π cm^2, 풀이 참조 **24** 풀이 참조
25 풀이 참조

5. 다면체와 회전체

1 다면체 72~73쪽

1 ㄱ, ㄹ　　1-1 3개

2 (1) 육면체 (2) 칠면체

2-1 (1) 5, 오면체 (2) 4, 사면체 (3) 7, 칠면체 (4) 7, 칠면체

3 ㄴ, ㄷ　　3-1 칠각뿔대

4 풀이 참조　　4-1 3

소단원 핵심문제 74쪽

1 4개　2 ①　3 ③, ⑤　4 ④　5 16

2 정다면체 75~76쪽

5 (1) ㄱ, ㄷ, ㅁ (2) ㄱ, ㄴ, ㄹ　　5-1 정이십면체　　5-2 22

6 (1) 정사면체 (2) 점 D (3) $\overline{EF}$

6-1 (1) 정팔면체 (2) 점 I (3) $\overline{GF}$ (4) $\overline{IE}$

6-2 (1) ○ (2) ○ (3) × (4) ×

소단원 핵심문제 77쪽

1 ②　2 ③　3 정육면체　4 ④　5 ④

3 회전체 78~80쪽

7 ㄱ, ㄷ, ㅁ　　7-1 풀이 참조

8 풀이 참조

8-1 원뿔대　　8-2 (1)

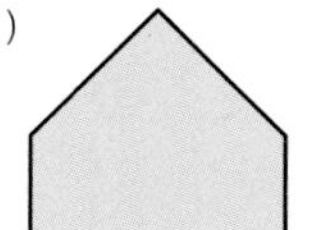

(2)

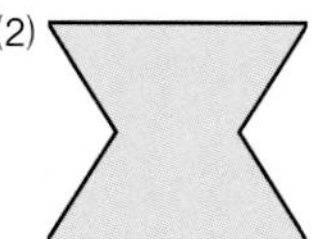

9 (1) 원뿔대 (2) 12 cm (3) 사다리꼴

9-1 (1) $a=3$, $b=7$ (2) $a=10$, $b=6$　　9-2 6π cm

소단원 핵심문제 81쪽

1 ㄹ, ㅁ, ㅂ　2 ②　3 ④　4 160 cm^2　5 ⑤

중단원 마무리 테스트 82~85쪽

1 ③, ⑤	2 ②	3 ③	4 ⑤	5 40
6 ②	7 ⑤	8 ④	9 ②	10 ⑤
11 정육면체	12 ①	13 ⑤	14 ②	15 ②
16 ⑤	17 ①	18 ③, ④	19 108 cm^2	
20 $a=4\pi$, $b=10\pi$		21 18	22 32	
23 1, 풀이 참조		24 30, 풀이 참조		
25 풀이 참조		26 풀이 참조		

6. 입체도형의 겉넓이와 부피

1 기둥의 겉넓이와 부피 88~89쪽

1 (1) 30 cm^2, 300 cm^2, 360 cm^2 (2) 16π cm^2, 64π cm^2, 96π cm^2
1-1 (1) 2, 8, 2, 8, 10, 288 (2) 2, 2, 6π, 54π
1-2 (1) 112 cm^2 (2) 192π cm^2

2 (1) 12 cm^2, 6 cm, 72 cm^3 (2) 25π cm^2, 8 cm, 200π cm^3
2-1 (1) 125 cm^3 (2) 108 cm^3
2-2 (1) 560 cm^3 (2) 270 cm^3

소단원 핵심문제 90쪽

1 ② 2 ⑤ 3 ② 4 ③
5 175π cm^3

2 뿔의 겉넓이와 부피 91~92쪽

3 6, 36, 8, 4, 96, 132 **3-1** (1) 85 cm^2 (2) 224 cm^2

4 3, 9, 6π, 6π, 21π, 30π **4-1** (1) 112π cm^2 (2) 40π cm^2

5 (1) 36 cm^2, 7 cm, 84 cm^3 (2) 25π cm^2, 9 cm, 75π cm^3
5-1 (1) 10 cm^3 (2) 18π cm^3 **5-2** 9 cm

6 (1) 45π cm^2 (2) 45π cm^2 (3) 90π cm^2
6-1 (1) 357 cm^2 (2) 28π cm^2

7 (1) 96 cm^3 (2) 12 cm^3 (3) 84 cm^3
7-1 (1) 105 cm^3 (2) 105π cm^3

소단원 핵심문제 94쪽

1 312 cm^2 2 ④ 3 6분 4 ③
5 (1) 140π cm^2 (2) 112π cm^3

3 구의 겉넓이와 부피 95~96쪽

8 (1) 16π cm^2 (2) 100π cm^2 **8-1** (1) 36π cm^2 (2) 9 cm

9 108π cm^2 **9-1** 27π cm^2

10 (1) $\frac{256}{3}\pi$ cm^3 (2) 36π cm^3 **10-1** 18π cm^3

11 (1) 18π cm^3 (2) 36π cm^3
(3) 54π cm^3 (4) 1 : 2 : 3
11-1 1 : 2 : 3

소단원 핵심문제 97쪽

1 75π cm^2 2 (1) $\frac{45}{4}\pi$ cm^2 (2) $\frac{9}{2}\pi$ cm^3
3 100π cm^2 4 125개 5 (1) 18π cm^3 (2) 54π cm^3

중단원 마무리 테스트 98~101쪽

1 ② 2 5 cm 3 ③ 4 600 cm^2
5 405 cm^3 6 ① 7 104π cm^3 8 420π cm^3
9 495π cm^3 10 ③ 11 ② 12 ②
13 ③ 14 $\frac{256}{3}$ cm^3 15 312π cm^3
16 ② 17 98π cm^2 18 ⑤ 19 12 cm
20 원뿔의 부피: $\frac{16}{3}\pi$ cm^3, 구의 부피: $\frac{32}{3}\pi$ cm^3 21 ③
22 54π cm^3 23 150π cm^2, 풀이 참조
24 56π cm^2, 풀이 참조 25 풀이 참조
26 풀이 참조

7. 자료의 정리와 해석

1 대푯값 104~105쪽

1 6회 1-1 5 cm

2 6 2-1 163 cm

3 7회 3-1 ㄷ

4 265 mm 4-1 A형

소단원 핵심문제 106쪽

1 ④ 2 11 3 6 4 ④
5 중앙값: 8시간, 최빈값: 8시간

2 줄기와 잎 그림, 도수분포표 107~108쪽

5 (1) 풀이 참조 (2) 5, 6, 7, 8, 9 (3) 7 (4) 98점 (5) 66점
5-1 (1) 26 (2) 1 (3) 0, 1 (4) 32

6 (1) 풀이 참조 (2) 10 g (3) 50 g 이상 60 g 미만 (4) 9
6-1 (1) 6 (2) 3 (3) 5 (4) 5개

소단원 핵심문제 109쪽

1 40세 2 ④ 3 42 4 ④

3 히스토그램과 도수분포다각형 110~111쪽

7 (1) 10점 (2) 5 (3) 8 (4) 6명
7-1 (1) 26 (2) 12명 (3) 3명 7-2 (1) 10분 (2) 21 (3) 210

8 (1) 3 % (2) 5 (3) 14 (4) 9 % 이상 12 % 미만
8-1 (1) 15분 이상 20분 미만 (2) 10명 (3) 10명
8-2 (1) 15시간 이상 20시간 미만 (2) 7명 (3) 37.5 %

소단원 핵심문제 112쪽

1 ④ 2 12명 3 ⑤ 4 16초

4 상대도수와 그 그래프 113~114쪽

9 (1) $A=0.2$, $B=20$, $C=1$ (2) 30분 이상 40분 미만
9-1 (1) $A=0.25$, $B=36$, $C=1$ (2) 60점 이상 70점 미만
9-2 (1) $A=19$, $B=40$, $C=0.15$, $D=0.2$, $E=1$ (2) 30 %

10 (1) 0.45 (2) 2명 (3) 28
10-1 (1) 6시간 이상 8시간 미만 (2) 0.25 (3) 24
10-2 (1) 50 (2) 2명 (3) 15

소단원 핵심문제 115쪽

1 15 2 ④ 3 44명
4 (1) 46 % (2) 50 (3) B 도시

중단원 마무리 테스트 116~119쪽

1 97점 2 ⑤ 3 15.5개 4 ② 5 6
6 87.5 7 ③ 8 (1) 2반 (2) 14분 9 ①
10 3 11 ⑤ 12 11 13 ③ 14 ③
15 250 16 30명 17 ③ 18 28 %
19 (1) 60 (2) 21 20 ㄱ, ㄷ 21 7
22 18.75 % 23 15, 풀이 참조 24 10, 풀이 참조
25 풀이 참조 26 풀이 참조

빠른 정답 연습책

1. 기본 도형

1 점, 선, 면 (2~3쪽)

점, 선, 면

❶ 교점
1 점 C　2 점 E　3 모서리 BC　4 4, 6
5 8, 12

직선, 반직선, 선분

❷ 반직선
6 $\overline{AB}$(또는 $\overline{BA}$)　7 $\overrightarrow{CD}$　8 $\overrightarrow{FE}$
9 $\overleftrightarrow{GH}$(또는 $\overleftrightarrow{HG}$)　10 $\overleftrightarrow{AD}$　11 $\overrightarrow{AC}$　12 $\overrightarrow{BC}$
13 $\overline{DA}$　14 $\overrightarrow{CB}$

두 점 사이의 거리

❸ 중점
15 6 cm　16 4 cm　17 $\frac{1}{2}$, 9　18 2, 8　19 3
20 2　21 2　22 $\frac{1}{2}$　23 $\frac{1}{2}$　24 3
25 6 cm　26 3 cm　27 9 cm　28 7 cm　29 14 cm
30 28 cm　31 21 cm

소단원 핵심문제 (4~5쪽)

1 ⑤　2 ①　3 7　4 ②, ⑤　5 20 cm
6 22　7 ③　8 ④　9 5 cm　10 ①

2 각 (6~7쪽)

각

❶ 180°　❷ 둔각
1 ∠BAC(또는 ∠CAB)　2 ∠ABC(또는 ∠CBA)
3 ∠ACB(또는 ∠BCA)　4 직각　5 예각
6 둔각　7 예각　8 평각　9 53°　10 75°

맞꼭지각

❸ 같다
11 ∠DOF　12 ∠AOC　13 $\angle x=55°$, $\angle y=125°$
14 $\angle x=100°$, $\angle y=80°$　15 40　16 30
17 50(✎ 90, 50)　18 30　19 60　20 55

수직과 수선

❹ ⊥
21 ⊥　22 O　23 $\overline{CO}$　24 수직이등분선
25 $\overline{AB}$　26 점 B　27 4 cm　28 7 cm

소단원 핵심문제 (8~9쪽)

1 ③　2 48°　3 ①　4 16　5 ③
6 ⑤　7 45°　8 8　9 ③　10 ③

3 위치 관계 (10~11쪽)

평면에서 두 직선의 위치 관계

❶ 평행하다
1 $\overline{AD}$, $\overline{BC}$　2 $\overline{BC}$　3 $\overline{AD}$, $\overline{CD}$　4 $\overline{CD}$　5 //
6 //　7 ⊥　8 ⊥

공간에서 두 직선의 위치 관계

❷ 꼬인 위치　❸ 일치한다
9 한 점에서 만난다.　10 평행하다.　11 꼬인 위치에 있다.
12 $\overline{AB}$, $\overline{AE}$, $\overline{CD}$, $\overline{DH}$　13 $\overline{BC}$, $\overline{EH}$, $\overline{FG}$
14 $\overline{BF}$, $\overline{EF}$, $\overline{CG}$, $\overline{GH}$　15 $\overline{BD}$　16 $\overline{AB}$

공간에서 직선과 평면의 위치 관계

❹ 포함된다
17 $\overline{AB}$, $\overline{BC}$, $\overline{CD}$, $\overline{DA}$　18 $\overline{AE}$, $\overline{EH}$, $\overline{HD}$, $\overline{DA}$
19 $\overline{AD}$, $\overline{BC}$, $\overline{EH}$, $\overline{FG}$　20 면 BFGC, 면 DHGC
21 면 ABCD, 면 CDHG　22 면 ABCD, 면 EFGH
23 4 cm　24 1　25 2　26 5

공간에서 두 평면의 위치 관계

❺ ⊥
27 면 ABC, 면 ADEB　28 면 DEF
29 면 ABC, 면 BEFC, 면 DEF　30 $\overline{AC}$
31 ○　32 ×　33 ○　34 ×

소단원 핵심문제 12~13쪽

1 ①　2 5　3 ①, ②　4 8　5 ③
6 ②, ④　7 ②　8 2　9 ③　10 ⑤

4 평행선의 성질 14~15쪽

동위각과 엇각

❶ 동위각　❷ 엇각
1 $\angle e$　2 $\angle c$　3 $\angle e$　4 $\angle d$　5 70°
6 125°　7 110°　8 55°

평행선의 성질

❸ 같다
9 $\angle x=55^\circ$, $\angle y=125^\circ$　10 $\angle x=140^\circ$, $\angle y=40^\circ$
11 $\angle x=50^\circ$, $\angle y=110^\circ$　12 $\angle x=75^\circ$, $\angle y=60^\circ$
13 115°(✐ 40°, 75°, 115°)　14 120°　15 45°
16 110°　17 95°(✐ 50°, 45°, 95°)　18 65°　19 35°

두 직선이 평행할 조건

20 ○　21 ○　22 ×

소단원 핵심문제 16~17쪽

1 ②　2 ④　3 ③　4 ②　5 ㄱ, ㄷ
6 (1) $\angle e$, $\angle g$ (2) 125°　7 $\angle x=115^\circ$, $\angle y=50^\circ$　8 ②
9 44°　10 ④

2. 작도와 합동

1 작도 18~19쪽

길이가 같은 선분의 작도

❶ 컴퍼스　❷ $\overline{AB}$
1 ㄴ, ㄹ　2 ○　3 ×　4 ×　5 ○
6 ① C ② $\overline{AB}$ ③ $\overline{AB}$
7 ① 눈금 없는 자 ② 컴퍼스 ③ $\overline{AB}$, 2

크기가 같은 각의 작도

❸ 컴퍼스
8 ① A, B ② C ③ 컴퍼스 ④ $\overline{AB}$ ⑤ $\angle DPC$　9 ㉢, ㉡, ㉣
10 $\overline{OB}$, $\overline{PD}$　11 $\overline{CD}$　12 $\angle CPD$

평행선의 작도

❹ $\overline{BC}$
13 ㉡, ㉥, ㉢, ㉣　14 $\overline{AC}$, $\overline{PQ}$,　15 $\overline{QR}$
16 $\angle QPR$　17 엇각

소단원 핵심문제 20~21쪽

1 ⑤　2 ㉡ → ㉠ → ㉢　3 ③　4 ②, ④
5 ㄱ, ㄹ　6 ④
7 ⑦ → ① → ④ → ② → ⑥ → ⑤ → ③
8 (1) ㉠ → ㉤ → ㉡ → ㉥ → ㉣ → ㉢ (2) $\angle DPC$

2 삼각형의 작도 22~23쪽

삼각형

❶ $\triangle ABC$
1 $\overline{BC}$　2 $\overline{AC}$　3 $\angle C$　4 ○　5 ○
6 ×　7 ○　8 ○(✐ 3, 있다)　9 ×
10 ○　11 ×　12 ○　13 ○

삼각형의 작도

❷ 끼인각
14 ① c ② a ③ b, C
15 ① $\angle A$ ② A ③ b, C
16 ① c ② $\angle A$ ③ $\angle B$ ④ C

삼각형이 하나로 정해질 조건

17 ㄱ　18 ×　19 ㄷ　20 ㄴ

소단원 핵심문제 24~25쪽

1 ④　2 ① a ② $\angle B$ ③ $\angle C$ ④ A　3 ㄴ, ㄹ
4 ③　5 9　6 ②　7 ㄴ, ㄷ　8 ③, ⑤

3 삼각형의 합동 26~27쪽

도형의 합동

❶ ≡ ❷ 대응각

1 점 B　2 변 GH　3 ∠H　4 5 cm　5 80°　6 40°
7 60°　8 ×　9 ○　10 ○　11 ○

삼각형의 합동 조건

❸ SSS　❹ SAS　❺ ASA

12 SSS 합동　13 SAS 합동　14 ASA 합동
15 ○　16 ×　17 ○　18 ×
19 △ABC≡△DEF, SSS 합동
20 △ABC≡△EFD, SAS 합동
21 △ABC≡△FDE, ASA 합동
22 △ABC≡△CDA, SSS 합동
23 △APC≡△BPD, SAS 합동

소단원 핵심문제 28~29쪽

1 ⑤
2 △ABC≡△GIH, ASA 합동
　△DEF≡△QPR, SAS 합동
　△JKL≡△NMO, SSS 합동
3 ③, ④　4 ③　5 ⑤　6 ②, ③　7 ①, ④
8 △DEC, SAS 합동　9 10 cm
10 △ABD≡△BCE, SAS 합동

3. 다각형

1 다각형 30~31쪽

다각형

❶ 내각　❷ 외각

1 ㄱ, ㄹ　2 4, 5, 6 / 4, 5, 6 / 사각형, 오각형, 육각형
3 내각: 80°, 외각: 100°　4 내각: 55°, 외각: 125°
5 내각: 130°, 외각: 50°　6 ○　7 ×　8 ○
9 ×　10 ×

다각형의 대각선의 개수

❸ $n-3$

11 5, 6, 7 / 2, 3, 4　12 육각형(✎ 3, 6, 육각형)
13 팔각형　14 십일각형　15 십오각형　16 2(✎ 3, 2)
17 5　18 14　19 65　20 135
21 육각형(✎ 9, 18, 6, 6, 육각형)　22 팔각형　23 십이각형
24 십육각형　25 이십각형

소단원 핵심문제 32~33쪽

1 ㄹ, ㅂ　2 205°　3 (1) 40 cm (2) 540° (3) 72°
4 ①　5 ④　6 ④　7 ②　8 ㄱ, ㄴ
9 정십오각형　10 44

2 다각형의 내각과 외각의 크기 34~35쪽

삼각형의 내각과 외각의 관계

❶ 180°

1 45　2 30　3 45　4 55

다각형의 내각의 크기

❷ 2

5 2, 2, 360 / 2, 3, 3, 540 / 2, 4, 4, 720 / 2, 5, 5, 900 / 2, 6, 6, 1080
6 75°　7 110°　8 120°(✎ 6, 6, 120)　9 150°
10 정구각형

다각형의 외각의 크기

❸ 360°

11 360°　12 360°　13 360°　14 105°　15 75°
16 65°　17 40°(✎ 360, 40)　18 36°　19 24°
20 정이십각형

소단원 핵심문제 36~37쪽

1 ③　2 18°　3 (1) 95° (2) 115°　4 ③
5 ④　6 ④　7 (1) 70° (2) 105°　8 ①
9 35　10 ②

4. 원과 부채꼴

1 원과 부채꼴 38~39쪽

원과 부채꼴

❶ 현 ❷ 직선 ❸ 활꼴

1
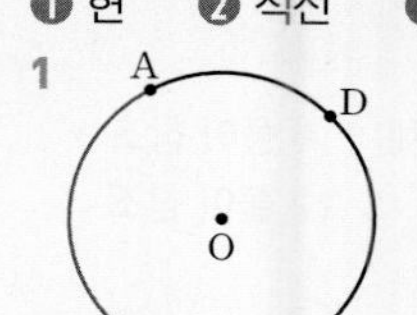

2
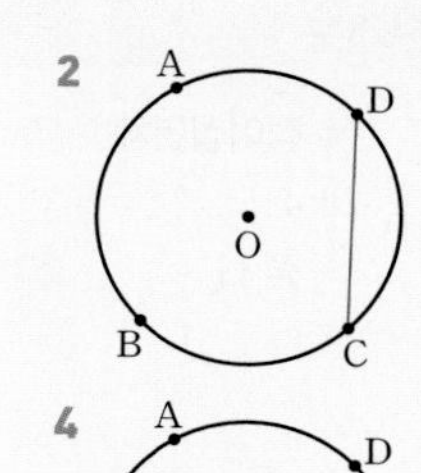

3
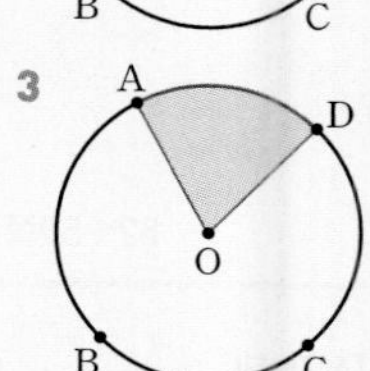

4
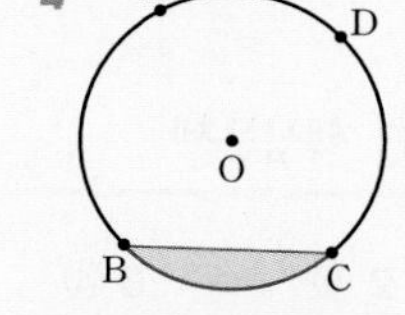

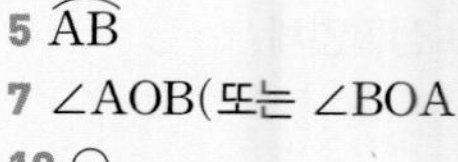

5 $\widehat{\mathrm{AB}}$　6 $\angle$BOC(또는 $\angle$COB)
7 $\angle$AOB(또는 $\angle$BOA)　8 ×　9 ○
10 ○　11 ×

중심각의 크기와 호의 길이 사이의 관계

❹ 같다 ❺ 정비례
12 10　13 60　14 8　15 18　16 135
17 80

중심각의 크기와 부채꼴의 넓이 사이의 관계

❻ 같다 ❼ 정비례
18 8　19 70　20 5　21 15　22 90
23 36

중심각의 크기와 현의 길이 사이의 관계

❽ 같다
24 80　25 55　26 8　27 ○　28 ○
29 ×

소단원 핵심문제 40~41쪽

1 ③　2 64　3 28 cm　4 10 cm^2　5 ㄱ, ㄹ
6 ⑤　7 75　8 ②　9 ④　10 ②

2 부채꼴의 호의 길이와 넓이 42~43쪽

원의 둘레의 길이와 넓이

❶ 원주율 ❷ $2\pi r$ ❸ πr^2
1 6π cm　2 64π cm^2
3 $l=10\pi$ cm, $S=25\pi$ cm^2　4 $l=12\pi$ cm, $S=36\pi$ cm^2
5 $l=14\pi$ cm, $S=49\pi$ cm^2　6 $l=22\pi$ cm, $S=121\pi$ cm^2
7 9 cm　8 5 cm

부채꼴의 호의 길이

❹ $\frac{x}{360}$
9 2π cm(✎ 6, 60, 2π)　10 7π cm　11 2π cm　12 10π cm

부채꼴의 넓이

❺ πr^2
13 54π cm^2(✎ 9, 240, 54π)　14 90π cm^2　15 8π cm^2
16 6π cm^2　17 27π cm^2　18 $l=(3\pi+8)$cm, $S=6\pi$ cm^2
19 $l=4\pi$ cm, $S=(8\pi-16)$cm^2

부채꼴의 호의 길이와 넓이 사이의 관계

❻ $\frac{1}{2}rl$
20 18π cm^2$\left(✎\ \frac{1}{2}, 3\pi, 18\pi\right)$　21 30π cm^2　22 63π cm^2

소단원 핵심문제 44~45쪽

1 ③　2 ⑤　3 $(3\pi+12)$ cm　4 ③
5 9 cm　6 24π cm　7 ①　8 8 cm
9 8π cm　10 조각 A

5. 다면체와 회전체

1 다면체 46~47쪽

다면체

❶ 다면체 ❷ 변
1 ㄱ, ㄴ, ㄹ, ㅁ, ㅂ 2 ㄱ, ㅁ
3 4, 사면체 4 6, 육면체 5 8, 팔면체 6 5, 오면체 7 5, 오면체
8 7, 칠면체

각뿔대

❸ 각뿔대 ❹ 옆면 ❺ 밑면
9 삼각형, 삼각뿔대 10 사각형, 사각뿔대
11 오각형, 오각뿔대 12 ×
13 × 14 ×

다면체의 면, 모서리, 꼭짓점의 개수

❻ $n+2$ ❼ $2n$ ❽ $2n$
15 풀이 참조 16 풀이 참조 17 풀이 참조 18 ㄷ, ㅁ
19 ㄴ, ㅂ 20 ㄱ, ㄹ 21 ㄱ, ㄴ, ㄷ 22 ㄱ, ㄴ, ㅁ
23 팔각뿔대 24 육각뿔

소단원 핵심문제 48~49쪽

1 4개 2 ③ 3 ② 4 ③
5 십이각기둥 6 ③ 7 ④ 8 ①
9 ③ 10 17

2 정다면체 50~51쪽

정다면체

❶ 정다각형 ❷ 같은 ❸ 5 ❹ 정사면체 ❺ 정팔면체
❻ 정이십면체 ❼ 정삼각형 ❽ 정오각형
1 ○ 2 ○ 3 × 4 × 5 ○

정다면체의 특징

❾ 3 ❿ 8 ⓫ 20 ⓬ 30
6 정십이면체 7 정삼각형 8 정팔면체 9 ㄱ, ㄷ, ㅁ
10 ㄹ 11 ㄷ 12 ㅁ 13 ㄹ, ㅁ
14 ㄷ

정다면체의 전개도

15 정육면체 16 정이십면체 17 정십이면체 18 풀이 참조
19 정사면체 20 4 21 6 22 풀이 참조
23 정팔면체 24 점 G 25 면 EFG

소단원 핵심문제 52~53쪽

1 ①, ⑤ 2 ⑤ 3 ④ 4 정이십면체
5 26 6 ④ 7 26 8 정팔면체
9 ⑤ 10 ④

3 회전체 54~55쪽

회전체

❶ 회전체 ❷ 회전축 ❸ 원뿔대
1 × 2 ○ 3 ○ 4 ×
5 6 7 8 9 풀이 그림

회전체의 성질

❹ 원 ❺ 선대칭도형
10 원, 이등변삼각형 / 원, 사다리꼴 / 원, 원
11 ○ 12 ○ 13 × 14 ○

회전체의 전개도

❻ 가로 ❼ 호
15 풀이 참조 16 풀이 참조 17 풀이 참조

소단원 핵심문제 56~57쪽

1 ② 2 ④ 3 ① 4 원뿔 5 ④
6 ㄴ, ㅂ 7 ② 8 ③ 9 28 cm
10 10π cm

6. 입체도형의 겉넓이와 부피

1 기둥의 겉넓이와 부피 58~59쪽

각기둥의 겉넓이

❶ 밑넓이
1 $a=6$, $b=8$, $c=12$ 2 24 cm^2 3 288 cm^2
4 336 cm^2 5 108 cm^2 6 108 cm^2 7 368 cm^2

원기둥의 겉넓이

❷ πr^2 ❸ $2\pi r^2$
8 $a=2$, $b=4\pi$, $c=8$ 9 4π cm^2 10 32π cm^2
11 40π cm^2 12 192π cm^2 13 104π cm^2

각기둥의 부피

❹ 높이
14 30 cm^2 15 10 cm 16 300 cm^3 17 108 cm^3
18 210 cm^3 19 72 cm^3

원기둥의 부피

❺ πr^2 ❻ πr^2h
20 9π cm^2 21 11 cm 22 99π cm^3 23 180π cm^3
24 36π cm^3 25 980π cm^3

소단원 핵심문제 60~61쪽

1 ③ 2 130π cm^2 3 ② 4 80π cm^3
5 $(288-32\pi)$ cm^3 6 ② 7 126π cm^2
8 48 cm^3 9 ④ 10 238 cm^3

2 뿔의 겉넓이와 부피 62~63쪽

각뿔의 겉넓이

❶ 밑넓이
1 $a=6$, $b=9$, $c=6$ 2 36 cm^2 3 108 cm^2
4 144 cm^2 5 105 cm^2 6 256 cm^2

원뿔의 겉넓이

❷ $2\pi r$ ❸ πrl
7 $a=7$, $b=6\pi$, $c=3$ 8 9π cm^2 9 7, 6π, 21π
10 30π cm^2 11 36π cm^2 12 44π cm^2

뿔대의 겉넓이

❹ 옆넓이
13 $a=4$, $b=4$, $c=2$, $d=1$ 14 5π cm^2 15 4π, 4, 12π
16 17π cm^2 17 85 cm^2 18 108π cm^2 19 210π cm^2

각뿔의 부피

❺ $\frac{1}{3}Sh$
20 9 cm^2 21 4 cm 22 12 cm^3 23 14 cm^3
24 32 cm^3 25 50 cm^3

원뿔의 부피

❻ $\frac{1}{3}\pi r^2h$
26 9π cm^2 27 8 cm 28 24π cm^3 29 48π cm^3
30 12π cm^3 31 100π cm^3

뿔대의 부피

❼ 큰 ❽ 작은
32 144π cm^3 33 18π cm^3 34 126π cm^3 35 76 cm^3
36 234π cm^3

소단원 핵심문제 65~66쪽

1 39 cm^2 2 80π cm^2 3 3 : 1 4 192 cm^3
5 84π cm^3 6 9 7 $\frac{85}{4}\pi$ cm^2
8 (1) 72 cm^2 (2) 288 cm^3 9 80 cm^3 10 ③

3 구의 겉넓이와 부피 67쪽

구의 겉넓이

❶ $4\pi r^2$

1 64π cm^2 2 100π cm^2 3 27π cm^2

구의 부피

❷ $\frac{4}{3}\pi r^3$

4 $\frac{500}{3}\pi$ cm^3 5 $\frac{32}{3}\pi$ cm^3 6 144π cm^3 7 $\frac{128}{3}\pi$ cm^3

8 $\frac{2}{3}\pi r^3$ 9 $\frac{4}{3}\pi r^3$ 10 $2\pi r^3$ 11 1 : 2 : 3

소단원 핵심문제 68~69쪽

1 ㄱ, ㄴ 2 5π cm^2 3 18 4 78π cm^3
5 20π cm^3 6 36π cm^3 7 ① 8 72π cm^2
9 64개 10 2 : 1

7. 자료의 정리와 해석

1 대푯값 70~71쪽

평균

❶ 개수

1 7 2 64 3 9 4 31 5 11
6 3.2권

중앙값

❷ 중앙값 ❸ 홀수 ❹ 평균

7 14(✐ 13, 15, 13, 15, 14) 8 11 9 7
10 35 11 6 12 30.5

최빈값

❺ 최빈값

13 7 14 85 15 17, 22 16 지우개 17 파
18 라일락

대푯값이 주어졌을 때 변량 구하기

❻ 중앙값 ❼ 최빈값

19 12(✐ 17, 4, 52, 12) 20 6 21 11
22 4(✐ 7, 6, 7, 45, 4)

소단원 핵심문제 72~73쪽

1 81 cm 2 38.5 3 3회 4 7 5 6
6 8 7 ⑤ 8 59 9 10
10 (1) 10 (2) 9편 (3) 10편

2 줄기와 잎 그림, 도수분포표 74~75쪽

줄기와 잎 그림

❶ 변량 ❷ 줄기와 잎 그림

1 풀이 참조 2 풀이 참조 3 5 4 2 5 20
6 21세 7 5 8 18 9 2 10 3
11 20 12 49분 13 40 %

도수분포표

❸ 계급 ❹ 도수

14 ㄴ 15 ㅁ 16 ㅂ 17 5개 18 5
19 10개 이상 15개 미만 20 2명 21 11
22 160 cm 이상 165 cm 미만 23 24 24 7
25 20 26 9명 27 70분 이상 80분 미만

소단원 핵심문제 76~77쪽

1 ④ 2 15 % 3 ③ 4 25 % 5 ④
6 10번째 7 16 8 8명

3 히스토그램과 도수분포다각형 78~79쪽

히스토그램

❶ 히스토그램 ❷ 도수
1 풀이 참조 2 풀이 참조 3 5명 4 5
5 30명 이상 35명 미만 6 7일 7 25
8 11 9 15점 이상 20점 미만 10 28%

도수분포다각형

❸ 도수분포다각형
11 풀이 참조 12 풀이 참조 13 풀이 참조 14 풀이 참조
15 10분 16 5 17 30분 이상 40분 미만
18 5명 19 40 20 21
21 110 g 이상 120 g 미만 22 30 %

소단원 핵심문제 80~81쪽

1 ③ 2 ④ 3 400 4 13 5 18
6 (1) 5명 (2) 15 % 7 48 % 8 8

4 상대도수와 그 그래프 82~83쪽

상대도수

❶ 상대도수 ❷ 상대도수 ❸ 도수의 총합 ❹ 도수
1 × 2 ○ 3 ○ 4 ○ 5 0.2
6 0.25 7 12명 8 90명

상대도수의 분포표

❺ 상대도수
9 풀이 참조 10 풀이 참조 11 풀이 참조 12 0.15
13 6 14 18

상대도수의 분포를 나타낸 그래프

❻ 도수분포다각형
15 풀이 참조 16 풀이 참조 17 20시간 이상 24시간 미만
18 0.2 19 0.04 20 100 21 56
22 26 %

소단원 핵심문제 84~85쪽

1 0.3
2 (1) $A=0.15$, $B=0.4$, $C=6$, $D=2$, $E=1$ (2) 0.3
3 12 4 (1) A 중학교: 56, B 중학교: 36 (2) B 중학교
5 ③ 6 0.14 7 30명 8 ㄱ, ㄷ

1. 기본도형

1 점, 선, 면 8~10쪽

핵심예제 1 20

교점의 개수는 꼭짓점의 개수와 같으므로 8이다. 즉 $a=8$
교선의 개수는 모서리의 개수와 같으므로 12이다. 즉 $b=12$
따라서 $a+b=8+12=20$

1-1 (1) 꼭짓점 B (2) 모서리 AD (3) 5 (4) 8

(1) 모서리 AB와 모서리 BC의 교점은 두 모서리가 만나는 꼭짓점이므로 꼭짓점 B이다.
(2) 면 ACD와 면 ADE의 교선은 두 면이 만나는 모서리이므로 모서리 AD이다.
(3) 교점의 개수는 꼭짓점의 개수와 같으므로 5이다.
(4) 교선의 개수는 모서리의 개수와 같으므로 8이다.

핵심예제 2 풀이 참조

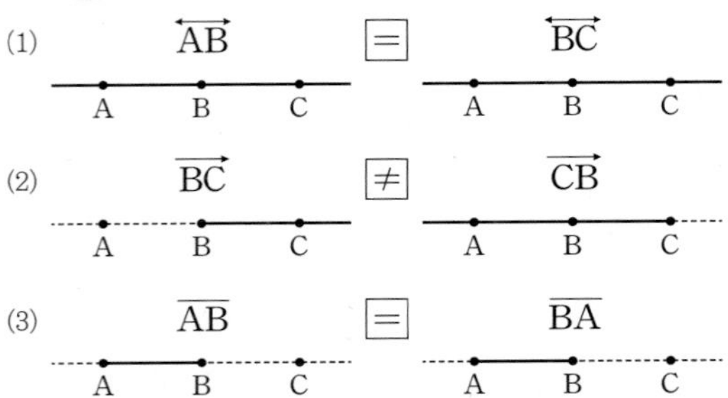

2-1 (1) ○ (2) × (3) ○ (4) ×

(2) $\overrightarrow{AB}$와 $\overrightarrow{BC}$는 방향은 같지만 시작점이 다르므로 $\overrightarrow{AB}\neq\overrightarrow{BC}$이다.
(3) $\overrightarrow{AB}$와 $\overrightarrow{AC}$는 시작점과 방향이 같으므로 $\overrightarrow{AB}=\overrightarrow{AC}$이다.
(4) $\overrightarrow{BA}$와 $\overrightarrow{BC}$는 시작점은 같지만 방향이 다르므로 $\overrightarrow{BA}\neq\overrightarrow{BC}$이다.

핵심예제 3 6

서로 다른 반직선은 $\overrightarrow{AB}$, $\overrightarrow{AC}$, $\overrightarrow{BA}$, $\overrightarrow{BC}$, $\overrightarrow{CA}$, $\overrightarrow{CB}$로 그 개수는 6이다.

3-1 6

서로 다른 선분은 $\overline{AB}$, $\overline{AC}$, $\overline{AD}$, $\overline{BC}$, $\overline{BD}$, $\overline{CD}$로 그 개수는 6이다.

핵심예제 4 ⑤

⑤ $\overline{MN}=\frac{1}{2}\overline{MB}=\frac{1}{2}\times\frac{1}{2}\overline{AB}=\frac{1}{4}\overline{AB}$

4-1 (1) 3, 3, 3 (2) $\frac{1}{3}$ (3) $\frac{2}{3}$, $\frac{1}{2}$

핵심예제 5 6 cm

$\overline{AB}=12$ cm일 때, 점 M은 선분 AB의 중점이므로

$\overline{BM}=\frac{1}{2}\overline{AB}=\frac{1}{2}\times12=6(\text{cm})$

5-1 2, 8, 8, 2, 4, 12

점 M은 $\overline{AB}$의 중점이므로

$\overline{AM}=\frac{1}{\boxed{2}}\overline{AB}=\frac{1}{2}\times16=\boxed{8}(\text{cm})$,

$\overline{MB}=\overline{AM}=\boxed{8}(\text{cm})$

점 N은 $\overline{AM}$의 중점이므로

$\overline{NM}=\frac{1}{\boxed{2}}\overline{AM}=\frac{1}{2}\times8=\boxed{4}(\text{cm})$

따라서 $\overline{NB}=\overline{NM}+\overline{MB}=4+8=\boxed{12}(\text{cm})$이다.

소단원 핵심문제 11쪽

1 ④ 2 ③ 3 ② 4 ⑤ 5 6 cm

1 교점의 개수는 꼭짓점의 개수와 같으므로 $a=10$
교선의 개수는 모서리의 개수와 같으므로 $b=15$
따라서 $b-a=15-10=5$

2 ③ $\overrightarrow{AC}$와 $\overrightarrow{CA}$는 시작점과 방향이 모두 다르므로 $\overrightarrow{AC}\neq\overrightarrow{CA}$이다.

3 주어진 5개의 점으로 만들 수 있는 서로 다른 직선은 $\overleftrightarrow{AB}$, $\overleftrightarrow{AC}$, $\overleftrightarrow{AD}$, $\overleftrightarrow{BC}$, $\overleftrightarrow{BD}$, $\overleftrightarrow{BE}$, $\overleftrightarrow{CD}$, $\overleftrightarrow{CE}$로 그 개수는 8이다.

4 ① 점 N은 $\overline{AM}$의 중점이므로 $\overline{AM}=2\overline{NM}$
② 점 M은 $\overline{AB}$의 중점이므로 $\overline{AB}=2\overline{MB}$
③ $\overline{AN}=\frac{1}{2}\overline{AM}=\frac{1}{2}\times\frac{1}{2}\overline{AB}=\frac{1}{4}\overline{AB}$
④ $\overline{NB}=\overline{NM}+\overline{MB}=\overline{AN}+\overline{AM}=\frac{1}{2}\overline{AM}+\overline{AM}=\frac{3}{2}\overline{AM}$
⑤ $\overline{NB}=\overline{NM}+\overline{MB}=\overline{AN}+\overline{AM}=\overline{AN}+2\overline{AN}=3\overline{AN}$

5 $\overline{MN}=\overline{MC}+\overline{CN}=\frac{1}{2}\overline{AC}+\frac{1}{2}\overline{CB}=\frac{1}{2}(\overline{AC}+\overline{CB})$
$=\frac{1}{2}\overline{AB}=\frac{1}{2}\times12=6(\text{cm})$

2 각 12~14쪽

핵심예제 6 (1) 65 (2) 92

(1) $x+25=90$이므로 $x=65$
(2) $46+x+42=180$이므로 $x+88=180$
따라서 $x=92$

6-1 (1) 40 (2) 25

(1) $(2x-30)+x=90$이므로 $3x=120$
따라서 $x=40$

(2) $(5x-5)+(2x+10)=180$이므로 $7x=175$
따라서 $x=25$

6-2 (1) 26 (2) 30

(1) $(2x+12)+90+x=180$이므로 $3x=78$
따라서 $x=26$

(2) $(3x-5)+65+x=180$이므로 $4x=120$
따라서 $x=30$

핵심예제 7 (1) $\angle x=50°$, $\angle y=130°$ (2) $\angle x=40°$, $\angle y=75°$

(1) $\angle x=50°$(맞꼭지각)
$50°+\angle y=180°$이므로 $\angle y=130°$

(2) $\angle x=40°$(맞꼭지각)
$65°+40°+\angle y=180°$이므로 $\angle y=75°$

7-1 (1) 5 (2) 35

(1) $3x+20=35$이므로 $3x=15$
따라서 $x=5$

(2) $x+90=125$이므로 $x=35$

7-2 27

오른쪽 그림에서
$(2x+35)+x+(3x-17)=180$이므로
$6x=162$
따라서 $x=27$

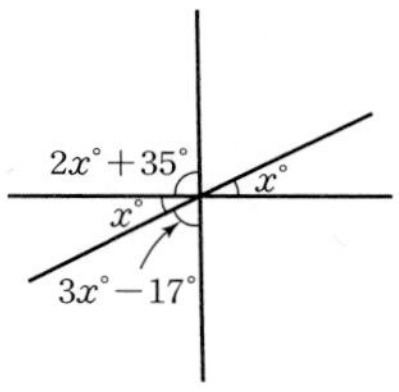

핵심예제 8 (1) ⊥ (2) 90 (3) 수선 (4) O (5) CO

(1) 두 직선 AB와 CD의 교각이 직각이므로 $\overleftrightarrow{AB}$ ⊥ $\overleftrightarrow{CD}$

(2) 두 직선 AB와 CD의 교각이 직각이므로 $\angle AOC=$ 90 °

(3) 두 직선 AB와 CD는 서로 수직이므로 $\overleftrightarrow{AB}$는 $\overleftrightarrow{CD}$의 수선이다.

(4) 점 A에서 $\overleftrightarrow{CD}$에 수선을 그었을 때 교점이 점 O이므로 점 A에서 $\overleftrightarrow{CD}$에 내린 수선의 발은 점 O이다.

(5) 점 C에서 $\overleftrightarrow{AB}$에 내린 수선의 발이 점 O이므로 점 C에서 $\overleftrightarrow{AB}$까지의 거리는 선분 CO의 길이이다.

8-1 (1) $\overline{CD}$ (2) 점 D (3) 7 cm (4) 4 cm

(3) 점 B와 $\overline{CD}$ 사이의 거리는 $\overline{BC}$의 길이와 같으므로 7 cm이다.

(4) 점 D와 $\overline{BC}$ 사이의 거리는 $\overline{CD}$의 길이와 같으므로 4 cm이다.

8-2 (1) $\overline{BC}$ (2) 점 C (3) 7 cm (4) 10 cm

(3) 점 A와 $\overline{BC}$ 사이의 거리는 $\overline{AB}$의 길이와 같으므로 7 cm이다.

(4) 점 B와 $\overline{CD}$ 사이의 거리는 $\overline{BC}$의 길이와 같으므로 10 cm이다.

소단원 핵심문제 15쪽

1 ② 2 ③ 3 ④ 4 30 5 ①

1 $(2x-86)+90+(x+23)=180$이므로 $3x=153$
따라서 $x=51$

2 $\angle x+\angle y+\angle z=180°$,
$\angle x:\angle y:\angle z=2:3:4$이므로
$\angle y=180°\times\frac{3}{2+3+4}=180°\times\frac{3}{9}=60°$

3 맞꼭지각을 모두 구하면
$\angle COA$와 $\angle DOB$, $\angle AOF$와 $\angle BOE$, $\angle FOD$와 $\angle EOC$, $\angle COF$와 $\angle DOE$, $\angle AOD$와 $\angle BOC$, $\angle FOB$와 $\angle EOA$의 6쌍이다.

4 맞꼭지각의 크기는 서로 같으므로
$(3x+10)+2(x-13)+(x+16)=180$
$3x+10+2x-26+x+16=180$, $6x=180$
따라서 $x=30$

5 ㄷ. 점 C에서 $\overline{AB}$에 내린 수선의 발은 점 H이다.
ㄹ. 점 A와 $\overline{CD}$ 사이의 거리는 $\overline{AH}$의 길이이다.
따라서 옳은 것을 있는 대로 고른 것은 ① ㄱ, ㄴ이다.

3 위치 관계 16~19쪽

핵심예제 9 (1) ○ (2) × (3) × (4) ○

(2) $\overleftrightarrow{CD}$가 점 D를 지나므로 점 D는 $\overleftrightarrow{CD}$ 위에 있다.

(3) $\overleftrightarrow{AD}$와 $\overleftrightarrow{BC}$는 서로 평행하므로 만나지 않는다.

9-1 $\overleftrightarrow{DE}$, $\overleftrightarrow{CD}$, $\overleftrightarrow{AF}$

핵심예제 10 (1) $\overline{AB}$, $\overline{AD}$, $\overline{BC}$, $\overline{CF}$ (2) $\overline{DF}$
(3) $\overline{BE}$, $\overline{DE}$, $\overline{EF}$ (4) $\overline{AD}$, $\overline{CF}$

10-1 (1) 한 점에서 만난다.
(2) 평행하다.
(3) 꼬인 위치에 있다.

(1) 모서리 BC와 모서리 CG는 점 C에서 만나므로 두 모서리는 한 점에서 만난다.

(2) 모서리 AD와 모서리 FG는 한 평면 위에서 만나지 않으므로 두 모서리는 평행하다.

(3) 모서리 DH와 모서리 EF는 만나지도 않고, 평행하지도 않으므로 두 모서리는 꼬인 위치에 있다.

10-2 모서리 AC, 모서리 AD

모서리 BE와 만나지도 않고, 평행하지도 않은 모서리는 모서리 AC, 모서리 AD이다.

10-3 7

모서리 BC와 평행한 모서리는 $\overline{AD}$, $\overline{EH}$, $\overline{FG}$의 3개이므로 $a=3$
모서리 BC와 꼬인 위치에 있는 모서리는 $\overline{AE}$, $\overline{DH}$, $\overline{EF}$, $\overline{HG}$의 4개이므로 $b=4$
따라서 $a+b=3+4=7$

핵심예제 **11** (1) 면 ABCD, 면 ABFE (2) 면 CGHD, 면 EFGH
(3) 면 AEHD, 면 BFGC

11-1 (1) 모서리 AB, 모서리 BC, 모서리 AC
(2) 모서리 CF
(3) 모서리 AD, 모서리 BE, 모서리 CF

11-2 9 cm

점 A와 면 CGHD 사이의 거리는 $\overline{AD}$의 길이와 같으므로 9 cm이다.

핵심예제 **12** (1) 면 ABED, 면 ACFD, 면 BEFC
(2) 면 ABC
(3) 면 ABC, 면 DEF, 면 BEFC
(4) 면 ABED, 면 BEFC

12-1 (1) 면 BFEA, 면 BFGC, 면 CGHD, 면 AEHD
(2) 면 AEHD
(3) 면 ABCD, 면 BFGC, 면 EFGH, 면 AEHD
(4) 모서리 FG

12-2 5

면 ABCD와 평행한 면은 면 EFGH의 1개이므로 $a=1$
면 ABCD와 한 모서리에서 만나는 면은 면 ABFE, 면 BFGC, 면 CGHD, 면 AEHD의 4개이므로 $b=4$
따라서 $a+b=1+4=5$

소단원 핵심문제 20쪽

1 ④	2 5	3 ③	4 6	5 ④

1 ④ 면 BCDE가 점 A를 포함하지 않으므로 점 A는 면 BCDE 위에 있지 않다.

2 직선 AB와 한 점에서 만나는 직선은 $\overleftrightarrow{BC}$, $\overleftrightarrow{CD}$, $\overleftrightarrow{DE}$, $\overleftrightarrow{FG}$, $\overleftrightarrow{GH}$, $\overleftrightarrow{AH}$의 6개이므로 $a=6$
직선 AB와 평행한 직선은 $\overleftrightarrow{EF}$의 1개이므로 $b=1$이다.
따라서 $a-b=6-1=5$

3 ①, ②, ④, ⑤ 한 점에서 만난다.
③ 꼬인 위치에 있다.

4 $\overline{AC}$와 꼬인 위치에 있는 모서리는 $\overline{EF}$, $\overline{FG}$, $\overline{GH}$, $\overline{EH}$, $\overline{BF}$, $\overline{DH}$이므로 그 개수는 6이다.

5 ④ 면 DEF와 수직인 면은 면 ADEB, 면 ADFC, 면 BEFC이므로 모두 3개다.

4 평행선의 성질 21~22쪽

핵심예제 **13** (1) $\angle c$ (2) $\angle b$ (3) $\angle f$ (4) $\angle b$

(1), (2) 동위각은 서로 같은 위치에 있는 두 각이므로 $\angle a$의 동위각은 $\angle c$이고, $\angle d$의 동위각은 $\angle b$이다.
(3), (4) 엇각은 서로 엇갈린 위치에 있는 두 각이므로 $\angle c$의 엇각은 $\angle f$이고, $\angle g$의 엇각은 $\angle b$이다.

13-1 (1) ○ (2) × (3) ○ (4) ×

(2) $\angle b$의 엇각은 없다. $\angle c$와 $\angle e$, $\angle d$와 $\angle f$는 각각 엇각이다.
(4) $\angle e$와 $\angle g$는 맞꼭지각이다.

핵심예제 **14** (1) 75° (2) 60° (3) 105° (4) 60°

(1) $\angle a$의 동위각은 $\angle d$이고 그 크기는
$\angle d=180°-105°=75°$
(2) $\angle e$의 동위각은 $\angle c$이고 그 크기는
$\angle c=180°-120°=60°$
(3) $\angle b$의 엇각은 $\angle f$이고 그 크기는
$\angle f=105°$ (맞꼭지각)
(4) $\angle d$의 엇각은 $\angle c$이고 그 크기는
$\angle c=180°-120°=60°$

14-1 185°

$\angle f=180°-95°=85°$이고, $\angle d$의 엇각의 크기는 100°이다.
따라서 구하는 크기의 합은 $85°+100°=185°$

핵심예제 **15** (1) $\angle x=50°$, $\angle y=130°$ (2) $\angle x=75°$, $\angle y=60°$

(1) 두 직선이 평행하면 동위각의 크기는 같으므로
$\angle x=50°$ (동위각), $\angle y=180°-50°=130°$
(2) 두 직선이 평행하면 동위각, 엇각의 크기가 각각 같으므로
$\angle x=75°$ (엇각), $\angle y=60°$ (동위각)

15-1 풀이 참조

오른쪽 그림과 같이 두 직선 l, m에 평행한 직선 n을 그으면
$\angle x=30°+\boxed{55°}=\boxed{85°}$

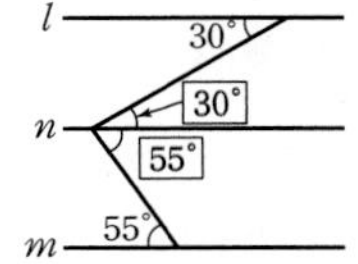

핵심예제 **16** (1) ○ (2) ×

(1) 엇각의 크기가 같으므로 두 직선 l과 m은 서로 평행하다.

(2) $\angle b=180^\circ-130^\circ=50^\circ$

따라서 엇각의 크기가 다르므로 두 직선 l과 m은 서로 평행하지 않다.

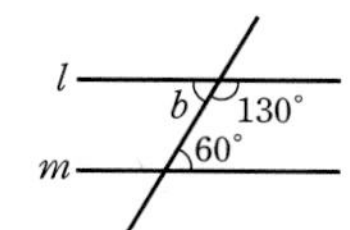

16-1 ㄱ, ㄷ

ㄱ. $l /\!/ m$이면 $\angle a=\angle d$(동위각)이다.

ㄴ. $\angle b=\angle e$이면 $l /\!/ m$이다.

ㄷ. $\angle b=\angle d$이면 엇각의 크기가 같으므로 $l /\!/ m$이다.

ㄹ. $l /\!/ m$이면 $\angle a=\angle d$(동위각)이고, $\angle e=\angle d$(맞꼭지각)이므로 $\angle a=\angle e$이다.

이때 $\angle a\neq 90^\circ$이면 $\angle a+\angle e\neq 180^\circ$이다.

따라서 옳은 것을 있는 대로 고르면 ㄱ, ㄷ이다.

소단원 핵심문제 23쪽

1 ①	**2** ④	**3** ④	**4** (1) 60 (2) 85
5 ③, ⑤			

1 $\angle c$와 $\angle e$는 엇각이다.

$\angle c$와 $\angle l$은 엇각이다.

따라서 $\angle c$와 엇각인 것을 있는 대로 고른 것은 ① $\angle e$와 $\angle l$이다.

2 $l /\!/ m$이면 동위각의 크기는 같으므로 오른쪽 그림과 같이 나타낼 수 있다.

즉 $\angle y=180^\circ-50^\circ=130^\circ$,

$\angle x=180^\circ-(85^\circ+50^\circ)=45^\circ$

따라서 $\angle y-\angle x=130^\circ-45^\circ=85^\circ$이다.

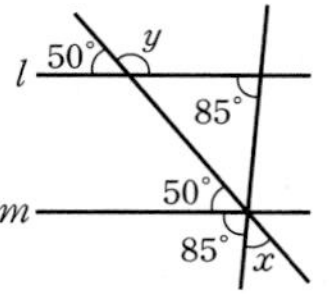

3 $l /\!/ m$이면 엇각의 크기는 같으므로 오른쪽 그림과 같이 나타낼 수 있다.

이때 삼각형의 세 내각의 크기의 합이 180°이므로

$50+(2x+10)+(x+15)=180$

$3x+75=180$

따라서 $x=35$

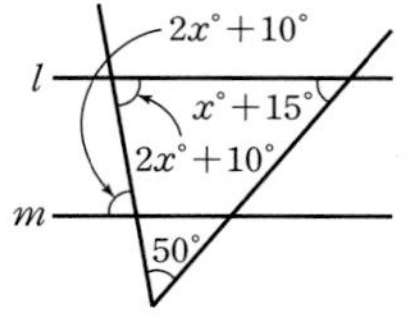

4 (1) 오른쪽 그림에서

$(x-30)+150=180$

$x+120=180$

따라서 $x=60$

(2) 오른쪽 그림에서

$(x-23)+118=180$

$x+95=180$

따라서 $x=85$

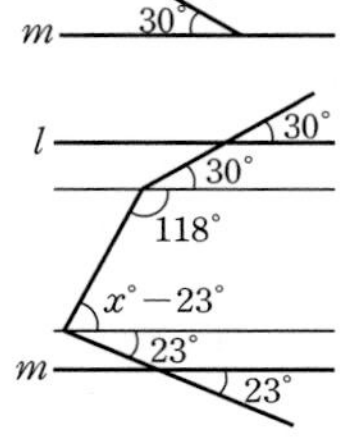

5 오른쪽 그림에서

세 직선 p, q, n에 대하여 엇각의 크기가 같으므로 $p /\!/ q$ (⑤)

또 세 직선 m, n, q에 대하여 동위각의 크기가 같으므로 $m /\!/ n$ (③)

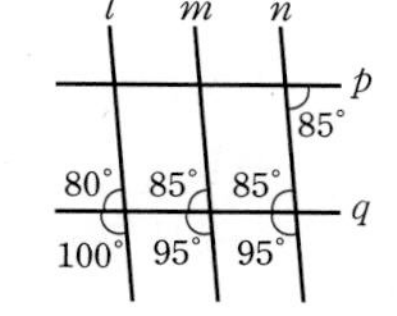

한편 세 직선 l, m, q에 대하여 동위각의 크기가 다르므로 두 직선 l과 m은 서로 평행하지 않다.

또 세 직선 l, n, q에 대하여 동위각의 크기가 다르므로 두 직선 l과 n은 서로 평행하지 않다.

따라서 평행한 두 직선을 기호로 나타낸 것을 모두 고르면 ③ $m /\!/ n$, ⑤ $p /\!/ q$이다.

중단원 마무리 테스트 24~27쪽

1 ①	**2** ③	**3** 20	**4** ②	**5** ②
6 ④	**7** 0.5, 6, 0.5, 140, 6, 240, 100			**8** 150
9 ④	**10** ④	**11** ③, ⑤	**12** 15	
13 모서리 DF		**14** ①	**15** ㄷ	**16** ④
17 ③	**18** ③	**19** ⑤	**20** ①, ⑤	**21** ②
22 40°, 풀이 참조		**23** 39°, 풀이 참조		
24 풀이 참조		**25** 풀이 참조		

1 교점의 개수는 꼭짓점의 개수와 같으므로 $a=7$

교선의 개수는 모서리의 개수와 같으므로 $b=12$

따라서 $a+b=7+12=19$

2 ③ $\overrightarrow{CA}$와 $\overrightarrow{CD}$는 시작점은 같지만 방향이 다르므로 서로 다른 반직선이다.

3 서로 다른 반직선은 $\overrightarrow{AB}$, $\overrightarrow{AC}$, $\overrightarrow{AD}$, $\overrightarrow{AE}$, $\overrightarrow{BA}$, $\overrightarrow{BC}$, $\overrightarrow{BD}$, $\overrightarrow{BE}$, $\overrightarrow{CA}$, $\overrightarrow{CB}$, $\overrightarrow{CD}$, $\overrightarrow{CE}$, $\overrightarrow{DA}$, $\overrightarrow{DB}$, $\overrightarrow{DC}$, $\overrightarrow{DE}$, $\overrightarrow{EA}$, $\overrightarrow{EB}$, $\overrightarrow{EC}$, $\overrightarrow{ED}$로 그 개수는 20이다.

4 점 M은 $\overline{AB}$의 중점이므로 $\overline{MB}=\frac{1}{2}\overline{AB}$

점 C는 $\overline{MB}$의 삼등분점이고 $\overline{MC}<\overline{BC}$이므로

$\overline{MC}=\frac{1}{3}\overline{MB}$

따라서 $\overline{MC}=\frac{1}{3}\overline{MB}=\frac{1}{3}\times\frac{1}{2}\overline{AB}=\frac{1}{3}\times\frac{1}{2}\times 18=3(\text{cm})$

5 $(4x+32)+x+28=180$이므로 $5x+60=180$

따라서 $x=24$

6 $\angle x+3\angle x+3\angle y+\angle y=180^\circ$이므로 $4\angle x+4\angle y=180^\circ$

$\angle x+\angle y=45^\circ$

따라서 $\angle BOD=3\angle x+3\angle y=3(\angle x+\angle y)=3\times 45^\circ=135^\circ$

7 시침은 1시간에 30°만큼 움직이므로 1분에 $\boxed{0.5}^\circ$씩 움직이고, 분침은 1시간에 360°만큼 움직이므로 1분에 $\boxed{6}^\circ$씩 움직인다.

12시 지점에서 시침과 분침까지의 각의 크기는 각각

시침 : $30^\circ \times 4 + \boxed{0.5}^\circ \times 40 = \boxed{140}^\circ$

분침 : $\boxed{6}^\circ \times 40 = \boxed{240}^\circ$

따라서 구하는 각의 크기는 $240^\circ - 140^\circ = \boxed{100}^\circ$이다.

8 $x+60=180$이므로 $x=120$

맞꼭지각의 크기는 서로 같으므로 $y+90=x$

$y+90=120$, $y=30$

따라서 $x+y=120+30=150$

9 점 A에서 $\overline{BC}$까지의 거리는 $\overline{AB}$의 길이이다.

이때 사다리꼴 ABCD의 넓이는

$\frac{1}{2} \times (6+10) \times \overline{AB} = 36$, $8 \times \overline{AB} = 36$

$\overline{AB} = 4.5(\text{cm})$

따라서 점 A에서 $\overline{BC}$까지의 거리는 4.5 cm이다.

10 ④ 직선 l과 $\overleftrightarrow{BC}$는 교점이 있으므로 서로 평행하지 않다.

11 ①, ②, ④ 한 점에서 만난다.

12 직선 AF와 평행한 직선은

$\overleftrightarrow{BG}$, $\overleftrightarrow{CH}$, $\overleftrightarrow{DI}$, $\overleftrightarrow{EJ}$의 4개이므로 $a=4$

직선 BC와 꼬인 위치에 있는 직선은

$\overleftrightarrow{AF}$, $\overleftrightarrow{DI}$, $\overleftrightarrow{EJ}$, $\overleftrightarrow{FG}$, $\overleftrightarrow{HI}$, $\overleftrightarrow{IJ}$, $\overleftrightarrow{JF}$의 7개이므로 $b=7$

직선 DI와 수직인 직선은

$\overleftrightarrow{CD}$, $\overleftrightarrow{DE}$, $\overleftrightarrow{HI}$, $\overleftrightarrow{IJ}$의 4개이므로 $c=4$

따라서 $a+b+c=4+7+4=15$

13 주어진 전개도로 만든 삼각뿔은 오른쪽 그림과 같으므로 모서리 AB와 만나지 않는 모서리는 모서리 DF이다.

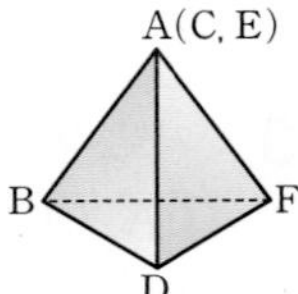

14 면 AEGC와 평행인 모서리는 $\overline{BF}$, $\overline{DH}$의 2개이므로 $a=2$

모서리 AB와 수직인 면은 면 AEHD, BFGC의 2개이므로

$b=2$

따라서 $a+b=2+2=4$

15 ㄱ. $l /\!/ P$, $m /\!/ P$이면 다음과 같이 두 직선 l과 m은 한 점에서 만나거나 평행하거나 꼬인 위치에 있다.

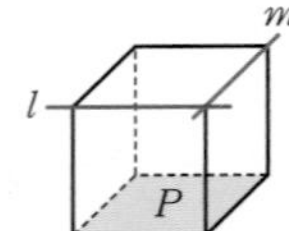

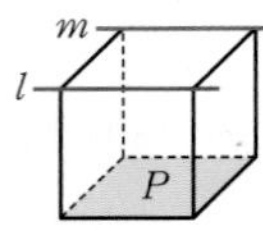

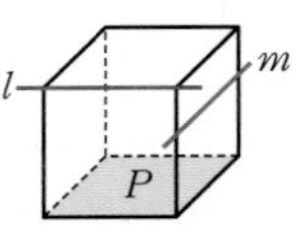

ㄴ. $l \perp P$, $m \perp P$이면 오른쪽 그림과 같이 $l /\!/ m$이다.

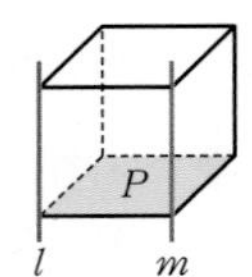

ㄷ. $l \perp P$, $P /\!/ Q$이면 오른쪽 그림과 같이 $l \perp Q$이다.

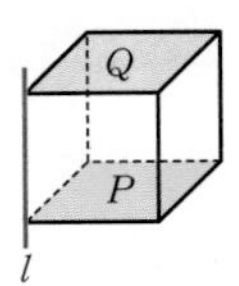

따라서 옳은 것을 있는 대로 고르면 ㄷ이다.

16 ④ $\angle c=180^\circ-85^\circ=95^\circ$이므로

$\angle g=180^\circ-(95^\circ+50^\circ)=35^\circ$

따라서 $\angle g$의 맞꼭지각인 $\angle i$의 크기도 35°이다.

17 $l /\!/ m$이면 엇각의 크기는 같고, 평각의 크기는 180°이므로 오른쪽 그림과 같이 나타낼 수 있다.

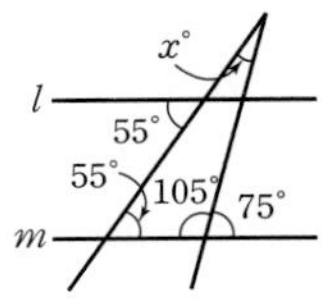

삼각형의 세 내각의 크기의 합은 180°이므로

$x+55+105=180$

$x+160=180$

따라서 $x=20$

18 오른쪽 그림과 같이 두 직선 l, m에 평행한 직선 p, q를 그으면

$25^\circ+\angle x+135^\circ=180^\circ$

따라서 $\angle x=20^\circ$

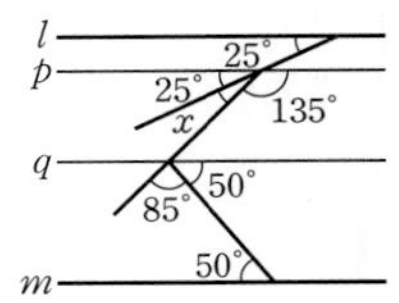

19 ① $\angle e=125^\circ$(맞꼭지각)이므로

$\angle a=125^\circ$이면 동위각의 크기가 같으므로 $l /\!/ m$이다.

② $\angle g=180^\circ-125^\circ=55^\circ$이므로

$\angle b=55^\circ$이면 엇각의 크기가 같으므로 $l /\!/ m$이다.

③ 동위각의 크기가 같으므로 $l /\!/ m$이다.

④ $\angle a+\angle g=180^\circ$이면 $\angle a+55^\circ=180^\circ$

$\angle a=125^\circ$이므로 ①에 의하여 $l /\!/ m$이다.

⑤ 직선 n에서 $\angle g=180^\circ-125^\circ=55^\circ$로 $l /\!/ m$이 되기 위한 조건이라고 할 수 없다.

20 $\overline{AD}$와 꼬인 위치에 있는 모서리는

$\overline{BC}(\overline{EF})$, $\overline{CH}$(④$\overline{EJ}$), $\overline{BI}$(③$\overline{FI}$), $\overline{HI}$(②$\overline{JI}$)이다.

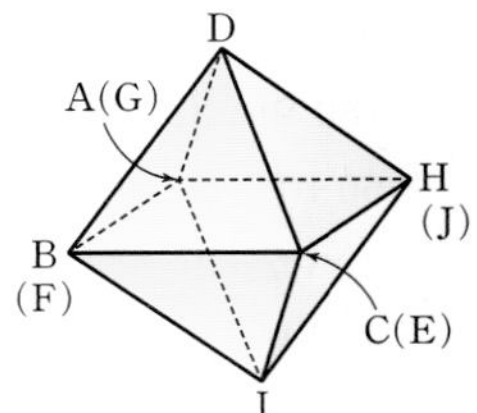

21 오른쪽 그림과 같이 점 B를 지나면서 직선 l, m에 평행한 직선을 그으면

$14\angle x+4\angle x=90^\circ$, $18\angle x=90^\circ$

따라서 $\angle x=5^\circ$

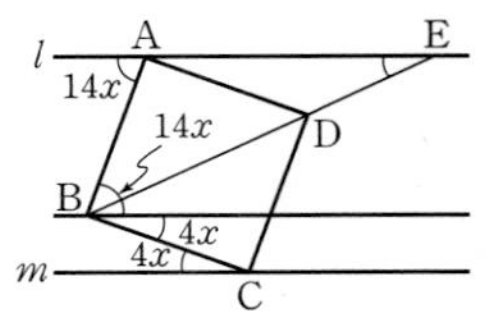

삼각형 ABE에서 $\angle ABE+\angle AEB+\angle BAE=180^\circ$

$45^\circ+\angle AEB+(180^\circ-14\angle x)=180^\circ$,

$45^\circ+\angle AEB+180^\circ-70^\circ=180^\circ$

따라서 $\angle AEB=25^\circ$

22 오른쪽 그림에서

$\angle ABC=180^\circ-110^\circ=70^\circ$ ······ ❶

$\overleftrightarrow{AD} /\!/ \overleftrightarrow{BC}$이므로

$\angle BAD=\angle ABC=70^\circ$(엇각) ······ ❷

$\angle BAC=\angle BAD=70^\circ$(접은각) ······ ❸

$\triangle ABC$에서 세 내각의 크기의 합은 180°이므로

$\angle x=180^\circ-(70^\circ+70^\circ)=40^\circ$ ······ ❹

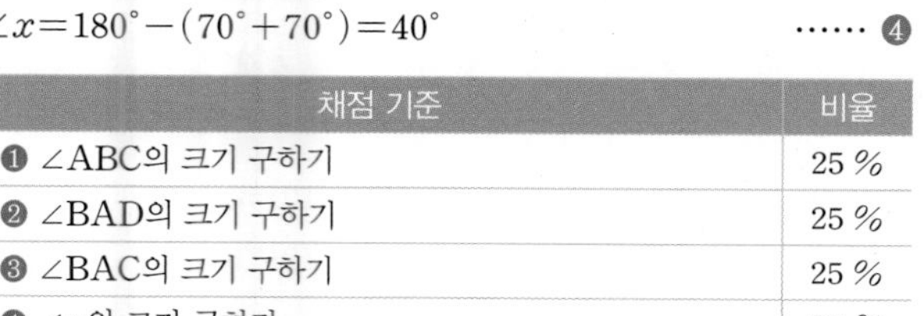

채점 기준	비율
❶ $\angle ABC$의 크기 구하기	25 %
❷ $\angle BAD$의 크기 구하기	25 %
❸ $\angle BAC$의 크기 구하기	25 %
❹ $\angle x$의 크기 구하기	25 %

23 종이 테이프의 폭이 일정하므로

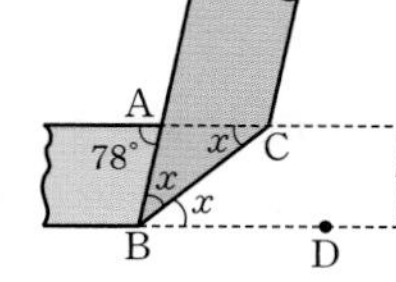

$\overleftrightarrow{AC} /\!/ \overleftrightarrow{BD}$

$\angle CBD=\angle ACB=\angle x$(엇각) ······ ❶

$\angle ABC=\angle CBD=\angle x$(접은각) ······ ❷

$\triangle ABC$에서

$\angle ABC+\angle ACB=78^\circ$, $\angle x+\angle x=78^\circ$

$2\angle x=78^\circ$

따라서 $\angle x=39^\circ$ ······ ❸

채점 기준	비율
❶ $\angle CBD=\angle x$임을 알기	30 %
❷ $\angle ABC=\angle x$임을 알기	30 %
❸ $\angle x$의 크기 구하기	40 %

24 왼쪽 삼각자를 놓고 오른쪽 삼각자를 이동하면서 그으면 두 직선에 의해 생기는 동위각의 크기가 같다. ······ ❶

동위각의 크기가 같으면 두 직선은 서로 평행하기 때문에 평행선을 그릴 수 있다. ······ ❷

채점 기준	비율
❶ 동위각의 크기가 같음을 알기	50 %
❷ 두 직선이 평행할 조건을 이용하여 이유를 설명하기	50 %

25 오른쪽 그림과 같이 가로로 그어진 두 직선을 공통으로 만나는 직선을 자로 그은 후, 각도기를 이용하여 동위각 또는 엇각의 크기가 각각 같다는 것을 확인할 수 있다.

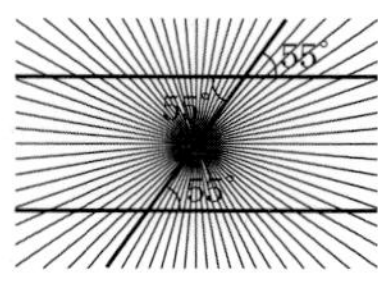

이 그림의 경우 55°로 같다. ······ ❶

동위각 또는 엇각의 크기가 각각 같기 때문에 두 직선은 서로 평행하다. ······ ❷

채점 기준	비율
❶ 두 직선을 공통으로 만나는 직선을 그어 동위각 또는 엇각의 크기가 같은지 확인하기	50 %
❷ 두 직선이 평행한 이유 설명하기	50 %

2. 작도와 합동

1 작도 30~31쪽

핵심예제 **1** 작도, 눈금없는 자, 컴퍼스

1-1 (1) ○ (2) × (3) ○

(1) 눈금 없는 자는 두 점을 연결하는 선분을 그리거나 선분을 연장할 때 사용한다.
(2) 길이가 같은 선분을 작도할 때 눈금 없는 자와 컴퍼스를 사용한다.
(3) 컴퍼스는 원을 그리거나 선분의 길이를 다른 직선 위로 옮길 때 사용한다.

핵심예제 **2** ① 눈금 없는 자 ② $\overline{AB}$ ③ $\overline{AB}$, $2\overline{AB}$

2-1 ① C ② $\overline{AB}$ ③ C, $\overline{AB}$

핵심예제 **3** (1) ㉡ → ㉣ → ㉠ → ㉢ → ㉤
(2) $\overline{OB}$, $\overline{PC}$, $\overline{PD}$ (3) $\angle CPD$

핵심예제 **4** (1) ㉠ → ㉤ → ㉡ → ㉥ → ㉢ → ㉣
(2) 동위각의 크기가 같으면 두 직선은 서로 평행하다.

(2) 작도 과정에서 이용한 평행선의 성질은 '동위각의 크기가 같으면 두 직선은 서로 평행하다.'이다.

소단원 핵심문제 32쪽

1 ⑤ 2 ① 3 ③ 4 ㉡ 5 엇각

1 ⑤ 두 선분의 길이를 비교할 때에는 컴퍼스를 사용한다.

2 ① 선분의 길이를 옮길 때에는 컴퍼스를 사용한다.

3 점 O를 중심으로 원을 그린 것이므로 $\overline{OA}=\overline{OB}$
점 P를 중심으로 반지름의 길이가 $\overline{OA}$인 원을 옮겨 그린 것이므로 $\overline{OA}=\overline{OB}=\overline{PC}=\overline{PD}$

4 작도하는 순서는 ㉠ → ㉤ → ㉡ → ㉥ → ㉢ → ㉣이므로 세 번째로 작도해야 하는 것의 기호는 ㉡이다.

5 작도 과정에서 이용한 평행선의 성질은
'엇각의 크기가 같으면 두 직선은 서로 평행하다.'이다.

2 삼각형의 작도 33~35쪽

핵심예제 **5** (1) $\overline{BC}$ (2) $\overline{AB}$ (3) $\angle B$ (4) $\angle A$

5-1 (1) 8 cm (2) 55°

(1) $\angle A$의 대변은 $\overline{BC}$이므로 $\overline{BC}=8$ cm
(2) $\overline{AB}$의 대각은 $\angle C$이므로 $\angle C=180°-(50°+75°)=55°$

핵심예제 **6** (1) ○ (2) × (3) × (4) ○

(가장 긴 변의 길이)<(나머지 두 변의 길이의 합)일 때, 삼각형을 작도할 수 있다.
(1) $5<3+4$ (○) (2) $17=8+9$ (×)
(3) $9>4+4$ (×) (4) $9<7+3$ (○)

6-1 ②, ③

① $10=4+6$ ② $10<6+8$
③ $11<6+10$ ④ $16=6+10$
⑤ $20>6+10$
따라서 a의 값이 될 수 있는 것은 ②, ③이다.

핵심예제 **7** ㉢ → ㉠ → ㉡

㉢ 직선 l 위에 길이가 a인 $\overline{BC}$를 작도한다.
㉠ 두 점 B, C를 중심으로 반지름의 길이가 각각 c, b인 원을 그려 그 교점을 A라 한다.
㉡ 점 A와 점 B, 점 A와 점 C를 각각 이으면 △ABC가 작도된다.

7-1 ㉤, ㉥, ㉠

㉧ 직선 l을 그리고 그 위에 길이가 c인 $\overline{AB}$를 작도한다.
㉣, ㉤, ㉢ $\angle A$와 크기가 같은 $\angle PAB$를 작도한다.
㉦, ㉥, ㉠ $\angle B$와 크기가 같은 $\angle QBA$를 작도한다.
㉡ $\overrightarrow{AP}$와 $\overrightarrow{BQ}$의 교점을 C라 하면 △ABC를 작도할 수 있다.
따라서 ㉧ → ㉣ → [㉤] → ㉢ → ㉦ → [㉥] → [㉠] → ㉡

핵심예제 **8** (1) ○ (2) × (3) ○ (4) ×

(1) $10<6+6$이므로 △ABC가 하나로 정해진다.
(2) $\angle A$는 $\overline{AB}$, $\overline{BC}$의 끼인각이 아니므로 △ABC가 하나로 정해지지 않는다.
(3) $\angle C=180°-(40°+75°)=65°$이므로 한 변의 길이와 그 양 끝각의 크기가 주어졌으므로 △ABC가 하나로 정해진다.
(4) 모양은 같지만 크기가 다른 △ABC가 무수히 많이 만들어지므로 하나로 정해지지 않는다.

8-1 ③

① $16>8+7$이므로 △ABC가 만들어지지 않는다.
② $\angle C$는 $\overline{AB}$, $\overline{AC}$의 끼인각이 아니므로 △ABC가 하나로 정해지지 않는다.
④ $\angle B+\angle C=180°$이므로 △ABC가 만들어지지 않는다.
⑤ 모양은 같지만 크기가 다른 △ABC가 무수히 많이 만들어지므로 하나로 정해지지 않는다.

소단원 핵심문제 36쪽

1 ②, ⑤ **2** ⑤ **3** ③ **4** ④

1 ① $4<2+3$ ② $12=4+8$
③ $7<7+7$ ④ $10<6+5$
⑤ $20>8+10$
따라서 삼각형의 세 변의 길이가 될 수 없는 것을 모두 고르면 ②, ⑤이다.

2 ❸ 점 A를 중심으로 반지름의 길이가 [④ b]인 원을 그려 $\overrightarrow{AP}$와의 교점을 [⑤ C]라고 한다.

3 ㄱ. $9<4+6$이므로 △ABC가 하나로 정해진다.
ㄴ. $\angle C=180°-(65°+100°)=15°$이므로 한 변의 길이와 그 양 끝 각의 크기가 주어졌으므로 △ABC가 하나로 정해진다.
ㄷ. $\angle A$는 $\overline{AB}$, $\overline{BC}$의 끼인각이 아니므로 △ABC가 하나로 정해지지 않는다.
ㄹ. 두 변의 길이와 그 끼인각의 크기가 주어졌으므로 △ABC가 하나로 정해진다.
ㅁ. $12=5+7$이므로 △ABC가 만들어지지 않는다.
따라서 △ABC가 하나로 정해지는 것은 ㄱ, ㄴ, ㄹ로 모두 3개이다.

4 ④ $\overline{AC}$의 길이를 추가하면 $\angle B$는 $\overline{AC}$, $\overline{BC}$의 끼인각이 아니므로 △ABC를 하나로 결정할 수 없다.

3 삼각형의 합동 37~38쪽

핵심예제 **9** (1) 점 R (2) $\angle A$ (3) $x=45$, $y=8$

△ABC≡△PRQ이므로
(1) 점 B의 대응점은 점 R이다.
(2) $\angle P$의 대응각은 $\angle A$이다.
(3) $\angle A=\angle P=70°$이므로 $x=180-(65+70)=45$
$\overline{QR}$의 대응변은 $\overline{CB}$이므로 $\overline{QR}=\overline{CB}=8$ cm
따라서 $y=8$

9-1 14

$\overline{AC}=\overline{DF}=8$ cm이므로 $x=8$
$\overline{EF}=\overline{BC}=6$ cm이므로 $y=6$
따라서 $x+y=8+6=14$

9-2 108

$\overline{GH}=\overline{CD}=8$ cm이므로 $x=8$

$\angle A=\angle E=125°$이므로 사각형 ABCD에서

$\angle D=360°-(125°+55°+80°)=100°$

즉 $y=100$

따라서 $x+y=8+100=108$

핵심예제 **10** ㄱ과 ㅁ : SSS 합동, ㄴ과 ㅂ : SAS 합동, ㄷ과 ㄹ : ASA 합동

10-1 ①, ⑤

① $\overline{AC}=\overline{DF}$이면 대응하는 두 변의 길이가 각각 같으나 그 끼인 각의 크기가 같은지 알 수 없다.

⑤ $\angle A=\angle F$이면 대응하는 한 변의 길이가 같으나 그 양 끝 각의 크기가 같은지 알 수 없다.

10-2 ㄱ, ㄹ

ㄱ. 삼각형의 나머지 한 각의 크기는 $180°-(55°+85°)=40°$이므로 주어진 삼각형과 대응하는 한 변의 길이가 같고 그 양 끝 각의 크기가 각각 같으므로 서로 합동이다.

ㄹ. 삼각형의 나머지 한 각의 크기는 $180°-(85°+40°)=55°$이므로 주어진 삼각형과 대응하는 한 변의 길이가 같고 그 양 끝 각의 크기가 각각 같으므로 서로 합동이다.

소단원 핵심문제 39쪽

1 ④	2 ②, ⑤	3 $\overline{BD}$, SSS	
4 △AOD≡△COB, SAS 합동			5 ⑤

1 ④ $\angle B=\angle F=80°$이므로

$\angle ADC=360°-(\angle A+\angle B+\angle C)$

$=360°-(85°+80°+90°)=105°$

2 ㄱ과 ㄹ : ㄹ의 나머지 한 각의 크기는 $180°-(90°+30°)=60°$이므로 대응하는 두 변의 길이가 각각 같고, 그 끼인각의 크기가 같으므로 SAS 합동

ㄷ과 ㅁ : ㄷ의 나머지 한 각의 크기는 $180°-(50°+60°)=70°$, ㅁ의 나머지 한 각의 크기는 $180°-(60°+70°)=50°$이므로 대응하는 한 변의 길이가 같고, 그 양 끝 각의 크기가 각각 같으므로 ASA 합동

따라서 바르게 짝 지은 것을 모두 고르면 ②, ⑤이다.

3 △ABD와 △CBD에서

$\overline{AB}=\overline{CB}$, $\overline{AD}=\overline{CD}$, $\boxed{\overline{BD}}$는 공통

따라서 △ABD≡△CBD, $\boxed{\text{SSS}}$ 합동

4 △AOD와 △COB에서

$\overline{OD}=\overline{OC}+\overline{CD}=\overline{OA}+\overline{AB}=\overline{OB}$, $\overline{OA}=\overline{OC}$,

∠O는 공통

따라서 △AOD≡△COB, SAS 합동

5 △ABD와 △CDB에서 $\overline{BD}$는 공통,

$\overline{AB}/\!/\overline{DC}$이므로 $\angle ABD=\angle CDB$(엇각),

$\overline{AD}/\!/\overline{BC}$이므로 $\angle ADB=\angle CBD$(엇각)

따라서 ⑤ △ABD≡△CDB (ASA 합동)

중단원 마무리 테스트 40~43쪽

1 ㄱ, ㄷ	2 −6	3 ㉡	4 ②	5 ①, ④
6 ④	7 ②, ⑤	8 5 cm, 85°	9 ③	10 ⑤
11 △ABC≡△CDA, SSS 합동			12 ASA 합동, 40 m	
13 정삼각형	14 △DCM, SAS 합동		15 ①	16 ④
17 ③	18 60°	19 17 cm	20 120°	
21 10 cm, 풀이 참조		22 24 cm, 풀이 참조		
23 풀이 참조		24 풀이 참조		

1 ㄴ, ㄹ. 선분을 연장하거나 두 점을 연결하여 선분을 그릴 때에는 눈금 없는 자를 사용한다.

따라서 옳은 것을 있는 대로 고르면 ㄱ, ㄷ이다.

2 3에 대응하는 점과 점 A 사이의 거리는 3이므로 점 A에 대응하는 수는 6이다.

점 B는 점 A와 0에 대응하는 점에 대칭이므로 점 B에 대응하는 수는 −6이다.

3 작도 순서를 나열하면 ㉥, ㉠, ㉢, ㉡, ㉤, ㉣이므로 ㉢ 다음 순서의 기호는 ㉡이다.

4 ① $\overline{BC}=\overline{QR}$

③ $\overline{AB}=\overline{AC}=\overline{PQ}=\overline{PR}$

④ $m/\!/l$이므로 $\overleftrightarrow{PR}/\!/\overleftrightarrow{AC}$

⑤ $\angle BAC=\angle QPR$ (동위각)

5 ① $6<3+5$ ② $11>5+5$ ③ $10>4+5$

④ $10<5+8$ ⑤ $13=6+7$

따라서 삼각형의 세 변의 길이가 될 수 있는 것은 ①, ④이다.

6 ④ (라) C

7 ① $12<8+5$인 세 변의 길이가 주어졌으므로 △ABC가 하나로 정해진다.

② ∠C는 $\overline{AB}$, $\overline{AC}$의 끼인각이 아니므로 △ABC가 하나로 정해지지 않는다.

③ 두 변의 길이와 그 끼인각의 크기가 주어졌으므로 △ABC가 하나로 정해진다.

④ 한 변의 길이와 그 양 끝 각의 크기가 주어졌으므로 △ABC가 하나로 정해진다.

⑤ $\angle A+\angle C=180°$이므로 △ABC가 만들어지지 않는다.

8 합동인 두 사각형 ABCD와 EFGH에서
$\overline{BC}$의 대응변은 $\overline{FG}$이므로 $\overline{BC}=\overline{FG}=5\text{ cm}$
$\angle A$에 대응각은$\angle E$이므로 $\angle A=\angle E=85^\circ$

9 ① SSS 합동
② SAS 합동
④ ASA 합동
⑤ $\angle A=\angle D$, $\angle C=\angle F$이면 $\angle B=\angle E$이므로 ASA 합동

10 $\overline{AB}=\overline{DE}$, $\angle B=\angle E$에 대하여
ㄴ. $\angle A=\angle D$이면 ASA 합동이다.
ㄷ. $\overline{BC}=\overline{EF}$이면 SAS 합동이다.
ㄹ. $\angle C=\angle F$이면 $\angle A=\angle D$이므로 ASA 합동이다.
따라서 있는 대로 고른 것은 ⑤ ㄴ, ㄷ, ㄹ이다.

11 $\triangle ABC$와 $\triangle CDA$에서
$\overline{AB}=\overline{CD}$, $\overline{BC}=\overline{DA}$, $\overline{AC}$는 공통
따라서 $\triangle ABC\equiv\triangle CDA$, SSS 합동

12 $\triangle ABC$와 $\triangle EDC$에서
$\overline{BC}=\overline{DC}=30\text{ m}$, $\angle ABC=\angle EDC=90^\circ$,
$\angle ACB=\angle ECD$(맞꼭지각)
이므로 $\triangle ABC\equiv\triangle EDC$ (ASA 합동)
따라서 이용하는 삼각형의 합동 조건은 ASA 합동이고 강의 폭은 $\overline{AB}=\overline{ED}=40\text{ m}$이다.

13 $\triangle ABC$와 $\triangle CDE$에서
$\overline{AB}=\overline{CD}$, $\overline{BC}=\overline{DE}$, $\angle B=\angle D$
따라서 $\triangle ABC\equiv\triangle CDE$ (SAS 합동)이므로 $\overline{AC}=\overline{CE}$
같은 방법으로 하면 $\triangle CDE\equiv\triangle EFA$ (SAS 합동)이므로
$\overline{CE}=\overline{EA}$
따라서 $\triangle ACE$는 $\overline{AC}=\overline{CE}=\overline{EA}$이므로 정삼각형이다.

14 $\triangle ABM$과 $\triangle DCM$에서
$\overline{AM}=\overline{DM}$, $\overline{AB}=\overline{DC}$, $\angle MAB=\angle MDC=90^\circ$이므로
$\triangle ABM\equiv\triangle DCM$ (SAS 합동)
따라서 $\triangle ABM$과 합동인 삼각형은 $\triangle DCM$이고 SAS 합동이다.

15 $\triangle ABC$와 $\triangle ADE$에서
$\overline{AB}=\overline{AD}$, $\angle ABC=\angle ADE$, $\angle A$는 공통
따라서 $\triangle ABC\equiv\triangle ADE$ (ASA 합동) (⑤)이므로
$\overline{AC}=\overline{AE}$ (②), $\overline{BC}=\overline{DE}$ (③), $\angle ACB=\angle AED$ (④)
① $\overline{AB}=\overline{BE}$인지는 알 수 없다.

16 $\triangle ABD$와 $\triangle ACD$에서
$\overline{AB}=\overline{AC}$, $\overline{AD}$는 공통, $\angle BAD=\angle CAD$
따라서 $\triangle ABD\equiv\triangle ACD$ (SAS 합동) (⑤)이므로
$\angle ADB=\angle ADC$로 $\angle ADB=\angle ADC=90^\circ$
즉 $\overline{AD}\perp\overline{BC}$ (①)이고, $\angle B+\angle BAD=90^\circ$이므로
$\angle B=90^\circ-\angle BAD$ (③)
또 $\overline{BD}=\overline{CD}$ (②)

17 $\triangle ABE$와 $\triangle BCF$에서
$\overline{AB}=\overline{BC}$, $\overline{BE}=\overline{CF}$이고, $\angle ABE=\angle BCF=90^\circ$
따라서 $\triangle ABE=\triangle BCF$ (SAS 합동)이므로
$\angle BAE=\angle CBF=\angle a$, $\angle AEB=\angle BFC=\angle b$로 놓으면
$\triangle ABE$에서 $\angle a+\angle b=90^\circ$,
$\triangle BPE$에서 $\angle a+\angle b=90^\circ$이므로
$\angle BPE=90^\circ$
따라서 $\angle APF=\angle BPE$(맞꼭지각)이므로
$\angle APF=90^\circ$이다.

18 $\triangle ADF$와 $\triangle BED$에서
$\overline{AD}=\overline{BE}$, $\overline{AF}=\overline{BD}$, $\angle A=\angle B$
따라서 $\triangle ADF\equiv\triangle BED$ (SAS 합동)이므로
$\overline{DF}=\overline{ED}$
같은 방법으로 하면 $\triangle BED\equiv\triangle CFE$ (SAS 합동)이므로
$\overline{ED}=\overline{FE}$
따라서 $\overline{DF}=\overline{ED}=\overline{FE}$로 $\triangle DEF$가 정삼각형이므로
$\angle DEF=60^\circ$이다.

19 $\triangle BAD$와 $\triangle ACE$에서
$\overline{AB}=\overline{CA}$, $\angle ABD=90^\circ-\angle BAD=\angle CAE$,
$\angle D=\angle E=90^\circ$이므로$\angle BAD=\angle ACE$
따라서 $\triangle BAD\equiv\triangle ACE$ (ASA 합동)이므로
$\overline{DA}=\overline{EC}=5\text{ cm}$, $\overline{AE}=\overline{BD}=12\text{ cm}$
따라서 $\overline{DE}=\overline{DA}+\overline{AE}=\overline{EC}+\overline{BD}=5+12=17(\text{cm})$

20 $\triangle ACD$와$\triangle BCE$에서
$\triangle ABC$는 정삼각형이므로 $\overline{AC}=\overline{BC}$,
$\triangle ECD$는 정삼각형이므로 $\overline{CD}=\overline{CE}$,
$\angle ACD=\angle BCE=120^\circ$
따라서 $\triangle ACD\equiv\triangle BCE$ (SAS 합동)이므로
$\angle CAD=\angle CBE=a$, $\angle CDA=\angle CEB=b$로 놓으면
$\triangle ACD$에서 $\angle ACD+\angle CAD+\angle CDA=180^\circ$
$(180^\circ-60^\circ)+a+b=180^\circ$, $a+b=60^\circ$
따라서 $\triangle PBD$에서 $\angle PBD=\angle EBC=a$이고,
$\angle PDB=\angle ADC=b$이므로
$\angle BPD=180^\circ-(\angle PBD+\angle PDB)$
$=180^\circ-(a+b)=180^\circ-60^\circ=120^\circ$

21 $\triangle AOP$와 $\triangle BOP$에서
$\angle AOP=\angle BOP$이고, $\angle OAP=\angle OBP=90^\circ$이면
$\angle OPA=180^\circ-(\angle AOP+\angle OAP)$
$=180^\circ-(\angle BOP+\angle OBP)$
$=\angle OPB$,
$\overline{OP}$는 공통
따라서 $\triangle AOP\equiv\triangle BOP$ (ASA 합동) …… ❶

$\overline{PB}=\overline{PA}=4$ cm이므로 △POB의 넓이에 대하여

$\frac{1}{2}\times\overline{OB}\times4=20$,

$\overline{OB}=10$ cm …… ❷

따라서 $\overline{OA}=\overline{OB}=10$ cm이다. …… ❸

채점 기준	비율
❶ △AOP≡△BOP임을 설명하기	40 %
❷ $\overline{OB}$의 길이 구하기	30 %
❸ $\overline{OA}$의 길이 구하기	30 %

22 △BCG와 △DCE에서

□ABCD는 정사각형이므로 $\overline{BC}=\overline{DC}$,

□CEFG는 정사각형이므로 $\overline{CG}=\overline{CE}$,

∠BCG=∠DCE=90°

따라서 △BCG≡△DCE (SAS 합동) …… ❶

즉 $\overline{DE}=\overline{BG}=10$ cm …… ❷

따라서 △CDE의 둘레의 길이는

$\overline{CD}+\overline{CE}+\overline{DE}=8+6+10=24$(cm) …… ❸

채점 기준	비율
❶ △BCG≡△DCE임을 설명하기	40 %
❷ $\overline{DE}$의 길이 구하기	30 %
❸ △CDE의 둘레의 길이 구하기	30 %

23 꼭짓점 P와 Q를 중심으로 반지름의 길이가 같은 원을 각각 그렸으므로 $\overline{PA}=\overline{PB}=\overline{QC}=\overline{QD}$

또 두 점 B와 D를 중심으로 반지름의 길이가 같은 원을 각각 그렸으므로 $\overline{AB}=\overline{CD}$

따라서 △APB≡△CQD (SSS 합동) …… ❶

그렇기 때문에 ∠APB=∠CQD이다. …… ❷

채점 기준	비율
❶ △APB≡△CQD임을 설명하기	80 %
❷ ∠APB=∠CQD임을 알기	20 %

24 점 C와 P를, 점 D와 P를 각각 이으면

△COP와 △DOP에서

점 O를 중심으로 원을 그렸으므로

$\overline{OC}=\overline{OD}$,

두 점 C, D를 중심으로 반지름의 길이가

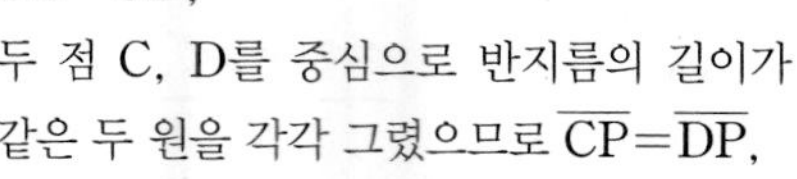

같은 두 원을 각각 그렸으므로 $\overline{CP}=\overline{DP}$,

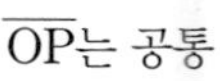

$\overline{OP}$는 공통

따라서 △COP≡△DOP (SSS 합동) …… ❶

그렇기 때문에 ∠COP=∠DOP이므로

$\overrightarrow{OP}$는 ∠AOB의 이등분선이다. …… ❷

채점 기준	비율
❶ △COP≡△DOP임을 설명하기	80 %
❷ $\overrightarrow{OP}$가 ∠AOB의 이등분선임을 알기	20 %

3. 다각형

1 다각형 46~47쪽

핵심예제 **1** (1) 60° (2) 50°

(1) $\angle x=180^\circ-120^\circ=60^\circ$

(2) $\angle y=180^\circ-130^\circ=50^\circ$

1-1 165°

$\angle x=180^\circ-120^\circ=60^\circ$

$\angle y=180^\circ-75^\circ=105^\circ$

따라서 $\angle x+\angle y=60^\circ+105^\circ=165^\circ$

핵심예제 **2** (1) ○ (2) × (3) ○ (4) ×

(2) 네 변의 길이가 모두 같은 사각형은 마름모이다.

(4) 모든 변의 길이가 같고 모든 내각의 크기가 같은 다각형이 정다각형이다.

2-1 정오각형

조건 (가)를 만족시키는 다각형은 오각형이고, 조건 (나), (다)를 만족시키는 다각형은 정다각형이다.

따라서 주어진 조건을 모두 만족시키는 다각형은 정오각형이다.

핵심예제 **3** (1) 9 (2) 20 (3) 54

n각형의 대각선의 개수는 $\frac{n(n-3)}{2}$이므로

(1) $n=6$일 때, $\frac{6\times(6-3)}{2}=9$

(2) $n=8$일 때, $\frac{8\times(8-3)}{2}=20$

(3) $n=12$일 때, $\frac{12\times(12-3)}{2}=54$

3-1 37

오각형의 한 꼭짓점에서 그을 수 있는 대각선의 개수 a는

$a=5-3=2$

십각형의 대각선의 개수 b는

$b=\frac{10\times(10-3)}{2}=\frac{10\times7}{2}=35$

따라서 $a+b=2+35=37$이다.

핵심예제 **4** 십이각형

구하는 다각형을 n각형이라 하면

$\frac{n(n-3)}{2}=54$, $n(n-3)=108=12\times9$

$n=12$

따라서 구하는 다각형은 십이각형이다.

4-1 ④

구하는 다각형을 n각형이라 하면

$\frac{n(n-3)}{2}=44$, $n(n-3)=88=11\times8$

$n=11$

따라서 구하는 다각형은 십일각형이다.

소단원 핵심문제 48쪽

1 ①	2 ③	3 15	4 ②	5 정십각형

1 다각형은 3개 이상의 선분으로 둘러싸인 평면도형이므로 ㄱ, ㄹ로 그 개수는 2이다.

2 (가)에 의하여 십이각형이고, (나), (다)에 의하여 정다각형이므로 주어진 조건을 모두 만족하는 다각형은 정십이각형이다.

3 십각형의 한 꼭짓점에서 그을 수 있는 대각선의 개수 a는

$a=10-3=7$

그때 생기는 삼각형의 개수 b는 $b=10-2=8$

따라서 $a+b=7+8=15$이다.

4 6명의 사람들이 옆 사람을 제외한 모든 사람과 한 번씩 악수를 한 횟수는 육각형의 대각선의 개수와 같다.

따라서 $\frac{6\times(6-3)}{2}=\frac{6\times3}{2}=9$(번)이다.

5 구하는 다각형을 n각형이라 하면 (가)에 의하여

$\frac{n(n-3)}{2}=35$

$n(n-3)=70=10\times7$이므로 $n=10$

(나), (다)에 의하여 정다각형이다.

따라서 주어진 조건을 모두 만족하는 다각형은 정십각형이다.

2 다각형의 내각과 외각의 크기 49~52쪽

핵심예제 5 (1) 20° (2) 75°

(1) $\angle x+120^\circ+40^\circ=180^\circ$이므로

$\angle x+160^\circ=180^\circ$

따라서 $\angle x=20^\circ$

(2) $\angle x+50^\circ+55^\circ=180^\circ$이므로

$\angle x+105^\circ=180^\circ$

따라서 $\angle x=75^\circ$

5-1 (1) 85° (2) 85° (3) 40

(1) $\triangle$ABC에서 $60^\circ+35^\circ+\angle ACB=180^\circ$이므로

$95^\circ+\angle ACB=180^\circ$

따라서 $\angle ACB=85^\circ$

(2) $\angle DCE=\angle ACB$(맞꼭지각)이므로

$\angle DCE=85^\circ$

(3) $\triangle$CDE에서 $85+55+x=180$이므로

$140+x=180$

따라서 $x=40$

핵심예제 6 50

$2x+(x-20)+50=180$이므로

$3x=150$

따라서 $x=50$

6-1 (1) 30 (2) 26

(1) $(2x-10)+70+(x+30)=180$이므로

$3x=90$

따라서 $x=30$

(2) $(x+20)+4x+30=180$이므로

$5x=130$

따라서 $x=26$

핵심예제 7 (1) 80 (2) 28

(1) $x=34+46=80$

(2) $x+62=90$이므로 $x=28$

7-1 (1) 65° (2) 120°

(1) $\angle ECD=25^\circ+40^\circ=65^\circ$

(2) $\angle x=\angle ECD+\angle EDC=65^\circ+55^\circ=120^\circ$

핵심예제 8 30

$45+(2x-25)=4x-40$이므로

$-2x=-60$

따라서 $x=30$

8-1 (1) 65 (2) 70

(1) $40+45=x+20$이므로

$x=65$

(2) 오른쪽 그림에서

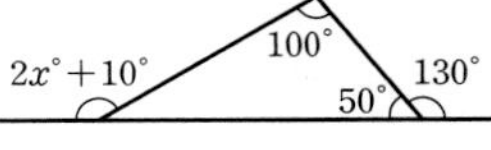

$100+50=2x+10$이므로

$2x=140$

따라서 $x=70$

핵심예제 9 (1) 720° (2) 1080° (3) 1800°

n각형의 내각의 크기의 합은 $180^\circ\times(n-2)$이므로

(1) $n=6$일 때, $180^\circ\times(6-2)=720^\circ$

(2) $n=8$일 때, $180^\circ\times(8-2)=1080^\circ$

(3) $n=12$일 때, $180^\circ\times(12-2)=1800^\circ$

9-1 110°

오각형의 내각의 크기의 합은

$180° \times (5-2) = 180° \times 3 = 540°$이므로

$\angle x = 540° - (100° + 90° + 130° + 110°) = 110°$

핵심예제 **10** (1) 140° (2) 156°

(1) $\dfrac{180° \times (9-2)}{9} = 140°$

(2) $\dfrac{180° \times (15-2)}{15} = 156°$

10-1 ②

구하는 정다각형을 정n각형이라 하면

$\dfrac{180° \times (n-2)}{n} = 135°$

$180° \times n - 360° = 135° \times n$

$45° \times n = 360°$, $n = 8$

따라서 구하는 정다각형은 정팔각형이다.

핵심예제 **11** (1) 85° (2) 75°

(1) 다각형의 외각의 크기의 합은 360°이므로

$70° + \angle x + 120° + 85° = 360°$

따라서 $\angle x = 85°$

(2) 다각형의 외각의 크기의 합은 360°이므로

$70° + 80° + \angle x + 60° + 75° = 360°$

따라서 $\angle x = 75°$

11-1 130°

다각형의 외각의 크기의 합은 360°이므로

$(180° - \angle x) + 85° + 40° + 65° + 70° + 50° = 360°$

따라서 $\angle x = 130°$

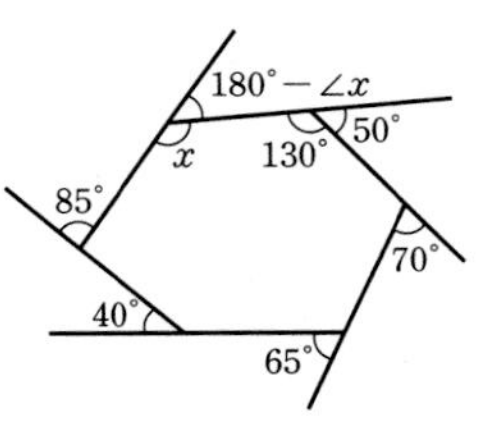

핵심예제 **12** (1) 72° (2) 60° (3) 45°

정n각형의 한 외각의 크기는 $\dfrac{360°}{n}$이므로

(1) $n=5$일 때, $\dfrac{360°}{5} = 72°$

(2) $n=6$일 때, $\dfrac{360°}{6} = 60°$

(3) $n=8$일 때, $\dfrac{360°}{8} = 45°$

12-1 정십오각형

구하는 정다각형을 정n각형이라 하면

$\dfrac{360°}{n} = 24°$, $360° = 24° \times n$이므로

$n = 15$

따라서 구하는 정다각형은 정십오각형이다.

소단원 핵심문제 53쪽

1 ③ **2** 178 **3** 1080° **4** 44° **5** ③

1 세 내각의 크기를 $2x$, $3x$, $7x$라 하면

$2x + 3x + 7x = 180°$이므로 $12x = 180°$

$x = 15°$

따라서 세 내각의 크기는 30°, 45°, 105°이므로 가장 큰 각의 크기가 90°보다 큰 둔각삼각형이다.

2 $x = 46 + 76 = 122$, $y + 20 = 76$이므로 $y = 56$

따라서 $x + y = 122 + 56 = 178$

3 n각형이라 하면

$a = n-3$, $b = n-2$이므로

$a + b = (n-3) + (n-2) = 2n - 5 = 11$,

$2n = 16$

따라서 $n = 8$이므로 팔각형의 내각의 크기의 합은

$180° \times (8-2) = 1080°$이다.

4 다각형의 외각의 크기의 합은 360°이므로

$\angle x + (180° - 110°) + 96° + 55° + (180° - 130°) + 45° = 360°$

$\angle x + 316° = 360°$

따라서 $\angle x = 360° - 316° = 44°$

5 정n각형의 내각의 크기의 합은 $180° \times (n-2)$이므로

$180° \times (n-2) = 1260°$, $n - 2 = 7$

따라서 $n = 9$이므로 정구각형의 한 외각의 크기는

$\dfrac{360°}{9} = 40°$

중단원 마무리 테스트 54~57쪽

1 170° **2** ③ **3** 정육각형 **4** ①
5 $x=115$, $y=50$ **6** ① **7** ② **8** 120°
9 ④ **10** ③ **11** ③ **12** ③ **13** ②
14 20 **15** ① **16** ⑤ **17** ④ **18** 36°
19 10, 36 **20** 360° **21** 35° **22** 720°
23 20, 풀이 참조 **24** 6, 풀이 참조
25 풀이 참조 **26** 풀이 참조

1 ($\angle$A의 외각의 크기)

$= 180° - (\angle$A의 내각의 크기$)$

$= 180° - 115° = 65°$

($\angle$C의 외각의 크기)
$=180^\circ-$($\angle$C의 내각의 크기)
$=180^\circ-75^\circ=105^\circ$
따라서 구하는 합은 $65^\circ+105^\circ=170^\circ$

2 정오각형의 대각선의 개수는 $\frac{5\times(5-3)}{2}=5$
정오각형의 모든 대각선의 길이가 같다.
따라서 주어진 정오각형에서 모든 대각선의 길이의 합은
$5\times5=25$(cm)

3 조건 (가), (나)를 만족시키는 다각형은 정다각형이다.
조건을 만족시키는 다각형을 정n각형이라 하면 조건 (다)에서
$\frac{n(n-3)}{2}=9$, $n(n-3)=18=6\times3$
$n=6$
따라서 조건을 모두 만족시키는 다각형은 정육각형이다.

4 다각형의 내부의 한 점에서 각 꼭짓점에 선분을 그었을 때, 8개의 삼각형이 만들어지는 다각형은 팔각형이다.
따라서 팔각형의 대각선의 개수는 $\frac{8\times(8-3)}{2}=20$이다.

5 $\triangle$ACB에서 $x=75+40=115$
$\triangle$CDE에서 $y+(y+15)=115$이므로
$2y=100$
따라서 $y=50$

다른 풀이
$\triangle$ACB에서 $x=75+40=115$
$\angle$DCE$=180^\circ-115^\circ=65^\circ$이므로
$\triangle$CDE에서 $65+(y+15)+y=180$
$2y=100$
따라서 $y=50$

6 $\triangle$ECD에서
$\angle$ECD$=180^\circ-(63^\circ+38^\circ)=79^\circ$
$\triangle$ABC에서
$29^\circ+\angle x=79^\circ$
따라서 $\angle x=50^\circ$

다른 풀이
$\triangle$ECD에서
$\angle$ECB$=63^\circ+38^\circ=101^\circ$
$\triangle$ABC에서
$\angle x=180^\circ-(29^\circ+101^\circ)=50^\circ$

7 $\triangle$BFC에서 $\angle$BFC$=180^\circ-(90^\circ+28^\circ)=62^\circ$이고,
$\triangle$ABF에서 $\angle$BFC$=\angle x+\angle y$이다.
따라서 $\angle x+\angle y=62^\circ$

8 $\triangle$ABC에서 $\angle$ABC$+\angle$ACB$=180^\circ-60^\circ=120^\circ$
$\triangle$IBC에서
$\angle x=180^\circ-(\angle$IBC$+\angle$ICB$)$
$=180^\circ-\frac{1}{2}(\angle$ABC$+\angle$ACB$)$
$=180^\circ-\frac{1}{2}\times120^\circ=120^\circ$

9 $\triangle$ABD에서 $\overline{AB}=\overline{BD}$이므로 $\angle$BDA$=\angle$A$=30^\circ$,
$\angle$DBC$=30^\circ+30^\circ=60^\circ$
$\triangle$DBC에서 $\overline{BD}=\overline{CD}$이므로
$\angle$DCB$=\angle$DBC$=60^\circ$
따라서 $\triangle$ACD에서 $\angle x=30^\circ+60^\circ=90^\circ$

10 팔각형의 내각의 크기의 합은 $x^\circ=180^\circ\times(8-2)=1080^\circ$
십이각형의 내각의 크기의 합은 $y^\circ=180^\circ\times(12-2)=1800^\circ$
따라서 $x=1080$, $y=1800$이므로
$y-x=1800-1080=720$

11 n각형의 내각의 크기의 합은 $180^\circ\times(n-2)$이므로
$180^\circ\times(n-2)=1620^\circ$, $n-2=9$
$n=11$
따라서 십일각형의 한 꼭짓점에서 그을 수 있는 대각선의 개수는 $11-3=8$이다.

12 육각형의 내각의 크기의 합은
$180^\circ\times(6-2)=720^\circ$이므로
$(x+20)+x+140+110+95+125$
$=720$
$2x=230$
따라서 $x=115$

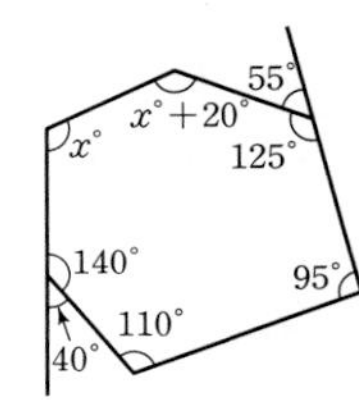

13 정오각형의 한 내각의 크기는 $\frac{180^\circ\times(5-2)}{5}=108^\circ$,
정육각형의 한 내각의 크기는 $\frac{180^\circ\times(6-2)}{6}=120^\circ$
따라서 $\angle x=360^\circ-(108^\circ+120^\circ+120^\circ)=12^\circ$

14 다각형의 외각의 크기의 합은 360°이므로
$(2x+25)+60+50+3x+4x+45$
$=360$
$9x=180$
따라서 $x=20$

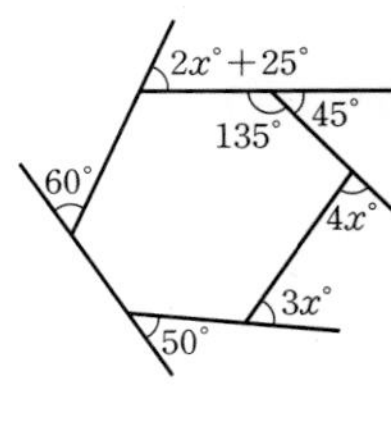

15 n각형의 내각과 외각의 크기의 합은 $180^\circ\times n$이므로
$180^\circ\times n=2160^\circ$, $n=12$
따라서 정십이각형의 한 외각의 크기는
$\frac{360^\circ}{12}=30^\circ$

16 ② 육각형의 대각선의 개수는
$\frac{6\times(6-3)}{2}=9$

③ 십삼각형의 내각의 크기의 합은

$180^\circ\times(13-2)=1980^\circ$

④ 정십오각형의 한 외각의 크기는

$\frac{360^\circ}{15}=24^\circ$

⑤ 정십팔각형의 한 내각의 크기는

$\frac{180^\circ\times(18-2)}{18}=160^\circ$

17 구하는 정다각형을 정n각형이라 하면

(한 외각의 크기)$=180^\circ\times\frac{1}{4+1}=180^\circ\times\frac{1}{5}=36^\circ$

즉 $\frac{360^\circ}{n}=36^\circ$이므로 $n=10$

따라서 구하는 정다각형은 정십각형이다.

18 오른쪽 그림과 같이 정오각형의 한 외각의 크기는 $\frac{360^\circ}{5}=72^\circ$이다.

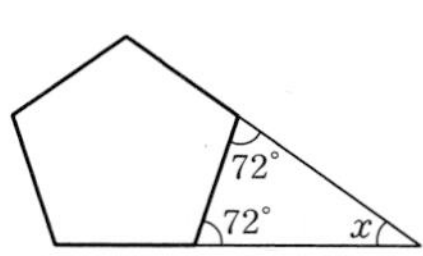

삼각형의 세 내각의 크기의 합은 180°이므로 $\angle x+72^\circ+72^\circ=180^\circ$

따라서 $\angle x=36^\circ$이다.

19 주어진 코딩의 과정은 그리기 시작하여 [10]번 반복하여 한 변의 길이가 100인 정십각형을 그린 것이다.

따라서 정십각형의 한 외각의 크기 $\frac{360^\circ}{10}=$[36]°만큼 회전해야 한다.

20 오른쪽 그림에서

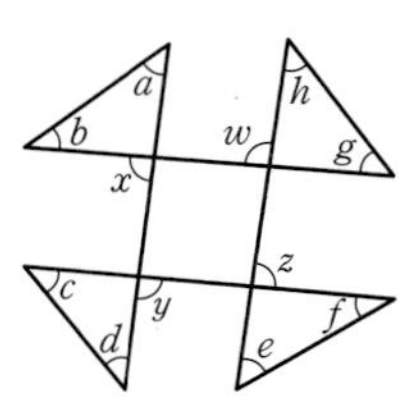

$\angle x=\angle a+\angle b$, $\angle y=\angle c+\angle d$,

$\angle z=\angle e+\angle f$, $\angle w=\angle g+\angle h$

이때 사각형의 외각의 크기의 합은 360°이므로 $\angle x+\angle y+\angle z+\angle w=360^\circ$

따라서

$(\angle a+\angle b)+(\angle c+\angle d)+(\angle e+\angle f)+(\angle g+\angle h)$

$=\angle x+\angle y+\angle z+\angle w$

$=360^\circ$

21 $\angle\text{DCE}$

$=\frac{1}{2}\angle\text{ACE}$

$=\frac{1}{2}(\angle\text{BAC}+\angle\text{ABC})$

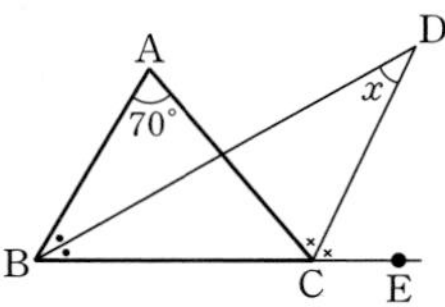

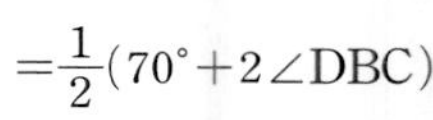

$=\frac{1}{2}(70^\circ+2\angle\text{DBC})$

$=35^\circ+\angle\text{DBC}$ …… ㉠

$\triangle\text{DBC}$에서

$\angle\text{DCE}=\angle x+\angle\text{DBC}$ …… ㉡

㉠, ㉡에 의하여

$35^\circ+\angle\text{DBC}=\angle x+\angle\text{DBC}$

따라서 $\angle x=35^\circ$

22 오른쪽 그림에서

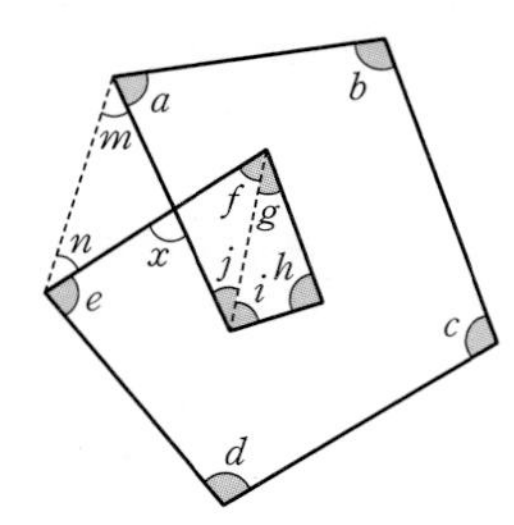

$\angle x=\angle m+\angle n=\angle f+\angle j$

이므로 색칠한 각의 크기의 합은 오각형의 내각의 크기의 합과 삼각형의 내각의 크기의 합과 같다.

오각형의 내각의 크기의 합은

$180^\circ\times(5-2)=540^\circ$이고,

삼각형의 내각의 크기의 합은 180°이다.

따라서 색칠한 각의 크기의 합은

$540^\circ+180^\circ=720^\circ$

23 주어진 정다각형의 한 외각의 크기를 x°라고 하면 한 내각의 크기는 $x^\circ+90^\circ$이므로

$x+(x+90)=180$, $x=45$ …… ❶

즉 정n각형의 한 외각의 크기는

$\frac{360^\circ}{n}=45^\circ$, $n=8$

따라서 정팔각형이므로 …… ❷

대각선의 개수는 $\frac{8\times(8-3)}{2}=20$이다. …… ❸

채점 기준	비율
❶ 정다각형의 한 외각의 크기 구하기	30 %
❷ 정팔각형임을 알기	30 %
❸ 대각선의 개수 구하기	40 %

24 정다각형의 한 내각의 크기와 한 외각의 크기의 비가 7 : 2이므로

(한 외각의 크기)$=180^\circ\times\frac{2}{9}=40^\circ$ …… ❶

즉 정n각형의 한 외각의 크기는

$\frac{360^\circ}{n}=40^\circ$, $n=9$

따라서 정구각형이므로 …… ❷

한 꼭짓점에서 그을 수 있는 대각선의 개수는 $9-3=6$이다.

…… ❸

채점 기준	비율
❶ 정다각형의 한 외각의 크기 구하기	30 %
❷ 정구각형임을 알기	30 %
❸ 한 꼭짓점에서 그을 수 있는 대각선의 개수 구하기	40 %

25 n각형에서 주어진 그림과 같은 방법으로 그리면 n개의 삼각형으로 나누어진다. …… ❶

n개의 삼각형의 내각의 크기의 합은

$180^\circ\times n$ …… ❷

이때 내부의 한 점에 모인 각의 크기의 합은 360°이기 때문에 n각형의 내각의 크기의 합은

$180^\circ\times n-360^\circ=180^\circ\times(n-2)$

…… ❸

채점 기준	비율
❶ n각형에서 그림과 같은 방법으로 그릴 때 삼각형의 개수 구하기	30 %
❷ ❶의 삼각형들의 내각의 크기의 합 구하기	30 %
❸ n각형의 내각의 크기의 합이 $180^\circ\times(n-2)$인 이유를 설명하기	40 %

26 n각형에서 주어진 그림과 같은 방법으로 그리면 $(n-1)$개의 삼각형으로 나누어진다. …… ❶

$(n-1)$개의 삼각형의 내각의 크기의 합은 $180^\circ\times(n-1)$ …… ❷

이때 한 변 위의 점에 모인 각의 크기의 합은 180°이기 때문에 n각형의 내각의 크기의 합은

$180^\circ\times(n-1)-180^\circ=180^\circ\times\{(n-1)-1\}$

$=180^\circ\times(n-2)$ …… ❸

채점 기준	비율
❶ n각형에서 그림과 같은 방법으로 그릴 때 삼각형의 개수 구하기	30 %
❷ ❶의 삼각형들의 내각의 크기의 합 구하기	30 %
❸ n각형의 내각의 크기의 합이 $180^\circ\times(n-2)$인 이유를 설명하기	40 %

4. 원과 부채꼴

1 원과 부채꼴 60~61쪽

핵심예제 1 ㉠-$\widehat{AB}$, ㉡-현 AB, ㉢-활꼴, ㉣-부채꼴, ㉤-중심각

1-1 ㄱ, ㄷ, ㄹ

ㄴ. $\widehat{AC}$에 대한 중심각은 $\angle AOC$이다.
따라서 옳은 것을 있는 대로 고르면 ㄱ, ㄷ, ㄹ이다.

1-2 풀이 참조

오른쪽 그림과 같이 활꼴이면서 동시에 부채꼴이 되는 경우는 반원인 경우로 부채꼴의 중심각의 크기는 180°이다.

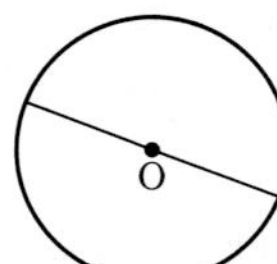

핵심예제 2 (1) 20 (2) 30

(1) $20:100=4:x$이므로
$1:5=4:x$
따라서 $x=20$

(2) $x:75=10:25$이므로
$x:75=2:5$, $5x=150$
따라서 $x=30$

2-1 (1) 100 (2) 24

(1) $50:x=7:14$이므로
$50:x=1:2$
따라서 $x=100$

(2) $120:80=x:16$이므로
$3:2=x:16$, $2x=48$
따라서 $x=24$

핵심예제 3 (1) 30 (2) 5

(1) 한 원에서 길이가 같은 두 현에 대한 중심각의 크기는 같으므로 $x=30$

(2) 한 원에서 중심각의 크기가 같은 두 현의 길이는 같으므로 $x=5$

3-1 84°

$\overline{AB}=\overline{CD}=\overline{DE}$이므로 $\angle AOB=\angle COD=\angle DOE$
따라서 $\angle COE=\angle COD+\angle DOE=42^\circ+42^\circ=84^\circ$

소단원 핵심문제 62쪽

1 ① **2** ③ **3** 16 cm **4** ⑤ **5** ⑤

1 ① $\triangle OBC$에서 $\overline{OB}=\overline{OC}$이고 $\overline{BC}$와 $\overline{BO}$의 길이는 같지 않을 수도 있다.

2 $\angle AOC:\angle COB=15:3$이므로 $\angle AOC:\angle COB=5:1$,
$\angle AOC=5\angle COB$
이때 반원의 중심각의 크기는 180°이므로
$\angle AOC+\angle COB=5\angle COB+\angle COB=6\angle COB=180^\circ$
따라서 $\angle COB=30^\circ$

3 $\overline{AB}/\!/\overline{CD}$이므로 $\angle OCD=30^\circ$(엇각)
$\triangle OCD$에서 $\overline{OC}=\overline{OD}$이므로 $\angle ODC=\angle OCD=30^\circ$,
$\angle COD=180^\circ-(30^\circ+30^\circ)=120^\circ$
이때 $30:120=4:\widehat{CD}$이므로 $1:4=4:\widehat{CD}$
따라서 $\widehat{CD}=16$(cm)

4 $60:6=360:$(원 O의 넓이)이므로
$10:1=360:$(원 O의 넓이)
$10\times$(원 O의 넓이)$=360$
따라서 (원 O의 넓이)$=36(\text{cm}^2)$

5 ①, ②, ③, ④ 한 원에서 중심각의 크기가 같은 두 현의 길이는 같으므로 $\overline{CD}=\overline{DE}=\overline{EF}=4$ cm이고 $\overline{CE}=\overline{DF}$
⑤ 한 원에서 현의 길이는 중심각의 크기에 정비례하지 않으므로 $\overline{CF}\neq12$ cm

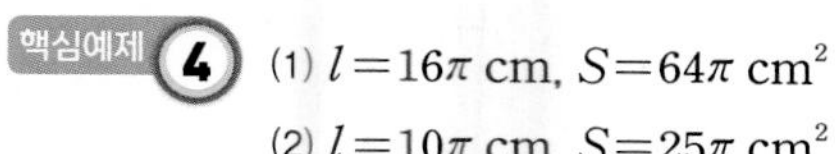

2 부채꼴의 호의 길이와 넓이 63~64쪽

핵심예제 **4** (1) $l=16\pi$ cm, $S=64\pi$ cm^2
(2) $l=10\pi$ cm, $S=25\pi$ cm^2

(1) 반지름의 길이가 8 cm이므로
$l=2\pi\times8=16\pi(\text{cm})$
$S=\pi\times8^2=64\pi(\text{cm}^2)$
(2) 반지름의 길이가 5 cm이므로
$l=2\pi\times5=10\pi(\text{cm})$
$S=\pi\times5^2=25\pi(\text{cm}^2)$

4-1 (1) $l=(12+6\pi)$cm, $S=18\pi$ cm^2
(2) $l=(8+4\pi)$cm, $S=8\pi$ cm^2

(1) 반지름의 길이가 6 cm이므로
$l=12+\frac{1}{2}\times2\pi\times6=12+6\pi(\text{cm})$
$S=\frac{1}{2}\times\pi\times6^2=18\pi(\text{cm}^2)$
(2) 반지름의 길이가 4 cm이므로
$l=8+\frac{1}{2}\times2\pi\times4=8+4\pi(\text{cm})$
$S=\frac{1}{2}\times\pi\times4^2=8\pi(\text{cm}^2)$

4-2 $l=30\pi$ cm, $S=75\pi$ cm^2

$l=2\pi\times10+2\pi\times5=20\pi+10\pi=30\pi(\text{cm})$
$S=\pi\times10^2-\pi\times5^2=100\pi-25\pi=75\pi(\text{cm}^2)$

핵심예제 **5** (1) $l=6\pi$ cm, $S=24\pi$ cm^2 (2) $l=\pi$ cm, $S=3\pi$ cm^2

(1) $l=2\pi\times8\times\frac{135}{360}=6\pi(\text{cm})$
$S=\pi\times8^2\times\frac{135}{260}=24\pi(\text{cm}^2)$
(2) $l=2\pi\times6\times\frac{30}{360}=\pi(\text{cm})$
$S=\pi\times6^2\times\frac{30}{360}=3\pi(\text{cm}^2)$

5-1 $l=6\pi$ cm, $S=27\pi$ cm^2

반지름의 길이가 9 cm이므로
$l=2\pi\times9\times\frac{120}{360}=6\pi(\text{cm})$
$S=\pi\times9^2\times\frac{120}{360}=27\pi(\text{cm}^2)$

핵심예제 **6** (1) 6π cm^2 (2) 20π cm^2

(1) (부채꼴의 넓이)$=\frac{1}{2}\times6\times2\pi=6\pi(\text{cm}^2)$
(2) (부채꼴의 넓이)$=\frac{1}{2}\times5\times8\pi=20\pi(\text{cm}^2)$

6-1 20π cm^2

반지름의 길이가 8 cm이고 호의 길이가 5π cm인 부채꼴의 넓이는 $\frac{1}{2}\times8\times5\pi=20\pi(\text{cm}^2)$이다.

소단원 핵심문제 65쪽

1 ④ **2** 8π cm^2 **3** $(8+3\pi)$cm
4 $(50\pi-100)$cm^2 **5** ③

1 지름이 50 cm인 굴렁쇠의 둘레의 길이는 $2\pi\times25=50\pi$ (cm)
따라서 굴렁쇠가 움직인 거리가 200π cm이므로 굴렁쇠를 $\frac{200\pi}{50\pi}=4$(바퀴) 굴렸다.

2 (색칠한 부분의 넓이)
$=\frac{1}{2}\times\pi\times6^2-\left(\frac{1}{2}\times\pi\times4^2+\frac{1}{2}\times\pi\times2^2\right)$
$=18\pi-(8\pi+2\pi)$
$=8\pi(\text{cm}^2)$

3 (둘레의 길이)
$=4\times2+$(큰 부채꼴의 호의 길이)$+$(작은 부채꼴의 호의 길이)
$=8+2\pi\times8\times\frac{45}{360}+2\pi\times4\times\frac{45}{360}$
$=8+2\pi+\pi=8+3\pi(\text{cm})$

4

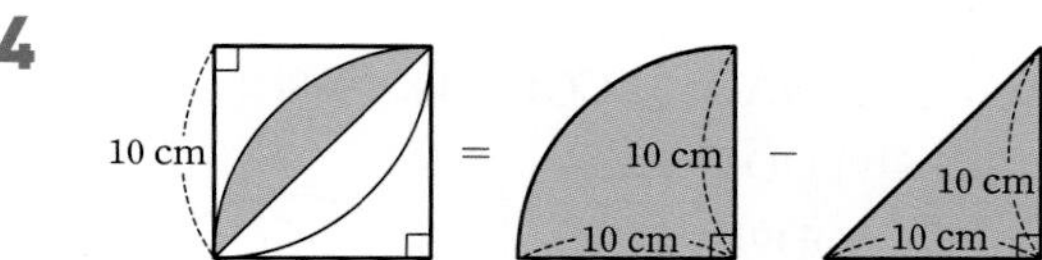

이므로 좌변의 도형의 넓이는
$\pi\times10^2\times\frac{90}{360}-\frac{1}{2}\times10\times10=25\pi-50(\text{cm}^2)$
따라서 구하는 색칠한 부분의 넓이는
$(25\pi-50)\times2=50\pi-100(\text{cm}^2)$

5 부채꼴의 반지름의 길이를 r cm라고 하면
$\frac{1}{2}\times r\times6\pi=27\pi$
$r=9$
부채꼴의 중심각의 크기를 x°라고 하면
$2\pi\times9\times\frac{x}{360}=6\pi$
$x=120$
따라서 구하는 부채꼴의 중심각의 크기는 120°이다.

중단원 마무리 테스트

66~69쪽

1 ②	**2** 3	**3** ⑤	**4** 20 cm	**5** 20 cm
6 36 cm^2	**7** 24π cm^2	**8** 120 cm^2	**9** ③	
10 $1+30\pi$	**11** ①	**12** 72°	**13** ④	**14** ②
15 $(18\pi-36)$ cm^2		**16** 피자 B	**17** $(6\pi+36)$ cm	
18 $\frac{83}{4}\pi$ m^2		**19** ②	**20** 40000 km	
21 12π cm		**22** 3π cm^2, 풀이 참조		
23 27π cm^2, 풀이 참조		**24** 풀이 참조		
25 풀이 참조				

1 ㄱ. 현은 원 위의 두 점을 이은 선분이다.
ㄹ. 반원은 활꼴인 동시에 부채꼴이다.
따라서 옳은 것을 있는 대로 고른 것은 ② ㄴ, ㄷ이다.

2 $45:135=(x+5):8x$이므로
$1:3=(x+5):8x$, $3(x+5)=8x$
$5x=15$
따라서 $x=3$

3 $\angle AOB:\angle BOC:\angle AOC=\widehat{AB}:\widehat{BC}:\widehat{CA}$이므로
$\angle AOC=\angle BOC:\angle AOC=2:3:4$
따라서 $\angle AOC=360°\times\frac{4}{2+3+4}=360°\times\frac{4}{9}=160°$

4 $\overline{OA}=\overline{OB}$이므로
$\angle OAB=\frac{1}{2}\times(180°-120°)=30°$,
$\angle AOC=\angle OAB=30°$(엇각)
$30:120=5:\widehat{AB}$이므로 $1:4=5:\widehat{AB}$
따라서 $\widehat{AB}=20$(cm)

5 $\overline{AD}/\!/\overline{OC}$이므로 $\angle DAO=\angle COB=40°$ (동위각)
오른쪽 그림과 같이 $\overline{OD}$를 그으면
$\triangle ODA$는 $\overline{OA}=\overline{OD}$인 이등변삼각형이므로
$\angle ODA=\angle DAO=40°$
따라서 $\angle AOD=180°-(40°+40°)=100°$
이때 $40:100=8:\widehat{AD}$이므로
$2:5=8:\widehat{AD}$, $2\widehat{AD}=40$
따라서 $\widehat{AD}=20$ (cm)

6 부채꼴 COD의 넓이를 S cm^2라 하면
$100:40=90:S$이므로
$5:2=90:S$, $5S=180$
$S=36$
따라서 부채꼴 COD의 넓이는 36 cm^2이다.

7 부채꼴 A, B의 호의 길이의 비가 $3:4$이므로 부채꼴 A, B의 중심각의 크기의 비는 $3:4$이다.
즉 부채꼴 A, B의 넓이의 비는 $3:4$이므로
$3:4=18\pi:$(부채꼴 B의 넓이)
$3\times$(부채꼴 B의 넓이)$=72\pi$, (부채꼴 B의 넓이)$=24\pi$
따라서 부채꼴 B의 넓이는 24π cm^2이다.

8 $\angle COD=4\angle AOB$이므로
부채꼴 AOB의 넓이를 S cm^2라 하면 부채꼴 COD의 넓이는 $4S$ cm^2이다.
이때 두 부채꼴의 넓이의 합이 30 cm^2이므로
$S+4S=30$, $5S=30$, $S=6$
원 O의 넓이를 S' cm^2라 하면
$18:360=6:S'$이므로
$1:20=6:S'$, $S'=120$
따라서 원 O의 넓이는 120 cm^2이다.

9 ① 한 원에서 반지름의 길이는 같으므로 $\overline{OA}=\overline{OB}$
②, ④, ⑤ 한 원에서 중심각의 크기가 같은 두 부채꼴의 호의 길이와 넓이는 각각 같다. 이때 두 현의 길이는 같다.
③ 현의 길이는 중심각의 크기에 정비례하지 않으므로
$\overline{AC}\neq2\overline{BC}$

10 반지름의 길이가 6 cm인 원의 둘레의 길이는 $2\pi\times6=12\pi$(cm)이므로 두 바퀴 반 회전시켰을 때 굴러간 거리는
$12\pi\times\frac{5}{2}=30\pi$ (cm)
따라서 점 A에 대응하는 수는 $1+30\pi$이다.

11 (둘레의 길이)$=\frac{1}{2}\times2\pi\times4+\frac{1}{2}\times2\pi\times3+\frac{1}{2}\times2\pi\times1$
$=4\pi+3\pi+\pi=8\pi$ (cm)

12 부채꼴의 중심각의 크기를 $x°$라 하면
$\pi\times5^2\times\frac{x}{360}=5\pi$, $x=72$
따라서 부채꼴의 중심각의 크기는 72°이다.

13 (둘레의 길이)$=2\pi\times6\times\frac{90}{360}+\left(\frac{1}{2}\times2\pi\times3\right)\times2$
$=3\pi+6\pi$
$=9\pi$ (cm)

14 $\overline{OA}=\overline{OO'}=\overline{O'A}=6$ cm(원의 반지름)
이므로 $\angle AOO'=60°$
즉 $\widehat{AO'}=2\pi\times6\times\frac{60}{360}=2\pi$(cm)이므로
(색칠한 부분의 둘레의 길이)
$=2\pi\times4=8\pi$(cm)

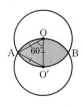

15 구하는 넓이는 그림의 색칠한 부분의 넓이의 8배와 같으므로

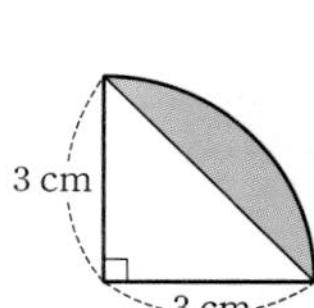

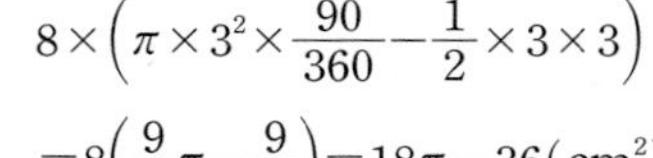

$8\times\left(\pi\times3^2\times\frac{90}{360}-\frac{1}{2}\times3\times3\right)$
$=8\left(\frac{9}{4}\pi-\frac{9}{2}\right)=18\pi-36$($cm^2$)

16 피자 A의 한 조각의 넓이는

$\pi\times12^2\times\frac{1}{6}=24\pi(\text{cm}^2)$

피자 B의 한 조각의 넓이는

$\pi\times18^2\times\frac{1}{12}=27\pi(\text{cm}^2)$

따라서 피자 B의 한 조각의 양이 더 많다.

17 오른쪽 그림에서 곡선 부분의 길이는

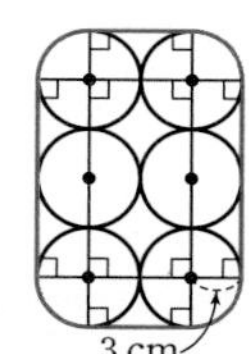

$2\pi\times3=6\pi(\text{cm})$

직선 부분의 길이는

$6\times2+12\times2=12+24=36(\text{cm})$

따라서 끈의 최소 길이는

$(6\pi+36)\text{cm}$

18 소가 움직일 수 있는 영역의 최대 넓이는 오른쪽 그림의 색칠한 부분과 같다.

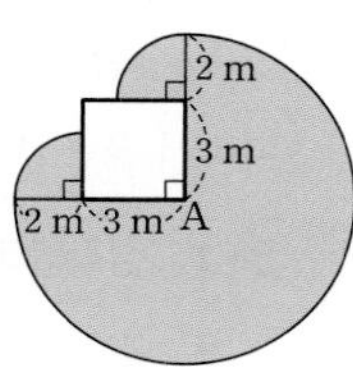

즉 구하는 넓이는 반지름의 길이가 각각 2 m, 5 m, 2 m인 세 부채꼴의 넓이의 합과 같다.

따라서 소가 움직일 수 있는 영역의 최대 넓이는

$\pi\times5^2\times\frac{270}{360}+\left(\pi\times2^2\times\frac{90}{360}\right)\times2$

$=\frac{75}{4}\pi+2\pi$

$=\frac{83}{4}\pi\ (\text{m}^2)$

19 부채꼴의 반지름의 길이를 r cm라 하면

호의 길이가 π cm, 넓이가 2π cm^{2}이므로

$\frac{1}{2}\times r\times\pi=2\pi$

$r=4$

부채꼴의 중심각의 크기를 $x°$라 하면 호의 길이가 π cm이므로

$2\pi\times4\times\frac{x}{360}=\pi$

$x=45$

따라서 부채꼴의 중심각의 크기는 $45°$이다.

20 태양광선은 평행하므로 평행선의 성질에 의해 엇각의 크기가 같고 오른쪽 그림과 같이 중심각을 나타낼 수 있다.

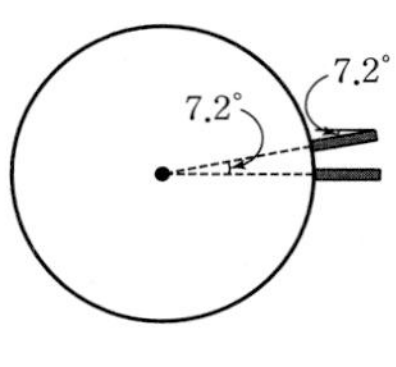

이때 호의 길이는 중심각의 크기에 정비례한다.

따라서 $7.2 : 360=800 :$ (지구 둘레의 길이)이므로

$1 : 50=800 :$ (지구 둘레의 길이),

(지구 둘레의 길이)$=50\times800=40000$

따라서 지구 둘레의 길이는 40000 km이다.

21 움직인 모습을 그리면 다음과 같다.

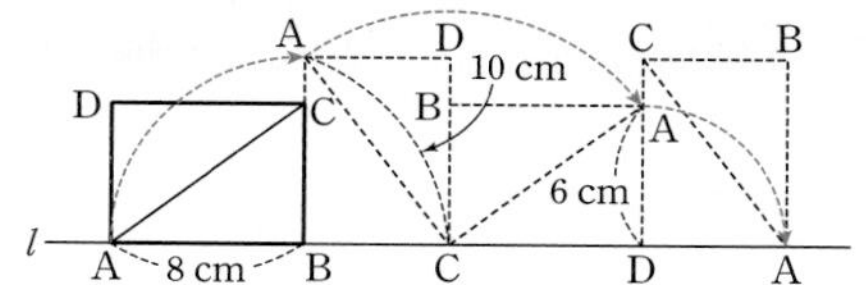

따라서 꼭짓점 A가 움직인 거리는

$2\pi\times8\times\frac{90}{360}+2\pi\times10\times\frac{90}{360}+2\pi\times6\times\frac{90}{360}$

$=4\pi+5\pi+3\pi=12\pi(\text{cm})$

22 $\overline{OA}=\overline{OC}$이므로

$\angle OCA=\angle OAC=30°$,

$\angle AOC=180°-(30°+30°)=120°$ ······ ❶

반지름의 길이를 r cm라고 하면 부채꼴 AOC에서

$2\pi r\times\frac{120}{360}=4\pi,\ r=6$

즉 반지름의 길이는 6 cm이다. ······ ❷

$\overline{AC}/\!/\overline{OD}$이므로 $\angle BOD=\angle OAC=30°$(동위각)

따라서 부채꼴 BOD의 넓이는

$\pi\times6^2\times\frac{30}{360}=3\pi(\text{cm}^2)$ ······ ❸

채점 기준	비율
❶ $\angle AOC$의 크기 구하기	30 %
❷ 반지름의 길이 구하기	30 %
❸ 부채꼴 BOD의 넓이 구하기	40 %

23 $\overline{AB}/\!/\overline{CD}$이므로 $\angle OCD=\angle AOC=30°$(엇각)

△OCD에서 $\overline{OC}=\overline{OD}$이므로

$\angle ODC=30°$,

$\angle COD=180°-(30°+30°)=120°$ ······ ❶

반지름의 길이를 r cm라고 하면 부채꼴 OCD에서

$2\pi r\times\frac{120}{360}=12\pi,\ r=18$

즉 반지름의 길이는 18 cm이다. ······ ❷

따라서 부채꼴 AOC의 넓이는

$\pi\times18^2\times\frac{30}{360}=27\pi(\text{cm}^2)$ ······ ❸

채점 기준	비율
❶ $\angle COD$의 크기 구하기	30 %
❷ 반지름의 길이 구하기	30 %
❸ 부채꼴 AOC의 넓이 구하기	40 %

24 부채꼴의 호의 길이는 중심각의 크기에 정비례하므로

$l : 2\pi r=x : 360$ ······ ❶

그렇기 때문에 $360\times l=2\pi r\times x$,

$l=2\pi r\times x\times\frac{1}{360}$

따라서 $l=2\pi r\times\frac{x}{360}$이다. ······ ❷

채점 기준	비율
❶ 비례식 세우기	50 %
❷ 부채꼴의 호의 길이 l이 $l=2\pi r\times\frac{x}{360}$인 이유를 설명하기	50 %

25 부채꼴의 넓이는 중심각의 크기에 정비례하므로

$S:\pi r^2=x:360$ …… ❶

그렇기 때문에 $360\times S=\pi r^2\times x$,

$S=\pi r^2\times x\times\frac{1}{360}$

따라서 $S=\pi r^2\times\frac{x}{360}$이다. …… ❷

채점 기준	비율
❶ 비례식 세우기	50 %
❷ 부채꼴의 넓이 S가 $S=\pi r^2\times\frac{x}{360}$인 이유를 설명하기	50 %

5. 다면체와 회전체

1 다면체

72~73쪽

핵심예제 1 ㄱ, ㄹ

ㄴ. 원과 곡면으로 둘러싸여 있으므로 다면체가 아니다.
ㄷ. 평면도형이다.
ㅁ. 곡면으로 둘러싸여 있으므로 다면체가 아니다.
따라서 다면체인 것은 ㄱ, ㄹ이다.

1-1 3개

ㄷ, ㅁ. 원과 곡면으로 둘러싸여 있으므로 다면체가 아니다.
따라서 다면체인 것은 ㄱ, ㄴ, ㄹ의 3개이다.

핵심예제 2 (1) 육면체 (2) 칠면체

(1) 면의 개수가 6이므로 육면체이다.
(2) 면의 개수가 7이므로 칠면체이다.

2-1 (1) 5, 오면체 (2) 4, 사면체 (3) 7, 칠면체 (4) 7, 칠면체

(1) 삼각기둥은 오른쪽 그림과 같고 면의 개수는 5이므로 오면체이다.

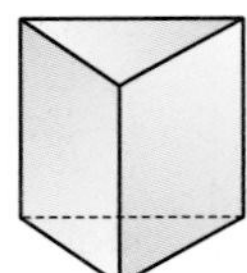

(2) 삼각뿔은 오른쪽 그림과 같고 면의 개수는 4이므로 사면체이다.

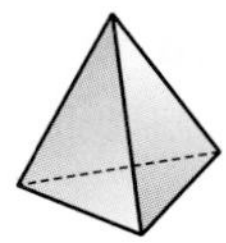

(3) 오각기둥은 오른쪽 그림과 같고 면의 개수는 7이므로 칠면체이다.

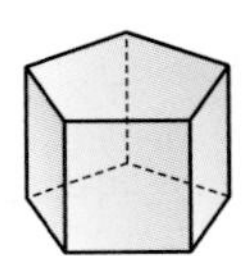

(4) 육각뿔은 오른쪽 그림과 같고 면의 개수는 7이므로 칠면체이다.

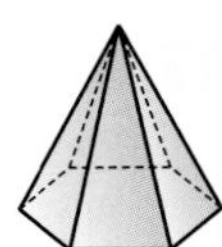

핵심예제 3 ㄴ, ㄷ

ㄱ. 각뿔대의 밑면은 2개이고, 두 밑면의 모양은 같지만 합동은 아니다.
ㄹ. 각뿔대의 밑면과 옆면은 서로 수직이 아니다.
따라서 옳은 것을 있는 대로 고르면 ㄴ, ㄷ이다.

3-1 칠각뿔대

조건 (나), (다)를 만족시키는 다면체는 각뿔대이고, 조건 (가)를 만족시키는 것은 오른쪽 그림과 같이 각뿔대 중 면의 개수가 9인 칠각뿔대이다.

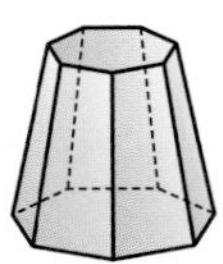

핵심예제 4 풀이 참조

다면체	(삼각기둥)	(삼각뿔)	(사각뿔대)
면의 개수	6	4	6
꼭지점의 개수	8	4	8
모서리의 개수	12	6	12
옆면의 모양	직사각형	삼각형	사다리꼴

4-1 3

오각기둥의 면의 개수는 $5+2=7$이므로 $a=7$,
십각뿔의 모서리의 개수는 $2\times10=20$이므로 $b=20$,
팔각뿔대의 꼭짓점의 개수는 $2\times8=16$이므로 $c=16$
따라서 $a-b+c=7-20+16=3$

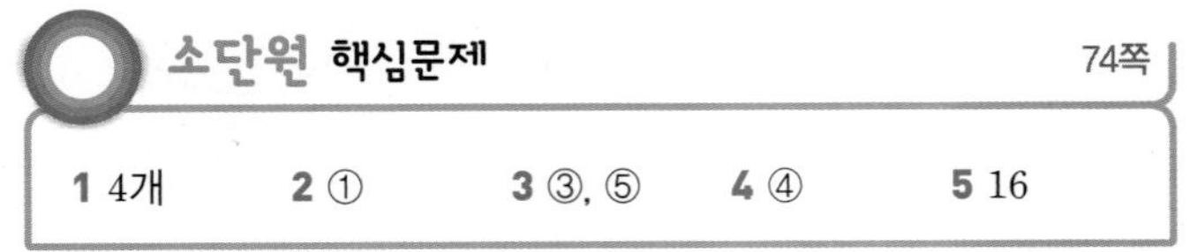

소단원 핵심문제

74쪽

1 4개 **2** ① **3** ③, ⑤ **4** ④ **5** 16

1 ㄷ. 정육각형은 평면도형이다.
ㄹ. 모든 면이 다각형이 아닌 원이나 곡면으로 둘러싸인 입체도형이다.
따라서 다면체는 ㄱ, ㄴ, ㅁ, ㅂ으로 모두 4개이다.

2 주어진 다면체는 삼각뿔대로 면의 개수는 5이다.
각 다면체의 면의 개수는
① 5 ② 6 ③ 7 ④ 8 ⑤ 9
따라서 주어진 다면체와 면의 개수가 같은 것은 ① 사각뿔이다.

3 오각뿔대는 오른쪽 그림과 같다.
① 오각뿔대는 면이 7개이므로 칠면체이다.
② 밑면의 모양은 오각형이다.
③ 오각뿔대의 밑면과 옆면은 서로 수직이 아니다.
④ 오각뿔대의 꼭짓점의 개수는 $2\times5=10$, 모서리의 개수는 $3\times5=15$이다.
⑤ 밑면에 평행하게 자른 단면은 오각형이다.
따라서 옳지 않은 것을 모두 고르면 ③, ⑤이다.

4 각 다면체의 옆면의 모양은 다음과 같다.
① 삼각뿔 – 삼각형 ② 육각뿔 – 삼각형
③ 칠각기둥 – 직사각형 ④ 삼각뿔대 – 사다리꼴
⑤ 팔각기둥 – 직사각형
따라서 옆면의 모양을 바르게 짝 지은 것은 ④이다.

5 구하는 각뿔대를 n각뿔대라고 하면 꼭짓점의 개수는 $2n$이므로
$2n=18$, $n=9$
즉 구하는 다면체는 구각뿔대이다.
구각뿔대의 면의 개수는 $9+2=11$이므로
$x=11$
모서리의 개수는 $3\times9=27$이므로 $y=27$
따라서 $y-x=27-11=16$

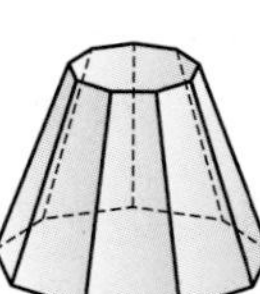

2 정다면체

75~76쪽

핵심예제 **5** (1) ㄱ, ㄷ, ㅁ (2) ㄱ, ㄴ, ㄹ

5-1 정이십면체

조건 (가), (나)에서 각 면이 합동인 정삼각형이면서 한 꼭짓점에 모인 면의 개수가 같은 다면체는 정사면체, 정팔면체, 정이십면체이고, 이 중에서 조건 (다)를 만족시키는 모서리의 개수가 30인 정다면체는 정이십면체이다.

5-2 22

정육면체의 꼭짓점의 개수는 8이므로 $x=8$
정사면체의 모서리의 개수는 6이므로 $y=6$
정팔면체의 면의 개수는 8이므로 $z=8$
따라서 $x+y+z=8+6+8=22$

핵심예제 **6** (1) 정사면체 (2) 점 D (3) $\overline{EF}$

(1) 주어진 전개도로 만들어지는 정다면체는 오른쪽 그림과 같은 정사면체이다.
(2) 점 B와 겹치는 꼭짓점은 점 D이다.
(3) $\overline{AF}$와 겹치는 모서리는 $\overline{EF}$이다.

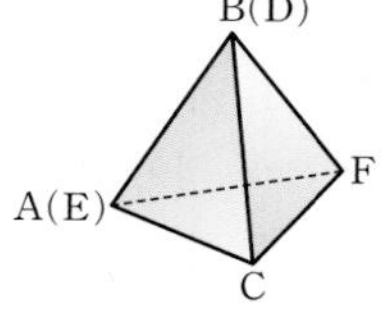

6-1 (1) 정팔면체 (2) 점 I (3) $\overline{GF}$ (4) $\overline{IE}$

(1) 주어진 전개도로 만들어지는 정다면체는 오른쪽 그림과 같은 정팔면체이다.
(2) 점 A와 겹치는 꼭짓점은 점 I이다.
(3) $\overline{CD}$와 겹치는 모서리는 $\overline{GF}$이다.
(4) $\overline{CJ}$와 평행한 모서리는 $\overline{IE}(=\overline{AE})$이다.

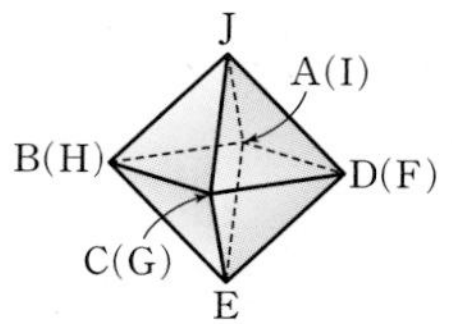

6-2 (1) ○ (2) ○ (3) × (4) ×

(1) 주어진 전개도로 만들어지는 입체도형은 정십이면체이다.
(2) 정십이면체는 정오각형이 한 꼭짓점에 3개씩 모여 만들어진다.
(3) 정십이면체의 모서리의 개수는 30이다.
(4) 정십이면체의 꼭짓점의 개수는 20이다.

소단원 핵심문제

77쪽

1 ② **2** ③ **3** 정육면체 **4** ④ **5** ④

1 ㄱ. 정육면체의 꼭짓점의 개수는 8, 정팔면체의 면의 개수는 8이다.
ㄴ. 한 꼭짓점에 모인 면의 개수가 3인 정다면체는 정사면체, 정육면체, 정십이면체이다.
ㄷ. 모든 면이 정삼각형인 것은 정사면체, 정팔면체, 정이십면체이다.
ㄹ. 한 면의 모양이 정삼각형인 정다면체는 정사면체, 정팔면체, 정이십면체, 한 면의 모양이 정사각형인 정다면체는 정육면체, 한 면의 모양이 정오각형인 정다면체는 정십이면체이다.
따라서 옳은 것을 있는 대로 고르면 ㄱ, ㄹ이다.

2 각 정다면체의 면의 모양은 다음과 같다.
① 정사면체 – 정삼각형 ② 정육면체 – 정사각형
③ 정팔면체 – 정삼각형 ④ 정십이면체 – 정오각형
⑤ 정이십면체 – 정삼각형
따라서 옆면의 모양을 짝 지은 것으로 옳지 않은 것은 ③이다.

3 조건 (가)에서 한 꼭짓점에 모인 면의 개수가 3인 정다면체는 정사면체, 정육면체, 정십이면체이고, 이 중에서 조건 (나), (다)를 만족시키는 정다면체는 정육면체이다.

4 정사면체의 한 꼭짓점에 모인 면의 개수는 3이므로 $a=3$
정팔면체의 꼭짓점의 개수는 6이므로 $b=6$

정십이면체의 모서리의 개수는 30이므로 $c=30$
따라서 $a-b+c=3-6+30=27$

5 ① 주어진 전개도로 만들어지는 정다면체는 정이십면체이다.
② 정이십면체의 꼭짓점의 개수는 12이다.
③ 정이십면체의 모서리의 개수는 30이다.
⑤ 주어진 정다면체의 각 면은 정삼각형이고, 정육면체의 각 면은 정사각형이므로 합동이 아니다.
따라서 옳은 것은 ④이다.

3 회전체 78~80쪽

핵심예제 7 ㄱ, ㄷ, ㅁ

ㄴ, ㄹ. 모든 면이 다각형으로 둘러싸인 다면체이다.
따라서 회전체인 것은 ㄱ, ㄷ, ㅁ이다.

7-1 풀이 참조

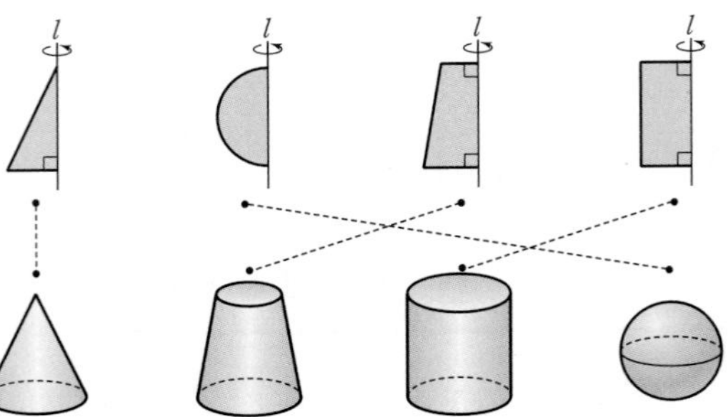

핵심예제 8 풀이 참조

	구	원뿔대	원뿔	원기둥
회전축에 수직인 평면	원	원	원	원
회전축을 포함하는 평면	원	사다리꼴	이등변 삼각형	직사각형

8-1 원뿔대

아래 그림과 같이 조건 (가)에 따라 자른 단면이 원, 조건 (나)에 따라 자른 단면이 사다리꼴인 회전체는 원뿔대이다.

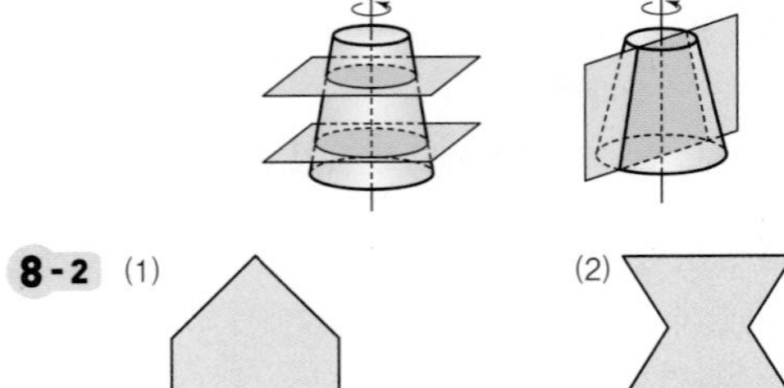

8-2 (1) (2)

핵심예제 9 (1) 원뿔대 (2) 12 cm (3) 사다리꼴

(1) 주어진 전개도는 원뿔대의 전개도이므로 만들어지는 회전체는 원뿔대이다.
(2) 주어진 전개도로 만들어지는 원뿔대의 모선의 길이는 12 cm이다.
(3) 회전축을 포함하는 평면으로 자를 때 생기는 단면의 모양은 사다리꼴이다.

9-1 (1) $a=3$, $b=7$ (2) $a=10$, $b=6$

9-2 6π cm

원기둥의 전개도에서 옆면의 가로의 길이는 밑면인 원의 둘레의 길이와 같다. 따라서 원둘레의 길이는 6π cm이다.

소단원 핵심문제 81쪽

1 ㄹ, ㅁ, ㅂ **2** ② **3** ④ **4** 160 cm^2 **5** ⑤

1 회전축을 갖는 입체도형은 회전체이다.
따라서 회전체인 것을 있는 대로 고르면 ㄹ, ㅁ, ㅂ이다.

2 주어진 그림과 같이 회전시켰을 때 만들어지는 회전체는 도넛 모양인 ②와 같이 만들어진다.

3 ④ 주어진 전개도로 만들어지는 입체도형은 원뿔대이고, 원뿔대를 회전축을 포함하는 평면으로 자른 단면의 모양은 사다리꼴이다.

4 만들어지는 회전체는 원기둥이다. 이때 이 원기둥을 회전축을 포함하는 평면으로 자를 때 생기는 단면은 직선 l을 기준으로 선대칭 도형이다. 따라서 가로의 길이가 16 cm, 세로의 길이가 10 cm 인 직사각형이므로 넓이는 $16\times10=160(\text{cm}^2)$이다.

5 ⑤ 색칠한 밑면의 둘레의 길이는 전개도에서 옆면의 $\overset{\frown}{BC}$의 길이와 같다.

중단원 마무리 테스트 82~85쪽

1 ③, ⑤ **2** ② **3** ③ **4** ⑤ **5** 40
6 ② **7** ⑤ **8** ④ **9** ② **10** ⑤
11 정육면체 **12** ① **13** ⑤ **14** ② **15** ②
16 ⑤ **17** ① **18** ③, ④ **19** 108 cm^2
20 $a=4\pi$, $b=10\pi$ **21** 18 **22** 32
23 1, 풀이 참조 **24** 30, 풀이 참조
25 풀이 참조 **26** 풀이 참조

1 ③ 평면도형이다.
⑤ 원과 곡면으로 둘러싸여 있으므로 다면체가 아니다.

2 각 다면체의 면의 개수는 다음과 같다.
① $4+1=5$ ② $5+1=6$ ③ $5+2=7$
④ $5+2=7$ ⑤ $6+1=7$
따라서 육면체인 것은 ②이다.

3 주어진 입체도형의 꼭짓점의 개수는 7이므로 $v=7$
모서리의 개수는 12이므로 $e=12$
면의 개수는 7이므로 $f=7$
따라서 $v-e+f=7-12+7=2$

4 구하는 각뿔대를 n각뿔대라 하면 $2n=20$, $n=10$이므로 십각뿔대이다.
십각뿔대의 면의 개수는 $10+2=12$이므로 $x=12$
모서리의 개수는 $3\times10=30$이므로 $y=30$
따라서 $x+y=12+30=42$

5 오각기둥의 면의 개수는 $5+2=7$
꼭짓점의 개수는 $2\times5=10$
사각뿔의 모서리의 개수는 $2\times4=8$
삼각뿔대의 모서리의 개수는 $3\times3=9$
꼭짓점의 개수는 $2\times3=6$
따라서 빈칸에 들어갈 수의 합은
$7+10+8+9+6=40$

6 ① 사각뿔－삼각형 ③ 오각기둥－직사각형
④ 육각뿔대－사다리꼴 ⑤ 육각뿔－삼각형

참고

다면체	각기둥	각뿔	각뿔대
옆면 모양	직사각형	이등변삼각형	사다리꼴

7 ① 육각기둥의 면의 개수는 $6+2=8$이므로 팔면체이다.
② 오각뿔의 모서리의 개수는 $2\times5=10$
③ 오각기둥의 옆면의 모양은 직사각형이다.
④ 각뿔대의 두 밑면은 서로 평행하지만 합동은 아니다.
따라서 옳은 것은 ⑤이다.

8 조건 (가), (나)를 만족시키는 입체도형은 각기둥이다.
이 입체도형을 n각기둥이라 하면 조건 (다)에서 꼭짓점의 개수가 10이므로 $2n=10$, $n=5$
따라서 조건을 모두 만족시키는 입체도형은 오각기둥이다.

9 ② 정육면체의 한 꼭짓점에 모인 면의 개수는 3이다.

10 ㄱ. 한 꼭짓점에 모인 면의 개수가 3인 정다면체는 아래와 같이 3종류이다.
정사면체 : 한 면의 모양이 정삼각형이다.
정육면체 : 한 면의 모양이 정사각형이다.
정십이면체 : 한 면의 모양이 정오각형이다.
ㄴ. 면의 모양이 정사각형인 정다면체는 정육면체이다.
ㄷ. 모든 면이 정삼각형으로 이루어진 정다면체는 정사면체, 정팔면체, 정이십면체의 3종류이다.
따라서 옳은 것을 있는 대로 고른 것은 ⑤ ㄱ, ㄴ, ㄷ이다.

11 정팔면체의 각 면의 중심을 이어 만든 다면체는 오른쪽 그림과 같으므로 정팔면체의 쌍대다면체는 정육면체이다.

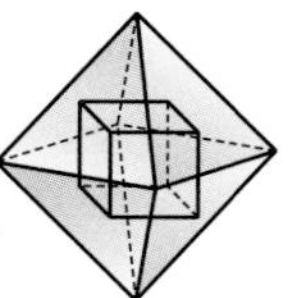

12 (가) 모든 면이 정삼각형으로 이루어진 정다면체는 정사면체, 정팔면체, 정이십면체의 3종류이다.
(나) 모서리의 개수가 30인 정다면체는 정십이면체, 정이십면체이다.
따라서 주어진 조건 (가), (나)를 모두 만족시키는 정다면체는 정이십면체이므로 꼭짓점의 개수는 12이다.

13 정육면체를 한 평면으로 자를 때 생기는 단면의 모양은 다음과 같이 정삼각형, 직사각형, 오각형, 육각형이 가능하다.

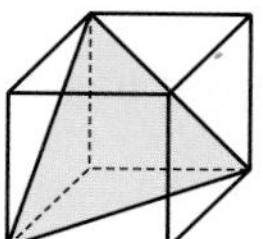 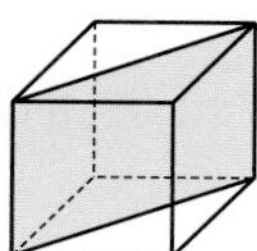 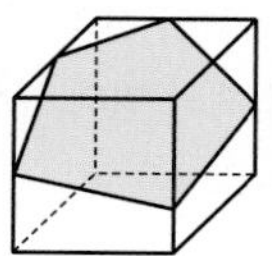 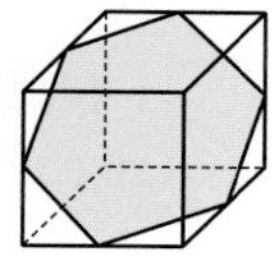

14 주어진 전개도로 만들어지는 정다면체는 오른쪽 그림과 같은 정팔면체이다.
따라서 $\overline{BJ}$와 평행한 모서리는 ② $\overline{ED}$ $(=\overline{EF})$이다.

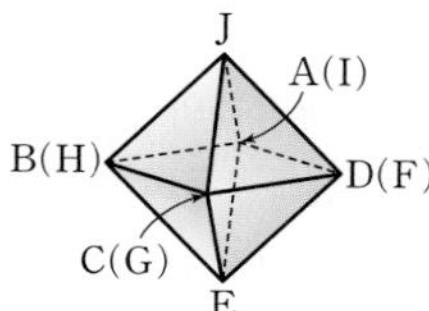

15 ② 주어진 도형으로 직선 l을 회전축으로 하여 1회전 시키면 된다.

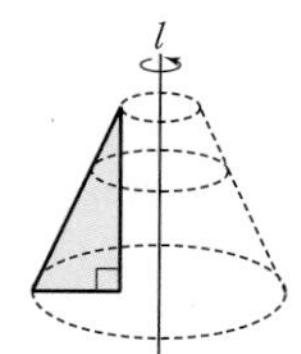

16 ⑤ 직사각형 ABCD를 대각선 AC를 회전축으로 하여 1회전 시킬 때 생기는 입체도형은 오른쪽 그림과 같다.

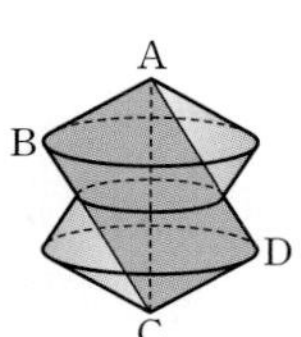

17 ① 구를 회전축에 수직인 평면으로 자르면 단면의 모양은 다양한 크기의 원이다.

18 ① 회전체를 회전축에 수직인 평면으로 자를 때 생기는 단면이 항상 합동인 것은 아니다.
② 원뿔을 회전축을 포함하는 평면으로 자를 때 생기는 단면은 이등변삼각형이다.
⑤ 구의 전개도는 그릴 수 없다.

19 오른쪽 그림과 같이 원뿔대를 회전축을 포함하는 평면으로 자를 때 생기는 단면의 넓이가 가장 크다.
따라서 구하는 단면의 넓이는
$\frac{1}{2}\times(14+10)\times9=108\ (\text{cm}^2)$

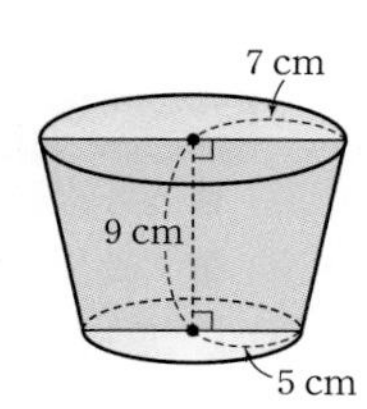

20 a의 값은 두 밑면 중 작은 원의 둘레의 길이와 같으므로
$a=2\pi\times2=4\pi$
b의 값은 두 밑면 중 큰 원의 둘레의 길이와 같으므로
$b=2\pi\times5=10\pi$

21 구하는 각뿔대를 n각뿔대라고 하면
n각뿔대의 모서리의 개수는 $3n$,
n각뿔대의 면의 개수는 $n+2$이므로
$3n-(n+2)=16$, $3n-n-2=16$, $2n=18$, $n=9$
따라서 조건을 만족하는 입체도형은 구각뿔대이므로
꼭짓점의 개수는 $9\times2=18$

22 각 꼭짓점 부분에서 각뿔 모양을 잘라내는 것이므로 꼭짓점의 개수만큼 면이 생긴다. 따라서
(주어진 다면체의 면의 개수)
=(정이십면체의 면의 개수)+(정이십면체의 꼭짓점의 개수)
$=20+12=32$

23 정십이면체의 모서리의 개수는 30, 정육면체의 꼭짓점의 개수는 8
즉 $a=30$, $b=8$이므로 $a-b=30-8=22$ …… ❶
m각뿔의 면의 개수는 $m+1=22$에서 $m=21$
n각기둥의 면의 개수는 $n+2=22$에서 $n=20$ …… ❷
따라서 $m-n=21-20=1$이다. …… ❸

채점 기준	비율
❶ a, b, $a-b$의 값 구하기	50 %
❷ m, n의 값을 각각 구하기	40 %
❸ $m-n$의 값 구하기	10 %

24 정십이면체의 꼭짓점의 개수는 20, 정팔면체의 모서리의 개수는 12
즉 $a=20$, $b=12$이므로 $a-b=20-12=8$ …… ❶
육각뿔대의 모서리의 개수 $m=3\times6=18$
꼭짓점의 개수 $n=2\times6=12$ …… ❷
따라서 $m+n=18+12=30$ …… ❸

채점 기준	비율
❶ a, b, $a-b$의 값 구하기	50 %
❷ m, n의 값을 각각 구하기	40 %
❸ $m+n$의 값 구하기	10 %

25 주어진 다면체는 정다면체가 아니다. …… ❶
왜냐하면 꼭짓점에서 만나는 면의 개수를 나타내면 오른쪽 그림과 같다. …… ❷
따라서 한 꼭짓점에 모인 면의 개수가 모두 같지 않기 때문에 정다면체가 아니다. …… ❸

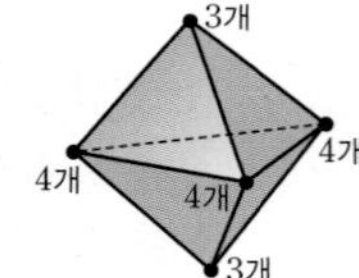

채점 기준	비율
❶ 정다면체인지 아닌지 말하기	10 %
❷ 꼭짓점에서 만나는 면의 개수 구하기	50 %
❸ 정다면체가 아닌 이유 말하기	40 %

26 주어진 다면체는 정다면체가 아니다. …… ❶
왜냐하면 각 꼭짓점에서 만나는 면의 개수를 나타내면 오른쪽 그림과 같다. …… ❷

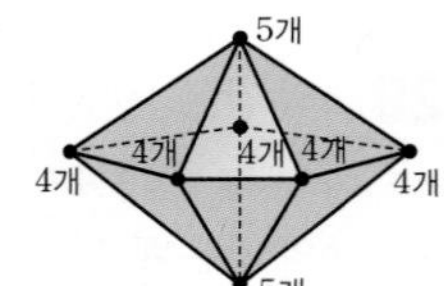

따라서 한 꼭짓점에 모인 면의 개수가 모두 같지 않기 때문에 정다면체가 아니다. …… ❸

채점 기준	비율
❶ 정다면체인지 아닌지 말하기	10 %
❷ 꼭짓점에서 만나는 면의 개수 구하기	50 %
❸ 정다면체가 아닌 이유 말하기	40 %

6. 입체도형의 겉넓이와 부피

 1 기둥의 겉넓이와 부피

88~89쪽

핵심예제 1 (1) 30 cm^2, 300 cm^2, 360 cm^2
(2) $16\pi\text{ cm}^2$, $64\pi\text{ cm}^2$, $96\pi\text{ cm}^2$

(1) (밑넓이)$=\frac{1}{2}\times5\times12=30(\text{cm}^2)$
(옆넓이)$=(5+13+12)\times10=300(\text{cm}^2)$
(겉넓이)=(밑넓이)×2+(옆넓이)
$=30\times2+300=360(\text{cm}^2)$
(2) (밑넓이)$=\pi\times4^2=16\pi(\text{cm}^2)$
(옆넓이)$=(2\pi\times4)\times8=64\pi(\text{cm}^2)$
(겉넓이)=(밑넓이)×2+(옆넓이)
$=16\pi\times2+64\pi=96\pi(\text{cm}^2)$

1-1 (1) 2, 8, 2, 8, 10, 288 (2) 2, 2, 6π, 54π

(1) (겉넓이)=(밑넓이)×$\boxed{2}$×(옆넓이)
$=\frac{1}{2}\times6\times\boxed{8}\times\boxed{2}+(\boxed{8}+6+10)\times\boxed{10}$
$=48+240=\boxed{288}(\text{cm}^2)$
(2) (겉넓이)=(밑넓이)×$\boxed{2}$×(옆넓이)
$=9\pi\times2+2\pi\times3\times6$
$=9\pi\times\boxed{2}+\boxed{6\pi}\times6=18\pi+36\pi$
$=\boxed{54\pi}(\text{cm}^2)$

1-2 (1) 112 cm^2 (2) $192\pi\text{ cm}^2$

(1) (밑넓이)$=4\times4=16\ (\text{cm}^2)$
(옆넓이)$=(4\times4)\times5=80\ (\text{cm}^2)$
따라서 (겉넓이)=(밑넓이)×2+(옆넓이)
$=16\times2+80=112\ (\text{cm}^2)$
(2) (밑넓이)$=\pi\times6^2=36\pi\ (\text{cm}^2)$
(옆넓이)$=(2\pi\times6)\times10=120\pi\ (\text{cm}^2)$
따라서 (겉넓이)=(밑넓이)×2+(옆넓이)
$=36\pi\times2+120\pi=192\pi\ (\text{cm}^2)$

핵심예제 **2** (1) 12 cm^2, 6 cm, 72 cm^3
(2) 25π cm^2, 8 cm, 200π cm^3

(1) (밑넓이)$=\frac{1}{2}\times6\times4=12(\text{cm}^2)$, (높이)$=6$ cm
(부피)$=$(밑넓이)$\times$(높이)$=12\times6=72(\text{cm}^3)$
(2) (밑넓이)$=\pi\times5^2=25\pi(\text{cm}^2)$, (높이)$=8$ cm
(부피)$=$(밑넓이)$\times$(높이)$=25\pi\times8=200\pi(\text{cm}^3)$

2-1 (1) 125 cm^3 (2) 108 cm^3

(1) (부피)$=$(밑넓이)$\times$(높이)
$=(5\times5)\times5=125(\text{cm}^3)$
(2) (부피)$=$(밑넓이)$\times$(높이)
$=(\pi\times3^2)\times12$
$=9\pi\times12=108\pi(\text{cm}^3)$

2-2 (1) 560 cm^3 (2) 270 cm^3

(1) (밑넓이)$=\frac{1}{2}\times(5+9)\times8=56\ (\text{cm}^2)$
따라서 (부피)$=$(밑넓이)$\times$(높이)
$=56\times10=560\ (\text{cm}^3)$
(2) (밑넓이)$=\frac{1}{2}\times9\times6=27\ (\text{cm}^2)$
따라서 (부피)$=$(밑넓이)$\times$(높이)
$=27\times10=270\ (\text{cm}^3)$

소단원 핵심문제 90쪽

1 ② 2 ⑤ 3 ② 4 ③
5 175π cm^3

1 정육면체의 한 모서리의 길이를 x cm라고 하면
$6x\times x=150$, $x\times x=25$, 즉 $x=5$
따라서 정육면체의 한 모서리의 길이는 5 cm이다.

2 회전체는 밑면의 반지름의 길이가 4 cm, 높이가 5 cm인 원기둥이므로
(겉넓이)$=16\pi\times2+8\pi\times5$
$=32\pi+40\pi=72\pi(\text{cm}^2)$

3 육각기둥의 높이를 h cm라고 하면
$168=24\times h$, 즉 $h=7$
따라서 육각기둥의 높이는 7 cm이다.

4 (속이 빈 원기둥의 부피)
$=$(큰 원기둥의 부피)$-$(작은 원기둥의 부피)
$=\pi\times4^2\times16-\pi\times3^2\times16$
$=256\pi-144\pi$
$=112\pi(\text{cm}^3)$

5 원기둥의 높이를 h cm라고 하면
$\pi\times5^2\times2+2\pi\times5\times h=120\pi$
$50\pi+10\pi\times h=120\pi$
$10\pi\times h=70\pi$, 즉 $h=7$
따라서 (원기둥의 부피)$=\pi\times5^2\times7=175\pi(\text{cm}^3)$

2 뿔의 겉넓이와 부피 91~93쪽

핵심예제 **3** 6, 36, 8, 4, 96, 132

(밑넓이)$=6\times\boxed{6}=\boxed{36}(\text{cm}^2)$
(옆넓이)$=\left(\frac{1}{2}\times6\times\boxed{8}\right)\times\boxed{4}=\boxed{96}(\text{cm}^2)$
따라서(겉넓이)$=36+96=\boxed{132}(\text{cm}^2)$

3-1 (1) 85 cm^2 (2) 224 cm^2

(1) (밑넓이)$=5\times5=25(\text{cm}^2)$
(옆넓이)$=\left(\frac{1}{2}\times5\times6\right)\times4=60(\text{cm}^2)$
따라서 (겉넓이)$=$(밑넓이)$+$(옆넓이)
$=25+60=85(\text{cm}^2)$
(2) (밑넓이)$=8\times8=64(\text{cm}^2)$
(옆넓이)$=\left(\frac{1}{2}\times8\times10\right)\times4=160(\text{cm}^2)$
따라서 (겉넓이)$=$(밑넓이)$+$(옆넓이)
$=64+160=224(\text{cm}^2)$

핵심예제 **4** 3, 9, 6π, 6π, 21π, 30π

(밑넓이)$=\pi\times\boxed{3}^2=\boxed{9}\pi(\text{cm}^2)$
옆면의 모양은 반지름의 길이가 7 cm,
호의 길이가 $2\pi\times3=\boxed{6\pi}$(cm)인 부채꼴이므로
(옆넓이)$=\frac{1}{2}\times7\times\boxed{6\pi}=\boxed{21\pi}(\text{cm}^2)$
따라서 (겉넓이)$=9\pi+21\pi=\boxed{30\pi}(\text{cm}^2)$

4-1 (1) 112π cm^2 (2) 40π cm^2

(1) (밑넓이)$=\pi\times7^2=49\pi(\text{cm}^2)$
(옆넓이)$=\frac{1}{2}\times9\times(2\pi\times7)=63\pi(\text{cm}^2)$
따라서 (겉넓이)$=$(밑넓이)$+$(옆넓이)
$=49\pi+63\pi=112\pi(\text{cm}^2)$
(2) (밑넓이)$=\pi\times4^2=16\pi(\text{cm}^2)$
(옆넓이)$=\frac{1}{2}\times6\times(2\pi\times4)=24\pi(\text{cm}^2)$
따라서 (겉넓이)$=$(밑넓이)$+$(옆넓이)
$=16\pi+24\pi=40\pi(\text{cm}^2)$

핵심예제 **5** (1) $36\ cm^2$, $7\ cm$, $84\ cm^3$
(2) $25\pi\ cm^2$, $9\ cm$, $75\pi\ cm^3$

(1) (밑넓이)$=6\times6=36(cm^2)$, (높이)$=7$ cm

따라서 (부피)$=\frac{1}{3}\times$(밑넓이)$\times$(높이)

$=\frac{1}{3}\times36\times7=84(cm^3)$

(2) (밑넓이)$=\pi\times5^2=25\pi(cm^2)$, (높이)$=9$ cm

따라서 (부피)$=\frac{1}{3}\times$(밑넓이)$\times$(높이)

$=\frac{1}{3}\times25\pi\times9=75\pi(cm^3)$

5-1 (1) $10\ cm^3$ (2) $18\pi\ cm^3$

(1) (밑넓이)$=\frac{1}{2}\times3\times4=6\ (cm^2)$

따라서 (부피)$=\frac{1}{3}\times6\times5=10\ (cm^3)$

(2) (밑넓이)$=\pi\times3^2=9\pi\ (cm^2)$

따라서 (부피)$=\frac{1}{3}\times9\pi\times6=18\pi\ (cm^3)$

5-2 9 cm

(밑넓이)$=7\times7=49(cm^2)$이고, 높이를 h cm라고 하면

(사각뿔의 부피)$=\frac{1}{3}\times$(밑넓이)$\times$(높이)이므로

$147=\frac{1}{3}\times49\times h$, $h=9$

따라서 사각뿔의 높이는 9 cm이다.

핵심예제 **6** (1) $45\pi\ cm^2$ (2) $45\pi\ cm^2$ (3) $90\pi\ cm^2$

(1) (두 밑넓이의 합)$=\pi\times3^2+\pi\times6^2$

$=9\pi+36\pi=45\pi(cm^2)$

(2) (옆넓이)$=\frac{1}{2}\times10\times(2\pi\times6)-\frac{1}{2}\times5\times(2\pi\times3)$

$=60\pi-15\pi=45\pi(cm^2)$

(3) (겉넓이)=(두 밑넓이의 합)+(옆넓이)

$=45\pi+45\pi=90\pi(cm^2)$

6-1 (1) $357\ cm^2$ (2) $28\pi\ cm^2$

(1) (두 밑넓이의 합)$=6\times6+9\times9=36+81=117(cm^2)$

(옆넓이)$=\left\{\frac{1}{2}\times(6+9)\times8\right\}\times4=240(cm^2)$

따라서 (겉넓이)=(두 밑넓이의 합)+(옆넓이)

$=117+240=357(cm^2)$

(2) (두 밑넓이의 합)$=\pi\times2^2+\pi\times3^2=4\pi+9\pi=13\pi(cm^2)$

(옆넓이)$=\frac{1}{2}\times9\times(2\pi\times3)-\frac{1}{2}\times6\times(2\pi\times2)$

$=27\pi-12\pi=15\pi(cm^2)$

따라서 (겉넓이)=(두 밑넓이의 합)+(옆넓이)

$=13\pi+15\pi=28\pi(cm^2)$

핵심예제 **7** (1) $96\ cm^3$ (2) $12\ cm^3$ (3) $84\ cm^3$

(1) (큰 사각뿔의 부피)$=\frac{1}{3}\times(6\times6)\times8=96(cm^3)$

(2) (작은 사각뿔의 부피)$=\frac{1}{3}\times(3\times3)\times4=12(cm^3)$

(3) (사각뿔대의 부피)

=(큰 사각뿔의 부피)−(작은 사각뿔의 부피)

$=96-12=84(cm^3)$

7-1 (1) $105\ cm^3$ (2) $105\pi\ cm^3$

(1) (큰 사각뿔의 부피)$=\frac{1}{3}\times(10\times6)\times6=120(cm^3)$

(작은 사각뿔의 부피)$=\frac{1}{3}\times(5\times3)\times3=15(cm^3)$

따라서

(사각뿔대의 부피)

=(큰 사각뿔의 부피)−(작은 사각뿔의 부피)

$=120-15=105(cm^3)$

(2) (큰 원뿔의 부피)$=\frac{1}{3}\times(\pi\times6^2)\times10=120\pi(cm^3)$

(작은 원뿔의 부피)$=\frac{1}{3}\times(\pi\times3^2)\times5=15\pi(cm^3)$

따라서

(원뿔대의 부피)=(큰 원뿔의 부피)−(작은 원뿔의 부피)

$=120\pi-15\pi=105\pi(cm^3)$

소단원 핵심문제

94쪽

1 $312\ cm^2$ **2** ④ **3** 6분 **4** ③
5 (1) $140\pi\ cm^2$ (2) $112\pi\ cm^3$

1 (겉넓이)$=4\times\left(\frac{1}{2}\times6\times7\right)+(6\times8)\times4+6\times6$

$=84+192+36=312(cm^2)$

2 원뿔의 모선의 길이를 l cm라 하면

$\pi\times3^2+\frac{1}{2}\times l\times(2\pi\times3)=36\pi$

$9\pi+3\pi l=36\pi$, $3\pi l=27\pi$, 즉 $l=9$

따라서 모선의 길이는 9 cm이다.

3 (원뿔 모양의 물통의 부피)$=\frac{1}{3}\times(\pi\times3^2)\times5=15\pi(cm^3)$

물통에 물이 완전히 다 채워지는 데 걸리는 시간을 x분이라고 하면

$2.5\pi\times x=15\pi$, 즉 $x=6$

따라서 물통에 물이 완전히 다 채워지는 데 걸리는 시간은 6분이다.

4 옆면인 사다리꼴의 높이를 h cm라고 하면 사각뿔대의 겉넓이가 $189\ cm^2$이므로

$3\times3+6\times6+\left\{\frac{1}{2}\times(3+6)\times h\right\}\times4=189$

$9+36+18h=189$, $18h=144$, 즉 $h=8$

5 주어진 사다리꼴을 직선 l을 회전축으로 하여 1회전 시킬 때 생기는 입체도형은 오른쪽 그림과 같다.

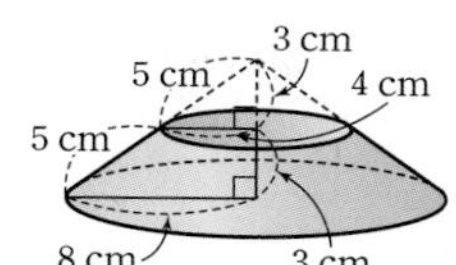

(1) (두 밑넓이의 합) $=\pi\times4^2+\pi\times8^2$
$=16\pi+64\pi$
$=80\pi(\text{cm}^2)$

(옆넓이) $=\frac{1}{2}\times10\times(2\pi\times8)-\frac{1}{2}\times5\times(2\pi\times4)$
$=80\pi-20\pi=60\pi(\text{cm}^2)$

따라서 (겉넓이) $=$ (두 밑넓이의 합) $+$ (옆넓이)
$=80\pi+60\pi=140\pi(\text{cm}^2)$

(2) (큰 원뿔의 부피) $=\frac{1}{3}\times(\pi\times8^2)\times6=128\pi(\text{cm}^3)$

(작은 원뿔의 부피) $=\frac{1}{3}\times(\pi\times4^2)\times3=16\pi(\text{cm}^3)$

따라서

(원뿔대의 부피) $=$ (큰 원뿔의 부피) $-$ (작은 원뿔의 부피)
$=128\pi-16\pi=112\pi(\text{cm}^3)$

3 구의 겉넓이와 부피 95~96쪽

핵심예제 **8** (1) 16π cm² (2) 100π cm²

(1) (겉넓이) $=4\pi\times2^2=16\pi(\text{cm}^2)$
(2) (겉넓이) $=4\pi\times5^2=100\pi(\text{cm}^2)$

8-1 (1) 36π cm² (2) 9 cm

(1) 반지름의 길이가 3 cm이므로 구의 겉넓이는
$4\pi\times3^2=36\pi(\text{cm}^2)$
(2) 반지름의 길이를 r cm라고 하면
$4\pi\times r^2=324\pi$, $r^2=81$, 즉 $r=9$
따라서 반지름의 길이는 9 cm이다.

핵심예제 **9** 108π cm²

(겉넓이) $=$ (구의 겉넓이) $\times\frac{1}{2}+$ (원의 넓이)
$=(4\pi\times6^2)\times\frac{1}{2}+\pi\times6^2$
$=72\pi+36\pi=108\pi(\text{cm}^2)$

9-1 27π cm²

(겉넓이) $=$ (구의 겉넓이) $\times\frac{1}{2}+$ (원의 넓이)
$=(4\pi\times3^2)\times\frac{1}{2}+\pi\times3^2$
$=18\pi+9\pi=27\pi(\text{cm}^2)$

핵심예제 **10** (1) $\frac{256}{3}\pi$ cm³ (2) 36π cm³

(1) (부피) $=\frac{4}{3}\pi\times4^3=\frac{256}{3}\pi$ (cm³)
(2) (부피) $=\frac{4}{3}\pi\times3^3=36\pi$ (cm³)

10-1 18π cm³

(부피) $=$ (구의 부피) $\times\frac{1}{2}=\left(\frac{4}{3}\pi\times3^3\right)\times\frac{1}{2}=18\pi$ (cm³)

핵심예제 **11** (1) 18π cm³ (2) 36π cm³ (3) 54π cm³ (4) 1 : 2 : 3

(1) (원뿔의 부피) $=\frac{1}{3}\times\pi\times3^2\times6=18\pi(\text{cm}^3)$
(2) (구의 부피) $=\frac{4}{3}\pi\times3^3=36\pi(\text{cm}^3)$
(3) (원기둥의 부피) $=\pi\times3^2\times6=54\pi(\text{cm}^3)$
(4) (원뿔의 부피) : (구의 부피) : (원기둥의 부피)
$=18\pi : 36\pi : 54\pi=1 : 2 : 3$

11-1 1 : 2 : 3

(원뿔의 부피) $=\frac{1}{3}\times(\pi\times1^2)\times2=\frac{2}{3}\pi(\text{cm}^3)$

(구의 부피) $=\frac{4}{3}\pi\times1^3=\frac{4}{3}\pi(\text{cm}^3)$

(원기둥의 부피) $=\pi\times1^2\times2=2\pi(\text{cm}^3)$
따라서 (원기둥의 부피) : (구의 부피) : (원기둥의 부피)
$=\frac{2}{3}\pi : \frac{4}{3}\pi : \frac{6}{3}\pi=1 : 2 : 3$

소단원 핵심문제 97쪽

1 75π cm²　2 (1) $\frac{45}{4}\pi$ cm² (2) $\frac{9}{2}\pi$ cm³
3 100π cm²　4 125개　5 (1) 18π cm³ (2) 54π cm³

1 (반구의 구면의 넓이) $=(4\pi\times3^2)\times\frac{1}{2}=18\pi(\text{cm}^2)$
(원기둥의 옆넓이) $=(2\pi\times3)\times8=48\pi(\text{cm}^2)$
(원기둥의 밑넓이) $=\pi\times3^2=9\pi(\text{cm}^2)$
따라서 (겉넓이) $=18\pi+48\pi+9\pi=75\pi(\text{cm}^2)$

2 (1) (겉넓이) $=$ (구의 겉넓이) $\times\frac{1}{8}+$ (부채꼴의 넓이) $\times3$
$=(4\pi\times3^2)\times\frac{1}{8}+\left(\pi\times3^2\times\frac{1}{4}\right)\times3$
$=\frac{9}{2}\pi+\frac{27}{4}\pi=\frac{45}{4}\pi(\text{cm}^2)$

(2) (부피) $=\left(\frac{4}{3}\pi\times3^3\right)\times\frac{1}{8}=\frac{9}{2}\pi(\text{cm}^3)$

3 구의 중심을 포함하는 평면으로 자른 단면인 원의 반지름의 길이와 구의 반지름의 길이는 같으므로 구의 반지름의 길이를 r cm라고 하면
$25\pi=\pi r^2$, 즉 $r=5$
따라서 구의 반지름의 길이는 5 cm이므로
(구의 겉넓이) $=4\pi\times5^2=100\pi(\text{cm}^2)$

4 지름의 길이가 10 cm인 쇠구슬의 부피는

$\frac{4}{3}\pi\times5^3=\frac{500}{3}\pi(\text{cm}^3)$

지름의 길이가 2 cm인 쇠구슬의 부피는

$\frac{4}{3}\pi\times1^3=\frac{4}{3}\pi(\text{cm}^3)$

따라서 만들 수 있는 쇠구슬의 개수는

$\frac{500\pi}{3}\div\frac{4\pi}{3}=125$

5 원기둥의 밑면의 반지름의 길이와 구의 반지름의 길이가 같으므로 구의 반지름의 길이를 r cm라 하면

$\frac{4}{3}\pi r^3=36\pi$, $r^3=27$, 즉 $r=3$

(1) (원뿔의 부피)$=\frac{1}{3}\times\pi\times3^2\times6=18\pi(\text{cm}^3)$

(2) (원기둥의 부피)$=\pi\times3^2\times6=54\pi(\text{cm}^3)$

다른 풀이

(1) (원뿔의 부피) : (구의 부피)$=1:2$이므로

(원뿔의 부피) : $36\pi=1:2$

따라서 (원뿔의 부피)$=18\pi(\text{cm}^3)$

(2) (구의 부피) : (원기둥의 부피)$=2:3$이므로

36π : (원기둥의 부피)$=2:3$

따라서 (원기둥의 부피)$=36\pi\times\frac{3}{2}=54\pi(\text{cm}^3)$

중단원 마무리 테스트

98~101쪽

1 ②	**2** 5 cm	**3** ③	**4** 600 cm^2	
5 405 cm^3	**6** ①	**7** 104π cm^3	**8** 420π cm^3	
9 495π cm^3		**10** ③	**11** ②	**12** ②
13 ③	**14** $\frac{256}{3}$ cm^3		**15** 312π cm^3	
16 ②	**17** 98π cm^2		**18** ⑤	**19** 12 cm

20 원뿔의 부피: $\frac{16}{3}\pi$ cm^3, 구의 부피: $\frac{32}{3}\pi$ cm^3 **21** ③
22 54π cm^3 **23** 150π cm^2, 풀이 참조
24 56π cm^2, 풀이 참조 **25** 풀이 참조
26 풀이 참조

1 (밑넓이)$=3\times3=9\ (\text{cm}^2)$

(옆넓이)$=(3\times4)\times5=60\ (\text{cm}^2)$

따라서 (겉넓이)$=9\times2+60=78\ (\text{cm}^2)$

2 정육면체의 한 모서리의 길이를 a cm라 하면

$(a\times a)\times6=150$, $a\times a=25$, 즉 $a=5$

따라서 정육면체의 한 모서리의 길이는 5 cm이다.

3 원기둥 모양의 롤러에 페인트를 묻혀 한 바퀴 굴릴 때, 페인트가 칠해지는 부분의 넓이는 롤러의 옆면의 넓이와 같다.

(원기둥 모양인 롤러의 옆면의 넓이)$=2\pi\times6\times25=300\pi(\text{cm}^2)$

따라서 페인트가 칠해지는 부분의 넓이는 300π cm^{2}이다.

4 오른쪽 그림과 같이 잘린 부분의 면을 이동하여 생각하면 주어진 입체도형의 겉넓이는 한 모서리의 길이가 10 cm인 정육면체의 겉넓이와 같다.

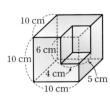

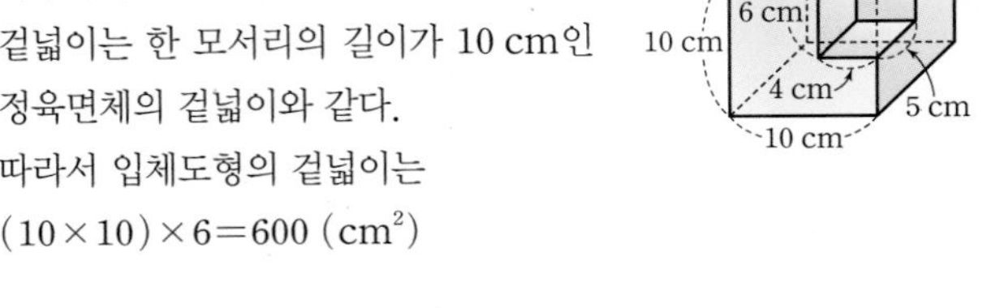

따라서 입체도형의 겉넓이는

$(10\times10)\times6=600\ (\text{cm}^2)$

5 (밑넓이)$=\frac{1}{2}\times9\times4+\frac{1}{2}\times9\times5=\frac{81}{2}(\text{cm}^2)$

높이는 10 cm이므로

(부피)$=\frac{81}{2}\times10=405(\text{cm}^3)$

6 사각기둥의 높이를 h cm라고 하면

$\left(\frac{1}{2}\times(7+3)\times4\right)\times h=140$, $20h=140$, 즉 $h=7$

따라서 높이는 7 cm이다.

7 입체도형의 부피는 높이가 5 cm인 원기둥의 부피와 높이가 3 cm인 원기둥의 부피의 $\frac{1}{2}$을 더한 것과 같다.

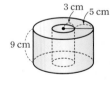

따라서 입체도형의 부피는

$(\pi\times4^2\times5)+\left(\frac{1}{2}\times\pi\times4^2\times3\right)=80\pi+24\pi=104\pi(\text{cm}^3)$

8 (작은 원기둥의 부피)$=(\pi\times3^2)\times4=36\pi\ (\text{cm}^3)$

(큰 원기둥의 부피)$=(\pi\times8^2)\times6=384\pi\ (\text{cm}^3)$

따라서 구하는 입체도형의 부피는

$36\pi+384\pi=420\pi\ (\text{cm}^3)$

9 주어진 직사각형을 직선 l을 회전축으로 하여 1회전 시킬 때 생기는 회전체는 오른쪽 그림과 같다.

(큰 원기둥의 부피)$=(\pi\times8^2)\times9$

$=576\pi\ (\text{cm}^3)$

(작은 원기둥의 부피)$=(\pi\times3^2)\times9=81\pi\ (\text{cm}^3)$

따라서 (부피)$=$(큰 원기둥의 부피)$-$(작은 원기둥의 부피)

$=576\pi-81\pi=495\pi(\text{cm}^3)$

10 (겉넓이)$=$(사각뿔 부분의 옆넓이)$+$(직육면체의 옆넓이)$+$(직육면체의 밑넓이)

$=\left(\frac{1}{2}\times6\times5\right)\times4+(6\times5)\times4+6\times6$

$=60+120+36=216(\text{cm}^2)$

11 (두 밑넓이의 합)$=3\times3+8\times8=9+64=73(\text{cm}^2)$

(옆넓이)$=\left\{\frac{1}{2}\times(3+8)\times6\right\}\times4=132(\text{cm}^2)$

따라서 (겉넓이)$=73+132=205(\text{cm}^2)$

12 옆면인 부채꼴의 호의 길이는

$2\pi\times6\times\frac{120}{360}=4\pi(\text{cm})$

밑면의 반지름의 길이를 r cm라고 하면 옆면인 부채꼴의 호의 길이는 밑면의 둘레의 길이와 같으므로

$2\pi r=4\pi$, 즉 $r=2$

따라서 (겉넓이)$=\pi\times2^2+\frac{1}{2}\times6\times4\pi$

$=4\pi+12\pi=16\pi(\text{cm}^2)$

13 원뿔 모양의 그릇에 담긴 물의 양은

$\frac{1}{3}\times\pi\times3^2\times8=24\pi(\text{cm}^3)$

원기둥 모양의 그릇에 담긴 물의 높이를 h cm라고 하면

$\pi\times2^2\times h=24\pi$, $4\pi h=24\pi$, 즉 $h=6$

따라서 원기둥 모양의 그릇에 담긴 물의 높이는 6 cm이다.

14 정팔면체는 밑면이 정사각형인 정사각뿔 2개를 이어 붙인 것과 같다.

따라서 (부피)$=\frac{1}{3}\times\left(\frac{1}{2}\times8\times8\times4\right)\times2=\frac{256}{3}(\text{cm}^3)$

15 (큰 원뿔의 부피)$=\frac{1}{3}\times(\pi\times9^2)\times12=324\pi(\text{cm}^3)$

(작은 원뿔의 부피)$=\frac{1}{3}\times(\pi\times3^2)\times4=12\pi(\text{cm}^3)$

따라서 (원뿔대의 부피)=(큰 원뿔의 부피)−(작은 원뿔의 부피)

$=324\pi-12\pi=312\pi(\text{cm}^3)$

16 구의 반지름의 길이를 r cm라고 하면

$\frac{4}{3}\pi r^3=36\pi$, $r^3=27$, 즉 $r=3$

따라서 (구의 겉넓이)$=4\pi\times3^2=36\pi(\text{cm}^2)$

17 지름의 길이가 7 cm인 구 모양의 야구공의 겉넓이는

$4\pi\times7^2=196\pi(\text{cm}^2)$

따라서 겉면을 이루는 한 조각의 넓이는

$196\pi\times\frac{1}{2}=98\pi(\text{cm}^2)$

18 (지구 전체의 부피)÷(내핵의 부피)

$=\left(\frac{4}{3}\pi\times10^3\right)\div\left(\frac{4}{3}\pi\times2^3\right)$

$=10^3\div2^3=125$

따라서 지구 전체의 부피는 내핵의 부피의 125배이다.

19 (공의 부피)$=\pi\times16^2\times19-\pi\times16^2\times10$

$=\pi\times16^2\times(19-10)$ ← 분배법칙 이용

$=\pi\times256\times9=2304\pi(\text{cm}^3)$

공의 반지름의 길이를 r cm라고 하면

$\frac{4}{3}\pi r^3=2304\pi$, $\frac{4}{3}r^3=2304$, $r^3=2304\times\frac{3}{4}$

$r^3=1728$, $r^3=12^3$, 즉 $r=12$

따라서 공의 반지름의 길이는 12 cm이다.

20 원기둥의 밑면의 반지름의 길이를 r cm라 하면 높이는 $2r$ cm이고 부피는 16π cm^{3}이므로

$\pi r^2\times2r=16\pi$, $r^3=8$, 즉 $r=2$

따라서

(원뿔의 부피)$=\frac{1}{3}\times\pi r^2\times2r=\frac{2}{3}\pi r^3$

$=\frac{2}{3}\pi\times8=\frac{16}{3}\pi(\text{cm}^3)$

(구의 부피)$=\frac{4}{3}\pi r^3=\frac{4}{3}\pi\times8=\frac{32}{3}\pi(\text{cm}^3)$

다른 풀이

(원뿔의 부피) : (원기둥의 부피)=1 : 3이므로

(원뿔의 부피) : 16π=1 : 3

따라서 (원뿔의 부피)$=\frac{16}{3}\pi(\text{cm}^3)$

(구의 부피) : (원기둥의 부피)=2 : 3이므로

(구의 부피) : 16π=2 : 3

따라서 (구의 부피)$=\frac{32}{3}\pi(\text{cm}^3)$

21 직각삼각형 ABC를 변 AC를 회전축으로 하여 1회전 시킬 때 생기는 회전체는 밑면의 반지름의 길이가 3 cm, 높이가 4 cm인 원뿔이므로

$V=\frac{1}{3}\times\pi\times3^2\times4=12\pi(\text{cm}^3)$

직각삼각형 ABC를 변 BC를 회전축으로 하여 1회전 시킬 때 생기는 회전체는 밑면의 반지름의 길이가 4 cm, 높이가 3 cm인 원뿔이므로

$v=\frac{1}{3}\times\pi\times4^2\times3=16\pi(\text{cm}^3)$

따라서 $V:v=12\pi:16\pi=3:4$

22 원기둥에 구가 꼭 맞게 들어가므로

(밑면의 반지름의 길이)=(구의 반지름의 길이)$=r$ cm라고 하면

(원기둥의 부피)$=\pi r^2\times6r=162\pi$, $r^3=27$, 즉 $r=3$

(구의 부피)$=\frac{4}{3}\pi\times3^3=36\pi(\text{cm}^3)$

따라서 (빈 공간의 부피)$=162\pi-3\times36\pi$

$=162\pi-108\pi=54\pi(\text{cm}^3)$

23 주어진 입체도형은 원뿔대와 원기둥을 이어 붙인 것이다.

(원뿔대 부분의 옆넓이)$=\frac{1}{2}\times10\times2\pi\times6-\frac{1}{2}\times5\times2\pi\times3$

$=60\pi-15\pi=45\pi(\text{cm}^2)$ …… ❶

(원뿔대 부분의 위쪽 밑넓이)$=\pi\times3^2=9\pi(\text{cm}^2)$ …… ❷

(원기둥 부분의 옆넓이)$=2\pi\times6\times5=60\pi(\text{cm}^2)$ …… ❸

(원기둥 부분의 밑넓이)$=\pi\times6^2=36\pi(\text{cm}^2)$ …… ❹

따라서

(주어진 입체도형의 겉넓이)$=45\pi+9\pi+60\pi+36\pi$

$=150\pi(\text{cm}^2)$ …… ❺

채점 기준	비율
❶ 원뿔대 부분의 옆넓이 구하기	20 %
❷ 원뿔대 부분의 위쪽 밑넓이 구하기	20 %
❸ 원기둥 부분의 옆넓이 구하기	20 %
❹ 원기둥 부분의 밑넓이 구하기	20 %
❺ 주어진 입체도형의 겉넓이 구하기	20 %

24 (원뿔의 옆넓이) $=\frac{1}{2}\times 6\times(2\pi\times 4)=24\pi(\text{cm}^2)$ …… ❶

(반구 부분의 겉넓이) $=\frac{1}{2}\times(4\pi\times 4^2)=32\pi(\text{cm}^2)$ …… ❷

따라서 (입체 도형의 겉넓이) $=24\pi+32\pi=56\pi(\text{cm}^2)$ …… ❸

채점 기준	비율
❶ 원뿔의 옆넓이 구하기	40 %
❷ 반구 부분의 겉넓이 구하기	40 %
❸ 입체도형의 겉넓이 구하기	20 %

25 진희의 말은 옳다. …… ❶

그 이유는 처음 밑면의 반지름의 길이를 r, 높이를 h라고 하면

$V=\frac{1}{3}\times\pi\times r^2\times h=\frac{\pi r^2 h}{3}$ …… ❷

높이를 2배로 늘리면 밑면의 반지름의 길이는 r, 높이는 $2h$이므로

$v=\frac{1}{3}\times\pi\times r^2\times 2h=\frac{2\pi r^2 h}{3}$ …… ❸

$v\div V=2$

즉, 원뿔의 높이를 2배로 늘리면 원뿔의 부피도 2배가 되기 때문이다. …… ❹

채점 기준	비율
❶ 진희의 참, 거짓 판별하기	10 %
❷ 높이를 늘리기 전 원뿔의 부피 구하기	30 %
❸ 높이를 늘린 원뿔의 부피 구하기	30 %
❹ ❶의 판별 이유 말하기	30 %

26 진희의 말은 옳지 않다. …… ❶

그 이유는 처음 밑면의 반지름의 길이를 r, 높이를 h라고 하면

$V=\frac{1}{3}\times\pi\times r^2\times h=\frac{\pi r^2 h}{3}$ …… ❷

밑면의 반지름의 길이를 2배로 늘리면

밑면의 반지름의 길이는 $2r$, 높이는 h이므로

$v=\frac{1}{3}\times\pi\times(2r)^2\times h=\frac{4\pi r^2 h}{3}$ …… ❸

$v\div V=4$

즉 밑면의 반지름의 길이를 2배로 늘리면 부피는 4배가 되기 때문이다. …… ❹

채점 기준	비율
❶ 진희의 참, 거짓 판별하기	10 %
❷ 밑면의 반지름의 길이를 늘리기 전 원뿔의 부피 구하기	30 %
❸ 밑면의 반지름의 길이를 늘린 원뿔의 부피 구하기	30 %
❹ ❶의 판별 이유 말하기	30 %

7. 자료의 정리와 해석

1 대푯값

104~105쪽

핵심예제 1 6회

(평균) $=\frac{7+4+3+6+5+6+11}{7}=\frac{42}{7}=6$(회)

1-1 5 cm

(평균) $=\frac{3+8+7+4+6+2}{6}=\frac{30}{6}=5$ (cm)

핵심예제 2 6

$\frac{4+6+8+x+5+7}{6}=6$이므로

$x+30=36$, 즉 $x=6$

2-1 163 cm

윤희의 키를 x cm라고 하면

$\frac{162+154+x+173}{4}=163$이므로

$489+x=652$, $x=163$

따라서 윤희의 키는 163 cm이다.

핵심예제 3 7회

자료를 작은 값부터 크기순으로 나열하면

1, 3, 6, 8, 13, 21

따라서 (중앙값) $=\frac{6+8}{2}=7$(회)

3-1 ㄷ

각각의 중앙값을 구하면

ㄱ. 3　　ㄴ. $\frac{6+7}{2}=6.5$

ㄷ. $\frac{6+8}{2}=7$　　ㄹ. $\frac{5+7}{2}=6$

따라서 중앙값이 가장 큰 것은 ㄷ이다.

핵심예제 4 265 mm

변량 265가 세 번으로 가장 많이 나타나므로

(최빈값) $=265$ mm

4-1 A형

혈액형이 A형인 학생이 9명으로 가장 많으므로 최빈값은 A형이다.

소단원 핵심문제 106쪽

1 ④　　2 11　　3 6　　4 ④
5 중앙값: 8시간, 최빈값: 8시간

1 주어진 자료의 평균과 중앙값이 같고, 중앙값은 6이므로

$\frac{1+4+6+8+x}{5}=\frac{19+x}{5}=6$

$19+x=30$, 즉 $x=11$

2 a는 10과 13 사이의 수이어야 하므로 주어진 자료를 작은 값부터 크기순으로 나열하면

9, 10, a, 13, 14, 18

따라서 중앙값은 $\frac{a+13}{2}=12$, $a+13=24$, 즉 $a=11$

3 봉사 활동 횟수를 크기순으로 나열했을 때 11번째 학생의 봉사 활동 횟수는 3회이므로 $a=3$이다.
봉사 활동 횟수가 3회인 학생이 6명으로 가장 많으므로
최빈값은 3이므로 $b=3$
따라서 $a+b=3+3=6$

4 ④ 자료에 극단적인 값이 있을 때, 평균보다 중앙값이 대푯값으로 더 적절하다.

5 $(\text{평균})=\frac{5+7+12+x+8+4+11+9}{8}=\frac{56+x}{8}=8$

$56+x=64$, 즉 $x=8$
주어진 자료를 크기순으로 나열하면
4, 5, 7, 8, 8, 9, 11, 12
따라서 중앙값은 $\frac{8+8}{2}=8$(시간)이고, 최빈값도 8시간이다.

2 줄기와 잎 그림, 도수분포표 107~108쪽

핵심예제 5 (1) 풀이 참조 (2) 5, 6, 7, 8, 9
(3) 7 (4) 98점 (5) 66점

(1) (5|4는 54점)

줄기	잎
5	4 8
6	2 5 6 9
7	0 4 7 8 8 9
8	3 5 5 6 7
9	1 5 8

(3) 줄기가 7인 잎의 수가 6으로 가장 많다.

(5) 수학 점수가 낮은 학생의 수학 점수부터 차례로 나열하면
54점, 58점, 62점, 65점, 66점, …
따라서 수학 점수가 5번째로 낮은 학생의 수학 점수는 66점이다.

5-1 (1) 26 (2) 1 (3) 0, 1 (4) 32

(1) 잎의 모든 개수는 $9+8+6+2+1=26$
따라서 조사한 전체 선수의 수는 26이다.
(2) 줄기가 1이 잎이 9로 가장 많다.
(3) 줄기가 4인 잎은 0, 1이다.
(4) 홈런 개수가 많은 선수의 홈런 개수부터 차례로 나열하면 51, 41, 40, 32, …이므로 홈런 개수가 많은 쪽에서 4번째인 선수의 홈런 개수는 32개이다.

핵심예제 6 (1) 풀이 참조 (2) 10 g
(3) 50 g 이상 60 g 미만 (4) 9

(1)

무게 (g)	도수(개)
30이상 ~ 40미만	4
40 ~ 50	5
50 ~ 60	8
60 ~ 70	3
합계	20

(2) $(\text{계급의 크기})=40-30=50-40$
$=\cdots=70-60=10\ (\text{g})$
(4) 무게가 50 g 미만인 귤의 개수는 $4+5=9$

6-1 (1) 6 (2) 3 (3) 5 (4) 5개

(1) 계급의 개수는 6이다.
(2) 도수의 총합은 30이므로 $1+8+5+11+A+2=30$
$27+A=30$, 즉 $A=3$
(3) 미세 먼지 농도가 80 μg/m^3 이상인 도수는 $3+2=5$(개)이므로 구하는 도시의 수는 5이다.
(4) 미세 먼지 농도가 62 μg/m^{3}인 도시가 속한 계급은 60 μg/m^3 이상 70 μg/m^3 미만이므로 그 도수는 5개이다.

소단원 핵심문제 109쪽

1 40세　　2 ④　　3 42　　4 ④

1 합창 단원의 나이를 나이가 적은 단원부터 차례로 나열하면
25, 25, 27, 29, 30, 33, 36, 38, 39, 40, 41, …
따라서 나이가 적은 쪽에서 10번째인 합창 단원의 나이는 40세이다.

2 ① 줄기가 3인 잎은 2, 3, 5, 6, 7, 8로 6개이다.
② 잎이 가장 적은 줄기는 잎이 3개인 1이다.
③ 진희네 반 전체 학생 수는 잎의 총 개수와 같으므로
$3+4+6+5+7=25$

④ 하루 동안 SNS 사용 시간이 30분 미만인 학생은 10, 15, 16, 21, 26, 27, 28로 모두 7명이다.
⑤ 하루 동안 SNS 사용 시간이 많은 학생의 사용 시간부터 차례로 나열하면 59, 59, 57, 56, 55…로 5번째로 많이 사용한 학생은 55분을 사용했다.
따라서 옳은 것은 ④이다.

3 계급의 크기는 $60-50=10$(점)이므로 $a=10$
80점 이상 90점 미만인 계급의 도수가 13명이므로 $b=13$
70점 미만인 학생 수 $8+11=19$(명)이므로 $c=19$
따라서 $a+b+c=10+13+19=42$

4 ① 계급의 크기는 $40-35=5$(kg)이다.
④ 45kg 이상 50kg 미만인 계급의 도수는
$50-(5+13+7+7)=50-32=18$(명)
이므로 전체의 $\frac{18}{50}\times100=36$(%)이다.
⑤ 55kg 이상 60kg 미만인 학생은 모두 7명이므로 몸무게가 무거운 쪽에서 6번째인 학생은 55kg 이상 60kg 미만에 속해 있다.
따라서 옳지 않은 것은 ④이다.

3 히스토그램과 도수분포다각형 110~111쪽

핵심예제 7 (1) 10점 (2) 5 (3) 8 (4) 6명

(1) (계급의 크기)$=60-50=70-60$
$=\cdots=100-90=10$(점)
(4) 점수가 60점 미만인 학생은 1명
점수가 70점 미만인 학생은 $1+2=3$(명)
점수가 80점 미만인 학생은 $1+2+6=9$(명)
따라서 점수가 4번째로 낮은 학생이 속하는 계급은 70점 이상 80점 미만이므로 구하는 도수는 6명이다.

7-1 (1) 26 (2) 12명 (3) 3명

(1) 도수의 총합은 $4+5+12+3+2=26$(명)이므로 민건이네 반 전체 학생 수는 26이다.
(2) 18 kg/m^2 이상 21 kg/m^2 미만이 계급의 도수가 12명으로 가장 크다.
(3) 체질량 지수가 22 kg/m^{2}인 학생은 21 kg/m^2 이상 24 kg/m^2 미만의 계급에 속하므로 그 도수는 3명이다.

7-2 (1) 10분 (2) 21 (3) 210

(1) (계급의 크기)$=30-20=40-30$
$=50-40=60-50$
$=70-60=10$(분)
(2) 도수의 총합은 $4+9+5+2+1=21$(명)
따라서 전체 동아리 부원의 수는 21이다.
(3) (직사각형의 넓이의 합)$=$(계급의 크기)$\times$(도수의 총합)
$=10\times21=210$

핵심예제 8 (1) 3 % (2) 5 (3) 14 (4) 9 % 이상 12 % 미만

(1) (계급의 크기)$=6-3=9-6=\cdots=18-15=3$ (%)
(3) 시청률이 9 % 미만인 프로그램의 개수는 $6+8=14$(개)
(4) 시청률이 11 %인 프로그램이 속하는 계급은 9 % 이상 12 % 미만이다.

8-1 (1) 15분 이상 20분 미만 (2) 10 (3) 10명

(1) 15분 이상 20분 미만인 계급의 도수가 12명으로 가장 크다.
(2) 30분 이상 35분 미만인 계급의 도수는 5명, 35분 이상 40분 미만인 계급의 도수는 5명이므로 기다린 시간이 30분 이상인 손님의 수는 10이다.
(3) 기다린 시간이 23분인 손님이 속한 계급은 20분 이상 25분 미만이므로 도수는 10명이다.

8-2 (1) 15시간 이상 20시간 미만 (2) 7 (3) 37.5 %

(1) 15시간 이상 20시간 미만인 계급의 도수가 10명으로 가장 크다.
(2) 20시간 이상 25시간 미만인 계급의 도수는 7명이다.
(3) 도수의 총합은 $4+8+10+7+3=32$(명)이고, 5시간 이상 10시간 미만인 계급의 도수는 4명, 10시간 이상 15시간 미만인 계급의 도수는 8명이므로 독서 시간이 15시간 미만인 학생 수는 12이다.
따라서 비율은 $\frac{12}{32}\times100=37.5$ (%)이다.

소단원 핵심문제 112쪽

1 ④ 2 12명 3 ⑤ 4 16초

1 ② 조사한 전체 학생의 수는 $4+11+12+8+3+2=40$이다.
③ (직사각형의 넓이의 합)$=$(계급의 크기)$\times$(도수의 총합)
$=2\times40=80$
④ 7시간 이상 9시간 미만인 계급의 도수는 8명, 9시간 이상 11시간 미만인 계급의 도수는 3명, 11시간 이상 13시간 미만인 계급의 도수는 2명이므로 스마트폰 사용 시간이 7시간 이상인 학생 수는 $8+3+2=13$이므로 비율은
$\frac{13}{40}\times100=32.5$(%)
⑤ 1시간 이상 3시간 미만인 계급의 도수는 4명, 3시간 이상 5시간 미만인 계급의 도수는 11명이므로 스마트폰 사용 시간이 적은 쪽에서 15번째인 학생이 속한 계급은 3시간 이상 5시간 미만이므로 도수는 11명이다.

2 턱걸이 기록이 4회 이상 6회 미만인 계급의 도수는 7명이고 전체의 20 %이므로

$\frac{7}{(\text{전체 회원 수})}\times 100=20(\%)$, $(\text{전체 회원 수})=\frac{700}{20}=35$

턱걸이 기록이 6회 이상 8회 미만인 계급의 도수를 x명이라고 하면

$35=4+7+x+7+3+2$

$35=23+x$, 즉 $x=12$

따라서 도수가 가장 큰 계급은 6회 이상 8회 미만이므로 그 도수는 12명이다.

3 ① 계급의 개수는 6이다.

② 계급의 크기는 5 cm이다.

③ 전체 학생 수는 $1+3+7+8+6+2=27$이다.

④ 도수가 6명인 계급은 165 cm 이상 170 cm 미만이다.

⑤ 170 cm 이상 175 cm 미만인 계급의 도수는 2명, 165 cm 이상 170 cm 미만인 계급의 도수는 6명이므로 키가 5번째로 큰 학생이 속한 계급은 165 cm 이상 170 cm 미만이다.

4 전체 선수의 수는 $2+5+13+9+6=35$

기록이 빠른 상위 20 % 이내에 속하는 선수의 수는

$35\times\frac{20}{100}=7$

이므로 기록이 7번째로 빠른 선수는 14초 이상 16초 미만인 계급에 속한다. 따라서 기록이 빠른 상위 20 % 이내에 속하는 선수들의 기록은 적어도 16초 미만이다.

4 상대도수와 그 그래프

113~114쪽

핵심예제 **9** (1) $A=0.2$, $B=20$, $C=1$
(2) 30분 이상 40분 미만

(1) $A=\frac{10}{50}=0.2$, $B=50\times 0.4=20$

상대도수의 총합은 항상 1이므로 $C=1$

9-1 (1) $A=0.25$, $B=36$, $C=1$ (2) 60점 이상 70점 미만

(1) 상대도수의 총합은 항상 1이므로 $C=1$

$0.05+0.1+A+0.45+0.15=1$

$0.75+A=1$, 즉 $A=0.25$

전체 도수는 80명이므로

$\frac{B}{80}=0.45$, $B=80\times 0.45=36$(명)

(2) 40점 이상 50점 미만인 계급의 도수를 x명이라고 하면

$4+x+20+36+12=80$

$72+x=80$, 즉 $x=8$

따라서 도수가 가장 큰 계급은 60점 이상 70점 미만이다.

9-2 (1) $A=19$, $B=40$, $C=0.15$, $D=0.2$, $E=1$
(2) 30 %

(1) $(\text{전체 도수})=B=4\div 0.1=40$(명)

상대도수의 총합은 항상 1이므로 $E=1$

$3+6+A+8+4=40$,

$21+A=40$, 즉 $A=19$

$C=\frac{6}{40}=0.15$, $D=\frac{8}{40}=0.2$

(2) 6시간 이상 8시간 미만인 계급의 상대도수는 0.2,

8시간 이상 10시간 미만인 계급의 상대도수는 0.1

따라서 6시간 이상인 학생의 상대도수는 0.3이므로 백분율은 30 %이다.

핵심예제 **10** (1) 0.45 (2) 2명 (3) 28

(1) 상대도수가 가장 큰 계급의 도수가 가장 크므로 도수가 가장 큰 계급의 상대도수는 0.45이다.

(2) 상대도수가 가장 작은 계급은 25분 이상 30분 미만이고 이 계급의 상대도수가 0.05이므로 구하는 도수는

$40\times 0.05=2$(명)

(3) 통화 시간이 5분 이상 15분 미만인 계급의 상대도수의 합은

$0.25+0.45=0.7$이므로 구하는 학생 수는

$40\times 0.7=28$

10-1 (1) 6시간 이상 8시간 미만 (2) 0.25 (3) 24

(1) 6시간 이상 8시간 미만인 계급의 상대도수가 0.4로 가장 크다.

(2) 봉사 시간이 5시간인 학생이 속한 계급은 4시간 이상 6시간 미만이므로 상대도수는 0.25이다.

(3) 8시간 이상 10시간 미만인 계급의 상대도수는 0.2,

10시간 이상 12시간 미만인 계급의 상대도수는 0.1

따라서 봉사 시간이 8시간 이상인 학생의 상대도수의 합은

$0.2+0.1=0.3$이므로 구하는 학생의 수는 $80\times 0.3=24$

10-2 (1) 50 (2) 2명 (3) 15

(1) 상대도수가 가장 큰 계급은 75 cm 이상 80 cm 미만이고 그 상대도수는 0.32이므로

$(\text{전체 학생 수})=16\div 0.32=50$

(2) 상대도수가 가장 작은 계급은 90 cm 이상 95 cm 미만으로 그 상대도수는 0.04이므로 도수는 $50\times 0.04=2$(명)이다.

(3) 80 cm 이상 85 cm 미만인 계급의 상대도수는 0.16,

85 cm 이상 90 cm 미만인 계급의 상대도수는 0.14

따라서 80 cm 이상 90 cm 미만인 계급의 상대도수는 0.3이므로 학생 수는 $50\times 0.3=15$

소단원 핵심문제 115쪽

1 15　2 ④　3 44명
4 (1) 46 % (2) 50 (3) B 도시

1 (도수의 총합)$=\frac{(\text{그 계급의 도수})}{(\text{상대도수})}=\frac{10}{0.2}=50$
(그 계급의 도수)=(상대도수)×(도수의 총합)
$=0.3\times50=15$

2 (전체 학생 수)$=\frac{2}{0.05}=40$이므로
$A=0.1\times40=4$, $B=0.3\times40=12$
따라서 $A+B=16$

3 20권 이상 30권 미만인 계급의 상대도수는 0.15, 도수는 12명이므로 조사한 주민 수는 $12\div0.15=80$이다.
40권 이상 50권 미만인 계급의 상대도수를 x라고 하면
$0.1+0.15+0.2+x+0.2=1$
$0.65+x=1$, 즉 $x=0.35$
40권 이상 50권 미만인 계급의 상대도수는 0.35,
50권 이상 60권 미만인 계급의 상대도수는 0.2
따라서 빌린 책이 40권 이상인 주민은
$(0.35+0.2)\times80=44$(명)

4 (1) A 도시에서 대중 교통 이용 시간이
1시간 이상 2시간 미만인 계급의 상대도수는 0.06,
2시간 이상 3시간 미만인 계급의 상대도수는 0.14,
3시간 이상 4시간 미만인 계급의 상대도수는 0.26
따라서 4시간 미만인 시민들은 전체의
$(0.06+0.14+0.26)\times100=0.46\times100=46(\%)$
(2) B 도시에서 대중 교통 이용 시간이
6시간 이상 7시간 미만인 계급의 상대도수는 0.08이고 도수는 4명이므로
(조사한 B 도시의 시민 수)$=4\div0.08=50$
(3) B 도시의 그래프가 A 도시에 비해 상대적으로 더 오른쪽에 있으므로 B 도시가 대중 교통 이용 시간이 상대적으로 더 많다.

중단원 마무리 테스트 116~119쪽

1 97점	2 ⑤	3 15.5개	4 ②	5 6
6 87.5	7 ③	8 (1) 2반 (2) 14분		9 ①
10 3	11 ⑤	12 11	13 ③	14 ③
15 250	16 30명	17 ③	18 28 %	
19 (1) 60 (2) 21		20 ㄱ, ㄷ	21 7	
22 18.75 %	23 15, 풀이 참조		24 10, 풀이 참조	
25 풀이 참조		26 풀이 참조		

1 5회의 점수를 x점이라 하면
$\frac{75+82+86+90+x}{5}=86$
$x+333=430$, $x=97$
따라서 5회의 시험에서 97점을 받아야 한다.

2 각 자료를 작은 값부터 크기순으로 나열하여 중앙값을 구하면 다음과 같다.
① 3, 5, 7, 9, 14이므로 (중앙값)$=7$
② 1, 4, 6, 8, 9, 10이므로 (중앙값)$=\frac{6+8}{2}=7$
③ 2, 4, 7, 9, 14, 21이므로 (중앙값)$=\frac{7+9}{2}=8$
④ 1, 2, 8, 14, 17, 24이므로 (중앙값)$=\frac{8+14}{2}=11$
⑤ 3, 4, 5, 6, 7, 8, 9이므로 (중앙값)$=6$
따라서 중앙값이 가장 작은 것은 ⑤이다.

3 자료의 평균이 15개이므로
$\frac{13+16+20+15+x+8+19+12}{8}=\frac{x+103}{8}=15$
$x+103=120$, 즉 $x=17$
자료를 크기순으로 나열하면
8, 12, 13, 15, 16, 17, 19, 20
따라서 중앙값은 $\frac{15+16}{2}=15.5$(개)

4 도수가 가장 큰 취미 생활은 농구이므로 주어진 자료의 최빈값은 농구이다.

5 x의 값에 상관없이 최빈값은 8이므로
$\frac{9+8+11+x+8+6+8}{7}=8$
$50+x=56$, 즉 $x=6$

6 최빈값이 90이므로 $x=90$
자료를 작은 값부터 크기순으로 나열하면
80, 80, 85, 85, 90, 90, 90, 95
따라서 (중앙값)$=\frac{85+90}{2}=87.5$

7 ② 각 줄기의 잎의 개수를 더하면 $7+9+5+4=25$
따라서 전체 학생 수는 25이다.
③ 줄기가 3, 줄기가 4인 잎의 개수의 합은 $7+9=16$
따라서 몸무게가 50kg 미만인 학생 수는 16이므로 전체의 $\frac{16}{25}\times100=64(\%)$이다.
④ 몸무게가 가장 큰 학생은 67kg, 가장 작은 학생은 32kg
따라서 그 차이는 $67-32=45$(kg)이다.
⑤ 몸무게가 작은 쪽에서부터 차례로 나열하면
32, 33, 35, 37, 37, 38, ⋯
따라서 주영이의 몸무게는 반에서 6번째로 작다.

8 (1) 통학 시간이 가장 긴 학생의 통학 시간은 33분이고, 이 학생은 2반 학생이다.
(2) 통학 시간이 짧은 학생의 통학 시간부터 차례로 나열하면
5분, 6분, 7분, 8분, 9분, 10분, 11분, 12분, 13분, 14분, ⋯
따라서 통학 시간이 10번째로 짧은 학생의 통학 시간은 14분이다.

9 ① $A=30-(1+11+6+3)=9$
③ 역사 점수가 74점인 학생이 속하는 계급은 70점 이상 80점 미만이므로 구하는 도수는 11명이다.
⑤ 역사 점수가 80점 이상인 학생 수는 6+3=9이므로
$\frac{9}{30}\times 100=30\ (\%)$

10 방문자가 10명 이상 15명 미만인 날은 전체의 40 %이므로
$30\times 0.4=12$(명)이다.
따라서 $A=30-(4+5+12+6)=3$

11 도수가 가장 큰 계급은 6시 이상 7시 미만이고 이 계급의 도수는 40명이다.
또 도수가 가장 작은 계급은 9시 이상 10시 미만이고 이 계급의 도수는 5명이다.
따라서 도수가 가장 큰 계급의 도수는 도수가 가장 작은 계급의 도수의 $40\div 5=8$(배)이다.

12 무게가 3 kg 이상 4 kg 미만인 가구 수는
$30-(6+7+4+2)=11$

13 ② 각 계급의 도수의 합은 $4+12+9+7+6+3=41$(명)
따라서 조사한 중학생은 모두 41명이다.
③ 기록이 가장 빠른 학생은 7초 이상 8초 미만인 것은 알지만 정확한 기록은 알 수 없다.
④ 8초 이상 9초 미만인 계급은 13명,
9초 이상 10초 미만인 계급은 9명
따라서 8초 이상 10초 미만인 학생은 모두 22명이다.
⑤ 12초 이상 13초 미만인 학생은 3명, 11초 이상 12초 미만인 학생은 6명이므로 기록이 느린 쪽에서 4번째인 학생이 속한 계급은 11초 이상 12초 미만이다.

14 ① 계급의 개수는 5개이다.
② (계급의 크기)$=10-5=15-10$
$=\cdots=30-25=5$(초)
③ 지현이네 반 전체 학생 수는
$5+7+4+2+2=20$
④ 비행 시간이 20초 이상인 학생은 $2+2=4$(명)
⑤ 비행 시간이 가장 긴 학생의 비행 시간은 알 수 없다.
따라서 옳은 것은 ③이다.

15 도수분포다각형과 가로축으로 둘러싸인 부분의 넓이는 오른쪽 그림과 같은 히스토그램의 직사각형의 넓이의 합과 같다.

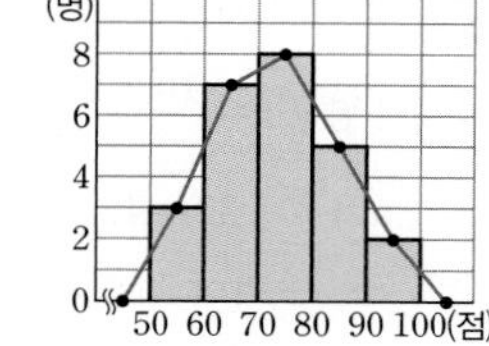

전체 도수의 합은
$3+7+8+5+2=25$(명)
따라서
(직사각형의 넓이의 합)=(계급의 크기)×(도수의 총합)
$=10\times 25=250$

16 (상대도수)$=\frac{\text{(그 계급의 도수)}}{\text{(도수의 총합)}}$이므로
$0.3=\frac{9}{\text{(도수의 총합)}}$, (도수의 총합)$=9\div 0.3=30$(명)
따라서 전체 학생은 30명이다.

17 자유투 성공 횟수가 20회 이상 25회 미만인 계급의 도수가 2명, 상대도수가 0.1이므로 전체 학생 수는
$\frac{2}{0.1}=20$, 즉 $E=20$
$A=\frac{1}{20}=0.05$, $B=0.15\times 20=3$,
$C=\frac{9}{20}=0.45$, $D=0.25\times 20=5$

18 야구장 방문 횟수가 12회 이상 15회 미만인 계급의 상대도수는 $\frac{3}{50}=0.06$이므로 3회 이상 6회 미만인 계급의 상대도수는
$1-(0.12+0.32+0.22+0.06)=1-0.72=0.28$
따라서 야구장 방문 횟수가 3회 이상 6회 미만인 회원은 전체의 28 %이다.

19 (1) 나이가 20세 이상 30세 미만인 계급의 상대도수는 0.4이므로
전체 사람의 수는 $\frac{24}{0.4}=60$
(2) 나이가 30세 이상 40세 미만인 계급의 상대도수는
$1-(0.05+0.4+0.2)=0.35$
따라서 구하는 사람의 수는
$0.35\times 60=21$

20 ㄱ. 남자 회원의 상대도수의 분포를 나타낸 그래프가 여자 회원의 상대도수의 분포를 나타낸 그래프보다 오른쪽으로 치우쳐 있으므로 남자 회원이 여자 회원보다 체육관을 사용하는 시간이 더 많은 편이다.
ㄴ. 여자 회원 : $0.2\times 200=40$(명)
남자 회원 : $0.24\times 150=36$(명)
ㄷ. 계급의 크기가 같고, 상대도수의 총합도 1로 같으므로 두 그래프와 가로축으로 둘러싸인 부분의 넓이는 서로 같다.
따라서 옳은 것은 ㄱ, ㄷ이다.

21 주어진 자료의 평균이 6이므로

$(\text{평균})=\frac{10+x+4+7+11+y+1}{7}=6$

$x+y+33=42$, 즉 $x+y=9$

또, 주어진 자료의 최빈값이 7이므로 정수 x, y 중 적어도 하나는 7이어야 한다.

따라서 $x=7$, $y=2$이라고 하여 주어진 자료를 작은 값부터 크기 순으로 나열하면

1, 2, 4, 7, 7, 10, 11

이므로 중앙값은 4번째 값인 7이다.

22 30분 이상 40분 미만 사용하는 학생 수를 x명이 라고 하면

(30분 이상 사용하는 학생 수)$=x+5+2=x+7$

30분 이상 사용하는 학생이 전체의 50 %이므로

$\frac{x+7}{32}\times100=50$, 즉 $x=9$

20분 이상 30분 미만 사용하는 학생 수를 y명이라고 하면

$4+6+y+9+5+2=32$

$26+y=32$, 즉 $y=6$

따라서 $\frac{6}{32}\times100=18.75$ (%)

23 학교에서부터 집까지의 직선 거리가 120 m 이상 130 m 미만인 학생 수는 $0.26\times50=13$ …… ❶

130m 이상 140m 미만인 학생 수는

$50-(4+7+13+8+3)=50-35=15$ …… ❷

채점 기준	비율
❶ 120m 이상 130m 미만인 학생 수 구하기	60 %
❷ 130m 이상 140m 미만인 학생 수 구하기	40 %

24 평균 속력이 45 km/시 이상 50 km/시 미만인 자동차의 수는

$0.325\times40=13$ …… ❶

50km/시 이상 55km/시 미만인 자동차의 수는

$40-(6+8+13+3)=40-30=10$ …… ❷

채점 기준	비율
❶ 45 km/시 이상 50 km/시 미만인 자동차 수 구하기	60 %
❷ 50 km/시 이상 55 km/시 미만인 자동차 수 구하기	40 %

25 주어진 자료의 대푯값으로 중앙값이 적당하다. …… ❶

그 이유는 60, 80과 같이 예외적인 큰 값이 있기 때문이다. …… ❷

채점 기준	비율
❶ 대푯값으로 적당한 값 말하기	50 %
❷ 그 이유 말하기	50 %

26 최빈값은 양적인 자료보다는 좋아하는 음악, 좋아하는 운동 등과 같은 양으로 표현하기 어려운 자료에서 더욱 효과적으로 사용할 수 있다.

평균은 학생들의 수학 성적, 학생들의 키 등 양적인 자료의 경향성을 파악하기에 유용하고 …… ❶

최빈값은 학생들이 좋아하는 과목, 좋아하는 노래 등과 같이 양으로 표현하기 어려운 자료의 경향성을 생각하기에 유용하다. …… ❷

채점 기준	비율
❶ 평균을 사용하면 좋은 예를 들어 설명하기	50 %
❷ 최빈값을 사용하면 좋은 예를 들어 설명하기	50 %

정답과 풀이

연습책

1. 기본 도형

점, 선, 면

2~3쪽

점, 선, 면

❶ 교점

1 점 C 2 점 E 3 모서리 BC 4 4, 6
5 8, 12

4 교점의 개수는 꼭짓점의 개수와 같으므로 4이다.
교선의 개수는 모서리의 개수와 같으므로 6이다.

5 교점의 개수는 꼭짓점의 개수와 같으므로 8이다.
교선의 개수는 모서리의 개수와 같으므로 12이다.

직선, 반직선, 선분

❷ 반직선

6 $\overleftrightarrow{AB}$ (또는 $\overleftrightarrow{BA}$) 7 $\overrightarrow{CD}$ 8 $\overline{FE}$
9 $\overleftrightarrow{GH}$ (또는 $\overleftrightarrow{HG}$) 10 $\overrightarrow{AD}$ 11 $\overleftrightarrow{AC}$ 12 $\overrightarrow{BC}$
13 $\overline{DA}$ 14 $\overrightarrow{CB}$

두 점 사이의 거리

❸ 중점

15 6 cm 16 4 cm 17 $\frac{1}{2}$, 9 18 2, 8 19 3
20 2 21 2 22 $\frac{1}{2}$ 23 $\frac{1}{2}$ 24 3
25 6 cm 26 3 cm 27 9 cm 28 7 cm 29 14 cm
30 28 cm 31 21 cm

17 $\overline{AM}=\boxed{\frac{1}{2}}\overline{AB}=\frac{1}{2}\times18=\boxed{9}$ (cm)

18 $\overline{AB}=\boxed{2}\overline{MB}=2\times4=\boxed{8}$ (cm)

19 점 M은 $\overline{AB}$의 삼등분점이므로 $\overline{AB}=\boxed{3}\overline{AM}$

20 $\overline{AN}=\overline{AB}-\overline{NB}=3\overline{NB}-\overline{NB}=\boxed{2}\overline{NB}$

25 $\overline{AM}=\overline{MB}=\frac{1}{2}\overline{AB}=\frac{1}{2}\times12=6$(cm)

26 $\overline{NM}=\frac{1}{2}\overline{AM}=\frac{1}{2}\times6=3$ (cm)

27 $\overline{NB}=\overline{NM}+\overline{MB}=3+6=9$ (cm)

28 $\overline{NB}=\overline{MN}=7$ (cm)

29 $\overline{AM}=\overline{MB}=2\overline{MN}=2\times7=14$ (cm)

30 $\overline{AB}=2\overline{AM}=2\times14=28$ (cm)

31 $\overline{AN}=\overline{AM}+\overline{MN}=14+7=21$ (cm)

소단원 핵심문제

4~5쪽

1 ⑤ 2 ① 3 7 4 ②, ⑤ 5 20 cm
6 22 7 ③ 8 ④ 9 5 cm 10 ①

1 오각뿔에서 교점은 꼭짓점의 개수와 같으므로 $a=6$
교선의 개수는 모서리의 개수와 같으므로 $b=10$
따라서 $a+b=6+10=16$

2 ① 시작점과 방향이 같은 반직선이어야 하므로 $\overrightarrow{AB}=\overrightarrow{AC}$

3 서로 다른 직선은 l의 1개이므로 $a=1$
서로 다른 반직선은 $\overrightarrow{AD}$, $\overrightarrow{BA}$, $\overrightarrow{BD}$, $\overrightarrow{CA}$, $\overrightarrow{CD}$, $\overrightarrow{DA}$의 6개이므로 $b=6$
따라서 $a+b=1+6=7$

4 ① $\overline{AM}=\frac{1}{2}\overline{AB}$ ③ $\overline{MN}=\frac{1}{2}\overline{AM}$
④ $\overline{MN}=\frac{1}{4}\overline{AB}$

5 $\overline{MN}=\frac{1}{2}\overline{AC}$이므로
$\overline{AC}=2\overline{MN}=2\times15=30$ (cm)
한편 $\overline{AB}=2\overline{BC}$이고 점 M은 $\overline{AB}$의 중점이므로
$\overline{AM}=\overline{MB}=\overline{BC}=\frac{1}{3}\overline{AC}=\frac{1}{3}\times30=10$ (cm)
따라서 $\overline{AB}=2\overline{AM}=2\times10=20$ (cm)

6 교점의 개수는 꼭짓점의 개수와 같으므로 12이다. 즉 $a=12$
교선의 개수는 모서리의 개수와 같으므로 18이다. 즉 $b=18$
면의 개수는 8이므로 $c=8$
따라서 $a+b-c=12+18-8=22$

7 ③ $\overrightarrow{CB}$와 $\overrightarrow{CD}$는 시작점은 같으나 방향이 다르므로
$\overrightarrow{CB}\neq\overrightarrow{CD}$

8 두 점을 지나는 직선은 $\overleftrightarrow{AB}$, $\overleftrightarrow{AC}$, $\overleftrightarrow{AD}$, $\overleftrightarrow{BC}$, $\overleftrightarrow{BD}$, $\overleftrightarrow{CD}$의 6개이므로 $a=6$,
두 점을 지나는 반직선은 $\overrightarrow{AB}$, $\overrightarrow{BA}$, $\overrightarrow{AC}$, $\overrightarrow{CA}$, $\overrightarrow{AD}$, $\overrightarrow{DA}$, $\overrightarrow{BC}$, $\overrightarrow{CB}$, $\overrightarrow{BD}$, $\overrightarrow{DB}$, $\overrightarrow{CD}$, $\overrightarrow{DC}$의 12개이므로 $b=12$
따라서 $a+b=6+12=18$

9 점 M, N은 각각 $\overline{AC}$, $\overline{BC}$의 중점이므로
$\overline{MC}=\overline{AM}=\frac{1}{2}\overline{AC}=\frac{1}{2}\times6=3$(cm),

$\overline{CN}=\overline{NB}=\frac{1}{2}\overline{BC}=\frac{1}{2}\times4=2(cm)$

따라서 $\overline{MN}=\overline{MC}+\overline{CN}=3+2=5(cm)$

10 $\overline{MB}=\overline{AM}=8$ (cm), $\overline{AB}=2\overline{AM}=2\times8=16$ (cm)

또 $\overline{AB}:\overline{BC}=4:1$에서 $\overline{AB}=4\overline{BC}$이므로

$\overline{BC}=\frac{1}{4}\overline{AB}=\frac{1}{4}\times16=4$ (cm),

$\overline{BN}=\frac{1}{2}\overline{BC}=\frac{1}{2}\times4=2$ (cm)

따라서 $\overline{MN}=\overline{MB}+\overline{BN}=8+2=10$ (cm)

2 각 6~7쪽

각

❶ 180° ❷ 둔각

1 ∠BAC(또는 ∠CAB) 2 ∠ABC(또는 ∠CBA)

3 ∠ACB(또는 ∠BCA) 4 직각 5 예각

6 둔각 7 예각 8 평각 9 53° 10 75°

9 $\angle x=90°-37°=53°$

10 $\angle x=180°-(60°+45°)=75°$

맞꼭지각

❸ 같다

11 ∠DOF 12 ∠AOC 13 $\angle x=55°$, $\angle y=125°$

14 $\angle x=100°$, $\angle y=80°$ 15 40 16 30

17 50(✎ 90, 50) 18 30 19 60 20 55

13 $\angle x=180°-125°=55°$

$\angle y=125°$(맞꼭지각)

14 $\angle x=100°$(맞꼭지각)

$\angle y=180°-100°=80°$

15 $2x-15=65$이므로 $2x=80$

따라서 $x=40$

16 $4x+30=150$이므로 $4x=120$

따라서 $x=30$

18 오른쪽 그림에서

$3x+2x+x=180$이므로

$6x=180$

따라서 $x=30$

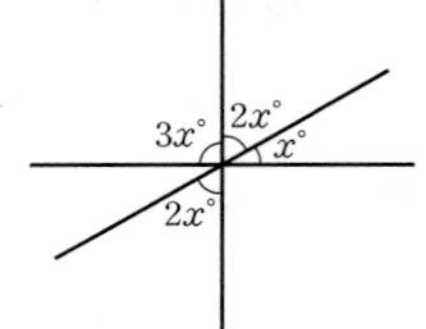

19 $x+65=125$이므로 $x=60$

20 $2x+10=90+30$이므로 $2x=110$

따라서 $x=55$

수직과 수선

❹ ⊥

21 ⊥ 22 O 23 $\overline{CO}$ 24 수직이등분선

25 $\overline{AB}$ 26 점 B 27 4 cm 28 7 cm

27 점 A와 $\overline{BC}$ 사이의 거리는 $\overline{AB}$의 길이와 같으므로 4 cm이다.

28 점 C와 $\overline{AB}$ 사이의 거리는 $\overline{BC}$의 길이와 같으므로 7 cm이다.

소단원 핵심문제 8~9쪽

1 ③	2 48°	3 ①	4 16	5 ③
6 ⑤	7 45°	8 8	9 ③	10 ③

1 $(2x-30)+x=90$이므로

$3x=120$

따라서 $x=40$이다.

2 $\angle x=180°\times\frac{4}{4+6+5}=180°\times\frac{4}{15}=48°$

3 $55+(2x-13)=130$이므로

$2x=88$

따라서 $x=44$이다.

4 $(4x+8)+(6x-20)+2x=180$이므로

$12x=192$

따라서 $x=16$이다.

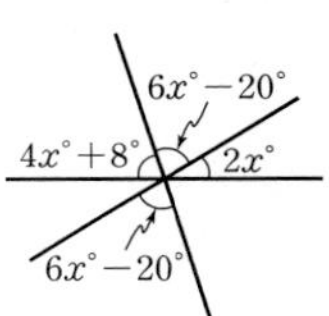

5 ① $\overline{AD}$와 수직으로 만나는 선분은 $\overline{CD}$이다.

② $\overline{BC}$는 $\overline{CD}$의 수선이다.

④ 점 B에서 $\overline{CD}$에 내린 수선의 발은 점 C이다.

⑤ 점 A와 $\overline{BC}$ 사이의 거리는 4 cm이다.

6 ∠AOB=90°−∠BOC=∠COD이고

∠AOB+∠COD=50°이므로

∠AOB=∠COD=25°

따라서 ∠BOC=90°−∠AOB=90°−25°=65°

7 ∠AOC+∠COD+∠DOE+∠EOB=180°이므로

3∠COD+∠COD+∠DOE+3∠DOE=180°

4(∠COD+∠DOE)=180°

따라서 ∠COE=∠COD+∠DOE=45°

8 $90+x+60=180$, $x=30$
$3y-6=60$, $3y=66$, $y=22$
따라서 $x-y=30-22=8$

9 $\overleftrightarrow{AD}$와 $\overleftrightarrow{BE}$가 만나서 생기는 맞꼭지각은
∠AOB와 ∠DOE, ∠AOE와 ∠BOD의 2쌍
$\overleftrightarrow{AD}$와 $\overleftrightarrow{CF}$가 만나서 생기는 맞꼭지각은
∠AOC와 ∠DOF, ∠AOF와 ∠COD의 2쌍
$\overleftrightarrow{BE}$와 $\overleftrightarrow{CF}$가 만나서 생기는 맞꼭지각은
∠BOC와 ∠EOF, ∠BOF와 ∠COE의 2쌍
따라서 구하는 맞꼭지각은 모두 $2\times3=6$(쌍)

10 점 A에서 $\overline{BC}$까지의 거리는 $\overline{AB}$의 길이이므로
$\frac{1}{2}\times(7+13)\times\overline{AB}=70$, $10\overline{AB}=70$
$\overline{AB}=7$(cm)
따라서 점 A에서 $\overline{BC}$까지의 거리는 7 cm이다.

3 위치 관계 10~11쪽

평면에서 두 직선의 위치 관계

❶ 평행하다
1 $\overline{AD}$, $\overline{BC}$ 2 $\overline{BC}$ 3 $\overline{AD}$, $\overline{CD}$ 4 $\overline{CD}$ 5 ∥
6 ∥ 7 ⊥ 8 ⊥

공간에서 두 직선의 위치 관계

❷ 꼬인 위치 ❸ 일치한다
9 한 점에서 만난다. 10 평행하다. 11 꼬인 위치에 있다.
12 $\overline{AB}$, $\overline{AE}$, $\overline{CD}$, $\overline{DH}$ 13 $\overline{BC}$, $\overline{EH}$, $\overline{FG}$
14 $\overline{BF}$, $\overline{EF}$, $\overline{CG}$, $\overline{GH}$ 15 $\overline{BD}$ 16 $\overline{AB}$

공간에서 직선과 평면의 위치 관계

❹ 포함된다
17 $\overline{AB}$, $\overline{BC}$, $\overline{CD}$, $\overline{DA}$ 18 $\overline{AE}$, $\overline{EH}$, $\overline{HD}$, $\overline{DA}$
19 $\overline{AD}$, $\overline{BC}$, $\overline{EH}$, $\overline{FG}$ 20 면 BFGC, 면 DHGC
21 면 ABCD, 면 CDHG 22 면 ABCD, 면 EFGH
23 4 cm 24 1 25 2 26 5

24 면 ABCDE와 평행한 면은 면 FGHIJ로 그 개수는 1이다.

25 면 DIJE와 수직인 면은 면 ABCDE, 면 FGHIJ로 그 개수는 2이다.

26 면 FGHIJ와 한 모서리에서 만나는 면은 면 ABGF, 면 BGHC, CHID, 면DIJE, 면 EJFA로 그 개수는 5이다.

공간에서 두 평면의 위치 관계

❺ ⊥
27 면 ABC, 면 ADEB 28 면 DEF
29 면 ABC, 면 BEFC, 면 DEF 30 $\overline{AC}$
31 ○ 32 × 33 ○ 34 ×

32 면 ABCDEF와 평행한 면은 면 GHIJKL의 1개이다.

34 면 GHIJKL과 수직인 면은 면 ABHG, 면 BHIC, 면 CIJD, 면 DJKE, 면 EKLF, 면 AGLF의 6개이다.

소단원 핵심문제 12~13쪽

1 ①	2 5	3 ①, ②	4 8	5 ③
6 ②, ④	7 ②	8 2	9 ③	10 ⑤

1 ① 점 C는 직선 l 위에 있지 않다.

2 직선 AH와 한 점에서 만나는 직선은 $\overleftrightarrow{AB}$, $\overleftrightarrow{BC}$, $\overleftrightarrow{CD}$, $\overleftrightarrow{EF}$, $\overleftrightarrow{FG}$, $\overleftrightarrow{GH}$의 6개이므로 $a=6$
직선 AH와 평행한 직선은 $\overleftrightarrow{DE}$의 1개이므로 $b=1$
따라서 $a-b=6-1=5$

3 모서리 DE와 꼬인 위치에 있는 모서리는 모서리 AC, 모서리 AB이다.

4 면 ABHG와 평행한 모서리는 $\overline{CI}$, $\overline{DJ}$, $\overline{EK}$, $\overline{FL}$, $\overline{DE}$, $\overline{JK}$의 6개이므로 $a=6$
모서리 CI와 수직인 면은 면 ABCDEF, 면 GHIJKL의 2개이므로 $b=2$
따라서 $a+b=6+2=8$

5 ① 면 CFG와 수직인 모서리는 $\overline{AC}$, $\overline{DG}$, $\overline{EF}$의 3개이다.
③ 면 ADGC와 수직인 면은 면 ABC, 면 ABED, 면 DEFG, 면 CFG의 4개이다.
④ 모서리 EF를 포함하는 면은 면 BEF, 면 DEFG의 2개이다.
⑤ 모서리 AC와 꼬인 위치에 있는 모서리는 $\overline{BE}$, $\overline{BF}$, $\overline{DE}$, $\overline{FG}$의 4개이다.

6 ② 직선 l은 점 A를 지나지 않는다.
④ 직선 l 밖에 있는 점은 점 A, 점 C의 2개이다.

7 평면 위의 서로 다른 세 직선의 위치 관계를 그림으로 나타내면 오른쪽과 같다.
따라서 직선 l과 n의 위치 관계는 $l\perp n$이다.

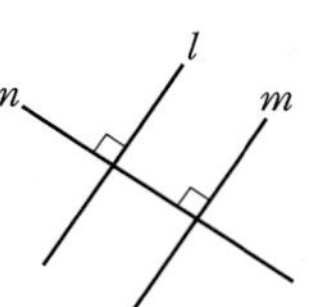

8 모서리 AD와 평행한 모서리는 모서리 BC, 모서리 FG, 모서리 EH,

모서리 AB와 꼬인 위치에 있는 모서리는
모서리 CG, 모서리 DH, 모서리 FG, 모서리 EH
따라서 모서리 AD와 평행하고 모서리 AB와 꼬인 위치에 있는 모서리는 모서리 FG, 모서리 EH로 그 개수는 2이다.

9 ③ 면 BHIC와 평행한 모서리는 $\overline{AG}$, $\overline{FL}$, $\overline{EK}$, $\overline{DJ}$, $\overline{FE}$, $\overline{LK}$의 6개이다.

10 주어진 전개도로 정육면체를 만들면 오른쪽 그림과 같다.
⑤ 면 DELM과 면 FIJK는 평행하다.

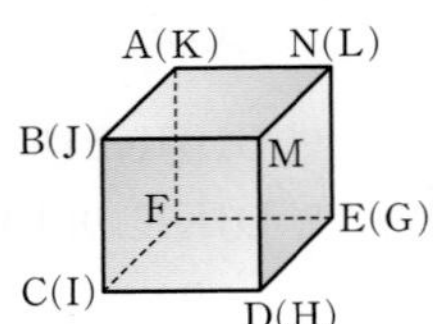

4 평행선의 성질 14~15쪽

동위각과 엇각

❶ 동위각 ❷ 엇각
1 $\angle e$ 2 $\angle c$ 3 $\angle e$ 4 $\angle d$ 5 $70°$
6 $125°$ 7 $110°$ 8 $55°$

6 $\angle e$의 동위각은 $\angle c$이므로
$\angle c=180°-55°=125°$

7 $\angle c$의 엇각은 $\angle d$이므로
$\angle d=180°-70°=110°$

8 $\angle f$의 엇각은 $\angle b$이므로
$\angle b=55°$(맞꼭지각)

평행선의 성질

❸ 같다
9 $\angle x=55°$, $\angle y=125°$ 10 $\angle x=140°$, $\angle y=40°$
11 $\angle x=50°$, $\angle y=110°$ 12 $\angle x=75°$, $\angle y=60°$
13 $115°$(✎ $40°$, $75°$, $115°$) 14 $120°$ 15 $45°$
16 $110°$ 17 $95°$(✎ $50°$, $45°$, $95°$) 18 $65°$ 19 $35°$

9 $\angle x=55°$ (동위각)
$\angle y=180°-55°=125°$

10 $\angle x=140°$ (엇각)
$\angle y=180°-140°=40°$

11 $\angle x=50°$ (엇각), $\angle y=110°$ (동위각)

12 오른쪽 그림에서
$\angle x=75°$ (엇각),
$\angle y=60°$ (엇각)

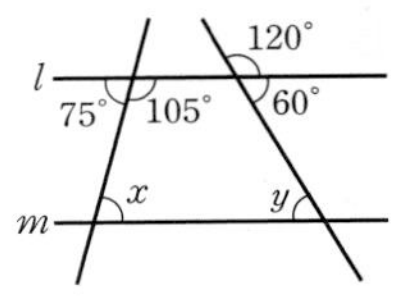

14 오른쪽 그림과 같이 두 직선 l, m에 평행한 직선 n을 그으면
$\angle x=70°+50°=120°$

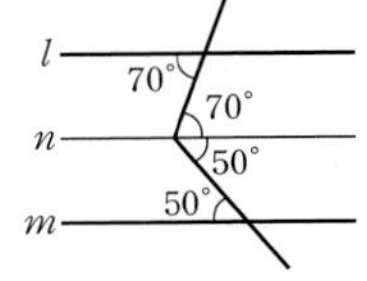

15 오른쪽 그림과 같이 두 직선 l, m에 평행한 직선 n을 그으면
$50°+\angle x=95°$
따라서 $\angle x=45°$

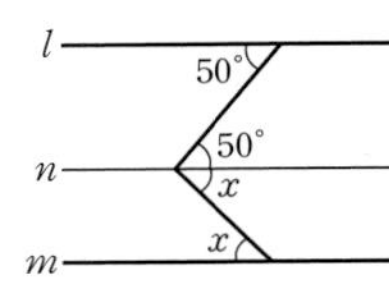

16 오른쪽 그림과 같이 두 직선 l, m에 평행한 직선 n을 그으면
$70°+\angle x=180°$
따라서 $\angle x=110°$

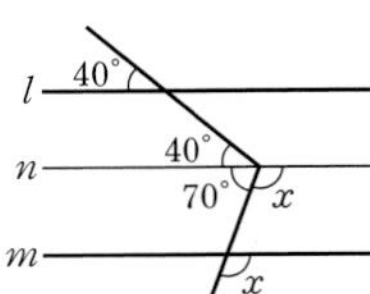

18 오른쪽 그림과 같이 두 직선 l, m에 평행한 직선 n을 그으면
$30°+\angle x=95°$
따라서 $\angle x=65°$

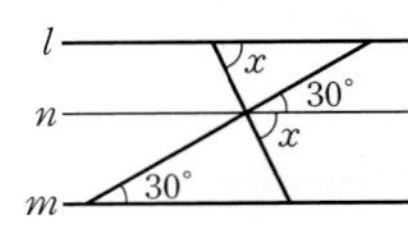

19 오른쪽 그림과 같이 두 직선 l, m에 평행한 직선 n을 그으면
$\angle x+55°=90°$
따라서 $\angle x=35°$

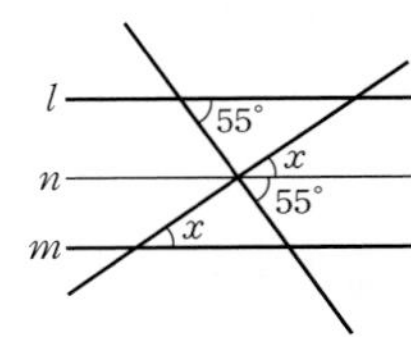

두 직선이 평행할 조건

20 ○ 21 ○ 22 ×

20 엇각의 크기가 $125°$로 같으므로 두 직선 l, m은 서로 평행하다.

21 오른쪽 그림에서 동위각의 크기가 $80°$로 같으므로 두 직선 l, m은 서로 평행하다.

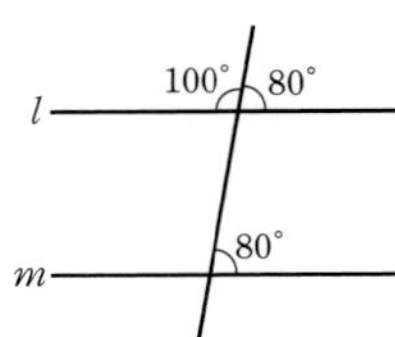

22 오른쪽 그림에서 동위각의 크기가 같지 않으므로 두 직선 l, m은 서로 평행하지 않다.

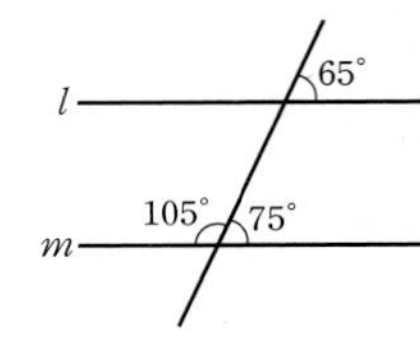

소단원 핵심문제 16~17쪽

1 ② 2 ④ 3 ③ 4 ② 5 ㄱ, ㄷ
6 (1) $\angle e$, $\angle g$ (2) $125°$ 7 $\angle x=115°$, $\angle y=50°$ 8 ②
9 $44°$ 10 ④

2 $l /\!/ m$이면 엇각의 크기는 같으므로
$x=150-2x$, $3x=150$
따라서 $x=50$이다.

3 $\angle x=180°-58°=122°$
오른쪽 그림과 같이 두 직선 l, m에 평행한 직선 n을 그으면
$\angle y=46°+58°=104°$
따라서 $\angle x+\angle y=122°+104°=226°$

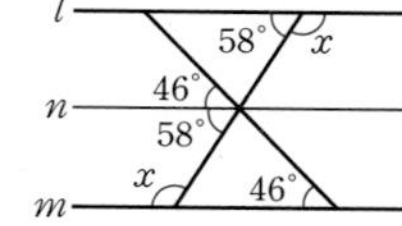

4 오른쪽 그림과 같이 직선 l, m에 평행한 직선들을 그으면
$\angle x=20°+30°=50°$
이다.

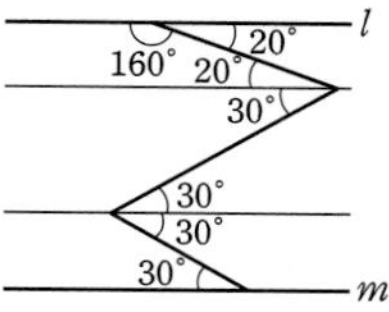

5 ㄴ. $180°-115°=65°$로 동위각의 크기가 같지 않으므로 두 직선 l, m은 서로 평행하지 않다.

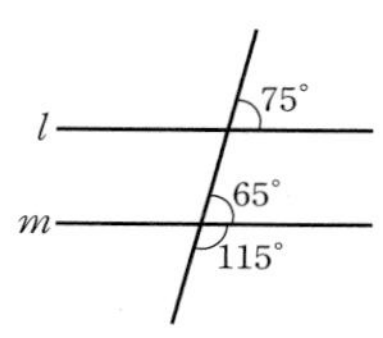

ㄹ. 동위각의 크기가 같지 않으므로 두 직선 l, m은 서로 평행하지 않다.

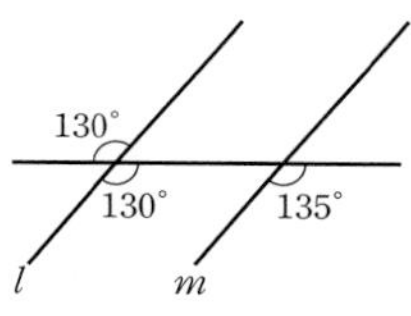

따라서 두 직선 l, m이 서로 평행한 것을 있는 대로 고르면 ㄱ, ㄷ이다.

6 (1) $\angle a$의 동위각은 $\angle e$, $\angle g$이다.
(2) $\angle e=180°-125°=55°$, $\angle g=70°$ (맞꼭지각)이므로 구하는 크기의 합은
$55°+70°=125°$

7 $l /\!/ m$이면 엇각의 크기가 같으므로
$\angle y=50°$, $\angle x=65°+\angle y=65°+50°=115°$

8 오른쪽 그림과 같이 직선 l, m에 평행한 직선들을 그으면
$(\angle x-22°)+118°=180°$
$\angle x+96°=180°$
따라서 $\angle x=84°$이다.

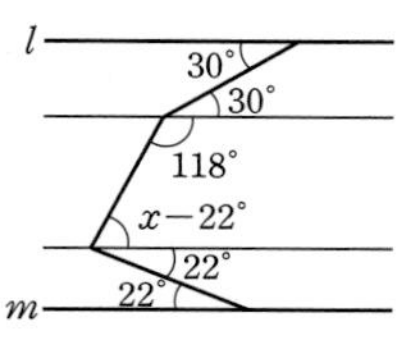

9 오른쪽 그림에서 $\overline{AD} /\!/ \overline{BC}$이므로
$\angle BGE=\angle DEG=68°$(엇각)
$\angle FEG=\angle DEG=68°$(접은 각)

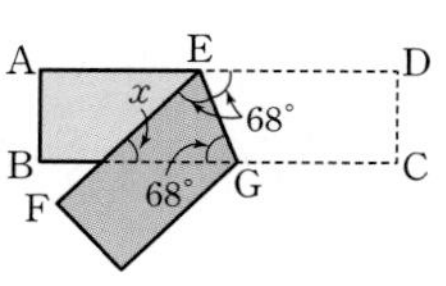

이때 삼각형의 세 각의 크기의 합은 $180°$이므로
$\angle x+68°+68°=180°$
따라서 $\angle x=44°$

10 ④ $\angle g$는 직선 l과 m이 평행하지 않아도 $65°$이다.

연습책

2. 작도와 합동

1 작도 18~19쪽

길이가 같은 선분의 작도

❶ 컴퍼스 ❷ $\overline{AB}$
1 ㄴ, ㄹ 2 ○ 3 × 4 × 5 ○
6 ① C ② $\overline{AB}$ ③ $\overline{AB}$
7 ① 눈금 없는 자 ② 컴퍼스 ③ $\overline{AB}$, 2

3 작도에서는 각도기를 사용하지 않는다.

4 원을 그릴 때에는 컴퍼스를 사용한다.

크기가 같은 각의 작도

❸ 컴퍼스
8 ① A, B ② C ③ 컴퍼스 ④ $\overline{AB}$ ⑤ $\angle DPC$ 9 ㉢, ㉡, ㉣
10 $\overline{OB}$, $\overline{PD}$ 11 $\overline{CD}$ 12 $\angle CPD$

평행선의 작도

❹ $\overline{BC}$
13 ㉡, ㉥, ㉢, ㉣ 14 $\overline{AC}$, $\overline{PQ}$ 15 $\overline{QR}$
16 $\angle QPR$ 17 엇각

소단원 핵심문제 20~21쪽

1 ⑤ 2 ㉡ → ㉠ → ㉢ 3 ③ 4 ②, ④
5 ㄱ, ㄹ 6 ④
7 ⑦ → ① → ④ → ② → ⑥ → ⑤ → ③
8 (1) ㉠ → ㉤ → ㉡ → ㉥ → ㉣ → ㉢ (2) $\angle DPC$

1 ⑤ 두 선분의 길이를 비교할 때에는 컴퍼스를 사용한다.

2

작도 순서 : ㉡ → ㉠ → ㉢

3 두 점 O, P를 중심으로 반지름의 길이가 같은 원을 각각 그리므로 $\overline{OA}=\overline{OB}=\overline{PC}=\overline{PD}$

4 ②, ④ 동위각의 크기가 같으면 두 직선은 서로 평행하므로 동위각의 위치에 크기가 같은 각을 작도하여 평행선을 작도한다.

5 ㄱ, ㄹ. 눈금 없는 자는 두 점을 연결하는 선분을 그리거나 선분을 연장할 때 사용한다.
따라서 옳은 것을 있는 대로 고르면 ㄱ, ㄹ이다.

2 삼각형의 작도 22~23쪽

삼각형

❶ $\triangle ABC$

1 $\overline{BC}$ 2 $\overline{AC}$ 3 $\angle C$ 4 ○ 5 ○
6 × 7 ○ 8 ○(✐ 3, 있다) 9 ×
10 ○ 11 × 12 ○ 13 ○

4 $\angle B$의 대변은 $\overline{AC}$이므로 $\overline{AC}=4$ cm이다.

5 $\angle C$의 대변은 $\overline{AB}$이므로 $\overline{AB}=8$ cm이다.

6 $\overline{BC}$의 대각은 $\angle A$이므로 $\angle A=60°$이다.

7 $\overline{AB}$의 대각은 $\angle C$이므로 $\angle C=90°$이다.

9 $7=3+4$이므로 삼각형을 만들 수 없다.

10 $8<4+6$이므로 삼각형을 만들 수 있다.

11 $13>5+7$이므로 삼각형을 만들 수 없다.

12 $6<6+6$이므로 삼각형을 만들 수 있다.

13 $10<8+9$이므로 삼각형을 만들 수 있다.

삼각형의 작도

❷ 끼인각

14 ① c ② a ③ b, C
15 ① $\angle A$ ② A ③ b, C
16 ① c ② $\angle A$ ③ $\angle B$ ④ C

삼각형이 하나로 정해질 조건

17 ㄱ 18 × 19 ㄷ 20 ㄴ

17 $5<3+4$인 ㄱ. 세 변의 길이가 주어질 때로 삼각형이 하나로 정해진다.

18 주어진 각은 두 변의 끼인각이 아니므로 삼각형이 하나로 정해지지 않는다.

19 $\angle C=180°-(100°+35°)=45°$이므로 ㄷ. 한 변의 길이와 그 양 끝 각의 크기가 주어질 때로 삼각형이 하나로 정해진다.

20 ㄴ. 두 변의 길이와 그 끼인각의 크기가 주어질 때로 삼각형이 하나로 정해진다.

소단원 핵심문제 24~25쪽

1 ④ 2 ① a ② $\angle B$ ③ $\angle C$ ④ A 3 ㄴ, ㄹ
4 ③ 5 9 6 ② 7 ㄴ, ㄷ 8 ③, ⑤

1 ① $6=2+4$ ② $7=3+4$
③ $11>4+6$ ④ $10<6+7$
⑤ $17>8+8$
따라서 삼각형의 세 변의 길이가 될 수 있는 것은 ④이다.

3 ㄱ. $\angle A+\angle B=180°$이므로 삼각형이 만들어지지 않는다.
ㄷ. $\angle A$는 $\overline{AB}$, $\overline{BC}$의 끼인각이 아니므로 $\triangle ABC$가 하나로 정해지지 않는다.
따라서 한 가지 추가할 조건이 될 수 있는 것을 있는 대로 고르면 ㄴ, ㄹ이다.

4 ㄱ. $9<4+6$을 만족하는 세 변의 길이가 주어졌으므로 $\triangle ABC$가 하나로 정해진다.
ㄴ. 한 변의 길이와 그 양 끝 각의 크기가 주어졌으므로 $\triangle ABC$가 하나로 정해진다.
ㄷ. 주어진 각은 두 변의 끼인각이 아니므로 $\triangle ABC$가 하나로 정해지지 않는다.
ㄹ. 두 변의 길이와 그 끼인각의 크기가 주어졌으므로 $\triangle ABC$가 하나로 정해진다.
ㅁ. $7+8=15$이므로 삼각형의 세 변의 길이가 될 수 없다.
따라서 $\triangle ABC$가 하나로 정해지는 것은 ㄱ, ㄴ, ㄹ의 3개이다.

5 (i) 가장 긴 변의 길이가 x일 때,
$x<5+9$, $x<14$
(ii) 가장 긴 변의 길이가 9일 때,
$9<5+x$, $x>4$
(i), (ii)에서 자연수 x는 5, 6, 7, 8, 9, 10, 11, 12, 13으로 그 개수는 9이다.

6 두 변의 길이와 그 끼인각의 크기가 주어진 경우 삼각형의 작도는 다음과 같은 순서로 한다.
(i) 한 변의 길이 → 끼인각의 크기 → 다른 한 변의 길이(①, ③)
(ii) 끼인각의 크기 → 한 변의 길이 → 다른 한 변의 길이(④, ⑤)
따라서 △ABC를 작도하는 순서로 옳지 않은 것은 ②이다.

7 ㄱ. ∠A=130°이면 ∠A+∠B>180°이므로 △ABC가 만들어지지 않는다.
ㄴ. ∠A=50°이면 한 변의 길이와 그 양 끝 각의 크기가 주어지므로 △ABC가 하나로 정해진다.
ㄷ. $\overline{BC}$=8 cm이면 두 변의 길이와 그 끼인각의 크기가 주어지므로 △ABC가 하나로 정해진다.
ㄹ. $\overline{AC}$=5 cm이면 주어진 각은 두 변의 끼인각이 아니므로 △ABC가 하나로 정해지지 않는다.
따라서 더 필요한 조건이 될 수 있는 것을 있는 대로 고르면 ㄴ, ㄷ이다.

8 ③ ∠A+∠C>180°이므로 △ABC가 만들어지지 않는다.
④ ∠A, ∠C의 크기를 알면 ∠B의 크기를 알 수 있다.
∠B=180°−(45°+50°)=85°
즉 한 변의 길이와 그 양 끝 각의 크기가 주어졌으므로 △ABC가 하나로 정해진다.
⑤ 모양은 같지만 크기가 다른 △ABC가 무수히 많이 만들어진다.

3 삼각형의 합동 26~27쪽

도형의 합동

❶ ≡ ❷ 대응각
1 점 B 2 변 GH 3 ∠H 4 5 cm 5 80° 6 40°
7 60° 8 × 9 ○ 10 ○ 11 ○

4 $\overline{DE}=\overline{AB}$=5 (cm)

5 ∠A=∠D=80°

6 ∠E=∠B=40°

7 △DEF에서
∠F=180°−(∠D+∠E)=180°−(∠D+∠B)
=180°−(80°+40°)=60°

8 세 각의 크기가 각각 같은 두 삼각형은 모양은 같지만 크기가 다를 수 있으므로 합동인 것은 아니다.

삼각형의 합동 조건

❸ SSS ❹ SAS ❺ ASA
12 SSS 합동 13 SAS 합동 14 ASA 합동
15 ○ 16 × 17 ○ 18 ×
19 △ABC≡△DEF, SSS 합동
20 △ABC≡△EFD, SAS 합동
21 △ABC≡△FDE, ASA 합동
22 △ABC≡△CDA, SSS 합동
23 △APC≡△BPD, SAS 합동

12 대응하는 세 변의 길이가 각각 같으므로 합동이다.

13 대응하는 두 변의 길이가 각각 같고 그 끼인각의 크기가 같으므로 합동이다.

14 대응하는 한 변의 길이가 같고 그 양 끝 각의 크기가 각각 같으므로 합동이다.

15 세 변의 길이가 각각 같으므로 SSS 합동이다.

16 주어진 각은 두 변의 끼인각이 아니므로 합동이 아니다.

17 ∠A=∠D, ∠B=∠E이므로
∠C=180°−(∠A+∠B)=180°−(∠D+∠E)=∠F
따라서 대응하는 한 변의 길이가 같고 그 양 끝 각의 크기가 각각 같으므로 ASA 합동이다.

18 세 각의 크기가 같으면 모양은 같지만 크기가 다를 수 있으므로 합동인 것은 아니다.

19 △ABC와 △DEF에서
$\overline{AB}=\overline{DE}$=10 (cm), $\overline{BC}=\overline{EF}$=11 (cm),
$\overline{CA}=\overline{FD}$=7 (cm)
따라서 △ABC≡△DEF, SSS 합동

20 △ABC와 △EFD에서
$\overline{AB}=\overline{EF}$=6 (cm), $\overline{AC}=\overline{ED}$=8 (cm), ∠A=∠E=60°
따라서 △ABC≡△EFD, SAS 합동

21 △ABC에서 ∠A=180°−(70°+65°)=45°
△ABC와 △FDE에서
$\overline{AB}=\overline{FD}$=11 (cm), ∠A=∠F=45°, ∠B=∠D=70°
따라서 △ABC≡△FDE, ASA 합동

22 △ABC와 △CDA에서
$\overline{AB}=\overline{CD}$, $\overline{BC}=\overline{DA}$, $\overline{AC}$는 공통
따라서 △ABC≡△CDA, SSS 합동

23 △APC와 △BPD에서
$\overline{AP}=\overline{BP}$, $\overline{CP}=\overline{DP}$, ∠APC=∠BPD(맞꼭지각)
따라서 △APC≡△BPD, SAS 합동

소단원 핵심문제 28~29쪽

1 ⑤
2 △ABC≡△GIH, ASA 합동
△DEF≡△QPR, SAS 합동
△JKL≡△NMO, SSS 합동
3 ③, ④ 4 ③ 5 ⑤ 6 ②, ③ 7 ①, ④
8 △DEC, SAS 합동 9 10 cm
10 △ABD≡△BCE, SAS 합동

1 ⑤ △ABCD≡△PQRS이므로
$\angle C=360^\circ-(\angle A+\angle B+\angle D)$
$=360^\circ-(\angle P+\angle B+\angle S)$
$=360^\circ-(80^\circ+75^\circ+120^\circ)=85^\circ$

3 △ABE와 △ACD에서
$\overline{AE}=\overline{AD}$ (①), $\overline{AB}=\overline{AC}$ (②), ∠A는 공통 (⑤)이므로
△ABE≡△ACD(SAS 합동)
따라서 합동이 되는 조건이 아닌 것은 ③, ④이다.

4 △APB와 △DPC에서
$\overline{AB}/\!/\overline{CD}$이므로
∠BAP=∠CDP (엇각)(④),
$\overline{AP}=\overline{DP}$, ∠APB=∠DPC (맞꼭지각)
따라서 △APB≡△DPC (ASA 합동)이므로
$\overline{AB}=\overline{DC}$ (①), $\overline{BP}=\overline{CP}$ (②),
∠ABP=∠DCP(엇각)(⑤)

5 △ACD와 △BCE에서
$\overline{AC}=\overline{BC}$(②), $\overline{CD}=\overline{CE}$(③),
$\angle ACD=60^\circ+\angle ACE=\angle BCE$ (①)
따라서 △ACD≡△BCE(SAS 합동)(④)
⑤ △ABD와 △BCE는 합동이 아니다.

6 ② 오른쪽 그림과 같은 두 직사각형은 넓이가 같지만 합동이 아니다.

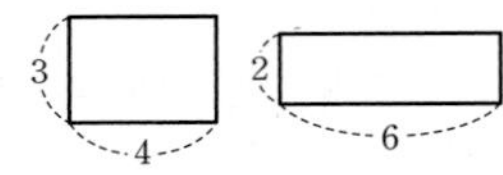

③ 오른쪽 그림과 같은 두 마름모는 한 변의 길이가 같지만 합동이 아니다.

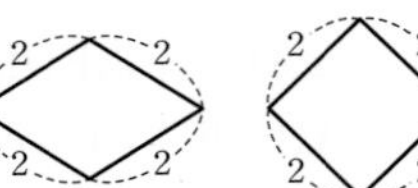

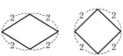

7 ① SSS 합동이 되게 하는 조건
④ SAS 합동이 되게 하는 조건

8 △AFD와 △DEC에서
$\overline{AD}=\overline{DC}$, $\overline{FD}=\overline{EC}$, $\angle ADF=\angle DCE=90^\circ$
따라서 △AFD≡△DEC이므로 △AFD와 합동인 삼각형은 △DEC이고 SAS 합동이다.

9 △POB의 넓이는 20 cm^2이므로
$\frac{1}{2}\times\overline{OB}\times4=20$, $\overline{OB}=10$(cm)
한편 △AOP와 △BOP에서
∠AOP=∠BOP,
$\angle OPA=180^\circ-(90^\circ+\angle AOP)=180^\circ-(90^\circ+\angle BOP)$
$=\angle OPB$,
$\overline{OP}$는 공통
즉 △AOP≡△BOP(ASA 합동)
따라서 $\overline{OA}=\overline{OB}=10$(cm)이다.

10 △ABD와 △BCE에서
$\overline{AB}=\overline{BC}$, $\overline{BD}=\overline{CE}$, ∠ABD=∠BCE이므로
△ABD≡△BCE (SAS 합동)

3. 다각형

1 다각형 30~31쪽

다각형

❶ 내각 ❷ 외각
1 ㄱ, ㄹ 2 4, 5, 6 / 4, 5, 6 / 사각형, 오각형, 육각형
3 내각: 80°, 외각: 100° 4 내각: 55°, 외각: 125°
5 내각: 130°, 외각: 50° 6 ○ 7 × 8 ○
9 × 10 ×

1 다각형은 3개 이상의 선분으로 둘러싸인 평면도형이므로 ㄱ, ㄹ이다.

3 ∠B의 외각의 크기는
$180^\circ-80^\circ=100^\circ$

4 ∠B의 내각의 크기는
$180^\circ-125^\circ=55^\circ$

5 ∠B의 외각의 크기는
$180^\circ-130^\circ=50^\circ$

7 모든 변의 길이가 같아도 내각의 크기가 다르면 정다각형이 아니다.

9 네 변의 길이가 같아도 내각의 크기가 다르면 정사각형이 아니다.

10 정다각형의 내각의 크기와 외각의 크기가 항상 같은 것은 아니다.

다각형의 대각선의 개수

❸ $n-3$

11 5, 6, 7 / 2, 3, 4 **12** 육각형(✎ 3, 6, 육각형)
13 팔각형 **14** 십일각형 **15** 십오각형 **16** 2(✎ 3, 2)
17 5 **18** 14 **19** 65 **20** 135
21 육각형(✎ 9, 18, 6, 6, 육각형) **22** 팔각형 **23** 십이각형
24 십육각형 **25** 이십각형

13 구하는 다각형을 n각형이라 하면
$n-3=5$, $n=8$
따라서 구하는 다각형은 팔각형이다.

14 구하는 다각형을 n각형이라 하면
$n-3=8$, $n=11$
따라서 구하는 다각형은 십일각형이다.

15 구하는 다각형을 n각형이라 하면
$n-3=12$, $n=15$
따라서 구하는 다각형은 십오각형이다.

17 $\frac{5\times(5-3)}{2}=5$

18 $\frac{7\times(7-3)}{2}=14$

19 $\frac{13\times(13-3)}{2}=65$

20 $\frac{18\times(18-3)}{2}=135$

22 구하는 다각형을 n각형이라 하면
$\frac{n(n-3)}{2}=20$, $n(n-3)=40=8\times5$
$n=8$
따라서 구하는 다각형은 팔각형이다.

23 구하는 다각형을 n각형이라 하면
$\frac{n(n-3)}{2}=54$, $n(n-3)=108=12\times9$
$n=12$
따라서 구하는 다각형은 십이각형이다.

24 구하는 다각형을 n각형이라 하면
$\frac{n(n-3)}{2}=104$, $n(n-3)=208=16\times13$
$n=16$
따라서 구하는 다각형은 십육각형이다.

25 구하는 다각형을 n각형이라 하면
$\frac{n(n-3)}{2}=170$, $n(n-3)=340=20\times17$
$n=20$
따라서 구하는 다각형은 이십각형이다.

소단원 핵심문제

32~33쪽

1 ㄹ, ㅂ **2** 205° **3** (1) 40 cm (2) 540° (3) 72°
4 ① **5** ④ **6** ④ **7** ② **8** ㄱ, ㄴ
9 정십오각형 **10** 44

1 ㄱ. 평면도형이 아니므로 다각형이 아니다.
ㄴ. 둘러싸여 있지 않으므로 다각형이 아니다.
ㄷ. 곡선과 선분으로 둘러싸여 있으므로 다각형이 아니다.
ㅁ. 곡선으로 둘러싸여 있으므로 다각형이 아니다.
따라서 다각형인 것을 있는 대로 고르면 ㄹ, ㅂ이다.

2 $\angle x=180^\circ-55^\circ=125^\circ$
$\angle y=180^\circ-100^\circ=80^\circ$
따라서 $\angle x+\angle y=125^\circ+80^\circ=205^\circ$

3 (1) 정오각형의 모든 변의 길이는 같으므로 둘레의 길이는
$8\times5=40(\text{cm})$
(2) 정오각형의 모든 내각의 크기는 같으므로 모든 내각의 크기의 합은
$108^\circ\times5=540^\circ$
(3) 정오각형의 한 외각의 크기는
$180^\circ-108^\circ=72^\circ$

4 팔각형의 한 꼭짓점에서 그을 수 있는 대각선의 개수 a는
$a=8-3=5$
육각형의 대각선의 개수 b는
$b=\frac{6\times(6-3)}{2}=9$
따라서 $b-a=9-5=4$

5 칠각형의 대각선의 개수와 같으므로
$\frac{7\times(7-3)}{2}=\frac{7\times4}{2}=14$(번)이다.

6 ④ 다각형을 이루는 각 선분을 변이라고 한다.

7 $\angle x=180^\circ-118^\circ=62^\circ$
$\angle y=180^\circ-106^\circ=74^\circ$
따라서 $\angle y-\angle x=74^\circ-62^\circ=12^\circ$

8 ㄷ. 네 내각의 크기가 같은 사각형은 직사각형이다.
ㄹ. 정다각형 중 내각의 크기와 외각의 크기가 항상 같은 것은 정사각형 뿐이다.
따라서 옳은 것을 있는 대로 고르면 ㄱ, ㄴ이다.

9 구하는 다각형을 n각형이라 하면
㉠에 의하여 $\frac{n(n-3)}{2}=90$이므로

연습책

$n(n-3)=180=15\times12$
즉 $n=15$이므로 십오각형이다.
㉡, ㉢에 의하여 정다각형이다.
따라서 조건을 모두 만족하는 다각형은 정십오각형이다.

10 다각형의 내부의 한 점에서 각 꼭짓점에 선분을 그었을 때 생기는 삼각형의 개수는 변의 개수와 같으므로 주어진 다각형은 십일각형이다.
따라서 십일각형의 대각선의 개수는
$\frac{11\times(11-3)}{2}=44$

2 다각형의 내각과 외각의 크기 34~35쪽

삼각형의 내각과 외각의 관계

❶ 180°
1 45　2 30　3 45　4 55

1 $45+90+x=180$이므로
$x=45$

2 $x+110+(x+10)=180$이므로
$2x=60$
따라서 $x=30$

3 $x+65=110$이므로 $x=45$

4 오른쪽 그림에서
$x+75=130$이므로
$x=55$

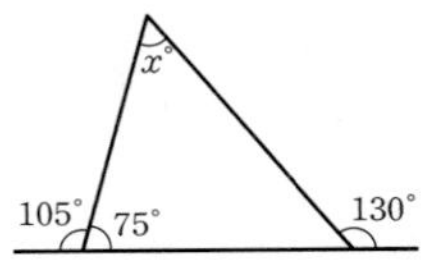

다른 풀이
오른쪽 그림에서
$x+50=105$이므로
$x=55$

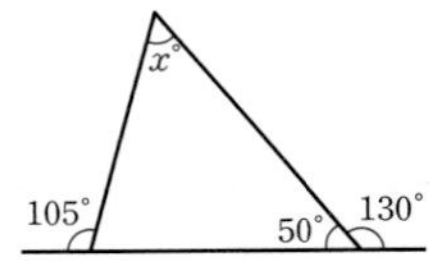

다각형의 내각의 크기

❷ 2
5 2, 2, 360 / 2, 3, 3, 540 / 2, 4, 4, 720 / 2, 5, 5, 900 / 2, 6, 6, 1080
6 75°　7 110°　8 120°(✐ 6, 6, 120)　9 150°
10 정구각형

6 사각형의 내각의 크기의 합은 360°이므로
$100°+120°+65°+\angle x=360°$
따라서 $\angle x=75°$

7 오각형의 내각의 크기의 합은
$180°\times(5-2)=540°$이므로
$100°+125°+115°+\angle x+90°=540°$
따라서 $\angle x=110°$

8 (한 내각의 크기)$=\frac{180°\times(\boxed{6}-2)}{\boxed{6}}=\boxed{120}°$

9 (한 내각의 크기)$=\frac{180°\times(12-2)}{12}=150°$

10 구하는 정다각형을 정n각형이라 하면
$\frac{180°\times(n-2)}{n}=140°$
$180°\times n-360°=140°\times n$, $40°\times n=360°$
$n=9$
따라서 구하는 정다각형은 정구각형이다.

다각형의 외각의 크기

❸ 360°
11 360°　12 360°　13 360°　14 105°　15 75°
16 65°　17 40°(✐ 360, 40)　18 36°　19 24°
20 정이십각형

14 다각형의 외각의 크기의 합은 360°이므로
$\angle x+85°+50°+120°=360°$
따라서 $\angle x=105°$

15 다각형의 외각의 크기의 합은 360°이므로
$70°+65°+\angle x+90°+60°=360°$
따라서 $\angle x=75°$

16 다각형의 외각의 크기의 합은 360°이므로
$80°+45°+\angle x+75°+95°=360°$
따라서 $\angle x=65°$

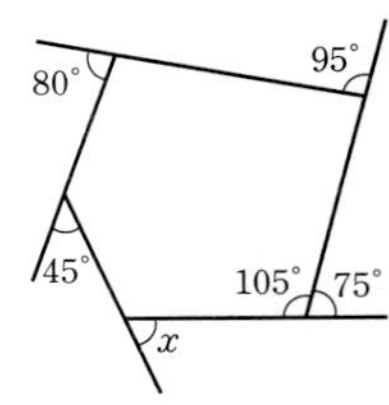

18 (한 외각의 크기)$=\frac{360°}{10}=36°$

19 (한 외각의 크기)$=\frac{360°}{15}=24°$

20 구하는 정다각형을 정n각형이라 하면
$\frac{360°}{n}=18°$, $18°\times n=360°$, $n=20$
따라서 구하는 정다각형은 정이십각형이다.

소단원 핵심문제 36~37쪽

1 ③	2 18°	3 (1) 95° (2) 115°	4 ③
5 ④	6 ④	7 (1) 70° (2) 105°	8 ①
9 35	10 ②		

1 가장 작은 내각의 크기는

$180^\circ \times \frac{2}{2+3+4}=180^\circ \times \frac{2}{9}=40^\circ$

2 △PBC에서

∠PCD=∠PBC+∠x이므로

$\angle x=\angle PCD-\angle PBC$

$=\frac{1}{2}\times\angle ACD-\frac{1}{2}\times\angle ABC$

$=\frac{1}{2}\times(\angle ACD-\angle ABC)=\frac{1}{2}\times\angle BAC$

$=\frac{1}{2}\times 36^\circ=18^\circ$

3 (1) 사각형의 내각의 크기의 합은

$180^\circ\times(4-2)=360^\circ$이므로

$110^\circ+80^\circ+75^\circ+\angle x=360^\circ$

따라서 $\angle x=95^\circ$

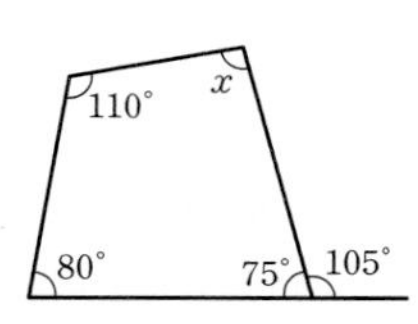

(2) 오각형의 내각의 크기의 합은

$180^\circ\times(5-2)=540^\circ$이므로

$135^\circ+70^\circ+\angle x+120^\circ+100^\circ$

$=540^\circ$

따라서 $\angle x=115^\circ$

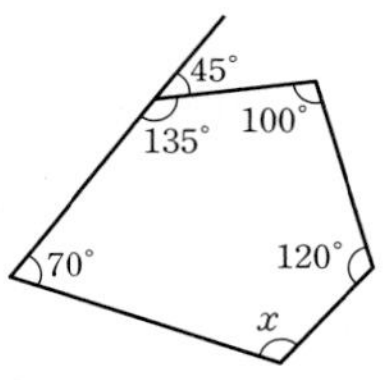

4 정n각형의 대각선의 개수는 $\frac{n(n-3)}{2}=27$

$n(n-3)=54=9\times 6$

즉 $n=9$이므로 정구각형이다.

따라서 정구각형의 한 내각의 크기는 $\frac{180^\circ\times(9-2)}{9}=140^\circ$

5 정n각형의 내각과 외각의 크기의 합은 $180^\circ\times n$이므로

$180^\circ\times n=2160^\circ$

$n=12$

따라서 정십이각형의 한 외각의 크기는 $\frac{360^\circ}{12}=30$이다.

6 △IBC에서

$\angle IBC+\angle ICB=180^\circ-130^\circ=50^\circ$이므로

$\angle ABC+\angle ACB=2(\angle IBC+\angle ICB)=100^\circ$

따라서 △ABC에서

$\angle x=180^\circ-(\angle ABC+\angle ACB)=180^\circ-100^\circ=80^\circ$

7 (1) △ABC에서 $\overline{AC}=\overline{BC}$이므로

$\angle CBA=\angle A=35^\circ$

따라서 $\angle BCD=35^\circ+35^\circ=70^\circ$

(2) △BCD에서 $\overline{BC}=\overline{BD}$이므로

$\angle BDC=\angle BCD=70^\circ$

△ABD에서 $\angle DBE=70^\circ+35^\circ=105^\circ$

8 n각형의 내각의 크기의 합은

$180^\circ\times(n-2)=1260^\circ$, $n-2=7$

즉 $n=9$이므로 주어진 다각형은 구각형이다.

따라서 구각형의 한 꼭짓점에서 그을 수 있는 대각선의 개수는 $9-3=6$이다.

9 다각형의 외각의 크기의 합은 360°이므로

$(x+15)+90+x+90+40+55=360$, $2x=70$

따라서 $x=35$

10 (한 외각의 크기)$=180^\circ\times\frac{1}{3+1}=180^\circ\times\frac{1}{4}=45^\circ$

즉 정n각형의 한 외각의 크기는 $\frac{360^\circ}{n}=45^\circ$이므로 $n=8$

따라서 주어진 정다각형은 정팔각형이므로 꼭짓점의 개수는 8이다.

4. 원과 부채꼴

1 원과 부채꼴 38~39쪽

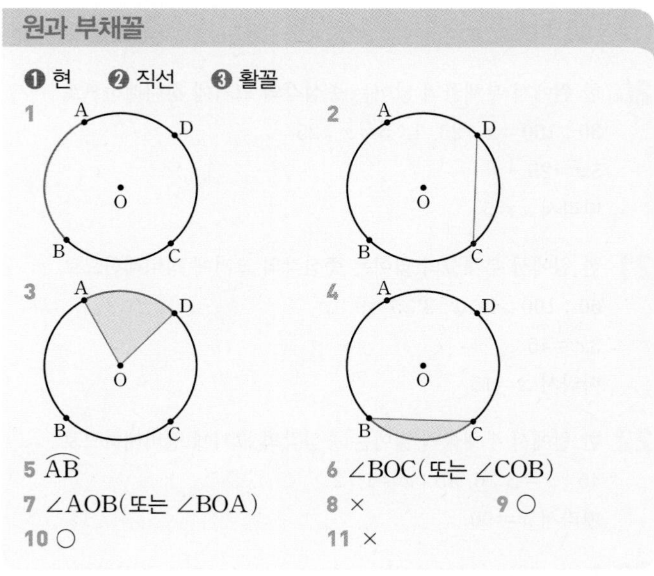

8 현은 원 위의 두 점을 이은 선분이다.

11 할선은 원 위의 두 점을 지나는 직선이다.

중심각의 크기와 호의 길이 사이의 관계

❹ 같다 ❺ 정비례
12 10 **13** 60 **14** 8 **15** 18 **16** 135
17 80

14 한 원에서 부채꼴의 호의 길이는 중심각의 크기에 정비례하므로
$35:70=4:x$, $1:2=4:x$
따라서 $x=8$

15 한 원에서 부채꼴의 호의 길이는 중심각의 크기에 정비례하므로
$30:90=6:x$이므로 $1:3=6:x$
따라서 $x=18$

16 한 원에서 부채꼴의 호의 길이는 중심각의 크기에 정비례하므로
$45:x=5:15$, $45:x=1:3$
따라서 $x=135$

17 한 원에서 부채꼴의 호의 길이는 중심각의 크기에 정비례하므로
$120:x=12:8$, $120:x=3:2$
$3x=240$
따라서 $x=80$

중심각의 크기와 부채꼴의 넓이 사이의 관계

❻ 같다 ❼ 정비례
18 8 **19** 70 **20** 5 **21** 15 **22** 90
23 36

20 한 원에서 부채꼴의 넓이는 중심각의 크기에 정비례하므로
$30:150=x:25$, $1:5=x:25$
$5x=25$
따라서 $x=5$

21 한 원에서 부채꼴의 넓이는 중심각의 크기에 정비례하므로
$60:100=9:x$, $3:5=9:x$
$3x=45$
따라서 $x=15$

22 한 원에서 부채꼴의 넓이는 중심각의 크기에 정비례하므로
$45:x=3:6$, $45:x=1:2$
따라서 $x=90$

23 두 부채꼴의 넓이의 비는 $16:4=4:1$이므로 중심각의 크기의 비도 $4:1$이다.
따라서 $x=180\times\frac{1}{4+1}=180\times\frac{1}{5}=36$

중심각의 크기와 현의 길이 사이의 관계

❽ 같다
24 80 **25** 55 **26** 8 **27** ○ **28** ○
29 ×

29 현의 길이는 중심각의 크기에 정비례하지 않는다.

소단원 핵심문제 40~41쪽

1 ③	**2** 64	**3** 28 cm	**4** 10 cm²	**5** ㄱ, ㄹ
6 ⑤	**7** 75	**8** ②	**9** ④	**10** ②

1 ③ $\angle AOB=180^\circ$일 때, $\overline{AB}$는 원 O의 지름이다.

2 $4:8=20:x$이므로 $1:2=20:x$, $x=40$
$20:120=4:y$이므로 $1:6=4:y$, $y=24$
따라서 $x+y=40+24=64$

3 $\overline{AB}/\!/\overline{CD}$이므로 $\angle OCD=\angle AOC=30^\circ$ (엇각)
$\triangle OCD$는 $\overline{OC}=\overline{OD}$인 이등변삼각형이므로
$\angle ODC=\angle OCD=30^\circ$
따라서 $\angle COD=180^\circ-(30^\circ+30^\circ)=120^\circ$
이때 $30:120=7:\widehat{CD}$이므로 $1:4=7:\widehat{CD}$
따라서 $\widehat{CD}=28$ (cm)

4 $\widehat{AB}:\widehat{CD}=5:6$이므로 $\angle AOB:\angle COD=5:6$
또 (부채꼴 AOB의 넓이) : (부채꼴 COD의 넓이) $=5:6$이므로
(부채꼴 AOB의 넓이) $:12=5:6$
$6\times$(부채꼴 AOB의 넓이) $=60$
따라서 (부채꼴 AOB의 넓이) $=10(\text{cm}^2)$

5 ㄴ. 현의 길이는 중심각의 크기에 정비례하지 않으므로
$\overline{AB}\neq\frac{1}{2}\overline{CE}$
ㄷ. 삼각형의 넓이는 중심각의 크기에 정비례하지 않으므로
$2\triangle AOB\neq\triangle COE$
따라서 옳은 것을 있는 대로 고르면 ㄱ, ㄹ이다.

6 반원인 경우이므로 중심각의 크기는 180°이다.

7 $40:x=8:12$이므로 $40:x=2:3$, $2x=120$
따라서 $x=60$
또 $40:75=8:y$이므로 $8:15=8:y$, $8y=120$
따라서 $y=15$
따라서 $x+y=60+15=75$

8 $\angle OAD=\angle BOC=30^\circ$(동위각)
$\overline{OD}$를 그으면 $\triangle OAD$는 이등변삼각형이므로 $\angle ODA=30^\circ$
즉 $\angle AOD=180^\circ-(30^\circ+30^\circ)=120^\circ$

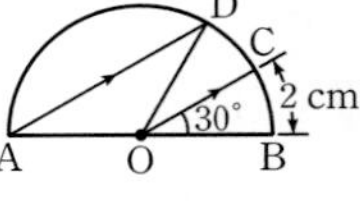

$\widehat{AD}:\widehat{BC}=\angle AOD:\angle BOC$에서
$\widehat{AD}:2=120°:30°$, $\widehat{AD}:2=4:1$
따라서 $\widehat{AD}=2\times4=8(\text{cm})$

9 원 O의 넓이를 $S\text{ cm}^2$라 하면
$80:360=6:S$이므로 $2:9=6:S$, $2S=54$, $S=27$
따라서 원 O의 넓이는 27 cm^2이다.

10 ① $\overline{AB}=\overline{CD}=\overline{DE}=\overline{EF}$이므로
$\angle AOB=\angle COD=\angle DOE=\angle EOF$,
$\angle COE=\angle COD+\angle DOE=\angle EOF+\angle DOE$
$=\angle DOF$
이므로 $\overline{CE}=\overline{DF}$
② 현의 길이는 중심각의 크기에 정비례하지 않으므로
$\overline{CF}\neq3\overline{AB}$
③ $\angle COE=\angle COD+\angle DOE=\angle AOB+\angle AOB$
$=2\angle AOB$
이므로 $\widehat{CE}=2\widehat{AB}$
④ $\overline{AB}=\overline{DE}$이므로 $\angle AOB=\angle DOE$
⑤ $\angle COF=\angle COD+\angle DOE+\angle EOF$
$=\angle AOB+\angle AOB+\angle AOB=3\angle AOB$
따라서 옳지 않은 것은 ②이다.

2 부채꼴의 호의 길이와 넓이 42~43쪽

원의 둘레의 길이와 넓이

❶ 원주율 ❷ $2\pi r$ ❸ πr^2
1 6π cm 2 $64\pi\text{ cm}^2$
3 $l=10\pi$ cm, $S=25\pi\text{ cm}^2$ 4 $l=12\pi$ cm, $S=36\pi\text{ cm}^2$
5 $l=14\pi$ cm, $S=49\pi\text{ cm}^2$ 6 $l=22\pi$ cm, $S=121\pi\text{ cm}^2$
7 9 cm 8 5 cm

1 $2\pi\times3=6\pi(\text{cm})$

2 (원의 넓이)$=\pi\times8^2=64\pi(\text{cm}^2)$

3 $l=2\pi\times5=10\pi\ (\text{cm})$, $S=\pi\times5^2=25\pi\ (\text{cm}^2)$

4 $l=2\pi\times6=12\pi\ (\text{cm})$, $S=\pi\times6^2=36\pi\ (\text{cm}^2)$

5 반지름의 길이가 7 cm이므로
$l=2\pi\times7=14\pi\ (\text{cm})$, $S=\pi\times7^2=49\pi\ (\text{cm}^2)$

6 반지름의 길이가 11 cm이므로
$l=2\pi\times11=22\pi\ (\text{cm})$, $S=\pi\times11^2=121\pi\ (\text{cm}^2)$

7 반지름의 길이를 r cm라고 하면 $2\pi r=18\pi$이므로 $r=9$
따라서 구하는 원의 반지름의 길이는 9 cm이다.

8 반지름의 길이를 r cm라고 하면
$\pi r^2=25\pi$, $r^2=25$이므로 $r=5$
따라서 구하는 원의 반지름의 길이는 5 cm이다.

부채꼴의 호의 길이

❹ $\dfrac{x}{360}$
9 2π cm(✎ 6, 60, 2π) 10 7π cm 11 2π cm 12 10π cm

10 (호의 길이)$=2\pi\times9\times\dfrac{140}{360}=7\pi\ (\text{cm})$

11 (호의 길이)$=2\pi\times12\times\dfrac{30}{360}=2\pi\ (\text{cm})$

12 (호의 길이)$=2\pi\times18\times\dfrac{100}{360}=10\pi\ (\text{cm})$

부채꼴의 넓이

❺ πr^2
13 $54\pi\text{ cm}^2$(✎ 9, 240, 54π) 14 $90\pi\text{ cm}^2$ 15 $8\pi\text{ cm}^2$
16 $6\pi\text{ cm}^2$ 17 $27\pi\text{ cm}^2$ 18 $l=(3\pi+8)$cm, $S=6\pi\text{ cm}^2$
19 $l=4\pi$ cm, $S=(8\pi-16)\text{cm}^2$

14 (넓이)$=\pi\times18^2\times\dfrac{100}{360}=90\pi\ (\text{cm}^2)$

15 (넓이)$=\pi\times8^2\times\dfrac{45}{360}=8\pi\ (\text{cm}^2)$

16 (넓이)$=\pi\times4^2\times\dfrac{135}{360}=6\pi\ (\text{cm}^2)$

17 (넓이)$=\pi\times6^2\times\dfrac{270}{360}=27\pi\ (\text{cm}^2)$

18 $l=2\pi\times8\times\dfrac{45}{360}+2\pi\times4\times\dfrac{45}{360}+4+4$
$=2\pi+\pi+8=3\pi+8(\text{cm})$
$S=\pi\times8^2\times\dfrac{45}{360}-\pi\times4^2\times\dfrac{45}{360}=8\pi-2\pi=6\pi(\text{cm}^2)$

19 $l=\left(2\pi\times4\times\dfrac{90}{360}\right)\times2=4\pi(\text{cm})$
$S=\left(\pi\times4^2\times\dfrac{90}{360}-\dfrac{1}{2}\times4\times4\right)\times2=(4\pi-8)\times2$
$=8\pi-16(\text{cm}^2)$

부채꼴의 호의 길이와 넓이 사이의 관계

❻ $\dfrac{1}{2}rl$
20 $18\pi\text{ cm}^2$(✎ $\dfrac{1}{2}$, 3π, 18π) 21 $30\pi\text{ cm}^2$ 22 $63\pi\text{ cm}^2$

21 (넓이)$=\dfrac{1}{2}\times10\times6\pi=30\pi\ (\text{cm}^2)$

연습책

22 $(\text{넓이})=\frac{1}{2}\times 9\times 14\pi=63\pi\ (\text{cm}^2)$

소단원 핵심문제

44~45쪽

1 ③ 2 ⑤ 3 $(3\pi+12)$ cm 4 ③
5 9 cm 6 24π cm 7 ① 8 8 cm
9 8π cm 10 조각 A

1 두 원의 반지름의 길이가 각각 5 cm, 3 cm이므로
$(\text{둘레의 길이})=2\pi\times 5+2\pi\times 3=10\pi+6\pi=16\pi(\text{cm})$

2 $(\text{넓이})=\pi\times 4^2-\pi\times 2^2=16\pi-4\pi=12\pi\ (\text{cm}^2)$

3 $(\text{둘레의 길이})=2\pi\times 6\times\frac{90}{360}+6\times 2=3\pi+12\ (\text{cm})$

4 $(\text{정오각형의 한 내각의 크기})=\frac{180^\circ\times(5-2)}{5}=108^\circ$
따라서 $(\text{색칠한 부채꼴의 넓이})=\pi\times 10^2\times\frac{108}{360}=30\pi(\text{cm}^2)$

5 부채꼴의 반지름의 길이를 r cm라고 하면
$(\text{부채꼴의 넓이})=\frac{1}{2}r\times 12\pi=54\pi$, $6\pi r=54\pi$
$r=9$
따라서 주어진 부채꼴의 반지름의 길이는 9 cm이다.

6 원의 반지름의 길이를 r cm라 하면
$\pi r^2=144\pi$, $r^2=144=12^2$, $r=12$
따라서 원의 둘레의 길이는
$2\pi\times 12=24\pi\ (\text{cm})$

7 오른쪽 그림과 같이 이동하면 구하는 넓이는
$\frac{1}{2}\times\pi\times 8^2=32\pi\ (\text{cm}^2)$

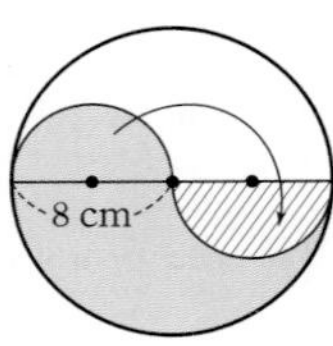

8 반원의 반지름의 길이를 r cm라 하면
$(\text{색칠한 부분의 넓이})=\pi\times r^2\times\frac{135}{360}=\frac{3}{8}\pi r^2=6\pi$
$r^2=16$, $r=4$
따라서 반원의 지름의 길이는 $2\times 4=8(\text{cm})$이다.

9 $\angle\text{EBD}=\angle\text{ABC}=60^\circ$이므로
$\angle\text{ABE}=180^\circ-\angle\text{EBD}=180^\circ-60^\circ=120^\circ$
따라서 점 A가 움직인 거리는 $\widehat{\text{AE}}$의 길이와 같으므로
$2\pi\times 12\times\frac{120}{360}=8\pi(\text{cm})$

10 $(\text{조각 A의 넓이})=\frac{1}{2}\times 12\times 4\pi=24\pi\ (\text{cm}^2)$
$(\text{조각 B의 넓이})=\frac{1}{2}\times 15\times 3\pi=\frac{45}{2}\pi\ (\text{cm}^2)$
따라서 조각 A의 양이 더 많다.

5. 다면체와 회전체

1 다면체

46~47쪽

다면체

❶ 다면체 ❷ 변
1 ㄱ, ㄴ, ㄹ, ㅁ, ㅂ 2 ㄱ, ㅁ
3 4, 사면체 4 6, 육면체 5 8, 팔면체 6 5, 오면체 7 5, 오면체
8 7, 칠면체

1 평면도형이 아닌 도형을 모두 찾으면 ㄱ, ㄴ, ㄹ, ㅁ, ㅂ이다.

2 다각형인 면으로만 둘러싸인 도형을 찾으면 ㄱ, ㅁ이다.

각뿔대

❸ 각뿔대 ❹ 옆면 ❺ 밑면
9 삼각형, 삼각뿔대 10 사각형, 사각뿔대
11 오각형, 오각뿔대 12 ×
13 × 14 ×

13 두 밑면 사이의 거리, 즉 높이는 11 cm이다.

14 면의 개수는 8이므로 팔면체이다.

다면체의 면, 모서리, 꼭짓점의 개수

❻ $n+2$ ❼ $2n$ ❽ $2n$
15 풀이 참조 16 풀이 참조 17 풀이 참조 18 ㄷ, ㅁ
19 ㄴ, ㅂ 20 ㄱ, ㄹ 21 ㄱ, ㄴ, ㄷ 22 ㄱ, ㄴ, ㅁ
23 팔각뿔대 24 육각뿔

15

다면체			
이름	삼각기둥	사각기둥	오각기둥
면의 개수	5	6	7
모서리의 개수	9	12	15
꼭짓점의 개수	6	8	10

16

다면체			
이름	삼각뿔	사각뿔	오각뿔
면의 개수	4	5	6
모서리의 개수	6	8	10
꼭짓점의 개수	4	5	6

17

다면체			
이름	삼각뿔대	사각뿔대	오각뿔대
면의 개수	5	6	7
모서리의 개수	9	12	15
꼭짓점의 개수	6	8	10

18 밑면이 1개인 다면체는 각뿔이므로 ㄷ, ㅁ이다.

19 밑면이 서로 평행하지만 합동이 아닌 다면체는 각뿔대이므로 ㄴ, ㅂ이다.

20 옆면의 모양이 직사각형인 다면체는 각기둥이므로 ㄱ, ㄹ이다.

21 각 다면체의 면의 개수는 다음과 같다.
ㄱ. $4+2=6$ ㄴ. $4+2=6$ ㄷ. $5+1=6$
ㄹ. $6+2=8$ ㅁ. $6+1=7$ ㅂ. $7+2=9$
따라서 면의 개수가 6인 다면체는 ㄱ, ㄴ, ㄷ이다.

22 각 다면체의 모서리의 개수는 다음과 같다.
ㄱ. $3\times4=12$ ㄴ. $3\times4=12$ ㄷ. $2\times5=10$
ㄹ. $3\times6=18$ ㅁ. $2\times6=12$ ㅂ. $3\times7=21$
따라서 모서리의 개수가 12인 다면체는 ㄱ, ㄴ, ㅁ이다.

23 조건 (가), (나)를 만족시키는 입체도형은 각뿔대이다. 이 입체도형을 n각뿔대라 하면 조건 (다)에서
$2n=16$, $n=8$
따라서 조건을 모두 만족시키는 입체도형은 팔각뿔대이다.

24 조건 (가), (나)를 만족시키는 입체도형은 각뿔이다. 이 입체도형을 n각뿔이라 하면 조건 (다)에서
$2n=12$, $n=6$
따라서 조건을 모두 만족시키는 입체도형은 육각뿔이다.

소단원 핵심문제

48~49쪽

1 4개 2 ③ 3 ② 4 ③
5 십이각기둥 6 ③ 7 ④ 8 ①
9 ③ 10 17

1 다면체인 것은 ㄱ. 직육면체, ㄴ. 삼각뿔, ㄹ. 오각기둥, ㅂ. 육각뿔의 4개이다.

2 각각의 면의 개수는 다음과 같다.
① $4+2=6$ ② $3+1=4$ ③ $3+2=5$
④ $5+2=7$ ⑤ $5+1=6$
따라서 오면체는 ③이다.

3 각각의 꼭짓점의 개수를 구하면
① $5+1=6$ ② $2\times5=10$
③ 직육면체는 사각기둥이므로 꼭짓점의 개수는
$2\times4=8$
④ $2\times6=12$ ⑤ $2\times7=14$
주어진 다면체의 꼭짓점의 개수는 10개이므로 꼭짓점의 개수가 같은 것은 ②이다.

4 ① 각뿔대의 밑면은 2개이다.
② 각뿔대의 옆면의 모양은 사다리꼴이다.
④ n각뿔대의 꼭짓점의 개수는 $2n$이다.
⑤ 각뿔대를 밑면에 평행한 평면으로 자르면 두 개의 각뿔대가 만들어진다.
따라서 옳은 것은 ③이다.

5 조건 (가), (나)를 만족시키는 입체도형은 각기둥이다.
이 입체도형을 n각기둥이라 하면 조건 (다)에서 꼭짓점의 개수가 24이므로
$2n=24$, $n=12$
따라서 조건을 모두 만족시키는 입체도형은 십이각기둥이다.

6 다각형으로 둘러싸인 입체도형은 ㄷ. 사각뿔 ㄹ. 오각기둥 ㅅ. 칠각뿔대이므로 다면체의 개수는 3이다.

7 주어진 다면체의 면의 개수는 10이다.
각 다면체의 면의 개수는 다음과 같다.
① $7+2=9$ ② $7+2=9$ ③ $8+1=9$
④ $8+2=10$ ⑤ $10+1=11$
따라서 주어진 다면체와 면의 개수가 같은 것은 ④이다.

8 각 다면체의 꼭짓점의 개수는 각각 다음과 같다.
① $2\times5=10$ ② $6+1=7$ ③ $2\times4=8$
④ $4+1=5$ ⑤ $2\times3=6$
따라서, 꼭짓점의 개수가 가장 많은 것은 ①이다.

9 ③ 오각뿔대의 모서리의 개수는 $5\times3=15$이다.

10 주어진 각뿔대를 n각뿔대라 하면 모서리의 개수가 15이므로
$3n=15$, $n=5$
오각뿔대의 면의 개수는 $5+2=7$이므로 $a=7$
오각뿔대의 꼭짓점의 개수는 $2\times5=10$이므로 $b=10$
따라서 $a+b=7+10=17$

2 정다면체

50~51쪽

정다면체

❶ 정다각형 ❷ 같은 ❸ 5 ❹ 정사면체 ❺ 정팔면체
❻ 정이십면체 ❼ 정삼각형 ❽ 정오각형
1 ○ 2 ○ 3 × 4 × 5 ○

3 정다면체는 정사면체, 정육면체, 정팔면체, 정십이면체, 정이십면체의 5가지뿐이다.

5 정다면체의 한 면이 될 수 있는 다각형은 정삼각형, 정사각형, 정오각형의 3가지뿐이다.

정다면체의 특징

❾ 3 ❿ 8 ⓫ 20 ⓬ 30
6 정십이면체 7 정삼각형 8 정팔면체 9 ㄱ, ㄷ, ㅁ
10 ㄹ 11 ㄷ 12 ㅁ 13 ㄹ, ㅁ
14 ㄷ

정다면체의 전개도

15 정육면체 16 정이십면체 17 정십이면체 18 풀이 참조
19 정사면체 20 4 21 6 22 풀이 참조
23 정팔면체 24 점 G 25 면 EFG

18
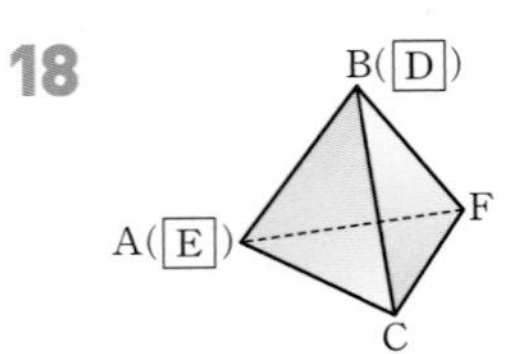

22
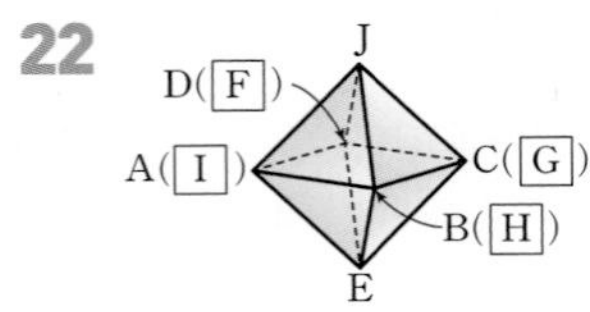

소단원 핵심문제 52~53쪽

1 ①, ⑤ 2 ⑤ 3 ④ 4 정이십면체
5 26 6 ④ 7 26 8 정팔면체
9 ⑤ 10 ④

1 ① 정팔면체는 마주보는 면끼리 평행하다.
⑤ 각 면의 모양이 모두 합동인 정다각형이고, 각 꼭짓점에 모인 면의 개수가 같은 다면체를 정다면체라고 한다.

2 ⑤ 정팔면체의 한 꼭짓점에 모인 면의 개수는 4개이다.

3 각 정다면체의 꼭짓점의 개수는 다음과 같다.
① 4 ② 8 ③ 6
④ 20 ⑤ 12
따라서 꼭짓점의 개수가 가장 많은 것은 ④이다.

4 조건 (가), (나)를 만족시키는 입체도형은 정다면체이다.
이때 조건 (다)에서 한 꼭짓점에 모인 면의 개수가 5인 정다면체는 정이십면체이다.

5 주어진 전개도로 만들어지는 정다면체는 정팔면체이다.
정팔면체의 면의 개수 $a=8$
꼭짓점의 개수 $b=6$
모서리의 개수 $c=12$
따라서 $a+b+c=8+6+12=26$이다.

6 ④ 정십이면체의 면의 모양은 정오각형이고, 정이십면체의 면의 모양은 정삼각형이므로 면의 모양이 같지 않다.

7 정사면체의 모서리의 개수는 6이므로 $a=6$
정십이면체의 꼭짓점의 개수는 20이므로 $b=20$
따라서 $a+b=6+20=26$

8 조건 (가)를 만족시키는 정다면체는 정사면체, 정팔면체, 정이십면체이다.
이 중에서 조건 (나)를 만족시키는 정다면체는 정팔면체이다.

9 주어진 전개도로 만든 정다면체는 정십이면체이다.
정십이면체의 면의 개수는 12이므로 $a=12$
정십이면체의 꼭짓점의 개수는 20이므로 $b=20$
한 꼭짓점에 모인 면의 개수는 3이므로 $c=3$
따라서 $a+b+c=12+20+3=35$

10 주어진 전개도로 만들어지는 정다면체는 오른쪽 그림과 같은 정사면체이다.
따라서 $\overline{DE}$와 꼬인 위치에 있는 모서리는 ④ $\overline{CF}$이다.

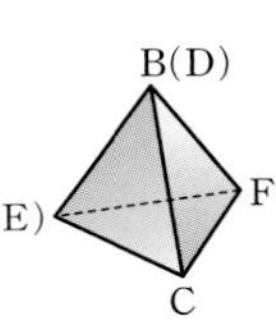

3 회전체 54~55쪽

회전체

❶ 회전체 ❷ 회전축 ❸ 원뿔대
1 × 2 ○ 3 ○ 4 ×
5 6 7 8 9

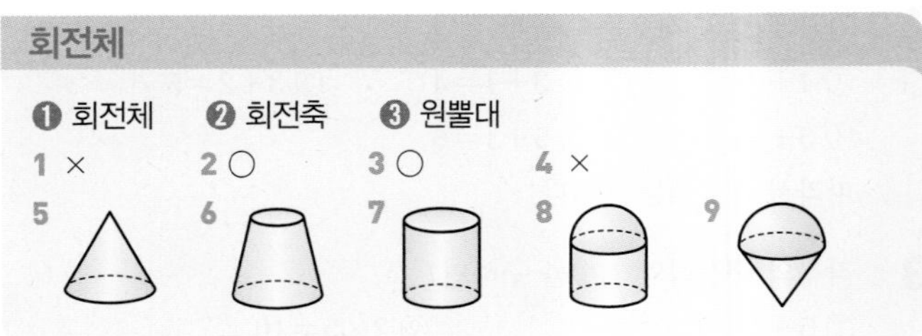

회전체의 성질

❹ 원 ❺ 선대칭도형
10 원, 이등변삼각형 / 원, 사다리꼴 / 원, 원
11 ○ 12 ○ 13 × 14 ○

13 원뿔대를 회전축을 포함하는 평면으로 자를 때 생기는 단면은 사다리꼴이다.

회전체의 전개도

❻ 가로 ❼ 호
15 풀이 참조 16 풀이 참조 17 풀이 참조

15

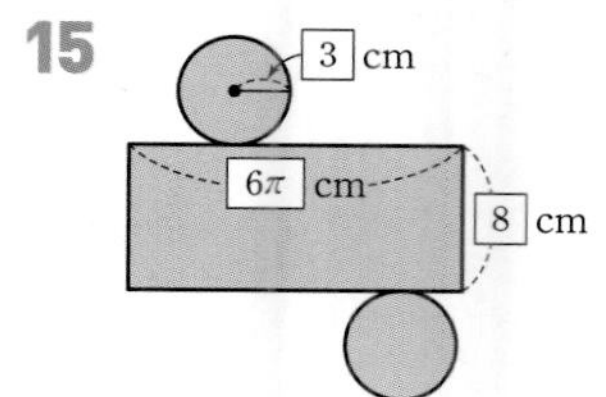

16

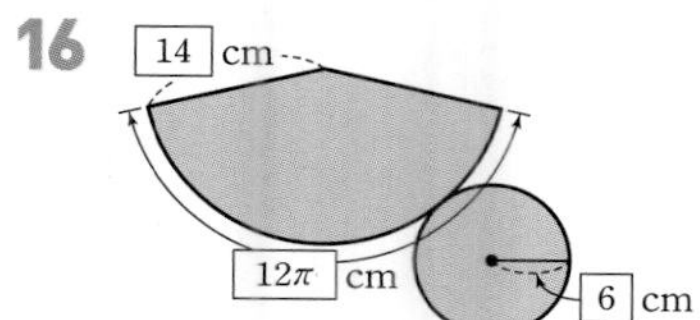

17

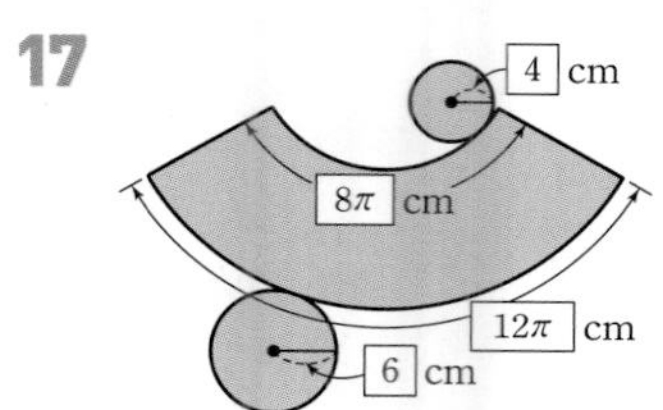

소단원 핵심문제 56~57쪽

1 ②	2 ④	3 ①	4 원뿔	5 ④
6 ㄴ, ㅂ	7 ②	8 ③	9 28 cm	
10 10π cm				

1 ② 회전체는 회전축을 포함하는 평면으로 자른 단면이 선대칭도형이어야 한다.

2 ④ 주어진 평면도형을 직선 l을 회전축으로 하여 1회전 시킬 때 생기는 입체도형은 오른쪽 그림과 같은 원뿔대이다.

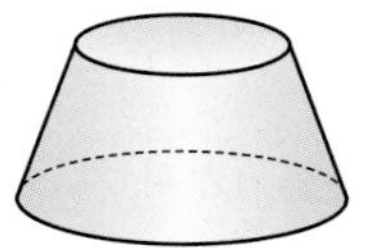

3 ① 원기둥은 회전축에 수직인 평면으로 자를 때 생기는 단면이 원이고 항상 합동이다.

4 (가), (나)를 모두 만족하는 회전체는 원뿔이다.

5 ④ 주어진 전개도로 만든 입체도형은 원뿔대이고, 원뿔대를 회전축을 포함하는 평면으로 자른 단면의 모양은 사다리꼴이다.

6 ㄱ, ㄷ, ㄹ, ㅁ. 다면체
따라서 회전체인 것은 ㄴ, ㅂ이다.

7 ② 직각삼각형 ABC를 변 AB를 회전축으로 하여 1회전 시킬 때 생기는 입체도형은 다음 그림과 같다.

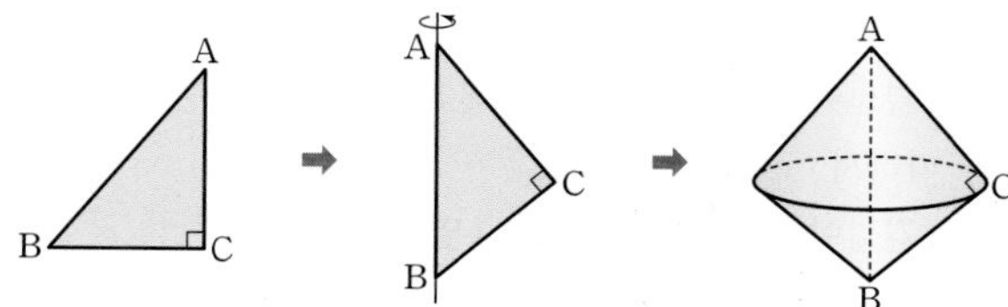

8 ③ 회전축에 수직인 평면으로 자른 단면은 항상 원이지만 그 크기는 다를 수 있다.

9 주어진 사다리꼴을 직선 l을 회전축으로 하여 1회전 시킬 때 생기는 회전체는 원뿔대이고, 원뿔대를 회전축을 포함하는 평면으로 자를 때 생기는 단면은 오른쪽 그림의 사다리꼴이다.
따라서 구하는 단면의 둘레의 길이는
$6+5+12+5=28$ (cm)

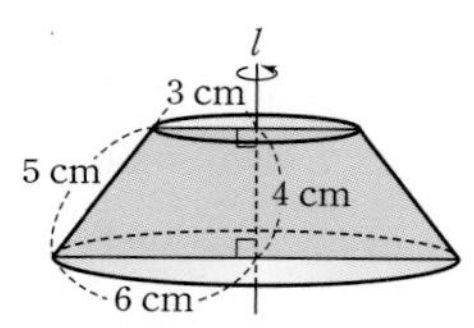

10 호 AD의 길이$=2\pi\times2=4\pi$(cm)
호 BC의 길이$=2\pi\times3=6\pi$(cm)
따라서 호 AD와 호 BC의 길이의 합은
$4\pi+6\pi=10\pi$(cm)

6. 입체도형의 겉넓이와 부피

1 기둥의 겉넓이와 부피 58~59쪽

각기둥의 겉넓이

❶ 밑넓이
1 $a=6$, $b=8$, $c=12$ 2 24 cm² 3 288 cm²
4 336 cm² 5 108 cm² 6 108 cm² 7 368 cm²

2 (밑넓이)$=\frac{1}{2}\times6\times8=24$ (cm^2)

3 (옆넓이)$=(6+10+8)\times12=288$ (cm^2)

4 (겉넓이)=(밑넓이)$\times2+$(옆넓이)
$=24\times2+288=336$ (cm^2)

5 (겉넓이)=(밑넓이)$\times2+$(옆넓이)
$=\left(\frac{1}{2}\times3\times4\right)\times2+(3+4+5)\times8$
$=12+96=108$(cm^2)

6 (밑넓이)$=4\times6=24$ (cm^2)
(옆넓이)$=(4+6+4+6)\times3=60$ (cm^2)
따라서
(겉넓이)=(밑넓이)$\times2+$(옆넓이)
$=24\times2+60=108$ (cm^2)

7 (밑넓이)$=\frac{1}{2}\times(4+10)\times8=56$ (cm^2)
(옆넓이)$=(4+10+10+8)\times8=256$ (cm^2)
따라서
(겉넓이)=(밑넓이)$\times2+$(옆넓이)
$=56\times2+256=368$ (cm^2)

원기둥의 겉넓이

❷ πr^2 ❸ $2\pi r^2$
8 $a=2$, $b=4\pi$, $c=8$ 9 4π cm^2 10 32π cm^2
11 40π cm^2 12 192π cm^2 13 104π cm^2

9 (밑넓이)$=\pi\times2^2=4\pi$ (cm^2)

10 (옆넓이)$=4\pi\times8=32\pi$ (cm^2)

11 (겉넓이)=(밑넓이)$\times2+$(옆넓이)
$=4\pi\times2+32\pi=40\pi$ (cm^2)

12 (밑넓이)$=\pi\times6^2=36\pi$(cm^2)
(옆넓이)$=(2\pi\times6)\times10=120\pi$(cm^2)
(겉넓이)=(밑넓이)$\times2+$(옆넓이)
$=36\pi\times2+120\pi$
$=72\pi+120\pi$
$=192\pi$(cm^2)

13 (밑넓이)$=\pi\times4^2=16\pi$ (cm^2)
(옆넓이)$=(2\pi\times4)\times9=72\pi$ (cm^2)
따라서
(겉넓이)=(밑넓이)$\times2+$(옆넓이)
$=16\pi\times2+72\pi=104\pi$ (cm^2)

각기둥의 부피

❹ 높이
14 30 cm^2 15 10 cm 16 300 cm^3 17 108 cm^3
18 210 cm^3 19 72 cm^3

14 (밑넓이)$=\frac{1}{2}\times5\times12=30$(cm^2)

16 (부피)$=30\times10=300$(cm^3)

17 (밑넓이)$=\frac{1}{2}\times9\times4=18$ (cm^2)
따라서
(부피)=(밑넓이)$\times$(높이)
$=18\times6=108$ (cm^3)

18 (밑넓이)$=6\times5=30$ (cm^2)
따라서
(부피)=(밑넓이)$\times$(높이)
$=30\times7=210$ (cm^3)

19 (밑넓이)$=\frac{1}{2}\times(3+6)\times2=9$ (cm^2)
따라서
(부피)=(밑넓이)$\times$(높이)
$=9\times8=72$ (cm^3)

원기둥의 부피

❺ πr^2 ❻ πr^2h
20 9π cm^2 21 11 cm 22 99π cm^3 23 180π cm^3
24 36π cm^3 25 980π cm^3

20 (밑넓이)$=\pi\times3^2=9\pi$ (cm^2)

22 (부피)=(밑넓이)$\times$(높이)
$=9\pi\times11=99\pi$ (cm^3)

23 (밑넓이)$=\pi\times6^2=36\pi$ (cm^2)
따라서
(부피)=(밑넓이)$\times$(높이)
$=36\pi\times5=180\pi$ (cm^3)

24 (밑넓이)$=\pi\times2^2=4\pi$ (cm^2)
따라서
(부피)=(밑넓이)$\times$(높이)
$=4\pi\times9=36\pi$ (cm^3)

25 (부피)=(큰 원기둥의 부피)+(작은 원기둥의 부피)
$=\pi\times10^2\times8+\pi\times6^2\times5$
$=800\pi+180\pi$
$=980\pi$(cm^3)

소단원 핵심문제 60~61쪽

1 ③	2 130π cm^2	3 ②	4 80π cm^3
5 $(288-32\pi)$ cm^3		6 ②	7 126π cm^2
8 48 cm^3	9 ④	10 238 cm^3	

1 (밑넓이)$=\frac{1}{2}\times(4+12)\times3=24$ (cm^2)
(옆넓이)$=(4+5+12+5)\times8$
$=208$ (cm^2)
따라서 (겉넓이)$=24\times2+208=256$ (cm^2)

2 원기둥의 높이를 h cm라고 하면
$25\pi\times h=200\pi$, 즉 $h=8$
따라서 (겉넓이)$=(\pi\times5^2)\times2+2\pi\times5\times8$
$=50\pi+80\pi=130\pi$(cm^2)

3 (밑넓이)$=\frac{1}{2}\times13\times6+\frac{1}{2}\times13\times8$
$=39+52=91$ (cm^2)
따라서 (부피)$=91\times10=910$ (cm^3)

4 주어진 직사각형을 직선 l을 회전축으로 하여 1회전 시킬 때 생기는 회전체는 오른쪽 그림과 같은 원기둥이다.
따라서 회전체의 부피는
$(\pi\times4^2)\times5=80\pi$ (cm^3)

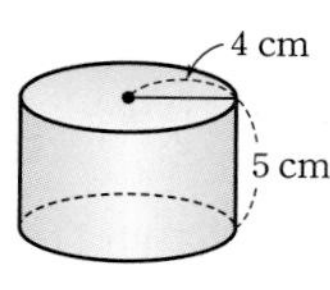

5 (부피)=(사각기둥의 부피)−(원기둥의 부피)
$=(6\times6)\times8-(\pi\times2^2)\times8$
$=288-32\pi$(cm^3)

6 정육면체의 한 모서리의 길이를 a cm라고 하면
$(a\times a)\times6=294$, $a^2=49$, $a=7$
따라서 정육면체의 한 모서리의 길이는 7 cm이다.

7 주어진 직사각형을 직선 l을 회전축으로 하여 1회전 시킬 때 생기는 회전체는 오른쪽 그림과 같다.

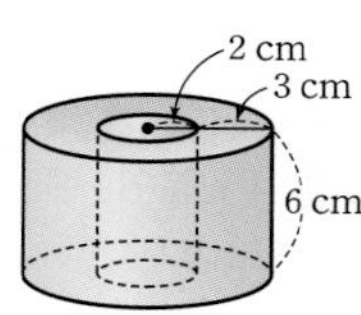

(밑넓이)
=(큰 원기둥의 밑넓이)−(작은 원기둥의 밑넓이)
$=\pi\times5^2-\pi\times2^2$
$=25\pi-4\pi=21\pi$(cm^2)
(옆넓이)=(큰 원기둥의 옆넓이)+(작은 원기둥의 옆넓이)
$=(2\pi\times5)\times6+(2\pi\times2)\times6$
$=60\pi+24\pi=84\pi$(cm^2)
따라서
(겉넓이)=(밑넓이)×2+(옆넓이)
$=21\pi\times2+84\pi$
$=42\pi+84\pi=126\pi$(cm^2)

8 (입체도형의 부피)=(직육면체의 부피)−(삼각기둥의 부피)
$=3\times4\times5-\left(\frac{1}{2}\times3\times2\right)\times4$
$=60-12=48$(cm^3)

9 (밑넓이)$=\pi\times6^2\times\frac{120}{360}=12\pi$ (cm^2)
따라서 (부피)$=12\pi\times11=132\pi$ (cm^3)

10 (큰 직육면체의 부피)$=8\times4\times8=256$ (cm^3)
(작은 직육면체의 부피)$=3\times2\times3=18$ (cm^3)
따라서
(부피)=(큰 직육면체의 부피)−(작은 직육면체의 부피)
$=256-18=238$ (cm^3)

2 뿔의 겉넓이와 부피 62~63쪽

각뿔의 겉넓이

❶ 밑넓이

1 $a=6$, $b=9$, $c=6$ 2 36 cm^2 3 108 cm^2
4 144 cm^2 5 105 cm^2 6 256 cm^2

2 (밑넓이)$=6\times6=36$ (cm^2)

3 (옆넓이)$=\left(\frac{1}{2}\times6\times9\right)\times4$
$=108$ (cm^2)

4 (겉넓이)=(밑넓이)+(옆넓이)
$=36+108$
$=144$ (cm^2)

5 (밑넓이)$=5\times5=25$ (cm^2)
(옆넓이)$=\left(\frac{1}{2}\times5\times8\right)\times4$
$=80$ (cm^2)
따라서
(겉넓이)=(밑넓이)+(옆넓이)
$=25+80$
$=105$ (cm^2)

6 (밑넓이)$=8\times8=64$ (cm^2)
(옆넓이)$=\left(\frac{1}{2}\times8\times12\right)\times4$
$=192$ (cm^2)
따라서
(겉넓이)=(밑넓이)+(옆넓이)
$=64+192$
$=256$ (cm^2)

원뿔의 겉넓이

❷ $2\pi r$ ❸ πrl

7 $a=7$, $b=6\pi$, $c=3$ 8 9π cm^2 9 7, 6π, 21π
10 30π cm^2 11 36π cm^2 12 44π cm^2

8 (밑넓이)$=\pi\times3^2=9\pi(\text{cm}^2)$

9 (옆넓이)$=\frac{1}{2}\times7\times(2\pi\times3)=21\pi(\text{cm}^2)$

10 (겉넓이)$=9\pi+21\pi=30\pi(\text{cm}^2)$

11 (밑넓이)$=\pi\times3^2=9\pi\ (\text{cm}^2)$
(옆넓이)$=\frac{1}{2}\times9\times(2\pi\times3)$
$=27\pi\ (\text{cm}^2)$
따라서
(겉넓이)=(밑넓이)+(옆넓이)
$=9\pi+27\pi=36\pi\ (\text{cm}^2)$

12 (밑넓이)$=\pi\times4^2=16\pi\ (\text{cm}^2)$
(옆넓이)$=\frac{1}{2}\times7\times(2\pi\times4)$
$=28\pi\ (\text{cm}^2)$
따라서
(겉넓이)=(밑넓이)+(옆넓이)
$=16\pi+28\pi=44\pi\ (\text{cm}^2)$

뿔대의 겉넓이

❹ 옆넓이

13 $a=4$, $b=4$, $c=2$, $d=1$ 14 5π cm^2 15 4π, 4, 12π
16 17π cm^2 17 85 cm^2 18 108π cm^2 19 210π cm^2

14 (두 밑넓이의 합)$=\pi\times1^2+\pi\times2^2=\pi+4\pi=5\pi(\text{cm}^2)$

15 (옆넓이)=(큰 부채꼴의 넓이)−(작은 부채꼴의 넓이)
$=\frac{1}{2}\times8\times4\pi-\frac{1}{2}\times4\times2\pi=12\pi(\text{cm}^2)$

16 (겉넓이)$=5\pi+12\pi=17\pi(\text{cm}^2)$

17 (두 밑넓이의 합)$=2\times2+5\times5$
$=4+25=29\ (\text{cm}^2)$
(옆넓이)$=\left\{\frac{1}{2}\times(2+5)\times4\right\}\times4$
$=56\ (\text{cm}^2)$
따라서
(겉넓이)=(두 밑넓이의 합)+(옆넓이)
$=29+56=85\ (\text{cm}^2)$

18 (두 밑넓이의 합)$=\pi\times3^2+\pi\times6^2$
$=9\pi+36\pi=45\pi\ (\text{cm}^2)$
(옆넓이)$=\frac{1}{2}\times14\times(2\pi\times6)-\frac{1}{2}\times7\times(2\pi\times3)$
$=84\pi-21\pi=63\pi\ (\text{cm}^2)$
따라서
(겉넓이)=(두 밑넓이의 합)+(옆넓이)
$=45\pi+63\pi=108\pi\ (\text{cm}^2)$

19 (두 밑넓이의 합)$=\pi\times3^2+\pi\times9^2$
$=9\pi+81\pi=90\pi(\text{cm}^2)$
(옆넓이)$=\frac{1}{2}\times15\times(2\pi\times9)-\frac{1}{2}\times5\times(2\pi\times3)$
$=135\pi-15\pi=120\pi(\text{cm}^2)$
(겉넓이)$=90\pi+120\pi=210\pi(\text{cm}^2)$

각뿔의 부피

❺ $\frac{1}{3}Sh$

20 9 cm^2 21 4 cm 22 12 cm^3 23 14 cm^3
24 32 cm^3 25 50 cm^3

20 (밑넓이)$=3\times3=9(\text{cm}^2)$

22 (부피)$=\frac{1}{3}\times9\times4=12(\text{cm}^3)$

23 (밑넓이)$=\frac{1}{2}\times4\times3=6\ (\text{cm}^2)$
따라서
(부피)$=\frac{1}{3}\times$(밑넓이)$\times$(높이)
$=\frac{1}{3}\times6\times7=14\ (\text{cm}^3)$

24 (밑넓이)$=\frac{1}{2}\times6\times4=12\ (\text{cm}^2)$
따라서
(부피)$=\frac{1}{3}\times$(밑넓이)$\times$(높이)
$=\frac{1}{3}\times12\times8=32\ (\text{cm}^3)$

25 (밑넓이)$=5\times5=25\ (\text{cm}^2)$
따라서
(부피)$=\frac{1}{3}\times$(밑넓이)$\times$(높이)
$=\frac{1}{3}\times25\times6=50\ (\text{cm}^3)$

원뿔의 부피

❻ $\frac{1}{3}\pi r^2h$

26 9π cm^2 27 8 cm 28 24π cm^3 29 48π cm^3
30 12π cm^3 31 100π cm^3

26 (밑넓이)$=\pi\times3^2=9\pi$ (cm^2)

28 (부피)$=\frac{1}{3}\times$(밑넓이)$\times$(높이)

$=\frac{1}{3}\times9\pi\times8=24\pi$ (cm^3)

29 (밑넓이)$=\pi\times4^2=16\pi$ (cm^2)

따라서

(부피)$=\frac{1}{3}\times$(밑넓이)$\times$(높이)

$=\frac{1}{3}\times16\pi\times9=48\pi$ (cm^3)

30 (밑넓이)$=\pi\times3^2=9\pi$ (cm^2)

따라서

(부피)$=\frac{1}{3}\times$(밑넓이)$\times$(높이)

$=\frac{1}{3}\times9\pi\times4=12\pi$ (cm^3)

31 밑면의 반지름의 길이가 5 cm이므로

(밑넓이)$=\pi\times5^2=25\pi$(cm^2)

따라서

(원뿔의 부피)$=\frac{1}{3}\times25\pi\times12$

$=100\pi$(cm^3)

뿔대의 부피

❼ 큰 ❽ 작은

32 144π cm^3 **33** 18π cm^3 **34** 126π cm^3 **35** 76 cm^3
36 234π cm^3

32 (큰 원뿔의 부피)$=\frac{1}{3}\times(\pi\times6^2)\times12=144\pi$(cm^3)

33 (작은 원뿔의 부피)$=\frac{1}{3}\times(\pi\times3^2)\times6=18\pi$(cm^3)

34 (원뿔대의 부피)=(큰 원뿔의 부피)−(작은 원뿔의 부피)

$=144\pi-18\pi$

$=126\pi$(cm^3)

35 (큰 사각뿔의 부피)$=\frac{1}{3}\times(6\times6)\times9$

$=108$ (cm^3)

(작은 사각뿔의 부피)$=\frac{1}{3}\times(4\times4)\times6$

$=32$ (cm^3)

따라서

(사각뿔대의 부피)=(큰 사각뿔의 부피)−(작은 사각뿔의 부피)

$=108-32$

$=76$ (cm^3)

36 (큰 원뿔의 부피)$=\frac{1}{3}\times(\pi\times9^2)\times9$

$=243\pi$ (cm^3)

(작은 원뿔의 부피)$=\frac{1}{3}\times(\pi\times3^2)\times3$

$=9\pi$ (cm^3)

따라서

(원뿔대의 부피)=(큰 원뿔의 부피)−(작은 원뿔의 부피)

$=243\pi-9\pi$

$=234\pi$ (cm^3)

소단원 핵심문제 65~66쪽

1 39 cm^2	**2** 80π cm^2	**3** 3 : 1	**4** 192 cm^3
5 84π cm^3	**6** 9	**7** $\frac{85}{4}\pi$ cm^2	
8 (1) 72 cm^2 (2) 288 cm^3		**9** 80 cm^3	**10** ③

1 (밑넓이)$=3\times3=9$ (cm^2)

(옆넓이)$=\left(\frac{1}{2}\times3\times5\right)\times4=30$ (cm^2)

따라서 (겉넓이)$=9+30=39$ (cm^2)

2 주어진 원뿔의 모선의 길이를 l cm라 하면 원 O의 둘레의 길이는 원뿔의 밑면인 원의 둘레의 길이의 5배이다. 즉,

$2\pi l=(2\pi\times4)\times5$, $l=20$

따라서 (옆넓이)$=\pi\times4\times20=80\pi$(cm^2)

다른 풀이

(원 O의 넓이)$=5\times$(원뿔의 옆넓이)

따라서 (원뿔의 옆넓이)$=(\pi\times20^2\times\pi)\div5$

$=80\pi$(cm^2)

3 밑면의 넓이와 높이가 같은 각기둥과 각뿔의 부피의 비는 3 : 1이다.

4 (밑넓이)$=8\times6=48$ (cm^2)

따라서 (부피)$=\frac{1}{3}\times48\times12=192$ (cm^3)

5 회전체는 오른쪽 그림과 같은 원뿔대이므로

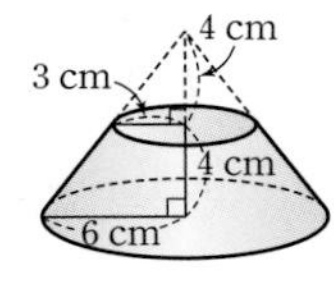

(부피)

=(큰 원뿔의 부피)−(작은 원뿔의 부피)

$=\frac{1}{3}\times(\pi\times6^2)\times8-\frac{1}{3}\times(\pi\times3^2)\times4$

$=96\pi-12\pi=84\pi$(cm^3)

6 (겉넓이)$=4^2+4\times\left(\frac{1}{2}\times4\times h\right)=16+8h$

$16+8h=88$, $8h=72$, 즉 $h=9$

7 부채꼴의 호의 길이는 $2\pi\times6\times\frac{150}{360}=5\pi(\text{cm})$

밑면의 반지름의 길이를 r cm라고 하면

$2\pi r=5\pi$, 즉 $r=\frac{5}{2}$

$(\text{밑넓이})=\pi\times\left(\frac{5}{2}\right)^2=\frac{25}{4}\pi$

$(\text{옆넓이})=\frac{1}{2}\times6\times5\pi=15\pi$

따라서

$(\text{겉넓이})=\frac{25}{4}\pi+15\pi=\frac{85}{4}\pi(\text{cm}^2)$

8 (1) $\triangle\text{BCD}=\frac{1}{2}\times12\times12=72\ (\text{cm}^2)$

(2) $(\text{부피})=\frac{1}{3}\times72\times12=288\ (\text{cm}^3)$

9 남아 있는 물의 부피는 삼각뿔의 부피와 같으므로

$\frac{1}{3}\times\left(\frac{1}{2}\times8\times10\right)\times6=80\ (\text{cm}^3)$

10 $(\text{큰 사각뿔의 부피})=\frac{1}{3}\times(6\times6)\times9=108\ (\text{cm}^3)$

$(\text{작은 사각뿔의 부피})=\frac{1}{3}\times(2\times2)\times3=4\ (\text{cm}^3)$

따라서

$(\text{사각뿔대의 부피})=(\text{큰 사각뿔의 부피})-(\text{작은 사각뿔의 부피})$
$=108-4$
$=104\ (\text{cm}^3)$

3 구의 겉넓이와 부피 67쪽

구의 겉넓이

❶ $4\pi r^2$

1 64π cm² 2 100π cm² 3 27π cm²

1 $(\text{겉넓이})=4\pi\times4^2=64\pi\ (\text{cm}^2)$

2 $(\text{겉넓이})=4\pi\times5^2=100\pi\ (\text{cm}^2)$

3 반구의 겉넓이는 구의 겉넓이의 $\frac{1}{2}$과 원의 넓이의 합과 같으므로

$(\text{겉넓이})=(4\pi\times3^2)\times\frac{1}{2}+\pi\times3^2$
$=36\pi\times\frac{1}{2}+9\pi$
$=18\pi+9\pi$
$=27\pi\ (\text{cm}^2)$

구의 부피

❷ $\frac{4}{3}\pi r^3$

4 $\frac{500}{3}\pi$ cm³ 5 $\frac{32}{3}\pi$ cm³ 6 144π cm³ 7 $\frac{128}{3}\pi$ cm³
8 $\frac{2}{3}\pi r^3$ 9 $\frac{4}{3}\pi r^3$ 10 $2\pi r^3$ 11 1 : 2 : 3

4 $(\text{부피})=\frac{4}{3}\pi\times5^3=\frac{500}{3}\pi\ (\text{cm}^3)$

5 $(\text{부피})=\frac{4}{3}\pi\times2^3=\frac{32}{3}\pi\ (\text{cm}^3)$

6 $(\text{부피})=\left(\frac{4}{3}\pi\times6^3\right)\times\frac{1}{2}=144\pi\ (\text{cm}^3)$

7 $(\text{부피})=\left(\frac{4}{3}\pi\times4^3\right)\times\frac{1}{2}=\frac{128}{3}\pi\ (\text{cm}^3)$

8 높이는 $2r$이므로

$(\text{원뿔의 부피})=\frac{1}{3}\pi r^2\times(2r)=\frac{2}{3}\pi r^3$

9 $(\text{구의 부피})=\frac{4}{3}\pi r^3$

10 $(\text{원기둥의 부피})=\pi r^2\times2r=2\pi r^3$

11 $\frac{2}{3}\pi r^3:\frac{4}{3}\pi r^3:2\pi r^3=2:4:6=1:2:3$

소단원 핵심문제 68~69쪽

1 ㄱ, ㄴ 2 5π cm² 3 18 4 78π cm³
5 20π cm³ 6 36π cm³ 7 ① 8 72π cm²
9 64개 10 2 : 1

1 반지름의 길이는 7 cm이므로

ㄷ. $(\text{겉넓이})=4\pi\times7^2=196\pi(\text{cm}^2)$

ㄹ. $(\text{부피})=\frac{4}{3}\pi\times7^3=\frac{1372}{4}\pi(\text{cm}^3)$

따라서 주어진 구에 대한 설명으로 옳은 것은 ㄱ, ㄴ이다.

2 $(\text{겉넓이})=(\text{구의 겉넓이})\times\frac{1}{8}+(\text{부채꼴의 넓이})\times3$
$=(4\pi\times3^2)\times\frac{1}{8}+(\pi\times3^2)\times\frac{1}{4}\times3$
$=\frac{9}{2}\pi+\frac{27}{4}\pi=\frac{45}{4}\pi(\text{cm}^2)$

3 구 모양의 그릇에 담긴 물의 부피는

$\frac{4}{3}\pi\times6^3=288\pi\ (\text{cm}^3)$

원기둥 모양의 그릇에 담긴 물의 부피는

$(\pi\times4^2)\times h=16\pi h\ (\text{cm}^3)$

이때 두 부피가 같으므로 $288\pi=16\pi h$
따라서 $h=18$

4 주어진 평면도형을 직선 l을 회전축으로 하여 1회전 시킬 때 생기는 회전체는 오른쪽 그림과 같다.

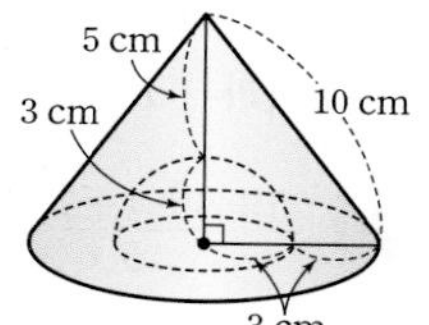

$(\text{원뿔의 부피})=\frac{1}{3}\times(\pi\times6^2)\times8$
$=96\pi\ (\text{cm}^3)$
$(\text{반구의 부피})=\left(\frac{4}{3}\pi\times3^3\right)\times\frac{1}{2}=18\pi\ (\text{cm}^3)$
따라서 구하는 회전체의 부피는
$(\text{원뿔의 부피})-(\text{반구의 부피})=96\pi-18\pi=78\pi\ (\text{cm}^3)$

5 원기둥의 밑면의 반지름의 길이를 r cm라고 하면 높이는 $2r$ cm이고 원기둥의 부피는 $30\pi\ \text{cm}^3$이므로
$\pi r^2\times2r=30\pi,\ 2\pi r^3=30\pi,\ r^3=15$
이때 구의 반지름의 길이도 r cm이므로
$(\text{구의 부피})=\frac{4}{3}\pi r^3=\frac{4}{3}\pi\times15=20\pi(\text{cm}^3)$

6 구의 반지름의 길이를 r cm라 하면 겉넓이가 $36\pi\ \text{cm}^2$이므로
$4\pi r^2=36\pi,\ r^2=9$, 즉 $r=3$
따라서 구의 반지름의 길이는 3 cm이므로 구하는 부피는
$\frac{4}{3}\pi\times3^3=36\pi\ (\text{cm}^3)$

7 $(\text{겉넓이})=(\text{구의 겉넓이})\times\frac{3}{4}+(\text{원의 넓이})$
$=(4\pi\times4^2)\times\frac{3}{4}+(\pi\times4^2)$
$=48\pi+16\pi=64\pi\ (\text{cm}^2)$

8 야구공의 겉넓이는
$4\pi\times6^2=144\pi\ (\text{cm}^2)$
따라서 한 조각의 넓이는
$144\pi\times\frac{1}{2}=72\pi\ (\text{cm}^2)$

9 지름의 길이가 12 cm인 쇠공의 부피는
$\frac{4}{3}\pi\times6^3=288\pi(\text{cm}^3)$
반지름의 길이가 $\frac{3}{2}$ cm인 쇠공의 부피는
$\frac{4}{3}\pi\times\left(\frac{3}{2}\right)^3=\frac{9}{2}\pi(\text{cm}^3)$
$288\pi\div\frac{9}{2}\pi=288\pi\times\frac{2}{9\pi}=64$
따라서 지름의 길이가 3 cm인 쇠공을 최대 64개까지 만들 수 있다.

10 $(\text{반구의 부피})=\frac{1}{2}\times\frac{4}{3}\times\pi\times3^3=18\pi(\text{cm}^3)$
$(\text{원뿔의 부피})=\frac{1}{3}\times\pi\times3^2\times3=9\pi(\text{cm}^3)$
$(\text{반구의 부피}):(\text{원뿔의 부피})=18\pi:9\pi=2:1$

7. 자료의 정리와 해석

1 대푯값

70~71쪽

평균

❶ 개수
1 7　2 64　3 9　4 31　5 11
6 3.2권

1 $\frac{3+9+2+8+13}{5}=\frac{35}{5}=7$

2 $\frac{51+64+48+72+85}{5}=\frac{320}{5}=64$

3 $\frac{9+5+3+26+4+7}{6}=\frac{54}{6}=9$

4 $\frac{25+19+39+44+36+23}{6}=\frac{186}{6}=31$

5 $\frac{14+9+11+8+13+15+7}{7}=\frac{77}{7}=11$

6 전체 학생 수는 25이고, 읽은 전체 책의 수는 아래와 같다.

읽은 책의 수(권)	1	2	3	4	5	6	합계
학생 수(명)	3	5	6	7	3	1	25
책 수의 합(권)	1×3 $=3$	2×5 $=10$	3×6 $=18$	4×7 $=28$	5×3 $=15$	6×1 $=6$	80

따라서 학생 25명이 한 달 동안 읽은 책의 수의 평균은
$(\text{평균})=\frac{1\times3+2\times5+3\times6+4\times7+5\times3+6\times1}{25}$
$=\frac{3+10+18+28+15+6}{25}$
$=\frac{80}{25}=3.2(\text{권})$

중앙값

❷ 중앙값　❸ 홀수　❹ 평균
7 14(✎ 13, 15, 13, 15, 14)　8 11　9 7
10 35　11 6　12 30.5

7 자료를 작은 값부터 크기순으로 나열하면
8, 9, 13, 15, 17, 22
따라서 $(\text{중앙값})=\frac{13+15}{2}=14$

연습책

8 자료를 작은 값부터 크기순으로 나열하면
9, 10, 11, 14, 25
따라서 (중앙값)=11

9 자료를 작은 값부터 크기순으로 나열하면
4, 4, 6, 7, 9, 10, 11
따라서 (중앙값)=7

10 자료를 작은 값부터 크기순으로 나열하면
13, 28, 31, 35, 39, 44, 77
따라서 (중앙값)=35

11 자료를 작은 값부터 크기순으로 나열하면
3, 4, 4, 5, 7, 7, 8, 9
따라서 (중앙값)$=\frac{5+7}{2}=6$

12 자료를 작은 값부터 크기순으로 나열하면
21, 24, 28, 29, 32, 36, 36, 43
따라서 (중앙값)$=\frac{29+32}{2}=30.5$

최빈값

❺ 최빈값
13 7 **14** 85 **15** 17, 22 **16** 지우개 **17** 파
18 라일락

13 7이 두 번으로 가장 많이 나타나므로
(최빈값)=7

14 85가 세 번으로 가장 많이 나타나므로
(최빈값)=85

15 17, 22가 각각 두 번으로 가장 많이 나타나므로
(최빈값)=17, 22

16 지우개가 두 번으로 가장 많이 나타나므로
(최빈값)=지우개

17 파가 세 번으로 가장 많이 나타나므로
(최빈값)=파

18 라일락의 학생 수가 9로 가장 크므로
(최빈값)=라일락

대푯값이 주어졌을 때 변량구하기

❻ 중앙값 ❼ 최빈값
19 12(✎ 17, 4, 52, 12) **20** 6 **21** 11
22 4(✎ 7, 6, 7, 45, 4)

19 $\frac{14+9+x+\boxed{17}}{\boxed{4}}=13$이므로
$x+40=\boxed{52}$
따라서 $x=\boxed{12}$

20 $\frac{5+8+4+7+x}{5}=6$이므로
$x+24=30$
따라서 $x=6$

21 자료의 개수가 짝수 개이므로
(중앙값)$=\frac{x+19}{2}$에서 $\frac{x+19}{2}=15$
$x+19=30$
따라서 $x=11$

22 x의 값에 상관없이 주어진 자료의 최빈값은 $\boxed{7}$이다.
주어진 자료의 평균과 최빈값이 같으므로
$\frac{7+8+10+\boxed{6}+x+7+7}{\boxed{7}}=7$
$x+\boxed{45}=49$
따라서 $x=\boxed{4}$

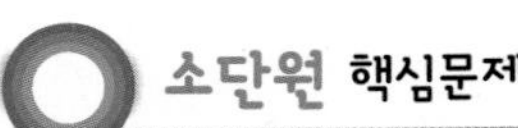

소단원 핵심문제 72~73쪽

1 81 cm **2** 38.5 **3** 3회 **4** 7 **5** 6
6 8 **7** ⑤ **8** 59 **9** 10
10 (1) 10 (2) 9편 (3) 10편

1 학생 B의 앉은키를 x cm라 하면
$\frac{76+x+87+80+91}{5}=83$
$x+334=415$, $x=81$
따라서 학생 B의 앉은키는 81 cm이다.

2 각 조의 영화관람 횟수를 작은 값부터 크기순으로 나열하면
[A조] 10, 22, 25, 33, 45
[B조] 8, 9, 11, 16, 22, 26
A조의 중앙값은 25이므로 $a=25$,
B조의 중앙값은 $\frac{11+16}{2}=13.5$이므로 $b=13.5$
따라서 $a+b=25+13.5=38.5$

3 박물관 방문 횟수는 3회가 5명으로 가장 많으므로
(최빈값)=3회

4 주어진 자료의 최빈값이 4이므로 $a=4$
자료를 작은 값부터 크기순으로 나열하면
4, 4, 4, 7, 9, 10, 10
따라서 (중앙값)$=7$

5 평균이 6이므로
$\frac{4+6+a+7+8+3+b}{7}=6$,
$28+a+b=42$, $a+b=14$
한편 최빈값이 4이므로 a, b의 값 중 하나는 4이다.
그런데 $a<b$이므로 $a+b=14$에서 $a=4$, $b=10$이다.
따라서 $b-a=10-4=6$

6 $\frac{a+b+c}{3}=6$이므로 $a+b+c=18$
따라서 $a+1$, $b+3$, $c+2$의 평균은
$$\frac{(a+1)+(b+3)+(c+2)}{3}=\frac{(a+b+c)+6}{3}=\frac{18+6}{3}=8$$

7 ⑤ 주어진 자료 중 250과 같이 극단적인 값이 있는 경우는 평균보다 중앙값을 대푯값으로 하는 것이 적절하다.

8 주어진 자료를 작은 값부터 크기순으로 나열하면
25, 25, 26, 27, 27, 28, 30, 30, 30, 31, 33, 35
(중앙값)$=\frac{28+30}{2}=29$(세)이므로 $a=29$
최빈값은 30세이므로 $b=30$
따라서 $a+b=29+30=59$

9 중앙값은 4번째와 5번째 자료의 값의 평균이므로
(중앙값)$=\frac{x+14}{2}=12$, $x+14=24$, $x=10$
따라서 주어진 자료를 작은 값부터 크기순으로 나열하면
9, 10, 10, 10, 14, 14, 18, 21
따라서 (최빈값)$=10$

10 (1) 평균이 8편이므로
$\frac{10+5+7+9+10+5+x}{7}=8$
$x+46=56$
따라서 $x=10$
(2) 자료를 작은 값부터 크기순으로 나열하면
5, 5, 7, 9, 10, 10, 10
따라서 (중앙값)$=9$편
(3) 10편이 세 번으로 가장 많이 나타나므로
(최빈값)$=10$편

2 줄기와 잎 그림, 도수분포표

74~75쪽

줄기와 잎 그림

❶ 변량 ❷ 줄기와 잎 그림
1 풀이 참조 2 풀이 참조 3 5 4 2 5 20
6 21세 7 5 8 18 9 2 10 3
11 20 12 49분 13 40 %

1 (0|3은 3회)

줄기	잎
0	3 6 8 8 9
1	0 0 4 4 4 5
2	2 3 8 9
3	1

2 (6|5는 65점)

줄기	잎
6	5 8
7	0 2 5 6 8 8
8	0 4 6 9 9
9	3 4 6

5 전체 야구 선수의 수는 $6+7+5+1+1=20$

8 전체 회원 수는 $6+5+4+3=18$

13 SNS 이용 시간이 34분 이상인 학생 수는 8이므로
전체의 $\frac{8}{20}\times100=40(\%)$이다.

도수분포표

❸ 계급 ❹ 도수
14 ㄴ 15 ㅁ 16 ㅂ 17 5개 18 5
19 10개 이상 15개 미만 20 2명 21 11
22 160 cm 이상 165 cm 미만 23 24 24 7
25 20 26 9명 27 70분 이상 80분 미만

17 (계급의 크기)$=10-5=15-10=\cdots=30-25=5$(개)

21 $A=38-(4+9+8+3+3)=38-27=11$

23 키가 160 cm 미만인 학생 수는 $4+9+11=24$

25 걸린 시간이 80분 이상인 사람 수는 $9+7+4=20$

26 걸린 시간이 84분인 사람이 속하는 계급은 80분 이상 90분 미만이므로 구하는 도수는 9명이다.

27 걸린 시간이 70분 미만인 사람은 2명
걸린 시간이 80분 미만인 사람은 $2+8=10$(명)
따라서 5번째로 빨리 도착한 사람이 속하는 계급은 70분 이상 80분 미만이다.

소단원 핵심문제 76~77쪽

1 ④	2 15 %	3 ③	4 25 %	5 ④
6 10번째	7 16	8 8명		

1 ④ 칭찬 붙임딱지가 35개 이상인 학생은 35개, 36개, 37개, 40개, 42개의 5명이다.

2 헌혈을 한 전체 사람 수는 $4+6+7+3=20$
나이가 50세 이상인 사람은 52세, 56세, 58세의 3명이므로
$\frac{3}{20}\times 100=15$ (%)

3 ① A의 값은 $35-(8+6+7+2)=12$이다.
② 계급의 크기는 $100-50=50$(mm)이다.
③ 가장 큰 도수는 12개이고, 그 계급은 50mm 이상 100mm 미만이다.
④ 강수량이 150mm 이상 200mm 미만인 지역은 7개이므로 전체의 $\frac{7}{35}\times 100=20$(%)이다.
⑤ 강수량이 많은 쪽에서 5번째인 지역이 속하는 계급은 150mm 이상 200mm 미만이므로 도수는 7개이다.
따라서 옳지 않은 것은 ③이다.

4 영어 점수가 80점 이상 90점 미만인 학생 수는
$28-(4+5+10+2)=7$이므로
$\frac{7}{28}\times 100=25$ (%)

5 ① 잎이 가장 적은 줄기는 잎이 1개인 5이다.
② 재위 기간이 40년 이상인 왕은 44년, 44년, 46년, 52년의 4명이다.
④ 재위 기간이 짧은 왕의 재위 기간부터 차례로 나열하면
1년, 1년, 2년, 2년, 3년, 3년, 4년, ⋯
이므로 재위 기간이 7번째로 짧은 왕의 재위 기간은 4년이다.
⑤ 재위 기간이 10년 미만인 왕은 8명
재위 기간이 30년 이상인 왕은 $3+3+1=7$(명)
따라서 재위 기간이 10년 미만인 왕의 수가 재위 기간이 30년 이상인 왕의 수보다 많다.
따라서 옳지 않은 것은 ④이다.

6 남자 회원 중 나이가 적은 쪽에서 8번째 회원, 즉 A의 나이는 32세이다. 이때 A보다 나이가 많은 남자 회원은 3명, 여자 회원은 6명이므로 $3+6=9$(명)
따라서 A는 전체 회원 중 10번째로 나이가 많다.

7 몸무게가 3.0 kg 이상 3.5 kg 미만인 계급의 도수는
$25-(2+4+6+3)=10$(명)
도수가 가장 큰 계급은 3.0 kg 이상 3.5 kg 미만이고 이 계급의 도수는 10명이므로 $a=10$
몸무게가 3.0 kg 미만인 신생아는 $2+4=6$(명)이므로 $b=6$
따라서 $a+b=10+6=16$

8 통신비가 3만원 이상 4만원 미만인 학생을 x명이라고 하면
통신비 3만원 이상인 학생은 $(x+4)$명이므로
$\frac{x+4}{35}\times 100=40$, $x=10$
따라서 통신비 1만원 이상 2만원 미만인 학생은
$35-(3+13+10+4)=5$(명)
따라서 통신비가 2만원 미만인 학생은 $5+3=8$(명)이다.

3 히스토그램과 도수분포다각형 78~79쪽

히스토그램

❶ 히스토그램 ❷ 도수

1 풀이 참조	2 풀이 참조	3 5명	4 5
5 30명 이상 35명 미만		6 7일	7 25
8 11	9 15점 이상 20점 미만		10 28%

1
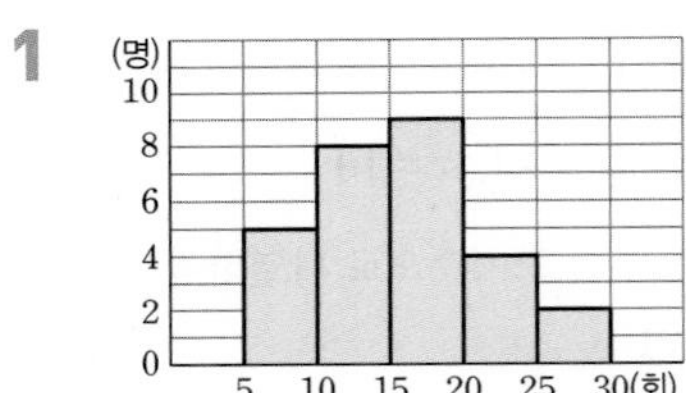

2
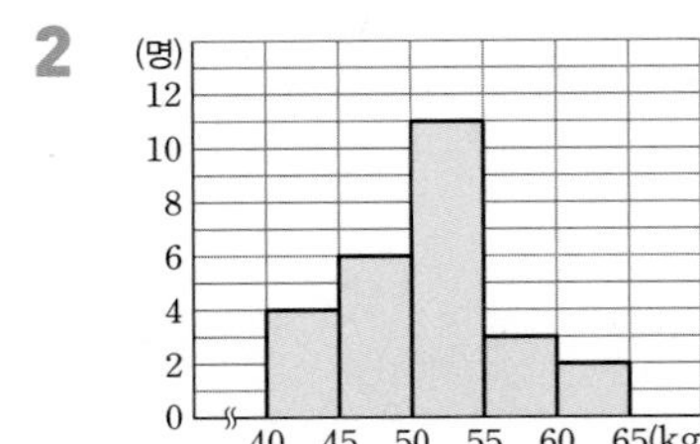

3 (계급의 크기)$=15-10=20-15=\cdots=35-30$
$=5$(명)

6 도수가 가장 큰 계급은 20명 이상 25명 미만이므로 구하는 도수는 7일이다.

7 $7+11+4+3=25$

10 가창 점수가 15점 이상인 학생 수는 $4+3=7$이므로
전체의 $\frac{7}{25}\times 100=28(\%)$이다.

도수분포다각형

❸ 도수분포다각형

11 풀이 참조　12 풀이 참조　13 풀이 참조　14 풀이 참조
15 10분　16 5　17 30분 이상 40분 미만
18 5명　19 40　20 21
21 110 g 이상 120 g 미만　22 30 %

11

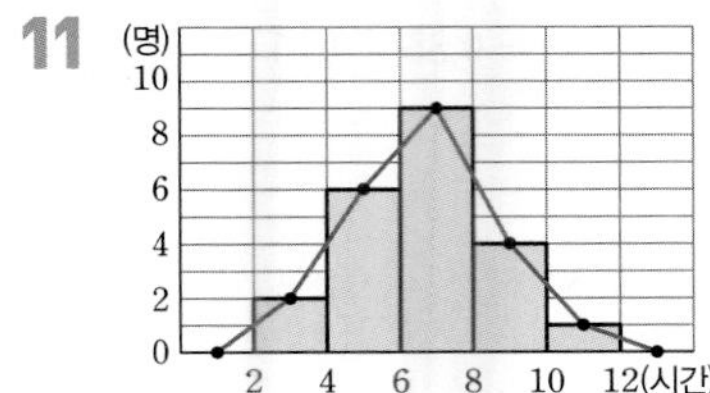

12

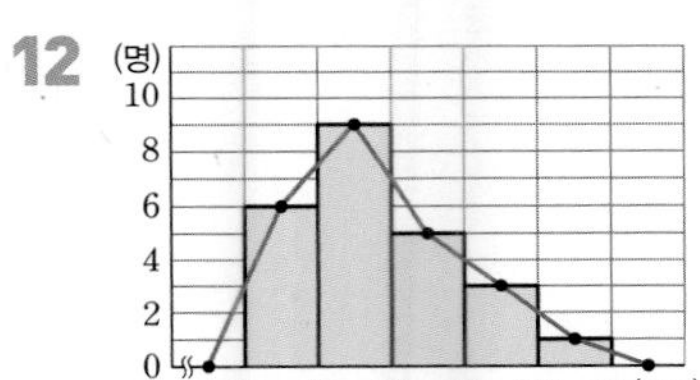

13

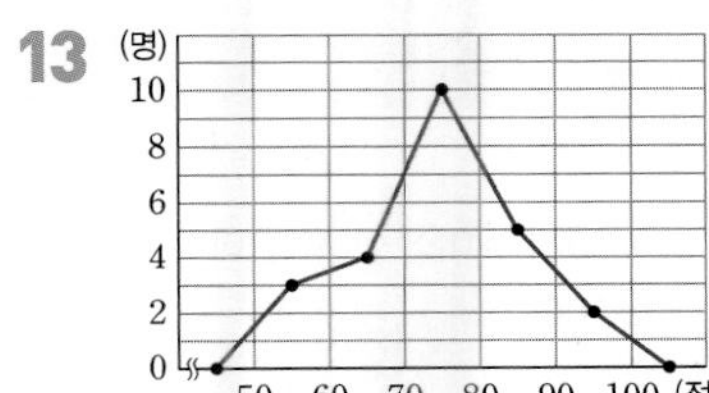

14

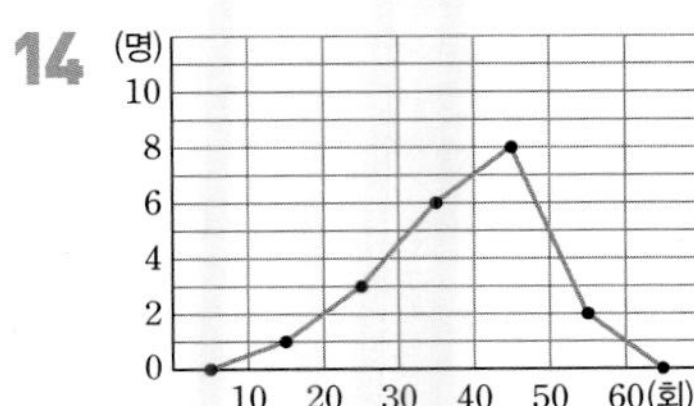

19 전체 고구마의 개수는 $3+9+13+8+7=40$

20 무게가 100 g 이상 120 g 미만인 고구마의 개수는
$13+8=21$

21 무게가 120 g 이상인 고구마는 7개
무게가 110 g 이상인 고구마는 $8+7=15$(개)
따라서 무게가 10번째로 무거운 고구마가 속하는 계급은 110 g 이상 120 g 미만이다.

22 전체 고구마의 개수는 40이고 무게가 100 g 미만인 고구마의 개수는 $3+9=12$이므로
$\frac{12}{40}\times 100=30\ (\%)$

소단원 핵심문제　80~81쪽

1 ③　2 ④　3 400　4 13　5 18
6 (1) 5명 (2) 15 %　7 48 %　8 8

1 일교차가 8 ℃ 이상 10 ℃ 미만인 날은
$5+6=11$(일)

2 ① 계급의 개수는 6이다.
② 계급의 크기는 5분이다.
③ 조사한 전체 학생은 $2+7+10+9+6+1=35$(명)이다.
④ 등교하는 데 걸리는 시간이 10분 이상 15분 미만인 학생은 전체의 $\frac{7}{35}\times 100=20\ \%$이다.
⑤ 등교하는 데 걸리는 시간이 많은 쪽에서 10번째인 학생이 속하는 계급은 20분 이상 25분 미만이다.
따라서 옳은 것은 ④이다.

3 (도수분포다각형과 가로축으로 둘러싸인 부분의 넓이)
=(히스토그램의 직사각형의 넓이의 합)
=(계급의 크기)×(도수의 총합)
$=10\times(2+7+9+11+8+3)$
$=10\times 40=400$

4 기록이 52분 이상인 참가자 수를 x라 하면 전체의 25 %이므로
$\frac{x}{40}\times 100=25,\ x=10$
따라서 기록이 49분 이상 52분 미만인 참가자 수는
$40-(3+5+9+10)=13$

5 계급의 개수는 6개이므로 $a=6$
계급의 크기는 $8-7=1$(초)이므로 $b=1$
도수가 가장 큰 계급은 8초 이상 9초 미만이고 그 도수는 11명이므로 $c=11$
따라서 $a+b+c=6+1+11=18$이다.

6 (1) 영어 점수가 86점인 학생이 속하는 계급은 80점 이상 90점 미만이므로 구하는 도수는 5명이다.
(2) 보연이네 반 전체 학생 수는
$1+2+3+7+5+2=20$
영어 점수가 60점 미만인 학생 수는 $1+2=3$이므로
$\frac{3}{20}\times 100=15\ (\%)$

7 전체 학생은 $2+5+6+8+4=25$(명)이고
봉사 활동 시간이 8시간 이상인 학생은 $8+4=12$(명)이다.
따라서 전체의 $\frac{12}{25}\times100=48$(%)이다.

8 전체 잣나무의 수를 x라 하면 1년 동안 자란 키가 40 cm 이상 45 cm 미만인 잣나무가 전체의 15 %이므로
$x\times\frac{15}{100}=3$, $x=20$
따라서 1년 동안 자란 키가 50 cm 이상 55 cm 미만인 잣나무의 수는
$20-(3+4+4+1)=8$

4 상대도수와 그 그래프

82~83쪽

상대도수

❶ 상대도수 ❷ 상대도수 ❸ 도수의 총합 ❹ 도수
1 × 2 ○ 3 ○ 4 ○ 5 0.2
6 0.25 7 12명 8 90명

1 상대도수의 총합은 항상 1이다.

5 (상대도수)$=\frac{4}{20}=0.2$

6 (상대도수)$=\frac{15}{60}=0.25$

7 (계급의 도수)$=0.3\times40=12$(명)

8 (계급의 도수)$=0.45\times200=90$(명)

상대도수의 분포표

❺ 상대도수
9 풀이 참조 10 풀이 참조 11 풀이 참조 12 0.15
13 6 14 18

9

점수(점)	도수(명)	상대도수
50이상 ~ 60미만	4	0.16
60 ~ 70	6	0.24
70 ~ 80	12	0.48
80 ~ 90	2	0.08
90 ~ 100	1	0.04
합계	25	1

10

시간(시간)	도수(명)	상대도수
2이상 ~ 4미만	7	0.14
4 ~ 6	10	0.2
6 ~ 8	16	0.32
8 ~ 10	12	0.24
10 ~ 12	5	0.1
합계	50	1

11

나이(세)	도수(명)	상대도수
20이상 ~ 25미만	4	0.08
25 ~ 30	9	0.18
30 ~ 35	12	0.24
35 ~ 40	15	0.3
40 ~ 45	10	0.2
합계	50	1

12 $A=1-(0.2+0.25+0.3+0.1)=1-0.85=0.15$

13 $0.15\times40=6$

14 무게가 220g 미만인 사과의 상대도수는
$0.2+0.25=0.45$
따라서 무게가 220g 미만인 사과의 수는
$0.45\times40=18$

상대도수의 분포를 나타낸 그래프

❻ 도수분포다각형
15 풀이 참조 16 풀이 참조 17 20시간 이상 24시간 미만
18 0.2 19 0.04 20 100 21 56
22 26 %

15

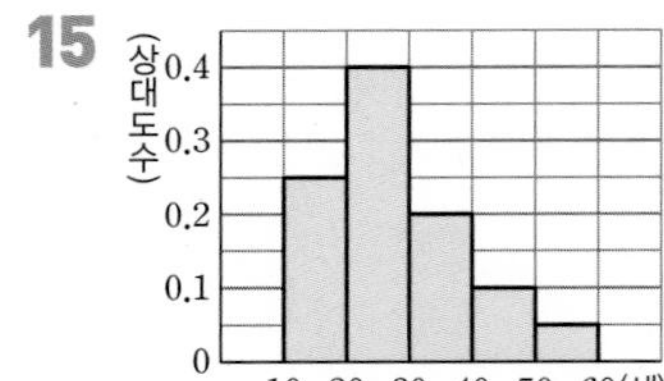

16

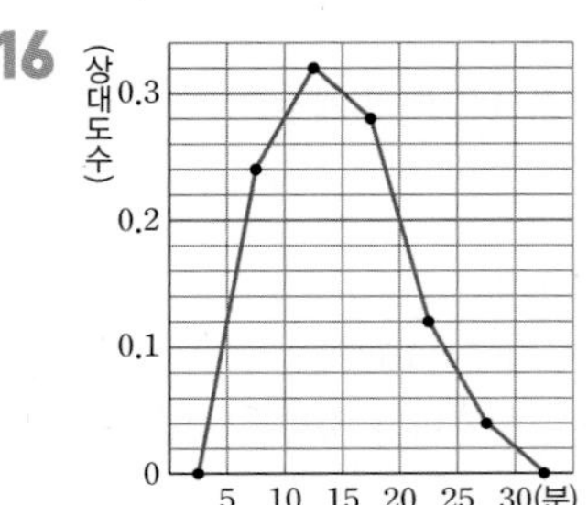

19 상대도수가 가장 작은 계급의 도수가 가장 작으므로 도수가 가장 작은 계급의 상대도수는 0.04이다.

20 봉사 활동 시간이 16시간 이상 24시간 미만인 계급의 상대도수의 합은 $0.24+0.26=0.5$이므로 구하는 학생 수는
$0.5\times200=100$

21 봉사 활동 시간이 20시간 미만인 계급의 상대도수의 합은
$0.04+0.24=0.28$이므로 구하는 학생 수는
$0.28\times200=56$

22 봉사 활동 시간이 28시간 이상인 계급의 상대도수의 합은
$0.16+0.1=0.26$이므로
$0.26\times100=26$ (%)

소단원 핵심문제 84~85쪽

1 0.3
2 (1) $A=0.15$, $B=0.4$, $C=6$, $D=2$, $E=1$ (2) 0.3
3 12 **4** (1) A 중학교: 56, B 중학교: 36 (2) B 중학교
5 ③ **6** 0.14 **7** 30명 **8** ㄱ, ㄷ

1 (도수의 총합)$=\frac{7}{0.175}=40$
따라서 도수가 12인 계급의 상대도수는 $\frac{12}{40}=0.3$

2 (1) $A=\frac{3}{20}=0.15$, $B=\frac{8}{20}=0.4$,
$C=0.3\times20=6$, $D=0.1\times20=2$
상대도수의 총합은 항상 1이므로 $E=1$
(2) 수학 점수가 90점 이상인 학생은 2명
수학 점수가 80점 이상인 학생은 $6+2=8$(명)
따라서 수학 점수가 4번째로 높은 학생이 속하는 계급은 80점 이상 90점 미만이므로 구하는 상대도수는 0.3이다.

3 30분 이상 40분 미만인 계급의 상대도수는
$1-(0.15+0.2+0.25+0.1)=0.3$
따라서 기다린 시간이 30분 이상 40분 미만인 손님 수는
$0.3\times40=12$

4 (1) A 중학교에서 만족도가 90점 이상인 계급의 상대도수는 0.28이므로 구하는 학생 수는
$0.28\times200=56$
B 중학교에서 만족도가 90점 이상인 계급의 상대도수는 0.36이므로 구하는 학생 수는
$0.36\times100=36$
(2) B 중학교의 그래프가 A 중학교의 그래프보다 오른쪽으로 치우쳐 있으므로 B 중학교의 만족도가 A 중학교의 만족도보다 높은 편이다.

5 ① $A=1-(0.1+0.2+0.25+0.05)=0.4$이다.
② 배구부 전체 학생은 $\frac{8}{0.4}=20$(명)이다.
③ 상대도수가 가장 작은 계급은 175 cm 이상 180 cm 미만이고 도수는 $0.05\times20=1$(명)이다.
④ 키가 170 cm 이상인 학생의 상대도수는 $0.4+0.05=0.45$이므로 전체의 45%이다.
⑤ 키가 163 cm인 학생이 속하는 계급은 160 cm 이상 165 cm 미만이므로 상대도수는 0.2이다.
따라서 옳지 않은 것은 ③이다.

6 전체 사람 수는 $\frac{4}{0.08}=50$
따라서 대기 시간이 20분 이상 30분 미만인 계급의 상대도수는
$\frac{7}{50}=0.14$

7 70점 이상인 학생의 상대도수는
$0.5+0.2+0.05=0.75$
따라서 수학 성적이 70점 이상인 학생은
$0.75\times40=30$(명)

8 ㄱ. A 과수원의 그래프가 B 과수원의 그래프보다 오른쪽으로 치우쳐 있으므로 A 과수원에서 수확한 사과가 B 과수원에서 수확한 사과보다 무거운 편이다.
ㄴ. A 과수원에서 무게가 240 g 이상 260 g 미만인 계급의 상대도수는 0.24이므로 이 계급의 사과의 개수는
$0.24\times250=60$
B 과수원에서 무게가 240 g 이상 260 g 미만인 계급의 상대도수는 0.3이므로 이 계급의 사과의 개수는
$0.3\times200=60$
즉 무게가 240 g 이상 260 g 미만인 사과는 A 과수원과 B 과수원이 같다.
ㄷ. B 과수원에서 무게가 260 g 이상인 계급의 상대도수의 합은
$0.24+0.1=0.34$이므로
$0.34\times100=34$ (%)
따라서 옳은 것은 ㄱ, ㄷ이다.

MEMO